现代材料分析方法

施德安　任小明　主编

2020年度湖北大学高水平研究生教材建设项目
湖北大学材料科学与工程学院资助立项教材
硅酸盐建筑材料国家重点实验室(武汉理工大学)开放基金资助
高分子材料湖北省重点实验室资助

科学出版社

北京

内 容 简 介

本书是关于材料分析方法的教材，全书共分四篇 14 章：第 1 章是绪论，概述目前材料研究领域的各种表征方法；第 2～14 章分别介绍红外光谱和拉曼光谱、紫外-可见光谱、质谱、核磁共振波谱、X 射线衍射技术、X 射线光电子能谱、电子显微分析基础、透射电子显微镜、扫描电子显微镜、X 射线能谱仪、热重分析技术、差示扫描量热分析技术、动态力学热分析技术的相关理论知识和应用案例。

本书可作为高等理工院校材料科学与工程及相关专业的本科生和研究生教材，也可供在高分子材料、无机材料、机械、微电子、半导体、矿物、化工及生命科学等领域从事研究、生产的科技人员参考。

图书在版编目（CIP）数据

现代材料分析方法 / 施德安，任小明主编. —北京：科学出版社，2023.2
ISBN 978-7-03-072278-2

Ⅰ. ①现…　Ⅱ. ①施…　②任…　Ⅲ. ①工程材料–分析方法–教材
Ⅳ. ①TB3

中国版本图书馆 CIP 数据核字（2022）第 081403 号

责任编辑：侯晓敏　李丽娇 / 责任校对：杨　赛
责任印制：吴兆东 / 封面设计：陈　敬

科学出版社出版
北京东黄城根北街 16 号
邮政编码：100717
http://www.sciencep.com
北京中石油彩色印刷有限责任公司印刷
科学出版社发行　各地新华书店经销
*
2023 年 2 月第　一　版　开本：787×1092　1/16
2024 年12月第三次印刷　印张：28 1/4
字数：723 000

定价：139.00 元

（如有印装质量问题，我社负责调换）

《现代材料分析方法》编写委员会

主　编　施德安　任小明

编　委　(按姓名汉语拼音排序)

高　庆　郝同辉　黎明锴　李　荣

刘　杰　鲁新环　马　宁　任小明

施德安　王今朝　张金枝　周尤爽

前　　言

材料分析测试作为材料研究工作的三大支柱之一，具有非常重要的作用，材料分析测试方面的课程已经成为材料科学与工程及相关专业学生的必修课。随着科技的快速发展，不断有新的分析测试技术、仪器、测试功能及应用领域被开发，因此材料分析测试类教材也始终处于不断更新中，并且更加强调应用性。

为顺应这种发展趋势、满足学科发展的需要，湖北大学一线授课教师和测试技术人员结合多年的教学及测试经验，以教学为目的编写了本书。本书主要具有以下两方面特点：

(1) 内容全面并补充新技术。对在不同专著或教材中与材料分析相关的主要应用仪器均有所涉及，如四大波谱分析技术、电子显微分析技术、X 射线分析技术和材料热分析技术。此外，还增加了很多较新的分析测试技术，如电子显微分析技术中涉及电子晶体学技术，X 射线分析中增加了小角 X 射线散射分析技术，热分析技术中扩展了差示扫描量热分析调制技术，核磁共振波谱中包含碳谱、氟谱和磷谱的应用以及二维核磁共振方法，紫光-可见光谱中增加固体和薄膜测试的应用等。

(2) 实践应用性强。本书除了全面阐述分析测试技术相关的基础知识、基本原理、实验技术和仪器内部结构等理论知识外，还增加了材料应用典型案例及分析，学生通过学习典型案例，可以深刻理解和掌握该分析测试方法，通过模仿案例能够较快地熟悉仪器测试操作；另外，本书的部分章节针对测试实践中一些特殊测试需求和常见的难点也进行了相应的阐述，以便学生今后遇到类似测试问题时能够及时获得相应的指导。

本书共四篇 14 章，其中第 1 章、第 12 章和第 13 章由施德安执笔；第 2 章由高庆执笔；第 3 章和第 4 章由李荣执笔；第 5 章由张金枝和鲁新环执笔；第 6 章由黎明锴执笔，其中小角散射部分由周尤爽执笔；第 7 章由刘杰执笔；第 8 章、第 10 章和第 11 章由任小明执笔；第 9 章由马宁和王今朝执笔；第 14 章由郝同辉执笔。全书由任小明统稿，由施德安主审。

在编写过程中，编者参考和引用了其他一些材料科学工作者的研究成果、资料，在此表示诚挚的敬意和感谢；同时，对参与和支持本书编写的各位同仁表示深切的感谢。

由于编者水平有限，加之材料分析测试仪器和技术的发展日新月异，本书的内容如有不足之处，请广大读者提出宝贵的意见和建议，编者不胜感激。

编　者

2022 年 6 月

目　　录

第一篇　波谱分析技术

第二篇 X 射线分析技术

第三篇　电子显微分析技术

第四篇 材料热分析技术

第1章　绪　论

材料是人类制造各类物件的基础，其获取、加工与应用水平是人类文明的重要标志。人类从诞生至今，所使用的主要材料从石器、陶器到近代的金属，依赖这些材料的使用，人类在地球上建立了璀璨夺目的文明，并不断开发新的材料。现代社会的进步在很大程度上依赖于新材料的研究和发展。成分、工艺、结构和性能这四个材料研究中的环节通常被称为材料的四要素，它们既有相对独立的内涵，又相互联系密不可分。成分的选择大致可以确定可行的制备工艺，工艺则决定结构，而结构又决定性能。因此，材料的四要素以及它们之间的相互关系都是材料科学研究的重要内容。其中，对材料性能的了解、材料性能的微观本质和二者之间的关系，以及材料微观结构性能的表征方法是材料研究的核心内容，也是材料制造的先决条件。

1.1　材料的性能

任何有关材料的研究，其最终目的都是应用。材料应用的最基本要求是其某一方面(或某几方面)的性能达到规定要求，以满足工程需要，并且在规定的服役期限内能安全可靠地使用，这里提到的性能通常称为使用性能或服役性能，即材料在服役条件下表现出来的特性。例如，受力机械零件具有高刚度和大强度特性，接触式零件具有高耐磨性，汽车保险杠具有高韧性，钢铁铸造模具具有耐高温性能，在海水、化学气氛环境下工作的构件具有耐腐蚀性，输电线具有电导率高的特点等。另外，在使用性能满足工程需要的同时，也要考虑工艺性能，即材料在加工过程中反映出的可加工特性。以金属材料为例，包括提纯性、可锻性、可热处理性(如淬透性)、可焊性、可切削性等。这些工艺性能关系到材料是否能够经济、可靠地制造出来。当然，一般所说的材料性能主要是指材料的使用性能，归纳起来主要分为三类：化学性能、物理性能和力学性能。其中，力学性能是指材料在外力作用下表现出来的性能，如弹性、刚度、强度、塑性、硬度、冲击韧性、疲劳强度和断裂韧性等；物理性能主要包括材料使用中所产生的声、光、电、磁等特性，它们是功能材料的性能基础；化学性能则主要反映材料在氧化或腐蚀环境下的稳定性。

材料的性能有两层含义：

(1) 表征材料在给定外界物理场作用下产生的响应行为或表现。例如，在力的作用下，材料会发生变形，根据力的大小和材料的不同，可能呈现弹性变形、黏性变形、黏弹性变形、塑性变形、黏塑性变形等不同形式。当力的作用超过极限后，材料将会损伤或断裂，这些都属于材料的力学行为。在热的作用下，材料可发生吸收热能、热传导、热膨胀、热辐射等热学行为。在电场作用下，材料会发生导电(正常导电、半导电、超导电)、介电等电学行为。在光波作用下，材料可发生对光的折射、反射、吸收、散射及发光等光学行为。

(2) 表征材料响应行为发生程度的参数，通常称为性能指标，简称性能。例如，衡量弹性变形难易的弹性模量，衡量能承受弹性变形的最大应力——弹性极限，衡量各种规定变形量和断裂时的应力——强度，衡量塑性变形能力的伸长率、断面收缩率，衡量导电性的电阻率，衡量介电性的介电常数、介电强度，衡量热学性能的热容、热导率、热膨胀系数等。实际上，材料有多少响应行为，就至少会有多少性能，所以材料的性能是繁多的，并且可以有多种分类方法。表 1-1 简单归纳了材料部分使用性能的分类、行为及相应的性能指标。

表 1-1 材料使用性能划分

性能大类	性能分类	响应行为	性能指标
力学性能	弹性	弹性变形	弹性模量、弹性极限、弹性比功、比例极限等
	塑性	塑性变形	伸长率、断面收缩率、泊松比、屈服强度、应变硬化指数等
	硬度	表面局部塑性变形	洛氏硬度、维氏硬度
	韧性	静态断裂	抗拉强度、断裂强度、断裂韧度、静力韧度等
	强度	磨损	稳定磨损速率、耐磨性等
		冲击	冲击强度、冲击功等
		疲劳	疲劳极限、疲劳寿命、疲劳裂纹扩展速率等
		变形及断裂	韧脆转变温度、蠕变速率、持久强度、低温强度等
物理性能	热学性能	吸热、放热	比热容
		热胀冷缩	线膨胀系数、体膨胀系数
		热传导	导热系数、温升系数、导温系数
	磁学性能	磁化	磁化率、磁导率、剩磁、矫顽力、居里温度等
		磁各向异性	磁各向异性常数等
		磁致伸缩	磁致伸缩系数、磁弹性能等
	电学性能	导电	电阻率、电阻温度系数等
		介电(极化)	介电常数、介电损耗、介电强度等
		热电	热电系数、热电优值等
		压电	压电常数、机电耦合系数等
		铁电	极化率、自发极化强度
		热释电	热释电系数
	光学性能	折射	折射率、色散系数等
		反射	反射系数
		吸收	吸收系数
		散射	散射系数
		发光	激发波长、发射波长、荧光寿命、量子产率等
	声学性能	吸收	吸收因子
		反射	反射因子、声波阻抗等
化学性能	耐腐蚀性	表面腐蚀	标准电极电势、腐蚀速率、腐蚀强度、耐蚀性等
	老化	性能随时间下降	老化时间、老化温度、脆点时间等
	抗辐照性	高能离子轰击反应	中子吸收截面积、中子散射系数

1.2　材料性能微观本质及影响因素

1.2.1　材料性能的微观本质

材料的宏观行为和性能是材料内部微观结构在一定外界因素作用下的综合反映，即通常所说的结构决定性能。例如，材料弹性变形的微观本质是：在力的作用下，所有原子做偏离平衡位置的短距离可逆位移(不破坏键合)；材料导电行为的微观本质是在电场作用下，材料内部的带电粒子做定向流动。表 1-2 简单归纳了一些材料宏观行为(性能)的微观本质，可见在外界物理场作用下，材料内部微观结构单元的运动特征决定了宏观行为的特征和发展的程度。因此，只有深入了解材料性能的微观本质，才能真正理解材料的宏观规律，明确提高材料性能的方向和途径。

表 1-2　材料宏观性能的微观本质

宏观行为(性能)	微观本质
弹性变形	在不破坏键合条件下原子的伸缩或旋转(可逆)
塑性变形	晶体的滑移、孪生、扭折；非晶体的黏性流动(不可逆)
黏弹性变形	高分子链段的伸展及黏性流动
蠕变	晶体滑移、晶界滑移、原子扩散
断裂	裂纹萌生及裂纹扩展
磨损	表面局部塑性变形及断裂
吸热(热容)	晶格热振动加剧
热膨胀	晶格热振动加剧导致晶格平衡间距增大
热传导	晶格热振动传播及自由电子传热
磁化(磁性)	磁矩转向
导电性	载流子定向流动
介电性	电极化(电荷中心短程分离)；电偶极矩转向
光的折射	极化导致光速减慢
光的吸收	光子能量被电子吸收，导致光子湮灭
光的散射	光子与固体中的粒子碰撞，改变方向
固体发光	电子由高能级向低能级跃迁，发射光子
非线性光学效应	在强光作用下产生非线性极化

1.2.2　材料性能的影响因素

影响材料性能的因素可以分为外部因素(外因)和内部因素(内因)两大类，主要是受内部因素的影响。一般来说，外因主要包括温度、介质气氛、载荷形式、试样尺寸和形状等。在这些因素中，温度是最重要的，几乎所有性能指标都受温度的影响。介质气氛、载荷形式等因素通常是针对力学性能而言的。内部因素可称为结构影响因素，材料的结构大致可分为三个层次：

第一层次是原子结构，包括电子结构和化学键性质；第二层次是凝聚态结构，包括晶体或非晶体结构、晶体点缺陷(空位、杂质或溶质原子)和线缺陷(位错)等；第三层次是组织结构，包括多晶体晶界、多相材料相界、形态、大小、分布、组织缺陷(疏松、气孔、偏析、缩孔等)和裂纹等。对所有的性能指标，都可以按上述影响因素一一进行分析。掌握这部分内容有助于通过工艺改变结构，从而达到控制性能的目的。

不同层次的结构对性能的影响程度不同，有些是主要控制因素，有些是次要控制因素。一般来说，原子结构决定了材料宏观行为的基本属性，如金属、陶瓷、高分子聚合物三大类材料宏观性能的差异主要是由化学键(原子结构)差异决定的。金属材料以典型的金属键结合，内部有大量能自由运动的电子，因而导电性好；在变形时不会破坏整体的键合，因而塑性好。陶瓷材料通常以离子键、共价键或这两种键的混合形式结合，不存在自由电子，键的结合力大且有方向性，故导电性、导热性、塑性差，但介电性好。虽然原子结构决定了材料的基本属性，但第二层次或第三层次的结构却能强烈影响性能的好坏，甚至成为主要控制因素。例如，陶瓷化学键很强，理论上强度应该很高，但由于生产工艺的限制，工程陶瓷材料内部存在很多气孔和微裂纹，使得强度远低于预期值，可以说微裂纹和气孔就是控制陶瓷材料强度的主要结构因素。同样地，金属材料强度的主要结构控制因素是晶体缺陷，特别是位错和界面。

鉴于结构对性能的重要性，材料工作者对几乎所有的性能都进行了结构影响因素的研究，力图找出结构-性能之间明确、具体的关系，以指导生产实践。但是由于问题的复杂性，只有少量“结构-性能”关系得到了理论解析表达式，可进行定量或半定量的估算，如“晶格间距-弹性模量”“位错密度-流变应力”“裂纹长度-断裂强度”等；还有部分“结构-性能”关系是通过大量实验数据拟合的经验关系，如“晶粒直径-屈服强度”“溶质浓度-屈服强度”等，这样的经验关系也可用来做半定量的分析，但要注意其适用对象、条件和范围；大多数的“结构-性能”的理论和经验关系并未得到，只能做定性分析，因此“结构-性能”关系的研究还需要材料工作者长期、艰苦的努力。此外，由于材料结构和性能之间存在特定的因果关系，因此有时也可以通过对材料的各种性能研究来认识或推测材料的不同结构特征，非常经典的案例是，1912 年著名物理学家索末菲(A. Sommerfeld)的助手弗里德里希(W. Friedrich)通过 X 射线在材料内部衍射现象的实验，从而证实了 X 射线电磁波的本质和晶体中原子排列的规则性，并提出了著名的衍射方程，开创了 X 射线晶体衍射分析这个新的研究领域。

1.3 材料结构分析方法

随着科学技术的进步，用于材料分析检测的方法和手段不断丰富，新型仪器设备不断出现，这为材料的研究工作提供了强有力的硬件支撑。这些分析检测方法中，基于电磁辐射及运动粒子束与物质相互作用的各种物理效应所建立的各种分析方法已成为目前主流分析方法，大致可分为原子及分子光谱分析、电子能谱分析、衍射分析和电子显微分析四大类方法；此外，基于其他物理性质或者电化学性质与材料的特征关系建立的色谱分析、质谱分析、电化学分析及热分析等方法也是现代材料分析检测的重要方法；另外，各种仪器联用分析技术如热重分析-红外光谱联用技术、气相色谱-质谱联用技术等也逐渐推广使用。材料科学工作者只有掌握这些分析方法，才能很好地开展材料研究工作。

按照材料分析项目或者检测目标任务进行划分，可以将分析检测方法分为三种类型，即化学成分分析、微观结构测定和显微形态表征，研究者可根据分析内容选择合适的分析方法或仪器。

1.3.1 化学成分分析

化学成分是影响材料性能的最基本因素，也是材料剖析中首先要分析的内容。其主要包括材料元素种类及含量、分子式结构、同分异构体、特征官能团、分子量及分布、自由基类型、荧光特性等。目前的分析方法和手段是以各类仪器分析为主，主要涉及四大波谱(红外拉曼光谱、质谱、紫外-可见光谱和核磁共振波谱)、气相色谱和液相色谱、电子磁旋共振、X 射线能谱、X 射线光电子能谱、俄歇电子能谱、X 射线荧光光谱等。与传统的化学分析技术相比，仪器分析具有自动化程度高、人为操作因素影响小、精度高、检测限低的优点，已经成为主流分析手段。

分子吸收光谱中，傅里叶红外光谱仪主要是利用特征基团吸收峰推断分子中存在某些官能团或化学键，进而确定分子的化学结构，被广泛应用于分子结构和物质化学组成的研究，在有机高分子材料的表征上有非常重要的地位。红外光谱测试不仅方法简单快速，而且积累了大量已知化合物的红外谱图及各种基团的特征频率等数据资料而使测试结果的解析更为方便准确，并且红外光谱仪可以配备很多功能附件，使样品的测试操作更简单、范围更广泛、性能测试更全面。例如，衰减全反射(attenuated total reflection，ATR)附件的使用主要利用红外光在样品与晶体界面处的全反射效应进行检测，可以对材料的表面结构进行分析，并且无需采用溴化钾压片，制样简单易行，对于无法采用透射模式检测的样品(如吸光材料)十分实用。

拉曼光谱仪经常被作为红外光谱技术的重要补充，并且通过拉曼峰位移分析可以获取材料化学成分、分子取向性、相态、应力情况等信息，近年来得到了越来越广泛的应用，特别是在碳纳米管等碳材料研究方面发挥着重要作用。并且水分子的拉曼散射截面非常小，导致其拉曼散射强度比其他分子弱很多，同时水分子拉曼光谱非常简单，对溶解物质干扰小，所以拉曼光谱非常适合分析含水样品，包括溶液、生物组织和细胞等，这一优势是红外光谱仪无法比拟的。近年来，表面增强拉曼散射(surface enhanced Raman scattering，SERS)技术开始兴起，它克服了传统拉曼光谱信号微弱的缺点，使拉曼信号强度增大几个数量级，其增强因子可以高达 10^{14}～10^{15} 倍，足以探测到单个分子的拉曼信号。

质谱是有机化合物剖析的重要手段之一，通过不同质荷比的分子碎片和离子碎片的分离和检测，进而确定化合物的分子式和分子结构，也可以采用质谱仪进行同位素的分离并测定它们的原子质量及相对丰度。近年来，质谱与气相色谱、液相色谱或电感耦合等离子体发射光谱等联用，更加拓宽了应用范围，并且使混合物的检测更方便和准确。

在元素分析领域，X 射线能谱仪、X 射线荧光光谱仪、俄歇电子能谱仪等都是强有力的工具，能够对各类有机材料、无机材料进行元素定性、定量分析，使用方便，精确度较好；特别是 X 射线光电子能谱仪，不仅能够分析元素组成，还能够分析元素不同的价态，它的工作原理是利用一定能量的 X 射线入射样品，通过检测样品激发的光电子动能以此换算样品电子的结合能，从而鉴定样品的元素，并且通过分析元素化学位移值，获取元素的化合价与存在形式。但对于固体样品，X 射线光电子能谱(X-ray photoelectron spectroscopy，XPS)只能探测 2～20 个原子层深度，所以主要用于材料表面层结构与成分的测试分析。

相对于 XPS 的浅表面元素分析，X 射线能谱仪[能量色散 X 射线谱(X-ray energy dispersive spectrum，EDS)]的分析深度则可以达到 3～5 μm，属于样品表里面分析；并且 EDS 作为透射电子显微镜(transmission electron microscope，TEM)和扫描电子显微镜(scanning electron microscope，SEM)的附件设备，使用非常便捷，在用电子显微镜(简称电镜)形貌观察的同时就可以进行 EDS 元素分析，所以 EDS 已经成为科研和生产中的常规分析手段。如今通过改进 EDS 起飞角和立体角设计，并搭载在高分辨场发射电镜上使用，已经使 EDS 的空间分辨率提高至纳米量级，完全解决了纳米材料的元素表征问题。

1.3.2　微观结构测定

微观结构是影响材料性能的很重要的因素，其分析内容主要包括材料凝聚态结构、高分子链的远近程结构以及材料的取向结构等。其中，材料晶体或者周期性结构测定是非常重要且较为常规的表征内容，主要以衍射、散射方法为主，就是利用电磁辐射或者高能电子束、中子束等与材料相互作用产生相长干涉即衍射效应进行材料结构信息分析，包括 X 射线衍射(X-ray diffraction，XRD)、电子衍射、中子衍射、γ 射线衍射。其中使用最普遍的是 X 射线衍射技术，可分为单晶衍射和多晶衍射，并且也可以进行变温测试，其主要测试原理为：利用一束平行的 X 射线入射到样品，受其原子核外电子的散射作用产生散射波，通过相互干涉进而产生衍射效应，导致射线强度在某些方向上加强或减弱，根据布拉格方程 $2d\sin\theta = n\lambda$ 解析衍射数据便可分析物质的晶体结构；X 射线的衍射强度是晶胞参数、衍射角和样品取向度的函数，衍射图用以确定样品的晶体相和测量结构性质，包括应变、外延织构和晶粒的尺寸和取向，X 射线也可以进行材料微观应力和层错及有序度的测定。上述 XRD 衍射角测试范围一般为 5°～90°，主要用于周期性结构较小(0.1～1 nm)并且非常规整的晶体材料分析；还有一种小角 X 射线散射(small angle X-ray scattering，SAXS)仪是利用 X 射线透射或略入射样品，获取偏离入射主光束很小角度(一般为 5°)范围内的散射信号，主要用于分析尺寸在 300 nm 以下具有电子密度差异的结构信息，如聚合物晶体结构、嵌段结构、孔隙结构、纳米粒子等；通过配备二维面探测器可以实现成像功能，从而获取材料各向异性的信息，特别适合材料取向结构分析。

在电子显微镜中，高速运动电子在受到规则排列的原子集合体的弹性散射后，散射的电子波也会发生干涉效应，使电子合成波在某些方向加强、某些方向减弱，从而形成电子衍射谱，以此分析晶体周期性结构。与 X 射线衍射分析相比，电子衍射具有很鲜明的优点：①由于样品原子对电子的散射能力远高于对 X 射线的散射能力(高 10^4 倍以上)，所以分析灵敏度非常高，纳米尺度的微小晶体也能给出清晰的电子衍射图像；②X 射线不能被有效汇聚以实现选定微区分析，而电子则可以在电磁透镜中聚焦成像，所以电子衍射可以对材料中的选定区域结构进行分析，并且可与形貌观察相结合，获取有关物相的大小、形态和分布等全面信息；③电子衍射技术还能从高分辨图像中提取 X 射线衍射中丢失的结构因子相位信息，可以分析晶体取向关系，如晶体生长的择优取向，析出相与基体的取向关系等。这些优势使电子衍射与 X 射线衍射相互补充，在结构解析领域发挥着越来越重要的作用。

中子衍射和 γ 射线衍射属于不常见的分析技术，其基本原理与 X 射线衍射大致相似。中子衍射的不同之处在于：①X 射线是与原子的核外电子相互作用，而中子则是与原子核相互作用，所以利用中子衍射能够获取点阵中轻元素的位置(X 射线灵敏度不足)和邻近元素的位置(X 射线空间分辨率不够)；②对同一元素，中子能够区别同位素，这使中子衍射在利用同位素(如氢-氘)标记、研究有机分子方面有其特殊的优越性；③中子具有磁矩，能与原子磁矩相互作用而产生中子特有的磁衍射，通过磁衍射的分析可以获取磁性材料点阵中磁性原子的磁矩大小和取向，因而中子衍射是研究磁结构极为重要的手段，但中子衍射需要特殊的强中子源。中子衍射主要应用于：①在晶体结构方面，可以进行轻元素的定位工作，如各种无机碳氢化合物、氧化物、PbO、$BaSO_4$、SnO 等结构中轻元素的位置主要都是根据中子衍射定出的，现已经扩展到有机分子如氨基酸、维生素 B、肌红蛋白等较复杂分子的结构研究；②在磁结构表征方面，用中子衍射研究了液氮温度下 MnO 的反铁磁结构，确定了两个相邻的 Mn 原子的磁矩方向相反。而 γ 射线衍射主要用于材料宏观量级结构的测定，如测定材料(主要是金属、合金材料)的缺陷、空穴、位错，此外它还可以研究生物大分子在空间的构型。

1.3.3 显微形态表征

材料的微观形态包括几何形状、物质尺寸、包覆结构、两相界面、原子排列及位错、孔隙及缺陷等，它们有时对材料性能的改变有决定性影响。例如，当材料尺寸由微米降低至纳米范围后，其光、电、热、力等各种物理化学性能都发生了巨大的变化。因此，材料显微形态的分析越来越被重视，主要测试手段为显微镜，包括光学显微镜、电子显微镜、扫描隧道显微镜及原子力显微镜等仪器。受限于可见光的波长，光学显微镜只能在微米尺度上观察材料，并且景深很小，成像质量不高。将仪器光源由可见光转变为高能电子束，是电子显微镜产生的关键。由于极大地降低了光源波长，仪器的分辨率提高到 0.5～3 nm，将观察的尺寸从微米延伸进入纳米层级。根据成像信号的不同，电子显微镜主要分为扫描电子显微镜和透射电子显微镜。扫描电子显微镜主要利用高能电子束与样品相互作用后激发的二次电子进行成像，用于分析材料表面形貌和尺寸；也可以利用背散射电子成像分析多相材料的相态分布及尺寸。由于制样简单、功能强大，扫描电子显微镜是各研究机构中购置量和使用频率最高的仪器。透射电子显微镜则主要利用高能电子与样品相互作用后产生的透射电子和衍射电子进行成像，用于材料内部形态的分析，如核壳结构、材料内部孔隙等。在对电磁透镜等聚焦系统进行球差等像差校正的基础上，最新研制了球差校正透射电子显微镜，其分辨率可高达 65 pm，实现了原子尺寸的观察分析，是材料极小结构单元分析中的一大利器，但价格高昂且样品制备要求高，目前购置量很小。扫描隧道显微镜的工作原理是当探针和样品表面相距只有几纳米时，由于电子隧道效应，在探针与样品表面之间会产生隧道电流并保持不变；若表面有微小起伏，即使只有原子大小的起伏，也将使穿透电流发生成千上万倍的变化。通过转换显示材料三维图像，其分辨率可达到 0.01 nm，放大倍数可达 3×10^8 倍，是一种极高分辨率的检测技术，但要求样品表面与针尖具有导电性，这是最大的局限所在。原子力显微镜则是利用针尖与样品充分接近时存在的短程相互斥力获取表面原子级分辨图像，其测试模式分为接触模式、侧向力模式、接触误差模式、非接触模式、半接触误差模式、相位成像模式几类，由于能观测非导电样品，因此比扫描隧道显微镜具有更为广泛的适用性。

1.4 分析方法的选择

面对众多的分析方法和测试仪器，研究人员必须根据待测样品的特点、研究内容及测试的目标选择合适的制样方法和表征手段。此外，还需要深入了解分析仪器的工作原理、检测限、分辨率、测试功能、适用范围等，使待测结构的尺度或浓度等处于仪器检测范围内，必要时还需要采用多种手段进行综合分析来确定材料结构特征，使其相互印证。同时，对于仪器给出的测试数据要进行客观分析，考虑获取的数据是否具有整体统计性、测试数据的偏差范围和线性相关性以及结果的置信度等，只有这样才能得到正确的测试信息并指导下一步的研究。

图 1-1 列出了材料部分微观结构和部分通用设备的分析尺寸范围或分辨率，可以在应用中作为参考。

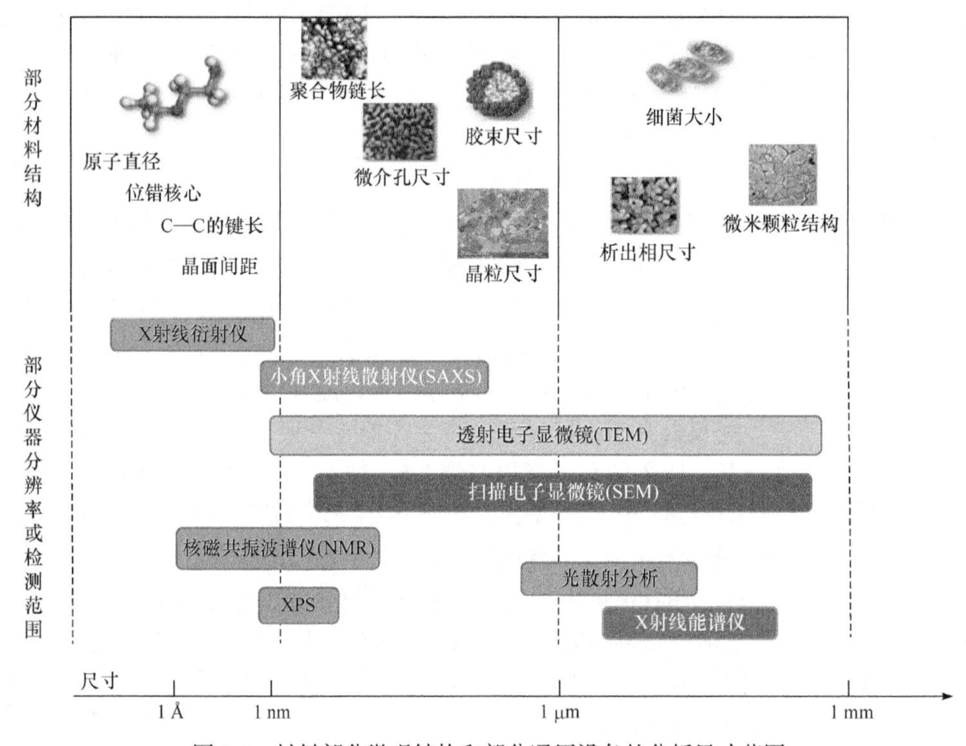

图 1-1　材料部分微观结构和部分通用设备的分析尺寸范围

1.5　分析实例简述

为了说明材料的测试需求必须与测试表征技术提供的可能相结合，以“SiO_2@EVA 核壳粒子增韧尼龙 PA6 研究”作为实例，对材料分析测试技术的选择进行阐述。研究过程如下：首先制备 SiO_2 纳米球，采用硅烷偶联剂对其进行氨基化修饰，然后将其与马来酸酐接枝的乙烯-乙酸乙烯共聚物(EVA-*g*-MAH)进行接枝反应，形成核壳粒子(SiO_2@EVA)，最后将其与 PA6 共混形成 SiO_2@EVA/PA6 复合物，分析增韧机理。

在该研究中将涉及如下测试需求，并选择合适的分析方法。

(1) 需要分析硅烷偶联剂是否被接枝到 SiO_2 纳米球上。这属于化学成分分析，可以采用红外吸收光谱对改性样品进行特征基团分析，观察红外谱图的 3300～3400 cm^{-1} 处是否有 N—H 的特征吸收峰；采用元素分析仪分析 N 元素含量或者热重分析得到失重率，印证接枝情况。

(2) 需要分析 SiO_2 纳米球是否与 EVA-*g*-MAH 成功接枝形成了核壳包覆结构，此测试需求属于显微形态分析，并且是多相结构内部形态分析，适合采用透射电子显微镜进行成像分析，可以很直观地观察内核与外壳结构以及壳层厚度；SiO_2@EVA/PA6 复合物中 SiO_2@EVA 核壳粒子是否均匀分散也是一个重要的影响因素，也属于多相材料形态分析，但属于表观形貌分析，可以采用扫描电子显微镜在较低放大倍数下的宏观视野观察。

(3) 需要分析尼龙 PA6 填充 SiO_2@EVA 后的结晶度变化情况。这属于材料晶体结构分析，由于聚合物结晶一般不太完善，并且周期性结构尺寸大，采用 X 射线衍射仪分析时峰不明显、不尖锐，一般呈现馒头峰，可以采用小角 X 射线散射仪进行分析，并且可以观察晶体是否存在取向结构。

通过上述微观结构分析，再结合宏观力学等性能数据，就可以对增韧机制进行分析，并探索结构与性能之间的关系。

参 考 文 献

吴刚. 2001. 材料结构表征及应用[M]. 北京：化学工业出版社.
张帆，郭益平，周伟敏. 2014. 材料性能学[M]. 2 版. 上海：上海交通大学出版社.

第一篇　波谱分析技术

第2章　红外光谱和拉曼光谱

红外光谱(infrared spectroscopy, IR)和拉曼光谱(Raman spectroscopy)同属于分子振动光谱，是材料鉴定和结构分析的基本手段，在材料领域的研究中占有十分重要的地位。相对而言，红外光谱可以为材料的研究提供各种信息，应用扩展到多种学科和领域，比拉曼光谱更普遍。随着激光技术的发展，拉曼光谱在材料研究中的应用也日益增多。

红外光谱和拉曼光谱都是由材料分子振动和转动能级跃迁产生的，但红外光谱对振动基团的偶极矩的变化敏感，为极性基团的鉴定提供有效信息；拉曼光谱对振动基团的极化率的变化敏感，适用于非极性键的振动研究，对研究材料的骨架特征效果明显。在材料结构研究中，一般基团非对称振动产生强的红外吸收，对称振动可产生明显的拉曼谱带，红外光谱和拉曼光谱可相互补充，更完整地研究材料分子的振动和转动能级的跃迁变化，更准确可靠地鉴定分子结构。

2.1　红外光谱的基本原理

2.1.1　化学键的振动

在保持整个分子重心的空间位置不发生变化的前提下，使分子内各个原子核之间的距离发生周期性变化的运动，称为化学键的振动。

1. 化学键振动分类

1) 伸缩振动

成键原子核沿键轴方向做周期性运动，从而引起键长发生周期性变化，键角不变，这样的振动称为伸缩振动，通常用“υ”表示。当两个或两个以上相同的化学键有一个共用原子，如—CH_3、CO_2、—NO_2，或者相同结构的化学键之间相隔的其他化学键较少时，如—$CH(CH_3)_2$中的两个—CH_3、$CH_2(COOH)_2$中的两个 C═O，该结构化学键在做伸缩振动时的相位可以相同，也可以相反。相位相同者称为对称伸缩振动，以 υ_s 或 υ(s)表示；相位相反者称为反对称伸缩振动，以 υ_{as} 或 υ(as)表示(图 2-1)。

2) 弯曲振动

原子核在垂直于键轴的方向上振动，从外形上看如同化学键发生弯曲一般，称为化学键的弯曲振动。弯曲振动分为面内弯曲振动和面外弯曲振动。面内弯曲振动分为对称弯曲振动[以 δ_s 或 δ(s)表示，也称剪式振动]和面内摇摆振动(以 ρ 表示)。面外弯曲振动分为面外摇摆振动(以 ω 表示)和扭曲振动(以 τ 表示)(图 2-1)。

2. 分子振动的整体性和特征性

在三维空间，每个原子在空间的位置需要用三个坐标来确定，有 3 个运动自由度，所以

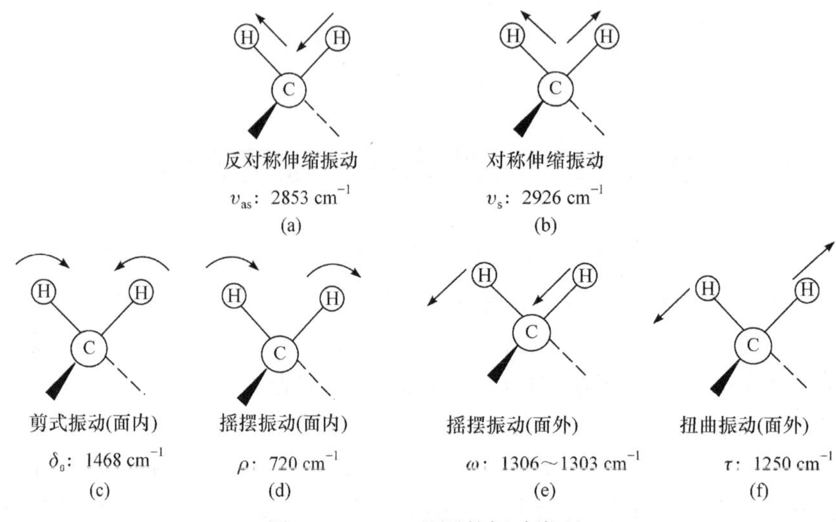

图 2-1 —CH_2 基团的振动类型

由 n 个原子组成的分子有 $3n$ 个运动自由度。由于分子是一个整体，作为一个整体有 3 个自由度被分子的平移运动占有，即分子中所有原子以同样的速度向 x(或 y、z)方向运动，3 个自由度(线形分子为 2 个)被分子转动运动占有，因而分子振动自由度的数目等于 $3n-6$(线形分子为 $3n-5$ 个)。每个振动自由度对应一个基本振动，n 个原子组成一个分子时，共有 $3n-6$ 或 $3n-5$ 个基本振动，这些基本振动称为简正振动。

在任何一个简正振动中，分子中几乎所有的原子核都在各自的平衡位置上振动，因此每一个简正振动都在一定程度上包含分子整体结构的特点。然而，在很多情况下，对于某一特定的简正振动来说，分子中各个局部的贡献是不等同的，而是某一局部的键长或键角的变化占据主导地位。因此，对于某一个特定的简正振动而言，它主要反映了分子中某一特定局部的结构特征。这正是红外光谱中某一组(可能是一个或多个)特征吸收谱带能够反映某一类基团特征的内在原因。

当然也有一些简正振动，分子中各个局部的贡献差别不大，它所反映的不是分子某一局部结构的特点，而是分子整体结构的特征，因此与这样的简正振动相关联的谱带很难做出明确的归属。例如，当一个有机化合物分子中存在 C—C、C—N、C—O、N—O、N—N 等单键时，由于它们的力常数、折合质量(将在以下内容中讨论这两个概念)都很接近，因此与这些单键伸缩振动有关的简正振动所反映的不是分子的局部，而是共同作用的结果。与这一类简正振动相关联的谱带的位置、强度及其他特征对分子结构的改变非常敏感，分子结构上的微小差异往往导致振动光谱的显著变化。这一类谱带在结构分析上虽然用途不太大，但在结构鉴定上非常有用。

分子振动的整体性还有另一层含义，那就是振动光谱的全貌能反映分子整体结构特征。这是分子振动光谱不同于紫外-可见光谱的一个显著特点。任意两个结构不同的有机物分子，它们的振动光谱不可能完全一致，因此分子振动光谱在结构分析中能起重大作用。

2.1.2 分子振动与红外光谱

1. 振动能级

以双原子分子为例对分子的振动能级进行讨论。用经典力学的谐振子模型进行处理，把一个双原子分子粗略地看作一个弹簧谐振子，那么化学键的伸缩振动就是两个原子核在键轴方向上的简谐振动(图 2-2)。根据量子力学，弹簧谐振子的能量是量子化的，其能量为

$$E_V=(V+1/2)h\nu'=(V+1/2)hc\bar{\nu}' \tag{2-1}$$

式中，V 为振动量子数，其值为 0, 1, 2,…；E_V 为振动量子数为 V 的振动能级的能量；ν' 为化学键的振动频率；$\bar{\nu}'$ 为化学键的振动波数；h 为普朗克常量；c 为光速。

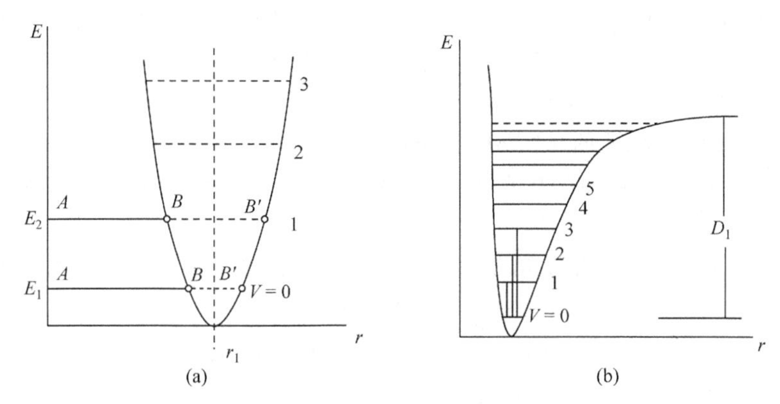

图 2-2　谐振子(a)及非谐振子(b)的势能曲线

振动量子数为零的振动能级为振动基态，振动量子数为 1 的振动能级称为第一振动激发态，振动量子数为 2 的振动能级称为第二振动激发态，依此类推。

2. 振动能级跃迁和红外吸收光谱

由式(2-1)不难导出，两个相邻振动能级间的能量差 ΔE_V 为

$$\Delta E_V=E_{(V+1)}-E_V=h\nu'=hc\bar{\nu}' \tag{2-2}$$

当光子的能量 $h\nu$ 与振子的跃迁能相等，即

$$h\nu=hc\bar{\nu}=\Delta E_V=h\nu'=hc\bar{\nu}' \tag{2-3}$$

光子有可能被谐振子吸收，振子由低能级跃迁到高能级，同时产生吸收谱带。由式(2-3)不难看出，电磁波的频率(或波数)与谐振子的振动频率(或波数)相等，即

$$\nu=\nu' \tag{2-4}$$

$$\bar{\nu}=\bar{\nu}' \tag{2-5}$$

是产生红外吸收光谱的必要条件。

根据胡克定律，简谐振动的双原子分子的振动频率(或波数)为

$$\nu=\frac{1}{2\pi}\sqrt{\frac{k}{\mu}} \tag{2-6}$$

$$\bar{\nu}=\frac{1}{2\pi c}\sqrt{\frac{k}{\mu}}=1307\sqrt{\frac{k}{\mu}} \tag{2-7}$$

$$\mu=\frac{m_1m_2}{m_1+m_2} \tag{2-8}$$

式中，k 为化学键的力常数，$N \cdot m^{-1}$；μ 为化学键的折合质量；m_1、m_2 为化学键连接的两个原子的质量；c 为光速。

因此，简谐振动的双原子分子吸收红外光的频率(或波数)与化学键的力常数的平方根成正比，与化学键的折合质量的平方根成反比。因为化学键的力常数和折合质量都是与分子结构有关的物理量，所以式(2-6)和式(2-7)将分子的红外吸收频率(或波数)与分子结构联系在一起。

【例 2-1】 已知 C═C 键的伸缩振动的力常数 $k = 9.5 \sim 9.9$，令其为 9.6，求它的伸缩振动波数。

解

$$\bar{\nu} = \frac{1}{\lambda} = \frac{1}{2\pi c}\sqrt{\frac{k}{\mu}} = 1307\sqrt{\frac{k}{\mu}} = 1307 \times \sqrt{\frac{9.6}{12/2}} = 1650\ (\text{cm}^{-1})$$

由计算得到的数据与实验测得的数据是比较一致的。

【例 2-2】 H 和 D 为同位素，O—H 的力常数和 O—D 的力常数相同，如果 $\upsilon(\text{O—H}) = 3650\ \text{cm}^{-1}$，$\upsilon(\text{O—D})$是多少？

解 O—D 和 O—H 的力常数相同，两者的折合质量不同，前者约为 2，后者约为 1，所以

$$\upsilon(\text{O—H})/\upsilon(\text{O—D}) \approx \sqrt{2}$$

$$\upsilon(\text{O—D}) = 3650/\sqrt{2} \approx 2580\ (\text{cm}^{-1})$$

3. 基频和泛频

1) 基频

分子由振动基态($V = 0$)跃迁到第一振动激发态($V = 1$)所吸收电磁波的频率称为基频。

2) 泛频

分子由振动基态跃迁到第二、第三、……振动激发态所吸收电磁波的频率分别称为第一泛频、第二泛频、……

根据式(2-2)，谐振子模型的振动能级是等间隔的，即第一泛频等于基频的 2 倍，第二泛频等于基频的 3 倍。但是实验事实证明，第一泛频小于基频的 2 倍，第二泛频小于基频的 3 倍，依此类推。实际上，化学键的力常数并不是固定不变的常数，应该是随核间距的变化而变化的。当核间距增大时，形成分子轨道的两个原子轨道交盖程度减小，化学键强度减弱，故力常数减小。当核间距增加到一定程度时，核间的引力趋于零，力常数也将趋于零。只有在振动基态，振幅最小，才可以近似地将化学键看作弹簧谐振子。随着振动能级的提高，键长增加，力常数随之减小，能级差也就越来越小。

2.1.3 红外光谱的特点及谱图

1. 红外光谱的特点

红外光谱属于吸收光谱，是由于化合物分子中的基团吸收特定频率的红外光，产生分子振动和转动能级从基态到激发态的跃迁，引起分子内部的某种振动，用仪器记录对应的吸光度的变化，从而得到光谱图。红外光谱法有如下特点：

(1) 红外光谱是依据样品在红外光区(一般指波长 2.5～25 μm 或波数 400～4000 cm^{-1})吸收谱带的位置、强度、形状、个数，并考虑溶剂、浓度、聚集态温度等因素对谱带的影响，推测分子的空间构型、分子中某种官能团是否存在、官能团的邻近基团，确定化合物结构。

(2) 红外光谱不破坏样品，气、液、固态样品都可以分析。测试方便，制样简单。

(3) 红外光谱特征性高。红外光谱得到的信息多，可以对不同结构的化合物给出特征性的谱图，从指纹区确定化合物的异同。人们也常把红外光谱称为分子指纹光谱。可用于鉴定、区分同分异构体、几何异构体和互变异构体。

(4) 分析时间短。红外光谱分析一个样品，一般可在 10～30 min 完成。采用傅里叶变换红外光谱仪在 1 s 内就可以完成多次扫描，是要求快速分析的动力学研究十分有用的工具。

(5) 所需样品用量少。红外光谱分析一次用样量为 1～5 mg，甚至可以只用几十微克。

2. 红外光谱图

红外光谱图的纵坐标为透过率 $T/\%$，是红外光透过样品物质的百分数，即 $I/I_0\times100\%$；也可以为吸光度 A，它与样品浓度呈线性关系。

$$A=\lg\left(I_0/I\right)=klc \tag{2-9}$$

式中，A 为吸光度；I_0 和 I 分别为入射光和透射光的强度；k 为吸光系数；l 为样品厚度；c 为样品浓度。

红外光谱图的横坐标一般有两种表示方法，如图 2-3 所示，谱图下方的横坐标是波长 λ，单位 μm；谱图上方的横坐标是波数 $\bar{\nu}$，为波长的倒数 $1/\lambda$，单位 cm^{-1}。

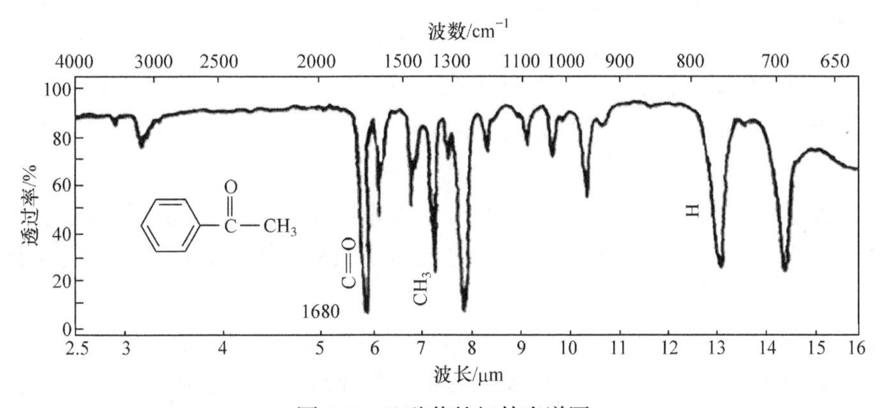

图 2-3　乙酰苯的红外光谱图

在红外光谱图中，对于某个特征基团的特征吸收谱带，通常从峰位、峰数、峰形、峰强四个方面进行描述。

(1) 峰位。吸收谱带的位置即谱带的特征振动频率是表征某一基团存在最有用的特征。由于许多不同的基团可能在相同的频率区域产生吸收，在做这种对应时要特别注意。

(2) 峰数。吸收谱带峰的数目，峰数与分子自由度有关。

(3) 峰形。吸收谱带峰的形状也能体现有关基团的一些信息。例如，形成氢键的官能团产生的红外谱带会变宽，这对鉴定特殊基团的存在很有用。峰形也包括谱带是否有分裂，可用来研究分子内是否存在缔合以及分子的对称性、旋转异构、互变异构等。

(4) 峰强。吸收谱带峰的相对强度(s 表示强，m 表示中，w 表示弱)可以得出一个定量的概念，峰强的变化可以指示某特殊基团或元素的存在。例如，C—H 基团邻近连有氯原子时，其变形振动谱带由弱变强。分子中极性较强的基团将产生强的吸收带，键两端原子电负性相差越大(极性越大)，吸收峰越强，如羰基的谱带较强。要指出的是，峰的强度与样品厚度(浓度)有关，在某种程度上还取决于仪器的种类。

3. 红外光谱选律

在光谱中，体系由能级 E 跃迁到能级 E' 要服从一定的规则，这些规则称为光谱选律。不同光谱，其选律不同。

仍以双原子分子为例来说明红外光谱的选律。红外光谱是分子振动光谱，对于异核双原子分子，正、负电荷中心不重合在一起，所以就构成了一个电偶极子。偶极子具有偶极矩(μ)，μ是矢量，其方向规定为从正电荷中心到负电荷中心，大小由下式确定：

$$\mu = q \cdot d \tag{2-10}$$

式中，q 为偶极子正(负)电荷中心的电量，C(库仑)；d 为正、负电荷中心之间的距离，m。

当化学键做伸缩振动时，d 随之做周期性变化，μ 也以同样的频率做周期性变化，这就等于形成一个交变电场。当用红外光照射分子时，如果红外光的电场分量的交变频率和化学键的振动频率相等，那么这两个交变电场就会发生共振，化学键吸收红外光子的能量，发生振动能级跃迁，产生红外吸收光谱。这样的振动称为红外活性的振动。

对于同核双原子分子，正、负电荷中心重合在一起，而且在振动过程中它们始终重合在一起，μ 始终为零，不产生交变电场，所以化学键的振动不能与光的交变电场发生耦合作用，不能吸收光子，也就不能产生红外吸收光谱。这样的振动称为非红外活性的振动。

由此可以得出如下结论：在振动过程中，如果整个分子的偶极矩(不仅仅是某一局部的偶极矩)发生变化，那么这一振动就是红外活性的振动；如果偶极矩不发生变化，那么这一振动就是非红外活性的振动，这就是红外光谱的选律。此选律不仅适用于双原子分子，也适用于多原子分子。

对于有对称中心的分子(如苯、乙炔、二氧化碳等)，如果其某一简正振动过程中，分子失去了对称中心，那么这一振动就是红外活性的振动；如果保持着对称中心，则为非红外活性的振动。

如图 2-4 所示，CO_2 有四种简正振动。在对称伸缩振动中，CO_2 分子保持着对称中心，正、负电荷中心的距离没有变化，分子的偶极矩为零，为非红外活性的振动，在红外光谱中观察不到与它们相关的吸收谱带；在反对称伸缩振动、面内及面外弯曲振动中，分子失去了对称中心，两个 C═O 键键矩的矢量和发生周期性变化，分子的偶极矩不为零，这些振动是红外活性的振动，可以在红外光谱中观察到与这些振动相关的吸收带。

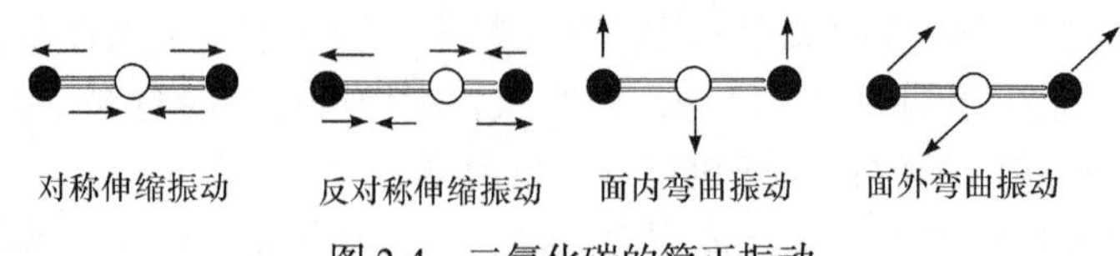

图 2-4　二氧化碳的简正振动

对绝大多数有机化合物来说，它们的分子没有对称中心，其官能团等结构单元的红外吸收带均可观察到，因此红外光谱在有机结构分析中起到非常重要的作用。

在得到的红外光谱图中，气态和液态(包括溶液)样品的红外光谱一般符合上述讨论的单个分子的红外光谱选律。固体样品由于分子间作用很强，总的分子对称性与单个分子的对称性可能有所不同，其红外光谱中可能出现一些在气态或液态样品红外光谱中看不到的吸收带。

2.2　红外光谱仪

2.2.1　红外光谱仪的发展

红外光谱仪是红外光谱的测试工具，最早出现在 20 世纪初期，是一种单光束手动式仪器，1947 年制成了双光束自动记录的红外光谱仪。到目前为止，红外光谱仪已发展了三代：第一代是最早使用的棱镜式色散型红外光谱仪，用棱镜作为分光元件，分辨率较低，对温度、湿度敏感，对环境要求苛刻；20 世纪 60 年代出现了第二代光栅式色散型红外光谱仪，由于采用先进的光栅刻制和复制技术，提高了仪器的分辨率，拓宽了测量波段，降低了环境要求；20 世纪 70 年代发展起来的干涉型红外光谱仪是第三代红外光谱仪的典型代表，具有宽的测量范围、高测量精度、极高的分辨率和极快的测量速度。傅里叶变换红外光谱仪(Fourier transform infrared spectrometer，FTIR)是干涉型红外光谱仪的代表，具有快速、高分辨和高灵敏度的优点，可以与色谱联用，可用于快速化学反应的研究。傅里叶变换红外光谱仪已成为目前红外光谱的主导仪器类型。

2.2.2　傅里叶变换红外光谱仪的工作原理

傅里叶变换红外光谱仪的原理不同于色散型红外光谱仪，是基于对干涉后的红外光进行傅里叶变换的原理而开发的红外光谱仪，主要由红外光源、干涉仪、样品室、检测器、计算机以及各种红外反射镜、激光器、控制电路板和电源组成(图 2-5)。

干涉仪由可移动的反射镜 M1(动镜)、固定不动的反射镜 M2(定镜)、光束分裂镜 B 以及探测器等组成(图 2-6)，M1 和 M2 是互相垂直的平面反射镜。B 以 45°角置于 M1 和 M2 之间，B 能将来自光源的光束分成相等的两部分，一半光束经 B 后被反射，另一半光束则透射通过 B。在干涉仪中，当来自光源的入射光经光分束器分成两束光时，经过两反射镜反射后又汇聚在一起，再投射到检测器上。由于动镜的移动，两束光产生了光程差。当光程差为半波长的偶数倍时，发生相长干涉，产生明线；为半波长的奇数倍时，发生相消干涉，产生暗线；若光程差既不是半波长的偶数倍，也不是奇数倍，则相干光强度介于前两种情况之间。动镜的不断运动使两束光线的光程差随动镜移动距离的不同呈周期性变化，因此在检测器上记录的信号余弦变化是以 $\lambda/2$ 为周期的。

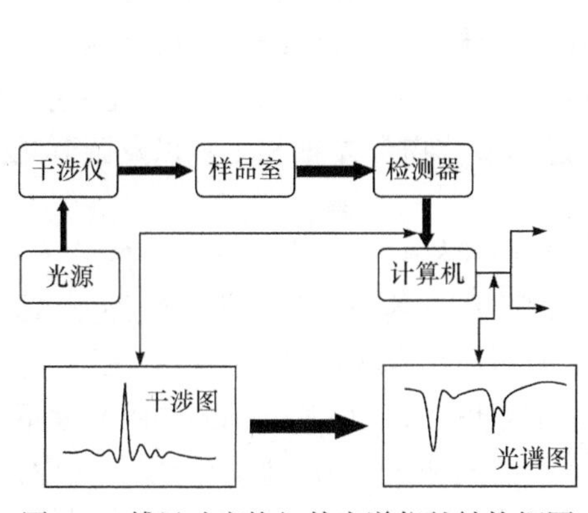

图 2-5　傅里叶变换红外光谱仪的结构框图

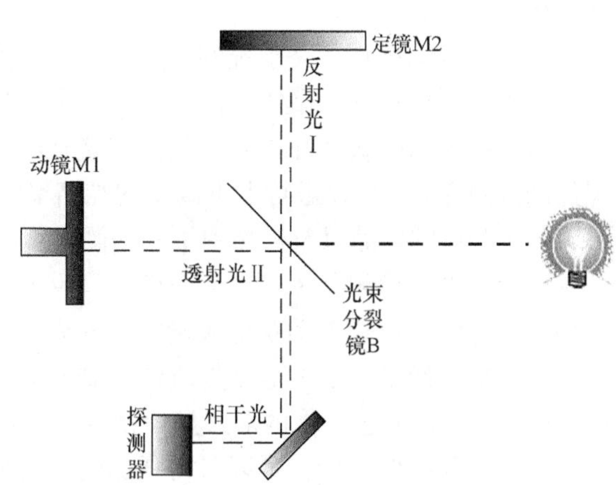

图 2-6　迈克尔逊干涉仪的工作原理

2.2.3 傅里叶变换红外光谱仪的特点

傅里叶变换红外光谱仪不用狭缝和分光系统，消除了狭缝对光谱能量的限制，大大提高了对光能的利用。傅里叶变换红外光谱仪能同时测量记录全波段的光谱信息，在任何测量时间内都可以获得辐射源的所有频率的全部信息。傅里叶变换红外光谱仪具有以下显著特点：

(1) 扫描速度快。傅里叶变换红外光谱仪是按照全波段进行数据采集的，得到的光谱是对多次数据采集求平均后的结果。在几十分之一秒内就可扫描一次，在 1 s 内可以得到一张高分辨、低噪声的红外光谱图。可用于快速变化过程的测定，也可用于红外光谱与色谱的联合测定。

(2) 灵敏度高。傅里叶变换红外光谱仪从光源发出的各种波长的红外光一起到达检测器，信号很强。可以在短时间内进行多次扫描，使样品信号累加，同时将噪声平滑掉，提高仪器灵敏度。样品用量可少到 10^{-11}～10^{-9} g，用于痕量分析。

(3) 波数精度高。傅里叶变换红外光谱仪测量得到的干涉图经过傅里叶变换，可以准确计算得到各种单色光的强度信息，以及相应波数(或波长)信息。测量的波数精度可达到 0.01 cm^{-1}。

(4) 分辨率高。傅里叶变换红外光谱仪的分辨率取决于动镜的最大位移，最大位移越大，分辨率越高。目前研究型傅里叶变换红外光谱仪的分辨率高达 0.0026 cm^{-1}。

(5) 测量范围宽。可以研究 10～10000 cm^{-1} 的红外光谱。

(6) 具有极低的杂色光，一般低于 0.3%。

(7) 全波段内分辨率一致，重现性比较好。

(8) 可以与各种仪器联用，如与色谱联用的 FTIR-GC、与热重分析联用的 FTIR-TG。

2.2.4 红外光谱附件

1. 红外显微镜

20 世纪 80 年代显微技术引入 FTIR，将测量灵敏度提高到纳克级，测量微区直径为数十微米。红外显微镜是将红外光谱仪与光学显微镜联用的系统，主要由红外主机、红外显微镜系统和计算机组成。红外显微镜多采用干涉原理，主要部件包括迈克尔逊干涉仪、显微镜光学系统、检测器等。

红外显微镜按其光路系统的差异，一般分为非同轴光路红外显微镜和同轴光路红外显微镜两大类。根据红外显微镜所测样品的形态、性质和测试要求，可以选择透射、反射、衰减全反射三种测试模式。测试时，样品放置在红外显微镜的载物台上，光谱仪产生光束射向并聚焦到待测样品，可以进行上下高度的光路聚焦。通过调节载物台 X 轴和 Y 轴以及调节光栅，可以确定测试的样品以及样品中不同的微区。

红外显微镜检测器测量出颗粒的光谱反射光束，从而对样品进行点、线、面的分子水平的扫描，可以快速、自动获得大量的红外光谱图，并把测量点的坐标与对应的红外光谱同时存入计算机。经过一定的数据处理便得到不同化学官能团及化合物在微区分布的三维立体图或平面图，并以彩色图像的形式显示在屏幕上。不同颜色代表该区域某一基团的吸光度不同。

通过成分图像分析，可以获得样品的空间分辨红外谱图和某一微小区域内成分图像，从而可以分析样品在各扫描微区的组分及结构特征，因此可以表征样品的结构、官能团的空间分布及其变化等。

2. 红外漫反射

漫反射是投射在粗糙表面上的光向各个方向反射的现象。当红外光照射到疏松的固态样品的表面时，一部分入射光被样品表面立即反射出来(镜面反射光)，其余的入射光在样品表面产生漫反射，或在样品微粒之间辗转反射逐渐衰减，或为穿入内层后再折回的散射。这些接触样品微粒表面后被漫反射或散射出来的光具有吸收-衰减特性，这就是漫反射产生光谱的基本原理。漫反射装置的作用就是最大强度地把这些漫反射、散射出来的光能聚集起来送入检测器，得到具有良好信噪比的光谱信号。红外漫反射适用于测定粉末、纤维、泡沫、塑料等固态样品的红外光谱，特别适合测定那些载体中待测组分含量很低的样品，如煤炭中的有机物、分子筛中吸附的物质等。

光线照射到固体样品上时，镜面反射和漫反射是同时存在的。将待测样品在合适的基质中稀释，能够有效地消除镜面反射，并避免产生吸收峰饱和的现象。稀释基质应在研究波数范围内对红外光无吸收，且有较强的反射能力。常用的稀释基质有 KCl 和 KBr 等。卤化钾与样品的质量比一般为 20∶1～10∶1。测试时，将卤化钾与样品混合装入样品槽，即可测得混合粉末的漫反射谱，将该谱与卤化钾粉末的漫反射谱相比就得到样品的漫反射谱。

漫反射谱有两种表示方式：一种用漫反射率(漫反射光与入射光强度之比)表示，另一种用库贝尔卡-蒙克(Kubelka-Munk)函数 $f(R_\infty)$表示。漫反射用于定量分析时，与样品浓度 c 呈线性关系的不是峰强，是根据库贝尔卡-蒙克函数得出的 $f(R_\infty)$。漫反射率和样品浓度的关系可由库贝尔卡-蒙克方程来描述：

$$f(R_\infty)=(1-R_\infty)^2/2R=K/S \tag{2-11}$$

式中，$f(R_\infty)$为库贝尔卡-蒙克函数；R_∞ 为样品层无限厚时的漫反射率(实际上几毫米厚度即可)；K 为样品的吸光系数；S 为样品的散射系数(与样品粒度有关，粒度一定时为常数)。

K 与粉末样品浓度 c 成正比。可知，$f(R_\infty)$与 c 成正比，这是漫反射定量分析的依据。

3. 衰减全反射

傅里叶变换衰减全反射红外光谱仪(ATR-FTIR)在测试过程中，不需要对样品进行任何处理，对样品不会造成损坏。其应用极大地简化了一些特殊样品的测试，使微区成分的分析变得方便快捷，检测灵敏度可达 10^{-9} g 数量级，测量显微区直径达数微米。

ATR 附件基于光内反射原理而设计。从光源发出的红外光经过折射率大的晶体再投射到折射率小的试样表面上，光线会发生折射现象，折射角大于入射角，当入射角大于临界角时，入射光线会产生全反射。事实上红外光并不是全部被试样表面反射回来，而是穿透到试样表面内一定深度后再返回表面。在该过程中，试样在入射光频率区域内有选择吸收，反射光强度减弱，产生与透射吸收相类似的谱图，从而获得样品表层化学成分的结构信息。

根据选用内反射晶体的材料和入射角的不同，透射深度可在几百纳米到几微米之间。全反射光束穿透样品层的深度与样品折射率、入射角、入射光波数、晶体折射率有关。样品折射率越大，穿透深度越深；入射角越大，穿透深度越浅；入射光波数越高，穿透深度越浅；晶体折射率越大，穿透深度越浅。

ATR-FTIR 通过样品表面的反射信号获得样品表层有机成分的结构信息，其具有以下特点：①制样简单，无破坏性，对样品的大小、形状、含水量没有特殊要求；②可以实现原位测试、实时跟踪；③检测灵敏度高，测量区域小，检测点可为数微米；④能得到测量位置处物质分子的结构信息、某化合物或官能团空间分布的红外光谱图像微区的可见显微图像；⑤能进行红外光谱数据库检索以及化学官能团辅助分析，确定物质的种类和性质；⑥在常规 FTIR 上配置 ATR 附件即可实现测量，仪器价格相对低廉，操作简便。

随着计算机技术的发展，ATR 已实现了非均匀、表面凹凸、弯曲样品的微区无损测定，可以获得官能团和化合物在微分空间分布的红外光谱图像。

4. 变温光谱件

环境温度不同，样品显现不同的物态。低温下的固体样品和较高温度下的液体样品，测量得到的红外光谱之间存在很大的差别。固体样品在温差较大的不同温度下检测到的光谱也有明显差别。在低温下，分子热弛豫现象受到抑制，红外谱带变得尖锐，许多在室温下观察不到或无法分辨的红外谱带在低温下能够清楚地分辨。

室温下是固态的样品在升温过程中，样品发生相转变或变成液态，其红外谱图中谱带的峰位、峰强、峰形会发生变化。原有的谱带可能消失，也可能出现新的谱带。样品分子的排列状态可能会从有序变成无序，氢键、晶格可能会被破坏，从而引起红外光谱的变化。因此，变温红外光谱已成为红外光谱学的重要组成部分。

变温红外光谱附件分为低温红外光谱附件和高温红外光谱附件两类。低温红外光谱附件又分为液氦(温度 4.2 K，–269℃)和液氮(温度 77 K，–195.8℃)红外光谱附件。变温红外光谱附件可拆的加热池，有加热板、热电偶、温度控制器等不同结构。通过变温红外光谱附件的作用，顺序变温测量样品的吸收、反射红外光谱，是研究化合物物理、化学及生物学性质及其过程的常用方法。

2.3　红外光谱样品制备

在测定样品的红外光谱图时，必须先按照试样的状态及性质、分析目的、测定装置等条件选择一种最合适的制样方法，红外光谱图的质量在很大程度上取决于样品的制样方法。

2.3.1　制样时需注意的问题

首先要了解样品纯度。试样应该是单一组分的纯物质，纯度应大于 98%(用红外光谱做定量分析不要求纯度)，便于与纯化合物的标准进行对照。多组分试样应在测定前尽量预先用分馏、萃取、重结晶、区域熔融或色谱法进行分离提纯。

对含水分和溶剂的样品要做干燥处理。试样中不应含有游离水，水本身有红外吸收，会严重干扰样品谱，而且还会侵蚀吸收池的盐窗并破坏分束器。

根据样品的物态和理化性质选择合适的制样方法。如果样品不稳定，则应避免使用压片法。制样过程要注意避免空气中水分、CO_2 及其他污染物混入样品。试样的浓度和测试厚度应选择适当，以使光谱图中的大多数吸收峰的透过率为 10%～80%。

2.3.2　固体样品的制备

固体样品可以薄膜、粉末及结晶等状态存在，制样方法要因物而异。

1. 溴化钾压片法

最常用的压片法是取 1～3 mg 固体试样，加 100～300 mg 烘干处理过的 KBr 研细混合，研磨到粒度小于 2 μm，放入压片机加压，使样品与 KBr 的混合物形成一个透明薄片，即可用于测定。

此法适用于可以研细的固体样品。但对不稳定的化合物，如发生分解、异构化、升华等变化的化合物不宜使用压片法。压片法测试后的样品可以回收。由于 KBr 易吸收水分，所以制样过程要尽量避免水分的影响。压片法可以对片的厚度和试样量做精确控制，可用于定量分析。粒度一定要控制在 2 μm 以下，以减少光的散射。由于粒度大小影响吸光度，而每次测试时粒度无法控制，只能尽可能研细，因此定量分析时压片法的准确度和精密度不如溶液法。

2. 糊状法

固体粒子对光有散射，往往使谱图失真，这种现象在压片法中无法避免，只能用尽量研细来减少。选用与样品折射率相近、出峰少且不干扰样品吸收谱带的液体，如石蜡油、六氯丁二烯、氟化煤油等，与研细的固体粉末调成糊状，可以大大减小散射。研磨后的糊状物涂在两个盐窗上进行测试，此法可消除水峰的干扰。这些液体在某些区域有红外吸收，可根据样品特征峰位选择使用。

此法适用于可以研细的固体样品。试样调制容易，但不能用于定量分析。液体的吸收有时会干扰样品。

3. 溶液法

溶液法是将固体样品溶解在溶剂中，然后注入液体池进行测定的方法。溶液法使用的溶剂都会有红外吸收，需要在参比光路中用相同规格的池子装上溶剂进行补偿，以消除溶剂吸收，得到样品的光谱图。但是在溶剂吸收特别强的区域，光能几乎被溶剂全部吸收，形成“死区”，不能真实地记录溶质的吸收，记录下的谱线在此区域为平坦的曲线。因此，在选择溶剂时不要让被观察的吸收峰落入“死区”。在选择溶剂时，还要注意氢键、化学反应、溶剂效应的影响。溶液法通常难以得到完整的红外光谱图。

4. 薄膜法

有些材料难以用前面几种方法进行测试，可以试用薄膜法。一些高分子膜通常可以直接测试，但更多的情况是要将样品制成膜。

(1) 熔融法：对熔点低、在熔融时不发生分解或升华和其他化学变化的物质，用熔融法制备。可将样品直接用红外灯或电吹风加热熔融后涂制成膜或加压成膜。

(2) 热压成膜法：对于某些聚合物，可将它们放在两块具有抛光面的金属块间加热，样品熔融后立即用油压机加压，冷却后揭下薄膜，夹在夹具中直接测试。

(3) 溶液制膜法：将试样溶解在低沸点的易挥发溶剂中，涂在盐片上，待溶剂挥发后成膜来测定。如果溶剂和样品不溶于水，使它们在水面上成膜也是可行的。比水重的溶剂在汞表面成膜。

(4) 切片成膜：不溶、难熔又难粉碎的固体可以用机械切片法成膜。

2.3.3　液体样品的制备

1. 液体吸收池

对于低沸点液体样品的定量分析，要用固定密封液体池。制样时液体池倾斜放置，样品从下口注入，直至液体被充满为止，用聚四氟乙烯塞子依次堵塞池的入口和出口，进行测试。

2. 液膜法

对沸点较高的液体，在两个窗片之间滴上 1～2 滴液体样品，形成没有气泡的毛细厚度液膜，然后用夹具固定，放入仪器光路中进行测试。此法操作方便，没有干扰。但是此方法不能用于定量分析，所得谱图的吸收谱带不如溶液法尖锐。

2.3.4　气体样品的制备

气体样品一般使用长度可以选择的气体池进行测定。用玻璃或金属制成的圆筒两端有两个可透过红外光的窗片，在圆筒两边装有两个活塞，作为气体的进出口。为了增长有效的光路，也有多重反射的长光路气体池。

2.4　红外光谱特征频率

2.4.1　红外光谱特征频率区域划分

1. 特征频率区和指纹区

1) 特征吸收谱带

由 n 个原子组成的分子有 $3n-6$(线形分子为 $3n-5$)种简正振动。每一种简正振动中，几乎所有的键长和键角都在或多或少地发生周期性变化，而且变化的幅度并不相等，往往是某一个(或一组)键长或键角的变化幅度较大，与简正振动相对应的红外吸收频率主要取决于该(组)键的结构特征。这就是振动的特征性。对同一种基团(主要是含 H 基团、不饱和基团)来说，当它们处于不同的结构环境(即连有不同的基团)时，力常数和折合质量虽有差别，但差别不大，其振动频率只在一个很小的范围内变化。不同种类的基团的力常数和折合质量及振动频率有较大差别。因此，某种基团与某一频率区域的吸收谱带之间就存在较强的对应关系，将某一频率范围内出现的吸收带称为某类基团的特征吸收谱带。例如，3300 cm^{-1} 附近出现的宽而强的吸收谱带称为 O—H(多缔合的酚或醇)的伸缩振动特征吸收带；3000～2800 cm^{-1} 出现的吸收带称为饱和 C—H 键的伸缩振动特征吸收带；1700 cm^{-1} 附近的强吸收带是 C═O 的特征谱带；1375 cm^{-1} 附近出现的中等或弱吸收带是—CH_3 对称弯曲振动特征谱带。

2) 特征频率区

与非含 H 基团相比，含 H 基团的折合质量小得多，如 C—C 键的折合质量为 6，C—H 键的折合质量约为 1；与单键相比，不饱和键的力常数大得多，如 C—C 键的伸缩振动力常数约为 450 $N \cdot m^{-1}$，C═C 约为 960 $N \cdot m^{-1}$，C≡C 约为 1650 $N \cdot m^{-1}$。因为化学键的振动频率与力常数的平方根成正比，与其折合质量的平方根成反比，所以含 H 基团和不饱和基团的伸缩振动频率较高，相应吸收谱带出现在高频区(4000～1350 cm^{-1})。另外，高频区的谱带较少，而且具有较强的特征性，大多数谱带较易做出明确的归属，因此把 4000～1350 cm^{-1} 这一光谱区域称为特征频率区。

3) 指纹区

有机化合物分子中存在各种单键，如 C—C、C—O、C—N、C—S、N—O、C—X (X 为卤素原子)键等，与含 H 基团相比，它们具有较大的折合质量；与不饱和键相比，它们具有较小的力常数。因此，这些单键的伸缩振动频率较低，相应吸收谱带位于低频区(1350～400 cm^{-1})，且它们具有相近的力常数和折合质量，振动频率相近，相近的频率容易引起振动耦合作用，造成吸收谱带的裂分和位移。另外，各种键的弯曲振动吸收谱带也出现在这一区域，这一区域谱带数目较多，很难一一做出明确归属。就光谱的整体面貌而言，这一区域的光谱对分子结构的变化极为灵敏。结构上的微小差别往往导致光谱上的显著不同，如同人的指纹一样，因此将 1350～400 cm^{-1} 这一光谱区域称为指纹区。

指纹区的吸收谱带同样具有特征性。某些基团的吸收带，如烯键和芳香环 C—H 键的面外弯曲振动吸收谱带出现在 1000～650 cm^{-1} 区域内，根据这一区域内谱带的数目和位置，往往可以判断烯键或芳环上的取代情况。有时也将 1000～650 cm^{-1} 这一波段称为另一个特征频率区。

4) 相关谱带

同一个基团往往有多种具有红外活性的振动，可以产生多个红外吸收谱带。将关于同一个基团的若干个谱带称为相关带。例如，$—CH_3$ 的反对称伸缩振动谱带位于约 2962 cm^{-1}，对称伸缩振动谱带位于约 2872 cm^{-1}，反对称弯曲振动谱带位于约 1460 cm^{-1}，对称弯曲振动谱带位于约 1375 cm^{-1}，这四个谱带都与 $—CH_3$ 相关联，因此这四个谱带互为相关带。在利用红外光谱推测某种基团是否存在时，应尽可能地把各种相关带找出来。找出的相关带越多，结论越可靠，切忌仅根据某一谱带下结论。

2. 红外光谱特征频率区域划分

同一种基团具有相同或相近的折合质量和力常数，它们的振动频率只在一个不太大的范围内变动。在大量经验数据的基础上，将常见基团的特征频率进行适当的归纳，常见有机基团的特征频率区域划分如图 2-7 所示。在利用图 2-7 归纳的结果解析红外光谱时需注意：此图是经验总结，不可能包罗万象，超出图中规定的特征频率范围的特例是不可避免的；某类基团的特征吸收谱带出现在相应的特征频率区内，但出现在该区域的谱带并不一定就是该类基团产生的，这一点在低频区尤为突出。要解决上述问题，一是靠丰富的经验，二是靠多种分析手段进行相互印证。

2.4.2　影响基团振动频率的因素

特定基团的力常数只是在周围环境完全没有力学和电学耦合的情况下才能固定不变。实际上，总有不同程度的各种耦合存在，使基团吸收谱带频率发生位移。同一种基团或化学键，当它所连接的其他基团不同时，其振动频率、吸收强度及谱带的形态都将发生变化。导致这种变化的因素为分子的内部结构，因此称为内因。内因是不可改变的。

同一种化合物，当测定条件(如样品的物理状态、溶剂、温度、浓度等)不同或使用不同档

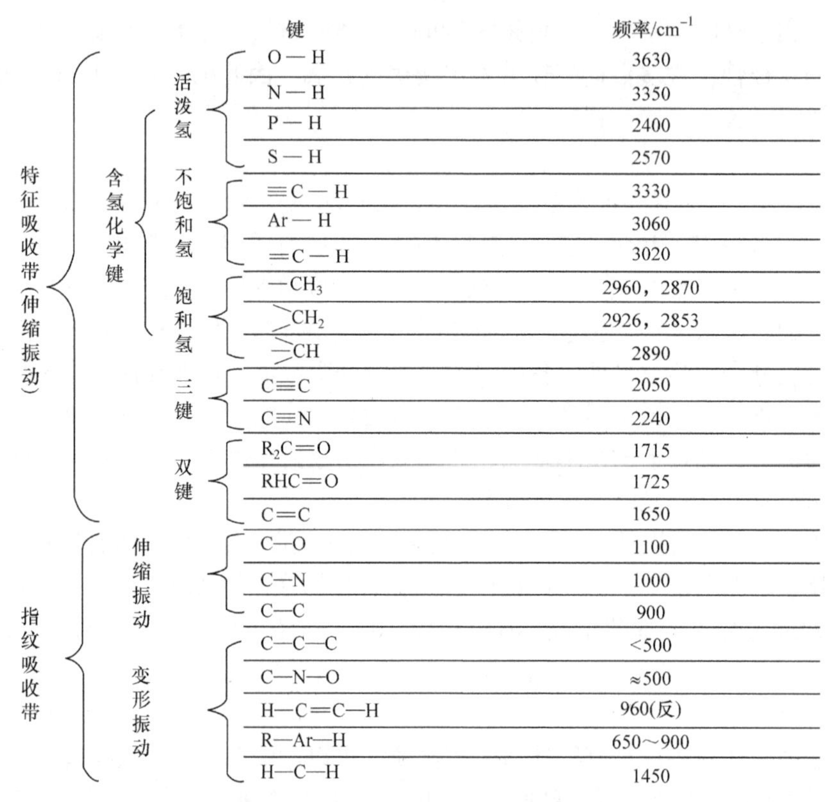

图 2-7　红外光谱特征频率的区域划分

次的仪器时，其红外光谱也会发生变化。这种影响来自于化合物分子以外，称为外因。外因是可以改变的。

1. 内因

1) 诱导效应

在具有一定极性的共价键 X—Y(X、Y 可以是任意原子；化学键可以是单键，也可以是不饱和键)中，随着取代基的电负性不同，产生不同程度的静电诱导作用，引起分子中电荷分布的变化，进而改变共价键的力常数，使其振动频率发生改变，这就是诱导效应。诱导效应沿键发生作用，与分子的几何形状无关，随取代基的电负性而变化。当 X 原子和吸电子的原子或原子团 A 相连时(形成 A—X—Y)，A 的吸电子作用使 A—X 键的成键电子云远离 X 核，X 核周围的电子云密度降低，对 X—Y 键的成键电子吸引力增强，故 X—Y 键键长变短，强度增加，伸缩振动频率升高。与此相反，如果取代基 A 是斥电子基，那么 A—X 键的成键电子云将靠近 X 核，因此 X 核对 X—Y 键的成键电子的吸引力将减弱，X—Y 键键长将加长，强度降低，伸缩振动频率降低。

表 2-1 中五种不同电负性取代基取代的酮类化合物随取代基电负性增强，其羰基伸缩振动频率向高频方向移动。取代基的电负性越大，诱导效应越显著，基团振动频率向高频方向位移也越大。

表 2-1　不同电负性取代基取代的酮类化合物 C═O 吸收频率

化合物	R—COR	R—COH	R—COCl	R—COF	F—COF
取代基种类	R、R	R、H	R、Cl	R、F	F、F
吸收频率/cm^{-1}	1715	1730	1800	1920	1928

2) 共轭效应

不饱和键和单键交替排列的结构称为共轭结构。构成多重键的 π 电子云可以在一定程度上极化。与非共轭的不饱和键及单键相比，共轭体系中的单键具有一定程度的 π 键成分，双键上的 π 电子云密度有所降低，即 π 电子云被平均化。结果原来双键的键能略有减弱，整个共轭体系获得共振能，增加了稳定性，如下式所示：

$$CH_2{=}CH{-}CH{=}CH_2 \longrightarrow \underbrace{CH_2{-}CH{-}CH{-}CH_2}$$

因此，共轭效应使不饱和键的伸缩振动频率向低频方向移动，吸收强度增加。共轭链越长，振动频率低频位移越大。

$H_3C-C(=O)-CH_3$　1715 cm^{-1}

环己烯基$-C(=O)-CH_3$　1685 cm^{-1}

$C_6H_5-C(=O)-CH_3$　1685 cm^{-1}

$C_6H_5-C(=O)-C_6H_5$　1660 cm^{-1}

在一个分子中往往同时存在诱导效应和共轭效应，不饱和键的振动频率的位移方向取决于哪一种效应更占优势。诱导效应占优势，则对应谱带向高频方向移动；共轭效应占优势，则向低频位移。

3) p-π 共轭效应

当带杂原子的基团和不饱和键相连时，杂原子上的未共用电子对可以与不饱和体系的 π 键共轭，形成 p-π 共轭体系。p-π 共轭形成多电子 π 键(π 电子数多于参与共轭的原子数)，未共用电子对与不饱和键的 π 电子之间发生一定程度的互斥作用。杂原子往往电负性较大，对不饱和键产生吸电子的诱导作用。两种效应孰强孰弱，取决于不饱和键和带杂原子的基团的种类。

对 C═C、C≡C 等非极性键和极性不太强的 C≡N 不饱和键来说，由于 π 电子云在 C 核周围密度较大，几乎所有的杂原子(F 除外)都以 p-π 共轭为主，表现为斥电子作用，υ(C—C)和 υ(C═C)各有不同程度的降低。

对强极性的 C═O 键来说，π 电子云远离 C 原子而靠近 O 原子。当卤素、HO、RO、RCO_2 等强吸电子基团和 C═O 相连时，主要表现为吸电子的诱导效应，υ(C═O)升高。当电负性较小的 RS、HS、H_2N、RHN、R_2N 和 C═O 相连时，以斥电子的诱导效应为主，υ(C═O)有所降低。

4) 偶极场效应

当两个偶极子互相靠近时，相互间产生静电作用，引起化学键振动频率的变化，这种现象称为偶极场效应。例如，在 α-氯代丙酮(液态)的红外光谱中于 1745 cm^{-1}、1725 cm^{-1} 处有两个 υ(C═O)吸收谱带，分别来自两种不同的构象异构体(图 2-8)。在构象 A 中，电子云密度较高的 Cl 原子和 O 原子相互靠近，而且 Cl 原子在 O 原子的外侧(因为 C—Cl 键比 C═O 键长)；

两个原子的电子云互相排斥，使 C═O 键变短，因此键强度增加。另外，Cl 原子吸电子的诱导效应也使 C═O 键强度增加。两种作用是协同的，使构象 A 的 υ(C═O)升高。

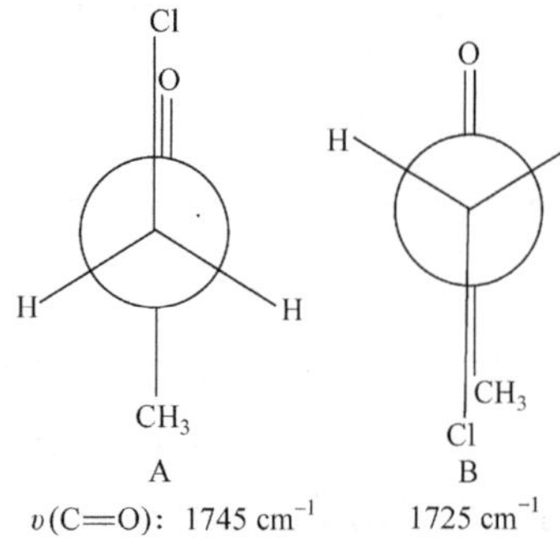

A　　B

υ(C═O)：1745 cm^{-1}　　1725 cm^{-1}

图 2-8　α-氯代丙酮构象异构中的偶极场效应

在构象 B 中，Cl 原子和 O 原子互为反位，只存在诱导效应，不存在偶极场效应，构象 B 的 υ(C═O)仅比丙酮稍高一些，而比不上构象 A 的 υ(C═O)。

5) 空间位阻效应

共轭效应使基团吸收频率向低频位移。当分子结构中存在空间位阻，破坏共轭体系的共平面时，共轭受到限制，基团吸收接近正常值。如下面的例子，随环上取代基增多，羰基与烯烃双键的共轭效应减弱，υ(C═O)比无取代基时大，接近饱和脂肪酮的 υ(C═O)。

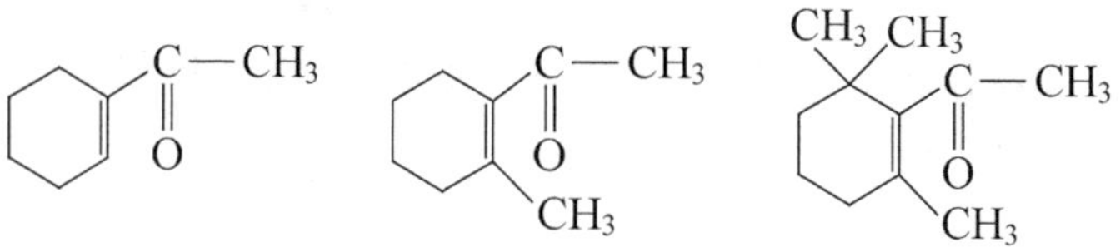

υ(C═O)/cm^{-1}　　1663　　1686　　1693

6) 环张力效应

饱和碳原子一般位于正四面体中间，键角为 109°28′。结合条件改变会使键角改变，引起键能的变化，使振动频率产生位移。六元环的环内键角与链状化合物的键角相近，称为无张力环。更大的环，通过环的扭曲，环张力基本被消除。五元环以及更小的环，环内键角依次减小，环张力依次增大。

υ(C—H)/cm^{-1}　　3060～3030 cm^{-1}　　2900～2800 cm^{-1}

键应力的影响在含有双键的振动中最为显著。以环烯为例，烯 C 原子为 sp^2 杂化，杂化轨道之间的夹角 θ= 120°。在张力环中，环越小，环内键角越小。因此，C═C 键中的 σ 键是弯键，与两个 C 核之间的连线并不重合，环越小，σ 键越弯曲，键强度越弱。例如，C═C 伸缩振动正常为 1650 cm^{-1} 左右，环己烯为 1652 cm^{-1}，环戊烯为 1611 cm^{-1}，环丁烯为 1566 cm^{-1}。

环张力对环外键的振动频率影响明显。振动频率随环的原子个数减少而增加。例如，环酮结构中，C═O 伸缩振动正常为 1700 cm^{-1} 左右，当 C═O 处在六元环上时为 1715 cm^{-1}，五元环为 1745 cm^{-1}，四元环为 1775 cm^{-1}，三元环为 1815 cm^{-1}。

7) 振动耦合效应

CH_3、NO_2 等基团含有若干个相同的化学键，具有相同的振动频率，应该只有一个吸收谱带。实际上它们都有两个伸缩振动吸收带：一个来自几个相同化学键的同相位的伸缩振动，称为对称伸缩振动；另一个来自反相位的振动，称为反对称伸缩振动。红外光谱中，因振动耦合引起振动频率分裂的现象称为振动耦合效应。

振动耦合既可以发生在同种类型的振动之间，也可以发生在伸缩振动和弯曲振动之间。当一个化学键的伸缩振动和另一个连在一起的化学键的弯曲振动频率很接近时(对称类型也相同)，就会发生振动耦合，使本来重叠在一起的谱带分离较远。例如，羧酸的 C—O 和 O—H

的面外弯曲振动频率很接近，它们之间发生耦合，在约 1420 cm^{-1} 处和 1300～1200 cm^{-1} 处出现两个吸收谱带。

一个化学键的某一种振动的基频和它自己或另一个连在一起的化学键的某一种振动的倍频或组合频很接近，并且具有相同的对称性时，也会发生振动耦合，使靠得很近的两个谱带分离得更远，并使强度很弱的倍频或组合频吸收带的强度显著增加。这种耦合称为费米(Fermi)共振。例如，醛类化合物在 2820 cm^{-1} 和约 2720 cm^{-1} 处有两个中等强度的吸收带，分别来自醛基 C—H 伸缩振动的基频和它的弯曲振动的倍频(其基频约 1390 cm^{-1})之间的费米共振。振动耦合现象在有机化合物的红外光谱中是非常普遍的，当在红外光谱中出现一些不正常吸收带时，可考虑振动耦合效应的影响。

2. 外因

1) 溶剂效应

溶剂效应是溶质和溶剂分子相互作用的结果。目前，关于溶剂效应的机理并没有一种普遍适用的理论。有机化学家习惯用分子极性来解释分子间的相互作用，偏重于用偶极矩作为衡量极性大小的尺度。

对非极性键来说，溶剂效应对其振动频率影响不大，而且大多没有什么规律性。对极性键来说，溶剂极性增强将导致其伸缩振动频率降低。目前的解释是两个偶极子之间的静电作用使极性键进一步极化，键长增加而键强度减弱。

2) 氢键效应

氢键是一个分子 R—X—H 与另一个分子(或同一分子)R′—Y 相互作用，生成 R—X—H⋯Y—R′的形式，X 为电负性强的原子，Y 为具有未共用电子对的原子。氢键有分子间氢键和分子内氢键。

当样品进行红外检测，存在分子间氢键的作用时，氢键越强，相关基团的伸缩振动谱带越宽，吸收强度越大，向低频方向位移也越大。弯曲振动则引起谱带变窄，同时向高频方向移动。例如，乙醇的 CCl_4 溶液，浓度为 0.01 $mol \cdot L^{-1}$ 时只存在单个乙醇分子，其 υ(O—H)为 3640 cm^{-1}；浓度为 0.1 $mol \cdot L^{-1}$ 时，在 3640 cm^{-1} 处尖锐的单体吸收带强度减小，新出现 3515 cm^{-1} 处尖而弱的二缔合体吸收带，以及 3350 cm^{-1} 处宽的多缔合体吸收带；当浓度增至 1.0 $mol \cdot L^{-1}$ 时，3640 cm^{-1} 处的吸收带变得很弱，3350 cm^{-1} 处的多缔合体吸收带变得很宽且强，说明此时的乙醇几乎都以多缔合体存在。

分子间氢键受溶剂的种类、浓度和温度的影响，而分子内氢键则取决于分子的内在性质，不受上述因素影响。将样品溶液稀释到浓度非常低的程度，使样品分子间的距离相隔很远，呈游离状态，就不可能形成分子间氢键。这是区分分子间氢键和分子内氢键的好方法。

3) 样品物理状态的影响

同一种样品在不同物理状态(气态、液态、固态、溶液或悬浮液)下测定，由于其状态不同，光谱往往有不同程度的变化。

对于气态样品，特别是在低压气态下，分子间相距很远，相互作用可忽略不计，光谱特征基本上完全由分子结构决定。因此，研究分子结构与光谱特征关系的最理想的光谱数据应取自低压下的气态光谱。

液态样品的分子间距离较小，分子间的缔合作用较强，有的存在很强的氢键，分子的旋转受到限制，因此光谱中不再出现转动精细结构。液态样品的光谱特征可用溶剂效应的规律进行处理。

固态物质分子间的距离更近，且相对位置比较固定，分子间的缔合作用更为强烈，伸缩振动频率更低。另外，同一种物质可能具有不同的晶型。晶型不同，光谱往往也不同。在结晶的固体中，分子在晶格中规整排列，加强了分子间的相互作用，使谱带产生分裂。

4) 折射率和样品粒度的影响

对于固体粉末样品，散射的影响很大，通常造成谱图失真。谱图质量主要受到两个物理因素的影响：测试样品与溴化钾折射率的差别以及样品颗粒尺寸与红外辐射波长的关系。样品的折射率与溴化钾相近，可以制得透明或稍浑浊的样片，测试时被样品散射掉的光能越少，结果越准确。

样品的折射率会随着吸光度的变化而产生变化。在吸收峰处吸光度突然变化，使折射率产生很大变化，从而导致由散射引起的光能损失的剧烈变化，造成光谱的峰位位移，这种现象称为克里斯琴森(Christiansen)效应。当样品粒度小于测定波长时，可基本消除克里斯琴森效应，一般当样品颗粒尺寸小于 5 μm 时就可以明显减弱散射的影响。

5) 仪器的影响

不同档次的仪器具有不同的分辨率。当光谱中有靠得很近的谱带时，高分辨率的仪器可以将它们分开，而低分辨率的仪器则不能。因为棱镜仪器比光栅仪器和傅里叶变换仪器的分辨率低，所以同一种化合物的棱镜光谱和光栅光谱往往有明显差别。

2.4.3 红外光谱吸收强度及其影响因素

1. 红外光谱吸收强度

红外光谱吸收强度用峰高或峰面积表示，峰高或峰面积越大，吸收强度越大。

一张红外光谱图中有许多吸收谱带，比较这些谱带的吸收强度时，通常是比较它们的绝对值，却未考虑产生这些谱带基团的摩尔分数。例如，在 $CH_3(CH_2)_{10}CH_2—OH$ 中，CH_3、CH_2 和 OH 的物质的量比为 1 : 11 : 1；谱图中 $\upsilon(CH_2)$吸收带很强，但比较它们的摩尔吸光系数，CH_2 要比 OH 小得多。从这个意义上讲，直接用谱图中谱带的峰高比较吸收强度而不考虑摩尔分数是不准确的。但是，用摩尔吸光系数进行比较，在实际工作中往往比较困难，所以不得不模糊地用峰高或峰面积比较吸收强度。因此，在比较吸收强度时，也应考虑摩尔吸光系数这一重要因素。

2. 影响红外吸收强度的因素

根据量子力学理论，红外吸收强度(用摩尔吸光系数表示)与偶极矩随核间距变化率的平方成正比。可以定性地说，振动过程中偶极矩变化越大，吸收强度越大。一般极性比较强的分子或基团的吸收强度比较大。

1) 基团极性的影响

绝大多数有机化合物分子没有对称性，在考虑基团的红外吸收强度时，可以用基团的极性(用偶极矩表示)预估其大小。通常极性越大的基团，振动过程中偶极矩变化幅度越大，吸收强度越大。例如，C═O、C≡N、O—H 等基团比 C═C、C≡C、C—H 键的极性大，前者的吸收强度比后者强得多。

2) 诱导效应的影响

使基团极性降低的诱导效应导致基团的吸收强度减小，使基团极性升高的诱导效应导致基团吸收强度增加。例如，C≡N 是强极性键，其 υ(C≡N)吸收带较强，当 α-C 原子上有吸电子基团时，C≡N 键极性降低，υ(C≡N)吸收带变得很弱(图 2-9 和图 2-10)。

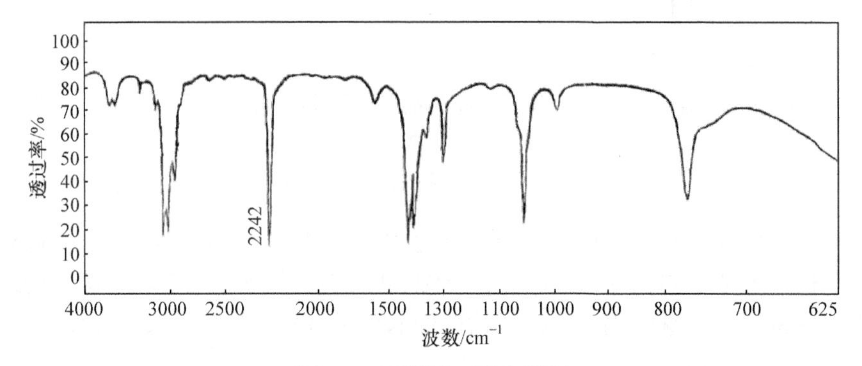

图 2-9　丙腈的红外光谱图

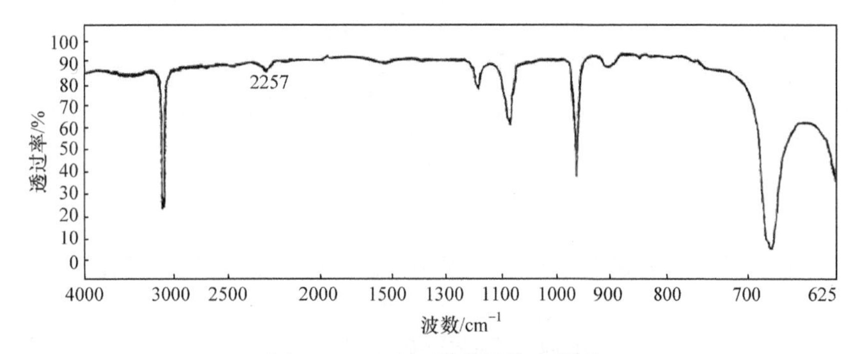

图 2-10　二溴乙腈的红外光谱图

3) 共轭效应的影响

共轭效应使 π 电子离域程度增大，极化程度增加，使不饱和键的伸缩振动吸收强度显著增加。例如，芳香腈和 α,β-不饱和腈的 υ(C≡N)吸收强度是饱和脂肪腈的 4～5 倍。2-甲基-1,3-丁二烯的 υ (C═C，as)比 1-庚烯的吸收强度大得多(图 2-11 和图 2-12)。

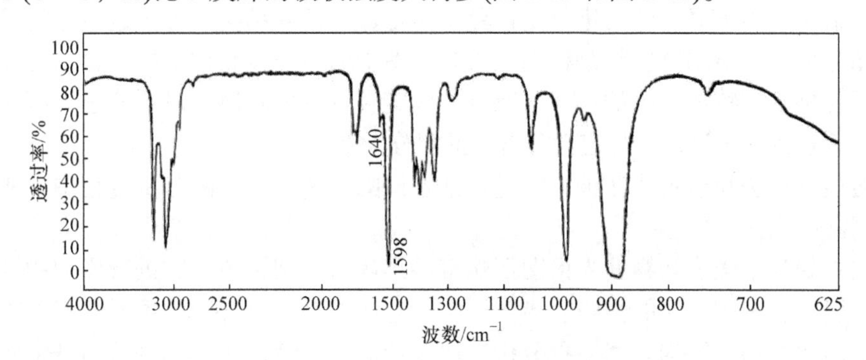

图 2-11　2-甲基-1,3-丁二烯的红外光谱图

4) 氢键作用的影响

参与形成氢键的化学键会被强烈地极化，其伸缩振动吸收带会加宽、增强，这在含 OH、NH_2 的化合物中表现尤为明显。

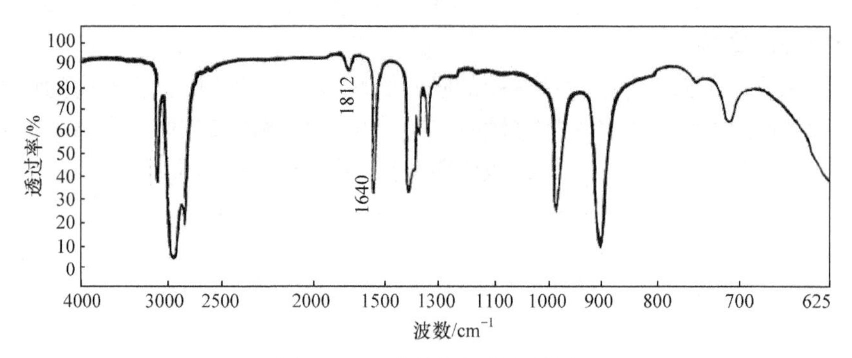

图 2-12　1-庚烯的红外光谱图

但是，当 OH 形成六元环共轭型分子内氢键时，氢键效应极强，且发生共振效应。O—H 键强度在一个极大的范围内变动，因而 υ(O—H)吸收带变得极宽，由于峰太宽，峰高变得很小，甚至观察不到。例如，乙酰丙酮的烯醇异构体的 υ(O—H)吸收带很矮(图 2-13)。

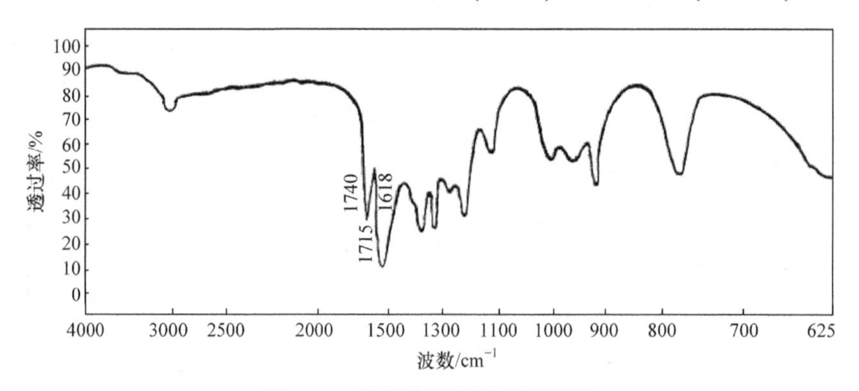

图 2-13　乙酰丙酮的红外光谱图

2.5　红外光谱图的解析

2.5.1　红外光谱解析方法

红外光谱可以用来对化合物进行定性鉴定、定量分析和结构表征。这些分析都是通过解析红外谱图完成的。谱图解析就是根据红外光谱图中的特征吸收谱带的位置、强度、数目及形状，利用各种基团特征吸收的规律、特点，确定吸收带的归属，确定分子中所含的基团，结合其他分析获得的信息，进行定性分析、推测分子结构。

可以通过肯定法和否定法两种方法进行红外谱图的解析。实际分析过程中，两种方法往往配合使用。

肯定法：如果一张未知物的光谱图不能直接辨认出，则必须对它进行详细的分析。分析谱图时，一般从谱图中主要的强吸收谱带开始，它往往对应化合物中主要的官能团，可能较特征地反映出化合物的结构。然后再分析其他较特征的谱带，对于一些弱的谱带往往是不容易解释的。有许多谱带是很特征的，如某一化合物在 1100 cm^{-1} 处有一条很强、形状很对称的谱带，就可以判断有醚键。含氰基的高聚物为数不多，因此谱图中在 2242 cm^{-1} 位置有吸收时，就可以很容易判断有丙烯腈组分存在。

否定法：如果已知某波数区的谱带对于某个基团是特征的，那么当这个波数区没有出现谱带时，就可以判断在分子中不存在这个基团。例如，在 1735 cm^{-1} 附近没有吸收谱带，就可以判断没有酯基存在；在 3700～3100 cm^{-1} 没有吸收谱带，就可以排除 N—H 和 O—H 基团的存在。

2.5.2 标准红外光谱图及检索

如果被测样品是已有化合物，那么只要检索到与样品光谱相同的标准光谱，就可以确定样品的分子结构。标准红外光谱检索可用人工方法，也可以用计算机。人工检索需要有标准光谱集；计算机检索则需要有供计算机使用的标准谱图库。

1. 人工检索

首先根据样品的来源、理化性质确定样品是纯化合物，还是某种工业品；然后分别用纯化合物或工业品光谱探查索引探索标准红外光谱的谱号，再根据谱号提取标准红外光谱图，并与样品的光谱进行比较。

也可以根据样品来源、理化性质和光谱特征，对样品的类型或结构进行估计，再根据估计出的结构，从相关的谱图集中查找。

人工检索需要扎实的化学和光谱知识。更重要的是，要有丰富的经验。

2. 计算机检索

红外光谱的计算机检索快捷、方便，而且已有现成的《萨特勒标准红外光谱集》(Sadtler standard infrared spectra)出售。但由于标准红外光谱库价格较贵，大多数教学和科研单位难以承受，故在实际应用上受到一定限制。

已知物的鉴定需将样品的红外光谱图与特定化合物的标准谱图作对照，如果光谱相同，即可判定样品是该化合物。因谱图的表示方式、仪器的性能和操作条件的不同，红外光谱的谱图会有所差异。在进行对照工作时，必须按照标准光谱的制样方法进行样品的制备，尽可能使测试条件与标准图上的条件一致。要注意的是，有些分子结构不同但非常相似的化合物，它们的红外谱图很难区分。某些特殊场合，“相同”的红外光谱并不一定表示是相同的化合物。在实际工作中要注意这个问题。

标准红外光谱是指已知结构的纯化合物的红外光谱。标准图谱分图谱集、穿孔卡片两种。

1) 萨特勒标准红外光谱集

《萨特勒标准红外光谱集》是由美国费城萨特勒研究实验室自 1947 年以来连续编印出版的各种化合物的多种谱图，是当今世界上最大型谱图集，收集的谱图数量最多，品种齐全。品种有《红外光谱(棱镜和光栅)》《高分辨红外光谱》《红外蒸气相光谱》《核磁共振》《碳-13 核磁共振》《拉曼光谱》《荧光光谱》《紫外光谱》《差热分析》等。它们不仅收集纯度极高的标准样品的谱图，还收集已市售的工业化学品的谱图(商品化合物光谱)。

按测定光谱所用仪器的不同，《萨特勒标准红外光谱集》分为棱镜光谱集和光栅光谱集两大类别。按样品的性质，棱镜光谱集和光栅光谱集又各自独立地分为纯化合物光谱集和工业品光谱集两大类。

纯化合物光谱是具有确切分子结构的纯化合物(不包括高分子)的光谱。在纯化合物红外光谱图上，标有化合物的系统名称、分子式、分子量、分子结构式、熔点或沸点、样品来源和样品制备方法。

工业品红外光谱，除一些具有确切结构式的样品(如溶剂类的 CCl_4、$CHCl_3$、CH_3OH 等)的光谱中标有化学名称和结构式外，绝大多数商品属于混合物，或为了技术保密，光谱中只标有商品牌号、样品来源、制样方法等内容，不标出化学组成。

工业品红外光谱集按样品的性质和用途分为若干类：农业化学品、常被滥用的药物、胶黏剂和密封剂、多元醇、表面活性剂、涂料化学品、单体和聚合物、聚合物的热解物、聚合物的控温热解物、聚合物添加剂、增塑剂、食品添加剂、阻燃剂、脂肪蜡及其衍生物、杀菌剂、润滑剂、橡胶化学品、纤维、溶剂、中间体、矿物、石油化学品、药物、纺织化学品、有毒化学品、香料和香味品、水处理化学品、颜料染料和着色剂、聚合物的 ATR 光谱、甾族化合物、无机化合物(含金属有机化合物)，每一类自成体系，有各自的索引。

《萨特勒标准红外光谱集》的索引分为如下几种：

(1) 化合物名称(用于纯化合物光谱检索)或商品牌号(用于工业品光谱检索)索引(alphabetical index)，它以化合物名称或商品牌号的英文字母顺序排列。

(2) 化合物分类索引(chemical classes index)，共分为 89 类，每类中按化合物名称的英文字母顺序编排。工业品光谱中的每一系统也有自己的分类索引。

(3) 官能团字母索引(functional group alphabetical index)，按官能团的英文字母顺序排列。

(4) 分子式索引(molecular formula index)，按 C、H、Br、Cl、F、I、N、O、P、S、Si、M 的顺序排列。M 代表金属元素，凡是上述元素以外的元素都被视为金属元素，填在 M 一栏内。

(5) 光谱号索引(numerical index)，按光谱号从小到大的顺序编排，每一种光谱系统都有自己的光谱号索引。由光栅(棱镜)光谱号索引可查得相应化合物的光栅(棱镜)光谱号、紫外光谱号、^{1}H NMR 波谱号和 ^{13}C NMR 波谱号。在商品名索引(commercial formula index)中，可从商品名找出光谱的号码。

(6) 光谱探查索引(波数和波长)，该索引的作用是由样品的光谱探寻相应标准光谱的谱号(纯化合物和工业品)。每种光谱系统有自己的探查索引。棱镜光谱的探查索引和光栅光谱的探查索引不能相互代替，因为同一化合物的棱镜光谱和光栅光谱不完全相同。

2) Wyandotte-ASTM 穿孔卡片

美国材料与试验协会(American Society for Testing and Materials, ASTM)和万道特化学公司在 1954 年开始出版发行的穿孔卡片需要用 IBM 统计分类机和电子计算机进行检索。卡片分为 12 区，共有 80 行，每行标以 0～9 数目，因而每张卡片可有 960 个数字的穿孔位置，每个孔均表示一定的含义。卡片给出的是光谱峰值的数据信息，不能给出光谱强度和光谱。在进行光谱图的检索时，可以利用图谱的索引，也可以利用一些检索工具书。例如，由 ASTM 光谱资料组编写的《已发表红外光谱的化合物分子式、名称和参考文献索引》，该索引收录了已发表的图集和文献上的十万多张红外光谱，按分子式和英文字母顺序两种方法编排，并提供了光谱来源，可使查阅者很快找到谱图。

2.5.3 红外光谱一般解析步骤

化合物分子结构分析比较复杂，单靠任何一种光谱手段都很难推断出比较复杂分子的结构，必须用多种光谱手段，并结合化学及其他物理手段，才能完成分子结构分析工作。红外光谱解析没有固定的程序，每个人都有自己的经验和习惯。其解析大致按以下步骤进行：

(1) 检查光谱图是否符合要求。基线的透过率在 90%左右，最大的吸收峰不应成平头峰，没有因样品制样失误引起图谱不正常的情况。

(2) 了解样品的来源、样品的理化性质(颜色、气味、沸点、熔点、折射率、样品物态、灼烧后是否残留灰分等)、样品重结晶溶剂、样品纯度、其他分析方法的数据等。合成的产品由反应物及反应条件来预测反应产物，对于解谱会有很大用处。样品纯度不够，一般不能用来做定性鉴定及结构分析，杂质存在会干扰谱图分析，应尽量预先用分馏、萃取、重结晶、区域熔融或色谱法进行分离提纯。一些不太稳定的样品要注意其结构变化而引起谱图的变化。

(3) 若可以根据其他分析数据写出分子式，则应先算出分子的不饱和度 U：

$$U = n_4 + 1 + \left(4n_6 + 3n_5 + n_3 - n_1\right)/2 \tag{2-12}$$

式中，n 为原子个数；下标为原子的化合价。

(4) 排除可能出现的假谱带。常见的有水的吸收，在 3400 cm^{-1}、1640 cm^{-1} 和 650 cm^{-1} 处；CO_2 的吸收，在 2350 cm^{-1} 和 667 cm^{-1} 处。此外，处理样品时重结晶的溶剂、合成产品中未反应完的反应物或副产物等都可能以杂质形式混入样品，引起干扰。在 KBr 压片过程中、样品保存时吸附水也会使试样中出现水的吸收峰。

(5) 确定分子所含基团及化学键的类型。按“先官能团区后指纹区，先强峰后次强峰和弱峰，先否定后肯定”的原则分析图谱，先分析特征频率区中的特征吸收带，根据谱带的位置、强度、宽度等特征，判断分子中的主要官能团或化学键的类型。例如，羧基可能在 3600～2500 cm^{-1}、1760～1685 cm^{-1}、1440～1210 cm^{-1}、995～915 cm^{-1} 附近出现多个吸收，而且有一定的强度和形状。从这多个峰的出现可以确定羧基的存在。

在确定所含基团或化学键的类型基础上，再分析指纹区的谱带，进一步得到相关分子结构信息。4000～1350 cm^{-1} 的官能团区可以判断化合物的种类，1350～650 cm^{-1} 的指纹区能反映整个分子结构的特点。例如，苯环可以由 3100～3000 cm^{-1}、～1600 cm^{-1}、～1580 cm^{-1}、～1500 cm^{-1}、～1450 cm^{-1} 的特征吸收带判断其存在，而苯环上取代类型要用 900～650 cm^{-1} 区域的吸收带判断。羟基的存在可以由 3650～3200 cm^{-1} 区域的吸收带判断，但是区别伯、仲、叔醇要用指纹区 1410～1000 cm^{-1} 的吸收带。

整个红外光谱区域依据基团的振动形式可以分成四个大区：①4000～2500 cm^{-1}，X—H 伸缩振动区(X = O，N，C，S)；②2500～2000 cm^{-1}，三键、累积双键伸缩振动区；③2000～1500 cm^{-1}，双键伸缩振动区；④1500～670 cm^{-1}，X—Y 伸缩、X—H 变形振动区。在分析谱图时，只要在该出现的区域没有出现某基团的特征吸收，就可以否定此基团的存在，否定是可靠的。若出现了某基团的特征吸收，要尽可能地找出其各种相关吸收带，切不可仅根据某一谱带即得出存在该基团的结论。肯定某官能团的存在，常会遇到似是而非的情况，需要仔细辨认。

从分子中减去已知基团所占用的原子，并从分子的总不饱和度中扣除已知基团占用的不饱和度。根据剩余原子的种类和数目以及剩余的不饱和度，并结合红外光谱，对剩余部分的结构做适当的估计。

(6) 提出分子结构。应用以上图谱分析，结合其他分析数据，可以确定化合物的结构单元。当分子中的所有结构单元碎片都成为已知，提出可能的结构式。提出结构式时，应把各种可能的结构式都提出来，再根据样品的各种物理、化学性质以及红外光谱解谱经验，排除不合理的结构。

(7) 对结构式进行核对。根据分析结果，如果样品是已有化合物，根据推定的化合物结构式，查找该化合物的标准图谱。若制样条件、测试条件一样，则样品图谱应该与标准图谱一致。

对于新化合物，一般情况下只依靠红外光谱是难以确定结构的。应该综合应用质谱、核磁共振谱、紫外光谱、元素分析等手段进行结构分析。

【例 2-3】 有一化合物其分子式为 $C_{10}H_{14}$，其红外光谱图见图 2-14，试推测其结构。

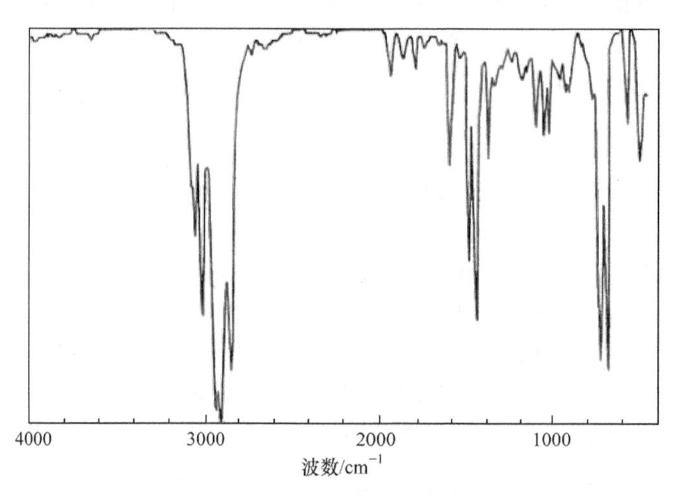

图 2-14 $C_{10}H_{14}$ 的红外光谱图

解 化合物不饱和度 $U = 10 + 1 - 14/2 = 4$，从红外光谱图中可以看出：

2500～2000 cm^{-1} 处没有谱带，说明化合物分子中无三键及累积双键；

3040 cm^{-1}、1600 cm^{-1}、1500 cm^{-1}、1460 cm^{-1} 处存在吸收，说明分子中有苯环存在，结合在 735 cm^{-1}、685 cm^{-1} 处的两个吸收，可以认为分子中存在单取代苯环结构 C_6H_5，不饱和度为 4。

化合物分子式为 $C_{10}H_{14}$，还剩下侧链 C_4H_9，3000～2800 cm^{-1} 为三个峰，1380 cm^{-1} 为尖锐的单峰，是 CH_3 的弯曲振动峰，存在 CH_2、CH_3。

确定该化合物应该是正丁基苯。

2.6 有机化合物基团的特征吸收

有机化合物的各种基团在红外光谱的特定区域会出现对应位置大致固定的特征吸收带。在受到化学结构和外部条件的影响时，吸收带会发生位移，但通过吸收带位置、谱带强度、形状、数目及相关峰的信息，可以从谱带信息中判断各种基团是否存在。通常将中红外区(4000～400 cm^{-1})分成两部分，即官能团区(4000～1350 cm^{-1})和指纹区(1350～400 cm^{-1})。官能团的特征吸收大多出现在官能团区，而一些有关的分子结构特征，如几何异构、同分异构在指纹区可以观察到。

2.6.1 烷烃和环烷烃

烷烃只由碳氢组成，其红外光谱只与 CH_3、CH_2、CH 及碳链骨架的振动有关。烷烃有三种吸收带：C—H 的伸缩振动，在 2975～2845 cm^{-1}，包括甲基、亚甲基和次甲基的对称及反对称伸缩振动；C—H 的变形振动，在 1460 cm^{-1}、1380 cm^{-1} 附近及 810～720 cm^{-1} 会出现有关吸收；C—C 环的骨架振动，在 1250～720 cm^{-1}。

1. 甲基

甲基(CH_3)主要具有下列吸收：反对称伸缩振动 υ_{as}(s) (2960±10) cm^{-1}，对称伸缩振动 υ_s(s～m) (2870±10) cm^{-1}，反对称弯曲振动δ_{as}(m) (1465±10) cm^{-1}，对称弯曲振动 δ_s 1380 cm^{-1}左右。当 CH_3 连接在不同基团时，吸收带发生位移，强度也会有变化(表 2-2)。

表 2-2　CH_3 的化学环境与光谱的关系

结构	υ_{as}/cm^{-1}	υ_s/cm^{-1}	δ_{as}/cm^{-1}	δ_s/cm^{-1}
脂肪 CH_3	2960±10	2872±12	1462±12	1378±8
芳香 CH_3	2925±5	2865±5		
R—O—CH_3	2925±5	2870±13	1455±15	1362±12
R—R—$COCH_3$	2975±20		1422±18	1375±13
脂肪 NH—CH_3	2808±12		1425±15	
芳香 N(CH_3)	2815±5			
脂肪 N$(CH_3)_2$	2818±8	2770±5		
芳香 C$(CH_3)_2$	2830±40			
R—S—CH_3	2975±20	2878±13	1427±13	1310±20

CH_3 的 δ_s 随着结构变化也有变化。一个碳原子上有两个甲基(偕二甲基)时，δ_s 分裂成两个强度大致相等的吸收，一个在 1385 cm^{-1}附近，另一个在 1375 cm^{-1}附近。$C(CH_3)_3$结构的甲基的 δ_s 分裂成 1395 cm^{-1}(m)、1365 cm^{-1}(s)两个峰，强度比接近 1∶2。

2. 亚甲基

亚甲基(CH_2)主要有如下吸收：反对称伸缩振动 υ_{as}(s) (2925±10) cm^{-1}，对称伸缩振动 υ_s(s～m) (2850±10) cm^{-1}，弯曲振动δ(1465±20) cm^{-1}。在$\left(CH_2\right)_n$结构链中，CH_2的面内摇摆振动在 720～810 cm^{-1}变化，其数值与 n 的数值有关，随着 n 减小，数值降低，当 n>4 时，CH_2 的面内摇摆振动吸收在 720 cm^{-1}处。

3. 次甲基

次甲基(CH)在两处有弱的吸收：对称伸缩振动 υ_s(w) (2890±10) cm^{-1}，弯曲振动δ(w) (1340±20) cm^{-1}。常被其他吸收掩盖，实用价值不大。

图 2-15 为正己烷 $CH_3(CH_2)_4CH_3$ 的红外光谱图。2959～2862 cm^{-1}为伸缩振动吸收带；1466 cm^{-1}为弯曲振动吸收带，包括甲基和亚甲基的弯曲振动吸收带；1379 cm^{-1}为甲基的弯曲振动吸收带；726 cm^{-1}为亚甲基链 $n = 4$ 时亚甲基的面内摇摆振动吸收带。

环烷烃的红外光谱图比开链烷烃更复杂，在指纹区出现许多尖锐的吸收谱带，很难做出明确的归属。环张力对 C—H 的伸缩振动频率影响显著。图 2-16 为环己烷的红外光谱图。2928 cm^{-1}、2853 cm^{-1}为六元环 C—H 的伸缩振动吸收带，1460 cm^{-1}为弯曲振动吸收带，对指纹区的其他尖锐谱带很难一一做出归属。

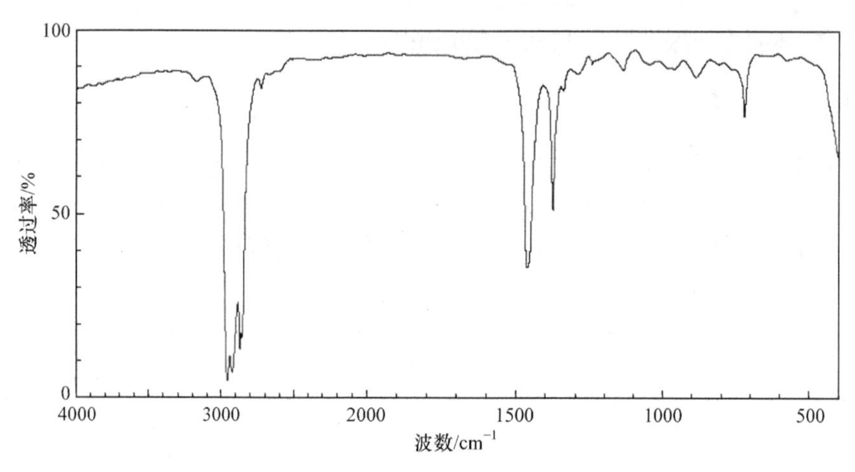

图 2-15　正己烷的红外光谱图

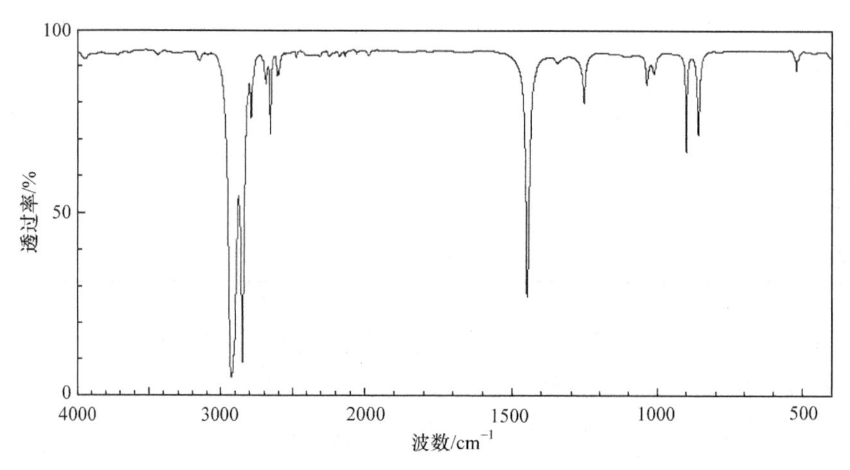

图 2-16　环己烷的红外光谱图

2.6.2　烯烃

烯烃有三个特征吸收带：不饱和═C—H 伸缩振动 3100～3000 cm^{-1}，C═C 伸缩振动 1680～1620 cm^{-1}，这两处吸收带用于判断烯键的存在。烯碳上质子的面外摇摆振动 1000～650 cm^{-1}，用于判断烯碳上取代类型及顺反异构。

υ(═C—H)＞3000 cm^{-1}，是不饱和碳上质子与饱和碳上质子的重要区别，饱和碳上质子 υ(C—H)＜3000 cm^{-1}。υ(C═C)的位置及强度与烯碳的取代情况及分子对称性密切相关。乙烯基型的 C═C 伸缩振动吸收带出现在 1640 cm^{-1} 附近，随着烯烃 C 上取代基的增多移向高波数(可以高出 50 cm^{-1})。顺式烯烃、乙烯基烯烃、亚乙烯基烯烃的 υ(C═C)处于 1660～1620 cm^{-1}，小于 1660 cm^{-1}，为中等强度尖峰；反式烯烃、三取代烯烃、四取代烯烃 υ(C═C)处于 1680～1665 cm^{-1}，大于 1660 cm^{-1}，为很弱的尖峰；四取代烯烃或对位取代烯烃，因其有对称中心，看不到 υ(C═C)。烯键与 C═C、C═O、C═N 及芳环等共轭时，υ(C═C)与非共轭烯烃相比，降低 10～30 cm^{-1}，但强度大大加强。

在 1000～650 cm^{-1} 区域，根据烯氢被取代的个数、取代位置及顺反异构的不同，吸收峰峰数、波数及强度有区别，可用于判别烯碳上的取代情况及顺反异构。乙烯基烯烃═C—H 面外摇摆振动 ω 有 990 cm^{-1}、910 cm^{-1} 两个强吸收带，在 1850～1780 cm^{-1} 出现弱的倍频峰；亚

乙烯基烯烃 ω，890 cm^{-1} 强吸收带，在 1800～1780 cm^{-1} 出现弱的倍频峰；顺式烯烃 ω，800～650 cm^{-1}；反式烯烃 ω，970 cm^{-1} 强吸收带；三取代烯烃 ω，790～840 cm^{-1}。

环状烯烃中，当环烯的环变小时，键角变小，环的张力效应使 υ(C═C)由高频向低频移动，υ(═C—H)则由低频向高频移动，三元环烯的 υ(C═C)与此规律不同。环外双键，当环变小时，张力增大，烯烃的双键特性增强，υ(C═C)移向高频。

图 2-17、图 2-18 分别为 1-戊烯、反式-2-戊烯的红外光谱图。分子中既有 CH_3、CH_2 等饱和碳原子基团，又有═C—H 和 C═C 不饱和基团，两类吸收在红外光谱图上均能看到。图 2-17 中 υ(C═C)为 1643 cm^{-1}，尖锐强峰；3080 cm^{-1} 处为 υ(═C—H)；993 cm^{-1}、912 cm^{-1} 处的强吸收为═C—H 面外摇摆振动，在 1826 cm^{-1} 处是其倍频峰；小于 3000 cm^{-1} 的峰为烷基伸缩振动吸收带；在 1465 cm^{-1} 附近的吸收为甲基和亚甲基的弯曲振动；在 1380 cm^{-1} 的吸收是甲基的弯曲振动吸收。图 2-18 中 υ(C═C)很弱，几乎看不到；3025 cm^{-1} 处为 υ(═C—H)；965 cm^{-1} 处的强吸收为═C—H 面外摇摆振动。

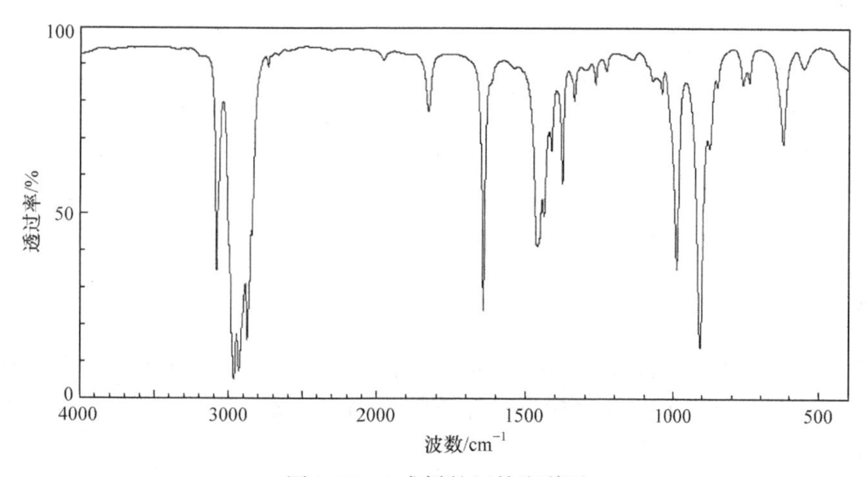

图 2-17　1-戊烯的红外光谱图

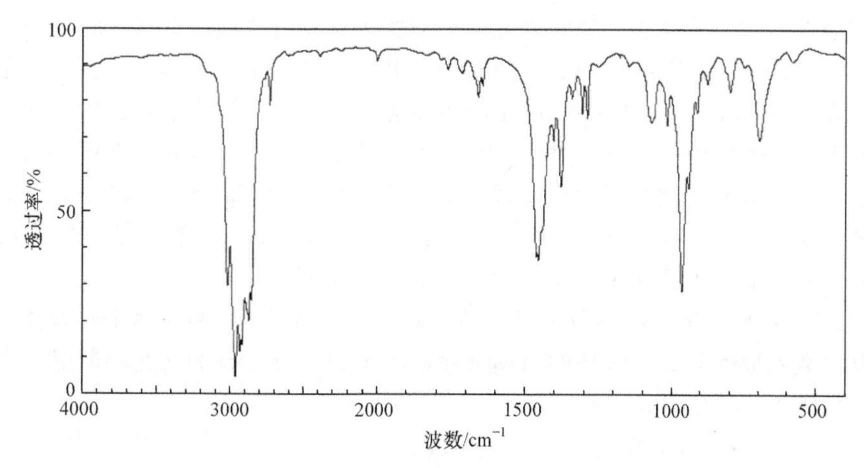

图 2-18　反式-2-戊烯的红外光谱图

2.6.3　炔烃

炔烃有三个特征吸收带：≡C—H 伸缩振动 3340～3260 cm^{-1}，尖锐强峰；C≡C 伸缩振动 2260～2100 cm^{-1}，中到弱尖峰；≡C—H 的面外摇摆振动 700～610 cm^{-1}，强峰，1375～1225 cm^{-1}

可发现其倍频峰。

$\upsilon(C\equiv C)$强度随分子对称性及共轭情况的不同而变化。分子有对称中心时，$\upsilon(C\equiv C)$看不到。分子与其他基团共轭时，$\upsilon(C\equiv C)$强度大大增强。当 C≡C 邻位 C 与 OH 或卤素相连时，$\upsilon(C\equiv C)$由低频向高频移动。

图 2-19 为 1-戊炔的红外光谱图。在 3307 cm^{-1} 出现≡C—H 伸缩振动，2120 cm^{-1} 处为 C≡C 伸缩振动，630 cm^{-1} 处为≡C—H 面外摇摆振动。

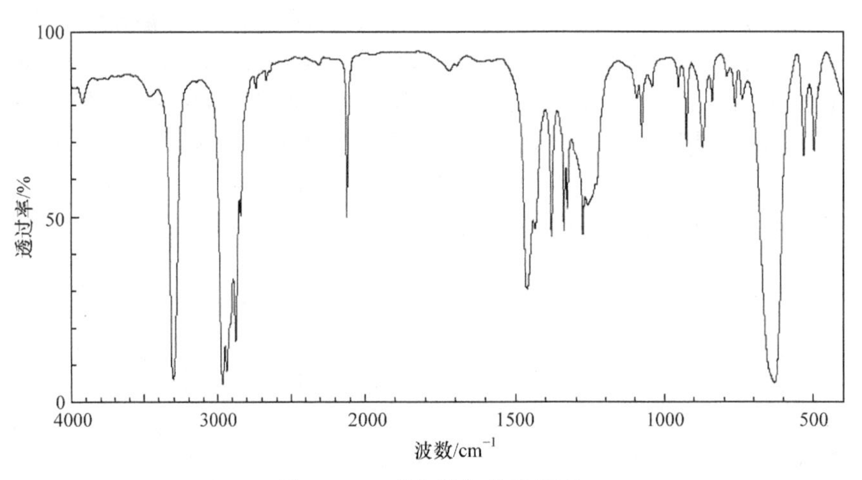

图 2-19　1-戊炔的红外光谱图

2.6.4　芳香烃

苯环在四个区域有特征吸收：苯环上质子的伸缩振动 3100～3000 cm^{-1}、苯环质子的面外变形振动的倍频及组合频 2000～1650 cm^{-1}、苯环的骨架振动 1625～1450 cm^{-1} 及芳环质子的面外变形振动 900～650 cm^{-1}。

苯环上质子的伸缩振动往往出现在 3030 cm^{-1} 附近，与烯碳上质子的伸缩振动易混淆。一般在使用溶液样品时，苯环质子的面外变形振动的倍频及组合频易看到，此区间的谱带可以用于确定苯环取代类型。苯环在 1625～1450 cm^{-1} 的骨架振动有多个吸收，强弱及个数与结构有关，其中以 1600 cm^{-1} 和 1500 cm^{-1} 两个吸收带为主。当苯环与其他基团共轭时，1600 cm^{-1} 峰分裂为两个峰，在 1580 cm^{-1} 处出现一个新的吸收带。当分子有对称中心时，1600 cm^{-1} 谱带很弱或看不到。1500 cm^{-1} 谱带对取代基很敏感，吸电子基使频率降为 1480 cm^{-1}，而供电子基使其频率升到 1510 cm^{-1}。除 1600 cm^{-1}、1580 cm^{-1} 及 1500 cm^{-1} 三个谱带以外，1450 cm^{-1} 也有一吸收带，但与甲基及亚甲基的 δ 的 1460 cm^{-1} 吸收重叠。

芳环质子在 900～650 cm^{-1} 的面外变形振动可以通过其位置、吸收峰个数及强度来判断苯环上取代基个数及取代模式。苯环的氢用邻接氢的个数来分，有下列五种情况，一般情况是邻接氢的数目越小，频率越高。

苯环上有五个邻接氢(单取代)在 770～730 cm^{-1}、710～690 cm^{-1} 有两个强吸收带，苯环上有四个邻接氢在 770～735 cm^{-1} 有强吸收，苯环上有三个邻接氢在 810～750 cm^{-1} 有强吸收，苯环上有两个邻接氢在 860～800 cm^{-1} 有强吸收，苯环上有孤立的氢在 900～860 cm^{-1} 有强吸收。

除了上述按邻接氢判断在 900～650 cm^{-1} 的谱带外，在这个区域可能还会有另外的吸收带出现。间位二取代在 725～680 cm^{-1} 有强吸收，1,2,3-三取代化合物另外在 745～705 cm^{-1} 有强吸收，1,3,5-三取代化合物另外在 755～675 cm^{-1} 有强吸收。

图 2-20 为甲苯的红外光谱图。苯环上质子的伸缩振动在 3026 cm^{-1}，芳氢的变形振动的倍频及组合频在 2000～1624 cm^{-1}，苯环的骨架振动在 1605 cm^{-1}、1496 cm^{-1} 及 1451 cm^{-1}，甲苯的单取代的吸收带在 729 cm^{-1}、696 cm^{-1}。

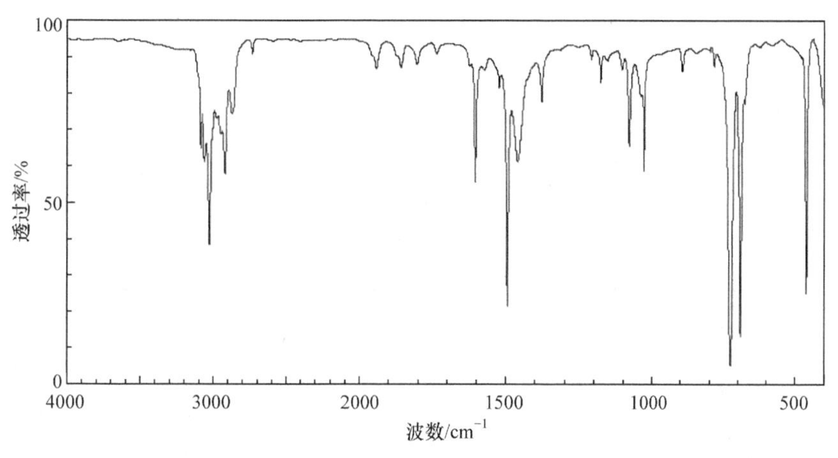

图 2-20　甲苯的红外光谱图

2.6.5　醇和酚

醇和酚都含有羟基，有三个特征吸收带：O—H 伸缩振动在 3670～3230 cm^{-1}、O—H 面内变形振动在 1420～1260 cm^{-1} 和 C—O 伸缩振动在 1250～1000 cm^{-1}。

游离的羟基的伸缩振动峰尖，且大于 3600 cm^{-1}；缔合的羟基向低波数位移，峰加宽，小于 3600 cm^{-1}。缔合程度越大，峰越宽，越移向低波数处。羟基的面内变形振动吸收峰位置与伯、仲、叔醇和酚的类别(表 2-3)，缔合状态及浓度有关。缔合状态的伯、仲醇分别在 1330 cm^{-1} 和 1420 cm^{-1} 有吸收，稀释时吸收带移向低波数。碳氧键的伸缩振动位置与伯、仲、叔醇及酚的类别有关(表 2-3)。水和氮上质子的伸缩振动也会在羟基的伸缩振动区域出现，如水的 O—H 伸缩振动在 3400 cm^{-1}，N—H 伸缩振动在 3500～3200 cm^{-1} 出峰，在进行羟基的解谱时需注意和区分。

表 2-3　醇、酚的 δ(O—H) 和 υ(C—O) 吸收带

化合物	δ(O—H)/cm^{-1}	υ(C—O)/cm^{-1}
伯醇	1350～1260	1070～1000
仲醇	1350～1260	1120～1030
叔醇	1410～1310	1170～1100
酚	1410～1310	1230～1140

图 2-21、图 2-22、图 2-23 分别为 1-戊醇、2-戊醇、2-甲基-2-戊醇的红外光谱图。与 O—H 相关的三个特征吸收带都可以观察到：O—H 伸缩振动吸收带分别为 3346 cm^{-1}、3334 cm^{-1}、3340 cm^{-1}；O—H 面内变形振动吸收带分别为 1343 cm^{-1}、1352 cm^{-1}、1374 cm^{-1}；C—O 伸缩振动吸收带分别为 1066 cm^{-1}、1120 cm^{-1}、1160 cm^{-1}。符合表 2-3 的变化规律。

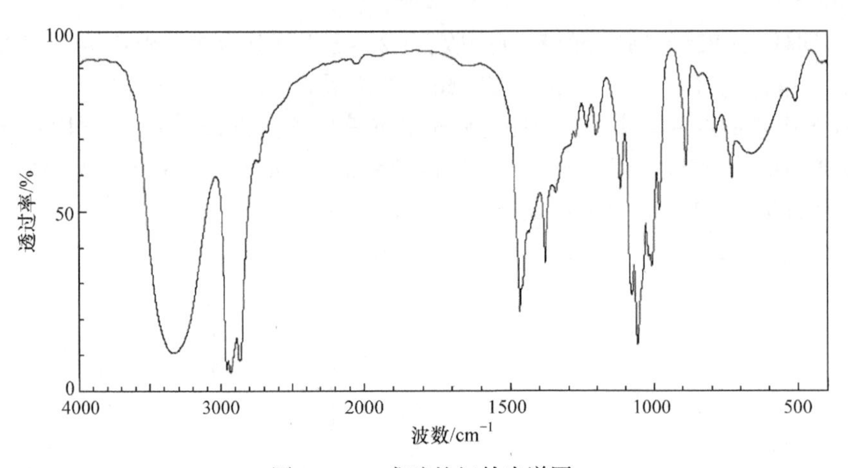

图 2-21　1-戊醇的红外光谱图

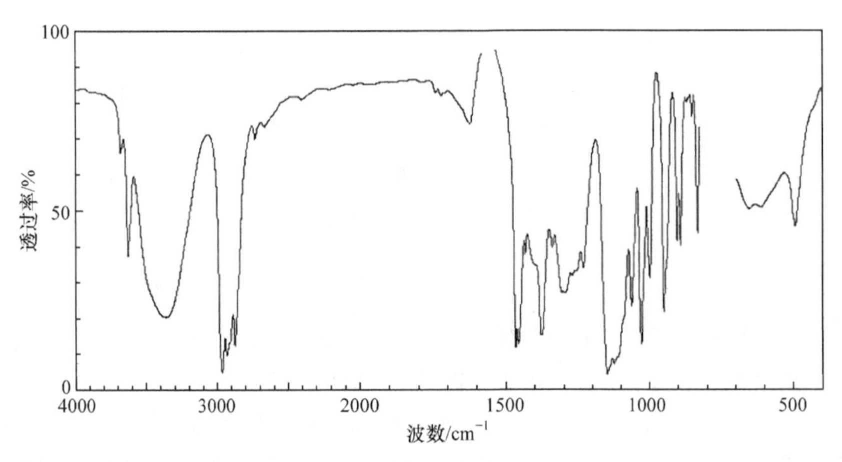

图 2-22　2-戊醇的红外光谱图

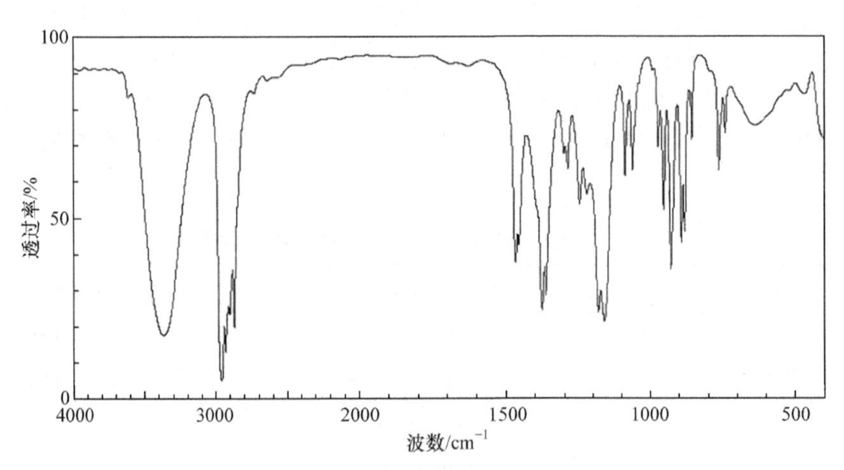

图 2-23　2-甲基-2-戊醇的红外光谱图

图 2-24 为苯酚的红外光谱图，谱图中 O—H 伸缩振动吸收带在 3313 cm^{-1}，是一宽峰；O—H 面内变形振动吸收带在 1369 cm^{-1}；C—O 伸缩振动吸收带在 1231 cm^{-1}。

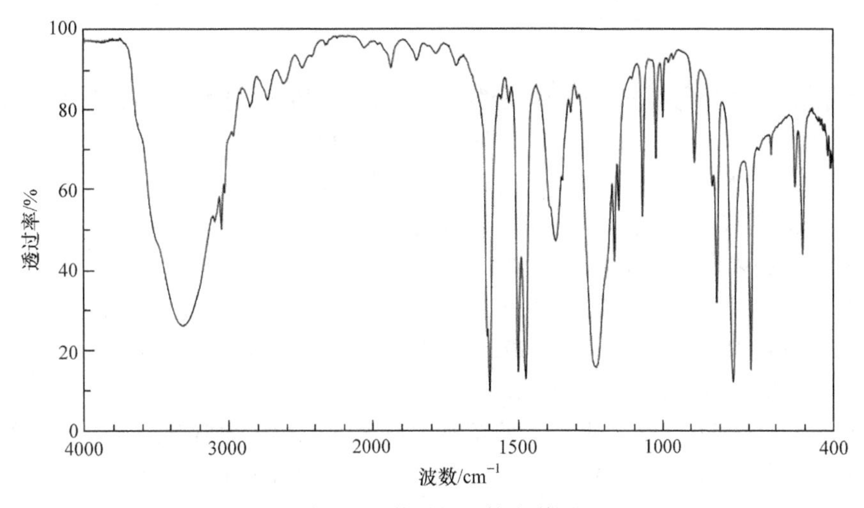

图 2-24　苯酚的红外光谱图

2.6.6 醚

醚的特征吸收有两个：碳氧碳键的不对称伸缩振动和对称伸缩振动。脂肪族醚中对称伸缩振动强度太小，只能根据不对称伸缩振动(1150～1050 cm^{-1}，强吸收，具有对称性)判断。

芳香族醚和乙烯基醚由于氧原子未共用电子对与苯环或烯键的 π 键形成 p-π 共轭，使 C—O 键级升高，键长缩短，力常数增加，故伸缩振动频率升高。碳氧碳键的不对称伸缩振动(1310～1020 cm^{-1}，强吸收)、对称伸缩振动(1075～1020 cm^{-1}，强度较弱)都可以观察到。

饱和的六元环醚与非环醚谱带位置相近。环减小时，碳氧碳键的不对称伸缩振动频率降低，对称伸缩振动频率升高。环氧化合物有三个特征吸收带：8μ 峰(1280～1240 cm^{-1}，s～m)、11μ 峰(950～810 cm^{-1}，s～m)、12μ 峰(840～750 cm^{-1}，s～m)。

甲醚结构中，CH_3 受 O 原子影响，C—H 伸缩振动具有特征性，可用于甲醚结构的鉴定。脂肪族甲醚 C—H 伸缩振动在 2830～2815 cm^{-1}，芳香族甲醚在 2850 cm^{-1}。

通常情况下，只用 IR 来判别醚是困难的，因为其他一些含氧化合物如醇、羧酸及其酯类都会在 1250～1100 cm^{-1} 有强的伸缩振动吸收。

图 2-25 为丁基甲基醚的红外光谱图。C—O—C 不对称伸缩振动在 1125 cm^{-1}。

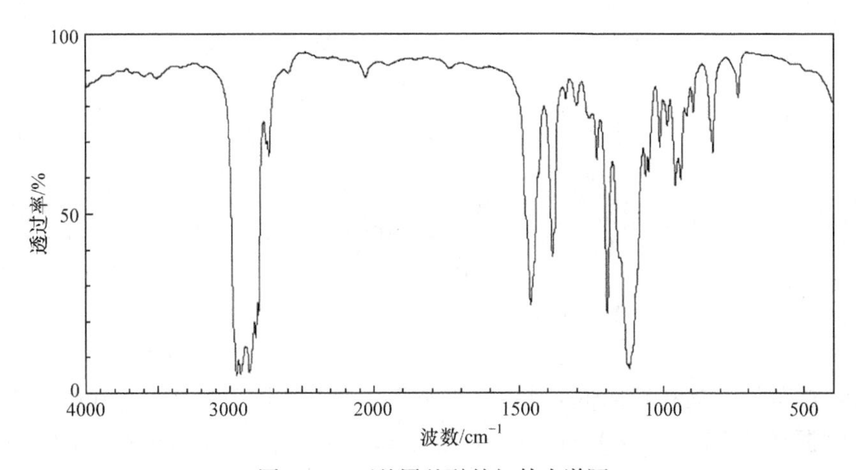

图 2-25　丁基甲基醚的红外光谱图

2.6.7　酮

羰基化合物是一类研究得最多的化合物。酮、醛、羧酸、酸酐、酯、酰胺和酰卤都含有羰基。羰基的伸缩振动吸收带非常特征，处于 1900～1650 cm^{-1}，受其他基团吸收的干扰小，往往是谱图中第一强峰，且对化学环境比较敏感，对结构分析很有用。

酮的特征吸收为 C═O 的伸缩振动，通常是第一强峰。此外，还有 C—CO—C 面内弯曲振动及 C—C═O 面内弯曲振动两个吸收带。

饱和脂肪酮的伸缩振动在 1725～1705 cm^{-1}。当其 α-C 上有吸电子基团时，吸收带向高频位移。例如，R—CO—R′(R、R′为烷基)为 1725～1705 cm^{-1}，RCHCl—CO—R′为 1745～1725 cm^{-1}，RCHCl—CO—CHClR′为 1765～1745 cm^{-1}。

羰基与苯环、烯键或炔键共轭后，使羰基的双键性减小，力常数减小，使其伸缩振动吸收带向低波数位移。例如，RCO—CH═CHR′为 1695～1665 cm^{-1}，Ph—CO—R′为 1680～1665 cm^{-1}。

环酮中 C═O 的伸缩振动吸收带的波数随张力的增大而增大。例如，环己酮中为 1718 cm^{-1}，环戊酮中为 1751 cm^{-1}，环丁酮中为 1775 cm^{-1}。

在脂肪酮结构中，当 α 位无取代基时，酮的 C—CO—C 面内弯曲振动在 630～620 cm^{-1} 有一强吸收带，当 α 位有取代基时在 580～560 cm^{-1} 有一中强吸收带。芳香酮结构中，除芳香甲酮在 600～580 cm^{-1} 有一强吸收带外，其他芳香酮无此谱带吸收。

在脂肪酮结构中，当 α 位无取代基时，酮的 C—C═O 面内弯曲振动在 540～510 cm^{-1} 出现一强谱带。α 位上有取代时，在 560～550 cm^{-1} 有一强度有变化的吸收带。甲基酮则在 530～510 cm^{-1} 有一中强吸收带。环酮在 505～480 cm^{-1} 有一强吸收带。

图 2-26 为丁酮的红外光谱图。C═O 的伸缩振动在 1710 cm^{-1}，C—CO—C 面内弯曲振动在 590 cm^{-1}，C—C═O 面内弯曲振动在 517 cm^{-1}。

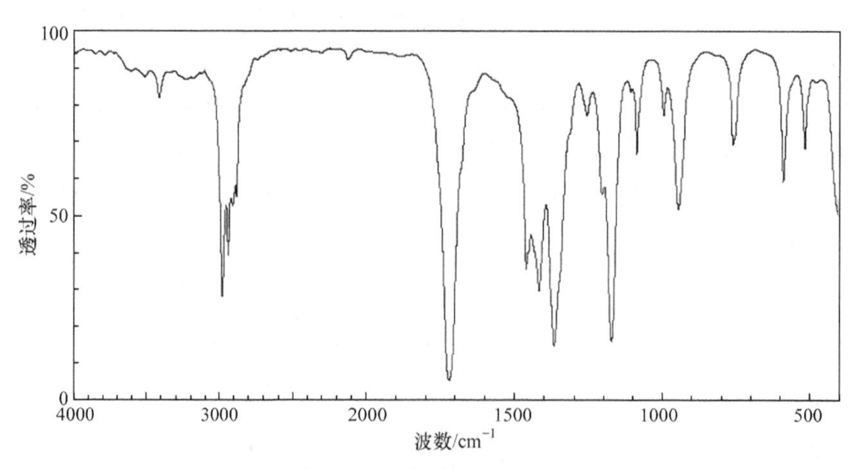

图 2-26　丁酮的红外光谱图

2.6.8　醛

醛有 C═O 伸缩振动和醛基质子 C—H 伸缩振动两个特征吸收带。饱和脂肪醛(R—CHO)的 C═O 伸缩振动吸收带为 1740～1715 cm^{-1}，α,β-不饱和脂肪醛为 1705～1685 cm^{-1}，芳香醛为 1710～1695 cm^{-1}。

醛的 C═O 伸缩振动高于酮，但由此区分醛、酮非常困难，两者最特征的差别在于：醛基质子在 2880～2650 cm^{-1} 出现两个强度相近的中强吸收峰，一般在 2820 cm^{-1} 和 2740～2720 cm^{-1} 出现，后者较尖，是区别醛与酮的特征谱带。这两个吸收是由于醛基质子的 υ 与 δ 的倍频的费米共振产生。

脂肪醛 C—C—C(O)面内弯曲振动在 695～665 cm^{-1} 有中强吸收，当 α 位有取代基时则移位到 665～635 cm^{-1}。其 C—C═O 面内弯曲振动在 535～520 cm^{-1} 有一强谱带，当 α 位有取代基时此带移到 565～540 cm^{-1}。

图 2-27 为乙醛的红外光谱图。醛基质子的伸缩振动在 2846 cm^{-1} 和 2733 cm^{-1}，C═O 伸缩振动在 1727 cm^{-1}。

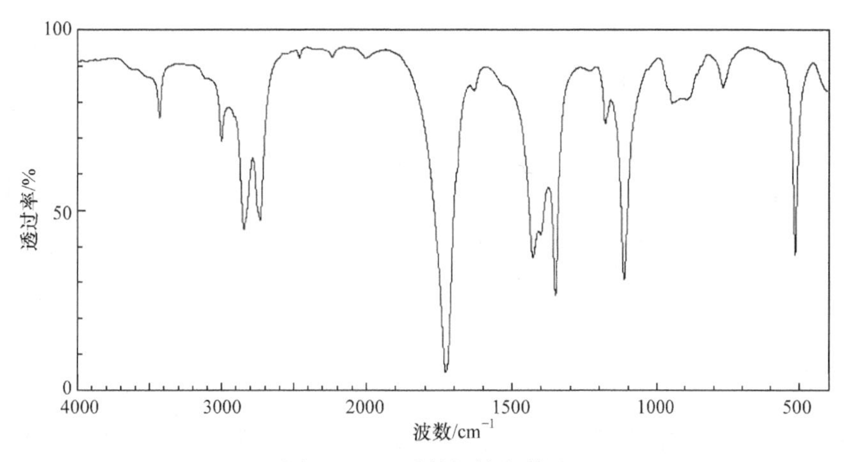

图 2-27　乙醛的红外光谱图

2.6.9　羧酸

羧酸在液体和固体状态时，一般以二聚体形式存在。羧酸分子中既有羟基又有羰基，两者的特征吸收带皆有，同时出现 C—O 伸缩振动吸收。

由于 OH 的存在，羧酸分子中的 C═O 伸缩振动高于酮。单体脂肪酸 C═O 伸缩振动在 1760 cm^{-1}，单体芳香酸在 1745 cm^{-1}，二聚脂肪酸在 1725～1700 cm^{-1}，二聚芳香酸在 1705～1685 cm^{-1}。在很稀的溶液中，酸以单体存在，O—H 伸缩振动在 3550 cm^{-1} 处有一个尖峰。羧酸以二聚体存在时，O—H 伸缩振动在 3200～2500 cm^{-1} 以 3000 cm^{-1} 为中心有一个宽而散的峰。此吸收在 2700～2500 cm^{-1} 常有几个小峰，此区域其他峰很少出现，对判断羧酸很有用，这是由于 C—O 伸缩振动和变形振动的倍频及组合频引起。C—O 伸缩振动在 1300～1200 cm^{-1}。当羧基 α-C 上连有取代基时，吸电子诱导效应使 C═O 伸缩振动向高频位移，O—H 伸缩振动向低频位移；供电子效应与此相反。

晶态的长链羧酸及其盐在 1350～1180 cm^{-1} 出现峰间距相等的 CH_2 面外摇摆特征吸收峰组，峰的个数与亚甲基个数有关。当链中不含不饱和键时，长链脂肪酸及其盐内若含有 n 个亚甲基，若 n 为偶数，谱带数为 $n/2$ 个；若 n 为奇数，谱带数为$(n+1)/2$ 个。一般 $n>10$ 时就可以使用此计算法。

羧酸的二聚体中 O—H⋯O═的面外变形振动在 955～915 cm^{-1} 有一特征性宽峰，可用于确认羧基的存在。羧酸盐中的羧酸根 COO^- 无 C═O 伸缩振动吸收。COO^- 是一个多电子的共轭体系，不再有单键，两个 C═O 振动耦合，产生反对称和对称伸缩振动两个强吸收带，分别位于 1650～1540 cm^{-1} 和 1420～1350 cm^{-1}。同时 O—H 的相关特征谱带在红外谱图中不再出现。

图 2-28 为正己酸的红外光谱图。O—H 伸缩振动在 3000 cm^{-1} 附近，宽峰；另外在 2700～2500 cm^{-1} 有两个小峰由费米共振引起；C═O 伸缩振动在 1711 cm^{-1}；C—O 伸缩振动在 1292 cm^{-1}；941 cm^{-1} 的吸收是 OH···O═的面外变形振动。

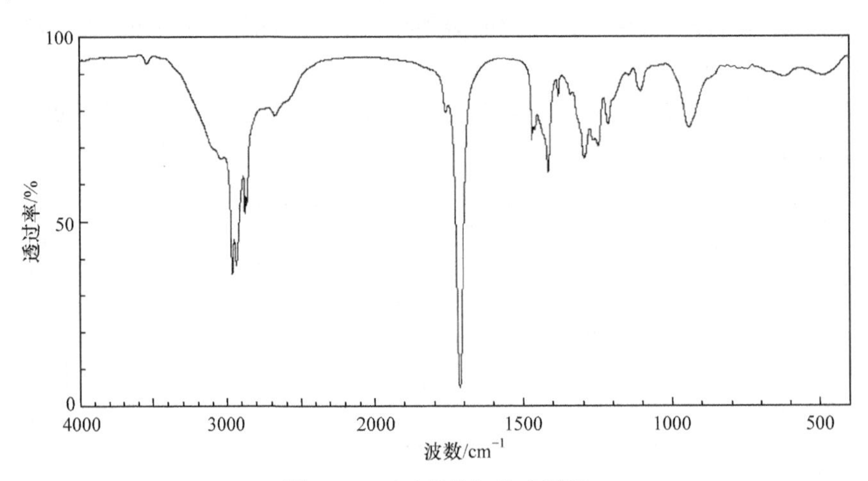

图 2-28　正己酸的红外光谱图

2.6.10　羧酸酯

羧酸酯有 C═O 伸缩振动和 C—O—C 伸缩振动两类特征吸收。酯羰基的伸缩振动为羧酸酯的主要特征吸收带，R—CO—OR′(R、R′为烷基)在 1750～1735 cm^{-1} 有强吸收。当酯基连有不饱和基团时，酯羰基的伸缩振动将发生位移。羰基与双键共轭时，(内)酯羰基的伸缩振动频率减小，在 1730～1717 cm^{-1} 有强峰；酯基的氧原子与双键连接时羰基的伸缩振动频率增大，在 1800～1770 cm^{-1} 有强峰。

C—O—C 键的伸缩振动在 1330～1000 cm^{-1} 有两个吸收带，即 υ(C—O—C，as)和 υ(C—O—C，s)。其中 υ(C—O—C，as)在 1330～1150 cm^{-1}，吸收带宽且强度大，在酯的红外光谱中常为第一强峰(表 2-4)。

表 2-4　酯的 υ(C—O—C，as)与其结构关系

酯	υ(C—O—C，as)/cm^{-1}	酯	υ(C—O—C，as)/cm^{-1}
HCOOR	1200～1180	α,β-不饱和酸酯	1330～1160
CH_3COOR	1230～1200	Ph—COOR	1330～1230
CH_3CH_2COOR	1197～1190	内酯	1250～1370
$CH_3CH_2CH_2COOR$	1265～1262，1194～1189	碳酸二烷基酯	1290～1265
高级脂肪酸酯	1200～1180		

图 2-29 为丁酸乙酯的红外光谱图。其中 υ(C═O)在 1739 cm^{-1}，υ(C—O—C，as)在 1257 cm^{-1}、1166 cm^{-1}，υ(C—O—C，s)在 1061 cm^{-1}。

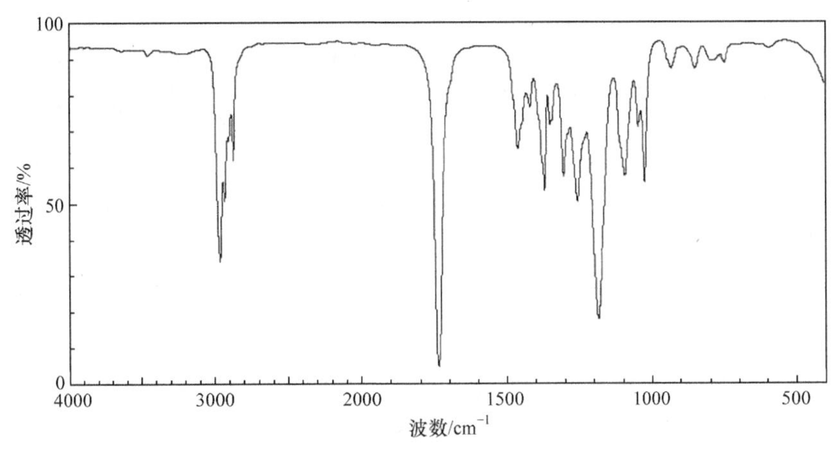

图 2-29　丁酸乙酯的红外光谱图

2.6.11　羧酸酐

羧酸酐有两类特征吸收，两个 C═O 伸缩振动吸收带，C—O 伸缩振动吸收带。

酸酐的两个羰基连在同一个氧原子上，它们振动耦合的结果产生两个 C═O 伸缩振动吸收，相差约 60 cm^{-1}，分别在 1860～1800 cm^{-1} 和 1800～1750 cm^{-1}。开链酸酐的 υ(C═O)中高波数吸收带强，而环状酸酐 υ(C═O)中低波数的吸收带强，环越小，两谱带的强度差别越大。

饱和脂肪酸酐的 C—O 伸缩振动在 1180～1045 cm^{-1} 有一强吸收，环状酸酐在 1300～1200 cm^{-1} 有一强吸收。各类酸酐在 1250 cm^{-1} 都有一中强吸收。

图 2-30 为丁酸酐的红外光谱图。其中 υ(C═O)在 1819 cm^{-1} 和 1750 cm^{-1}，前者较强；υ(C—O)在 1031 cm^{-1}。

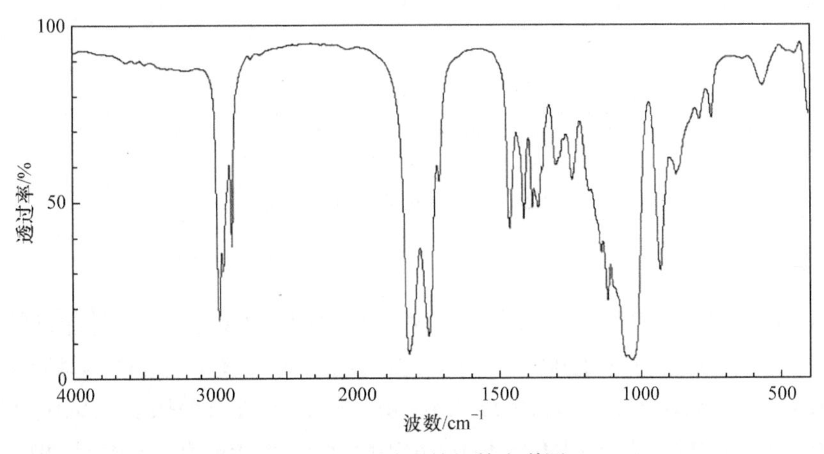

图 2-30　丁酸酐的红外光谱图

图 2-31 为邻苯二甲酸酐的红外光谱图。其中 υ(C═O)在 1864 cm^{-1} 和 1754 cm^{-1}，后者较强；υ(C—O)在 1262 cm^{-1}。

2.6.12　酰卤

酰卤分子中，卤素原子的吸电子效应使 υ(C═O)移向高波数。饱和脂肪族酰卤在 1810～1795 cm^{-1} 有一强吸收带，芳香族酰卤或α,β-不饱和酰卤在 1800～1750 cm^{-1} 有吸收。

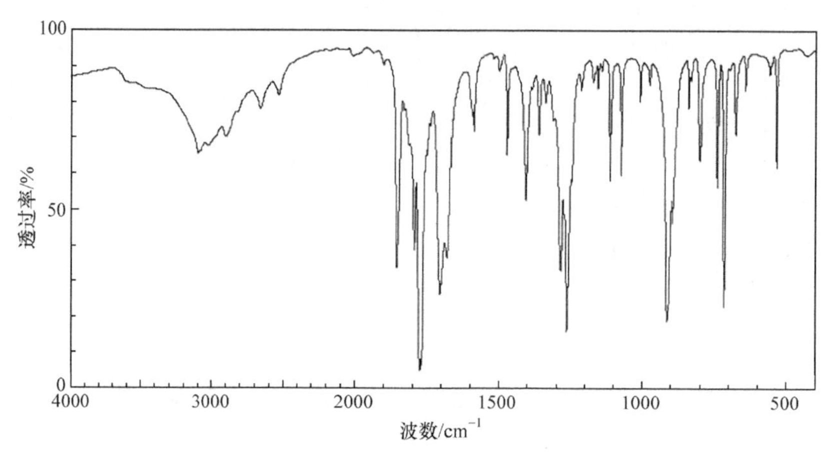

图 2-31　邻苯二甲酸酐的红外光谱图

脂肪族酰卤在 965～920 cm^{-1} 有吸收，芳香族酰卤在 890～850 cm^{-1} 有吸收。芳香族酰卤在 1200 cm^{-1} 还存在 υ[C—C(O)]的伸缩振动吸收。

图 2-32 为己酰氯的红外光谱图。其中 υ(C═O)在 1800 cm^{-1}，υ[C—C(O)]在 955 cm^{-1}。

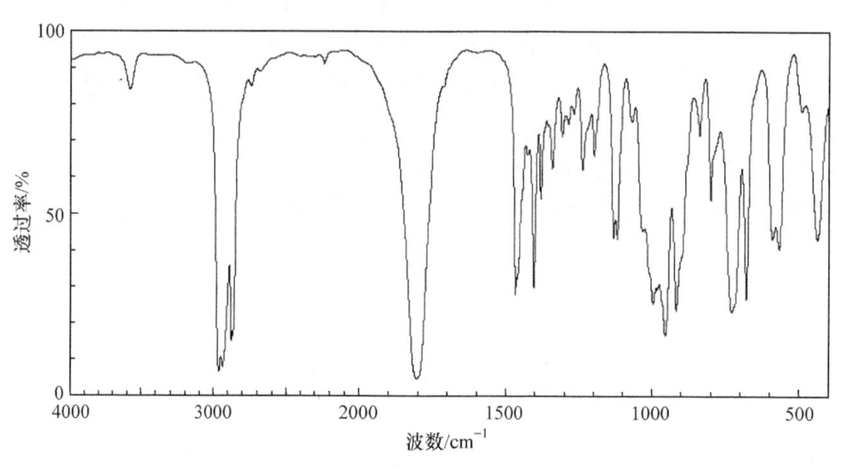

图 2-32　己酰氯的红外光谱图

2.6.13　胺及其盐

胺有三个特征吸收区：N—H 伸缩振动、N—H 弯曲振动和 C—N 伸缩振动特征吸收带。

伯胺的 N—H 伸缩振动在 3500～3250 cm^{-1}(m)有两个吸收带，有时因缔合形成多个吸收带；N—H 面内弯曲振动在 1650～1570 cm^{-1}(m～s)；N—H 面外弯曲振动在 900～650 cm^{-1}(m～s)；脂肪族胺 C—N 伸缩振动在 1250～1020 cm^{-1}(m～w)，芳香胺在 1360～1250 cm^{-1}(s)。伯胺盐 NH_3^+ 在 3000～2250 cm^{-1}(m～s)有强而宽的伸缩振动吸收带，在 2600 cm^{-1}(m～s)附近有一个或一系列吸收，在 2200～1950 cm^{-1} 有时有吸收，在 1625～1560 cm^{-1}、1550～1495 cm^{-1} 有 N—H 弯曲振动吸收带。

仲胺的 N—H 伸缩振动在 3500～3300 cm^{-1}(m)，一个吸收带；N—H 面内弯曲振动在 1650～1515 cm^{-1}(w～m)，脂肪族胺常看不到此吸收。N—H 面外弯曲振动在 750～700 cm^{-1}(m～s)；C—N 伸缩振动同伯胺。仲胺盐 NH_2^+ 在 3000～2250 cm^{-1}(m～s)有较宽的强伸缩振动吸收或一

系列吸收带，在 1620～1560 cm^{-1} 有 N—H 弯曲振动吸收带。

叔胺无 NH 基团吸收，只有 C—N 伸缩振动吸收带。叔胺盐在 2750～2250 cm^{-1} 有宽或一系列吸收带，这个吸收带不与 C—N 伸缩振动重叠。

图 2-33 为正辛胺的红外光谱图。正辛胺为伯胺，N—H 伸缩振动有 3371 cm^{-1}、3292 cm^{-1} 两个吸收，N—H 弯曲振动在 1616 cm^{-1}、1467 cm^{-1}，C—N 伸缩振动在 1076 cm^{-1}。

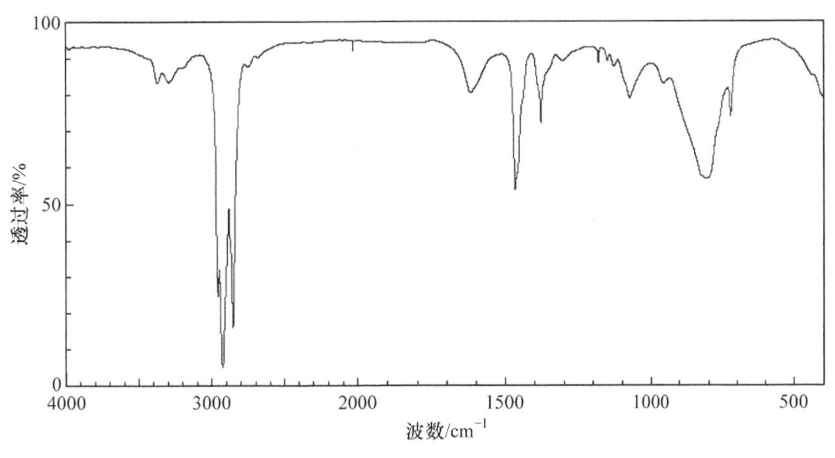

图 2-33　正辛胺的红外光谱图

2.6.14　酰胺

酰胺有伯、仲、叔酰胺三种形式，分别具有 $RCONH_2$、RCONHR′和 RCONR′R″三种结构。酰胺的氮原子上未共用电子对和羰基的 C═O 产生 p-π 共轭；伯、仲酰胺中的 N—H 与 C═O 形成分子内氢键，这两个原因造成 υ(C═O)吸收频率较低。酰胺中氮原子上的氢被取代的数目不同，红外光谱中特征谱带也有所不同，见表 2-5。

表 2-5　酰胺的特征吸收带

酰胺	吸收带	游离态/cm^{-1}	缔合态/cm^{-1}
$R—CO—NH_2$	$\upsilon(NH_2)$两个吸收带	3540～3380	3360～3180
	υ(C═O)酰胺Ⅰ带	1690～1670	1665～1630
	δ(N—H)酰胺Ⅱ带	1620～1590	1655～1610
R—CO—NHR′	υ(N—H)一个或多个吸收带	3500～3400	3330～3060(多个带)
	υ(C═O)酰胺Ⅰ带	1680～1670	1655～1630
	δ(N—H)与 υ(C—N) 酰胺Ⅱ带	1550～1510	1570～1515
	耦合产生　酰胺Ⅲ带	～1290	1335～1200
R—CO—NR′R″	υ(C═O)	1680～1630	1680～1630

伯酰胺 NH_2 的伸缩振动吸收在 3540～3180 cm^{-1}，有两个尖的吸收带，3400～3390 cm^{-1} 和 3530～3520 cm^{-1}(稀的 $CHCl_3$ 溶液)。C═O 伸缩振动，即酰胺Ⅰ带；由于 p-π 共轭，其伸缩振动频率降低，出现在 1690～1630 cm^{-1}。NH_2 面内变形振动，即酰胺Ⅱ带；此吸收较弱，并靠近 υ(C═O)，一般在 1655～1590 cm^{-1}。NH_2 的摇摆振动吸收，在 1150 cm^{-1} 附近有一个弱吸

收，在 750～600 cm^{-1} 有一个宽吸收。C—N 伸缩振动吸收在 1420～1400 cm^{-1} 有一个很强的吸收带。在其他酰胺中也有此吸收。

仲酰胺 N—H 的伸缩振动吸收处于 3460～3400 cm^{-1}，有一个很尖的吸收(稀溶液)。在压片法或浓溶液中，仲酰胺的 υ(NH)可能会出现几个吸收带，这是由顺反两种异构体产生的靠氢键连接的多种聚合物所致。C═O 伸缩振动，即酰胺Ⅰ带；在 1680～1630 cm^{-1} 有一个强吸收。NH 变形振动和 C—N 伸缩振动之间耦合造成酰胺Ⅱ带和酰胺Ⅲ带。酰胺Ⅱ带在 1570～1510 cm^{-1}，酰胺Ⅲ带在 1335～1200 cm^{-1}。在 620 cm^{-1}、700 cm^{-1} 和 600 cm^{-1} 附近还会有酰胺Ⅳ、Ⅴ、Ⅵ带，但在应用上不如前述谱带重要。

叔酰胺的氮原子上没有质子，其唯一特征的谱带是 υ(C═O)，在 1650 cm^{-1} 附近，若与溶剂形成氢键，则向低频位移。

图 2-34 为乙酰胺的红外光谱图。其中，$\upsilon(NH_2)$在 3348 cm^{-1}、3173 cm^{-1} 有两个吸收，这是伯酰胺的特征。酰胺Ⅰ带 υ(C═O)在 1681 cm^{-1}。

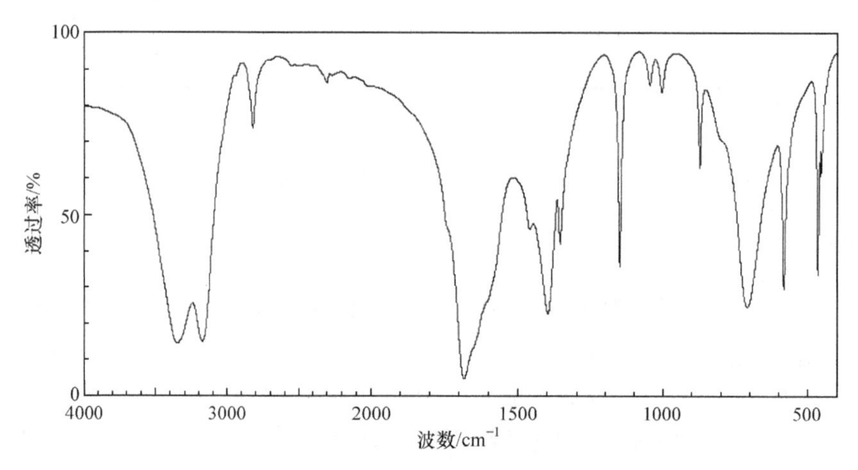

图 2-34　乙酰胺的红外光谱图

2.6.15　硝基化合物

硝基中的两个 N═O 完全相同，产生反对称和对称伸缩振动两个很强的吸收带。脂肪族硝基化合物中，N═O 反对称伸缩振动在 1565～1545 cm^{-1}，对称伸缩振动在 1385～1350 cm^{-1}。芳香族硝基化合物中，反对称伸缩振动在 1550～1500 cm^{-1}，对称伸缩振动在 1365～1290 cm^{-1}；对位有给电子取代基的芳香族硝基化合物的伸缩振动吸收波数较低。硝基化合物的 υ(C—N)弱，在脂肪族硝基化合物中 υ(C—N)在 920～850 cm^{-1}，在芳香族硝基化合物中在 868～832 cm^{-1}。

图 2-35 为间二硝基苯的红外光谱图。两个强谱带是 υ(N═O，as)在 1544 cm^{-1}，υ(N═O，s)在 1346 cm^{-1}；υ(C—N)在 835 cm^{-1}。

2.6.16　含卤素化合物

含卤素的化合物具有碳卤键特征吸收(表 2-6)。

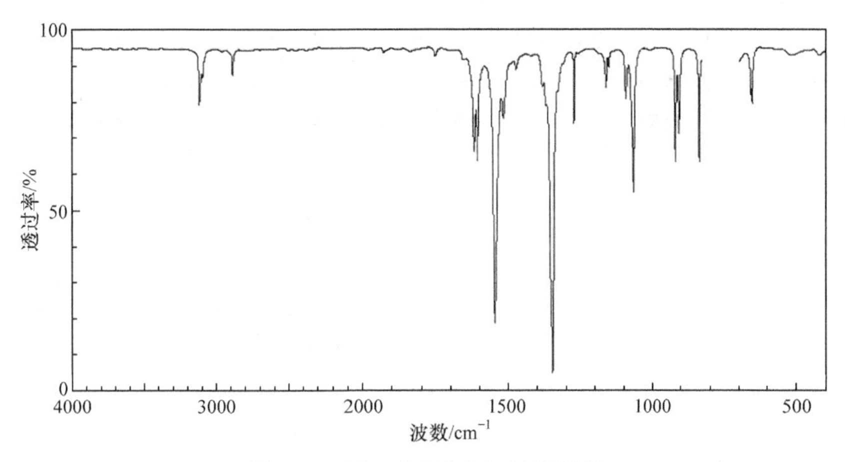

图 2-35　间二硝基苯的红外光谱图

表 2-6　碳卤键的红外光谱吸收

碳卤键形式	υ(C—X)/cm^{-1}
υ(C—F)	1400～1000(vs)
υ(C—Cl)	800～600(s)
υ(C—Br)	600～500(s)
υ(C—I)	500 附近(s)

图 2-36 为 2-氯丁烷的红外光谱图。υ(C—Cl)在 1237 cm^{-1}、672 cm^{-1}。

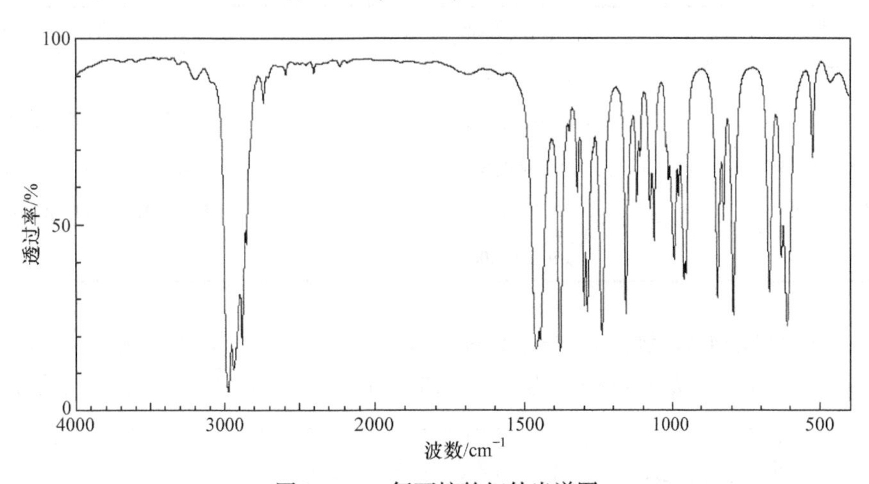

图 2-36　2-氯丁烷的红外光谱图

2.6.17　磷酸酯

磷酸酯$(RO)_3P{=}O$ 有两个特征吸收带，P═O 伸缩振动和 P—O—C 伸缩振动吸收。P—O 单键旋转会使磷酸酯产生多种构象，υ(P═O)和 υ(P—O—C)吸收带往往产生分裂(有时以肩峰出现)。P═O 实际上类似于 P≡O 结构，不能同与氧原子相连的芳香环共轭，其 υ(P═O)频率只与 R 的电负性有关，电负性越大，振动频率越大。脂肪族磷酸酯 υ(P═O)在 1285～1255 cm^{-1}(m)，υ(P—O—C)在 1050～950 cm^{-1}(vs，很宽)。芳香族磷酸酯 υ(P═O)在 1320～

1290 cm^{-1}(m)，υ(P—O—C)在 1260～1160 cm^{-1}(s)、1000～900 cm^{-1}(vs，很宽)。

图 2-37 为磷酸三丁酯的红外光谱图。其中，υ(P═O)在 1282 cm^{-1}，中等强度，其低频一侧有一肩峰，是旋转异构体的体现。υ(P—O—C)在 1028 cm^{-1}，宽且裂分的强峰。

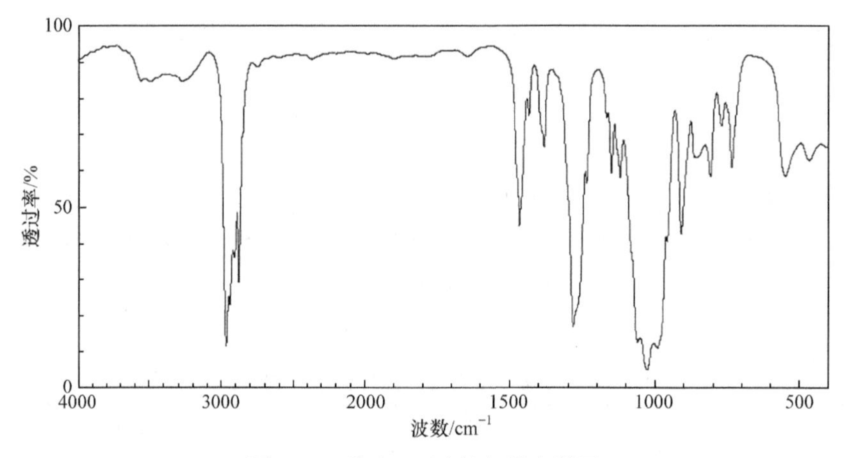

图 2-37　磷酸三丁酯的红外光谱图

2.6.18　有机硅化合物

含硅原子的基团比含碳原子的基团产生的红外吸收谱带强度大得多，其频率对样品物理状态不敏感(表 2-7)。

表 2-7　有机硅化合物的特征吸收带

振动类型	吸收波数/cm^{-1}	说明
υ(Si—H)	2300～2050(s，尖锐)	
δ(Si—H)	950～800(s)	$RSiH_3$ 在该区有两个极强谱带
υ(Si—O—Si，as)	1100～1000(vs，很宽)	长链硅氧烷不止一个谱带
υ(Si—O—R)	1090(vs，很宽)	R 为 CH_3、C_2H_5，R 为 C_2H_5 时为双峰
υ(Si—O—C_6H_5)	970～920(s)	

图 2-38 为聚甲基-氢-硅氧烷的红外光谱图。其 υ(Si—H)在 2165 cm^{-1}，为尖锐强峰；δ(Si—H)在 890 cm^{-1}、833 cm^{-1}，峰宽而强；υ(Si—O—CH_3)在 1100～1050 cm^{-1}，为强而宽的谱带。

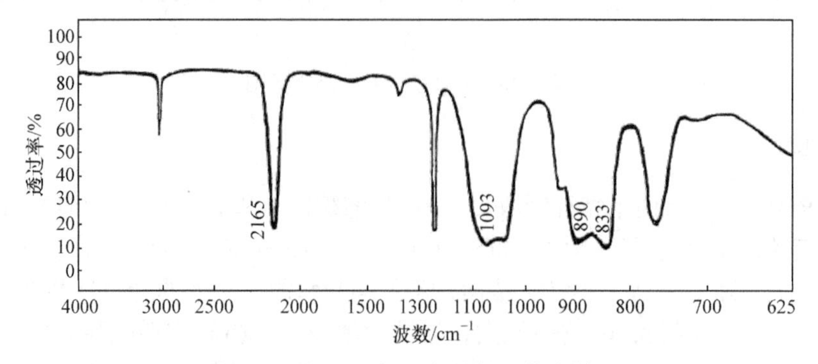

图 2-38　聚甲基-氢-硅氧烷的红外光谱图

2.7　红外光谱在材料研究领域中的应用及案例

红外光谱是材料研究中一种很有用的手段。在高分子材料研究、材料表面研究、无机材料、有机金属化合物研究等领域得到了普遍应用。

2.7.1　红外光谱在高分子材料研究中的应用

1. 分析与鉴别高聚物

红外光谱图的特征性强，是鉴别高聚物的理想方法。用红外光谱不仅可以区分不同类型的高聚物，而且对某些结构相近的高聚物，也可用指纹谱图来区分。通过大量数据分析、总结，可以利用红外光谱图中最强谱带定性分析、鉴别高聚物：

(1) 在 1800～1700 cm^{-1} 有最强谱带的高聚物，主要是聚酯类、聚羧酸类和聚酰亚胺类等。

(2) 在 1700～1500 cm^{-1} 有最强谱带的高聚物，主要是聚酰胺类、聚脲和天然的多肽等。

(3) 在 1500～1300 cm^{-1} 有最强谱带的高聚物，主要是饱和的聚烃类和一些有极性基团取代的聚烃类。

(4) 在 1300～1200 cm^{-1} 有最强谱带的高聚物，主要是芳香族聚醚类、聚砜类和一些含氯的高聚物。

(5) 在 1200～1000 cm^{-1} 有最强谱带的高聚物，主要是脂肪族的聚醚类、醇类和含硅、含氟的高聚物。

(6) 在 1000～600 cm^{-1} 有最强谱带的高聚物，主要是含有取代苯、不饱和双键和含氯的高聚物。

2. 定量测定聚合物的链结构

红外光谱法在高聚物的定量工作中得到了广泛的应用。在定量分析工作中，有时需要用核磁共振波谱、紫外光谱等分析手段的数据做标准。定量分析的基础是光的吸收定律——朗伯-比尔定律。

【例 2-4】 用红外光谱测定聚丁二烯各异构体谱带的吸收率如表 2-8 所示。求各异构体的百分含量。

表 2-8　聚丁二烯各异构体红外参数

异构体	ω(═C—H)/cm^{-1}	吸光度 A/(L · mol^{-1} · cm^{-1})	摩尔吸光系数 k/(L · mol^{-1} · cm^{-1})
1, 2 异构	910	14400	151
反式 1, 4 异构	967	12600	117
顺式 1, 4 异构	738	3090	31.4

解　由朗伯-比尔定律 $A = kcl$ 知，聚丁二烯异构体浓度 $c = A/kl$，聚丁二烯由三种异构体组成(图 2-39)，所以三种异构体的百分含量分别为

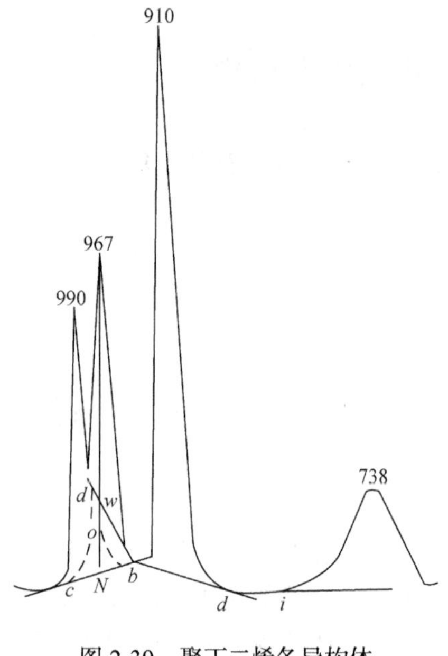

图 2-39　聚丁二烯各异构体 ω(=C—H)特征吸收

$$w_{738}=\frac{c_{738}}{c_{738}+c_{967}+c_{910}}\times100\%=\frac{\frac{A_{738}}{k_{738}l}}{\frac{A_{738}}{k_{738}l}+\frac{A_{967}}{k_{967}l}+\frac{A_{910}}{k_{910}l}}\times100\%$$

$$=\frac{\frac{3090}{31.4\times100}}{\frac{3090}{31.4\times100}+\frac{12600}{117\times100}+\frac{14400}{151\times100}}\times100\%=32.6\%$$

同理，得

$$w_{967}=35.7\% \qquad w_{910}=31.6\%$$

3. 聚合物反应的研究

利用傅里叶变换红外光谱仪对聚合物反应直接进行原位测定，研究聚合物反应动力学和降解、老化过程的反应机理等。利用傅里叶变换红外光谱仪研究反应过程，必须满足下面三个条件：①选择合适的样品池。在保证反应按一定条件进行的前提下，能进行红外检测。②选择一个合适的特征峰。选择的特征峰受其他干扰小，而且能表征反应进行的程度。③能定量地测定反应物(或生成物)的浓度随反应时间(或温度、压力)的变化。根据朗伯-比尔定律，按照式(2-9)，只要能测定所选特征峰的吸光度(峰高或峰面积)就能换算成相应的浓度，进一步研究反应过程。

双酚 A 型环氧-616(EP-616)与固化剂二氨基二苯基砜(DDS)发生交联反应，形成网状高聚物，这种材料的性能与其网络结构的均匀性有很大的关系，可用红外光谱法研究这一反应过程，了解交联网络结构的形成过程。

固化反应过程中，环氧基、氨基浓度发生改变，可反映交联网络结构的形成过程。图 2-40 为未反应的 EP-616 的局部红外光谱图。其中环氧基 913 cm^{-1} 的特征峰随着反应的进行，其强度逐渐减小，表征了环氧反应进行的程度。在反应过程中，还观察到 1150～1050 cm^{-1} 的醚键吸收峰不变，3410 cm^{-1} 的仲胺吸收峰逐渐减小，3500 cm^{-1} 的羟基吸收峰逐渐增大，说明固化过程中主要不是醚化反应，而是由氨基形成交联点。在固化过程中一级胺的反应可由 1628 cm^{-1} 伯胺特征峰的变化来表征，因为可以不考虑醚化反应，二级胺的生成与反应可由下式导出

$$2P=P_{\mathrm{I}}+P_{\mathrm{II}} \tag{2-13}$$

式中，P 为环氧反应程度；P_{I} 和 P_{II} 分别为一级胺和二级胺的反应程度。

图 2-41 为 130℃固化时，环氧基、一级胺、二级胺含量随时间的变化曲线，从图中可以看出，从固化开始到一级胺反应 90%时，二级胺的含量一直在增加，说明二级胺的反应速率低于一级胺。

4. 高聚物结晶过程的研究

高聚物的结晶行为直接影响材料的加工性能和应用性能。把高聚物样品放在红外光谱测量用的变温池内，用在线测量方法可在恒温或变温条件下跟踪高聚物的结晶过程。

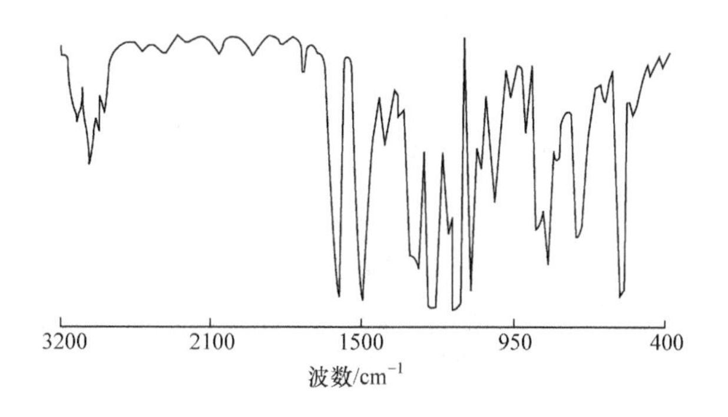

图 2-40　EP-616 局部红外光谱图

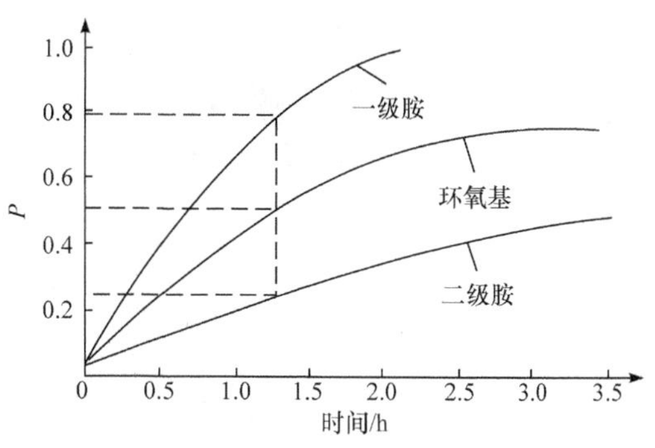

图 2-41　130℃固化时，环氧基、一级胺、二级胺含量随时间的变化

全同聚丙烯是一种重要的结晶性高聚物。文献中对其玻璃化转变温度 T_g 有大量报道，数值从−56～47℃相差很大。样品在室温存放过程中，已具有较高的结晶度是引起差异的主要原因之一。徐端夫等把聚丙烯薄膜夹于两片铝箔间，充分熔融。然后迅速在低于−75℃的干冰-乙醇中淬火，在低温下迅速转移到低温红外测定池内。在−30～30℃温度区间，升温过程中在线测量其红外光谱。选用只与聚丙烯分子链的螺旋状排列相关的 998 cm^{-1} 和 974 cm^{-1} 特征谱带的吸光度比表征聚丙烯的结晶度，结果如图 2-42 所示。可看到在−30～−20℃，聚丙烯没有发生结晶，但当温度超过−20℃后，结晶度迅速增加，由此可推断玻璃态全同聚丙烯的 T_g 可能接近−20℃。

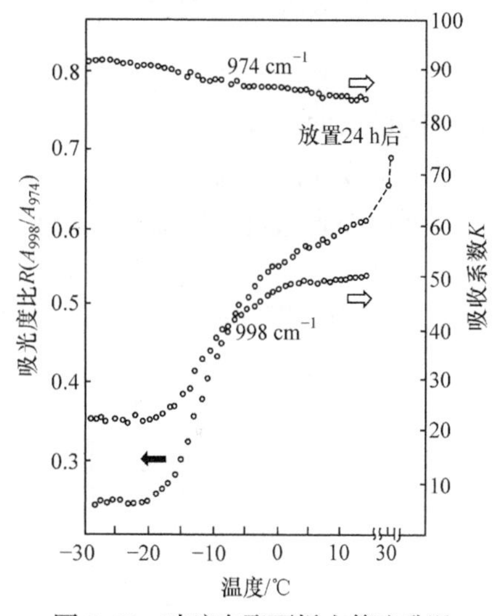

图 2-42　玻璃态聚丙烯在等速升温过程中的光谱测量

5. 高分子共混相容性的研究

高分子共混是制备高分子功能材料的重要手段，共混高分子链的相容性对材料性能会产生重大影响。如果高分子共混物的两个组分完全不相容，所测量的共混物红外光谱应是两个纯组分光谱的简单加合。但如果共混物的两个组分是相容的，则不同分子链之间存在相互作用。与纯组分光谱相比，共混物光谱中许多对结构和周围环境变化敏感的谱带会发生频率位移或强度的变化。

有学者研究了不同类型聚酯和聚氯乙烯(PVC)共混体系的相容行为。其中聚 ε-己内酯(PCL)和 PVC 在熔融态是相容的，在固态则是部分混容(PVC 含量在 60%以上)。聚 β-丙内酯(PPL)和 PVC 是完全不相容的。图 2-43(a)和(b)分别为 PVC 和 PCL、PPL 共混物在 80℃测量的羰基伸缩振动红外特征谱带。在熔融态，PCL 和 PVC 混容，随着 PVC 浓度增加，PCL 的羰基谱带移向低频多达 6 cm^{-1}[图 2-43(a)]。显然这是 PVC 分子链改变了 PCL 上羰基外围环境的结果。与此对照，PPL 和 PVC 不相容，在共混物的光谱中，羰基谱带没有发生位移，和纯 PPL 的相同[图 2-43(b)]。

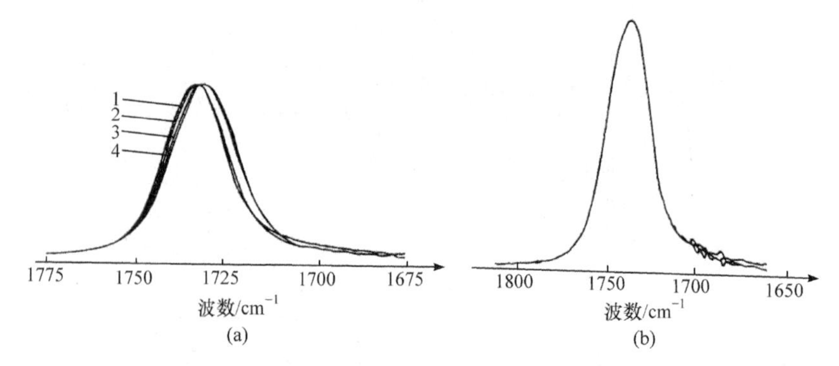

图 2-43　聚酯和 PVC 共混物羰基伸缩振动区域的红外光谱

(a) PVC 和 PCL 共混，PVC 对 PCL 的物质的量比分别为：1.0 : 1；2.1 : 1；3.3 : 1；4.5 : 1

(b) PVC 和 PPL 共混，PVC 对 PPL 的物质的量比分别为：0 : 1；9 : 11；4 : 1

6. 高聚物取向的研究

在红外光谱仪的入射光路中加入偏振器形成偏振红外光谱，被广泛用于研究聚合物薄膜和纤维的取向程度、变形机理以及取向态高聚物的弛豫过程，也可用于研究高聚物分子链的化学结构或几何结构。

当红外光通过偏振器后，得到电矢量只有一个方向的偏振光。这束光射到取向的聚合物时，若基团振动偶极矩变化的方向与偏振光电矢量方向平行，具有最大吸收强度；若二者垂直，则不吸收(图 2-44)。这种现象称为红外二向色性。

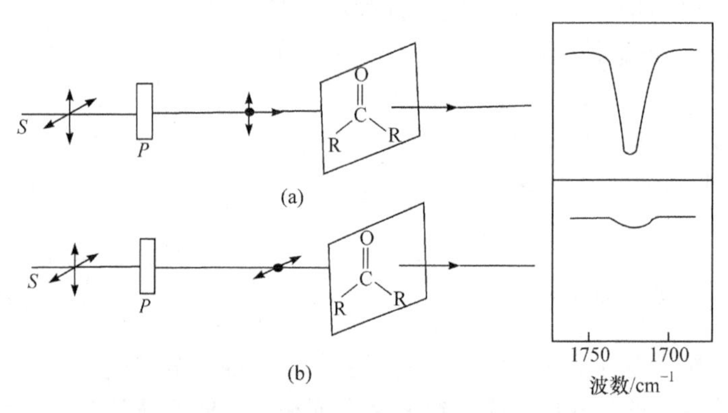

图 2-44　羰基伸缩振动红外二向色性示意图

单向拉伸聚对苯二甲酸乙二酯(PET)薄膜沿拉伸方向部分取向。将其样品放入测试光路，转动偏振器，使偏振光的电矢量方向先后与样品的拉伸方向平行和垂直，分别测出其某一特征谱带吸光度，并用 $A_{\parallel}$和 $A_{\perp}$表示，二者的比值称为该谱带的二向色性比 R：

$$R = \frac{A_{\parallel}}{A_{\perp}} \tag{2-14}$$

在聚合物样品中，$R<1$ 称为垂直谱带，$R>1$ 称为平行谱带。理论上 R 可为 0～∞，但由于样品不可能完全取向，因此 R 为 0.1～10。

上面讨论的是单轴取向的情况。与拉伸方向(y 轴)垂直的两个方向，即薄膜的横轴方向(x 轴)和薄膜的厚度方向(z 轴)的分子取向情况是相同的，即 $A_x = A_z$。实际上，除纤维外，任何取向薄膜的 A_x 和 A_z 都不会绝对相同。因此在有些情况下，特别是双向拉伸的薄膜，需要同时测

量谱带沿 x 轴、y 轴和 z 轴 3 个方向的分量，即进行三维的测量。这时二向色性比可写成更广泛的形式：

$$R_{xy} = \frac{1}{R_{yx}} = \frac{A_x}{A_y} \tag{2-15}$$

$$R_{yz} = \frac{1}{R_{zy}} = \frac{A_y}{A_z} \tag{2-16}$$

$$R_{zx} = \frac{1}{R_{xz}} = \frac{A_z}{A_x} \tag{2-17}$$

从上面的关系式可知，在三个二向色性比中，仅有两个是独立的。也就是说，正确地测量两个二向色性比就可以充分地表征谱带的二向色性行为。

2.7.2　红外光谱在材料表面研究中的应用

红外光谱法在研究材料表面的分子结构、分子排列方式以及官能团取向等方面是有效的手段。衰减全反射、漫反射、光声光谱、反射吸收光谱以及发射光谱等各种适合于研究表面的红外附件技术的发展和应用，进一步促进了红外光谱在材料表面和界面研究工作中的应用。

在材料表面研究中，衰减全反射法(ATR)是使用较早且应用较为广泛的方法。

用 ATR 研究 PVC 和聚甲基丙烯酸甲酯(PMMA)复合膜的界面扩散和黏合机理。首先用四氢呋喃溶液制备厚度分别为 1.6 μm、2.3 μm、3.4 μm、4.2 μm 和 6.0 μm 的 PVC 膜。然后用旋转制膜法在 PVC 膜上涂一层厚度为 1.5 μm 的 PMMA 膜。将复合膜以 PVC 面与 45°入射面的 Ge 内反射晶体板相贴，加热至 150℃，测量光谱随时间的变化。结果表明，随着时间增加，表征 PMMA 组分的 1730 cm^{-1} 谱带强度逐渐增加，说明 PMMA 分子逐渐向 PVC 分子层中扩散。

2.7.3　红外光谱在无机材料研究中的应用

红外光谱分析在陶瓷材料的结构、成分分析和杂质缺陷特性等许多方面的研究起到了较大的作用。随着微波介质陶瓷研究的深入，更多新的分析手段用于分析介质陶瓷损耗的起源问题，对损耗的研究已经深入到晶格振动的层面。晶格振动一般在远红外频段，致使远红外反射谱在微波介质陶瓷研究方面的贡献日益突出，在对很多陶瓷体系的研究中得到了令人瞩目的成果。

黄现礼、王福平等研究了 Mn 掺杂 $BaTi_4O_9$ 微波介质陶瓷的红外光谱。XRD 谱图表明 $BaTi_4O_9$ 为单相组织。图 2-45 是掺杂量分别为(a) 0.1%、(b) 0.3%、(c) 0.5%、(d) 0.7% $BaTi_4O_9$ 样品的红外反射谱。图中最明显的差别是在 300～400 cm^{-1}，随着掺杂量的增大，弱反射峰从 364 cm^{-1} 位移到 381 cm^{-1}，正是由于这个位移，296 cm^{-1} 处的反射峰有加强的趋势，这是由于两处晶格振动模的介电相互作用减弱(距离增大)的结果。

2.7.4　红外光谱在有机金属化合物研究中的应用

有机金属化合物的结构和化学键有许多独特之处，具有许多重要的用途。例如，属于烷基卤化镁类的格氏试剂已广泛用于有机合成，烷基铝类的齐格勒-纳塔(Ziegler-Natta)催化剂已在烯类均相聚合中得到广泛应用。

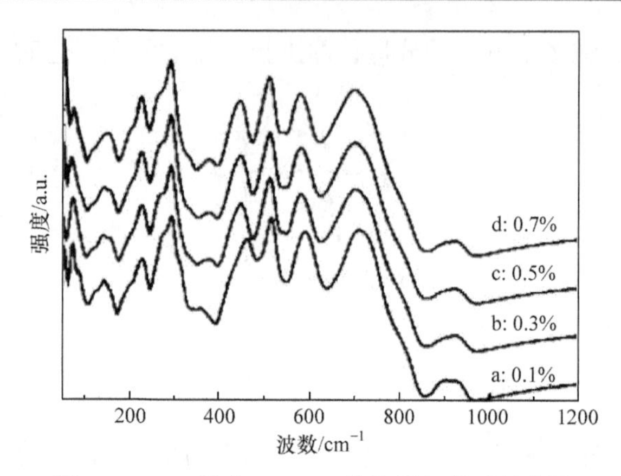

图 2-45　Mn 掺杂 $BaTi_4O_9$ 陶瓷的红外反射光谱

下面讨论茂基配位化合物中的二茂铁(Cp_2Fe)和二茂镍(Cp_2Ni)的红外光谱。

二茂铁的合成反应如下：

$$2\ \text{(环戊二烯基)MgBr} + FeCl_2 \longrightarrow Cp_2Fe + MgBr_2 + MgCl_2$$

威尔金森(Wilkinson)根据二茂铁的红外光谱在 3076 cm^{-1} 处出现 C—H 伸缩振动单吸收峰，认为在 Cp_2Fe 分子中 10 个 H 所处的位置环境完全一样。结合对磁化率、偶极矩的测定，威尔金森判断二茂铁为具有 D_{5h} 对称性的夹心结构。为此，他于 1973 年和费歇尔(Fischer)共同获得诺贝尔奖。

比较 Cp_2Fe 和 Cp_2Ni 的红外光谱(图 2-46)不难看出，除 3076 cm^{-1} 处的 C—H 伸缩振动吸收峰外，在 1420 cm^{-1} 和 1000 cm^{-1} 附近出现的 C—C 伸缩振动和 C—H 面内弯曲振动吸收峰也非常特别，C—H 面外弯曲振动位于 850～650 cm^{-1}，随金属原子不同而有很大变化。

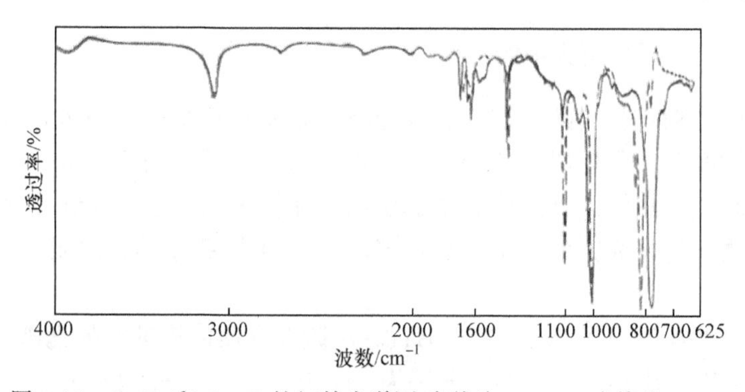

图 2-46　Cp_2Fe 和 Cp_2Ni 的红外光谱图(实线为 Cp_2Ni，虚线为 Cp_2Fe)

2.8　红外光谱新技术的应用及案例

2.8.1　时间分辨光谱的应用

根据样品结构随时间变化的快慢，即测定出已感觉到样品结构变化的两个光谱间的时间长短，利用 FTIR 光谱仪对样品进行动态红外测量大致分成三种情况：第一种是假稳态阶段，是变化较慢的过程，能记录下起始样品的光谱，在整个结构变化过程中，可以多次记录经过一定时间间隔后样品结构变化的光谱，从而可观察到整个结构随时间变化的情况；第二种是快变化过程，时间分辨率在秒的数量级。可以利用 FTIR 采集数据软件，连续快速地测量光谱，信息采集速度取决于磁盘存取时间或干涉仪的扫描速度；第三种是变化非常快的过程，以至物质结构的变化或者瞬间寿命的时间短于光谱仪的一次扫描时间，这种瞬态光谱需通过时间分辨光谱技术来测定。

时间分辨傅里叶变换红外光谱，简称时间分辨光谱(FTIR/TRS)，是将 FTIR 仪器进行快速多重扫描和计算机快速采集及处理数据的功能相结合，在与时间相关的研究领域中的应用。

对时间分辨光谱来说，其干涉图(光谱)随样品的瞬变时间 T 变化。样品的瞬变时间极短(以微秒计)，想在此瞬变时间内获取多张干涉图所需的全部数据点，采用通常的办法难以实现。在时间分辨中，往往在样品变化的瞬间内仅能取得有限个数据点(瞬变时间越短，取得数据点越少)，只有让样品多次重复瞬间变化(通过机械、光、电等外界激发因素)，每重复一次变化即重复一次瞬变过程(物理或化学变化过程)，就可取得一组数据点的数据。通过多次扫描可完成每一瞬变过程干涉图所需全部数据。FTIR/TRS 基于两个技术：①瞬变体系要完全可以多次重复；②变化体系的时间与 FTIR 干涉仪的扫描有一定的相关性。目前大致上通过分步采样法、慢扫描时间编组法、快扫描时间编组法及改进的时间编组法四种方式来实现。

计敏等利用时间分辨傅里叶变换红外(TR-FTIR)发射光谱技术对叔丁基亚硝酸酯(TBN) 355 nm 激光光解动力学进行研究。将每连续 20 个时间分辨的光谱叠加，形成时间间隔为 1 s 的光谱。光解后分别在 0～1 μs、1～2 μs、2～3 μs 时间间隔内采光谱(图 2-47)。NO 的红外发射光谱的范围在 1730～1945 cm^{-1}。整个光谱表现为 NO 基态四个振转带的跃迁，可分别归属为 $\Delta \upsilon = 1$ 的 $\upsilon = 1 \to \upsilon = 0$、$\upsilon = 2 \to \upsilon = 1$、$\upsilon = 3 \to \upsilon = 2$ 和 $\upsilon = 4 \to \upsilon = 3$ 跃迁，中心分别位于约 1875 cm^{-1}、1847 cm^{-1}、1819 cm^{-1} 和 1791 cm^{-1}。由于这四个带的叠加比较严重，图 2-47 中只给出了振动标识。整个红外光谱显示出较窄的光谱宽度(在 1945 cm^{-1} 处消失)，表明光解产物 NO 的转动布居较低，所采集到的信号应该完全来自 NO 的红外发射。

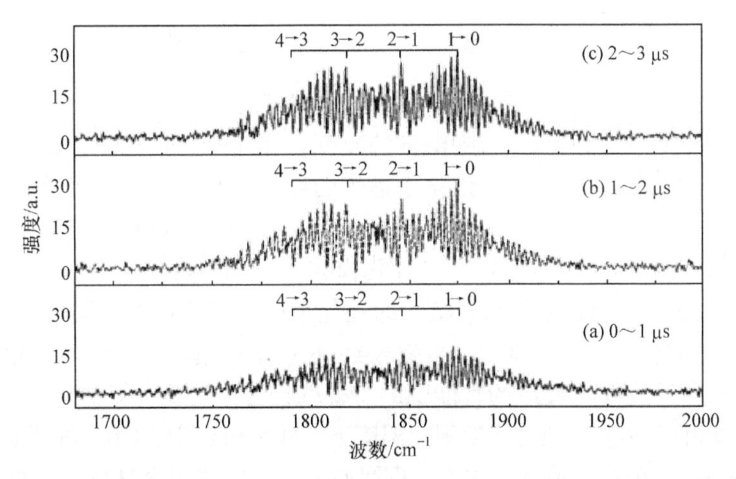

图 2-47　355 nm 激光光解 TBN 后，在不同时间间隔所采集的 NO 红外发射光谱

图 2-48 为对 1～2 μs 时间间隔内所采集光谱的拟合结果。由于 1775 cm^{-1} 附近的 NO 红外发射信号受到空气中水吸收的影响，在该能量处实验测得的发射强度略小于拟合强度。拟合所得光解产物 NO 的转动温度约为 220 K，与 NO 较低转动布居的观测事实相符合。经过爱因斯坦自发辐射系数修正后得到的对应于 $\upsilon = 1$～4 的相对振动布居比值为 0.32∶0.42∶0.17∶0.09，该布居出现

明显的反转，最大布居出现在 $\upsilon = 2$ 处。这种振动布居反转与光解光所激发的 S_1 态中 N═O 伸缩振动的泛频跃迁 $0 \to \upsilon^*$ 有一定的关联。υ 与 υ^* 之间的关系应该是 $\upsilon = \upsilon^* - 1$。

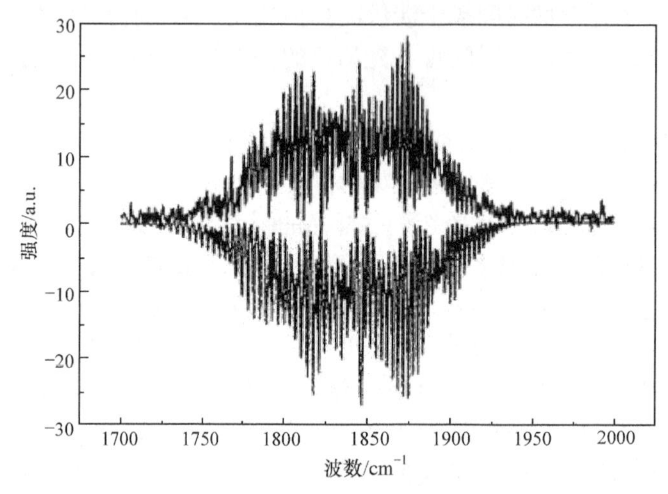

图 2-48　在 1～2 μs 时间间隔内所采集的光解产物 NO 的红外发射光谱与拟合结果的对照

用 FTIR/TRS 研究聚丙烯的物理形变。在研究过程中，反应“引发剂”是一机械拉伸应力，整个循环包括膜的拉伸和松弛，约在 100 ms 完成。图 2-49 是聚丙烯的拉伸起点、中点及终点时的时间分辨光谱，峰没有移动，但 974 cm^{-1} 和 995 cm^{-1} 峰随膜伸长而变化，两峰强度比与聚丙烯的结晶度有关，实验结果说明聚合物的内应力可引起结晶度变化。

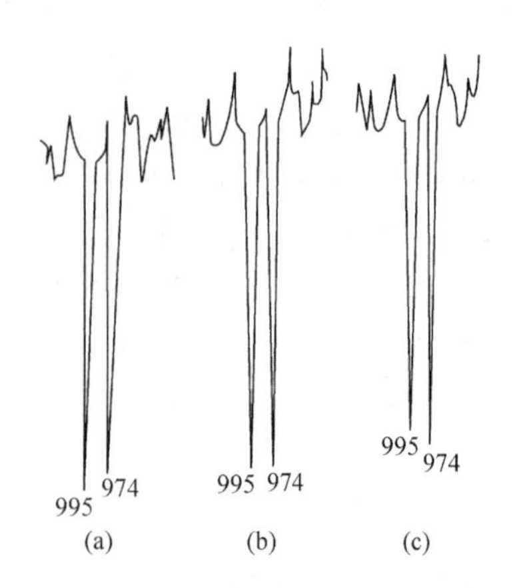

图 2-49　聚丙烯的时间分辨光谱
(a) 拉伸起点；(b) 拉伸到中点；(c) 拉伸到终点

2.8.2　变温红外光谱法的应用

变温红外光谱已成为红外光谱学的重要组成部分。随温度的改变，样品发生相转变或物态改变，其红外光谱图中谱带的峰位、峰强、峰形会发生变化。原有的谱带可能消失，也可能出现新的谱带。样品分子的排列状态发生改变，氢键、晶格可能会被破坏，从而引起红外光谱的变化。

郭斌等利用变温红外光谱法研究聚氨酯的固化反应。使用可控温附件，在一定温度下，将 A 和 B 两种组分混合样品放在其中，并置于红外光谱仪光路中，由于每次的测量点都在同一位置，无需寻找一个不参与反应的官能团的特征峰作为参比峰，只需记录—NCO 的特征峰的透过率的变化即可(图 2-50)。在 120℃固化温度下，每 5 min 扫描 1 次，随着固化反应的进行，官能团—NCO 和—OH 的透过率逐渐增大，即吸收减小，官能团含量减少；同时，反应生成氨酯基团(—NHCOO—)中的—NH—的透过率则相应减小，表明其官能团含量增加。其中，—NCO 基团的特征峰 2272 cm^{-1} 的透过率变化尤为明显，可作为定量分析的依据。随着固化反应的进行，根据特征峰 2272 cm^{-1} 的透过率变化，经计算得到样品的转化率曲线(图 2-51)，据此可获得固化过程的信息。

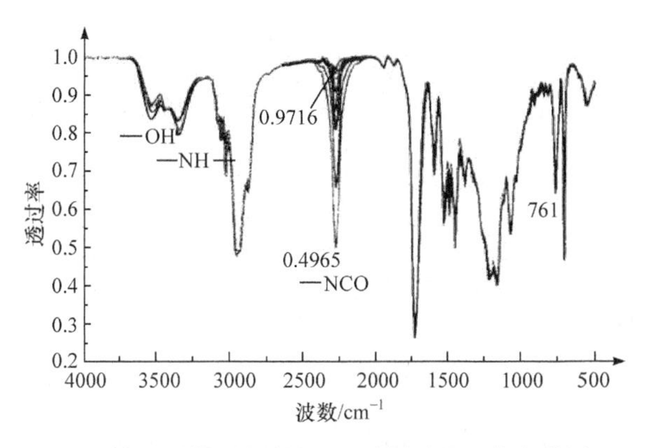

图 2-50　固化温度为 120℃时样品的红外光谱图

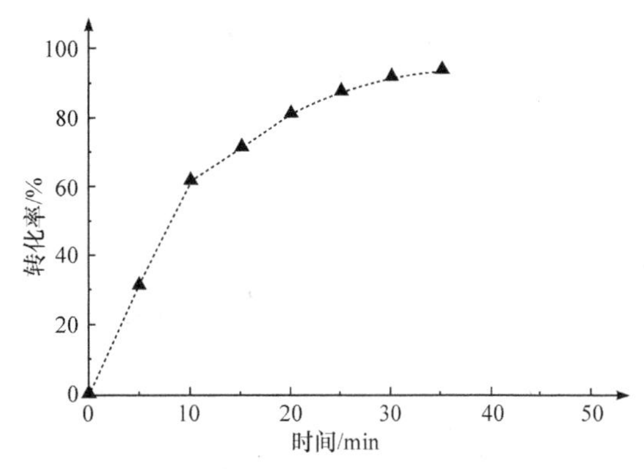

图 2-51　固化温度为 120℃时样品的转化率曲线

2.8.3　红外光谱差谱技术的应用

计算机差谱技术是应用光谱学随着计算机的发展而出现的新的研究方法。差谱技术是对存储的谱图进行数据处理的一种计算机软件功能，通过一定的数据处理以达到溶剂、基体及干扰组分的扣除和进行多组分光谱分离等。在高分子材料红外光谱定性分析中，通常受到材料中填料、助剂及溶剂等的影响，剖析时首先要进行分离，利用差谱技术，可不经分离获得纯组分的红外光谱图，从而方便快速地进行材料组成剖析。差谱，即从混合物 x 红外光谱图中差减去已知组分 y 后，得到纯组分 z 的谱图。$z = x - ky$，k 为比例因子，由计算机给出，人工选择。

杭国培等采用溴化钾压片法分别测试聚丙烯 PP(Aa)、聚甲醛 POM(Ba)及聚甲基丙烯酸甲酯 PMMA(C)纯组分红外光谱图，PP、PMMP 两组分混合物谱图(D)，PP、POM、PMMP 三组分混合物谱图(E)(图 2-52)。选择 1378 cm^{-1} 处吸收峰(CH_3 弯曲振动吸收)为 PP 被差减时校正谱带，1028 cm^{-1} 处吸收峰(—C—O—伸缩振动吸收)为 PMMP 被差减时校正谱带。利用 3600 数据站 SDIFF 软件，分别选择合适的比例因子，将 D 减 C 得到 Ab，E 减 Aa 再减 C 得到 Bb。

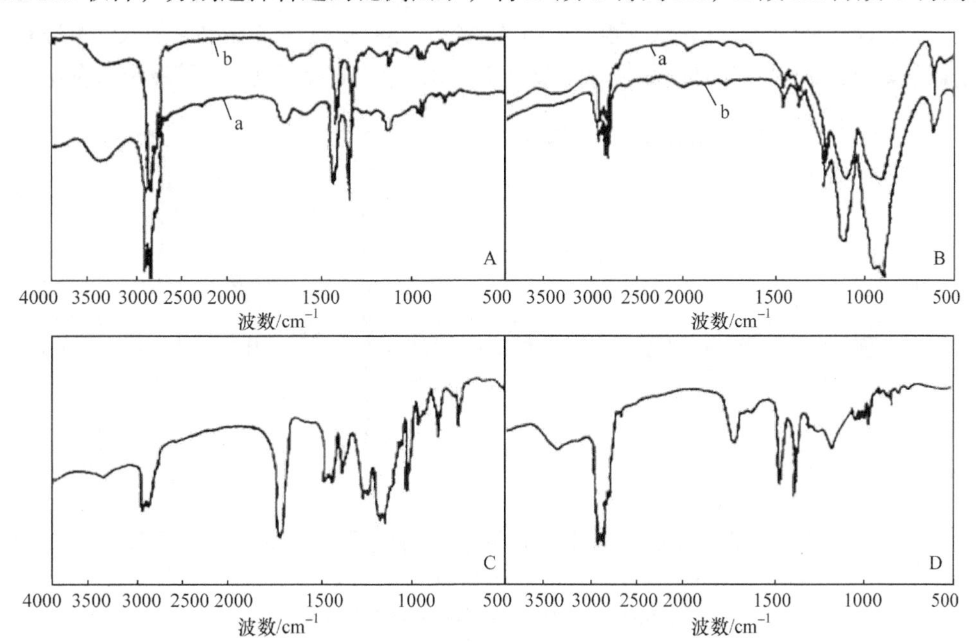

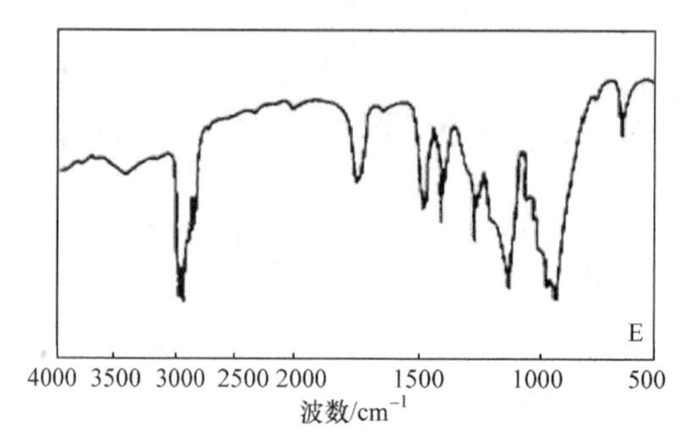

图 2-52　PP、POM、PMMA、PMMP 的红外光谱图

以 PP 作差减组分选择 1378 cm^{-1} 作为校正谱带时，由于 PMMP 在此附近有微弱吸收，导致差谱图在 2800 cm^{-1} 附近出现倒峰，在同一混合物组分中以 PMMP 作差减组分，选择 1028 cm^{-1} 作为校正谱带，由于此处不受其他峰干扰，因此得到了满意的差谱图(图 2-52Ab)。

实验发现，试样浓度是造成差谱图失真的主要原因之一，对一组不同含量的 PP、PMMA 二组分混合物做差谱试验，低浓度的试样，差谱图较为理想。另外被差减组分含量低，差减效果好。为了使差谱图不失真，除选择合适的校正谱带以外，控制合适的试样浓度也很重要。

2.8.4　红外衰减全反射技术的应用

聚合物材料中往往含有多种组分，会对分析鉴定产生干扰，分析前需要采取必要的手段对各个组分进行分离，耗时费力。红外衰减全反射法对聚合物材料样品的大小和状态没有特殊要求，根据谱图的峰位、峰形及峰强等参数，可以判断出样品的主要成分。

宋文迪利用红外衰减全反射技术对聚合物乳液主成分进行了快速鉴定。苯丙乳液是由苯乙烯和丙烯酸酯单体经乳液共聚而得，其成膜后测得的红外光谱图如图 2-53 所示。由图可以看出 3061 cm^{-1}、3027 cm^{-1} 是苯环上不饱和 C—H 伸缩振动峰；2956 cm^{-1}、2930 cm^{-1}、2871 cm^{-1} 是—CH_3、—CH_2 伸缩振动峰；1727 cm^{-1} 是丙烯酸酯中 C═O 伸缩振动峰；1602 cm^{-1}、1582 cm^{-1}、1493 cm^{-1}、1451 cm^{-1} 是苯环骨架振动峰；1247 cm^{-1}、1156 cm^{-1} 是丙烯酸丁酯中 C—O 伸缩振动峰；959 cm^{-1}、942 cm^{-1} 是丙烯酸丁酯中丁酯的特征吸收峰；759 cm^{-1}、699 cm^{-1} 是单取代苯环 C—H 面外弯曲振动峰；553 cm^{-1} 是苯环的面外弯曲振动峰。由以上吸收峰可判定该乳液为苯丙乳液。

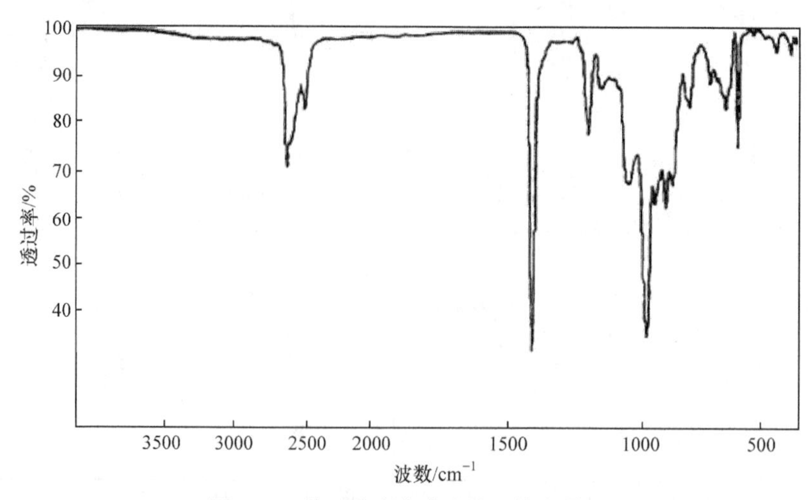

图 2-53　苯丙乳液成膜后的红外光谱图

2.8.5　气相色谱-红外光谱联用技术

红外光谱法原则上只能用于纯化合物的分析，对于混合物的定性分析通常无能为力。色谱法常用于分离混合物。两种方法联用，把色谱仪作为红外光谱仪的前置分离工具，或者说把红外光谱仪作为色谱仪的检测器，就组成了一种理想的分析工具。联用技术包括气相色谱-傅里叶变换红外光谱联用(GC-FTIR)、高效液相色谱-傅里叶变换红外光谱联用(HPLC-FTIR)、超临界流体色谱-傅里叶变换红外光谱联用(SFC-FTIR)、薄层色谱-傅里叶变换红外光谱联用(TLC-FTIR)。

GC-FTIR 系统主要由四个单元组成：GC，对复杂试样进行分离；光管，联机的接口，GC 的馏分在此处受检；FTIR，同步跟踪扫描，检测 GC 馏分；计算机数据系统，控制联机运行与采集、处理数据。经干涉仪调制的干涉光汇聚到光管窗口，经光管镀金内表面多重反射后到达 MCT 检测器；另一方面，试样进入 GC 后，经色谱柱分离，GC 馏分按保留时间顺序进入光管，并被 MCT 检测。采集到的干涉图信息存储到计算机数据系统，经快速傅里叶变换得到组分的气相红外光谱图。进一步通过谱库检索得到试样组分的分子结构和化合物名称。

GC-FTIR 只适用于有机化合物混合物的分离与鉴定。对于高分子材料中遇到的已交联材料的定性、定量的鉴定，需要采用裂解色谱技术与 FTIR 联用(PGC-FTIR)，即在 GC 上加一个热解器。将聚合物在热解器(裂解头)中加热至几百摄氏度或更高的温度，聚合物大分子加热裂解为若干易挥发的小分子物质碎片。而后将裂解产物进行 GC-FTIR 鉴定。由于特定结构的聚合物在一定温度下有组成一定的热裂解产物，其碎片组成和相对含量与被测物质的结构、组成有一定的对应关系。因此，裂解色谱图与 FTIR 可作为定性的依据，并可利用裂解色谱图中能反映物质结构、组成的特征碎片来定性和定量地分析混合物中的各组分。

对 650-16 型轮胎胶面进行分析。选用 CDS-120 型热裂解器，裂解温度为 650℃，裂解时间为 5 s，毛细柱为 HP-1 甲基硅酮型石英柱，FTIR 仪为 Nicolet 170 SX FTIR，光管温度为 130℃，尾吹流速为 0.8 $mL \cdot min^{-1}$，分流比为 1 : 1，进样量为 0.2 mg。重建色谱图鉴定出了 35 个组分。各种聚合物都有其特征裂解产物，如天然橡胶的主要裂解产物是异戊二烯和二戊烯；顺丁橡胶的主要裂解产物是 1,3-丁二烯和 4-乙烯环己烯；丁苯橡胶的主要裂解产物除与顺丁橡胶相同外，还有苯乙烯等。由裂解产物的红外光谱图判断可知，胎面胶主要由顺丁橡胶、天然橡胶和丁苯橡胶等组成。

2.8.6　热重分析-红外光谱联用技术

热重分析(TGA)法是在程序控制温度下，测量物质的质量与温度关系的一种技术。测得的热重(TG)曲线表明了物质在受热时质量随温度(时间)的变化情况。对红外光谱来说，只要在 TG 分析中被分析物所释放的挥发组分有红外吸收，而且能被载气带入红外光谱的气体池中，就能用红外光谱对气体样进行定性分析。TGA-FTIR 联用技术常规的联机系统主要由热解室(如热天平、热解炉等)、接口和 FTIR 仪组成。理想的接口应该结构简单、易于安装和使用、化学惰性且内体积小，以减少热不稳定的逸出气在接口中的停留时间。

何国山等采用 TGA-FTIR 研究了空气中橡塑海绵的热氧降解行为。实验考察了橡塑海绵在空气气氛下，热解过程中气体产物的组成。升温速率为 5℃ · min^{-1} 时，FTIR 对 TG 实验过程产生气体实时监测所构建的三维图谱见图 2-54。由图可知，降解气体有两段吸收峰，分别出现在 40.72 min 和 90.52 min，对应样品 TG 测量时间分别为 40.41 min 和 90.22 min，FTIR 滞后时间约 18 s。据此可将 FTIR 监测时间与 TG 不同试验时间所代表的温度点一一对应。

不同温度点逸出气体的 FTIR 谱图见图 2-55。由图可知，第一段最大失重速率对应温度为 251.1℃，逸出体红外光谱吸收峰主要有 2283 cm^{-1}、2251 cm^{-1}，该吸收峰为氰酸类气体的特征吸收峰。表明在第一失重阶段橡塑海绵中丁腈橡胶段上的腈基(—C≡N)首先发生了热氧降解，生成氰酸类气体逸出。在 278.0℃时，逸出气体的 FTIR 谱图仍存在氰酸的特征吸收峰，在波数 3100～2600 cm^{-1} 处新出现一系列吸收峰，该处吸收峰的出现说明逸出气体中含有氯化氢气体，表明在该温度点材料中除 NBR 继续受热降解，PVC 组分受热开始逐渐产生氯自由基，发生快速脱除氯化氢的链式反应，生成氯化氢气体逸出。当升温至第二段最大失重速率对应温度为 500.6℃时，氯化氢及氰酸类气体对应的特征吸收峰消失，2359 cm^{-1}、669 cm^{-1} 处出现强吸收峰，这是二氧化碳的特征吸收峰，表明在此阶段材料中—C≡N 及—Cl 已降解完全。该阶段主要为材料的碳链结构发生热氧降解，生成二氧化碳气体逸出。

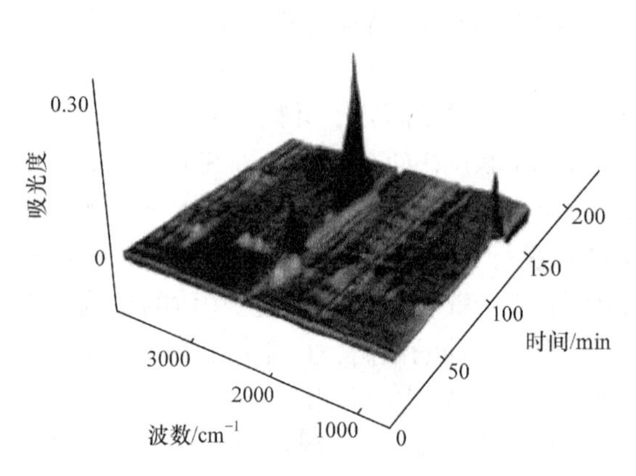

图 2-54　TGA-FTIR 联用橡塑海绵逸出气体的三维立体图

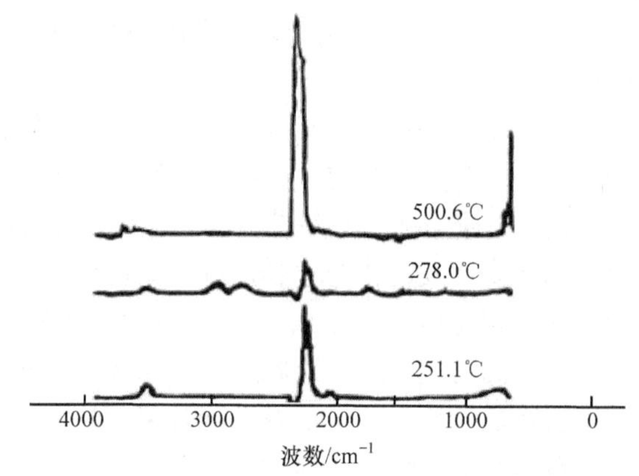

图 2-55　不同温度点逸出气体的 FTIR 谱图

2.9　拉曼光谱简介

拉曼光谱是一种散射光谱。在 20 世纪 30 年代末，拉曼散射光谱是研究分子结构的主要手段。但由于拉曼效应太弱，随着红外光谱的迅速发展，拉曼光谱的地位随之下降。1960 年激光问世，并被引入拉曼光谱后，拉曼光谱广泛应用于有机、无机、高分子、生物、环保等各个领域，成为结构分析的重要工具。拉曼光谱中水和玻璃散射光谱极弱，使其在水溶液、气体、同位素、单晶等方面的应用具有突出的优势。傅里叶变换拉曼光谱仪的应用、发展使拉曼光谱在材料结构研究中的作用与日俱增。

2.9.1　光的散射

拉曼光谱为散射光谱。当一束频率为 ν_0 的入射光照射到气体、液体或透明晶体样品上时，绝大部分方向不变，透射过去，小部分则向不同方向散射(图 2-56)；如果样品是不透明的，则一部分入射光被样品吸收，另一部分发生散射。光的散射是入射光子与样品分子相互碰撞的结果。大约有 0.1%的入射光光子与样品分子发生碰撞后向各个方向散射。当碰撞时不发生能量交换，即进行弹性碰撞，形成的光的散射称为瑞利散射。如果入射光光子与样品分子之间发生碰撞时有能量交换，即进行非弹性碰撞，形成的光的散射称为拉曼散射。在拉曼散射中，入射光光子与样品分子之间的能量传递是相互的。光子可以把部分能量给样品分子，得到的散射光能量减少，在垂直方向测量到的散射光中可以检测到频率为($\nu_0 - \Delta E/h$)的线，称为斯托克斯线(Stocks line)(图 2-57)。此时，样品分子吸收能量，分子中某一基团或化学键的振动或转动能级产生由基态向激发态的跃迁。相反，碰撞过程中，若光子从样品分子中获得能量，其能量增加，得到频率为($\nu_0 + \Delta E/h$)的散射光线，称为反斯托克斯线(anti-Stocks line)。样品分子中某一基团或化学键的振动或转动能级产生由激发态向基态的跃迁。

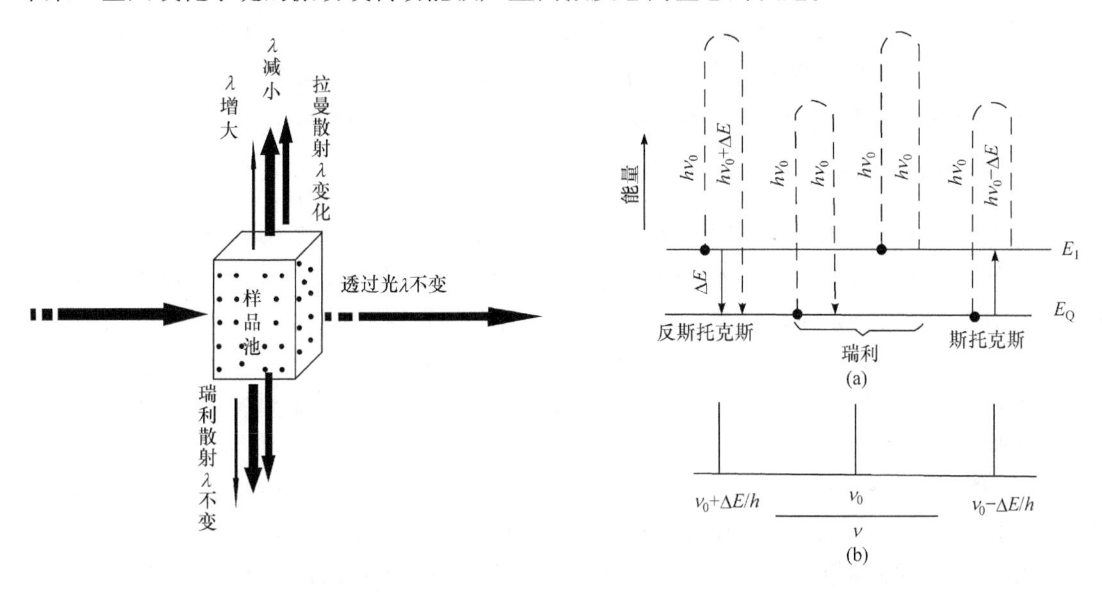

图 2-56　瑞利散射和拉曼散射

图 2-57　拉曼散射的振动能级跃迁
(a) 瑞利散射和拉曼散射能级；(b) 散射谱线

斯托克斯线或反斯托克斯线与入射光频率之差称为拉曼位移。拉曼位移的大小和分子的跃迁能级差一样。对应于同一分子能级，斯托克斯线与反斯托克斯线的拉曼位移数值是相等的。正常情况下，室温时大多数分子处于基态振动能级，反斯托克斯线也远少于斯托克斯线。所以在一般拉曼光谱分析中，都采用斯托克斯线研究拉曼位移。温度升高，反斯托克斯线增加。

$$\Delta\nu = |\nu_0 - \nu_s| \tag{2-18}$$

式中，$\Delta\nu$为拉曼位移；ν_0为入射光频率；ν_s为散射光频率。

拉曼散射很弱，大约只有入射激发光源强度的 10^{-6}。因而实验中要用强度($10^2 \sim 10^3$ mW)很强的激光束作为光源，此时使用很少样品也能得到满意的结果。

分子是否具有拉曼活性取决于分子振动时极化度是否发生变化。极化度是分子在电场的作用下，分子中电子云变形的难易程度。诱导偶极矩与外电场的强度之比为分子极化率 α，分子中两原子距离最大时，α 也最大。拉曼谱线的强度与极化率呈正比例关系，正比于诱导跃迁偶极矩的变化。

$$\mu = \alpha E \tag{2-19}$$

式中，μ为诱导偶极矩；E为入射光电场强度；α为分子极化率。

2.9.2　拉曼光谱选律

拉曼光谱与红外光谱虽然都与分子振动能级跃迁有关，都能提供分子振动的信息，但光谱选律不同。红外光谱中，红外吸收过程与分子永久偶极矩的变化相关，一般极性分子及基团的振动引起永久偶极矩的变化，是具有红外活性的，是与某一吸收频率能量相等的(红外)光子被分子吸收，红外光谱是吸收光谱。拉曼光谱中，拉曼散射进程来源于分子的诱导偶极矩，与极化率变化相关；通常非极性分子及基团中，能导致分子变形、引起极化率变化的振动是具有拉曼活性的。拉曼光谱是散射光谱。

例如，O═C═O 的简正振动中：对称伸缩振动时，分子偶极矩不变无红外活性，极化率改变有拉曼活性；不对称伸缩振动时，偶极矩改变有红外活性，极化率不变无拉曼活性；弯曲振动时，偶极矩和极化率都有改变，既有红外活性，也有拉曼活性。

2.9.3　拉曼光谱的特征谱带及强度

拉曼光谱谱图与红外光谱谱图形式基本相同。在拉曼光谱中，基团或化学键谱带的频率与其在红外光谱中出现的频率基本一致。由于两种方法选律的不同，相应特征谱带的强弱有所不同。对于一般红外及拉曼光谱，可用以下几个经验规则判断。

(1) 互相排斥规则：凡有对称中心的分子，若有拉曼活性，则红外是非活性的；若有红外活性，则拉曼是非活性的。例如，O_2 只有对称伸缩振动，在红外中吸收峰很弱或不可见，在拉曼中较强。

(2) 互相允许规则：凡无对称中心的分子，除属于点群 D_{5h}、D_{2h} 和 O 的分子外，都有一些既能在拉曼散射中出现，又能在红外吸收中出现的跃迁。若分子无任何对称性，则它的红外和拉曼光谱就非常相似。例如，2-戊烯中 C—H 的伸缩振动和弯曲振动在拉曼和红外光谱中都有吸收峰，频率相同，分别在 3000～2800 cm^{-1} 和 1460 cm^{-1}。

(3) 互相禁止规则：少数分子的振动在拉曼光谱和红外光谱中都是非活性的。例如，乙烯分子的扭曲振动的谱带在红外和拉曼光谱中均观察不到。

一般分子极性基团的振动导致分子永久偶极矩的变化，通常是红外活性的，其特征吸收峰强度由分子偶极矩决定，红外光谱适用于研究不同原子的极性键振动。非极性基团的振动易发生分子变形，导致极化率的改变，通常是拉曼活性的，其特征吸收峰强度由分子极化率决定，拉曼光谱适用于研究同原子的非极性键振动。对于相同原子的非极性键振动如 C—C、N—N 及对称分子骨架振动，均能获得有用的拉曼光谱信息。而红外中分子对称骨架振动的信息很少见到。拉曼光谱和红外光谱产生的机理虽然不同，但在结构分析中能相互补充，较完整地获得分子振动能级跃迁的信息。

与红外光谱相比，拉曼散射光谱具有下述优点：

(1) 拉曼光谱是一个散射过程，任何尺寸、形状、透明度的样品，只要能被激光照射到，就可直接测量。激光光束的直径较小且可进一步聚焦，极微量样品都可进行测量。

(2) 水是极性很强的分子，其红外吸收非常强烈，红外样品需要严格干燥。而水的拉曼散射极微弱，水溶液样品可直接进行测量，这对生物大分子的研究非常有利。此外，玻璃的拉曼散射也较弱，玻璃可作为理想的窗口材料。例如，液体或固体粉末样品放置于玻璃毛细管中测量。

(3) 对于聚合物及其他分子，拉曼散射的选择定则的限制较小，因而可得到更为丰富的谱带。S—S、C—C、C═C、C≡C 等红外较弱的官能团在拉曼光谱中信号较为强烈。由单键、双键到三键，可变形的电子逐渐增加，谱带逐渐增强。

(4) C≡N、C═S、S—H 的伸缩振动在红外光谱中，谱带强度可变或很弱；在拉曼光谱中为强谱带。

(5) 环状化合物骨架的对称伸缩振动通常是最强的拉曼光谱。

(6) X═Y═Z、C═N═C、O═C═O 类型键的对称伸缩振动在拉曼光谱中为强谱带，在红外光谱中弱；反对称伸缩振动在拉曼光谱中弱，在红外光谱中强。

(7) υ(C—C)在拉曼光谱中为强峰。拉曼光谱仪研究高分子样品的最大缺点是荧光散射，它与样品的杂质有关。采用傅里叶变换拉曼(FT-Raman)光谱仪可克服这一缺点。

2.9.4　拉曼光谱仪和制样技术

1. 拉曼光谱仪

拉曼光谱仪有两类：色散型激光拉曼光谱仪和傅里叶变换拉曼光谱仪。

傅里叶变换拉曼光谱仪的基本结构与普通可见激光拉曼光谱仪相似。不同的是，以 1.06 μm 波长的 Nd-YAG 激光器代替了可见激光器作光源，由干涉仪 FT 系统代替分光散射系统对散射光进行探测。为了调整仪器时安全方便，另加一具 He-Ne 激光器使其输出光束通过光束复合器与 1.06 μm 激光共线，这样调校仪器光路时就可以以可见的 He-Ne 激光为准。将介质膜滤光片放在样品光路和干涉仪之间，或放在干涉仪与探测器之间，以降低干涉仪内瑞利散射光相对水平。探测器采用高灵敏度的铟镓砷探头，并在液氮冷却下工作，从而大大降低了探测器的噪声。

2. 制样及样品的放置

拉曼光谱的激发光和散射光对玻璃和石英均有良好的透过性，可用玻璃或石英制备样品容器。气体样品，拉曼较少测定。液体、粉末及各种形状的固体样品均不需要特殊处理，即可用于拉曼光谱的测定。为了增加样品密度，粉末样品可以压成样片使用。

一般情况下，气体样品采用多路反射气槽。液体样品可用毛细管、多重反射槽。粉末样品可装在玻璃管内，也可压片测量。

为了提高散射强度，样品的放置方式非常重要。气体样品可采用内腔方式，即把样品放在激光器的共振腔内。液体和固体样品是放在激光器的外面，将样品散射程度最大的面朝向检测器方向。

2.9.5　拉曼光谱在材料研究中的应用及案例

1. 拉曼光谱在高分子材料结构研究中的应用

1) 在高分子构象研究中的应用

根据互相排斥规则，凡具有对称中心的分子，它们的红外吸收光谱与拉曼散射光谱没有频率相同的谱带。互相排斥规则可帮助推测聚合物的构象。例如，聚硫化乙烯(PES)分子链的重复单元为(CH_2—CH_2—S)，与 CH_2—CH_2、CH_2—S、S—CH_2、CH_2—CH_2、CH_2—S 及 S—CH_2 有关的构象分别为反式、右旁式、右旁式、反式、左旁式和左旁式。倘若 PES 的这一结构模式是正确的，那它就具有对称中心，从理论上可以预测 PES 的红外及拉曼光谱中没有频率相同的谱带。假如 PES 采取像聚氧化乙烯(PEO)那样的螺旋结构，就不存在对称中心，它们的红外及拉曼光谱中有频率相同的谱带。实验测量结果发现，PEO 的红外及拉曼光谱有 20 条频率相同的谱带。而 PES 的两种光谱仅有两条谱带的频率比较接近。因而可以推论 PES 具有与 PEO 不同的构象：在 PEO 中—CH_2—CH_2—链为旁式构象，CH_2—O 为反式构象；而在 PES 中—CH_2—CH_2 链为反式构象，CH_2—S 为旁式构象。

分子结构模型的对称因素决定了选择原则。比较理论结果与实际测量的光谱，可以判断所提出的结构模型是否准确。这种方法在研究小分子的结构及大分子的构象方面起着很重要的作用。

2) 高分子的鉴别

赵迎等利用拉曼光谱技术鉴别 ABS 废旧塑胶。ABS 塑胶为丙烯腈、丁二烯、苯乙烯的三元共聚物。ABS 塑胶微粒的拉曼峰为以上单体的拉曼光谱组合(图 2-58)，主要拉曼峰出现在 620 cm^{-1}、1001 cm^{-1}、1032 cm^{-1}、1156 cm^{-1}、1186 cm^{-1}、1197 cm^{-1}、1452 cm^{-1}、1585 cm^{-1}、1603 cm^{-1}、1663 cm^{-1}、2238 cm^{-1} 和 2900 cm^{-1}，不同峰位代表不同的化学键及其振动形式，其中 620 cm^{-1} 拉曼峰由苯环上碳原子间对称弯曲引起；1001 cm^{-1} 拉曼峰由苯环的环“呼吸”振动所致，1032 cm^{-1} 振动峰由苯环内碳原子间对称伸缩振动所致，1156 cm^{-1} 振动峰由苯环与碳链原子间伸缩振动引起，1186 cm^{-1} 振动峰由 C—H 变形振动所致，1452 cm^{-1} 拉曼峰由 CH_2 剪切变形振动所致，1585 cm^{-1} 及 1603 cm^{-1} 拉曼峰由烯烃类及苯环类的 C═C 伸缩振动所致，1663 cm^{-1} 拉曼峰由烯烃及其取代产物的 C═C 伸缩振动所致，2238 cm^{-1} 拉曼峰由 C≡N 伸缩振动所致，2900 cm^{-1} 拉曼峰由 CH_2 不对称伸缩振动所致。

ABS + PC 塑胶为 ABS 与 PC 的共聚物。ABS + PC 塑胶微粒的拉曼峰除 ABS 塑胶的拉曼特征外，还包含 695 cm^{-1}、879 cm^{-1}、1100 cm^{-1} 和 1232 cm^{-1}。其中，695 cm^{-1} 为 COCOC 变形振动，879 cm^{-1} 为 R—C═O 伸缩振动，1100 cm^{-1} 为 C—O 不对称伸缩振动，1232 cm^{-1} 为 COC 面外伸缩振动。

3) 医用高分子材料

高分子材料常用于药物传递系统。许多情况下，药物可通过体液对高分子膜内药物的浸取及药物自身的扩散逐渐被人体吸收，药物分子的大小及高分子膜的交联程度影响药物释放的速度。另一种药物被吸收的方法是高分子生物材料受体液的溶解及水解而逐渐磨耗并放出药物，一系列合成高分子材料具有可生物降解的化学键，它通过生物体液水解而断裂，即生物降解。因为水的干扰小，傅里叶变换拉曼光谱是研究此类体系的较好技术。图 2-59 为高聚脂肪酸酐水解过程的傅里叶变换拉曼光谱图，图中 1808 cm^{-1} 和 1739 cm^{-1} 处的两条谱带为酸酐的特征峰。随着不断水解，这两条谱带的强度不断减弱，说明随着高聚脂肪酸酐的水解，其酸酐含量逐渐降低。

2. 拉曼光谱在材料表面化学研究中的应用

材料表面、界面的结构变化或化学反应通常影响材料的性能。近来出现的表面增强拉曼散射(SERS)技术可以使与金属直接相连的分子层的散射信号增强 10^5～10^6 倍。这一惊人的发现使激光拉曼成为研究表面化学、表面催化等领域的重要检测手段。

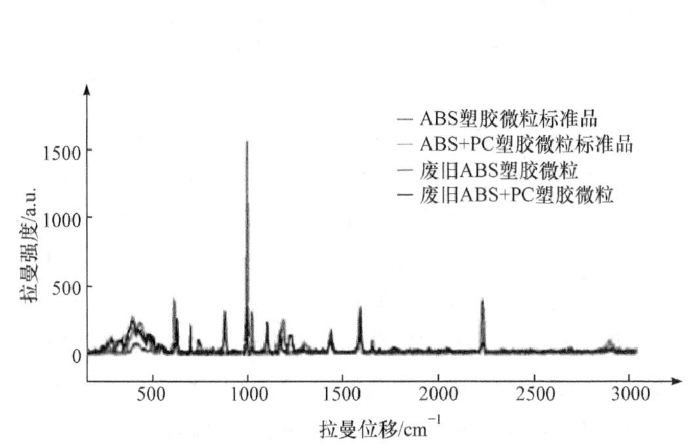

图 2-58　经过平滑及扣背景处理的塑胶微粒样品的拉曼光谱图

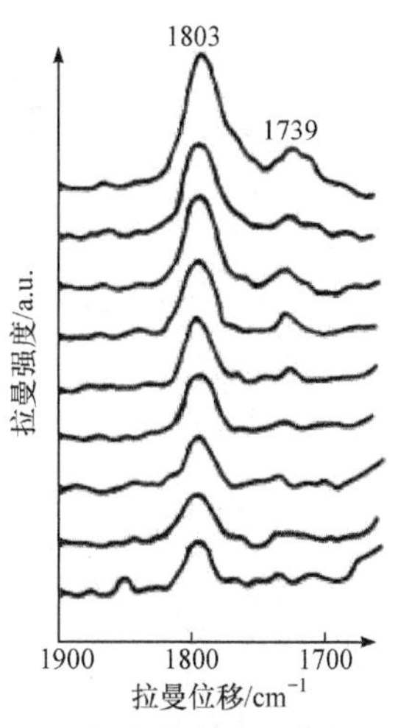

图 2-59　高聚脂肪酸酐水解过程的傅里叶变换拉曼光谱图

1) 用 SERS 技术研究聚丙烯腈与银片相连的界面区的反应

图 2-60 为聚丙烯腈(PAN)涂在光滑银片表面的红外反射吸收光谱和普通拉曼光谱,以及涂在硝酸刻蚀后的粗糙的银表面的 SERS 谱。由图可见，红外反射吸收光谱与 PAN 的普通透射谱(图 2-61)没有明显的区别，但普通拉曼光谱并未给出明显的拉曼线，这是样品太薄的缘故。SERS 具有强烈的增强效应，图 2-60(c)呈现了清晰的拉曼谱带，但与 PAN 的拉曼光谱完全不同，拉曼线 1600 cm^{-1}、1080 cm^{-1}、1000 cm^{-1} 是典型的芳环的振动。因此，可以推测 PAN 在银表面已经被催化环化了。而红外光谱显示的聚合膜本体仍然是 PAN，因而可以推测只有与银直接相连的界面相是环化了的产物。

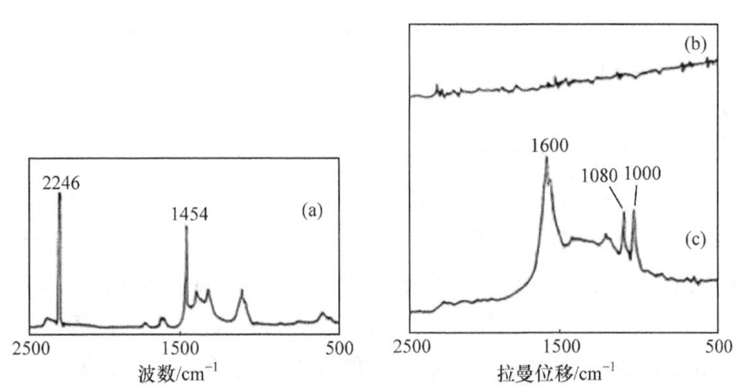

图 2-60　聚丙烯腈在金属表面的光谱图

(a) 红外-反射吸收光谱；(b) 光滑银表面普通拉曼光谱；(c) 粗糙银表面的 SERS 谱

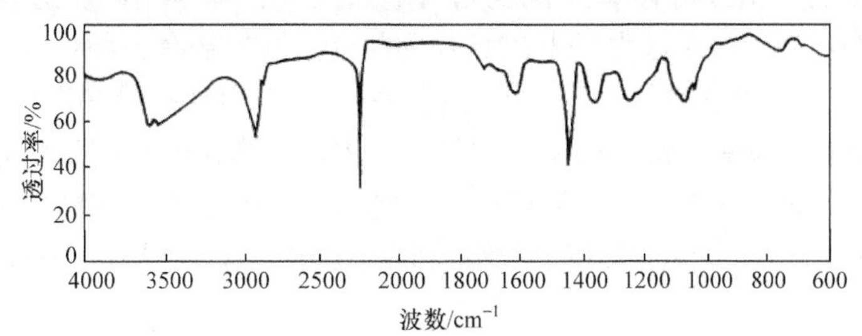

图 2-61　聚丙烯腈的红外光谱图

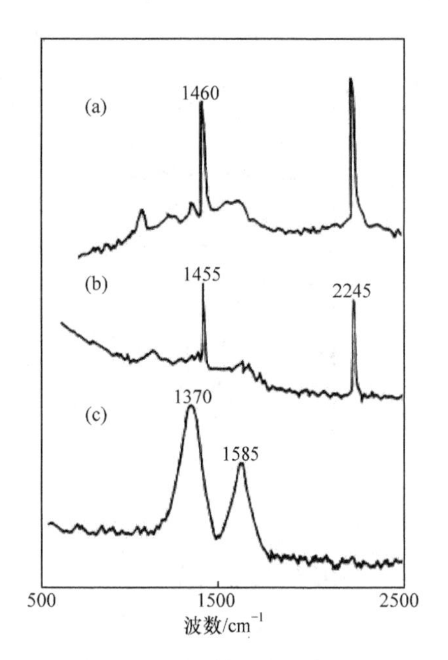

图 2-62　涂在银表面的 PAN 的光谱图
(a) PAN 在粗糙银表面加热 80℃，24 h 后的漫反射红外光谱；
(b) PAN 在光滑银表面加热 80℃，24 h 后的普通拉曼光谱；
(c) PAN 在粗糙银表面加热 80℃，6 h 后的 SERS 谱

图 2-62 为涂在银表面的厚度约为 30 nm 的 PAN 的光谱。样品在测试光谱之前，曾在 80℃分别加热 24 h 和 6 h。图 2-62(a)和(c)分别为粗糙银表面的漫反射红外光谱及 SERS 谱，图 2-62(b)为光滑银表面的普通拉曼光谱。图 2-60(a)和(b)基本上是 PAN 的本体光谱，而图 2-60(c)则完全是石墨光谱，表示 PAN 在粗糙银表面的界面区域中已完全转化为石墨，而本体区域依然是 PAN。这一结果是非常奇特的，因为工业上用 PAN 纤维制造碳纤维至少要在 1000℃加热 24 h，而 SERS 观察到粗糙的银表面只需在 80℃加热 6 h 即可实现 PAN 向石墨的转化。当 PAN 从稀溶液中沉积到金属表面，C≡N 侧基与金属配位。薛奇用 SERS 跟踪了这一过程，观察到在吸附初期 C≡N 拉曼线由 2245 cm^{-1} 向 2160 cm^{-1} 移动，表示 C≡N 通过 π 键与银表面配位。图 2-60 中的 SERS 谱呈现了典型的芳杂环的拉曼线，表示 PAN 在界面区域已经环化，由于银的催化效应，通常需在 200～300℃才能实现的 PAN 环化，只需在室温下即能完成。图 2-60(c)中的 SERS 谱呈现了典型的石墨化的拉曼线，这说明稍加热后，实现了石墨化的过程。

由上述例子可以看出，红外反射吸收光谱及漫反射光谱都只能观察 PAN 的结构；而 SERS 技术由于具有对第一层分子最强烈的增强效应(可达 10^6 倍)，离金属表面越远，增强效应逐次降低，所以实验中即使涂银表面的 PAN 涂层有几十到几百纳米厚，但得到的 SERS 光谱仍然只反映了银表面接触的 1 nm 至数纳米的结构，可观察银表面的芳环、石墨结构。通过这一例子可以看到 SERS 在研究复合材料界面的微观结构方面，具有很高的灵敏度，可以有效地避开本体信息的干扰。

2) 用 SERS 测定缩氨酸在银表面上的取向

瞿金蓉、叶天秀利用表面增强拉曼光谱测定缩氨酸在银表面上的取向。拉曼光谱测定采用 Renishaw 微探针拉曼光谱仪，He-Ne 激光器作激光光源，波长为 632.8 nm，激光功率约为 0.08 mW。图 2-63 给出 3 种简单二肽分子结构式，图 2-64 和图 2-65 给出了 3 种二肽分子 gly-glu、gly-leu 和 leu-gly 的表面增强拉曼光谱以及与它们的固体拉曼光谱的比较。

gly-glu 分子在电化学处理粗糙银表面的表面增强拉曼光谱及其固体的拉曼光谱如图 2-64 所示。由图可知，一级胺的剪切振动频率和摇摆振动频率即 1671 cm^{-1} 和 870 cm^{-1} 峰，同时出现在其表面增强拉曼光谱和固体普通拉曼光谱中，且位置基本相同。这说明分子中的氨基不是与银表面的作用点，它的增强是电磁场作用机制。与羧基有关的振动峰 1412 cm^{-1}、936 cm^{-1}、719 cm^{-1} 和 620 cm^{-1} 在表面增强拉曼光谱中的位置与普通拉曼光谱相比，发生了一定程度的位移，是表面增强拉曼光谱中的主要增强峰。表面增强拉曼光谱是样品分子与金属表面相互作用的结果，因此表面增强拉曼光谱中的强峰所代表的基团是样品分子在金属上的作用位点。这表明，gly-glu 分子通过其羧基和银表面起化学作用，即羧基振动的增强是电荷转移机制。

图 2-65 为 gly-leu 和 leu-gly 的表面增强拉曼光谱。和 gly-glu 一样，是与羧基有关的振动，

曲线 1 的 1412 cm^{-1}、928 cm^{-1}、722 cm^{-1}和 620 cm^{-1}峰，曲线 2 的 1410 cm^{-1}、930 cm^{-1}、725 cm^{-1}和 628 cm^{-1}峰为表面增强拉曼光谱中的主要增强峰。因此，它们也是通过其羧基与银表面发生作用，即羧基直接位于表面上，所不同的是氨基距离银表面的距离。比较两曲线可见，gly-leu 的氨基剪切振动峰 1690 cm^{-1}很弱，而 leu-gly 的氨基剪切峰 1623 cm^{-1}为中强增强峰。这是由于 gly-leu 的 leu 太大，阻碍了整个分子向表面的靠近，从而影响了氨基向表面的靠近。

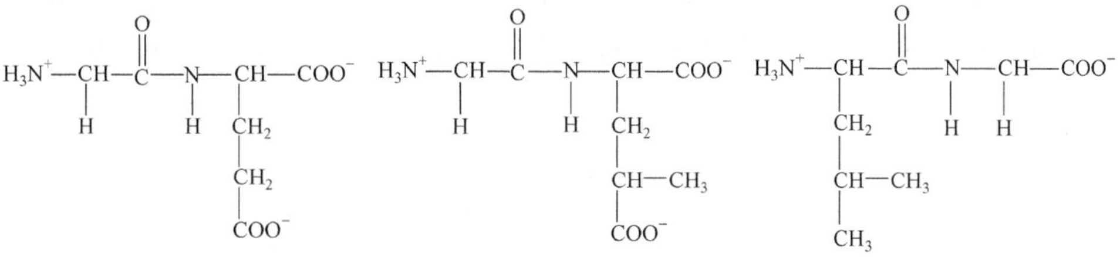

$H_3N^+—CH(H)—C(=O)—N(H)—CH(CH_2CH_2COO^-)—COO^-$

(a) gly-glu

$H_3N^+—CH(H)—C(=O)—N(H)—CH(CH_2—CH(CH_3)—COO^-)—COO^-$

(b) gly-leu

$H_3N^+—CH(CH_2—CH(CH_3)—CH_3)—C(=O)—N(H)—CH(H)—COO^-$

(c) leu-gly

图 2-63　3 种简单二肽分子结构式

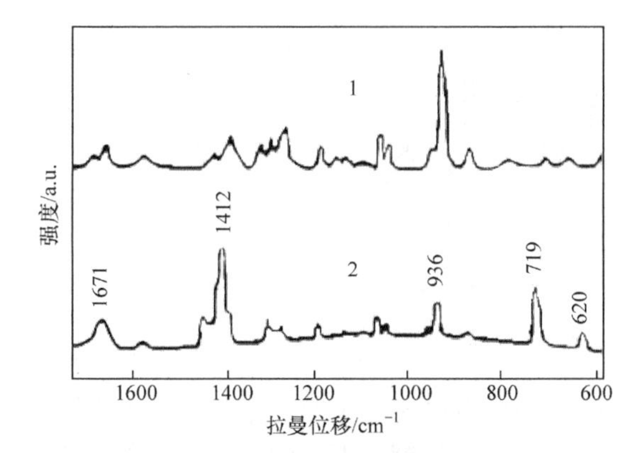

图 2-64　gly-glu 的固体普通拉曼光谱图和表面增强拉曼光谱图

1. 普通拉曼光谱；2. 表面增强拉曼光谱

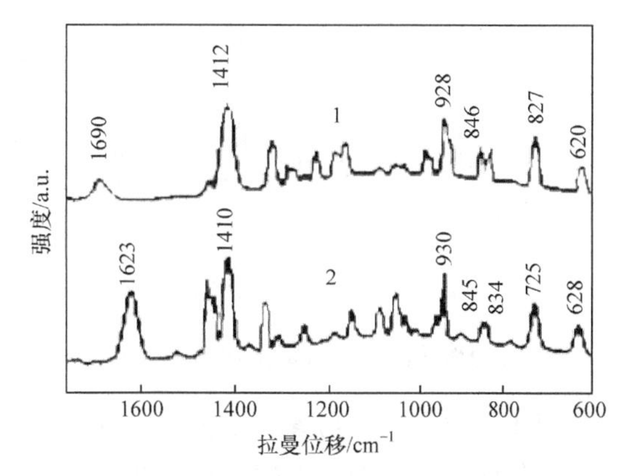

图 2-65　gly-leu 和 leu-gly 的表面增强拉曼光谱图

1. gly-leu；2. leu-gly

3. 拉曼光谱在生物大分子研究中的应用

激光拉曼光谱是研究生物大分子结构的有力工具之一。例如，酶、蛋白质、核酸等具有生物活性的物质，必须研究它在与生物体环境(水溶液、温度、酸碱度等)相似情况下的分子的结构变化信息及各相中的结构差异。显然用红外光谱研究是比较困难的，而用激光拉曼光谱则非常方便。

在生物领域中共振拉曼光谱具有显著的优越性。共振拉曼光谱是当激光频率和生色团的电子运动的特征频率相等时，会发生共振拉曼散射。共振拉曼散射的强度比正常的拉曼散射大好几个数量级。共振拉曼散射技术有很高的灵敏度，为研究在很稀的溶液中的生物生色基团提供了一个很灵敏的方法。

吴雷等利用拉曼光谱对腺嘌呤进行了分析。在腺嘌呤的拉曼信号中(图 2-66)，723 cm^{-1}和 1333 cm^{-1}两处的谱峰是信号最强的两个谱峰。这两个谱峰对于腺嘌呤的鉴定及定量分析具有重要的应用价值，可用 723 cm^{-1}的信号强度来确定矿石中含有的腺嘌呤含量。该谱峰表征的是腺嘌呤分子嘌呤环的呼吸振动，它与整个嘌呤环的结构变化密切相关。当腺嘌呤分子与其他分子或者离子发生相互作用时，与不同分子或离子作用位点不同，腺嘌呤拉曼谱峰的位置也会发生相应不同的改变。所以往往可以根据 723 cm^{-1} 谱峰的位置变化分析其他分子或离子在与腺嘌呤发生相互作用时，它们与腺嘌呤之间的结合位点。腺嘌呤拉曼光谱中位于 1333 cm^{-1} 处的拉曼谱峰表征的是嘌呤环分子 C—H 键和 C—N 键的平面内摆动振动和嘌呤环分子内部 C—N 键的平面内伸缩振动，在 1333 cm^{-1} 处的谱峰是腺嘌呤拉曼谱图中所有振动谱峰中信号强度最大的，它的存在对于腺嘌呤分子的结构检测分析以及腺嘌呤分子的定量分析具有重要的意义。

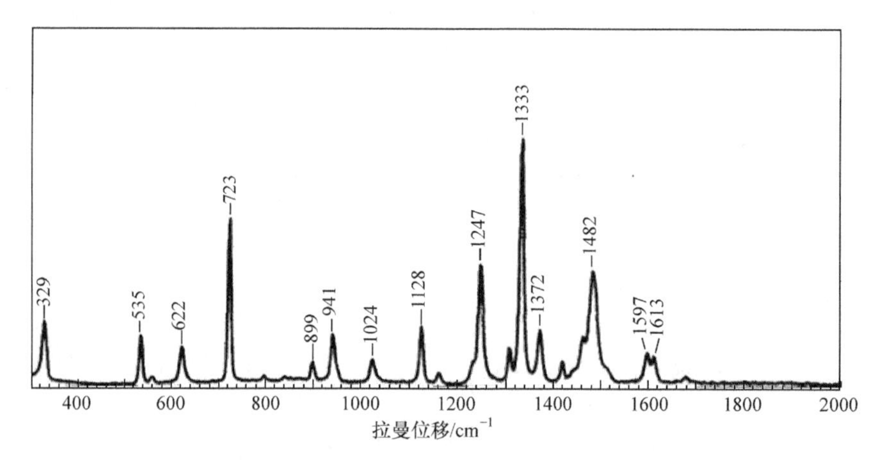

图 2-66　腺嘌呤的拉曼光谱图

4. 拉曼光谱在无机体系研究中的应用

对于无机体系，拉曼光谱比红外光谱要优越得多。因为水的极化度在振动过程中变化很小，其拉曼散射很弱，干扰很小。此外，配合物中金属-配位体键的振动频率一般都在 700～100 cm^{-1}，用红外光谱研究比较困难。然而这些键的振动常具有拉曼活性，且在上述范围内的拉曼谱带易于观测，因此适合于对配合物的组成、结构和稳定性等方面进行研究。

贾彦华等利用室温拉曼光谱分析掺不同含量 Ga 的 GZO 陶瓷。在纯 ZnO 陶瓷的拉曼光谱图(图 2-67)中，98 cm^{-1}、437 cm^{-1} 处分别出现 ZnO 的特征峰 E_2(low)和 E_2(high)。与纯 ZnO 陶瓷相比，在 GZO 陶瓷的拉曼光谱中，掺杂后位于 584 cm^{-1} 的拉曼峰相对强度增加，属于 E_1(LO)模式，E_1(LO)模式和陶瓷中的固有缺陷有关，如氧空位或锌间隙等，同时也和载流子浓度有关。不同掺杂浓度 GZO 陶瓷的拉曼光谱图(图 2-68)中 E_2(high)的峰形随掺杂浓度的增大其强度有降低趋势，半高宽有展宽趋势，说明掺杂 Ga 后影响了陶瓷的结晶质量，表现为缺陷增多，结晶质量下降。随着 Ga 掺杂浓度的变化，二阶模式 1148 cm^{-1} 附近的拉曼峰的强度和半高宽也发生了明显的变化。当 Ga 掺杂浓度由 0 at%(at%表示原子百分数)到 0.5 at%时，1148 cm^{-1} 的拉曼峰强度降低，峰形发生宽化，而 Ga 掺杂浓度超过 0.5at%继续增加时，该峰的峰强又开始增强，即在 0.5 at%的 Ga 掺杂浓度时，该峰的峰强最小。GZO 陶瓷的拉曼光谱中新出现一个位于 631 cm^{-1} 附近的局域振动吸收(LVM)，其位置不随掺 Ga 含量的改变而改变。Ga 的离子半径小于 Zn 的离子半径，当 Ga 占据 Zn 位时，陶瓷的一些新的晶格缺陷或其本征缺陷会被激发出来。Ga 取代 Zn 位形成 Ga—O 时 LVM 是 631 cm^{-1}。

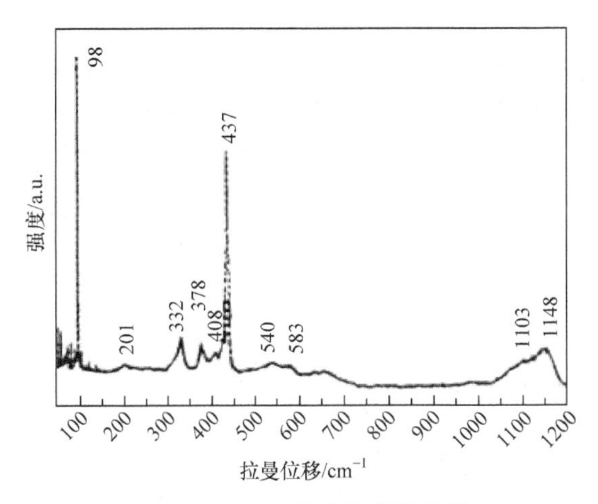

图 2-67　纯 ZnO 陶瓷的拉曼光谱图

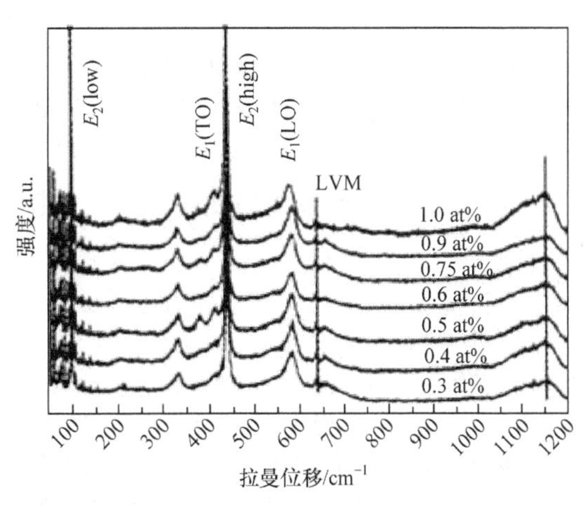

图 2-68　不同浓度 Ga 掺杂的 GZO 陶瓷的拉曼光谱图

2.10　红外光谱分析技术的应用进展

光谱技术主要分为原子光谱和分子光谱两种，红外光谱属于分子光谱，有红外发射和红外吸收光谱两种，常用的一般为红外吸收光谱。通常将红外光谱分为三个区域：近红外区(0.75～2.5 μm)、中红外区(2.5～25 μm)和远红外区(25～300 μm)。其中，近红外光谱分析技术(near infrared spectrum，NIR)是近年来分析化学领域迅猛发展的高新分析技术，越来越引起国内外分析专家的注目，在分析化学领域被誉为分析“巨人”，它的出现可以说带来了又一次分析技术的革命。

随着人工智能方法的快速发展，越来越多的深度学习算法被用于近红外光谱数据处理。郑年年等将弹性网络(elastic net)用于近红外光谱定量模型的建立，采用弹性网络对自变量数目进行适当程度的压缩，并选出了对响应变量有显著影响的重要自变量，建立了解释性能较好的分析模型，且具有较高的预测精度。何文馨等针对石油勘探过程中油藏井温度高、空间局促等苛刻环境条件，研制了一种能够在高温环境中连续稳定工作的实用化微型近红外光谱分析仪，体积为 154 mm × 66.5 mm × 38 mm，光谱范围为 1550～1890 nm，分辨率优于 4.8 nm，波长准确性为 ± 1.1 nm，信噪比为 1202 ∶ 1。

现如今，近红外光谱分析技术已经在各个领域得到广泛应用：①在农业领域，中国科学院半导体研究所为解决玉米单倍体工程化育种需高通量鉴别单倍体籽粒的难题，建立了快速鉴别玉米单倍体籽粒的近红外模型，促单倍体分拣速度提高了 3～5 倍；②在炼油和化工领域，合盛硅业股份有限公司将近红外光谱用于甲基乙烯基硅橡胶分子量和乙烯基含量的快速测定，能大幅度提高检测质量，有效地指导生产；③在质检领域，深圳市计量质量检测研究院基于 482 个十余种常见的食用植物油样品，建立了近红外快速测定食用植物油碘值的模型；④在军工领域，西安近代化学研究所利用近红外光谱建立了快速测定奥克托今(HMX)炸药中 α-HMX 杂质晶型含量的方法；⑤在制药领域，李晶晶等将在线近红外光谱用于监测中草药口服液的多糖含量、可溶性固形物含量及 pH，增强了生产过程的可控性，有助于提高不同批次产品之间的质量一致性。此外，NIR 技术还广泛应用于有机化工、冶金、生命科学、医学临床等领域。

经过二十余年的发展，我国红外光谱技术在硬件、化学计量学方法及软件、行业数据库开发等方面都有了一定的基础，取得巨大成果。在未来一段时期，我国红外光谱关键技术研发可以围绕以下开展：研发以傅里叶变换类型为主的通用型高端产品和基于先进微纳技术研发小型化、高性价比的专用型仪器，同时也要研究模型数据库维护更为方便的多元定量和定性校正方法，研究开发更简便、通用性更强的模型传递算法，从而实现近红外光谱模型数据库的共享。

参考文献

常建华, 董绮功. 2003. 波谱原理及解析[M]. 北京: 科学出版社.

程守洙, 江之永. 2006. 普通物理学[M]. 6 版. 北京: 高等教育出版社.

郭斌, 薛岚, 朱亦希, 等. 2011. 变温红外光谱法研究聚氨酯固化[J]. 涂料工业, 41(3): 61-62.

杭国培, 程昕大, 赵学红. 1996. 红外光谱差谱技术在高分子材料鉴定中的应用[J]. 合肥工业大学学报(自然科学版), 19(2): 138-141.

何国山, 王万卷, 徐晓强, 等. 2014. 热重分析-傅里叶变换红外光谱法研究橡塑海绵的热氧降解[J]. 理化检验(化学分册), 50(12): 1491-1494.

黄红英, 尹齐和. 2011. 傅里叶变换衰减全反射红外光谱法(ATR-FTIR)的原理与应用进展[J]. 中山大学研究生学刊(自然科学与医学版), 32(1): 20-31.

黄现礼, 王福平, 姜兆华, 等. 2005. Mn 掺杂 $BaTi_4O_9$ 微波介质陶瓷的远红外光谱研究[J]. 稀有金属材料与工程, 34(Z1): 838-840.

计敏, 甄军锋, 张群, 等. 2009. 时间分辨傅里叶变换红外发射光谱技术研究叔丁基亚硝酸酯的光解动力学[J]. 物理化学学报, 25(8): 1641-1644.

贾彦华, 赵艳, 蒋毅坚, 等. 2016. GZO 陶瓷的拉曼光谱研究[J]. 光散射学报, 28(2): 144-148.

李润卿, 范国梁, 渠荣遴. 2005. 有机结构波谱分析[M]. 天津: 天津大学出版社.

瞿金蓉, 叶天秀. 2000. 表面增强拉曼光谱测定缩氨酸在银表面上的取向[J]. 湖北工学院学报, 15(2): 5-7.

宋文迪. 2021. 红外衰减全反射法在快速鉴定聚合物乳液主成分中的应用[J]. 中国建筑防水, 8: 54-60.

翁诗甫. 2010. 傅里叶变换红外光谱分析[M]. 2 版. 北京: 化学工业出版社.

吴刚. 2001. 材料结构表征及应用[M]. 北京: 化学工业出版社.

吴瑾光. 1994. 近代傅里叶变换红外光谱技术及应用[M]. 北京: 科学技术文献出版社.

吴雷, 金周雨, 李雨婷, 等. 2016. 腺嘌呤、腺苷和腺苷酸的拉曼光谱研究[J]. 黑龙江科技信息, 36: 119-120.

薛奇. 1995. 高分子结构研究中的光谱方法[M]. 北京: 高等教育出版社.

杨凤莲. 1988. “The Sadtler standard Spectra”《萨德勒标准光谱》[J]. 大学化学, 3(2): 64.

翟东升. 2016. 漫反射激光测距关键技术研究[D]. 昆明: 中国科学院研究生院(云南天文台).

赵迎, 林君峰, 刘佳, 等. 2021. 基于拉曼光谱技术鉴别 ABS 废旧塑胶原料的方法研究[J]. 光谱学与光谱分析, 41(1): 122-126.

习　　题

1. 如果将一个化学键看作一个弹簧谐振子，那么化学键的振动频率与化学键的哪些结构因素有关，是什么关系？

2. R—CO—R′、R—CO—OR′和 R—CO—NHR′三类化合物的 υ(C═O)是怎样变化的？为什么？

3. 多原子分子有 $3n-6$(线形分子 $3n-5$)个简正振动，什么样的振动具有红外活性？什么样的振动具有拉曼活性？举例说明。

4. 化合物分子的每一个振动自由度是否都能产生一个红外吸收？为什么？

5. 如何用红外光谱区别下列各对化合物。

(1) 苯酚和环己酮；

(2) 顺式-3,4-二甲基-3-辛烯和反式-3,4-二甲基-3-辛烯；

(3) p-CH_3-Ph-COOH 和 Ph-$COOCH_3$。

6. 一羟基苯甲醛样品，其 CCl_4 溶液的红外光谱中，υ(O—H)和 υ(C═O)吸收频率均不随浓度变化。试判断羟基相对于羰基的位置，并说明原因。

7. 试根据图 2-69 所示红外光谱图确定四个结构中的哪一个与谱图符合。

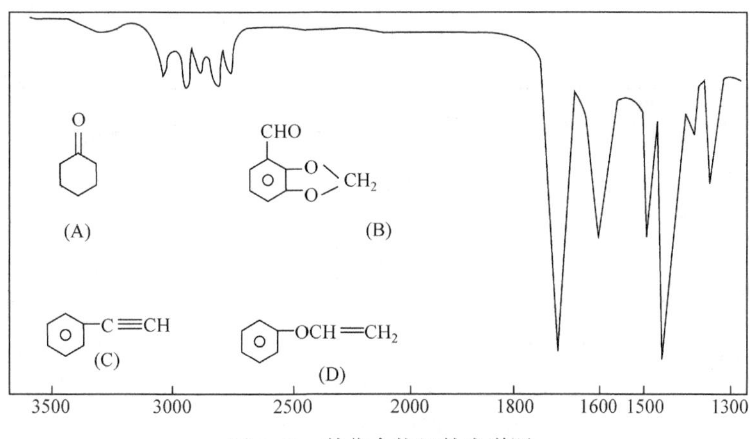

图 2-69　某化合物红外光谱图

8. 分子式为 C_8H_{16} 的未知物，其红外光谱如图 2-70 所示，试推断其结构。

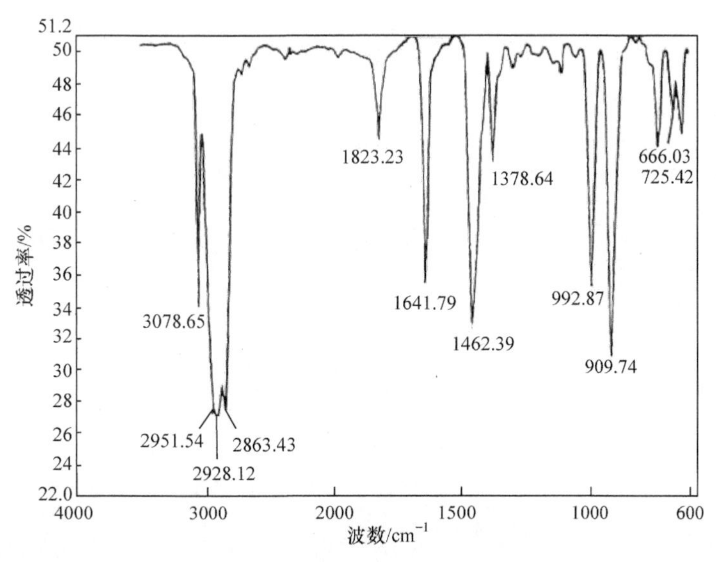

图 2-70　未知结构 C_8H_{16} 的红外光谱图

9. 图 2-71 是分子式为 C_8H_8O 的化合物的红外光谱图，沸点为 202℃，试推断其结构。

10. 图 2-72 是分子式为 C_3H_3Br 的化合物的红外光谱图，试推断其结构。

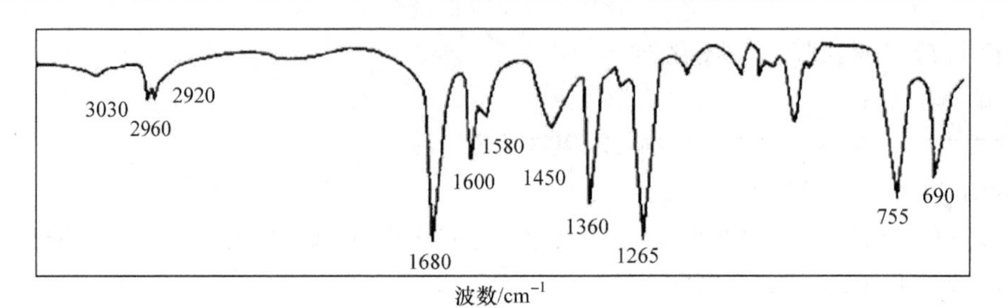

图 2-71　未知结构 C_8H_8O 的红外光谱图

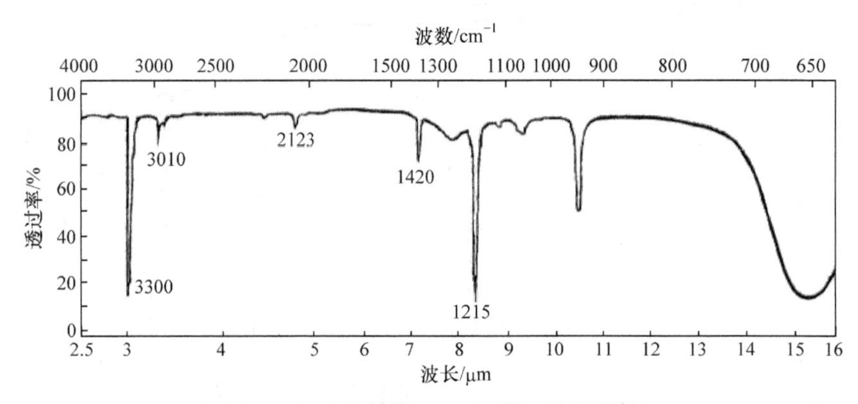

图 2-72　未知结构 C_3H_3Br 的红外光谱图

第 3 章　紫外-可见光谱

紫外-可见光谱(ultraviolet-visible spectroscopy，UV-vis)是由分子价电子或外层电子受激跃迁而产生的，统称为电子光谱。分子价电子能级跃迁的同时会伴随分子振动、转动能级的跃迁，因此紫外-可见光谱通常为带状光谱，相比于其他光谱，紫外-可见光谱仪器价格低，操作简单，紫外-可见光谱在对有机化合物官能团的鉴定、异构体的确定、氢键强度的测定、化合物纯度检查等方面应用广泛，是一种重要的光谱分析手段。

3.1　紫外-可见光谱基础知识

3.1.1　紫外-可见吸收的产生

光是电磁波，其能量(E)高低可以用波长(λ)或频率(ν)来表示，即

$$E = h\nu = h \times \frac{c}{\lambda} \tag{3-1}$$

式中，c 为光速($3 \times 10^8\ \mathrm{m \cdot s^{-1}}$)；$h$ 为普朗克(Planck)常量($6.626 \times 10^{-34}\ \mathrm{J \cdot s}$)。

由式(3-1)可见，光子的能量与波长成反比，与频率成正比；即波长越长，能量越低，频率越高，能量越高。

宇宙中电磁波范围很广，包括紫外-可见光、红外线、无线电波、宇宙射线和 X 射线等，图 3-1 给出了不同电磁波谱对应的波长范围，它们与物质之间的相互作用构成了各类仪器应用的基础。

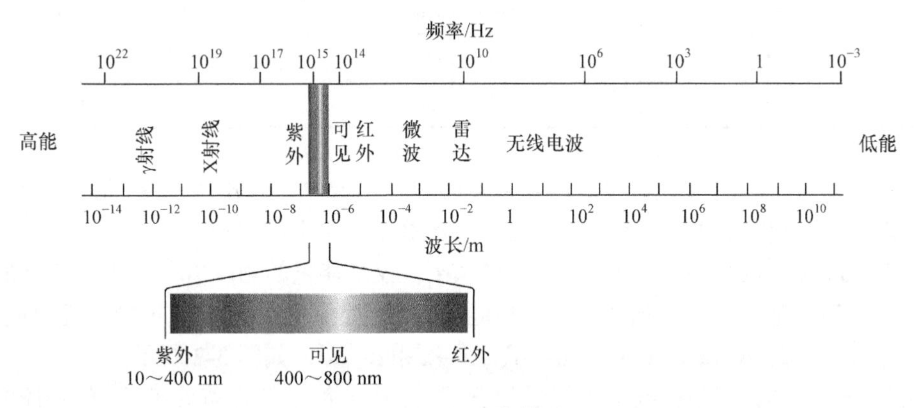

图 3-1　电磁波谱图

紫外-可见激发波长范围为 10～800 nm，该波段包含三部分：可见光区(400～800 nm)，有色物质在此区域存在吸收；近紫外区(200～400 nm)，芳香族化合物或者具有共轭体系的物质在此区域存在吸收，是紫外光谱研究的主要波段；远紫外区(10～200 nm)，由于空气中的 O_2、N_2、CO_2 和 H_2O 在此区域也有吸收，对测定有干扰，远紫外光谱的操作必须在真空条件下进行，因此这段光谱又称为真空紫外光谱。通常所说的紫外-可见光谱是指 200～800 nm 的波段，

包括紫外和可见光谱范围。

当以一定波长范围的连续光照射样品时，其中特定波长的光子被吸收，使透射光强度发生改变，产生的光谱称为吸收光谱。吸收光谱以波长为横坐标，透过率(T%)或吸光度(A)为纵坐标。当照射光的波长范围处于紫外-可见光区时，所得光谱为紫外-可见吸收光谱。紫外-可见吸收光谱中最大吸收值所对应的波长称为最大吸收波长(λ_{max})，曲线的谷底所对应的波长称为最低吸收波长(λ_{min})；吸收波长最短处，吸收大但无峰的部分称为末端吸收。因此，可以通过整个吸收光谱的位置、强度和形状来鉴定化合物。

3.1.2　电子能级跃迁及吸收带类型

1. 电子能级跃迁类型

物质吸收外部辐射的能量，分子外层电子从低能级跃迁到高能级，同时会伴随分子的振动和转动；分子吸收不同能量的电磁波对应于分子中不同的能级跃迁(表 3-1)。例如，紫外-可见引起分子中价电子的跃迁，红外光引起分子振动能级的跃迁，因此紫外-可见光谱又称为电子光谱，而红外光谱又称为分子振动光谱。

表 3-1　不同的电子跃迁对应的能级表

区域	波长	原子或分子的跃迁
γ射线	10^{-3}～0.1 nm	核跃迁
X 射线	0.1～10 nm	内层电子跃迁
远紫外	10～200 nm	中层电子跃迁
紫外	200～400 nm	外层(价)电子跃迁
可见	400～800 nm	
红外	0.8～50 μm	分子转动和振动跃迁
远红外	50～1000 μm	
微波	0.1～100 cm	
无线电波	1～100 m	核自旋取向跃迁

有机化合物分子中的价电子根据在分子中成键的电子种类可分为 3 种：形成单电子键的σ电子，形成不饱和键的 π 电子，氧、氮、硫、卤素等杂原子上的未成键的 n 电子。根据分子成键理论，电子能级高低顺序为：$\sigma<\pi<n<\pi^*<\sigma^*$，仅从能量的角度看，处于低能态的电子吸收合适的能量后，都可以跃迁到任一个较高能级的反键轨道上，因此电子的跃迁对应于 6 种类型的跃迁：$\sigma\to\sigma^*$、$\sigma\to\pi^*$、$\pi\to\sigma^*$、$n\to\sigma^*$、$n\to\pi^*$和$\pi\to\pi^*$，如图 3-2 所示。

然而一个允许的跃迁不仅要考虑能量相近因素，还要符合自旋动量守恒，此外还要受轨道对称性的制约。即使是允许的跃迁，它们的跃迁概率也是不相等的。有机分子最常见的跃迁有 4 种：$\sigma\to\sigma^*$、$\pi\to\pi^*$、$n\to\sigma^*$、$n\to\pi^*$。

$\sigma\to\sigma^*$跃迁是指处于成键轨道上的 σ 电子吸收光子后被激发到 σ^*反键轨道，由于 σ 键的键能高，使 σ 电子跃迁需要很高的能量，因此其吸收位于远紫外区，典型的代表为饱和碳氢化合物，如甲烷的λ_{max}为 125 nm，乙烷的λ_{max}为 135 nm，因此饱和碳氢化合物在近紫外区是透明的，可作为紫外测量的溶剂。

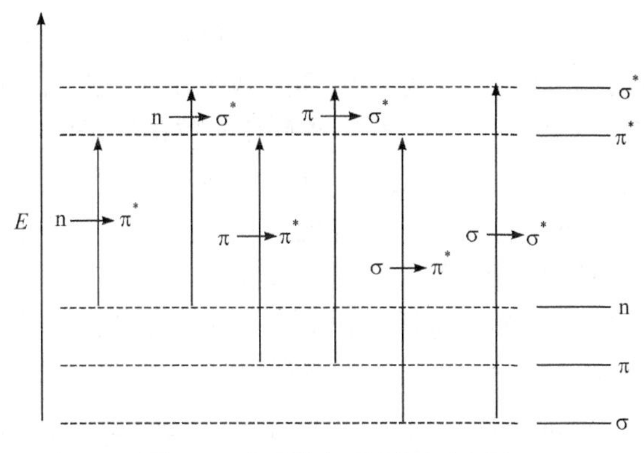

图 3-2　电子能级及跃迁示意图

π→π*跃迁是指不饱和键中的 π 电子吸收光波能量后跃迁到 π*反键轨道。由于 π 键的键能较低，跃迁的能级差较小，对孤立双键而言吸收峰大多位于远紫外区末端或 200 nm 附近，摩尔吸光系数 ε(单位为 $L \cdot mol^{-1} \cdot cm^{-1}$，本书省略)很大，一般大于 10^4，属于强吸收峰。典型的代表为不饱和烃、共轭烯烃和芳香烃，如—C═C—、—C═C—C═C— 等。体系中共轭性越强，跃迁所需能量越低，吸收峰的波长越长。例如，乙烯 π→π*跃迁为 162 nm，共轭双烯 π→π*跃迁移动到 217 nm。

n→σ*跃迁是指分子中处于非键轨道上的 n 电子吸收能量后向σ*反键轨道的跃迁。典型代表为含有杂原子饱和基团的分子，如含—NH_2、—OH、—S、—X 等基团，饱和烃衍生物均呈现 n→σ*跃迁。当然，根据取代基的不同，吸收峰的位置可能位于近紫外区或远紫外区，吸收波长为 150～250 nm，如 CH_3Cl、CH_3OH 等 n→σ*跃迁的λ_{max}分别为 173 nm 和 183 nm。

n→π*跃迁是指分子中处于非键轨道上的 n 电子吸收能量后向 π*反键轨道的跃迁。典型代表为含有杂原子的不饱和化合物，如—C═N、—C═O、—N═N— 等。例如，丙酮 n→π*跃迁的 λ 为 275 nm，ε_{max} 为 22(溶剂为环己烷)。与 n→σ*跃迁相比，n→π*跃迁所需能量相对较小，吸收峰的位置一般在近紫外或可见光区，该跃迁为禁阻跃迁。

2. 吸收带类型

物质在吸收外部辐射的同时，伴随电子能级的跃迁，不同的电子能级跃迁将产生相对应的特征吸收谱带，典型的代表有 K 吸收带、B 吸收带、E 吸收带和 R 吸收带，如表 3-2 所示。

表 3-2　吸收带的划分

跃迁类型	吸收带	特征	ε_{max}
σ→σ*	远紫外区	远紫外区测定	
n→σ*	端吸收	紫外区短波长端至远紫外区的强吸收	
π→π*	E_1	芳香环的双键吸收	＞200
	$K(E_2)$	共轭多烯、—C═C—C═C— 等的吸收	＞10000
	B	芳香环、芳香杂环化合物的芳香环吸收，有的具有精细结构	＞100
n→π*	R	含 CO、NO_2 等 n 电子基团的吸收	＜100

K 吸收带为共轭谱带，又称为 K 带，是由共轭双键的 π→π*跃迁产生的。K 带出现的区域

为 210～250 nm，$\varepsilon_{max}>10^4$，随着共轭链的增长，吸收峰红移，且吸收增强。共轭烯烃的 K 带不受溶剂极性的影响，而饱和醛酮的 K 带吸收随溶剂极性的增大而红移。

B 吸收带为苯型谱带，又称为 B 带，是芳香族化合物的特征吸收带。在共轭封闭体系(如芳烃)中，它是由$\pi\to\pi^*$跃迁产生的强度较弱的吸收带，吸收峰所在区域为 230～270 nm，中心位于 256 nm，$\varepsilon_{max}\approx200$。在非极性溶剂中芳烃的 B 带为宽带，且具有精细结构，但在极性溶剂或苯环连有取代基时，精细结构消失。

E 吸收带为乙烯型谱带，又称为 E 带，和 B 带一样，是芳香族化合物的特征吸收带，与 B 带不同的是，E 带是由$\pi\to\pi^*$跃迁产生的较强或强吸收谱带，E 带又分为 E_1 带和 E_2 带，E_1 带出现在 180 nm 处，$\varepsilon_{max}>10^4$(常观察不到)，E_2 带出现在 204 nm 处，$\varepsilon_{max}\approx10^3$。当苯环上连接有含 π 电子基团并与苯环共轭时，E 带和 B 带将发生红移，此时的 E_2 带又称为 K 带。

R 吸收带为基团型谱带，又称为 R 带，由含杂原子的不饱和基团的 $n\to\pi^*$跃迁产生，吸收峰所在区域为 270～350 nm，ε 值较小，通常在 100 以内，为弱带，且此跃迁为禁阻跃迁。

3.1.3 紫外-可见光谱中常用的名词术语

1. 发色团

发色团也称生色团，是指在一个分子中产生紫外吸收带的官能团，一般为带 π 电子的基团。有机化合物中常见的发色团有羰基、硝基、双键、三键及芳环等。

发色团的结构不同，电子跃迁类型也不同，常见的为$\pi\to\pi^*$、$n\to\pi^*$跃迁，最大吸收波长大于 210 nm。常见的发色团的紫外吸收如表 3-3 所示。

表 3-3 常见发色团的紫外吸收

发色团	化合物	溶剂	λ_{max}/nm	ε_{max}
C═C	$H_2C{=}CH_2$	气态	171	15530
C≡C	HC≡CH	气态	173	6000
C═N	$(CH_3)C{=}NOH$	气态	190 300	5000 —
C═O	CH_3COCH_3	正己烷	166 276	15 —
—COOH	CH_3COOH	水	204	40
C═S	CH_3CSCH_3	水	400	—
—SR	CH_3SCH_3	乙醇	229	140

2. 助色团

助色团指当有些原子或原子团单独在分子中存在时，吸收波长小于 200 nm，而与一定的发色团相连时，可以使发色团所产生的吸收峰位置红移，吸收强度增加，具有这种功能的原子或原子团称为助色团。助色团一般为带有孤电子对的原子或原子团，常见的助色团有—OH、—OR、—NHR、—SH、—SR、—Cl、—Br、—I 等(表 3-4)。在这些助色团中，由于具有孤电子对的原子或原子团与发色团的 π 键相连，可以发生 p-π 共轭效应，使电子的活动范围增大，容易被激发，使 $\pi\to\pi^*$跃迁吸收带向长波长移动，即红移。例如，苯环 B 带吸收出现在约 254 nm 处，而苯酚的 B 带由于苯环上连有助色团—OH，而红移至 270 nm，强度也有所增加。

表 3-4　常见助色团的紫外吸收

助色团	化合物	溶剂	λ_{max}/nm	ε_{max}
—	CH_4, C_2H_6	气态	< 150	—
—OH	CH_3OH	正己烷	177	200
—OH	C_2H_5OH	正己烷	186	—
—OR	$C_2H_5OC_2H_5$	气态	190	1000
$—NH_2$	CH_3NH_2	—	173	213
—NHR	$C_2H_5NHC_2H_5$	正己烷	195	2800
—SH	CH_3SH	乙醇	195	1400
—SR	CH_3SCH_3	乙醇	229	140
—Cl	CH_3Cl	正己烷	173	200
—Br	$CH_3CH_2CH_2Br$	正己烷	208	300
—I	CH_3I	正己烷	259	400

3. 红移

红移也称为向长波方向移动，当有机物的结构发生变化(如取代基的变更)或受到溶剂效应的影响时，其吸收带的最大吸收波长(λ_{max})将向长波方向进行移动。

4. 蓝移

蓝移也称为向短波方向移动，是与红移相反的效应。

5. 增色效应

增色效应也称为浓色效应，是指使吸收带的吸收强度增加的效应，反之称为减色效应或浅色效应。

6. 强带

在紫外光谱中，凡 ε_{max} 大于 10^4 的吸收带称为强带，通常产生这种吸收带的电子跃迁是允许跃迁。

7. 弱带

凡ε_{max}小于 1000 的吸收带称为弱带，通常产生这种吸收带的电子跃迁是禁阻跃迁。

3.1.4　朗伯-比尔定律

朗伯-比尔定律是吸收光谱的基本定律，也是吸收光谱定量分析的理论基础。朗伯-比尔定律是指被吸收的入射光的分子数正比于光程中吸光物质的分子数；对于溶液，如果溶剂不吸收，则被溶液吸收的光的分子数正比于溶液的浓度和光在溶液中经过的距离。朗伯-比尔定律可用如下公式表示：

$$A=\lg(I_0/I)=\lg(1/T)=\varepsilon cl \tag{3-2}$$

式中，A 为吸光度，表示单色光通过待测溶液时被吸收的程度，为入射光强度 I_0 与透过光强度 I 的比值的对数；T 为透光率，也称透过率，为透过光强度 I 与入射光强度 I_0 的比值；l 为光在溶液中经过的距离，一般为吸收池的厚度；ε为摩尔吸光系数，是指浓度为 1 $\text{mol}\cdot\text{L}^{-1}$ 的溶液在 1 cm 的吸收池中，在一定波长下测得的吸光度。

ε 表示物质对光能的吸收能力，是不同物质在一定波长下的特征常数，因而是鉴定化合物的重要参数，其变化范围从几到 10^5。从量子力学的观点来看，若跃迁是完全允许的，则ε大于 10^4；若跃迁概率低，则ε小于 10^3；若跃迁是禁阻的，则 ε 小于几十。通常在文献报道中，紫外吸收采用最大吸收波长位置及摩尔吸光系数来表示，如 $\lambda_{\max}^{\text{EtOH}}$ 204 nm (ε 1120)，即样品在乙醇溶剂中，最大吸收波长为 204 nm，摩尔吸光系数为 1120。

吸光度 A 具有加和性，即在某一波长λ，当溶液中含有多种吸光物质时，该溶液的 A 等于溶液中所有成分的吸光度之和，这一性质是紫外-可见光谱进行多组分测定的依据。

理论上，朗伯-比尔定律只适应于单色光，而实际应用中的入射光都有一定的波长宽度，因此要求入射光的波长范围越窄越好。朗伯-比尔定律表明在一定的测试条件下，吸光度与溶液的浓度成正比，但通常样品只有在一定的低浓度范围才呈线性关系，因此定量测试时必须注意浓度范围。此外，温度、pH、放置时间等因素也对样品的光谱产生影响，测试时也需要考虑。

待测样品只有满足一定的条件才能适用朗伯-比尔定律：

(1) 待测样品中所有吸光物质间没有相互作用；朗伯-比尔定律最大的优势是可以通过 A 值来计算吸收物质的浓度，适用前提是待测吸收物质间没有相互作用，因此待测物质的浓度不应该太高，通常是低于 0.01 $\text{mol}\cdot\text{L}^{-1}$。

(2) 紫外-可见吸收测试的光是单色光。

(3) 所有通过样品被检测的光都有相同的光程差。

(4) 待测样品的浓度均一。

(5) 待测物质不能散射紫外-可见吸收测试的光。

(6) 照射待测物质的光不足以使待测样品中吸收光的物质饱和。

3.2 影响紫外-可见光谱的因素

3.2.1 共轭效应

共轭体系的形成使分子的最高已占轨道能级升高，最低未占轨道能级降低，$\pi\to\pi^*$的能级差降低，如图 3-3 所示，共轭体系越长，$\pi\to\pi^*$能级差越小，紫外光谱的最大吸收越向长波方向移动，甚至在可见光部分有吸收，随着吸收的红移，吸收强度也增大。

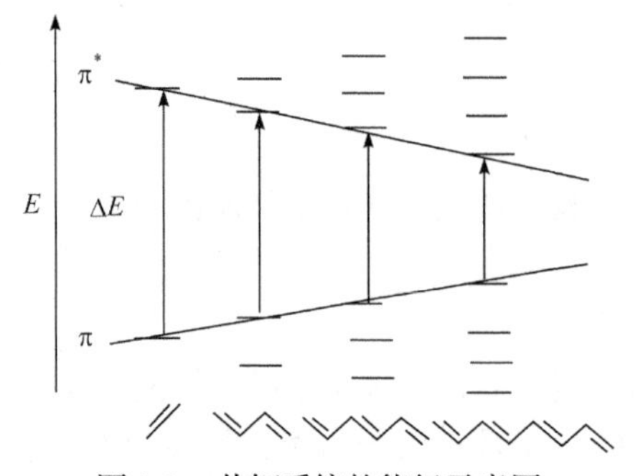

图 3-3 共轭系统的能级示意图

如表 3-5 所示，随着共轭烯烃链长的增加，紫外光谱的最大吸收波长从 180 nm 移动到 364 nm 处，向长波方向移动，ε_{max}的数值也从 10^4 增加到 1.38×10^5，吸收强度有明显的增加。

表 3-5　$H\text{-}(CH{=}CH)_n\text{-}H$ 的紫外吸收

n	λ_{max}/nm	ε_{max}
1	180	10000
2	217	21000
3	268	34000
4	304	64000
5	334	121000
6	364	138000

3.2.2　超共轭效应

超共轭效应又称 σ-π 共轭。它是由一个烷基的 C—H 键的 σ 键电子与相邻的半满或全空的 p 轨道互相重叠而产生的一种共轭现象。依照多电子共轭的理论，一个 C—H 键或整个 CH_3 基团可作为一个假原子来看待，超共轭效应存在于烷基连接在不饱和键上的化合物中，超共轭效应的大小由烷基中 α-H 原子的数目多少而定，甲基最强、第三丁基最弱。超共轭效应比一般正常共轭效应和多电子共轭效应弱得多。

3.2.3　立体效应

立体效应是指由于空间位阻、构象、跨环效应等影响因素导致吸收光谱的红移或蓝移，立体效应常伴随增色或减色效应。

空间位阻妨碍分子内共轭的发色基团处于同一平面，使共轭效应减小或消失，从而影响吸收带波长的位置。如果空间位阻使共轭效应减小，则吸收峰发生蓝移，吸收强度降低；如果位阻完全破坏了发色基团间的共轭效应，则只能观察到单个发色基团各自的吸收谱带。如下面 3 个α-二酮，除 n→π*跃迁产生的吸收带(275 nm)外，存在一个由羰基间相互作用引起的弱吸收带，该吸收带的波长位置与羰基间的二面角(ψ)有关，因为二面角的大小影响了两个羰基之间的有效共轭的程度。当ψ越接近 0°或 180°时，两个羰基双键越接近处于共平面，吸收波长越长；当ψ越接近 90°时，双键的共平面性越差，波长越短。

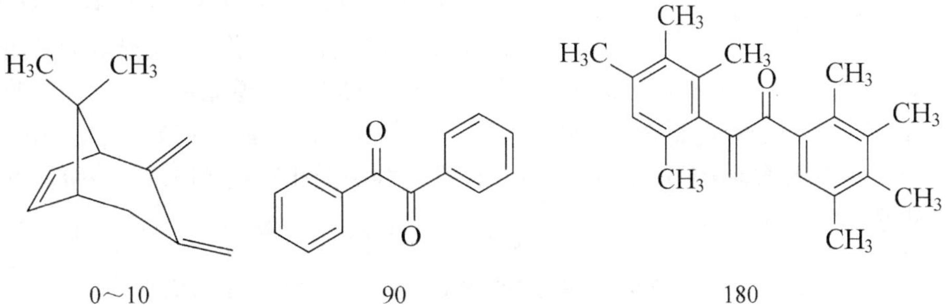

ψ/(°)	0～10	90	180
λ_{max}/nm	466	370	490

另外，苯环上取代有发色团或助色团时，如 2 位或 2、6 位有另外的取代基，取代基的空间位阻削弱了发色团或助色团与苯环间的有效共轭，ε将减小，这种现象称为邻位效应。

	NO_2	NO_2, CH_3	NO_2, C_2H_5	t-C_4H_9, NO_2, C_2H_5
K带ε_{max}	8900	6070	5300	640

跨环效应指两个发色团虽不共轭，但由于空间的排列，它的电子云仍能相互影响，使λ_{max}和ε_{max}改变。例如，下列两个化合物，化合物 **2** 的两个双键虽然不共轭，由于在环状结构中，C═C 双键的 π 电子与羰基的 π 电子有部分重叠，羰基的 n→π*跃迁吸收发生红移，吸收强度也增加。

	1	**2**
λ_{max}/nm	280	300.5
ε_{max}	约150	290

3.2.4 溶剂效应

1. 溶剂影响

在π→π*跃迁中，因激发态的极性大于基态，所以在极性溶剂中，极性溶液对电荷分散体系的稳定能力使激发态和基态的能力都有所降低，但程度不同，前者大于后者，这就导致跃迁吸收能量较在非极性溶剂中减少，故吸收带红移。在 n→π*跃迁中，极性溶剂对它的影响与π→π*跃迁相反，n→π*跃迁的吸收带随溶剂极性增加而蓝移，如图 3-4 所示。在极性溶剂中，往往会使电子跃迁中振动结构消失。

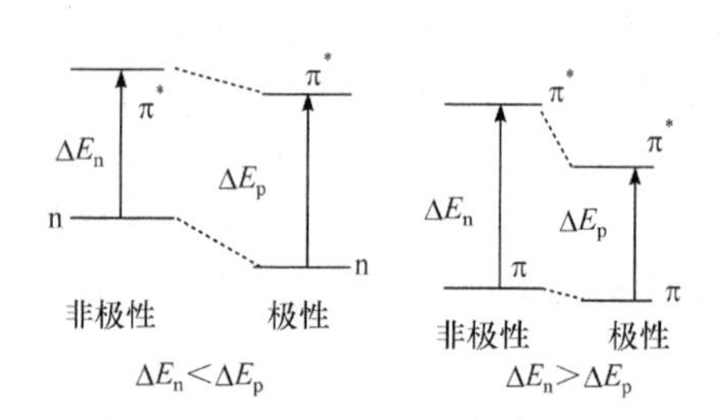

图 3-4　溶剂对电子跃迁能量的影响

如表 3-6 所示，4-甲基-3-戊烯-2-酮在极性溶剂下，π→π*跃迁的吸收带位移大，这是因为在极性溶剂中，强极性键中的氢原子能与孤电子对生成氢键，使分子的非键轨道能量有较大程度的降低。当产生 n→π*跃迁，孤电子对遭到破坏，轨道上留下一个电子，失去了生成氢键的能力，所以极性溶剂仅使 π 反键轨道能量稍微降低，结果在极性溶剂中跃迁需要增加克服一个氢键的能量，故吸收带蓝移。

表 3-6　4-甲基-3-戊烯-2-酮在不同溶剂下的紫外吸收

跃迁类型	λ_{max}(正己烷)	λ_{max}(氯仿)	λ_{max}(甲醇)	λ_{max}(水)
π→π*	230	238	237	243
n→π*	329	315	309	305

2. 溶剂的选择

溶剂效应对于紫外-可见吸收光谱测试有很大的影响，因此选择合适的溶剂至关重要，选择溶剂一般遵循以下原则：

(1) 样品在溶剂中应当溶解良好，能达到必要的浓度(此浓度与样品的摩尔吸光系数有关)以得到吸光度适中的吸收曲线。

(2) 溶剂应当不影响样品的吸收光谱，因此在测定的波长范围内溶剂应当是紫外透明的，即溶剂本身没有吸收，透明范围的最短波长称透明界限，测试时应根据溶剂的透明界限选择合适的溶剂，见表 3-7。

表 3-7 常见溶剂的透明界限

溶剂	透明界限/nm	溶剂	透明界限/nm	溶剂	透明界限/nm	溶剂	透明界限/nm
水	205	正己烷	195	环己烷	205	乙腈	190
异丙醇	203	乙醇	205	乙醚	210	二氧六环	211
氯仿	245	乙酸乙酯	254	乙酸	255	苯	278
吡啶	305	丙酮	330	甲醇	202	石油醚	297

(3) 为减小溶剂与溶质分子间的作用力，减少溶剂对吸收光谱的影响，应尽量采用低极性溶剂。

(4) 所选用的溶剂应不与待测组分发生化学反应。

(5) 溶剂挥发性小、不易燃、无毒性、价格便宜。

3.2.5 pH 的影响

pH 的改变可能引起共轭体系的延长或缩短，从而引起吸收峰的改变，对于一些不饱和酸、烯醇、酚及苯胺类化合物的紫外光谱影响很大。如果化合物溶液从中性变为碱性时，吸收峰发生红移，表明该化合物为酸性物质；如果化合物溶液由中性变为酸性时，吸收峰发生蓝移，表明化合物可能为芳胺。例如，在碱性溶液中，苯酚以苯氧负离子形式存在，助色效应增强，吸收波长红移(图 3-5)，而苯胺在酸性溶液中，NH_2 以 NH_3^+ 存在，p→π共轭消失，吸收波长蓝移(图 3-6)。

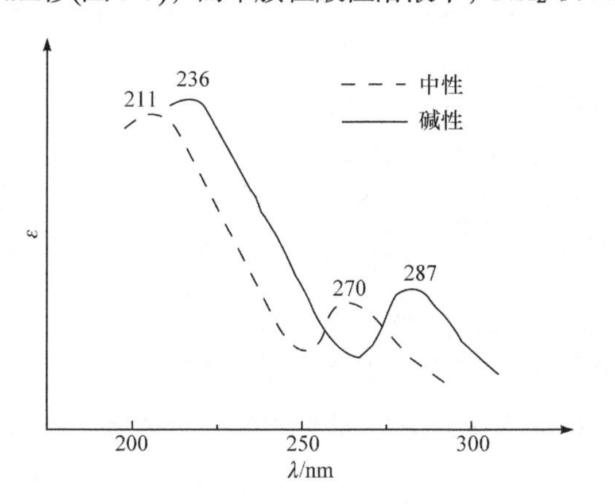

图 3-5 苯酚在碱性溶液中的紫外吸收谱图

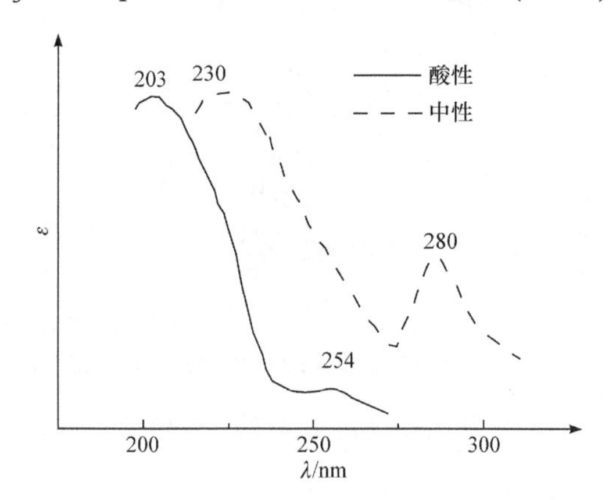

图 3-6 苯酚在酸性溶液中的紫外吸收谱图

图 3-7 为酚酞化合物在不同溶剂中显色的机理图。在酸性介质中，分子中只有一个苯环和羰基形成共轭体系，吸收峰位于紫外区，为无色；在碱性介质中，整个酚酞阴离子构成一个大的共轭体系，其吸收峰红移到可见光区，为红色。

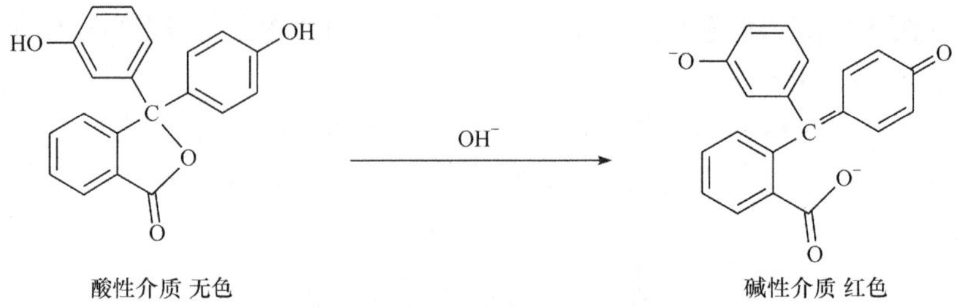

酸性介质 无色　　　　OH^-　　　　碱性介质 红色

图 3-7　酚酞化合物在不同溶剂中显色的机理图

3.3　紫外-可见光谱仪及测试技术

3.3.1　紫外-可见光谱仪构造及工作原理

紫外-可见(UV-vis)光谱仪又称紫外-可见分光光度计，通常采用一个光源辐射样品，紫外到可见波长(通常是 190～900 nm)的光通过样品后，进入检测器检测，获取样品在每个波长的吸收、透射或反射的情况。近年来，紫外-可见光谱仪将测量波长范围扩展到近红外区(800～3200 nm)，检测范围扩展为 190～3200 nm，此类光谱仪称为紫外-可见/近红外(UV-vis/NIR)光谱仪。以岛津 UV-3600 分光光度计为例，光路图如图 3-8 所示。

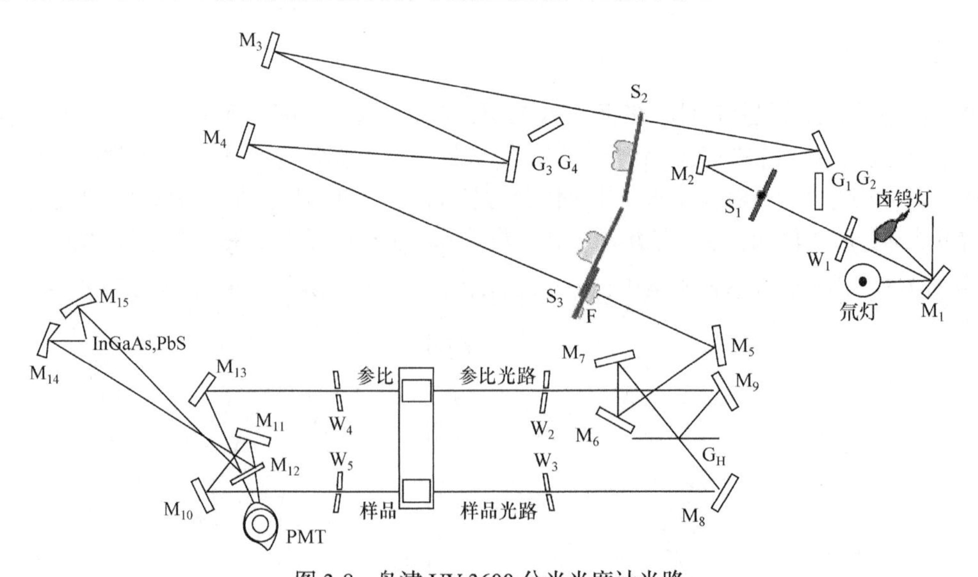

图 3-8　岛津 UV-3600 分光光度计光路

W 和 S 为狭缝；M 为反射镜；G 为光栅；PMT 为光电倍增管探测器；InGaAs 和 PbS 为探测器

紫外-可见光谱仪由光源、单色仪、吸收池、检测系统四个基本部分组成。具体介绍如下：

1. 光源

理想的紫外-可见光谱仪光源应当能提供所用的光谱区内所有波长的连续辐射光，强度足够大，并且在整个光谱区内，强度随波长的改变没有明显的变化。但实际的光源往往只能在一定的波长内强度稳定，因此紫外-可见光谱仪的光源在不同的波长范围内使用不同的光源，在检测过程中自动切换光源。

1) 氢灯或氘灯

紫外区的连续光谱由氢灯或氘灯提供，其光谱范围为 160～390 nm。由于玻璃对紫外光有吸收，灯管用石英玻璃制成，灯管内充几十帕的高纯氢(同位素氘)气体。当灯管内的一对电子受到一定的电压脉冲后，自由电子被加速穿过气体，电子与气体分子碰撞，引起气体分子电子能级、振动能级、转动能级的跃迁，当受激发的分子返回基态时，即发出相应波长的光。氘灯光的强度大于氢灯，寿命也长于氢灯(图 3-9)。虽然现在氘灯的信号噪声很低，但灯的噪声往往是仪器整体噪声性能的限制因素。随着时间的推移，来自氘弧灯的光强度稳步下降。这种灯的半衰期(强度下降到其初始值一半所需的时间)通常约为 1000 h。这种较短的半衰期意味着氘灯需要相对频繁地更换。

图 3-9　氘灯及其强度谱

2) 钨灯或卤钨灯

可见光的连续光谱可由白炽灯的钨灯(普通电灯泡)提供，其波长范围为 350～800 nm，其光谱分布与灯丝的工作温度有关。由于钨灯提供的光谱主要为可见光谱，提高灯丝的工作温度可以使光谱向短波长方向移动，但提高温度则会增加灯丝的蒸发速度而降低灯的寿命，通常在灯泡中充有惰性气体，以提高灯泡的寿命。为提高灯丝的寿命，在钨灯中充入适量的卤素或卤化物，可制成卤钨灯。卤钨灯具有比钨灯更长的寿命和更高的发光强度。卤钨灯使用的是灯丝，当电流通过灯丝时，灯丝被加热并发光(图 3-10)。该灯在部分紫外光谱和整个可见和近红外范围(350～3000 nm)产生良好的强度。这种类型的灯具有非常低的噪声和低漂移，通常具有 10000 h 的寿命。

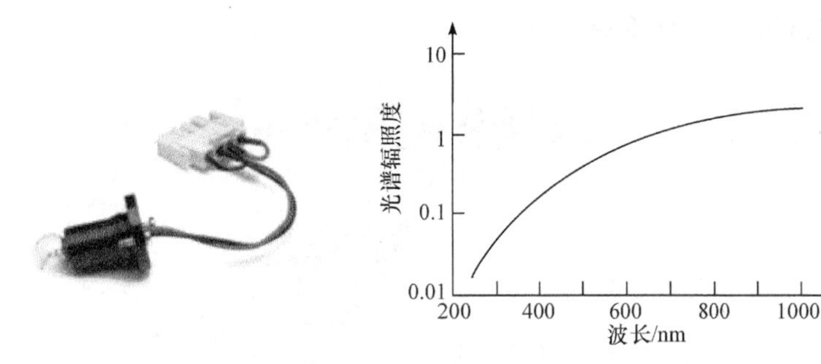

图 3-10　卤钨灯及其强度谱

3) 氙气闪光灯

不同于氙灯或卤钨灯，它们提供恒定的光源，氙气闪光灯发出光的时间极短，有闪光。由于氙气闪光灯只发射很短的时间和仅在样品测量期间使用，因此有很长的寿命。样品在测量时只受到光的照射。照明时间短使氙气闪光灯适合测量可能对光漂白敏感的样品。用连续光源对敏感样品进行长时间的连续曝光，可以观察到光漂白现象。氙气闪光灯从 185～2500 nm 发出高强度光，这意味着不需要二次光源(图 3-11)。氙气闪光灯在需要更换之前可以使用很多年，这使它与使用氙灯或卤钨灯的系统相比成为现阶段较好的选择。另外，相比于氙灯或卤钨灯，它不需要预热时间，更节约测试时间。

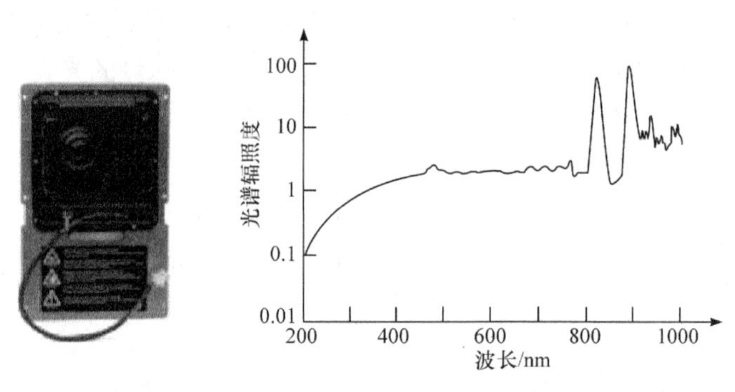

图 3-11　氙气闪光灯及其强度谱

2. 单色仪

单色仪作为分光系统，能将来自光源的复合光按波长顺序分解为单色光，并能任意调节波长。这是紫外-可见光谱仪的关键部件，由入射狭缝、准直镜、色散元件和出射狭缝组成，其中色散元件通常为棱镜或衍射光栅。单色仪分为单单色仪分光光度计和双单色仪分光光度计。

来自光源的入射光通过入射狭缝，成为一条细的光束，照射到准直镜，经准直镜反射成为平行光，通过棱镜或衍射光栅分解为单色光，通过改变转动棱镜或光栅，单色光依次通过出射狭缝得到单色光束。调节出射狭缝的宽度可以控制出射光束的光强和波长纯度。

在实际中，输出总是一个波长波段。目前市场上的分光光度计大多采用全息光栅作为色散器件。这些光学元件是由玻璃制成的，其表面被精确地蚀刻出极其狭窄的凹槽。凹槽的尺寸与被分散光的波长的顺序相同。最后，应用一个铝涂层创造一个反射表面。由于波长不同，落在光栅上的光的干涉和衍射会以不同的角度反射。全息光栅产生与波长有关的线性角色散，并且对温度不敏感，同时使用滤光片以确保只有来自所需反射顺序的光到达检测器(图 3-12)。凹面光栅可以同时分散和聚焦光线。

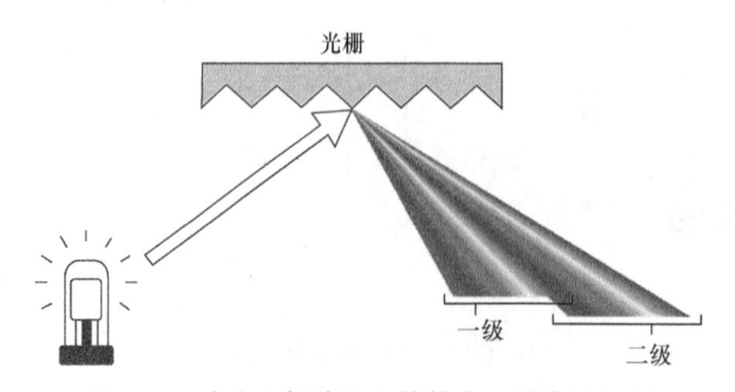

图 3-12　全息光栅将白光散射成不同波长的光

1) 单单色仪分光光度计

单单色仪分光光度计用于通用光谱学，可以集成到一个紧凑的光学系统。图 3-13 显示了单单色仪光学系统的原理图。单单色仪分光光度计不能像双单色系统一样，可以将很窄的光区分出来，但对于很多应用已经足够，如测量有宽吸收峰的样品。

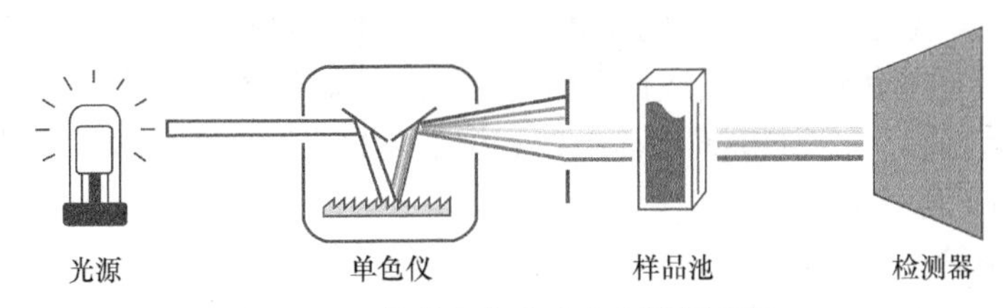

图 3-13　单单色仪分光光度计原理图

2) 双单色仪分光光度计

图 3-14 是双单色仪分光光度计的原理图。双单色仪通常用于高性能仪器中，两个单色器是串联排列的，光源发出的光通过第一单色器(单色仪 1)进行分光，进而通过第二单色器(单色仪 2)进一步分光过滤。杂散光(泄漏到系统中的光)减少了，从而提高了光谱精度(准确选择特定波长的能力)。

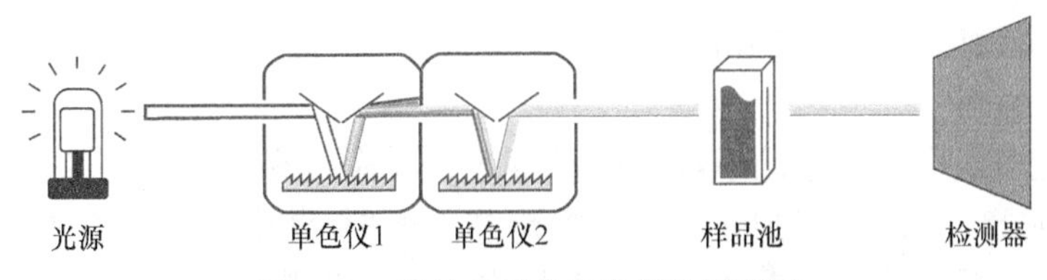

图 3-14　双单色仪分光光度计原理图

3. 吸收池

在样品室中，将样品置于来自单色仪的光束通过样品的位置。为了测量吸光度，液体样品通常被保存在已知的固定路径的吸收池(比色皿)中。比色皿是一个矩形的液体容器，由玻璃、石英、塑料或其他能传输紫外光或可见光的材料制成。标准比色皿的路径长度为 10 mm，由石英制成，以确保紫外光良好的透过率。也可以使用便宜的塑料试管，塑料对紫外光有吸收，因此只有在可见光区域才适用。目前也有很多适用于特殊应用的比色皿，可以小到装极小体积，用于微量样品的检测，也可以大到有更长的光程差，用于非常稀的样品检测。

用于定量分析时，参比光路和样品光路中的吸收池必须严格匹配，以保证两只空吸收池的吸收性能与光程长度严格一致。吸收池与窗口之间的距离应准确，窗口应垂直于光路。吸收池不能加热或烘烤，以防止吸收池变形。使用时，吸收池必须保持彻底清洁，操作时手指不能触摸窗口。

固体样品可以固定在合适的样品台上进行简单的透射测试，它们也可以在不同的入射角下测量。对于更复杂的测量，如漫反射或透射，紫外-可见光谱仪需配备相应的配件，如积分球。

4. 检测系统

检测系统的作用是将光信号转变为电信号，并检测其强度。近年来，有些仪器采用了自动扫描光敏二极管阵列检测器，具有性能稳定、扫描准确、光谱响应宽的特点。每个检测器有不同的灵敏度和波长范围，对于具有多个检测器的系统，系统将切换到测量所需波长范围对应的检测器。下面具体介绍几种常用的检测器及其优势。

1) 光电倍增管

光电倍增管(photomultiplier，PMT)在管体内结合了信号转换和几个阶段的放大。阴极材料的性质决定了光谱灵敏度。一个单一的 PMT 在整个紫外-可见范围 200～900 nm 产生良好的灵敏度。PMT 检测器的优势为在低波长有高的灵敏度。对于稀释后的样品，大部分照射到样品上的光将通过检测器。为了准确地检测空白和样品测量之间的小差异，检测器必须在这些高光强度水平下具有低噪声。

2) 硅光电二极管

硅光电二极管检测器被广泛用于现代分光光度计的检测器。硅光电二极管检测器具有更宽的动态范围，比 PMT 检测器更稳定。在硅光电二极管中，落在半导体材料上的光允许电子通过它，耗尽连接在材料上的电容器中的电荷，每隔一段时间给电容器充电，所需的电荷量与光的强度成正比。硅光电二极管探测器的检测范围为 170～1100 nm。

3) 铟镓砷检测器

铟镓砷(InGaAs)检测器是一种特殊的检测器，在可见光和近红外波长范围有优良的性能。InGaAs 检测器有窄频带(800～1700 nm)和宽频带(800～2500 nm)两种。这些检测器在近红外区域的线性响应和灵敏度是非常有用的。

4) 硫化铅检测器

紫外-可见光谱仪中最常用的近红外检测器是 PbS 检测器。该检测器的灵敏度在 1000～3500 nm。在高性能、宽波长范围的分光光度计中，PbS 检测器通常与 PMT 检测器结合用于紫外-可见光谱。在近红外区要求高灵敏度的地方，PbS 检测器可以与窄带 InGaAs 检测器结合使用。

3.3.2 紫外-可见光谱仪主要性能指标

以日本岛津 UV-3600 为例介绍紫外-可见光谱仪的主要性能指标。

(1) 分辨率和灵敏度。光学系统采用双光束测量，采用高性能双单色器，实现高分辨率和超低杂散光。波长重复精度可以控制在零点几纳米内。

(2) 检测器。配有三个检测器，对紫外-可见区使用光电倍增管，近红外区使用 InGaAs 检测器与冷却 PbS 检测器，使全波长范围均能实现高灵敏度测定。

(3) 快速扫描。超高波长移动速度和波长扫描速度，大大缩短测试时间，提高测试效率。

3.3.3 样品测试类型及范围

紫外-可见光谱仪可配备液体样品池支架、薄膜样品架、固体积分球、反射附件等，满足各类样品的测试。

1. 液体样品

液体样品测试需要使用液体样品池，样品池材质的选择需要重点考虑，不同材质的样品池的光学特性不同，对光的吸收范围不同，通常需要根据样品的吸光范围来选择样品池的材质(表 3-8)。

表 3-8　UV-vis/NIR 液体测试所用样品池材质及适用范围

材质	适用波长/nm
石英	170～2700
熔融石英	220～3800
光学玻璃	334～2500
聚苯乙烯	340～800

对于宽波谱范围的测量，石英玻璃是首选。但由于石英玻璃比较昂贵，当不需要测量低于 340 nm 波长时，可以选用光学玻璃或塑料(聚苯乙烯)来替代。聚苯乙烯样品池很容易被刮伤而破坏均匀性，因此常是一次性使用。在使用时，需要注意确保样品/溶剂不会损坏样品池，另外聚苯乙烯样品池不适合在高温下使用。

2. 薄膜样品

薄膜样品的测定一般使用透射模式测试，可实现紫外-可见-红外光全波段同时测试。透射测试又分为直接透射测定和散射透射测定两类。

(1) 直接透射测定：适合大部分样品，使用时采用薄膜样品支架放置厚度小于 3 mm 的透明膜进行测定，若样品具有偏振性质，需用偏振器，在 0°和 90°方向分别测定，当样品厚度在微米时，可能会出现干涉条纹。

(2) 散射透射测定：主要用于测定散射性质/雾度的样品，需使用积分球附件，在测定时，取下样品光束对应的白板。

3. 粉体样品

粉体样品测试一般是指表面粗糙固体样品的漫反射测试，需要使用积分球，测得数值为相对反射率，若已知标准的绝对反射率，可通过校正的方式得到样品的绝对反射率。

3.3.4　样品制备与测试方法

样品的制备与仪器参数的选择设定是测试的关键，下面分别对液体、薄膜和固体粉末样品的制备与测试进行简单介绍。

1. 样品制备

液体样品的测试关键在于：①溶剂的选择，在 3.2.4 小节已做详细的描述，故不再赘述；②浓度的控制，液体样品主要测试的是吸光度，定量计算依据的是朗伯-比尔定律，因此要求溶质的浓度不能高于 0.01 mol · L^{-1}；③定性或定量分析都需要参比液，使用对应的溶剂作为参比液，进行基线校准；④装样高度不宜超过样品池容量的 2/3；⑤样品池的选择，详见 3.3.3 小节液体样品测试。

薄膜样品主要测试透过率，要求薄膜样品厚度小于 3 mm，并且透明均一；同样，薄膜的测试也需要参比，参比样品为薄膜样品涂覆的基底。

粉体样品测试需将粉体样品进行研磨，采用压片法，使用全反射 $BaSO_4$ 作为基底，样品

压制在 $BaSO_4$ 上，测试时同样需要先测定全反射的 $BaSO_4$，进行基线校准。

2. 测试条件的选择

样品所处的测试环境和仪器参数的设定是测量成功的关键，下面从样品的处理和仪器参数的设定方面进行简单介绍。

(1) 样品恒温。多数样品可以在室温下测量，但也有部分样品要求加热或冷却。例如，冷却挥发性样品，以减少蒸发；加热黏性样品，以改善样品均匀性；加热时对化学变化敏感的样品，需要考察样品在加热或冷却时的吸光度变化。

(2) 样品搅拌。搅拌可以确保溶液和温度始终保持均匀性。当研究样品池(比色皿)内的化学反应时，搅拌对于黏性样品或确保溶液的一致混合尤为重要。黏度随温度的变化而变化，这可能会影响搅拌效率，当温度随时间升高时，测量结果也会受到影响，因此应注意确保搅拌速度适合于溶液。如果搅拌速度太慢，样品可能不能适当混合。如果速度过快，气泡可能被困在样品中，造成实验结果的误差。建议对所有的样品进行测试实验，以找到适合实验的最佳搅拌速度。

(3) 合适的光谱带宽。在测量样品时，应考虑所需的测量分辨率。大多数固体或液体样品的紫外-可见光谱分析具有天然的宽峰，在 20 nm 左右或以上，因此测试时仪器光路的狭缝大小最好设置为被分析物自然带宽的 1/10。仪器的光谱带宽是指光源在最大峰值的一半处的宽度，有时也常使用最大半高宽度(FWHM)。另外紫外-可见分光光度计的光谱带宽是与单色器设计的物理狭缝宽度有关。

根据分光光度计的设计，物理狭缝可以是固定的或可变的宽度。对于大多数紫外-可见分光光度计，常见的光谱带宽为 1.5 nm，可以满足大多数液体和固体样品的测试。使用更大的光谱带宽可以允许更多的光通过分析物，可以获得更好的数据质量和更少的噪声，但不适用于窄带的样品。使用较小的光谱带宽将获得更好的分辨率，但由于到达分析物的光更少，想要获得相同的数据质量，就需要延长测试时间。高光通量可以获得更好的重复性、准确性和结果精密度，当需要高分辨率时，可以减小狭缝宽度。

3.4　各类化合物的紫外-可见光谱

3.4.1　饱和烃化合物

饱和烃化合物只含有单键(σ 键)，只能产生 $\sigma\rightarrow\sigma^*$ 跃迁，由于电子由 σ 成键轨道跃迁至 σ^* 反键轨道所需的能量高，吸收带位于真空紫外区，如甲烷和乙烷的吸收带分别在 125 nm 和 135 nm。C—C 键的强度比 C—H 键的强度低，所以乙烷的波长比甲烷的波长要长一些。由于真空紫外区在一般仪器的使用范围外，故这类化合物的紫外吸收在有机化学中应用价值很小。

环烷烃由于环张力的存在，降低了 C—C 键的强度，实现 $\sigma\rightarrow\sigma^*$ 跃迁所需要的能量也相应要减小，其吸收波长要比相应直链烷烃大许多，环越小，吸收波长越长。例如，环丙烷的 λ_{max} = 190 nm，而丙烷的 λ_{max} = 150 nm。

对于含有杂原子的饱和化合物，如饱和醇、醚、卤代烷、硫化物等，由于杂原子有未成键的 n 电子，因而可产生 $n\rightarrow\sigma^*$ 跃迁，n 轨道能级比 σ 轨道能级高，因而 $n\rightarrow\sigma^*$ 跃迁所需吸收的能量比 $\sigma\rightarrow\sigma^*$ 小，吸收带的波长也相应红移，有的移到近紫外区，但因为这种跃迁为禁阻的，吸收强度弱，应用价值小。吸收带的波长与杂原子的性质有关，杂原子的原子半径增大，化合物的电离能降低，吸收带波长红移，如在卤代烷中，吸收带的波长和强度按 F＜Cl＜Br＜I 依次递增，溴代烷或碘代烷的 $n \to \sigma^*$跃迁波长在近紫外区(表 3-9)。在卤代烷烃中，由于超共轭效应的作用，吸收带波长随碳链的增长及分支的增多而红移。

表 3-9　某些卤代烃的紫外特征吸收

化合物	溶剂	λ_{max}/nm	ε_{max}
CF_4	蒸气	105.2	—
CH_3F	蒸气	173	—
		160	—
		153	—
		169	370
$CHCl_3$	蒸气	175	—
		175.5	950
CH_3Br	蒸气	204	200
		175	—
CH_2Br_2	异辛烷	202.5	1050
		198	970
$CHBr_3$	异辛烷	223.4	1980
CH_3I	蒸气	257	230
	异辛烷	257.5	370
CHI_3	异辛烷	349.4	2140
		307.2	830
		274.9	1310

烷烃和卤代烃的紫外吸收用于直接分析化合物的结构的意义并不大，通常这些化合物作为紫外分析的溶剂，其中由于四氟化碳的吸收特别低，$\lambda_{max} = 105.2$ nm，是真空紫外区的最佳溶剂。

3.4.2　简单的不饱和化合物

不饱和化合物由于含有 π 键而具有$\pi \to \pi^*$跃迁，其跃迁能量比 $\sigma \to \sigma^*$小，但非共轭的简单不饱和化合物跃迁能量仍然较高，位于真空紫外区。最简单的碳碳双键化合物为乙烯，在 165 nm 处有一个强的吸收带，一个 π 电子跃迁至 π 反键轨道，在 200 nm 附近还有一个弱吸收带，此跃迁的概率小，吸收强度弱。

当烯烃双键上引入助色团时，$\pi \to \pi^*$吸收将发生红移，甚至移动到近紫外光区。原因是助色团中的 n 电子可以产生 $p \to \pi$共轭，使$\pi \to \pi^*$跃迁能量降低。烷基可产生超共轭效应，也可使吸收红移，不过这种助色作用很弱，如$(CH_3)_2C{=}C(CH_3)_2$ 的吸收峰位于 197 nm(ε为 11500)。不同助色团对乙烯吸收位置的影响见表 3-10。

表 3-10　助色团对乙烯吸收位置的影响

取代基	NR_2	OR	SR	Cl	CH_3
红移距离/nm	40	30	45	5	5

最简单的三键化合物为乙炔，其吸收带在 173 nm，ε= 6000，无实用价值，与双键化合物相似，烷基取代后吸收带将发生红移。炔类化合物除在 180 nm 附近有吸收带外，在 220 nm 处有一个弱吸收带，ε 为 100。

简单羰基的分子轨道 C—O 之间除 σ 键电子外，有一对 π 电子，氧原子上还有两对未成键电子。可以发生 $n\rightarrow\sigma^*$、$n\rightarrow\pi^*$和 $\pi\rightarrow\pi^*$跃迁，能量最低的分子中未占轨道为 C—O 的 π^*反键。羰基有三个吸收带，一个弱带在 270～300 nm，ε<100，为 R 带；一个带位于 180～200 nm，ε = 104，谱带略宽，为 $n\rightarrow\sigma^*$跃迁产生；另一个强带位于 150～170 nm 处，$\varepsilon>10^4$，为 $\pi\rightarrow\pi^*$跃迁产生。羰基的 $n\rightarrow\pi^*$跃迁波长较长(270～300 nm)，其跃迁为禁阻的，故吸收强度很弱，但在结构的鉴定上有一定的应用价值。羰基的 $n\rightarrow\pi^*$跃迁波长随溶剂极性的增加向短波长方向移动。

酮类化合物的 α 碳上有烷基取代后使 $\pi\rightarrow\pi^*$吸收带(K 带)向长波长移动，可能是烷基诱导效应所引起的。环酮吸收带的波长与环的大小有关，其中环戊酮的最大吸收波长为 300 nm，该特征在结构测定中可以协助其他波谱测试手段用于鉴别环的大小。非环酮的 α 位若有卤素、羟基或烷氧等助色团取代，吸收带红移且强度增强，如α-溴代丙酮在己烷中的吸收带为λ_{max}311 nm(ε = 83)，丙酮在己烷中的吸收带为λ_{max} 274 nm (ε = 22)。醛、酮紫外特征吸收如表 3-11 所示。

表 3-11 某些脂肪族醛和酮的紫外特征吸收

化合物	溶剂	$n\rightarrow\pi^*$		$n\rightarrow\sigma^*$	
		λ_{max}/nm	ε	λ_{max}/nm	ε
甲醛	蒸气	304	18	175	18000
乙醛	蒸气	310	5		
丙酮	蒸气	289	12.5	182	10000
2-戊酮	己烷	278	15	—	—
4-甲基-2-戊酮	异辛烷	283	20	—	—
环戊酮	异辛烷	300	18	—	—
环己酮	异辛烷	291	15	—	—
环辛酮	异辛烷	291	14	—	—

3.4.3 烯烃

当两个生色团在同一个分子中，间隔一个以上的亚甲基，分子的紫外光谱往往是两个单独生色团光谱的加和。若两个生色团只隔一个单键则成为共轭体系，共轭体系中的两个生色团相互影响，其吸收光谱与单一生色团相比，有很大改变。共轭体系越长，其最大吸收越移向长波方向，甚至可达到可见光部分，并且随着波长的红移，吸收强度增大。下面介绍一些共轭体系中紫外吸收值的经验计算方法。

一些共轭体系的 K 带吸收位置可以通过经验公式计算得到，其计算值与实测值较为符合，共轭烯烃的最大吸收可以通过伍德沃德-费塞尔(Woodward-Fieser)规则计算，计算所用的参数如表 3-12 所示。

表 3-12　共轭烯烃的紫外吸收计算规则(伍德沃德-费塞尔规则)

波长增加因素		λ_{max}	
1. 开链或非骈环共轭双烯		基本值	217
双键上烷基取代		增加值	+5
环外双烯			+5
2. 同环共轭双烯或共轭多烯			
骈环异共轭双烯		基本值	214
同环共轭双烯		基本值	253
延长一个共轭双键		增加值	+30
烷基或环烷基取代			+5
环外双键			+5
助色基团	—OAc		0
	—OR		+6
	—SR		+30
	—Cl、—Br		+5
	—NR_2		+60

伍德沃德-费塞尔规则计算公式：

$$\lambda_{max}=\lambda_{共轭烯基本值}+\Delta\lambda_{扩展双键增量}+\Delta\lambda_{取代基增量}+\Delta\lambda_{环双键增量} \tag{3-3}$$

计算举例如下：

(1) 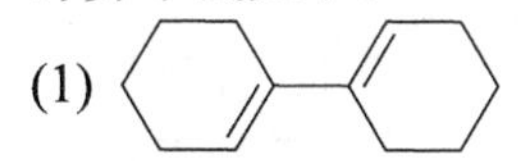

共轭双烯基本值 217

4 个环烷基取代 + 5 × 4

最大吸收波长为 237 nm(实测：238 nm)

(2) 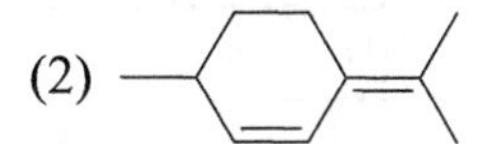

非骈环双烯基本值 217

4 个环烷基或烷基取代 + 5 × 4

环外双键 + 5

最大吸收波长为 242 nm(实测：243 nm)

(3) 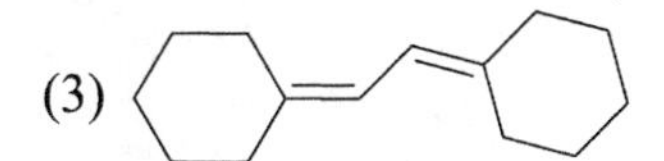

链状共轭双键 217

4 个烷基取代 + 5 × 4

2 个环外双键 + 5 × 2

最大吸收波长为 247 nm(实测：247 nm)

(4)

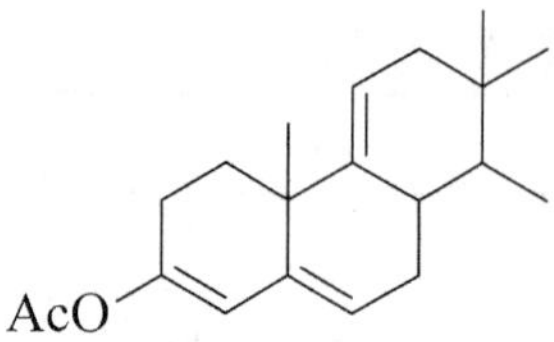

AcO

同环共轭双烯基本值 253

5 个烷基取代 + 5 × 5

3 个环外双键 + 5 × 3

延长 2 个共轭双键 + 30 × 2

最大吸收波长为 353 nm(实测：355 nm)

3.4.4　羰基化合物

1. *α,β*-不饱和醛、酮的紫外吸收计算值

由于 Woodward、Fieser、Scott 的工作，共轭醛酮的 K 吸收带的λ_{max}也可以通过计算得到。计算所用的参数如表 3-13 所示。

表 3-13　*α,β*-不饱和醛、酮紫外 K 带吸收波长计算规则(乙醇为溶剂)

直链和六元环或七元环*α,β*-不饱和醛酮的基本值									215 nm
五元环*α,β*-不饱和酮的基本值									202 nm
α,β-不饱和醛的基本值									207 nm
取代基位置	取代基位移增量/nm								
	烷基	OAC	OCH_3	OH	SR	Cl	Br	NR_2	苯环
α	10	6	35	35		15	25		
β	12	6	30	30		12	30		
γ	18	6	17	30	85			95	63
δ	18	6	31	50					

注：表 3-13 是以乙醇为溶剂的参数，如采用其他溶剂，可以利用表 3-14 进行校正。

表 3-14　*α,β*-不饱和醛、酮紫外 K 带吸收波长溶剂校正

溶剂	甲醇	氯仿	二氧六环	乙醚	己烷	环己烷	水
$\Delta\lambda$/nm	0	+1	+5	+7	+11	+11	−8

计算举例如下：

(1)

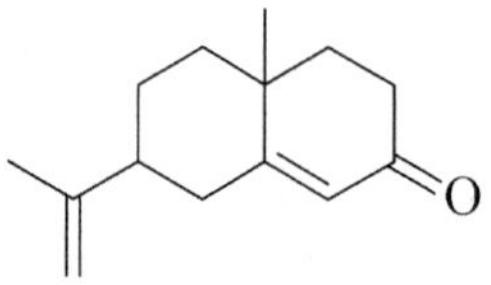

O

六元环*α,β*-不饱和酮基本值 215

2 个*β*取代 + 12 × 2

1 个环外双键 + 5

最大吸收波长为 244 nm(实测：251 nm)

(2)

六元环α,β-不饱和酮基本值 215

1 个烷基 α 取代 + 10

2 个烷基 β 取代 + 12 × 2

2 个环外双键 + 5 × 2

最大吸收波长为 259 nm(实测：258 nm)

(3)

直链α,β-不饱和酮基本值 215

延长 1 个共轭双键 + 30

1 个烷基 γ 取代 + 18

1 个烷基 δ 取代 + 18

最大吸收波长为 281 nm(实测：281 nm)

α,β-不饱和醛 $\pi\rightarrow\pi^*$跃迁规律与酮相似，只是醛吸收带λ_{max}比相应的酮蓝移 5 nm。

2. α,β-不饱和羧酸、酯、酰胺

α,β-不饱和羧酸和酯的计算方法与α,β-不饱和酮相似，波长较相应的α,β-不饱和醛、酮蓝移，α,β-不饱和酰胺的λ_{max}低于相应的羧酸，计算所用的参数如表 3-15 所示。

表 3-15 α,β-不饱和羧酸和酯的紫外 K 带吸收波长计算规则(以乙醇为例)

基本值/nm	烷基单取代羧酸和酯(α 或 β)	208
	烷基双取代羧酸和酯(α,β 或 β,β)	217
	烷基三取代羧酸和酯(β,β,β)	225
取代基增加值/nm	环外双键	+5
	双键在五元环或七元环内	+5
	延长 1 个共轭双键	+30
	γ位或δ位烷基取代	+18
	α 位 OCH_3、OH、Br、Cl 取代	+15～+20
	β 位 OCH_3、OR 取代	+30
	β 位 $N(CH_3)_2$ 取代	+60

计算举例如下，计算结果后的括号内为实测值，以 CH_3—CH═CH—CH═CH—COOH 为例：

β 单取代羧酸基本值 208

延长 1 个共轭双键 + 30

δ 烷基取代 + 18

最大吸收波长为 256 nm(实测：254 nm)

以上介绍了几种常见共轭体系的紫外吸收带λ_{max}的计算方法，在实际应用中可以帮助确定共轭体系双键的位置。

3.4.5　芳香族化合物

芳香族化合物在近紫外区显示特征的吸收光谱，典型的苯在异辛烷中的紫外吸收光谱，吸收带为 184 nm(ε为 68000)、203.5 nm(ε为 8800)和 254 nm(ε为 250)，分别对应于 E_1 带、E_2 带和 B 带。B 带吸收带由系列精细小峰组成，中心在 254.5 nm，是苯最重要的吸收带，又称苯型带。B 带受溶剂的影响很大，在气相或非极性溶剂中测试，所得谱带峰形精细尖锐；在极性溶剂中测定，则峰形平滑，精细结构消失。取代基影响苯的电子云分布，使吸收带向长波移动，强度增强，精细结构变模糊或完全消失，影响的大小与取代基的电负性和空间位阻有关。

1. 取代苯

苯环上有一元取代基时，一般引起 B 带的精细结构消失，并且各谱带的λ_{max} 发生红移，ε_{max} 通常增大(表 3-16)。当苯环引入烷基时，由于烷基的 C—H 与苯环产生超共轭效应，苯环的吸收带红移，吸收强度增大。对二甲苯来说，取代基的位置不同，红移和吸收增强效应不同，通常顺序为：对位＞间位＞邻位。

表 3-16　简单取代苯的紫外吸收谱带数据

取代基	E_2 带		B 带		溶剂
	λ_{max}/nm	ε_{max}	λ_{max}/nm	ε_{max}	
—H	203	7400	254	205	水
—OH	211	6200	270	1450	水
$—O^-$	235	9400	287	2600	水
$—OCH_3$	217	6400	269	1500	水
—F	204	6200	269	1500	乙醇
—Cl	210	7500	264	190	乙醇
—Br	210	7900	261	192	乙醇
—I	226	13000	256	800	乙醇
—SH	236	10000	269	700	己烷
$—NHCOCH_3$	238	10500	—	—	水
$—NH_2$	230	8600	280	1430	水
$—NH_3^+$	203	7500	254	160	水
$—SO_2NH_2$	218	9700	265	740	水
—CHO	244	15000	280	1500	己烷
$—COCH_3$	240	13000	278	1100	乙醇
$—NO_2$	252	10000	280	1000	己烷
$—CH{=}CH_2$	244	12000	282	450	乙醇
—CN	224	13000	271	1000	2%甲醇水溶液
$—COO^-$	224	8700	268	560	2%甲醇水溶液

当取代基上有非键电子的基团与苯环的 π 电子体系共轭相连时，无论取代基具有吸电子作用还是供电子作用，都将在不同程度上引起苯的 E_2 带和 B 带的红移。另外，共轭体系的离域化使 π^*轨道能量降低，也使取代基的 $n \to \pi^*$跃迁的吸收峰向长波方向移动。

当引入的基团为助色团时，取代基对吸收带的影响大小与取代基的给电子能力有关。给电子能力越强，影响越大。其顺序为：$—O^-$＞$—NH_2$＞$—OCH_3$＞—OH＞—Br＞—Cl＞$—CH_3$。

当引入的基团为发色团时，其对吸收谱带的影响程度大于助色团。影响的大小与发色团的吸电子能力有关，吸电子能力越强，影响越大。其顺序为：$—NO_2$＞—CHO＞$—COCH_3$＞—COOH＞$—CN^-$、$—COO^-$＞$—SO_2NH_2$＞$—NH_3^+$。

取代苯的吸收波长情况比脂肪族化合物复杂，一些学者也总结出不同的计算方法，但其计算结果的准确性比脂肪族化合物的计算结果差，具有一定的参考性。

Scott 总结了芳环羰基化合物的一些规律，提出羰基取代芳环 250 nm 带的计算方法，见表 3-17。

表 3-17　苯环取代对 B 带(250 nm)的影响

基本发色团—COR		基本值λ_{max}/nm	
R = 烷基(或脂肪环)(苯甲酰酮)		246	
R = H(苯甲酸)		250	
R = OH, OR(苯甲酸及酯)		230	
环上每个取代基对吸收波长的影响$\Delta\lambda$/nm			
取代基	邻位	间位	对位
烷基或脂肪环	+3	+3	+10
—OH、$—OCH_3$、—OR	+7	+7	+25
$—O^-$	+11	+20	+78
—Cl	0	0	+10
—Br	+2	+2	+15
$—NH_2$	+13	+13	+58
—NHAc	+20	+20	+85
$—NHCH_3$	—	—	+73
$—N(CH_3)_2$	+20	+20	+85

注：位阻可使$\Delta\lambda$显著降低。

计算举例如下，计算结果后括号内为实测值：

(1) H_3CO [结构式]

基本值 246

邻位环烷基 + 3

对位$—OCH_3$取代 + 25

最大吸收波长为 274 nm(实测：276 nm)

(2) 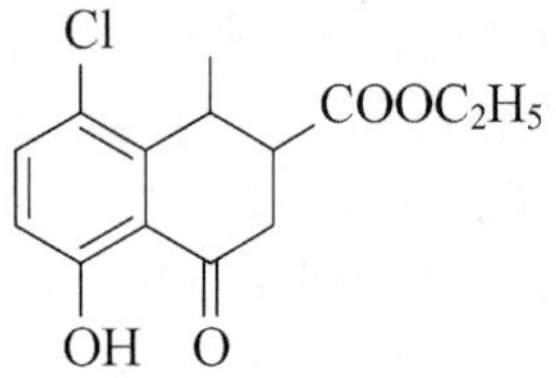 Cl　$COOC_2H_5$　OH　O

基本值 246

邻位环烷基 + 3

邻位—OH 取代 + 7

间位—Cl 取代 + 0

最大吸收波长为 256 nm(实测：257 nm)

(3) 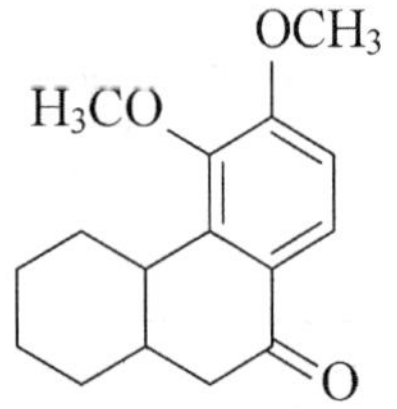 OCH_3　H_3CO　O

基本值 246

邻位环烷基 + 3

对位—OCH_3 取代 + 25

间位—OCH_3 取代 + 7

最大吸收波长为 281 nm(实测：278 nm)

2. 联苯

联苯中两个苯环以单键相连，形成一个大的共轭体系，当两个苯环共平面时，共轭体系能量最低，紫外吸收波长最大。在苯环上引入体积大的基团，特别是在苯的邻位，将会破坏两个苯环的共平面性质，使有效的共轭减少，紫外吸收波长蓝移，吸收强度降低。

3. 稠环芳烃

线形结构的稠环芳烃的吸收曲线形状非常相似，随着苯环数目的增加，吸收波长红移，但红移的幅度比线形结构芳烃要小。由于稠环芳烃的紫外吸收光谱都比较复杂，且往往具有精细结构，因此可以用于化合物的指纹鉴定。

4. 苯乙烯和二苯乙烯

苯乙烯在乙醇或烷烃溶剂中紫外吸收出现在 248 nm 处，是具有精细结构的强吸收带，在 270～290 nm 处有精细结构的弱峰。苯环邻位、烯烃的 α 位和顺式烯烃的 β 位取代的衍生物显示出位阻的影响，使 250 nm 的吸收带精细结构消失，强度降低，波长蓝移。对位和反式 β 位取代则使吸收带红移且强度增强。

二苯乙烯有顺式和反式，紫外吸收不相同，顺式吸收峰没有精细结构，吸收波长比反式异构体的小，强度低，反式则有三个主要的吸收带，有精细结构。

5. 杂环化合物

当芳环上的—C—或—C═C—被杂原子(O、S、N)取代，即得到杂环化合物，其紫外光谱与相应的芳香烃相似。

含一个杂原子的五元杂环类似于带有 6 个 π 电子的苯，虽然吡咯、呋喃、噻吩的吸收曲线与苯并不特别相似，但在形式上与苯的 E_2 带和 B 带相似。吡啶与苯是等电子的，各个光谱几乎是重叠的，但吡啶在己烷溶液中在 270 nm 出现一个吸收带，为氮原子上非键原子的 $n\to\pi^*$ 跃迁。

3.4.6　含氮化合物

最简单的含氮化合物是氨，它可产生 $\sigma\to\sigma^*$ 跃迁和 $n\to\sigma^*$ 跃迁，其中 $n\to\sigma^*$ 跃迁可以产生两个谱带，烷基的取代使波长红移，如甲胺的 $\lambda_{max}=215$ nm、二甲胺的 $\lambda_{max}=220$ nm、三甲胺的 $\lambda_{max}=227$ nm。不饱和含氮化合物由于受 $n\to\pi^*$ 和 $\pi\to\pi^*$ 共轭作用的影响，波长红移，吸收强度增加。

硝基和亚硝基化合物由于氮原子、氧原子均含有未共用电子对和 π^* 反键轨道，具有 $n\to\pi^*$ 跃迁产生的 R 带。亚硝基化合物在可见光区有一弱吸收带，675 nm，ε 为 20，为氮原子的 $n\to\pi^*$ 跃迁产生；300 nm 处有一强谱带，为氧原子的 $n\to\pi^*$ 跃迁产生。硝基化合物可以产生 $n\to\pi^*$ 和 $\pi\to\pi^*$ 跃迁，$\pi\to\pi^*$ 吸收＜200 nm，$n\to\pi^*$ 吸收在 275 nm 处，强度低。若有双键与硝基共轭，则吸收红移，强度增加。例如，硝基苯的 $n\to\pi^*$ 吸收位于 330 nm(ε 为 125)，$\pi\to\pi^*$ 吸收位于 260 nm (ε 为 8000)。

3.4.7　无机化合物

无机化合物的紫外光谱通常是由两种跃迁引起的，即电荷转移跃迁和配位场跃迁。

所有电荷跃迁是指在光能激发下，某一化合物(配合物)中的电荷发生重新分布，导致电荷可从化合物(配合物)的一部分迁移到另一部分而产生吸收光谱。这种光谱产生的条件是分子中有一部分能作为电子给体，而另一部分能作为电子受体。由于在激发过程中，电子在分子中的分布发生了变化，因此有人认为电荷迁移的过程实际是分子内的氧化-还原过程。无机化合物的电荷迁移过程可以表示为

$$M^{n+}-L^{b-}\xrightarrow{h\nu}M^{(n-1)+}-L^{(b-1)-}$$

式中，M 为中心离子；L 为配体；M^{n+} 为电子受体；L^{b-} 为电子给体。

例如，Fe^{3+} 与硫氰酸盐生成的配合物为红色，在可见光区有强烈的电荷迁移吸收。

$$[Fe^{3+}(SCN)^{-}]^{2+}\xrightarrow{h\nu}[Fe^{3+}(SCN)]^{2+}$$

式中，Fe^{3+} 为电子受体；$(SCN)^-$ 为电子给体。

过渡金属离子及其化合物除了电荷迁移跃迁外，还可能发生配位场跃迁。配位场跃迁包括 d→d 跃迁和 f→f 跃迁。在配位场的影响下，处于低能态 d 轨道上的电子受激发后跃迁到高能态的 d 轨道，这种跃迁称为 d→d 跃迁；镧系和锕系元素含有 f 轨道，在配位场的影响下，处于低能态 f 轨道上的电子受激发后跃迁到高能态的 f 轨道，这种跃迁称为 f→f 跃迁。配体不同，同一中心离子产生跃迁所吸收的能量也不同，即吸收波长不同。由于 d 轨道跃迁易受外界的影响，d→d 跃迁的吸收谱带较宽；f 轨道属于较内层轨道，吸收受外界影响小，吸收峰为尖

锐的窄峰。镧系元素离子光谱的尖锐特征吸收峰常用来校正分光光度计的波长。

3.5　紫外-可见光谱的应用

3.5.1　化合物的鉴定

紫外-可见光谱一般只有几个宽的吸收峰，与红外光谱法等分析技术相比，它提供的定性信息有限，虽然很难根据其特征光谱来识别化合物，但紫外-可见光谱在推测化合物结构时，也能提供一些重要的信息，如发色团结构中的共轭关系，共轭体系中取代基的位置、种类和数目等。

大多数有机化合物的吸收是由于存在 π 键，发色团是一个通常包含 π 键的分子基团。当饱和烃(没有紫外-可见吸收光谱)与发色团相结合，将在 185～1000 nm 产生吸收。表 3-18 列出了一些发色团和它们的 A_{max} 对应的波长。

表 3-18　发色团及其吸光度最大值的波长

发色团	分子式	举例	λ_{max}/nm
羰基(酮)	RR′C═O	丙酮	271
羰基(醛)	RHC═O	乙醛	293
羧基	RCOOH	乙酸	204
酰胺	$RCONH_2$	乙酰胺	208
烯	RCH═CHR	乙烯	193
炔	RC≡CR	乙炔	173
腈	RC≡N	乙腈	< 160
硝基	RNO_2	硝基甲烷	271

由表 3-18 可以看出，在特定波长上吸收带的存在通常意味着某发色团的存在。然而，A_{max} 对应的波长位置是不固定的，同时取决于发色团分子环境和待测所用溶剂。若将共轭双键与额外的双键结合，可以增加吸收带的强度和拓宽吸收的波长。若待测物出现多种吸收带，且吸收延伸至可见光区，则可能含有一长链共轭体系或多环芳香性生色团。若待测物具有颜色，则分子中含有共轭生色团或助色团的特性。

归纳来说，鉴定化合物的方法有两种：

(1) 与标准物、标准谱图对照。将样品和标准物以同一溶剂配制相同浓度溶液，并在同一条件下测定，比较光谱是否一致。如果两者是同一物质，则所得的紫外光谱应当完全一致。如果没有标准样品，可以与标准谱图进行对比，但测定的条件要与标准谱图完全相同，否则可靠性较差。

(2) 吸收波长和摩尔消光吸收。不同化合物如果具有相同的发色团，也可能具有相同的紫外吸收波长，但是它们的摩尔消光吸收是有差别的。如果样品和标准物的吸收波长相同，摩尔消光吸收也相同，可以认为样品和标准物具有相同的结构单元。

对化合物的鉴定具体有以下几点可供参考：

(1) 化合物的紫外光谱在 220～700 nm 内没有吸收带，可以判断该化合物可能是饱和的直链烃、脂环烃或其他饱和的脂肪族化合物或非共轭的烯烃等。

(2) 化合物在 210～250 nm 有强的吸收带，且$\varepsilon > 10^4$，说明该化合物分子中存在两个共轭的不饱和键；如果吸收带出现在 260～300 nm，表明该化合物存在 3 个或 3 个以上共轭双键，若吸收带进入可见光区，则表明该化合物是长共轭发色团的化合物或是稠环化合物。

(3) 化合物在 210～250 nm 有强的吸收带，且ε为 10^3～10^4；在 250～300 nm 有中等强度吸收带，ε在 10^2～10^3，这是 B 吸收带的特征，表明该化合物可能含有苯环。

(4) 化合物在 250～350 nm 有低强度或中等强度的吸收带，且峰形对称，说明化合物分子中含有醛酮羰基或共轭羰基等。

(5) 如果紫外吸收谱带对酸碱敏感，将化合物中加入碱，当再加入酸调至中性后，可恢复至初始态，说明化合物含有酚羟基；若将化合物中加入酸，当再加入碱调至中性后可恢复至初始态，说明化合物含有芳氨基。

例如，如图 3-15 所示，某紫精衍生物配体构筑的无机-有机化合物在紫外光照射下会产生变色行为，在氧气气氛加热条件下又可以发生褪色，采用时间分辨的紫外-可见光谱对此化合物进行测试，随光照时间增加产生新的吸收峰 402 nm 和 616 nm，且不断增加，对比紫精化合物在紫外光照射条件下的紫外-可见光谱，判断新产生的吸收峰归属于紫精类化合物的光致电子转移行为。

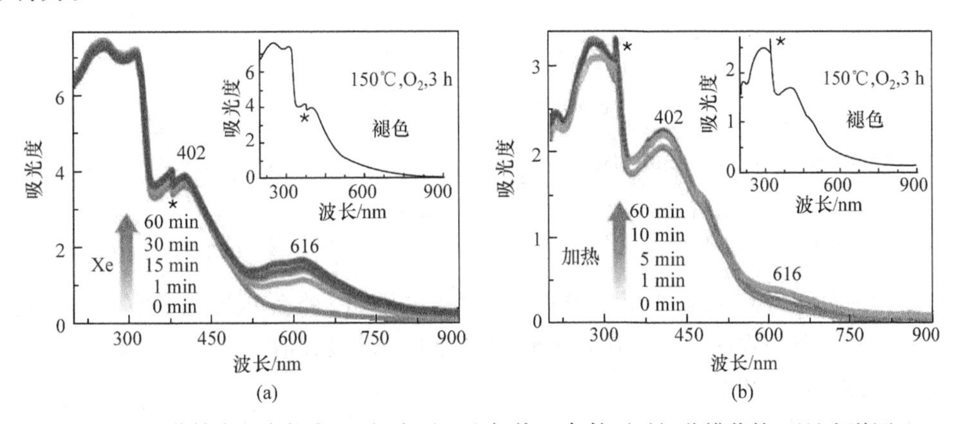

图 3-15　紫精类化合物在 Xe 灯光照(a)和加热(b)条件下时间分辨紫外-可见光谱图

3.5.2　化合物的定量分析

紫外-可见光谱在有机化合物含量测定方面比其在化合物定性方面具有更大的优势，紫外-可见光谱对化合物的定量分析的基础是朗伯-比尔定律。

1. 直接法

通过比较一种未知浓度的物质的吸光度与同一物质的已知浓度的吸光度来确定分析物的浓度。根据公式 $A = \varepsilon cl$，即可计算出未知化合物的浓度。

2. 标准添加法

通过向未知分析物中加入标准分析物，朗伯-比尔定律从单组分成分的鉴定可以拓展到多组分或混合物种的分析鉴定，假设被测物种与添加标准物质的样品的 κ 是个常数($\kappa = \varepsilon l$)，公式如下：

原始物质的吸收公式为

$$A_0 = \kappa c_0 \tag{3-4}$$

加入标准添加物质后的公式记为

$$A_{sp} = \kappa c_{sp} \tag{3-5}$$

因为

$$c_{sp} = (c_0 V_0 + c_s V_s) / (V_0 + V_s) \tag{3-6}$$

所以

$$\frac{A_0}{A_{sp}} = \frac{c_0 (V_0 + V_s)}{c_0 V_0 + c_s V_s} \tag{3-7}$$

【例 3-1】 采用比色测定方法来选择性测定铁离子浓度。20.0 mL 原始样品中铁离子的吸光度为 0.367，将 5 mL 浓度为 2.00×10^{-2} mol · L^{-1} 铁离子的溶液掺入原始样品中，此时铁离子的吸光度变为 0.538，请计算原始样品中铁离子的浓度。

解 根据式(3-7)可得

$$\frac{0.367}{0.538} = \frac{c_0 (0.020\ \text{L} + 0.005\ \text{L})}{c_0 \times 0.020\ \text{L} + 0.020\ \text{mol} \cdot \text{L}^{-1} \times 0.005\ \text{L}}$$

$$c_0 = 1.364 \times 10^{-2}\ \text{mol} \cdot \text{L}^{-1}$$

因此，原始样品中铁离子的浓度为 1.364×10^{-2} mol · L^{-1}。

3. 多组分物质的测定

如果几种成分在紫外-可见光谱中吸收存在显著的不同，那么可以使用紫外-可见光谱方法测定多组分物质。首先在两个不同波长下测定两种物质的吸收值，进而通过朗伯-比尔公式计算其浓度。具体计算方法如下：

在波长 λ_1 下的吸收值为

$$A_1 = \varepsilon_{A_1} l c_A + \varepsilon_{B_1} l c_B \tag{3-8}$$

在波长 λ_2 下的吸收值为

$$A_2 = \varepsilon_{A_2} l c_A + \varepsilon_{B_2} l c_B \tag{3-9}$$

进而更多组分的测试计算为

$$A = \sum A_i = \varepsilon_1 l_1 c_1 + \varepsilon_2 l_2 c_2 + \cdots + \varepsilon_n l_n c_n \tag{3-10}$$

【例 3-2】 如表 3-19 所示，甲基红会随着溶液 pH 的变化而产生颜色的变化，因此在不同酸碱条件下，其摩尔吸光系数不同。将浓度为 5.00×10^{-5} mol · L^{-1} 的甲基红加入到待测样品中，进而采用 1.0 cm 的吸收池进行紫外吸收测试。在 515 nm 和 425 nm 波长下测得的吸光度分别为 0.379 和 0.419。假定在 515 nm 和 425 nm 波长下，待测样品中没有其他物质产生吸收，请计算在碱性和酸性条件下甲基红变色产物的浓度。

表 3-19　甲基红不同摩尔吸光系数

$\lambda_1 = 515$ nm	$\lambda_2 = 425$ nm
酸性条件下 $\varepsilon_{A_1} = 2.49\times10^4\ \text{L}\cdot\text{mol}^{-1}\cdot\text{cm}^{-1}$	酸性条件下 $\varepsilon_{A_2} = 2.04\times10^3\ \text{L}\cdot\text{mol}^{-1}\cdot\text{cm}^{-1}$
碱性条件下 $\varepsilon_{B_1} = 1.49\times10^3\ \text{L}\cdot\text{mol}^{-1}\cdot\text{cm}^{-1}$	碱性条件下 $\varepsilon_{B_2} = 1.06\times10^4\ \text{L}\cdot\text{mol}^{-1}\cdot\text{cm}^{-1}$

解　根据式(3-8)在波长 λ_1 下的吸收值为

$$A_1 = \varepsilon_{A_1} l c_A + \varepsilon_{B_1} l c_B$$

$$c_A = (A_1 - \varepsilon_{B_1} l c_B)/(\varepsilon_{A_1} l)$$

根据式(3-9)，在波长 λ_2 下的吸收值为

$$A_2 = \varepsilon_{A_2} l c_A + \varepsilon_{B_2} l c_B$$

$$A_2 = \varepsilon_{A_2} l \times (A_1 - \varepsilon_{B_1} l c_B)/(\varepsilon_{A_1} l) + \varepsilon_{B_2} l c_B$$

代入数值得

$$0.419 = \frac{2.04\times10^3\ \text{L}\cdot\text{mol}^{-1}\cdot\text{cm}^{-1}\times(0.379 - 1.49\times10^3\ \text{L}\cdot\text{mol}^{-1}\cdot\text{cm}^{-1}\times1.0\ \text{cm}\times c_B)}{2.49\times10^4\ \text{L}\cdot\text{mol}^{-1}\cdot\text{cm}^{-1}\times1.0\ \text{cm}}$$
$$+1.06\times10^4\ \text{L}\cdot\text{mol}^{-1}\cdot\text{cm}^{-1}\times1.0\ \text{cm}\times c_B$$

计算得

$$c_B = \frac{0.419 - 0.0325}{1.06\times10^4\ \text{L}\cdot\text{mol}^{-1} - 1.221\times10^2\ \text{L}\cdot\text{mol}^{-1}} = 3.69\times10^{-5}\ \text{mol}\cdot\text{L}^{-1}$$

3.5.3　有机化合物的结构推测

紫外-可见光谱在研究化合物的结构中的主要作用是推测官能团、结构中的共轭体系以及共轭体系中的取代基的位置、种类和数目等。有机化合物结构推测主要包括共轭体系的判断，构型、构象的测定和互变异构体的测定。对化合物结构的推测，可以根据经验规则计算出λ_{max}的数值，与实测值比较，即可证实化合物的结构组成。

【例 3-3】　已知紫罗兰酮两种异构体结构如下：

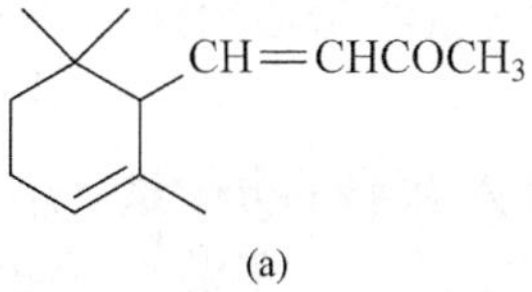

CH═CHCOCH$_3$　　　CH═CHCOCH$_3$

(a) 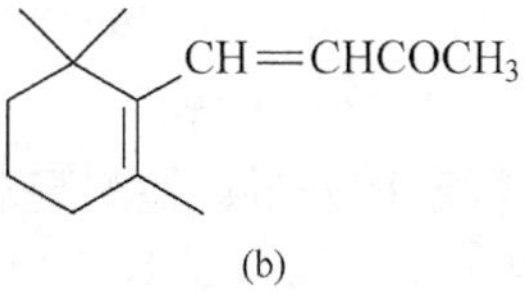　　　(b)

紫外-可见光谱测试结果显示α-紫罗兰酮的最大吸收波长$\lambda_{max} = 228$ nm，β-紫罗兰酮的最大吸收波长$\lambda_{max} =$ 296 nm，请确定上述两种结构对应的紫罗兰酮异构体。

解　根据表 3-13 中羰基化合物的数据分析计算(a)和(b)的最大吸收波长λ_{max}:

$$\lambda_{max}(a) = 215 + 12 = 227\ (\text{nm}),\quad \lambda_{max}(b) = 215 + 30 + 3\times18 = 299\ (\text{nm})$$

计算值与实测值比较分析，α-紫罗兰酮的结构为(a)，β-紫罗兰酮的结构为(b)。

3.5.4 氢键强度的测定

溶剂分子与溶质分子缔合生成氢键时，对溶质分子的 UV 光谱有较大的影响。例如，根据羰基化合物在极性溶剂和非极性溶剂中 R 带的差别，可以近似测定氢键的强度。

以丙酮为例，当丙酮在极性溶剂如水中，羰基的 n 电子可以与水分子形成氢键，λ_{max} = 264.5 nm，当分子受到辐射，n 电子实现 $n \rightarrow \pi^*$跃迁，一部分用于破坏氢键，而在非极性溶剂中，不形成氢键，吸收波长红移，λ_{max} = 279 nm，这一能量降低值与氢键的能量相等。λ_{max}= 264.5 nm，对应的能量为 452.53 $kJ \cdot mol^{-1}$，λ_{max}= 279 nm，对应的能量为 428.99 $kJ \cdot mol^{-1}$，因此氢键的强度或键能为 452.53 − 428.99 = 23.54($kJ \cdot mol^{-1}$)，这一数值与氢键键能基本吻合。

3.5.5 聚合物研究中的应用

1. 高分子定性分析

1) 结构分析

键接方式为头-尾、头-头。聚乙烯醇的紫外吸收光谱在 275 nm 有特征峰，ε= 9，这与 2,4-戊二醇的结构相似，确定主要为头-尾结构，不是头-头结构，因为头-头结构的五碳单元组类似于 2,3-戊二醇(头-尾结构为～CH_2—CHOH—CH_2—CHOH—CH_2～，头-头结构为～CH_2—CHOH—CHOH—CH_2—CH_2～)。

2) 立体异构和结晶

有规立构的芳香族高分子有时会产生减色效应。这种紫外光强度的降低是由于邻近发色团相互作用的屏蔽效应。紫外光照射发色团而诱导了偶极，这种偶极作为很弱的振动电磁场被邻近发色团感觉到，它们间的相互作用导致紫外吸收谱带交盖，减少发色团间距离或使发色团的偶极矩平行排列，紫外吸收减弱，常发生在有规立构等比较有序的结构中。嵌段共聚物与无规共聚物相比会因较为有序而减色。结晶可使紫外光谱发生谱带的位移和分裂。

3) 聚合反应机理的研究

用紫外光谱可以监测聚合反应前后的变化，研究聚合反应的机理。定量测定有特殊官能团(如有与生色团或助色团结合的基团)的聚合物的分子量与分子量分布，探讨聚合物链中共轭双键的序列分布。

2. 高分子定量分析

紫外光谱的吸收值最高可达 10^4～10^5，灵敏度高(10^{-4}～10^{-5} $mol \cdot L^{-1}$)，适用于研究共聚组成，微量物质如单质中的杂质、聚合物中的残留单体或少量添加剂等，聚合反应动力学。

1) 聚合物分子量与分子量分布的测定

利用紫外光谱可以进行定量分析，如测定双酚 A 聚砜的分子量。用已知分子量的不同浓度的双酚 A 聚砜的四氢呋喃溶液进行紫外光谱测定，在一定的波长下测定各浓度所对应的吸光度 A，绘制 A-c 图，得一过原点的直线。根据朗伯-比尔定律 $A = \varepsilon cl$，由直线的斜率即可求得ε。取一定质量未知样品配成溶液，使其浓度在标准曲线的范围内，在与标准溶液相同的测定条件下测出其吸光度，从而求得浓度。由于样品的质量是已知的，便可由浓度计算出未知样品的分子量。若将紫外吸收光谱仪作为凝胶色谱仪的检测器，可同时测定有紫外吸收的聚合物溶液中聚合物的分子量及其分布，还能测定聚合物体系中有紫外吸收的添加剂的含量。

2) 聚合物链中共轭双键序列分布的研究

紫外光谱法是用于测定共轭双键的有效方法，典型的实例是测定聚乙炔的分子链中共轭双键的序列分布。聚氯乙烯在碱水溶液中，用相转移催化剂脱除 HCl 可生成不同脱除率的聚乙炔，HCl 脱除率取决于反应时间、反应温度及催化剂用量等。将不同 HCl 脱除率的聚乙炔样品溶于四氢呋喃中，进行 UV 测定，UV 曲线呈现出不同波长的多个吸收峰，其中连续双键数 $n = 3, 4, 5, 6, 7, 8, 9, 10$，最大吸收强度所对应的波长分别为 286 nm、310 nm、323 nm、357 nm、384 nm、410 nm、436 nm、458 nm，这些不同序列长度的共轭双键的吸收峰的强度不同，也就是说不同序列长度的共轭双键的含量不同(序列浓度不同)。当 HCl 脱除率增高时，n 值大(序列长度大)的吸收峰的强度增大，同时 n 值小(序列长度小)的吸收峰的强度减小，即聚乙炔分子链中共轭双键的序列长度大的含量增加，而序列长度小的含量减少。

3.5.6　纯度检验

紫外吸收光谱能测定化合物中含有微量的具有紫外吸收的杂质。如果一个化合物在紫外-可见光区没有明显的吸收峰，而其杂质在紫外区有较强的吸收峰，就可检出化合物中所含有的杂质。如果一个化合物在紫外-可见光区有明显的吸收峰，可利用 ε 来检验其纯度。

3.6　紫外-可见光谱的新应用

3.6.1　无机材料的带隙测定

紫外-可见光谱通过测定无机样品漫反射谱图，进而可以计算无机化合物(半导体材料)的禁带宽度。下面具体介绍 Tauc-plot 法计算紫外-可见光谱中半导体的禁带宽度方法。

禁带宽度即指半导体一个带隙的宽度，通常意义上是价带到导带之间的能量差。Tauc-plot 法是通过得到的紫外-可见光谱的信息，根据 Tauc、Dacis 及 Mott 等提出的计算公式(3-11)计算出半导体的带隙值。

$$(\alpha h\nu)^{1/n} = A(h\nu - E_{\mathrm{g}}) \tag{3-11}$$

式中，α 为吸光系数；h 为普朗克常量；ν 为频率；A 为常数；E_{g} 为半导体的禁带宽度。n 的数值与半导体的类型有关，对于直接带隙的半导体，其 $n = 1/2$；而对于间接带隙的半导体，其 $n = 2$。

α 是吸光系数，与吸光度 A 成正比，因此通常可以用 A 代替 α。如图 3-16 所示为间接带隙半导体 $TiO_2(B)$ 的带隙图，计算得到其带隙为 3.14 eV。

3.6.2　薄膜材料的折射率及膜厚测量

薄膜材料的厚度可以通过包络法获得，首先计算空白基底的折射率，进而通过包络法计算薄膜的折射率，从而得到薄膜的厚度。

空白基片的折射率测量：光通过一个完全透明的基片，假设基片厚度为 d，折射率为 s，吸收系数 $\alpha_{\mathrm{s}} = 0$；介质空气的折射率 $n_0 = 1$。

如图 3-17 所示，基片透过率 T_{s} 的表达式推算如下：

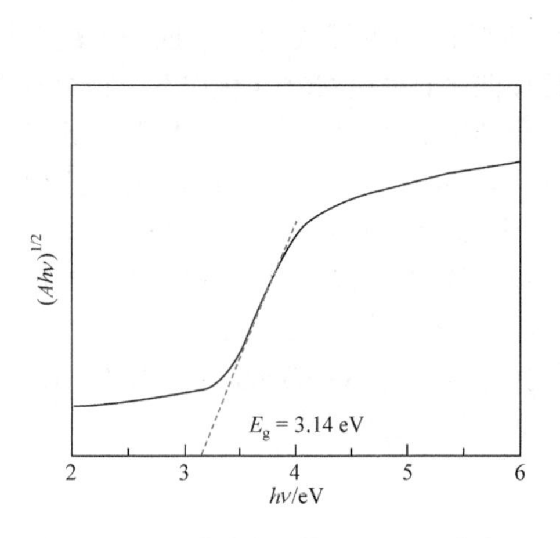

图 3-16　间接带隙半导体 TiO_2(B)的带隙图

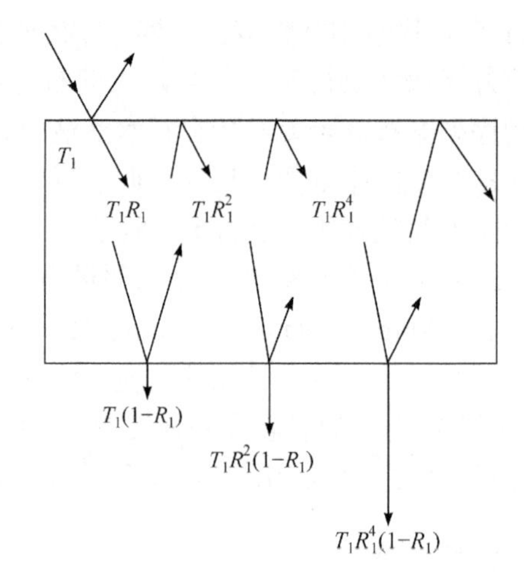

图 3-17　薄膜基片的透过率与反射率的关系图

$$T_1 + R_1 = 1 \tag{3-12}$$

$$T_s = T_1(1-R_1) + T_1R_1^2(1-R_1) + T_1R_1^4(1-R_1) + \cdots \tag{3-13}$$

$$T_s = T_1(1 - R_1 + R_1^2 - R_1^3 + R_1^4 - R_1^5 + \cdots) \tag{3-14}$$

$$T_s = \frac{T_1}{1+R_1} \tag{3-15}$$

$$T_s = \frac{1-R_1}{1+R_1} \tag{3-16}$$

式中，R_1 为基片单面的反射率；T_1 为基片上下表面对光的透过率。其中反射率的表达式为

$$R_1 = \frac{(s-n_0)^2}{(s+n_0)^2} \tag{3-17}$$

式中，s 为基片折射率；n_0 为空气折射率，为 1。

因此

$$R_1 = \frac{(s-1)^2}{(s+1)^2} \tag{3-18}$$

将 R_1 代入 T_s 表达式中，可得到式(3-19)、式(3-20)。

对于一个空白基片，其透过率 T_s 和折射率 s 满足方程：

$$T_s = \frac{2s}{s^2+1} \tag{3-19}$$

由此计算出基片的折射率为

$$s = \frac{1}{T_s} + \left(\frac{1}{T_s^2} - 1\right)^{1/2} \tag{3-20}$$

因此，对于折射率未知的基片，测得透过率 T_s 后，根据式(3-20)可以算出它的折射率 s。

如图 3-18 所示：①如果薄膜的厚度很均匀，由于光的相干效应，透射光谱上就会出现一系列的波峰和波谷；②如果薄膜的厚度不均匀，相干效应就会被破坏，透射光谱就会呈现出图 3-18 中虚线所示的形状。

这条光谱可以粗略地分成 4 段：第一段为完全透明区，吸收系数 $\alpha=0$，在这一段，透过率主要由 n 和 s 的多重反射决定。第二段为弱吸收段，吸收系数 α 很小，但对透过率也有一定的削减。第三段为中等吸收段，透过率主要由 α 决定。第四段为强吸收段，透过率完全由 α 决定。

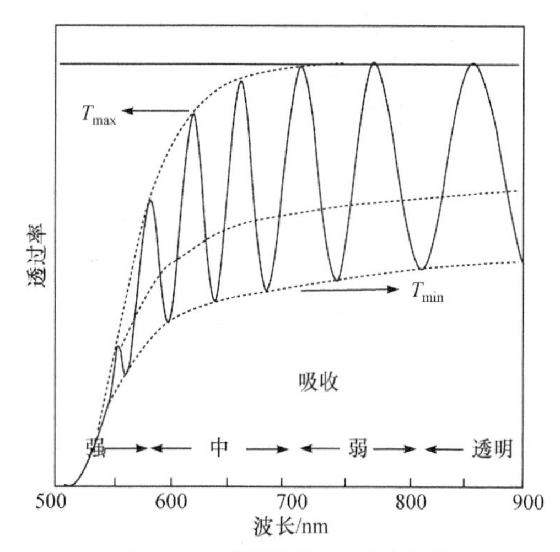

图 3-18　薄膜材料的透射光谱

图 3-17 的透过率是一个关于λ、s、n、d、α 的复杂函数：

$$T=\frac{Ax}{B-Cx\cos\varphi+Dx^2} \tag{3-21}$$

其中，

$$A=16n^2s \tag{3-22}$$

$$B=(n+2)^3(n+s)^2 \tag{3-23}$$

$$C=2(n^2-1)(n^2-s^2) \tag{3-24}$$

$$D=(n-1)^3(n-s)^2 \tag{3-25}$$

$$\varphi=4\pi nd/\lambda \tag{3-26}$$

$$x=\exp(-\alpha d) \tag{3-27}$$

方程中峰值和谷值可用式(3-28)和式(3-29)表示：

$$T_{max}=\frac{Ax}{B-Cx+Dx^2} \tag{3-28}$$

$$T_{min}=\frac{Ax}{B+Cx+Dx^2} \tag{3-29}$$

进一步分析，T_{max} 和 T_{min} 是关于λ、x、n 的连续函数

(1) 对于第一段，完全透明区域 $\alpha=0$，即 $x=1$。把式(3-22)～式(3-27)代入式(3-28)可以得到方程

$$T_{max}=\frac{2s}{s^2+1} \tag{3-30}$$

由方程式(3-30)可知，T_{max} 只是一个关于基片折射率 s 的函数，与式(3-19)完全一样。

把式(3-22)～式(3-27)代入式(3-29)可得

$$T_{min}=\frac{4n^2s}{n^4+n^2(s^2+1)+s^2} \tag{3-31}$$

(2) 对于第二段和第三段，弱吸收和中等吸收区域$\alpha\neq0$，即 $x<1$，大部分薄膜都满足

这种情况。这段范围内，薄膜的透射光谱在 $T_{\max}$ 和 $T_{\min}$ 之间起伏，这是光在空气-薄膜、薄膜-基片界面干涉的结果。干涉条纹清晰，说明薄膜样品厚度均匀。因为薄膜厚度的微小变化都会造成透射光谱变成一条没有明显起伏的平滑曲线。将式(3-28)和式(3-29)的倒数相减，可得

$$\frac{1}{T_{\min}}-\frac{1}{T_{\max}}=\frac{2C}{A} \tag{3-32}$$

将式(3-22)～式(3-27)代入式(3-32)，可得到折射率的计算方程：

$$n=[N+(N^2-s^2)^{1/2}]^{1/2} \tag{3-33}$$

其中，

$$N=2s\frac{T_{\max}-T_{\min}}{T_{\min}T_{\max}}+\frac{1+s^2}{2} \tag{3-34}$$

(3) 对于第四段强吸收区域，由于干涉波峰、波谷消失，没有办法计算折射率 n，x 也不能求出来。可以将前面三段得到的 n 的数据外推，近似地得到在强吸收区域 n 的数据。式(3-21)可近似写成

$$T_0=Ax/B \tag{3-35}$$

关于 s：如果基片对光有明显散射，可以用拟合的 $s(\lambda)$ 简单线性函数；如果无明显散射，折射率 s 可用常数。

综上所述，用包络法计算薄膜的折射率基于式(3-33)和式(3-34)。

下面继续介绍如何计算薄膜的厚度。

光谱中峰值和谷值满足方程：

$$2nd=m\lambda \tag{3-36}$$

其中对于峰值，m 为整数；对于谷值，m 为半整数。透射光谱中峰值和谷值的数据可以用来计算薄膜的光学常数。

相邻两波峰(谷)的表达式为

$$2n_1d=m\lambda_1 \tag{3-37}$$

$$2n_2d=(m+1)\lambda_2 \tag{3-38}$$

由式(3-37)得

$$m=2n_1d/\lambda_1 \tag{3-39}$$

将式(3-38)代入式(3-39)可求出薄膜的厚度：

$$d=\frac{\lambda_1\lambda_2}{2(\lambda_1n_2-\lambda_2n_1)} \tag{3-40}$$

由于式(3-40)对 n 的误差非常敏感，因此算出的 d 不够精确，可以通过选择不同的 λ 和 n 得到一系列 d 值，取平均值得到薄膜厚度 $\overline{d}$，再利用干涉公式 $2n\overline{d}=m'\lambda$ 得到一系列 m'。取 m' 为最近邻的整数或半整数，得到修正的 m'，从而计算得到相应的 d 值，取平均得到薄膜的厚度。

3.6.3　原位变温及光照测量

不同材料在外界刺激下，有可能显现出不同的物理化学属性，因此使用原位测试就变得非常重要。原位变温紫外-可见/近红外光谱是基于普通透射光谱模式下，通过改变样品温度，研究光透射系数/反射系数/吸收系数变化的分析手段。例如，原位变温紫外-可见/近红外透射光谱用于研究二氧化钒薄膜材料相变特性。原位光照同样是实现在线分析的优异方案，可以用于对光敏感材料的在线分析探测，用于表征在原位光照下，材料产生物理化学变化的机理。所有的原位测试都需配备原位测量附件，测试模式与普通模式相同。

目前，紫外-可见分光光度计最简单的温度控制系统适用于固定温度测量。通常是使用一个恒温水循环器，将加热的水通过保存样品的吸收池。为了更精确地控制温度，Peltier 加热器/冷却器被嵌入样品池中。Peltier 设备允许更大的温度控制，并允许进行温度升高测量。风冷 Peltier 系统比水冷 Peltier 系统或水循环系统维护使用更便捷。水循环系统需要定期维护，包括检查水管是否有泄漏，并补充冷却液。Peltier 系统的另一个优点是其运行安静，不需要使用泵输送冷却液。当使用任一温度控制选项时，系统将提供温度监测。作为最低限度，系统会反馈样品池的温度。这对于外部水加热系统尤为重要。在循环器和样品池之间可能发生设定的水浴温度造成的热损失。对于 Peltier 控制系统，样品池温度被监测，提供反馈以保持温度稳定。当温度控制很关键时，直接测量样品可以提供更准确的读数，直接测量可以通过使用小的温度探头，将探头插入盛放样品的比色皿中，探头被小心地放置在光路之外。当直接监测样品中的温度时，可以记录每个样品池及每次测量的温度。

3.6.4　参比法测试荧光物质的量子产率

荧光量子产率(quantum yield，QY)，又称荧光量子效率，是衡量待测物的荧光量的重要指标，其定义为

$$\varphi = \frac{N_{\mathrm{Em}}}{N_{\mathrm{Ab}}} \times 100\% \tag{3-41}$$

式中，N_{Em} 为发射的光量子数；N_{Ab} 为吸收的光量子数。

通常情况下，采用参比物来测量荧光物质的荧光量子产率。具体过程如下：首先对待测物以及参比物进行适当稀释，使两者的稀溶液在固定激发波长下的吸收值小于 0.02；然后测量两者的稀溶液在此激发波长下的荧光发射光谱，并对其进行积分，得到面积；接下来将得到的相应数值代入下面的公式中，最后计算得到待测物的荧光量子产率。

$$\varphi_{\mathrm{unk}} = \frac{A_{\mathrm{std}}}{A_{\mathrm{unk}}} \times \frac{F_{\mathrm{unk}}}{F_{\mathrm{std}}} \times \frac{n_{\mathrm{unk}}^2}{n_{\mathrm{std}}^2} \times \varphi_{\mathrm{std}} \tag{3-42}$$

式中，φ 为荧光量子产率；下标 unk 为未知荧光量子产率的待测样；下标 std 为已知荧光量子产率的标准样；n 为溶剂的折射率；A 为稀溶液的紫外吸收值；F 为物质荧光发射光谱的积分面积。另外，荧光参比物质要根据实际情况进行选择，一般遵循以下原则：参比物具有良好的光稳定性，其激发与发射波长不重叠且与待测样品相似或相近，最好与被测物质一样溶于相同溶剂中。

参 考 文 献

邓芹英, 刘岚, 邓慧敏. 2007. 波谱分析教程[M]. 2 版. 北京: 科学出版社.

孟令芝, 龚淑玲, 何永炳, 等. 2016. 有机波谱分析[M]. 4 版. 武汉: 武汉大学出版社.

宁永成. 2000. 有机化合物结构鉴定与有机波谱学[M]. 2 版. 北京: 科学出版社.

Ewing G W. 1997. Analytical Instrumentation Handbook[M]. 2nd ed. New York: Marcel Dekker.

Hage D S, Carr J R. 2011. Analytical Chemistry and Quantitative Analysis[M]. Boston: Prentice Hall.

Hanns M, Stana S, Daniela H. 2016. UV "Indices"——What do they indicate?[J]. International Journal of Environmental Research and Public Health, 13(10): 1041.

Harvey D. 2000. Modern Analytical Chemistry[M]. New York: McGraw-Hill.

Swanepoel R. 1983. Determination of the thickness and opticalconstants of amorphous silicon[J]. Journal of Physics E: Scientific Instruments, 16(12): 1214.

Williams D H, Fleming I. 1966. Spectroscopic Methods in Organic Chemistry[M]. 5th ed. Berkshire: McGraw-Hill Book Co.

Xiao L, Rong L, Kph A, et al. 2020. Hybrid 0D/2D Ni_2P quantum dot loaded TiO_2(B) nanosheet photothermal catalysts for enhanced hydrogen evolution[J]. Applied Surface Science, 505: 144099.

Xing X S, Sa R, Li P X, et al. 2017. Second-order nonlinear optical switching with a record-high contrast for a photochromic and thermochromic bistable crystal[J]. Chemical Science, 8(11): 7751-7757.

习　　题

1. 阐述紫外-可见吸收光谱的原理。解释紫外或可见光在测量大多数类型的有机分子的吸光度时非常有用。

2. 下列哪个化合物在紫外-可见吸收光谱中最容易被检测到？将难易顺序进行排序，并解释排序的依据。

(a) $CH_3—CH_2—CH_2—CH_2—CH_2—CH_3$　　(b) $CH_2═CH—CH_2—CH_2—CH_2—CH_3$

(c) $CH_3—CH═CH—CH_2—CH═CH_2$　　(d) $CH_3—CH═CH—CH═CH—CH_3$

3. 分析下列化合物在紫外光区的电子跃迁方式及产生的吸收带类型。

(a) $CH_3CHCH_2CH_2Br$（CH 上连 OH）　　(b) $CH_3CCH_2CH_2Br$（C 上连 =O）　　(c) 苯环上连 $CH_3CHCH_2CH_3$

4. 根据相关经验公式计算下列化合物的最大吸收波长。

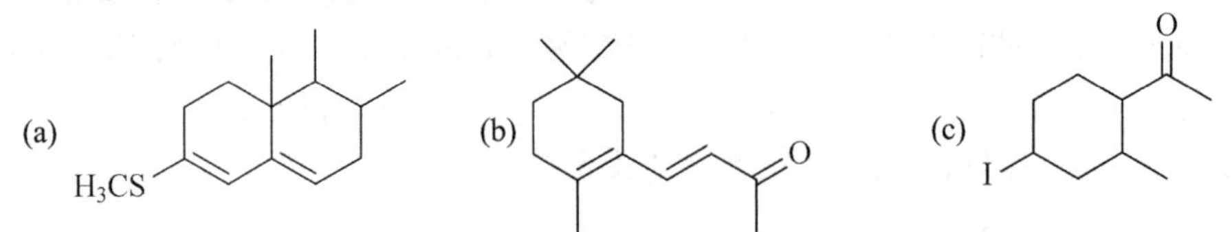

5. 某化合物的分子式为 $C_7H_{10}O$，紫外吸收光谱测得最大吸收波长 $\lambda_{max}^{乙醇} = 257$ nm，推断其可能的结构。

6. α-莎草酮(α-cyperone)的结构可能为　　或　　，紫外吸收光谱测得其最大吸收波长为$\lambda_{max} = 252$ nm(lgε = 4.3)，试确定其结构。

7. 含有 1,10-邻菲咯啉的 Fe^{2+}的混合物(水为溶剂)，在 510 nm 的波长下，ε 为 11000 L · mol^{-1} · cm^{-1}。将此混合物 20.0 mL 定容到 50 mL 后使用紫外-可见光谱测试其吸光度，使用 510 nm 波长、1 cm 的吸收池，测定其吸光度为 0.762。计算：

(1) 如果此混合物中没有其他物质在 510 nm 处有吸收，计算该溶液中 Fe^{2+}的初始浓度；

(2) 如果此混合物中还有其他物质会对 510 nm 波长的光产生吸收，计算得到的 Fe^{2+}浓度是偏高还是偏低？

8. 一未知溶液中含有两种可以产生吸收的化合物 P 和 Q，采用紫外-可见光谱仪对其进行测定。化合物 P 在 400 nm 时的 ε 为 570，在 600 nm 处为 35，化合物 Q 在 400 nm 时的 ε 为 220，在 600 nm 处为 820。将未知浓度的 P 和 Q 进行混合，400 nm 处测得吸光度为 0.436，600 nm 处测得吸光度为 0.644，假定没有其他可产生吸收的物质在混合物中，计算混合物中 P 和 Q 的浓度。

9. 某未知溶液的浓度为 5.7×10^{-3} mol · L^{-1}，将样品放入 5.00 cm 的吸收池中，在 480 nm 波长下测试其紫外透过率为 43.6%。计算该待测物质的摩尔吸光系数。假定检测设备的最低吸光度为 0.001，计算该待测物质的最低检测限。

10. 在题 9.中，待测物质的吸光度为 1.0，且满足朗伯-比尔定律，计算该待测物的检测上限。

第 4 章　质　　谱

质谱分析方法是一种在高真空系统中测定样品的分子离子及碎片离子质量，从而分析样品分子量和分子结构的方法。目前，质谱分析方法已广泛应用于化学、生物学、医学、材料等多个研究领域，将质谱与色谱联用，为有机混合物的分离、鉴定提供了快速、有效的分析手段。

4.1　质谱基础知识

4.1.1　质谱简介及特点

质谱法(mass spectrometry，MS)是化合物分子在离子源中电离成离子，同时分子中的某些化学键发生有规律的断裂，形成不同质量的带正电荷的离子，这些离子按照其质量 m 和电荷 z 的比值 m/z(质荷比)大小被记录下来。该方法称为质谱法，得到的谱图称为质谱图。

红外光谱或拉曼光谱用于检测原子(基团)，紫外-可见光谱用于检测外层电子(共轭结构)，核磁共振波谱用于检测原子核(分子骨架)，而质谱用于检测离子(碎片信息)。相比其他检测手段，质谱仪灵敏度高，有机质谱绝对灵敏度为 10^{-12} g，无机质谱的绝对灵敏度为 10^{-14} g；分析速度快，可多组分同时检测；应用领域广，可以检测同位素、无机化合物、有机化合物、高分子材料的裂解反应等，对材料的种类没有要求，气体、液体或固体都适用。因此，质谱可以应用于化合物结构分析、测定原子量与分子量、同位素分析、定性和定量化学分析、生产过程监测、环境监测、生理监测与临床研究、原子与分子过程研究、表面与固体研究、热力学与反应动力学研究、空间探测与研究等。

4.1.2　质谱仪基本构造及工作原理

质谱仪基本构造包括真空系统、分析器和电子设备，具体介绍如下。

1. 真空系统

真空系统可以维持质谱仪运行所需要的高真空。如果没有高真空环境，分子平均自由程会非常短，且离子在到达检测器之前会与空气分子发生碰撞，导致发生裂解，此外在高温条件下进行操作会损坏分析器组件。

2. 分析器

分析器是质谱仪的关键组件，分析器主要组件包括：离子源、质量分析器、检测器、加热器和散热器，如图 4-1 所示。

1) 离子源

常见的离子源种类包括电子轰击(electron impact，EI)源、快速原子轰击(fast atom bombardment，FAB)源、化学电离(chemical ionization，CI)源、电喷雾电离(electro spray ionization，

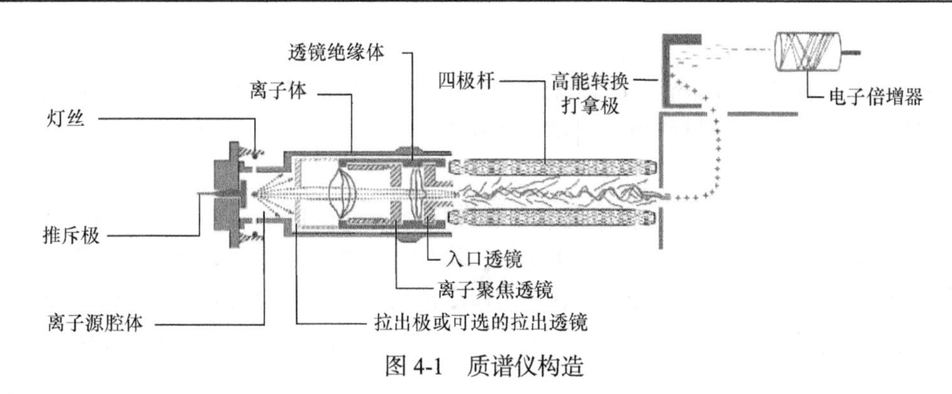

图 4-1 质谱仪构造

ESI)源、基质辅助激光解吸电离(matrix-assisted laser desorption ionization，MALDI)源等。不同的离子源使样品分子电离的方式不同，最常用的为 EI 源和 CI 源。EI 源采用具有一定能量的电子直接轰击样品而使样品分子电离。样品进入离子源后，在磁场的作用下，灯丝发射的电子进入电离腔，这些高能电子与样品分子相互作用，从而电离和碎裂分子，然后推斥极上的正电压将正离子推入透镜堆，使其通过一些透镜，这些透镜将离子集中成密集的离子束，然后引入质量分析器。

EI 源有两种类型的透镜：一种是不可调整的静态拉出透镜(图 4-2)以及可调整的离子聚焦和入口透镜，另一种是用可调整电压的拉出透镜代替静态拉出透镜，以改善灵敏度。CI 源与 EI 源相似，CI 源只有一个灯丝，CI 源是通过试剂气体分子所产生的活性反应离子与样品分子发生离子-分子反应而使样品分子电离，其优点是能够得到强的准分子离子峰，碎片离子较少。

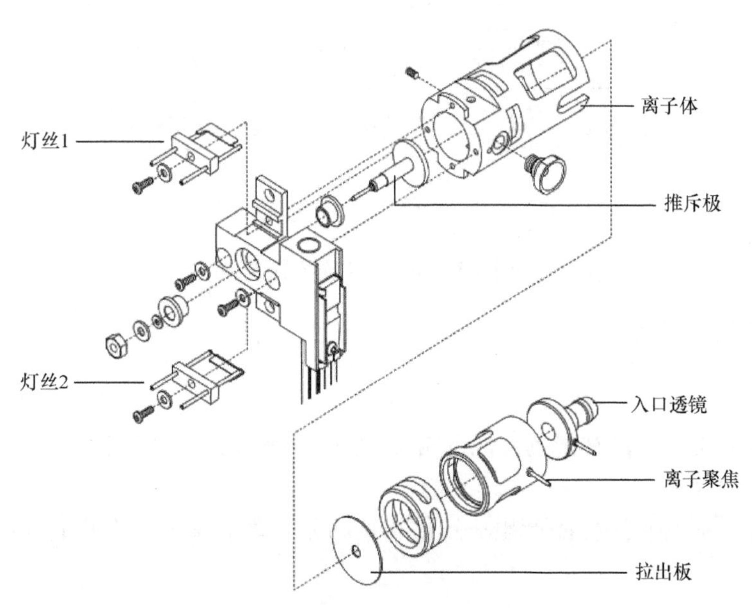

图 4-2 带静态拉出透镜的 EI 源

灯丝是离子源的关键组件。EI 源的两个灯丝分别位于离子源的两侧，一次只能激活一个灯丝，活动灯丝携带可调整的 AC 发射电流，进而对灯丝进行加热，使其发射电子，以对样品分子离子化。此外，这两个灯丝还具有可调整的直流偏置电压，它决定电子的能量，通常为 −70 eV。

2) 质量分析器

质量分析器又称四极杆，允许具有特定 m/z 的离子稳定地通过四极杆质量分析器。这些值将进行理论上的调整，以获得单位质量调谐离子。

3) 检测器

质谱仪分析器中的检测器是结合电子倍增器(electron multiplier，EM)的高能转换打拿极(HED)。该检测器位于四极杆质量过滤器的出口端，它接收已通过质量分析器的离子，检测器生成的电子信号与撞击它的离子数成正比。该检测器有三个主要组件：检测器离子聚焦、HED 和 EM 电极臂。检测器离子聚焦主要是引导离子束进入离轴的 HED，检测器聚焦透镜上电压固定在−600 V。

4) 加热器和散热器

离子源和质量过滤器安装在称为散热器的圆柱状铝管中。散热器可控制分析器中的热量分布，同时还为分析器组件提供电子屏蔽。离子源加热器和温度传感器安装在质量过滤器的散热器上。可以通过数据采集软件设置和监测分析器温度。选择使用温度时要考虑以下因素：①较高的温度有利于在较长的分析时间内保持离子源的清洁；②较高的离子源温度会引发较多的分裂反应，因而导致高质量灵敏度降低。

图 4-3 为质谱仪工作流程图，其工作原理为：样品分子经过外部电离源，在高真空条件下进行离子化，离子化后的分子因接受了过多的能量会进一步碎裂成较小质量的多种碎片离子和中性粒子，它们在加速电场作用下获取具有相同能量的平均动能，从而进入质量分析器，质量分析器将进入的离子按质荷比(m/z)大小进行分离，然后依次进入离子检测器，采集放大离子信号，经计算机处理，绘制成质谱图。

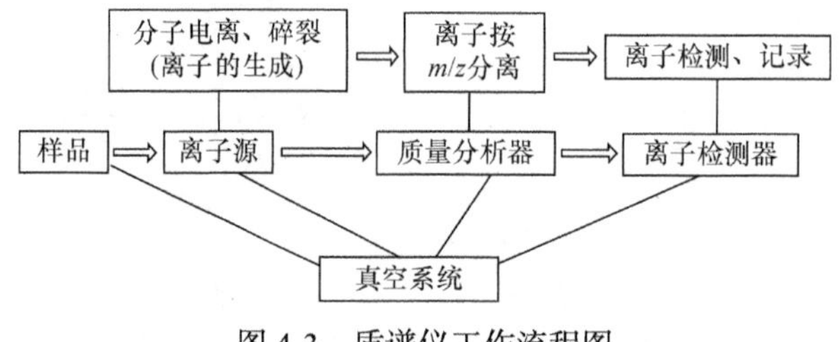

图 4-3　质谱仪工作流程图

4.1.3　质谱仪主要性能指标

1. 灵敏度

灵敏度表示仪器对样品在量的方面的检测能力。它是仪器电离效率、离子传输效率及检测器检测效率的综合反映。

有机质谱常用某种标准样品产生一定信噪比的分子离子峰所需的最小检测量作为仪器的灵敏度指标。

2. 分辨率

质谱仪的分辨率是一项重要的技术指标，是指仪器对质量非常接近的两种离子的分离能力，高分辨质谱仪可以提供化合物组成式，这对于结构测定是非常重要的。

如果两个质量非常接近的离子(m_1 和 m_2)峰能被仪器分开，则仪器的分辨率 R 定义为

$$R = \frac{m_1}{\Delta m} \tag{4-1}$$

式中，$\Delta m = m_2 - m_1$。例如，假设能被仪器分开的两个最接近的峰质量数分别为1000和1001，则此时仪器的分辨率 $R = 1000/(1001 - 1000) = 1000$。分辨率1000还表示在质量数100附近，仪器能分开质量数分别为100.1和100.0的两个离子峰。因此，分辨率又可理解为仪器在质量数为 m 附近能分辨的最小相对质量差。

在一定的质量数附近，分辨率越高，能分辨的质量差越小，测定的质量精度越高。

3. 质量范围

质量范围指质谱仪所能测量的最大 m/z 值，它决定仪器所能测量的最大分子量。不同类型的质谱仪具有不同的质量范围，目前质量范围最大的质谱仪是基质辅助激光解吸电离飞行时间质谱仪(MALDI-TOF-MS)，该仪器测定的分子质量高达1000000 u以上($1\ u = 1.66054 \times 10^{-27}\ kg$)。

4.1.4 样品制备技术

样品的制备技术主要包括样品收集、分离和浓缩三个过程。在进行样品制备时，应当考虑多个因素，包括样品类型、性质及检测设备对待测样品的要求，针对这些因素进行优化，才能产生灵敏而可靠的结果。

1. 对待测样品的要求

(1) 要求待测样品纯净，不含显著量的杂质，避免对测试结果造成干扰和提高分析难度；
(2) 不含高浓度难挥发酸(硫酸、磷酸等)及其盐，对于溶解后的液体样品进行滤膜过滤；
(3) 样品黏度不应过大，避免堵塞柱子、喷口及毛细管入口。

2. 应避免使用的溶剂添加剂

(1) 碱金属氯化物及其酸溶液，如LiI、KCl、NaCl、HCl、$CHCl_3$等；
(2) 有机胺，尤其是三乙胺会影响正离子模式离子化；
(3) 三氟乙酸，会影响负离子模式离子化；
(4) 含过氧化物或过氧化物的色谱纯醚，如二氧六环、二丙基乙醚；
(5) 强酸、强碱、不挥发性酸及相应的盐(如磷酸盐、硼酸盐、柠檬酸盐等)、表面活性剂、强配位剂等。

3. 检测设备对待测样品的要求

质谱分析法往往采用联用技术，不同的联用技术对待测样品有一定的要求，应用范围最广的为气相色谱-质谱仪(GC-MS)和液相色谱-质谱仪(LC-MS)分析。进行GC-MS分析的样品应是有机溶液，水溶液中的有机物一般不能测定，需进行萃取分离成为有机溶液，或采用顶空进样技术；有些化合物极性太强，在加热过程中易分解，如有机酸类化合物，此时可以进行酯化处理，将酸变为酯，再进行GC-MS分析，由分析结果可以推测酸的结构；如果样品不能气化也不能酯化，那就只能进行LC-MS分析；进行LC-MS分析的样品最好是水溶液或甲醇溶液，LC流动相中不应含有不挥发盐；对于极性样品，一般采用电喷雾电离源(ESI源)，对于非极性样品，采用大气压化学电离源(APCI 源)；对于生物大分子样品需使用 LC-MS 分析，还需进行除蛋白、脱盐处理。

4.1.5　样品测试方法

质谱仪种类繁多，不同仪器应用特点也不同，一般来说，在 300℃及以下能气化的样品，可以优先考虑用 GC-MS 进行分析，因为 GC-MS 使用 EI 源，得到的质谱信息多，可以采用数据库检索；毛细管柱的分离效果也好；对于 300℃以上才能气化的样品，则需要采用 LC-MS 分析，此时主要是得到分子量信息，如果是串联质谱，还可以得到一些结构信息；如果是生物大分子，主要利用 LC-MS 和基质辅助激光解吸电离飞行时间质谱分析，主要获取分子量信息；对于蛋白质样品，还可以测定氨基酸序列。

在样品的质谱分析过程中，分子离子峰的获取起重要作用，除得到分子量外，对于分子结构或化学分子式的判断也至关重要。为获得分子离子峰，可以采用以下测试方法：

(1) 降低冲击电子流的电压，使其能量低到化合物的解离能附近，以避免由于多余的能量使分子离子进一步裂解；

(2) 制备容易挥发的衍生物；

(3) 降低加热温度，防止化合物高温分解；

(4) 对于一些分子量较大难以挥发的有机化合物，若改用直接进样法而不是加热进样法，往往可以使分子离子峰强度增大；

(5) 改变电离源。

4.1.6　质谱图及常用名词术语

质谱图是指以质荷比(m/z)为横坐标，以离子峰的相对丰度为纵坐标。图 4-4 为乙酸丁酯的质谱图，竖线称为质谱峰，不同的质谱峰代表不同质荷比的离子，峰的高低表示该离子数量的多少。

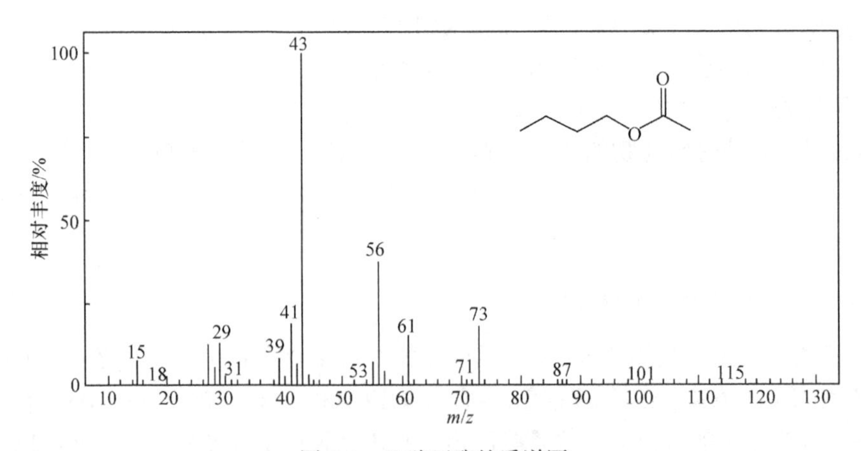

图 4-4　乙酸丁酯的质谱图

1. 基峰

基峰为质谱图中丰度最大的峰，规定基峰的相对丰度为 100%，其他离子峰的强度按基峰的百分数表示。

2. 质荷比

质荷比为离子的质量与所带电荷数之比，用 m/z 或 m/e 表示。单位分辨质谱中，m 为组成离子的各元素同位素的原子核的质子数目和中子数目之和，如 H 1；C 12, 13；N 14, 15；O 16, 17, 18 等。z 或 e 为离子所带正电荷或所丢失的电子数目，通常 z 或 e 为 1。

3. 精确质量

单位分辨质谱中离子的质量为整数，高分辨质谱给出分子离子或碎片离子的精确质量，其有效数字根据质谱检测器的分辨率而定，分子离子或碎片离子的精确质量的计算基于精确的原子量。

4.1.7 质谱中的离子类型

质谱中的离子包括分子离子、碎片离子、同位素离子、亚稳离子、重排离子或多电荷离子等，对这些离子有清晰的认识，对于解析质谱图有非常大的帮助。

1. 分子离子

样品中的分子在受到一定能量的电子轰击下，失去一个电子而形成的离子称为分子离子，常用符号 M^+表示。分子离子是质谱中其他离子的起源，可以根据 $z=1$ 的分子离子的 m/z 来确定分子的分子量。在质谱裂解反应中，分子离子中自由基或电荷中心的形成与分子中化学键电子的电离能有关。电离能越低的键电子越容易被电子轰击而被电离，电离顺序为：n 电子＞π 电子＞σ 电子。

$$M + e^- \longrightarrow M^{\cdot+} + 2e^-$$

在质谱图中，相对强度最大的离子峰不一定是分子离子峰，因为多数分子离子在电子束的轰击下会裂解成碎片，从而使一些碎片离子的数量超过分子离子。不过分子离子一定是质谱图中质量最高的奇电子离子，能够通过丢失合理的中性碎片产生谱图中高质量区的重要离子。

计算分子离子的质荷比遵循氮规则，是指若在分子中只含 C、H、O、S、X 元素时，分子量 M_r 为偶数；若分子中除上述元素外还含有 N，若含奇数个 N 时，分子量 M_r 为奇数，含偶数个 N 时分子量 M_r 为偶数。例如，$CH_3CH_2CH_2COOH$，m/e 为 88($M^{\cdot+}$)；$CH_3C(CH)_4CNO_2$，m/e 为 137($M^{\cdot+}$)。

2. 碎片离子

广义的碎片离子是指由分子离子裂解产生的所有离子。一个特定的碎片离子相对于分子离子和其他碎片离子的丰度能够提供该碎片离子在分子中所处的化学环境等重要信息(如结构位置等)。碎片离子既可以以奇电子离子存在，以 $OE^{\cdot+}$ 表示，也可以以偶电子离子存在，以 EE^+ 表示，带有未配对电子的离子为奇电子离子，如 $M^{\cdot+}$、$A^{\cdot+}$，配对电子的离子为偶电子离子，如 C^+、D^+；在质谱图中，奇电子离子更重要，分子离子常以奇电子离子形式存在。

3. 同位素离子

同位素离子是由存在天然同位素元素所引起，表 4-1 列出了有机化合物中常见元素的同位素及其天然丰度。由质谱图中的同位素离子峰可以了解被测物的元素组成及有关结构信息。

表 4-1　有机化合物常见元素同位素丰度表

元素	同位素	天然丰度/%	同位素	天然丰度/%	同位素	天然丰度/%
H	^{1}H	100	^{2}H	0.015	—	—
C	^{12}C	100	^{13}C	1.11	—	—
N	^{14}N	100	^{15}N	0.37	—	—
O	^{16}O	100	^{17}O	0.04	^{18}O	0.20
F	^{19}F	100	—	—	—	—
Si	^{28}Si	100	^{29}Si	5.06	^{30}Si	3.36
P	^{31}P	100	—	—	—	—
S	^{32}S	100	^{33}S	0.79	^{34}S	4.43
Cl	^{35}Cl	100	—	—	^{37}Cl	31.99
Br	^{79}Br	100	—	—	^{81}Br	97.28
I	^{127}I	100	—	—	—	—

在质谱图中，当分子离子峰(M)的相对丰度(RI)较大时，可以观察到分子离子峰的同位素峰簇，相对较强的碎片离子峰的同位素峰簇也可以存在，需要注意某些离子峰对同位素峰 RI 的干扰。

(1) 若化合物中含有 C、H、N、O 元素，分子满足以下通式：$C_xH_yN_zO_w$(x、y、z、w 分别为 C、H、N、O 的原子数目)，同位素的峰簇相对强度计算公式如下：

$$\mathrm{RI(M+1)/RI(M)}\times 100 = 1.1x + 0.37z,\quad \mathrm{RI(M+2)/RI(M)}\times 100 = (1.1x)^2/200 + 0.2w$$

(2) 若化合物中含有 S 元素，以上公式进行修正如下：

$$\mathrm{RI(M+1)/RI(M)}\times 100 = 1.1x + 0.37z + 0.8s,\quad \mathrm{RI(M+2)/RI(M)}\times 100 = (1.1x)^2/200 + 0.2w + 4.4s$$

式中，s 为化合物中 S 的原子个数。

(3) 若化合物中含有 Cl、Br 元素，同位素离子峰的强度可按$(a+b)^n$进行计算，其中：a 为轻同位素的相对丰度，b 为重同位素的相对丰度，n 为分子中含同位素原子的个数。

例如，某分子中有 3 个 Br，$n = 3$，a 为 ^{79}Br 的相对丰度(50.52%)，b 为 ^{81}Br 的相对丰度(49.48%)。进而将 $n = 3$ 代入：

$$(a+b)^n = a^3 + 3a^2b + 3ab^2 + b^3$$

由于 $a \approx b$，因此该分子有 4 个质量分别为 M、M+2、M+4、M+6 的同位素离子峰，强度比 M：(M + 2)：(M + 4)：(M + 6)约为 1：3：3：1，M：(M + 2)：(M + 4)：(M + 6)分别为含有 3 个 ^{79}Br、含有 2 个 ^{79}Br 和 1 个 ^{81}Br、含有 1 个 ^{79}Br 和 2 个 ^{81}Br、含有 3 个 ^{81}Br 的离子质量。

4. 亚稳离子

在离子源中产生的离子绝大部分能稳定地到达检测器。亚稳离子是指不稳定、在从离子源抵达检测器途中会发生裂解的离子。由于质谱仪无法检测到这种中途裂解的离子，而只能检测到由这种离子中途产生的离子，所以常将这种离子称为亚稳离子。亚稳离子峰的峰形弱且宽，呈小包状，可跨越 2～5 个质量单位。虽然亚稳离子与其离子在正常电子轰击下裂解产生的子离子结构相同，但其被记录在质谱图上的质荷比却比后者小，大多数不是整数。亚稳离子峰的质荷比称为亚稳离子的表观质量，用 m^*表示。

某种母离子 m_1 与其离子源内裂解产生的子离子 m_2 及其按亚稳裂解方式产生的亚稳离子 m^*之间有如下关系：

$$m^* = \frac{m_2^2}{m_1} \tag{4-2}$$

利用上述关系式，可以确定质谱图中哪两个离子呈母子关系。例如，若某化合物的质谱图中存在 m/z 为 136、121、93 质谱峰及 m/z 为 63.6 亚稳离子峰，根据式(4-2)计算，可以确定 m/z 为 93 离子由 m/z 为 136 离子裂解而产生。

亚稳离子对研究有机质谱的反应机理很有帮助，但一般化合物的质谱图中很少显示亚稳离子峰。在有些情况下，可专门采用亚稳扫描技术取得亚稳离子质谱峰来确定主要碎片离子之间的母子关系，从而进一步分析离子和分子的结构。

5. 重排离子

重排离子是由原子迁移重排反应而形成的离子。重排反应中，发生变化的化学键至少有两个或更多，重排反应可导致原化合物碳架的改变，并产生原化合物中并不存在的结构单元离子。

6. 多电荷离子

多电荷离子指带两个或两个以上电荷的离子。多电荷离子质谱峰的 m/z 值是相同结构单电荷离子 m/z 值的 $1/n$，n 为失电子的数目。在质谱图中，双电荷离子出现在单电荷离子的 1/2 质量处。双电荷离子仅存在稳定的结构中，如蒽醌，m/z 为 180 是由 $M^{\cdot+}$ 丢失 CO 的离子峰，m/z 为 90 是该离子的双电荷离子峰。

7. 准分子离子

采用 CI 电离法，常得到比分子量多(或少)1 质量单位的离子，称为准分子离子，如$(MH)^+$、$(M-H)^+$。在醚类化合物的质谱图中出现$(M+1)$峰为$(MH)^+$。

4.2　离子裂解机理

4.2.1　离子的单分子裂解

EI 源中样品的蒸气压相当低，离子与分子间的碰撞或其他双分子反应几乎可以完全被忽略，因此质谱的裂解反应属于单分子反应。

具有较高内能的分子离子 $M^{\cdot+}$ 将裂解产生一个较小的离子和一个中性碎片，这个较小的离子若具备足够的能量会进一步裂解。

$$ABCD + e^- \longrightarrow ABCD^{\bullet +}$$

$$ABCD^{\bullet +} \longrightarrow A^{\bullet +} + BCD\cdot$$

$$\longrightarrow A\cdot + BCD^{\bullet +} \quad (\longrightarrow BC^{\bullet +} + D)$$

$$\longrightarrow D^{\bullet} + ABC^{+} \quad (\longrightarrow A + BC^{\bullet +})$$

$$\xrightarrow{\text{重排}} AD^{\bullet +} + BC$$

以“ABCD”代表一个有机分子，在它的单分子裂解反应中，ABC^+和BCD^+的丰度取决于它们的形成和分解的平均速率，而BC^+的丰度则同时受ABC^+和BCD^+以及其本身稳定性及分解速率的影响。

4.2.2 离子丰度的影响因素

一般来说，质谱图中较强的碎片离子峰由较稳定的离子所产生或与形成较稳定产物(离子和中性碎片)的反应相对应。影响离子丰度的因素主要包括以下几个方面。

1. 产物离子的稳定性

通常，质谱反应产生的离子稳定性越高，其丰度越大。例如，由于电荷能够分散于共轭体系，在相关化合物的质谱反应中，形成酰鎓离子 $CH_3—C^+{=}O(\longleftrightarrow CH_3—C{\equiv}O^+)$和丙烯基正离子 $CH_2{=}CH—{}^+CH_2({}^+CH—CH{=}CH_2)$是一个主要倾向。例如：

$$C_3H_7—\underset{\overset{\|}{\underset{+\bullet}{O}}}{C}—C_2H_5 \longrightarrow H_3C—C{\equiv}O^+ \longleftrightarrow H_3C—C^+{=}O$$

m/z 43 (100%)

2. 史蒂文森规则

奇电子离子($OE^{\bullet +}$)的单键断裂能产生两组离子和自由基产物：

$$ABCD^{\bullet +} \begin{cases} \nearrow A\cdot + BCD^+ \\ \searrow A^+ + BCD\cdot \end{cases}$$

形成BCD^+和A^+的概率与这两种离子对应的自由基 BCD· 或 A· 的电离能(I)有关。当电离能 $I_{(BCD)} > I_{(A)}$时，形成A^+的概率较高；反之，形成BCD^+的概率较高。即容易保留不成对电子而以自由基形式存在的碎片具有较高的电离能，I值较低的自由基容易形成碎片离子，以上规则称为史蒂文森(Stevenson)规则。例如：

$$C_3H_7CH_2OHCH_2^{\bullet +} \begin{cases} \nearrow C_3H_7CH_2\overset{\bullet +}{O}CH_3 \longrightarrow C_4H_9^+ \text{或} OCH_3^+ \\ \searrow C_3H_7\overset{\bullet +}{C}H_2OCH_3 \longrightarrow C_3H_7^+ \text{或} CH_2OCH_3^+ \end{cases}$$

3. 质子亲和能

偶电子离子(EE^+)在裂解反应中，能量上有利于形成质子亲和能(PA)较低的中性产物。例如：

$$C_2H_5\overset{+}{O}{=}\longrightarrow C_2H_5^+ + O{=}CH_2$$

$$PA = 7.9\ eV$$

$$C_2H_5\overset{+}{O}{=}CHCH_3 \longrightarrow C_2H_5^+ + O{=}CHCH_3$$

$$PA = 8.3\ eV$$

因为PA值$O{=}CH_2 < O{=}CHCH_3$，所以裂解失去甲醛的倾向一定比失去乙醛的倾向大，即反应中$C_2H_5O^+{=}CH_2$的质谱图上$C_2H_5^+$的离子丰度更大。

4. 最大烷基丢失

在反应中心首先失去最大的烷基自由基是一个普遍倾向。例如：

$$C_2H_5{-}\underset{}{\overset{CH_3}{\overset{|}{C}H}}{-}\overset{+\bullet}{C_4H_9} \longrightarrow \underset{A}{C_2H_5{-}\overset{CH_3}{\overset{|}{\underset{+}{C}H}}} + \underset{B}{C_4H_9{-}\overset{CH_3}{\overset{|}{C}H^+}} + \underset{C}{C_4H_9{-}\overset{C_2H_5}{\overset{|}{\underset{+}{C}H}}} + \underset{D}{C_4H_9{-}\overset{C_2H_5}{\overset{|}{\underset{CH_3}{\underset{|}{C^+}}}}}$$

离子丰度：A>B>C>D。这种低稳定度离子反而比更稳定离子丰度大的情况表明，超共轭效应使较大烷基自由基更稳定的因素可能在上述裂解反应中起主导作用。

5. 中性产物的稳定性

若裂解反应产物包括较稳定的中性自由基，如丙烯基自由基或叔丁基自由基或稳定的小分子，如H_2、CH_4、H_2O、C_2H_4、CO、NO、CH_3OH、H_2S、HCl、$H_2C{=}C{=}O$和CO_2等，该反应产生的离子丰度随之增大。

4.3 有机质谱中的裂解反应

分子失去一个电子生成带正电荷的分子离子，正电荷标记位置、分子离子继续裂解生成碎片离子、碎片离子进一步裂解等都与有机质谱裂解反应机理有关。裂解反应与有机反应有相似之处，但两者还是有很大的差别。

由麦氏(McLafferty)提出的“电荷-自由基定位理论”常被广泛地用于裂解反应机理的探讨。该理论认为分子离子中电荷或自由基定位在分子的某个特定位置上(应首先确定这个特定位置)，进而用一个电子(常用鱼钩 ⌒ 表示)或电子对(用箭头 ⌒ 表示)说明电子的转移方式。

简单断裂分为以下三种：

1. 均裂

$$X—Y \longrightarrow X\cdot + Y\cdot$$

有时也可以用一根鱼钩表示均裂。

例如:

$$R—\underset{\underset{O}{\|}}{C}—R' \xrightarrow{-e^-} R—\underset{\underset{O^{\cdot+}}{\|}}{C}—R' \longrightarrow R\cdot + \underset{\underset{O^{+}}{\|}}{C}—R'$$

2. 异裂

$$X—Y \longrightarrow X^{\cdot+} + Y^-$$

例如:

$$RCH_2CH_2—X^{\cdot+} \longrightarrow RCH_2\overset{+}{C}H_2 + X\cdot$$

3. 半异裂

$$X—Y \xrightarrow{-e^-} X + \cdot Y \longrightarrow X^+ + Y\cdot$$

例如:

$$R—\overline{R'}|^{\cdot+} \xrightarrow{-e^-} R\cdot + R' \longrightarrow R\cdot + R'^+$$

有利于形成稳定碳正离子的分子气相裂解反应主要包括分子离子中的自由基中心或电荷中心引发的反应。

4.3.1　自由基中心引发的α断裂反应

自由基引发的 α 断裂反应，其动力来自自由基强烈的电子配对倾向。该反应由自由基中心提供一个电子与邻接的原子形成一个新键，而邻接原子的另一个化学键则发生断裂。例如:

$$CH_3—\underset{}{\overset{\overset{O}{\|}}{C}}—H \xrightarrow[-e^-]{离子化} CH_3—\overset{\overset{\dot{O}^{+}}{\|}}{C}—H \xrightarrow{\alpha断裂} \underset{43}{CH_3—C{\equiv}O^+} + H\cdot$$

或

$$CH_3—\overset{\overset{\dot{O}^{+}}{\|}}{C}—H \xrightarrow{\alpha断裂} CH_3\cdot + \underset{29}{H—C{\equiv}O^+}$$

4.3.2　电荷中心引发的 i 断裂反应

由正电荷(阳离子)中心引发的碎裂过程，有一对电子转移，是一个单键断裂并导致正电荷位置迁移的过程。它涉及两个电子的转移，*i* 断裂一般都产生一个碳正离子。对于没有自由基的偶电子离子，只可能发生 *i* 断裂。α 断裂与 *i* 断裂是两种相互竞争的反应。N 一般进行α 断裂，卤素则易进行 *i* 断裂。

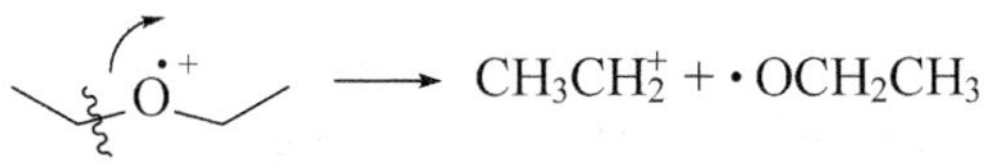

$$\longrightarrow CH_3CH_2^+ + \cdot OCH_2CH_3$$

4.3.3　环状结构的裂解反应

对于环状结构的化合物，分子中必须有两个键断裂才能产生一个碎片。环的裂解产物中一定有一个奇电子离子 $OE^{\cdot+}$。例如：

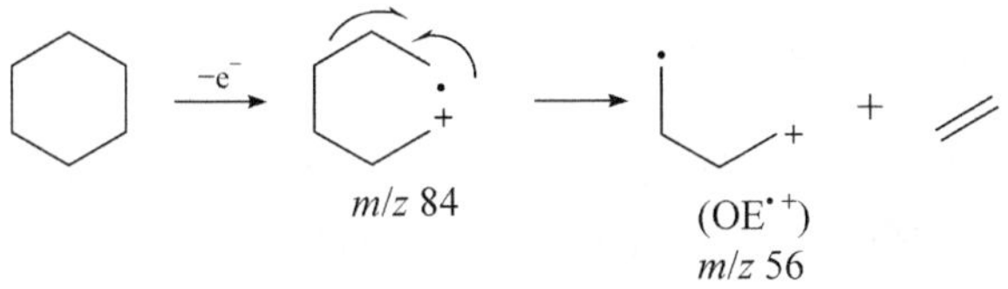

m/z 84　　(OE$^{\cdot+}$) m/z 56

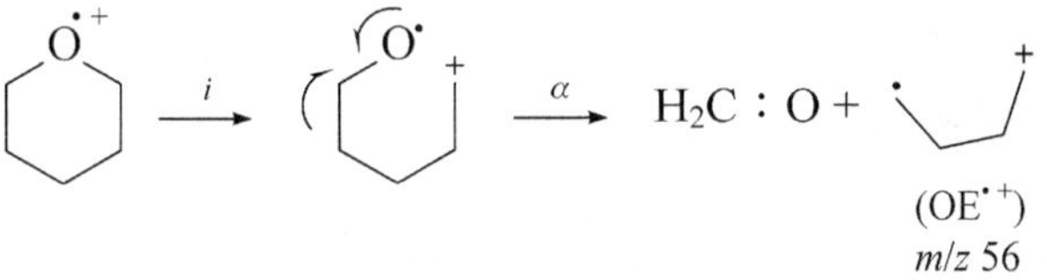

$$\xrightarrow{i}\quad\xrightarrow{\alpha} H_2C : O +$$

(OE$^{\cdot+}$) m/z 56

在上述环裂解反应中，带未成对电子的原子与其邻近的碳原子形成一个新键，同时邻近碳原子的另一个键断裂，有新键生成的部分成为中性碎片。

环已烯的六元环可以通过相当于逆第尔斯-阿尔德(Diels-Alder)反应(RDA)发生裂解而形成碎片离子：

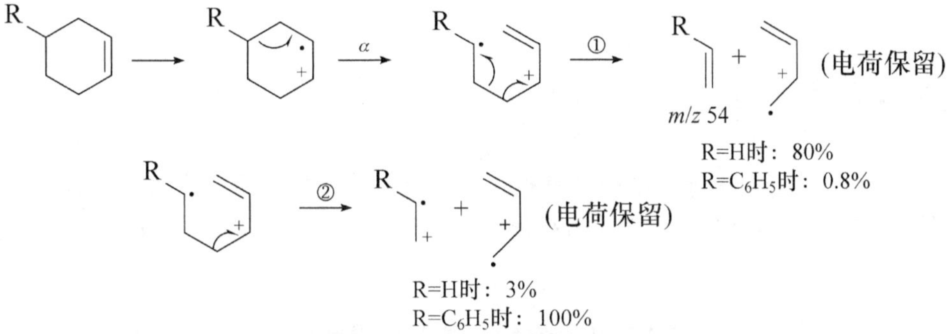

(电荷保留)

m/z 54

R=H时：80%

R=C_6H_5时：0.8%

(电荷保留)

R=H时：3%

R=C_6H_5时：100%

上述反应中，既存在按①进行均裂的反应，又存在按②进行异裂反应这两种可能。当 R 为 H 时，由于丁二烯的电离能 I = 9.1 eV，乙烯电离能 I = 10.5 eV，有利于丁二烯离子的形成；当 R 为 C_6H_5 时，苯乙烯的电离能 I = 8.4 eV，低于丁二烯的电离能，更有利于苯乙烯离子的形成。

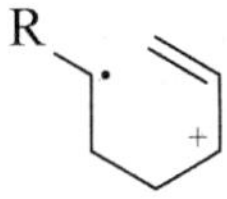

对于含有环内双键的多环化合物，也能进行逆第尔斯-阿尔德反应：

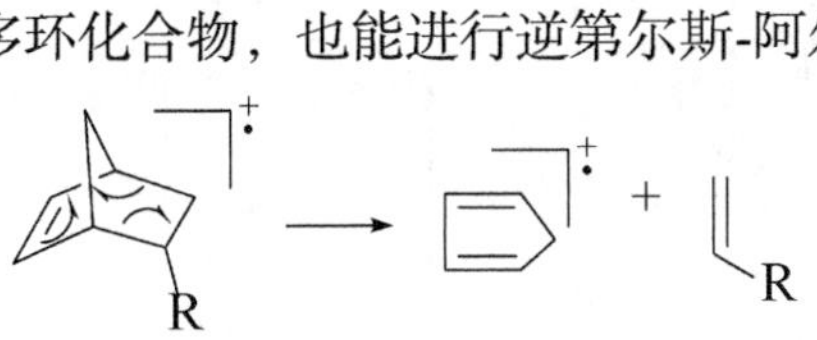

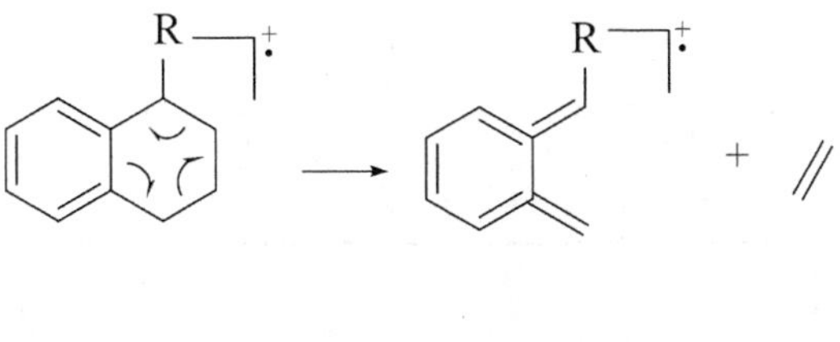

当分子中存在其他较易引发质谱反应的官能团时，逆第尔斯-阿尔德反应则可能不明显。环状化合物还可以通过自由基引发开环、不成对电子转移、H 重排等复杂的裂解反应：

$C_2H_5\dot{N}^{+}H$（环戊基）$\xrightarrow{\alpha}$ $\overset{+}{N}HC_2H_5$ $\xrightarrow{H重排}$ $\overset{+}{N}HC_2H_5$ $\longrightarrow$ $\overset{+}{N}HC_2H_5$ + H

4.3.4 自由基中心引发的麦氏重排反应

具有γ-H 原子的侧链苯、烯烃、环氧化合物、醛、酮等经过六元环状过渡态使γ-H 转移到带有正电荷的原子上，同时在 α、β 原子间发生裂解，这种重排称为麦氏重排。

麦氏重排反应通式：(γ) A—H…E=D—C(α)—B(β) $\longrightarrow$ A=B + H—E—D=C $]^{\cdot+}$

羰基化合物：$\xrightarrow{\gamma\text{-H}}$ R—CH=CH$_2$ + $\overset{\cdot+}{O}H$—C(=CH$_2$)—R′　(R′ = H、OR、OH、NH_2等)

烯烃化合物：$\xrightarrow{\gamma\text{-H}}$ R—CH=CH$_2$ + CH_2=C—R′ $]^{\cdot+}$

烷基苯：$\xrightarrow{\gamma\text{-H}}$ $]^{\cdot+}$ + R′—CH=CH$_2$

常见的 γ-H 产生重排的离子结构见表 4-2。表中重排离子的质荷比是最小重排离子的质荷比，同系物重排离子的质荷比为最小重排离子的质荷比加 14n，n 为 α 位取代基中碳原子的数目。

表 4-2　麦氏重排最小重排离子及质荷比

化合物类型	最小重排离子结构及 m/z	化合物类型	最小重排离子结构及 m/z
烯烃	$[H_2C=CH-CH_3]^{\cdot+}$ 42	甲酯	$[H_2C=C(OH)-OCH_3]^{\cdot+}$ 74
烷基苯	（亚甲基环己二烯，CH_2，H，H）92	甲酸酯	$[H-C(OH)=O]^{\cdot+}$ 46
醛	$CH_2=CH-\overset{+\cdot}{O}H$ 44	酰胺	$[H_2C=C(OH)-NH_2]^{\cdot+}$ 59
酮	$CH_2=C(\overset{+\cdot}{O}H)-CH_3$ 58	腈	$H_2C=C=\overset{\cdot+}{N}H_2$ 41
羧酸	$[CH_2=C(OH)-OH]^{\cdot+}$ 60	硝基化合物	$H_2C=\overset{\cdot+}{N}(=O)-OH$ 61

4.3.5 偶电子离子氢的重排

偶电子离子氢的重排往往是指经过四元环过渡态的β-H 重排，使偶电子离子进一步裂解，生成质荷比较小的 EE^+和稳定的小分子。举例如下：

$$CH_3CH_2\overset{+}{N}H{=}CH_2 \longleftrightarrow \underset{CH_2-CH_2}{H\ \ H\overset{+}{N}{=}CH_2} \longrightarrow \underset{EE^+}{H_2\overset{+}{N}{=}CH_2} + CH_2{=}CH_2$$

4.4 常见各类化合物的质谱

4.4.1 烃类

1. 烷烃

1) 直链烷烃

直链烷烃的分子离子峰(M)常可观察到，其丰度随分子量增大而减小，由于长链烃不易失去甲基，因此 M－15 峰最弱；典型的 M－29 及直链烷烃满足 $C_nH_{2n+1}^+$ 和 $C_nH_{2n-1}^+$ 系列离子峰都会出现，其中还有 3 个或 4 个 C 的 *m/z* 43($C_3H_7^+$)和 *m/z* 为 57($C_4H_9^+$)总是很强(基准峰，很稳定)。例如，正十九烷的质谱，其中 $C_nH_{2n+1}^+$ 离子峰 *m/z* 为 29、43、57、71、85、99 等，其中 $C_nH_{2n-1}^+$ 离子峰 *m/z* 为 27、41、55、69、83、87 等，由图 4-5 也可以看出，43 和 57 的分子离子峰丰度最强。

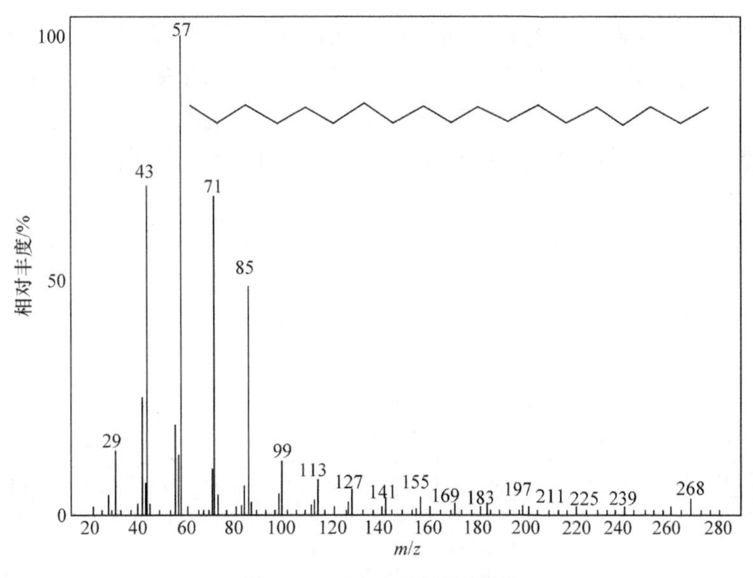

图 4-5 正十九烷的质谱图

2) 支链烷烃

支链烷烃往往在分枝处裂解形成的峰强度较大(仲或叔正离子)(图 4-6)，且优先失去最大烷基使 $C_nH_{2n-1}^+$ 和 $C_nH_{2n+1}^+$ 离子明显增加。

$$C_nH_{2n+1}-\underset{H}{\overset{R}{C}}-CH_2R'\ \right]^{\cdot +} \longrightarrow C_nH_{2n+1}-\underset{H}{\overset{R}{C^+}} + {}^{\cdot}CH_2R'$$

$$CH_2R' > C_nH_{2n+1} > R$$

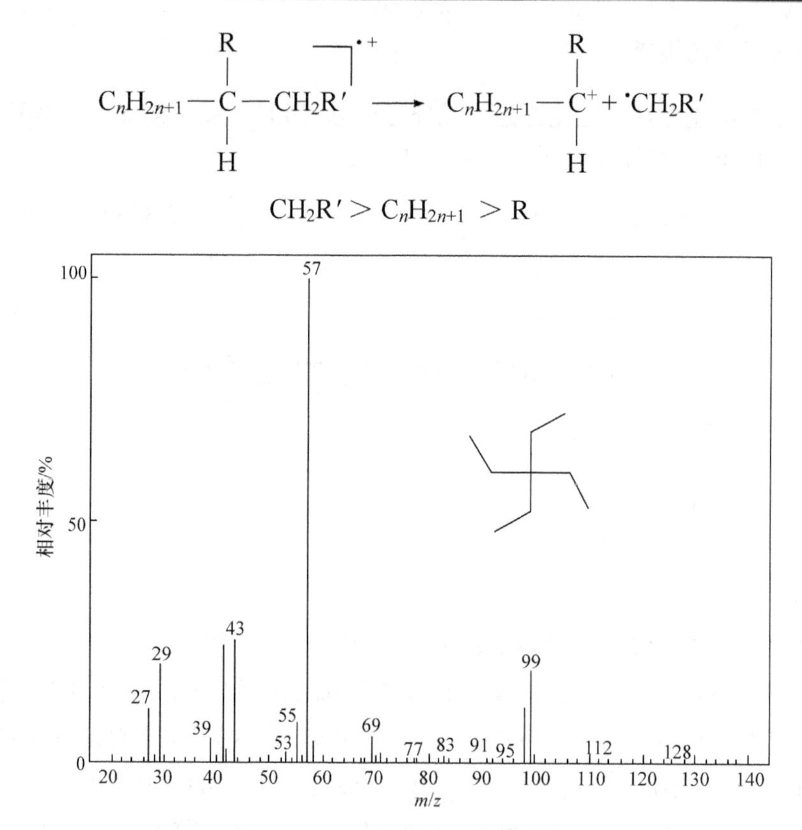

图 4-6　3,3-二乙基戊烷的质谱图

3) 环烷烃

环烷烃的 M 一般较强，环的断裂通常发生在连接支链处。环开裂时常失去含两个碳的碎片，出现 *m/z* 28$(C_2H_4)^{+\cdot}$、*m/z* 29$(C_2H_5)^+$和 M－28、M－29 的峰。图 4-7 为甲基环己烷的质谱图，*m/z* 83 的基峰可能是失去甲基 CH_3 的碎片离子峰，*m/z* 55 为环状化合物裂解反应的产物，也可能是由基峰失去 *m/z* 28 $(C_2H_4)^+$得到，*m/z* 69 可能为分子离子峰失去 *m/z* 29 $(C_2H_5)^+$得到。

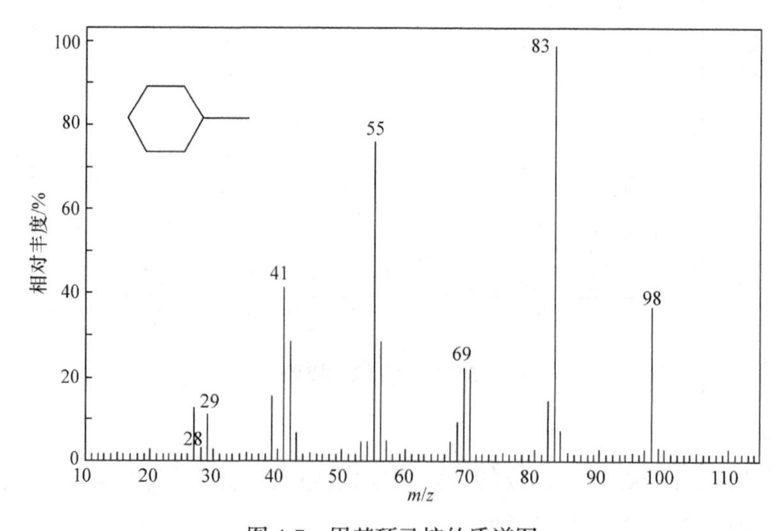

图 4-7　甲基环己烷的质谱图

2. 烯烃

(1) 烯烃易失去一个 π 电子，其分子离子峰明显，强度随分子量增大而减弱。

(2) 烯烃质谱中最强峰(基峰)是双键 β 位置 C_{α}—C_{β} 键断裂产生的峰，带有双键的碎片带正电荷，产生 $C_nH_{2n-1}^+$；$m/z = 41$、55、69 等。

$$\overset{+}{C}H_2 - \dot{C}H - CH_2 \nmid R' \longrightarrow \underset{m/z\ 41}{\overset{+}{C}H_2 - CH = CH_2} + R'^{\cdot}$$

(3) 烯烃往往发生麦氏重排裂解，产生 C_nH_{2n} 离子。

(4) 环己烯类发生逆第尔斯-阿尔德裂解。

(5) 无法确定烯烃分子中双键的位置。

3. 芳烃

(1) 苯的 M 为基峰，烷基苯的特征离子峰为 $C_6H_5(CH_2)_n^+$，芳烃的 M 明显，M + 1 和 M + 2 可精确计算，通常有 m/z 77、91、105、119 等质谱峰，因此可以方便地计算芳烃的分子式。

(2) 带烃基侧链的芳烃常发生苄基型裂解，产生草鎓盐离子(tropylium ion)$m/z = 91$(往往是基峰)；若基峰的 m/z 比 91 大 $n \times 14$，则表明苯环 α-碳上另有甲基取代。

R　$-e^-$　R　+ R·

m/z 65

m/z 91　草鎓盐离子　m/z 39

(3) 带有正丙基或丙基以上侧链的芳烃(含 γ-H)经麦氏重排产生 $C_7H_8^{+\cdot}$ 离子($m/z = 92$)。

m/z 92

(4) 侧链 α 裂解发生概率很小，但仍有可能。

4.4.2　醇类

(1) 在电子轰击或电离加热时，饱和脂肪醇容易失去水分子，因此 M 峰很微弱或者消失，但易发生离子反应，生成配离子 M + H，这对判定分子量有利。

(2) 所有伯醇(甲醇除外)及高分子量仲醇和叔醇易脱水形成 M – 18 峰(应和 M 峰区分开)。

$$RCH_2-\underset{H}{\overset{R}{C}}-\underset{OH^{\cdot+}}{CH_2} \longrightarrow \underset{M-18}{[RCH_2CH-CH_2]^{\cdot+}} + H_2O$$

(3) 开链伯醇当含碳数大于 4 时，可同时发生脱水和脱烯，产生 M – 46 的峰。

$$\longrightarrow H_2O + CH_2{=}CH_2 + \underset{M-46}{[CH_2CHR]^{\cdot+}}$$

(4) 羟基的 $C_\alpha-C_\beta$ 键容易断裂，形成 31 + 14n 的含氧碎片离子峰，生成极强的 m/z 31(伯醇)、45(仲醇)和 59(叔醇)峰，用于醇类的鉴定：

伯醇

$$R-\underset{H}{\overset{H}{C}}-\overset{\cdot+}{OH} \longrightarrow R\cdot + \underset{m/z\ 31}{H_2C{=}\overset{+}{O}H}$$

仲醇

$$R-\underset{H}{\overset{CH_3}{C}}-\overset{\cdot+}{OH} \longrightarrow R\cdot + \underset{m/z\ 45}{CH_3CH{=}\overset{+}{O}H}$$

叔醇

$$R-\underset{CH_3}{\overset{CH_3}{C}}-\overset{\cdot+}{OH} \longrightarrow R\cdot + \underset{m/z\ 59}{(H_3C)_2C{=}\overset{+}{O}H}$$

(5) 在醇的质谱中往往可观察到 m/z 19(H_3O^+)的强峰(无重要意义)。

(6) 丙烯醇型不饱和醇的质谱有 M – 1 强峰，这是由于发生形成共轭离子的裂解。

$$R-CH{=}CH-\underset{H}{CH}-\overset{\cdot+}{OH} \longrightarrow \underset{M-1}{R-CH{=}CH-\underset{H}{C}{=}\overset{\cdot+}{O}H} + \dot{H}$$

(7) 环己醇类的裂解除脱水反应外，还将包括氢原子转移，过程较复杂。

$$\longrightarrow \underset{m/z\ 57}{CH_2{=}CH-CH{=}\overset{+}{O}H} + H\cdots$$

4.4.3 酚类

(1) 与其他芳香化合物一样，酚的分子离子峰往往很强，是它的基峰。

(2) 苯酚的 M – 1 峰不强，而甲苯酚和苄醇的 M – 1 峰很强，因为产生了稳定的鎓离子。

$\overset{+\cdot}{O}H$ 　$\xrightarrow{-H}$　　$\xleftarrow{-H}$　$CH_2—\overset{+\cdot}{O}H$

CH_3

(3) 酚类易失去 CO 和 CHO 形成 M－28 和 M－29 的离子峰。

$\xrightarrow{\gamma\text{-H}}$　$\xrightarrow{\alpha}$　$\xrightarrow[-CO]{i}$ M−CO $\xrightarrow{-H\cdot}$ M−HCO m/z 65

4.4.4 醚类

醚类的裂解方式与醇相似(图 4-8)，主要特征如下：

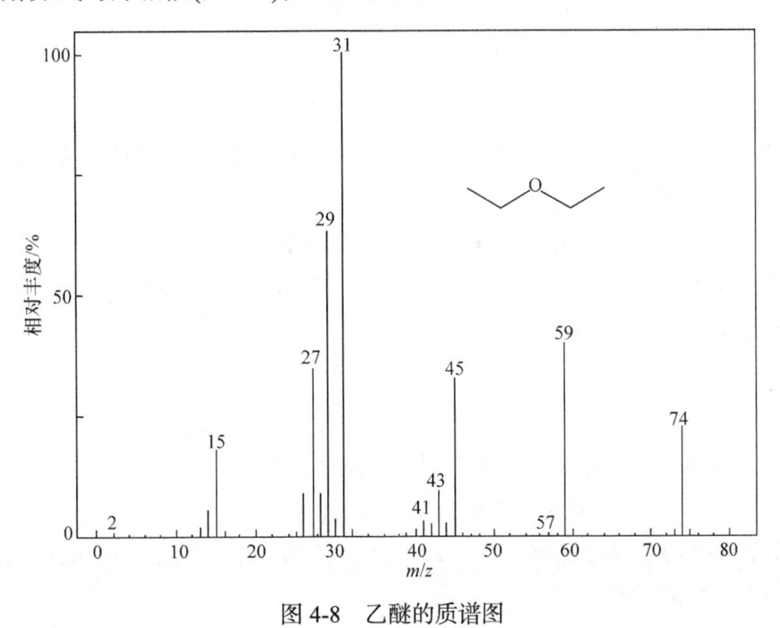

图 4-8　乙醚的质谱图

(1) 脂肪醚的 M 峰很弱，芳香醚的 M 峰较强；增大样品用量或增大操作压力，可使 M 峰及 M＋1 峰增强。

(2) 脂肪醚主要有三种裂解方式：$C_\alpha—C_\beta$ 键裂解(生成 m/z = 45、59、73 等离子峰)、O—C_α 键裂解和重排 α 裂解。

(3) 芳香醚只发生 O—C_α 键裂解。

(4) 缩醛是一类特殊的醚，中心碳原子的四个键都可裂解，概率相差无几。

(5) 环醚裂解脱去中性碎片醛。

4.4.5 醛、酮类

(1) 羰基化合物氧原子上的未配对电子很容易在电子轰击下失去一个电子，醛、酮的 M 峰明显，芳香族的 M 峰强度比脂肪族的更强，直链的醛、酮通常含有 $C_nH_{2n+1}CO$ 的特征系列离子峰，如 m/z 为 29、43、57 等(图 4-9)。

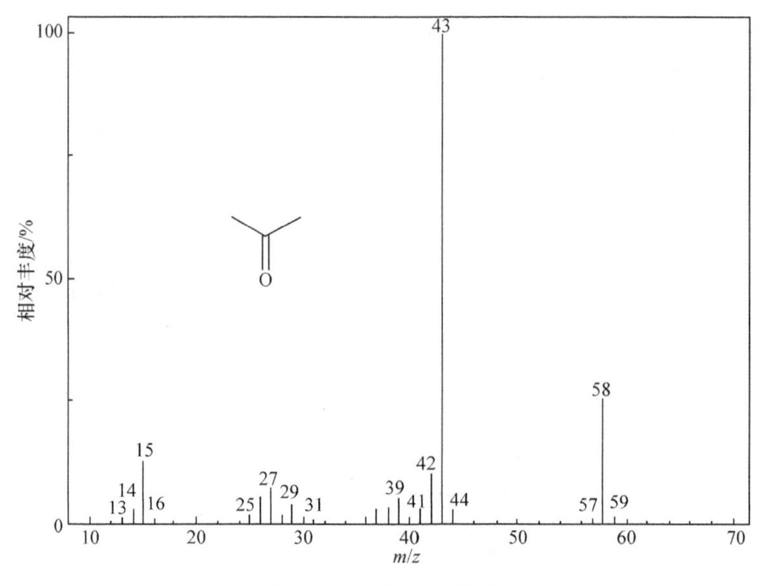

图 4-9　丙酮的质谱图

(2) 脂肪族醛、酮中通常含有 γ-H，由麦氏重排裂解产生的碎片离子峰，M－44 为强峰。

(3) 醛、酮能在羰基碳发生裂解。

(4) 碎片离子峰 M－18(H_2O)、M－28(CO)有利于醛的鉴定。

(5) 环状酮的裂解反应可以产生 M－CO 和 M－CHO 离子，同时发生 H 转移等较为复杂的裂解，但仍以酮基 α 裂解开始。

4.4.6 羧酸类

(1) 脂肪羧酸的 M 峰一般可以在质谱图中观测到，丁酸以上 α-碳原子上没有支链的脂肪羧酸最特征的峰为 $m/z = 60$，由麦氏重排裂解产生(图 4-10)。

(2) 芳香族羧酸的 M 峰相当强，M－17、M－45 峰也较明显，邻位取代的芳香羧酸产生占优势的 M－18 失水离子峰。

4.4.7 酯

(1) 直链一元羧酸酯的 M 峰通常可以观察到，且随分子量的增大(C＞6)而增强，芳香羧酸酯的 M 峰较明显。

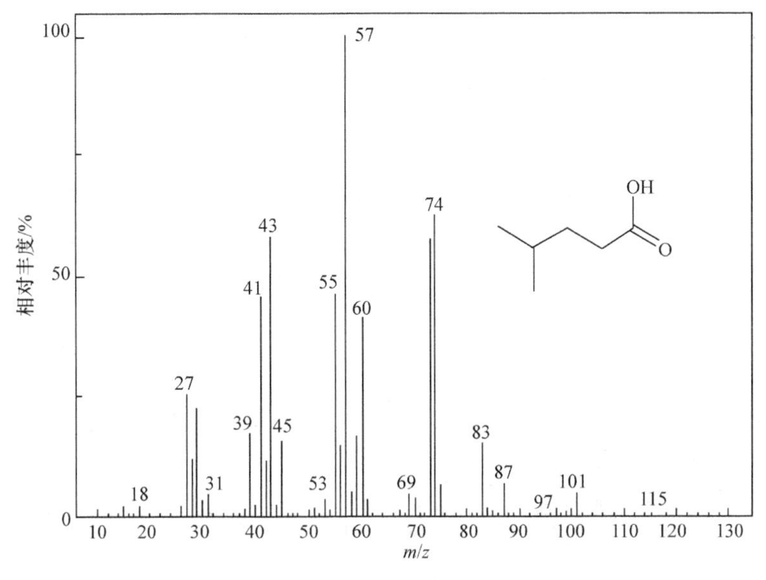

图 4-10 4-甲基戊酸的质谱图

(2) 羧酸酯羰基碳上的裂解有两种类型，其强峰(有时为基准峰)通常来源于此。

(3) 由于麦氏重排，甲酯可形成 $m/z = 74$，乙酯可形成 $m/z = 88$ 的基准峰(图 4-11)。

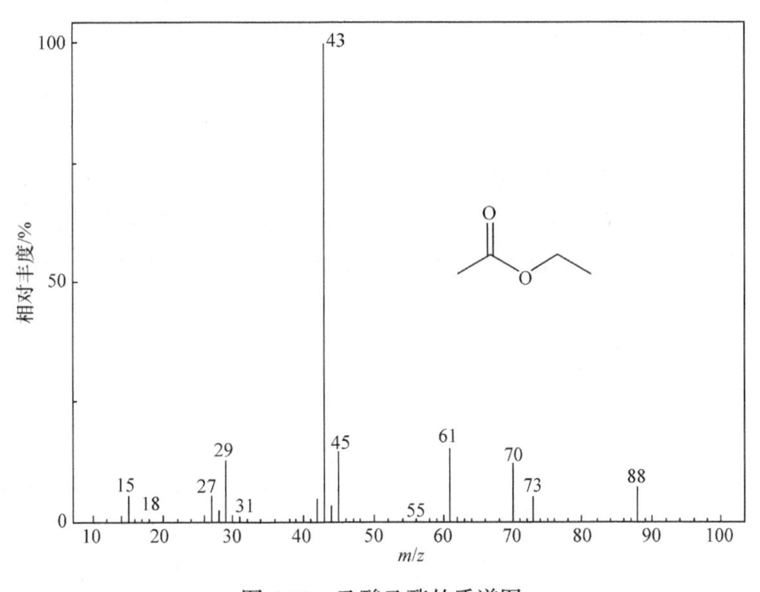

图 4-11 乙酸乙酯的质谱图

(4) 二元羧酸及其甲酯形成强的 M 峰，其强度随两个羧基的接近程度增大而减弱。二元酸酯出现由于羰基碳裂解失去两个羧基的 M－90 峰。

4.4.8 酸酐

脂肪酸酐的 M 峰很弱，质谱图上很难观察到，酸酐的酰基离子峰一般是最强峰。M－CO_2 是二元羧酸环酐质谱图中的特征离子峰，通常会进一步裂解，失去 CO，图 4-12 为衣托酸酐的质谱图。

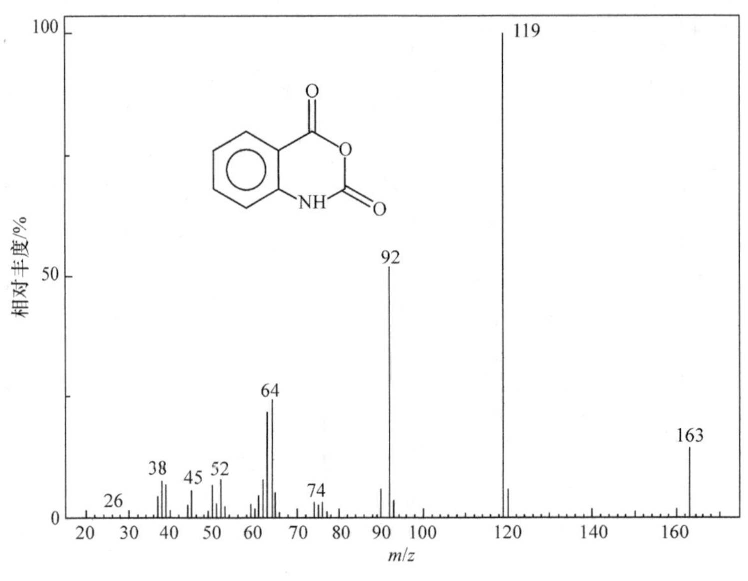

图 4-12　衣托酸酐的质谱图

4.4.9　酰胺

酰胺类化合物的分子离子峰通常很明显，可以在质谱图上观察到，裂解反应与脂类化合物类似，酰基的 O 原子和 N 原子均可以发生裂解。

(1) 含 4 个 C 以上的伯酰胺主要发生麦氏重排反应。

(2) 不能发生麦氏重排反应的酰胺主要发生 C═O 或 N 的 α 断裂反应，生成 $\overset{\overset{\large NH_2}{|}}{C\equiv O^+}$ (m/z 44)离子峰(图 4-13)。如 *N,N*-二乙基乙酰胺的裂解反应中，会出现 4 个较强的离子峰，分别来自羰基的 α 断裂 m/z 100、γ 断裂 m/z 128、麦氏重排 m/z 115、H 重排 m/z 58，其中 m/z 115 为 M 峰，m/z 58 为基峰。

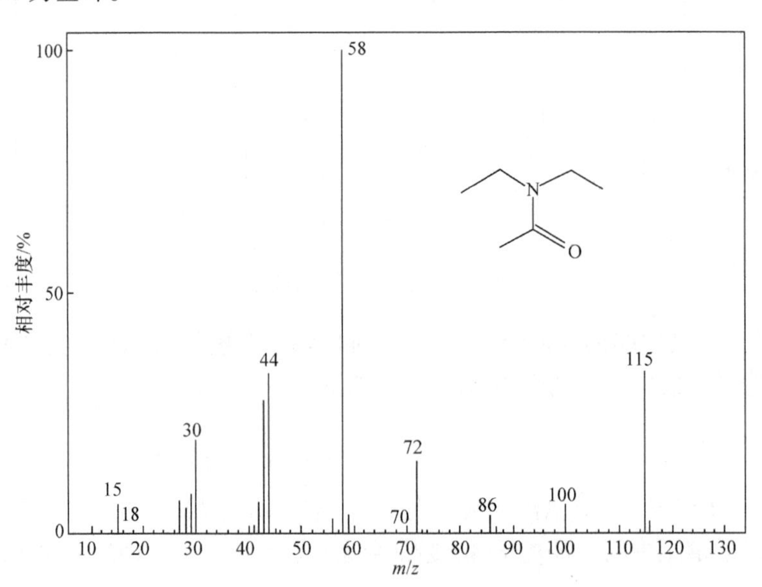

图 4-13　*N,N*-二乙基乙酰胺的质谱图

4.4.10 胺类

(1) 脂肪开链胺的 M 峰很弱或者消失，脂环胺及芳胺 M 峰明显(图 4-14)，含奇数个 N 的胺 M 峰质量为奇数，低级脂肪胺、芳香胺可能出现 M－1 峰(失去·H)。

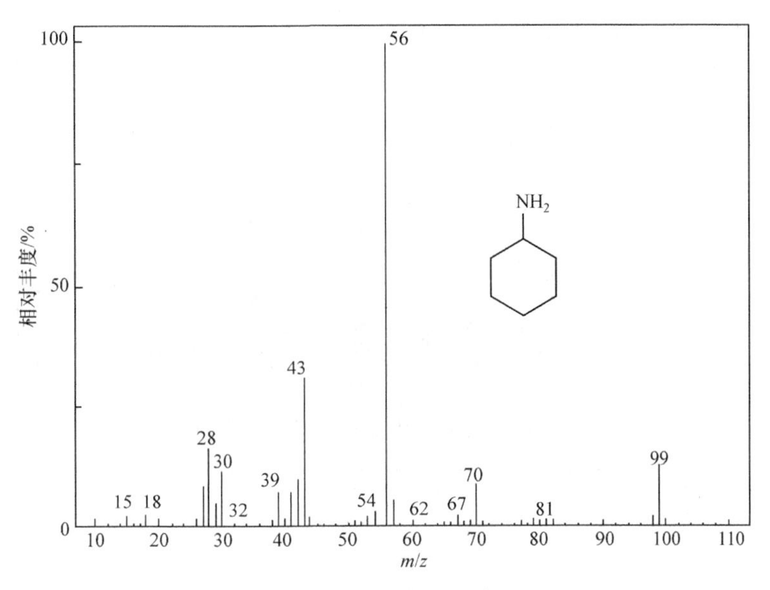

图 4-14　环己胺的质谱图

(2) 胺最重要的峰是 C_{α}—C_{β} 裂解得到的峰，大多数情况得到基准峰。

(3) 脂肪胺和芳香胺可能发生 N 原子的双侧 α 裂解。

(4) 胺类的特征峰是 $m/z = 18(^{+}NH_4)$峰。

4.4.11 硝基化合物

(1) 脂肪硝基化合物在质谱图上一般观察不到 M 峰。

(2) 由于形成 NO_2^+ 和 NO^+，强峰出现在 $m/z = 46$ 及 30。

(3) 高级脂肪硝基化合物一些强峰是烃基离子，另外还有γ-H 的重排引起的 M－OH、M－(OH＋H_2O)和 $m/z = 61$ 的峰。

(4) 芳香硝基化合物显出强的 M 峰，此外显出 $m/z = 30(NO^+)$及 M－30、M－46、M－58 等峰(图 4-15)。

4.4.12 腈类

(1) 脂肪族腈的质谱图上的 M 峰通常很弱或者不出现。脂肪族腈进行麦氏重排反应产生 $C_nH_{2n-1}N^{\cdot+}$，该离子峰的质量与其他链烃分子产生的离子峰质量相同，因此很难用于离子结构的分析确定。不过各类脂肪腈常具有强弱不等的 M－1 峰，还可以通过增加进样口的压力得到 M＋1 峰，对腈类化合物的判断起一定作用(图 4-16)。

(2) 芳香族腈类的 M 峰很强，通常为基峰，丢失 HCN 是主要的裂解过程，M－27 是第二强峰。

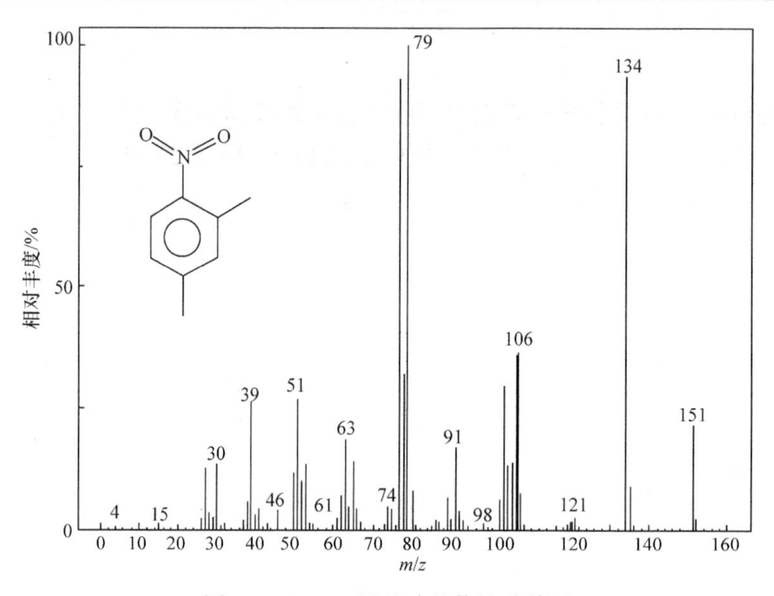

图 4-15　2,4-二甲基硝基苯的质谱图

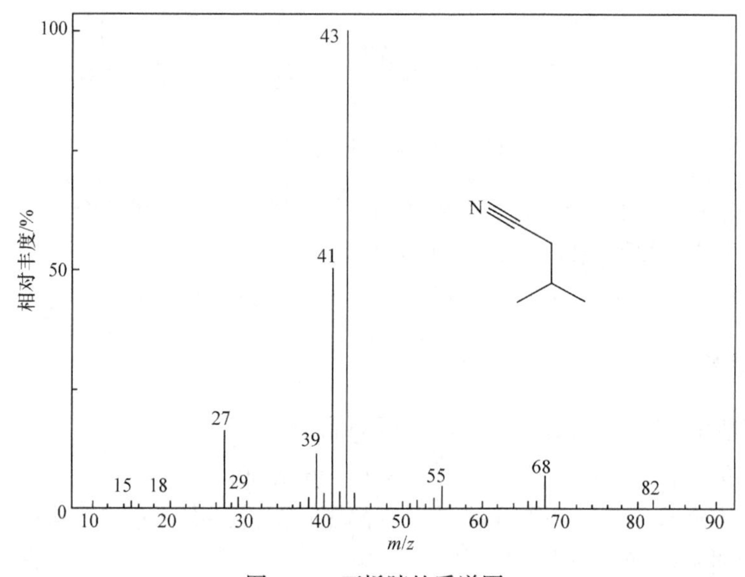

图 4-16　丁烯腈的质谱图

4.4.13　硫醇和硫醚类

硫醇和硫醚的质谱图和对应的醇、醚的质谱图相似(图 4-17)，但硫醇和硫醚的 M 比相应的醇、醚要强很多。

(1) 硫醇可发生 α 断裂，产生强的 $C_nH_{2n+1}S^+$峰(离子峰为 m/z 47、61、75 等)，伯硫醇往往出现$(M-SH_2)^{\cdot+}$ 和$C_nH_{2n}^{\cdot+}$ 离子峰，仲硫醇出现$(M-SH)^{\cdot+}$ 离子峰，硫酚可产生类似酚的裂解，同时硫酚类化合物形成$(M-S)^{\cdot+}$ 、$(M-SH)^+$和$(M-C_2H_2)^{\cdot+}$ 。

(2) 硫醇的 α 断裂可以产生 $C_nH_{2n+1}S^+$系列离子。

4.4.14　卤化物

(1) 卤代烷会发生 i 断裂，生成$(M-X)^+$(图 4-18)：

$$R-X^{\cdot+} \xrightarrow{\text{异裂}} R^+ + X\cdot$$
$$(M-X)^+$$

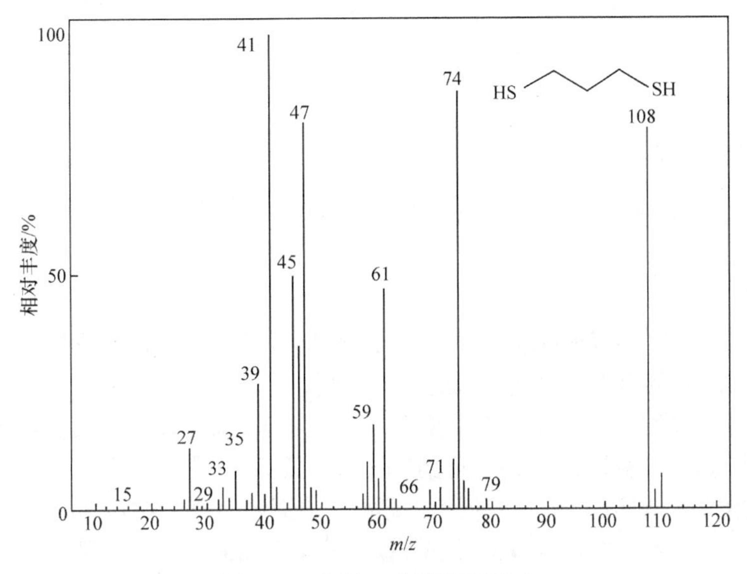

图 4-17　丙烷二硫醇的质谱图

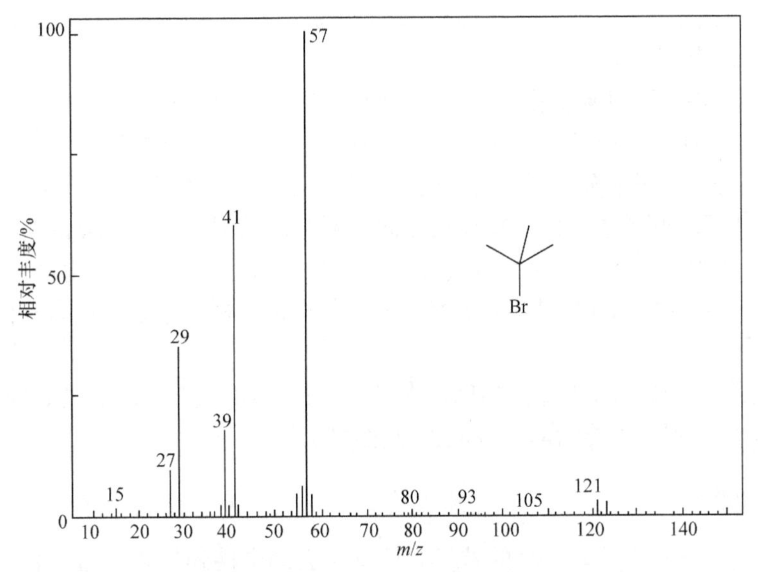

图 4-18　2-溴-2-甲基-丙烷的质谱图

(2) 卤代烷发生 α 断裂，产生 $C_nH_{2n}X^+$：

$$R-CH_2-CH_2-\overset{+\bullet}{X} \xrightarrow{\alpha} R-CH_2\cdot + H_2C{=}X^+$$

(3) 含 Cl、Br 的直链卤化物易发生重排反应，产生 $C_nH_{2n}X^+$：

$$R-(CH_2)_n-\overset{+\bullet}{X} \xrightarrow{\text{重排}} R^{\bullet} + \underset{(CH_2)_n}{\overset{X^+}{\square}}$$

(4) 卤化物还可以产生 $(M-HX)^{+\cdot}$ 脱 HX 和 $C_nH_{2n-1}^+$ ($C_nH_{2n}X^+$丢失 HX)。

因此，卤化物的质谱图中通常会有明显的 X、M－X、M－HX、M－H_2X 峰和 M－R 峰。

4.5　质谱的解析及应用

4.5.1　质谱的解析步骤

对于未知样品的质谱解析，大致可按照以下步骤进行。

1. 确定化合物的分子量

分子量由 M 获得，质谱中其他的碎片离子峰都必须能通过 M 合理地丢失中性碎片而产生。然而，在确定 M 的过程中可能会遇到以下难题。

(1) 分子离子峰不稳定，在质谱上不出现，尤其是 EI 质谱图中，质量最大的离子有可能不是 M。不同类型化合物按分子离子峰稳定存在的先后顺序排序如下：

芳香环(包括芳香杂环)＞脂环＞硫醚、硫酮＞共轭烯、直链烷烃＞酰胺＞酮＞醛＞胺＞酯＞醚＞羧酸＞支链烃＞伯醇＞叔醇＞缩醛(胺、醇化合物质谱中往往见不到分子离子峰)

(2) 有时 M 产生后就与其他离子或分子相碰撞而结合，变为质量数更大的配离子。质谱图中如果出现质量最大的离子与其附近碎片离子间质量差为 3、4、5～14 或 21、22～25，可以确定最大质量的离子不是 M。

通过质谱图，除了可以判定化合物的分子量，还可以提供以下信息。

(1) 根据分子量判定是否符合氮元素规则。有机分子中，含奇数个 N 原子的化合物分子量为奇数，因此当分子离子的分子量为奇数时，可判定有机分子中含有奇数个 N 原子。

(2) 可判定杂原子的存在。Cl、Br 元素的同位素丰度较强，含 Cl、Br 的 M 有明显的特征，容易在质谱图上观察到；同时，还可以通过同位素峰形判定两种元素在化合物中的原子数目；再者，通过质谱图中 M 的同位素峰及丰度，可以分析被测样品中是否还有其他元素，如 S、P、Si。

(3) 若质谱图中出现 M＋1 峰，则化合物可能为醚、酯、胺、酰胺、氨基酸酯和胺醇等，如果出现 M－1 峰，则有可能为醛、醇或含氮化合物。

2. 推测化合物的类别

通过 M 和附近碎片离子峰 *m/z* 的差值，计算失去的中性碎片离子的种类，推测化合物的结构类型。表 4-3 中列出了碎片离子、中性碎片及可能对应的化合物类型。

表 4-3　碎片离子、中性碎片及可能对应的化合物类型

碎片离子	失去的中性碎片	可能的化合物类型
M－1	H·	醛(某些酯、胺)
M－2	H_2	—
M－14	—	同系物
M－15	·CH_3	高度分支的碳链，甲基在分支处裂解，醛、酮、酯
M－16	·CH_3＋H	高度分支的碳链，甲基在分支处裂解

续表

碎片离子	失去的中性碎片	可能的化合物类型
M − 16	O	硝基化合物、亚砜、吡啶 *N*-氧化物、环氧、醌
M − 16	NH_2	$ArSO_2NH_2$、$—CONH_2$
M − 17	OH	醇 ROH、羧酸 RCOOH
M − 17	NH_3	—
M − 18	H_2O，NH_4	醇、醛、酮、胺等
M − 19	F	氟化物
M − 20	HF	氟化物
M − 26	C_2H_2	芳烃
M − 26	C≡N	腈
M − 27	$CH_2{=}CH$	酯、R_2CHOH 等
M − 27	HCN	氮杂环
M − 28	CO	醌、甲酸酯等
M − 28	C_2H_4	芳烃、乙醚、乙酯、正丙基酮、环烷烃、烯烃
M − 29	C_2H_5	高度分支的碳链、乙基在分支处裂解、环烷烃
M − 29	CHO	醛
M − 30	C_2H_6	高度分支的碳链、乙基在分支处裂解
M − 30	CH_2O	芳香甲醚
M − 30	NO	Ar-NO_2
M − 30	NH_2CH_2	伯胺类
M − 31	OCH_3	甲酯、甲醚
M − 31	CH_2OH	醇
M − 31	CH_3NH_2	胺
M − 32	CH_3OH	甲酯
M − 32	S	—
M − 33	$H_2O + CH_3$	—
M − 33	CH_2F	氟化物
M − 33	HS	硫醇
M − 34	H_2S	硫醇
M − 35	Cl	氯化物(^{37}Cl 同位素峰)
M − 36	HCl	氯化物
M − 37	H_2Cl	氯化物
M − 39	C_3H_3	丙烯酯
M − 40	C_3H_4	芳香化合物
M − 41	C_3H_5	烯烃(丙烯基裂解)、丙基酯、醇
M − 42	C_3H_6	丁基酮、芳香醚、正丁基芳烃、烯、丁基环烷

续表

碎片离子	失去的中性碎片	可能的化合物类型
M－42	CH_2CO	甲基酮、芳香乙酸酯、$ArNHCOCH_3$
M－43	C_3H_7	丙基在高度分支碳链的分支处、丙基酮、醛、酮、酯、正丁基芳烃
M－43	NHCO	环酰胺
M－43	CH_3CO	甲基酮
M－44	CO_2	酯(碳架重排)、酐
M－44	C_3H_8	高度分支的碳链
M－44	$CONH_2$	酰胺
M－44	CH_2CHOH	醛
M－45	COOH	羧酸
M－45	C_2H_5O	乙基醚、乙基酯
M－46	C_2H_5OH	乙酯
M－46	NO_2	$Ar-NO_2$
M－47	C_2H_4F	氟化物
M－48	SO	芳香亚砜
M－49	C_2H_2Cl	氯化物(^{37}Cl同位素峰)
M－50	CF_2	氟化物
M－53	C_4H_5	丁烯腈、丁酯、烯
M－55	C_4H_7	Ar-n-C_5H_{11}、ArO-n-C_4H_9、Ar-i-C_5H_{11}、ArO-i-C_4H_9戊基
M－56	C_4H_8	酮、戊酯
M－57	C_4H_9	丁基酮、高度分支碳链
M－57	C_2H_5CO	乙基酮
M－58	C_4H_{10}	高度分支碳链
M－59	C_3H_7O	丙基醚、丙基酯
M－59	$COOCH_3$	$R—COOCH_3$
M－60	CH_3COOH	乙酸酯
M－63	C_2H_4Cl	氯化物
M－67	C_5H_7	戊酸酯
M－69	C_5H_9	酯、烯
M－71	C_5H_{11}	高度分支碳链、醛、酮、酯
M－72	C_5H_{12}	高度分支碳链
M－73	$COOC_2H_5$	酯
M－74	$C_3H_6O_2$	一元羧酸甲酯
M－77	C_6H_5	芳香化合物
M－79	Br	溴化物(^{81}Br同位素峰)
M－127	I	碘化物

3. 分析特征结构官能团或分子片段

依据碎片离子的分子量及满足分子结构的化学通式，分析碎片离子对应的特征结构官能团或分子片段。

4. 推导化合物可能的结构

根据上述分析，结合分子量、不饱和度、碎片离子及特征结构官能团，推导出化合物可能的结构。其中，不饱和度的计算公式为

$$不饱和度 = 四价原子数 - 一价原子数/2 + 三价原子数/2 + 1$$

5. 确定化合物的结构

分析推导化合物可能结构的裂解机理，与质谱图上的数据进行对比，进一步确定化合物的结构，同时可以与其他检测手段相结合，如结合 NMR、IR、UV、元素分析进一步明确化合物的结构；再者，可以通过质谱测试设备自带的质谱数据库进行检索比对，确定化合物的结构。目前较普遍使用的数据库有美国国家标准与技术研究院(National Institute of Standards and Technology，NIST)的 NIST Chemistry WebBook、Wiley 质谱数据库、DRUG 质谱数据库等。

4.5.2 常见化合物的应用示例解析

【例 4-1】 图 4-19 为酮 $C_6H_{12}O$ 的质谱图，试确定该酮的结构。

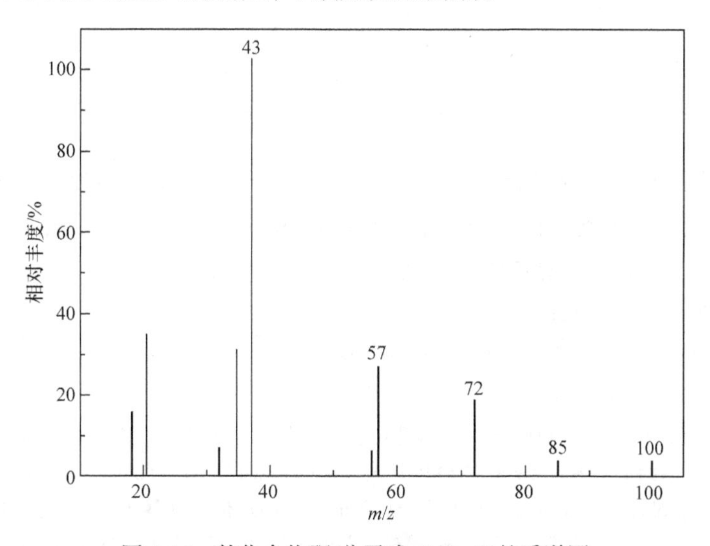

图 4-19 某化合物酮(分子式 $C_6H_{12}O$)的质谱图

解 化合物较强的离子峰 m/z 分别为 100、85、72、57、43。

$C_6H_{12}O$ $m/z = 100$，可能是分子离子峰 M

$m/z = 85$ 满足 M − 15，可能为失掉一个 · CH_3 产生的碎片离子

$m/z = 43$ 满足 M − 57，可能为失掉一个 · C_4H_9 产生的碎片离子

$m/z = 57$ 可能是 $C_4H_9^+$ 碎片离子，满足 M − 15 − 28(即 M—CH_3—CO)

因此，化合物 $C_6H_{12}O$ 酮的结构为 $C_4H_9-\overset{\overset{\displaystyle O}{\|}}{C}-CH_3$，裂解方程式如下：

$$\mathrm{C_4H_9-\overset{\displaystyle O}{\overset{\|}{C}}-CH_3} \xrightarrow{-e^-} \underset{m/z\ 100}{\mathrm{C_4H_9-\overset{\displaystyle O^{+\cdot}}{\overset{\|}{C}}-CH_3}} \longrightarrow \underset{m/z\ 85}{\mathrm{{}^{+}O{\equiv}C-C_4H_9}} + \cdot\mathrm{CH_3}$$

$$\underset{m/z\ 100}{} \downarrow \quad \mathrm{{}^{+}O{\equiv}C-CH_3} + \cdot\mathrm{C_4H_9}\ (m/z\ 43)$$

$$\underset{m/z\ 85}{} \xrightarrow{-\mathrm{CO}(28)} \mathrm{C_4H_9^+}\ (m/z\ 57)$$

【**例 4-2**】　化合物 **1** 的质谱图如图 4-20 所示，化合物 **1** 裂解的离子峰质荷比及丰度如下：*m*/*z* 106 82.0，*m*/*z* 107 4.3，*m*/*z* 108 3.8，试推导其结构。

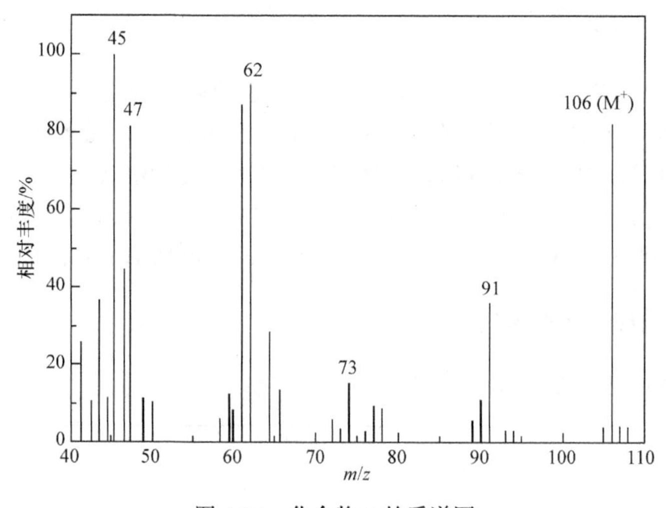

图 4-20　化合物 **1** 的质谱图

解　化合物 **1** 的质谱图如图 4-20 所示，*m*/*z* 106 82.0 标定为 $M^{+\cdot}$，为分子离子峰，与 *m*/*z* 91 关系合理，可以认为分子中不含 N 或含偶数个 N，由 $RI(M+1)/RI(M)\times 100 = 5.2$，$RI(M+2)/RI(M)\times 100 = 4.7$ 可认为分子中含有一个 S 原子，化合物中其他组成计算可展开如下：

假设 N 原子的数目为 0 ($z = 0$)：

$x = (5.2 - 0.8)/1.1 \approx 4$，$w = [(4.7 - 4.4) - (1.1\times 4)^2/100]/0.2 \approx 1$

$y = 106 - 32 - 12\times 4 - 16 = 10$

若假设 N 原子的数目为 2，计算偏差大，因此可以判定化合物 **1** 的分子式为 $C_4H_{10}OS$。

从质谱图中还可以看到 *m*/*z* 45、59 的含 O 碎片离子峰及 *m*/*z* 47、61、62 的含 S 碎片离子峰，进一步认定上述化合物的分子式的合理性。*m*/*z* 为 45(RI 100)的 $C_2H_5O^+$有可能来自α-甲基仲醇的 α 裂解，生成 $CH_3CH{=}{}^{+}OH$ 的碎片离子，同时结合质谱图中相对较弱的 *m*/*z* 89 (M − 17)和 88(M − 18)离子峰，可判定化合物 **1** 为醇类化合物。*m*/*z* 47(CH_3S^+)及 *m*/*z* 61($C_2H_5S^+$)的碎片离子峰说明化合物中存在 CH_3CH_2S 或 CH_3SCH_2 基团。综上分析，化合物 **1** 的结构为$\mathrm{CH_3SCH_2\underset{\displaystyle OH}{\underset{|}{C}H}-CH_3}$ 或 $\mathrm{CH_3CH_2S\underset{\displaystyle OH}{\underset{|}{C}H}-CH_3}$，由基峰 *m*/*z* 45 可知，结构 $\mathrm{CH_3SCH_2\underset{\displaystyle OH}{\underset{|}{C}H}-CH_3}$ 与质谱图更符合。具体裂解过程如下：

$$CH_3-S-CH_2-\overset{\overset{+\bullet}{O}}{\overset{\|}{C}}-CH_3$$

（碎片：47，61，59，45，91）

$$CH_3-\overset{+\bullet}{S}-CH_2 \;(HO-CH-CH_3) \longrightarrow CH_3-\underset{H}{S}-\dot{C}H_2 \quad m/z\ 62$$

$$H_3C\overset{+\bullet}{HO}\;CH-CH_3,\;S-CH_2 \longrightarrow \begin{matrix} H_2C-CH-CH_3 \\ |\qquad | \\ \cdot^{+}S-CH_2 \end{matrix}\ (m/z\ 88) \longrightarrow \begin{matrix} H_2C-\overset{+}{C}H \\ |\qquad | \\ S-CH_2 \end{matrix}\ (m/z\ 73)$$

【**例 4-3**】　化合物 **2** 的质谱图如图 4-21 所示，其红外光谱图显示在 1150～1070 cm^{-1} 有强吸收，确定化合物 **2** 的结构。

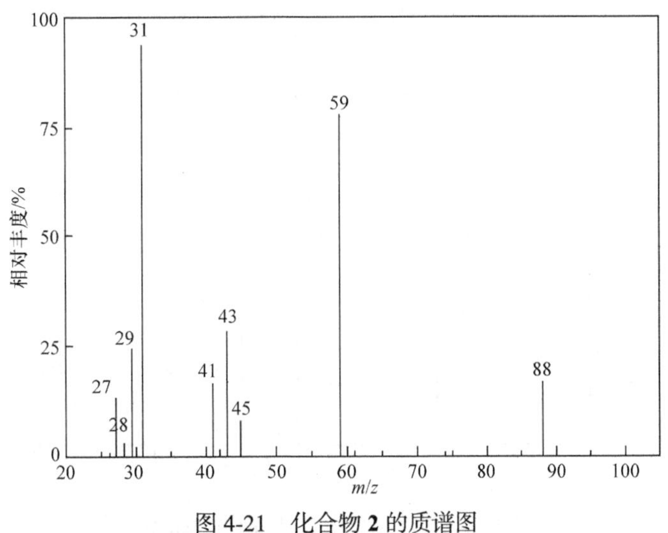

图 4-21　化合物 **2** 的质谱图

解　由化合物 **2** 的质谱图可得到以下信息：分子离子峰为 *m/z* 88；*m/z* 88 与 *m/z* 59 相差 29，为合理丢失，且丢失的碎片可能为 C_2H_5 或 CHO；谱图中的 *m/z* 29 与 *m/z* 43 离子峰，可认为乙基、正丙基或异丙基的存在；*m/z* 31 的基峰可判定为醇或醚的特征离子峰，表明化合物 **2** 可能为醇或醚。

由红外光谱信息可知，在 1740～1720 cm^{-1} 和 3640～3620 cm^{-1} 无吸收，可推断出化合物 **2** 不是醇和醛。再者，*m/z* 31 峰可以通过醚的重排反应产生。

$$\overset{H}{\overset{|}{C}}H_2CH_2-O^{+}{=}CH_2 \longrightarrow H\overset{+}{O}{=}CH_2 + {=}{=}$$

综合以上分析可以推测化合物 **2** 可能的结构为 ／＼／O＼／，具体裂解过程如下：

$$\underset{m/z\ 88}{CH_3-CH_2-CH_2-\overset{+\bullet}{O}-CH_2CH_3} \longrightarrow \underset{m/z\ 59}{CH_2{=}\overset{+}{O}-CH_2-\overset{H}{\overset{|}{C}}H_2} \longrightarrow CH_2{=}\overset{+}{O}H + {/\!/}$$

4.6　质谱的新技术及应用

4.6.1　色谱-质谱联用仪及其应用

色谱-质谱联用可以实现对复杂混合物更准确地定性和定量分析，同时可以简化对样品的前处理过程，使分析更简便快捷。色谱-质谱联用仪可以分为以下三类。

(1) 气相色谱-质谱联用(CG-MS)，简称气质联用。气质联用仪是开发最早的色谱联用设备，适宜分析小分子、易挥发、热稳定和能被气化的分子。图 4-22 为气质在挥发性有机物检测中的应用。通过吹扫捕集-气相色谱-质谱联用技术测定化工废水中链烷烃、芳烃、酮类等 23 种挥发性有机物(VOCs)的分析方法，并对分析条件进行了优化。图 4-22 列出了 GC-MS 分析的挥发性组分鉴定结果和相对含量。

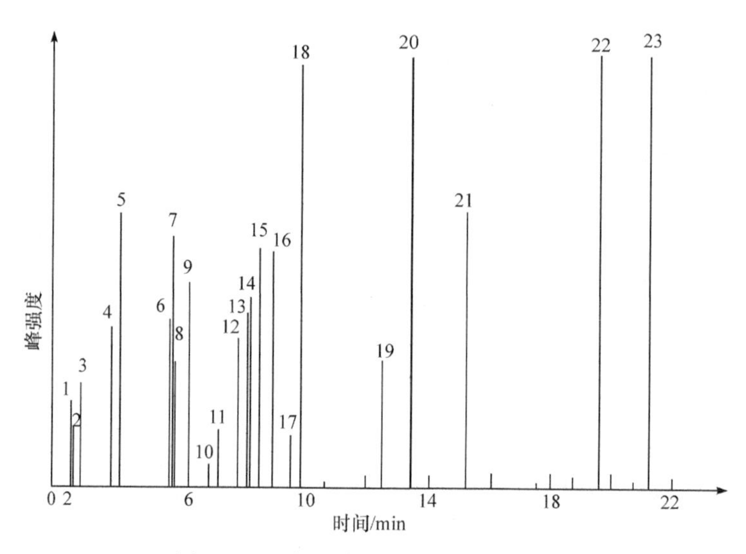

图 4-22　目标化合物的总离子流色谱图

(2) 液相色谱-质谱联用(LC-MS)，简称液质联用。液质联用仪相比于气质联用仪开发较晚的问题在于液相和质谱连接的问题，此问题的解决使液质联用仪得到了飞速发展。它适宜测试分析大分子(包括蛋白、多肽等多聚物)、不易挥发、热不稳定和极性分子。主要应用在天然产物鉴定、生物制药及药物代谢分析、食品成分分析、蛋白质及多肽分析、农药及兽药残留分析。图 4-23 为 LC-MS 在食品成分分析中的应用实例。通过液相-质谱研究沙棘果超临界 CO_2 萃取物中黄酮类天然产物结构，首先通过超临界 CO_2 萃取方法提取沙棘果中的黄酮类化合物，在已有文献基础上，通过一级质谱给出化合物的准分子离子峰，得到化合物的分子量，从而缩小鉴定化合物的范围。然后经色谱工作站拟合，对比黄酮的紫外吸收峰，结合文献，推测其可能的分子式和分子质量。进一步再做二级质谱解析，通过与标准品、已报道的紫外光谱及质谱数据的比对，确定黄酮化合物的分子结构或者其同分异构体。对于无相关标准品的黄酮化合物，则通过二级质谱解析推测其裂解途径，确定其分子结构。

(3) 毛细管电泳-质谱联用(CE-MS)。该联用设备近年来发展迅速，具有高柱效、高分辨率、

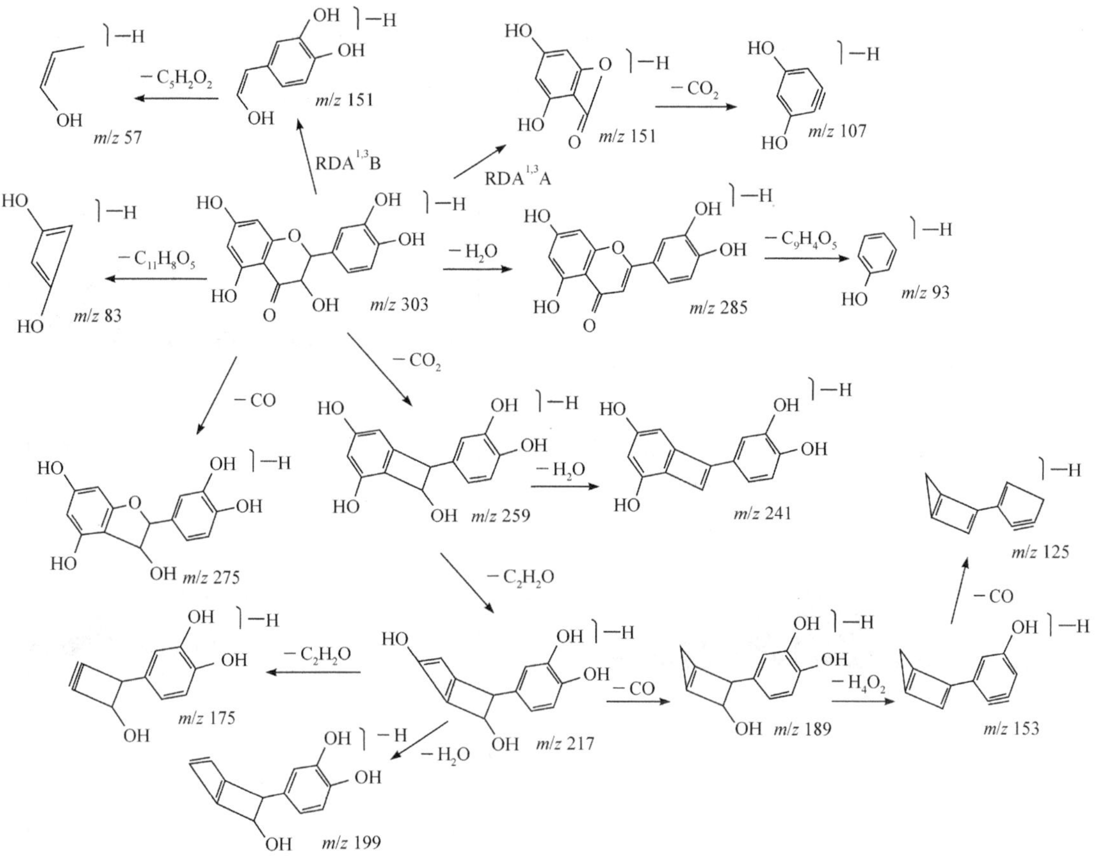

图 4-23　二氢槲皮素分子的裂解过程图

高灵敏度及分析速度快的优点，使用三套管式 ESI 源，即在流出液与喷雾气体间增加夹套液套管，使由 CE 末端的流出液在 ESI 源的喷口处形成雾滴。在对生物大分子分类分析上非常有用。如图 4-24 和图 4-25 所示为 CE-MS 在人类癌基因核酸上的应用研究。通过质谱的分析，筛选了三种具有亲和力的天然产物，进而通过毛细管电泳前沿分析结合的特异性和结合常数，最终确定与 S1 DNA 具有特异性结合的天然产物溴东莨菪碱。

4.6.2　电感耦合等离子体质谱仪

电感耦合等离子体质谱(ICP-MS)是根据被测元素通过一定形式进入高频等离子体中，在高温下电离成离子，产生的离子经过离子光学透镜聚焦，进入四极杆质谱分析器按照质荷比分离，既可以按照质荷比进行半定量分析，也可以按照特定质荷比的离子数目进行定量分析。该方法是一种测定样品中微量、痕量和超痕量元素分析技术，可以实现多元素的同时测定。不但具有极低的检出限，而且具有极宽的动态线性范围。电感耦合等离子体质谱测试技术具有谱线简单、基体干扰非常少、精密度高、分析速度快等性能优势，测试主要在于标准曲线的绘制。

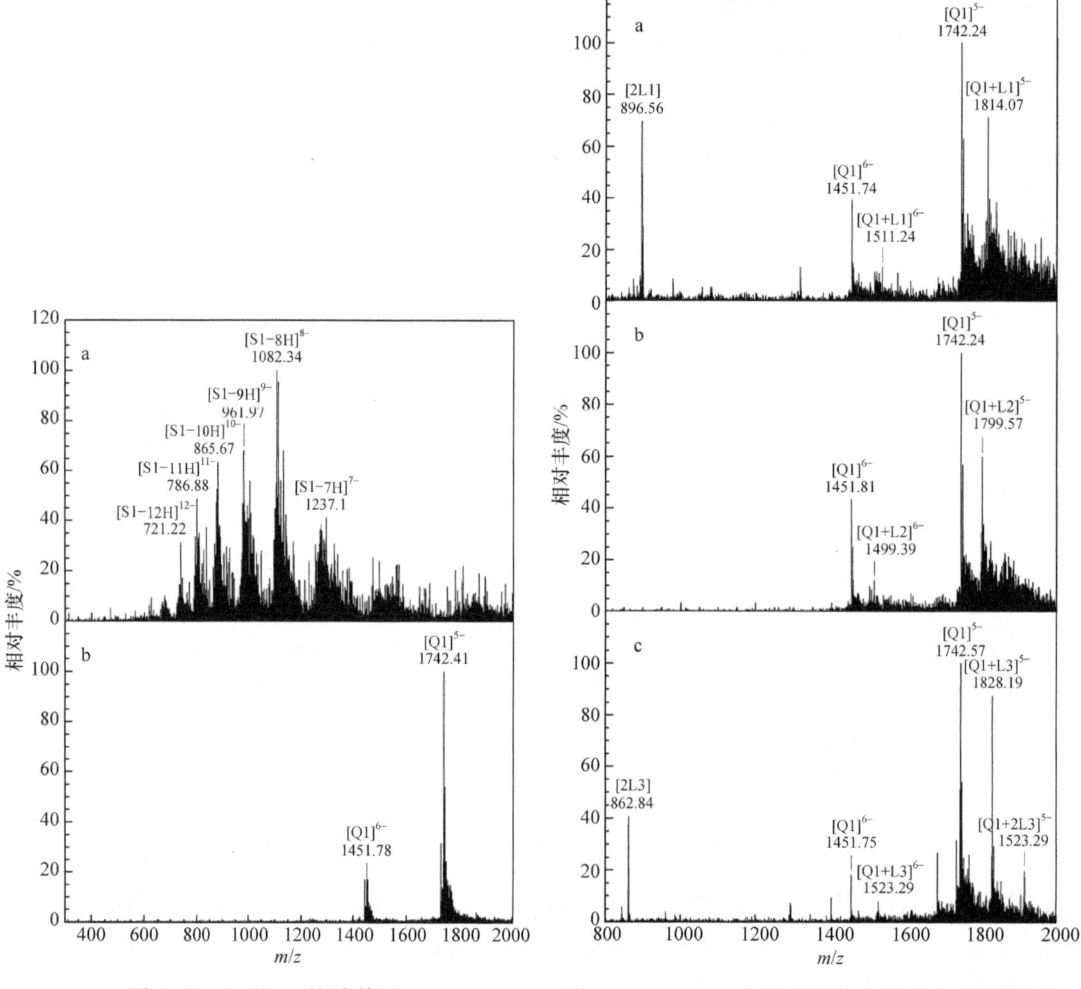

图 4-24　S1 DNA 的质谱图

图 4-25　S1 DNA 与不同天然产物混合后的质谱图

参 考 文 献

陈耀祖, 涂亚平. 2001. 有机质谱原理及应用[M]. 北京: 科学出版社.

邓芹英, 刘岚, 邓慧敏. 2007. 波谱分析教程[M]. 2 版. 北京: 科学出版社.

丁丽娜, 邱亦亦, 束彤, 等. 2019. 超高效液相色谱-质谱联用技术解析沙棘果超临界 CO_2 萃取物中黄酮类天然产物结构[J]. 食品科学, 40(18): 273-280.

孟令芝, 龚淑玲, 何永炳, 等. 2016. 有机波谱分析[M]. 4 版. 武汉: 武汉大学出版社.

牟学军, 王栋春, 李永亮. 2021. 微波消解-电感耦合等离子体质谱(ICP-MS)法测定电镀污泥中的重金属[J]. 中国无机分析化学, 11(4): 1-6.

王双双, 杨云鹤, 凡珊珊, 等. 2019. 毛细管电泳结合电喷雾质谱分析人类癌基因 c-myb 四链体核酸与活性天然产物的相互作用[J]. 色谱, 38(9): 1069-1077.

邢其毅, 徐瑞秋, 周政. 1983. 基础有机化学[M]. 北京: 人民教育出版社.

徐延勤, 石洪波, 雷建彬, 等. 2021. 吹扫捕集-气相色谱-质谱联用技术测定化工废水中挥发性有机物[J]. 石化技术与应用, 39(3): 213-218.

张友杰, 李念平. 1990. 有机波谱学教程[M]. 武汉: 华中师范大学出版社.

Mclafferty E W. 1980. Interprretation of Mass Spectra[M]. 3rd ed. California: University Science Books. (中译本: 王

光辉, 姜龙飞, 汪聪慧. 1987. 质谱解析[M]. 北京: 化学工业出版社.)
Russell Z E, DiDona S T, Amsden J J, et al. 2016. Compatibility of spatially coded apertures with a miniature Mattauch-Herzog mass spectrograph[J]. Journal of the American Society for Mass Spectrometry, 27(4): 578-584.
Shao Z, Wyatt M F, Stein B K, et al. 2010. Accurate mass measurement by matrix-assisted laser desorption/ionisation time-of-flight mass spectrometry. Ⅱ. Measurement of negative radical ions using porphyrin and fullerene standard reference materials[J]. Rapid Communications in Mass Spectrometry, 24(20): 3052-3056.
Züllig T, Köfeler H C. 2021. High resolution mass spectrometry in lipidomics[J]. Mass Spectrometry Reviews, 40(3): 162-176.

习　　题

1. 图 4-26 为 1,4-二氧环己烷的质谱图，写出该化合物中基峰离子的形成过程。

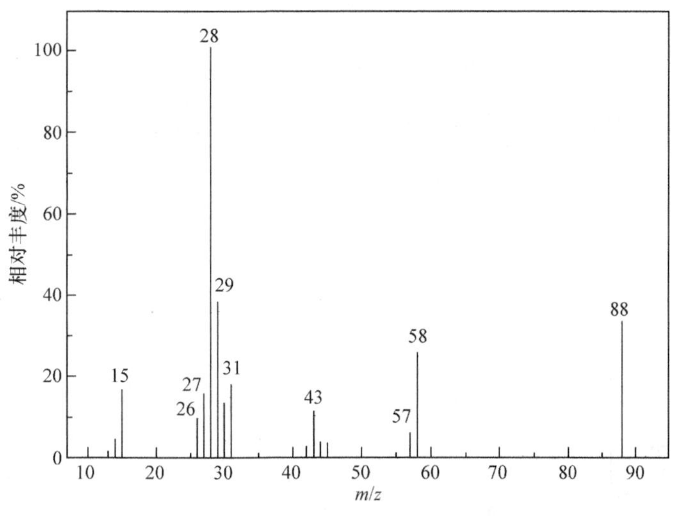

图 4-26　1,4-二氧环己烷的质谱图

2. 现有化合物 2-戊酮和 3-戊酮，测试其质谱图如图 4-27、图 4-28 所示，判断 2-戊酮和 3-戊酮对应的质谱，并写出质谱图中主要离子峰的形成过程。

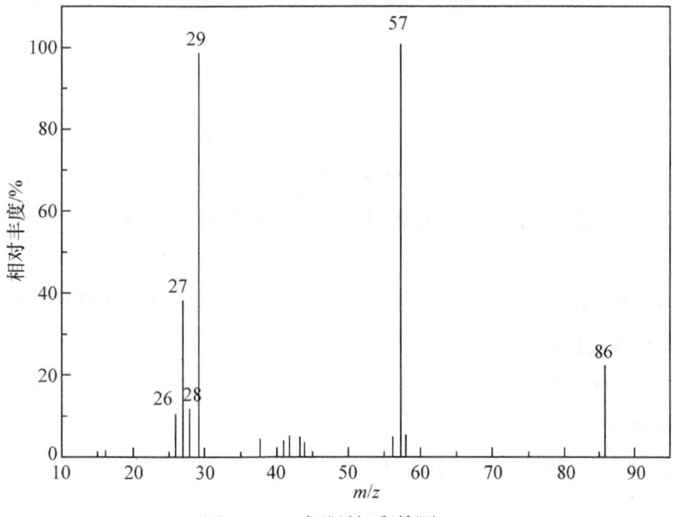

图 4-27　戊酮的质谱图(一)

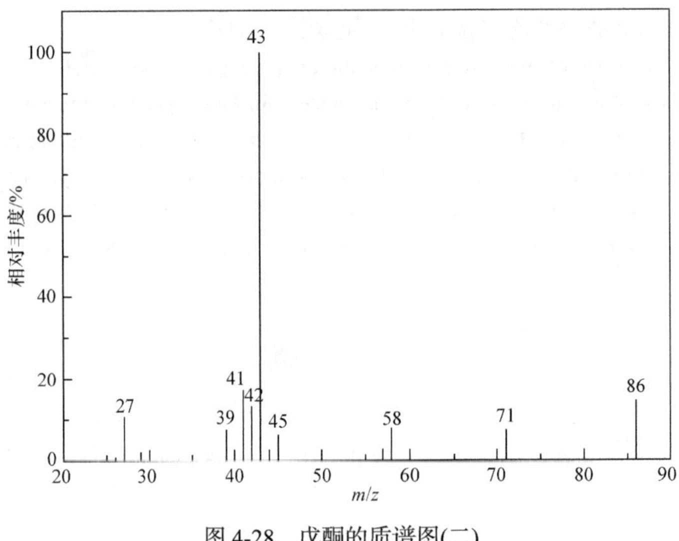

图 4-28　戊酮的质谱图(二)

3. 某化合物的质谱图如图 4-29 所示：*m/z* 185($M^{\cdot+}$)、142(100%)、143(10.3%)，推导出化合物可能的结构。

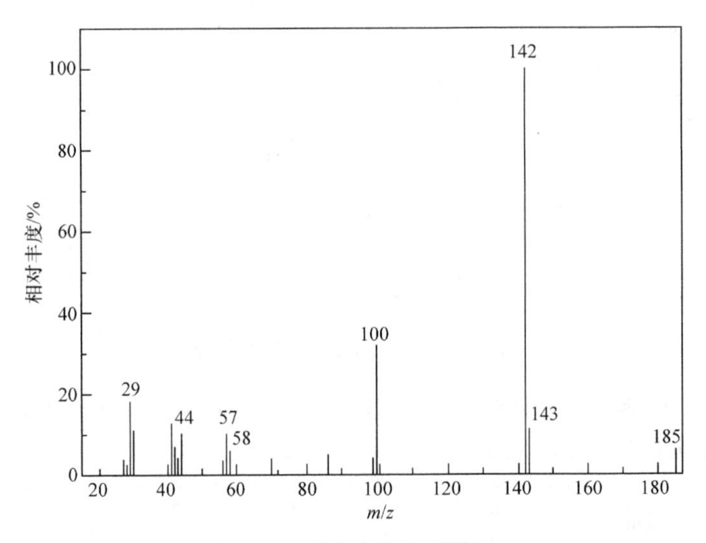

图 4-29　某化合物的质谱图

4. 图 4-30 为 *N*,*N*-二丁基乙酰胺的质谱图，推断其主要的碎片离子。

5. 图 4-31 为某化合物的质谱图，该化合物的分子式为 $C_8H_7NO_3$，推断其可能的结构。

6. 图 4-32 为十氢萘的质谱图，*m/z* 81、67 和 41 为化合物裂解产生的强碎片离子峰，写出此三种碎片离子峰的形成过程。

7. 图 4-33 为环亚己基丙酮的质谱图，*m/z* 123、95、80、67 和 43 为化合物裂解产生的强碎片离子峰，写出此五种碎片离子峰的形成过程。

8. 图 4-34 为某化合物的质谱图，且该化合物的红外光谱图在 1700～1680 cm^{-1} 有吸收峰，根据其质谱图推测该化合物可能的结构。

9. 图 4-35 为甲基四氢呋喃的质谱图，其中 $M = 100$，*m/z* 55 为基峰，分析下面哪个化合物符合图 4-35 的质谱图。

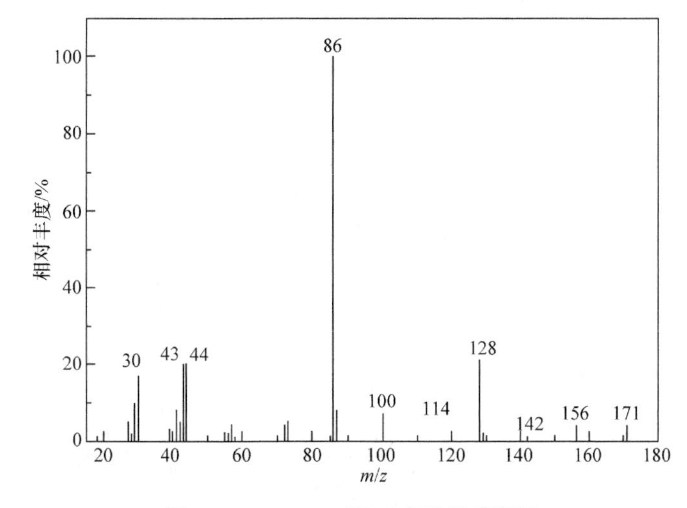

图 4-30　*N,N*-二丁基乙酰胺的质谱图

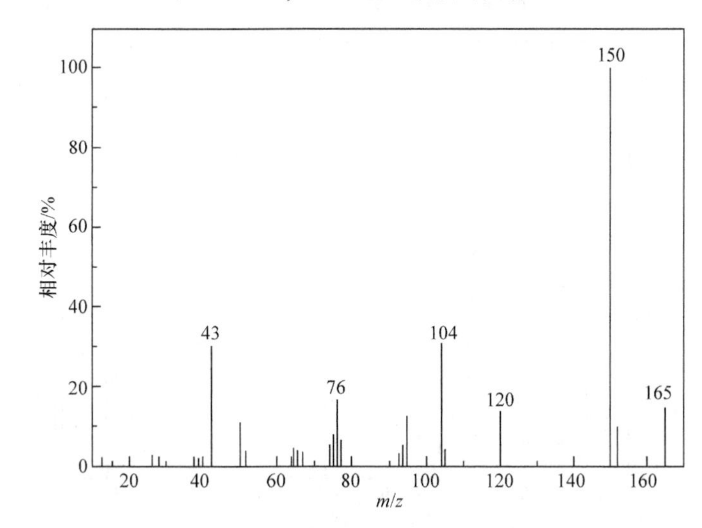

图 4-31　化合物 $C_8H_7NO_3$ 的质谱图

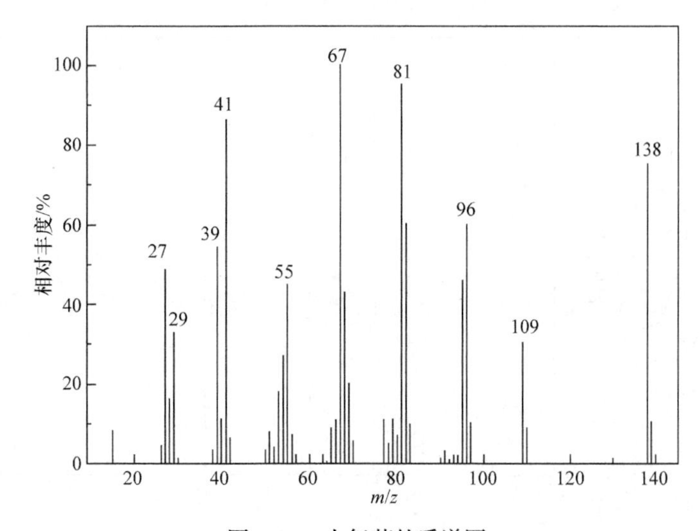

图 4-32　十氢萘的质谱图

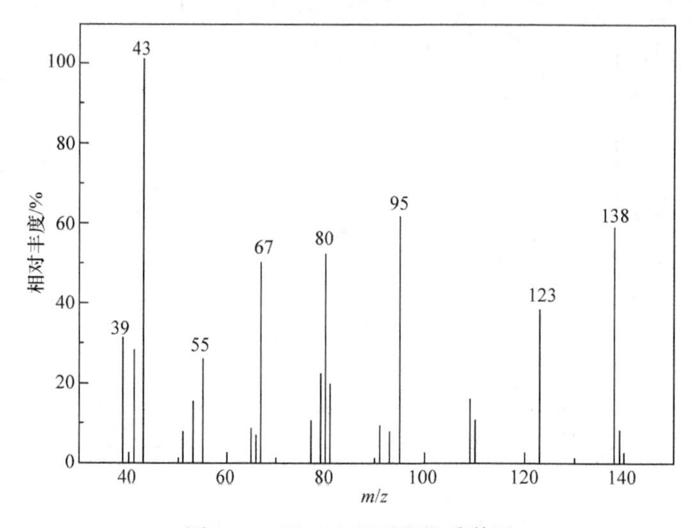

图 4-33　环亚己基丙酮的质谱图

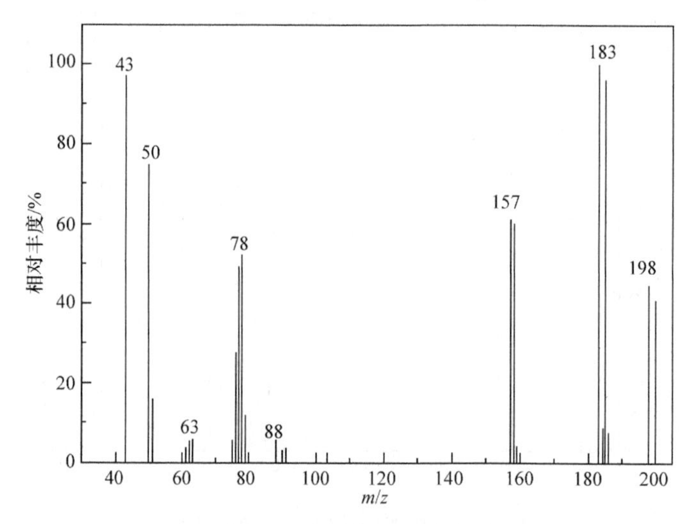

图 4-34　某化合物的质谱图

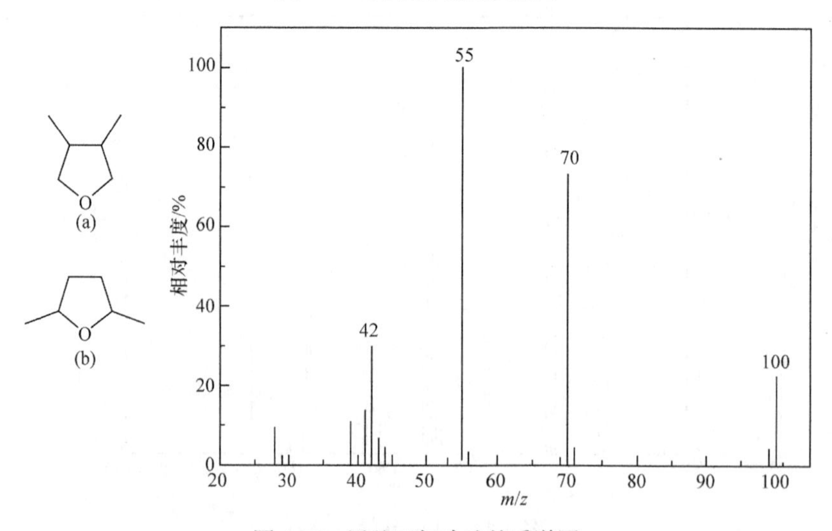

图 4-35　甲基四氢呋喃的质谱图

10. 图 4-36 为化合物 $C_{11}H_{14}O_2$ 的质谱图，根据质谱图推断其可能的结构。

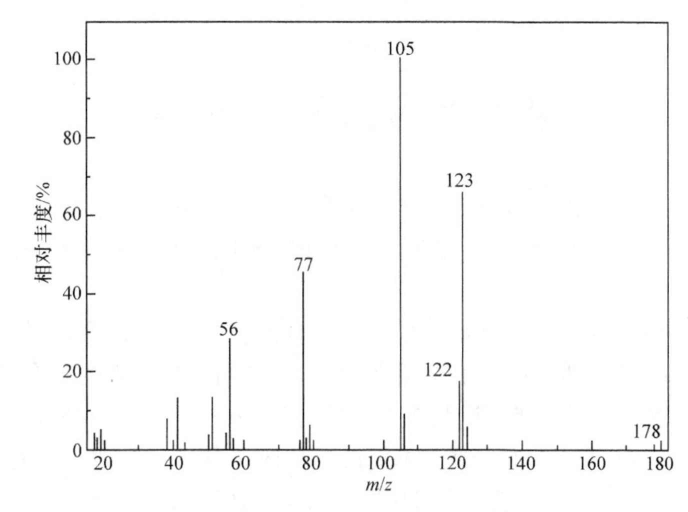

图 4-36 化合物 $C_{11}H_{14}O_2$ 的质谱图

第 5 章　核磁共振波谱

核磁共振(nuclear magnetic resonance，NMR)研究处于磁场中的原子核对射频辐射的吸收，是对各种有机物和无机物的成分、结构进行定性分析的强有力的工具之一，有时也可进行定量分析。

1924 年，泡利(Pauli)预言了 NMR 的基本理论，即同时具有自旋和磁量子数的部分核在磁场中会发生分裂；1946 年，哈佛大学的珀塞尔(Purcell)和斯坦福大学的布洛赫(Bloch)各自首次发现并证实 NMR 现象，并于 1952 年共同获得诺贝尔奖；1953 年，瓦里安(Varian)开始开发商用仪器，并于同年制作了第一台高分辨 NMR 仪器；1956 年，奈特(Knight)发现元素所处的化学环境对 NMR 信号有影响，而这一影响与物质分子结构有关。1970 年，脉冲傅里叶核磁共振(pulse Fourier transform-NMR，PFT-NMR)技术开始市场化(早期多使用连续波 NMR 仪器)。1991 年，瑞士化学家恩斯特(R. R. Ernst)开发研制了高分辨 NMR 波谱仪技术即二维 NMR(2D NMR)理论及傅里叶变换 NMR 技术，因此获得诺贝尔奖。瑞士的维特里希(K. Wüthrich)首先将二维 NMR 和空间几何距离结合得到蛋白质在溶液中的空间结构，第一个用 NMR 方法解析出蛋白质的空间结构，于 2002 年获得诺贝尔化学奖。美国科学家劳特布尔(P. Lauterbur)于 1973 年发明了在静磁场中使用梯度场，能够获得 NMR 信号的位置，从而可以得到物体的二维图像；英国科学家曼斯菲尔德(P. Mansfield)进一步发展了使用梯度场的方法，指出 NMR 信号可以用数学方法精确描述，从而使磁共振成像技术成为可能，这两位科学家因在磁共振成像技术方面的突破性成就于 2003 年共同获得诺贝尔生理学或医学奖。在该领域一共有十几位科学家因对 NMR 的杰出贡献而获得诺贝尔奖。目前 NMR 波谱仪已从 30 MHz 发展到 1000 MHz，仪器工作方式从连续波谱仪发展到脉冲傅里叶变换波谱仪，随着多种脉冲序列的采用，所得谱图已从一维谱到二维谱、三维谱甚至更高维谱。

5.1　核磁共振波谱基础知识

5.1.1　核磁共振的基本原理

通常人们所说的 NMR 指的是利用 NMR 现象获取分子结构、人体内部结构信息的技术，但并不是所有的原子核都能产生这种现象，原子核能产生 NMR 现象是因为具有核自旋。

1. 原子核自旋

宏观物质是由大量的微观原子或由大量的原子构成的分子组成，原子又是由质子与中子构成的原子核及核外电子组成，NMR 研究的对象是能自旋的原子核。

核的自旋现象用核的自旋量子数 I 表示，I 值与原子核的质量数 A 和核电荷数(质子数或原子序数)Z 有关。

按自旋量子数 I 的不同，可以将核分为以下三类：

(1) 质量数和质子数均为偶数的原子核，自旋量子数为 0，即 $I=0$，如 ^{12}C、^{16}O、^{32}S 等，这类原子核没有自旋现象，称为非磁性核。

(2) 质量数为奇数的原子核，自旋量子数为半整数。例如，$I = 1/2$，如 $^{1}H_{1}$、$^{13}C_{6}$、$^{15}N_{7}$、$^{19}F_{9}$、$^{31}P_{15}$、^{29}Si、…；$I = 3/2$，如 $^{7}Li_{3}$、$^{23}Na_{11}$、…；$I = 5/2$，如 $^{17}O_{8}$、$^{27}Al_{13}$、…。

(3) 质量数为偶数，质子数为奇数的原子核，自旋量子数为整数。例如，$I = 1$，如 $^{2}H_{1}$、$^{6}Li_{3}$、$^{14}N_{7}$；$I = 2$，如 $^{58}Co_{27}$；$I = 3$，如 $^{10}B_{5}$。

对于 $I = 1/2$ 的原子核如 ^{1}H、^{13}C、^{19}F、^{31}P，可看作核电荷均匀分布的球体，并像陀螺一样自旋，有磁矩产生，是 NMR 研究的主要对象。

$I \neq 0$ 的原子核都具有自旋现象，可产生磁矩(μ)，μ与自旋角动量 P 有关。$\mu = \gamma P$(γ 为旋磁比常数)，$P = \sqrt{I(I+1)}\dfrac{h}{2\pi}$($h$ 为普朗克常量)，不同的原子核有不同的旋磁比。

2. 核磁共振现象

在基态时核自旋是无序的，彼此之间没有能量差，它们的能态是简并的，因此无外磁场(B_0)时，磁矩 μ 的取向是任意的。

若将自旋核放入 B_0 外加磁场中，由于磁矩与磁场相互作用，磁矩相对于外加磁场 B_0 有不同的取向，按照量子力学原理，它们在外磁场方向的投影是量子化的，对于 $I \neq 0$ 的自旋核，磁矩 μ 的取向不是任意的，而是量子化的，可用磁量子数 m 表示：

$m = I$、$I-1$、…、$-I+1$、$-I$，共有$(2I+1)$种取向，如 $I = 1/2$ 的自旋核共有 2 种取向$(+1/2, -1/2)$，$I = 1$ 的自旋核共有 3 种取向$(+1，0，-1)$，……。

原子核自旋产生磁矩即核磁矩，当核磁矩处于静止外磁场中时产生进动核和能级分裂。自旋量子数 $I = 1/2$ 的核在外加磁场 B_0 中，有两个自旋取向，$m = 1/2$ 时，自旋取向与外加磁场方向一致，能量较低；$m = -1/2$ 时，自旋取向与外加磁场方向相反，能量较高。

对于任何自旋角量子数为 I 的核，其相邻两个能级的能量差为 $\Delta E = \dfrac{1}{2I} rhB_0$，当将自旋核置于外加磁场 B_0 中时，如图 5-1 所示，根据经典力学模型会产生拉莫尔(Larmor)进动，$I \neq 0$ 的自旋核绕自旋轴旋转(自旋轴的方向与μ一致)，自旋轴又与 B_0 保持θ角，绕 B_0 场进动也称拉莫尔进动。这是由于 B_0 对μ有一个扭力，μ 与 B_0 平行，旋转又产生离心力，平衡时保持 θ 不变。

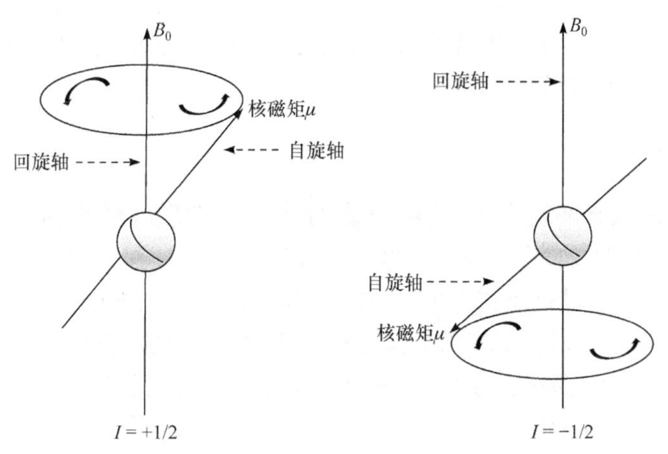

图 5-1　自旋核在外加磁场 B_0 中的拉莫尔进动

拉莫尔进动频率与外加场强的关系可由拉莫尔方程式表示：

$$\omega_0 = 2\pi\nu_0 = \gamma B_0 \quad \nu_0 = \frac{\gamma}{2\pi}B_0 \tag{5-1}$$

式中，ω_0为角速度；ν_0为进动频率，Hz 或 MHz；B_0为外磁场强度，T(特斯拉)；γ为质子旋磁比常数，42.5 MHz · T^{-1}。

原子核进动的频率由外加磁场的强度和原子核本身的性质决定，对于一特定原子，在一定强度的外加磁场中，其原子核自旋进动的频率是固定不变的。

根据量子力学原理，原子核磁矩与外加磁场之间的夹角并不是连续分布的，而是由原子核的磁量子数决定的，原子核磁矩的方向只能在这些磁量子数之间跃迁，而不能平滑地变化，这样就形成了一系列的能级。当原子核在外加磁场中接受其他来源的能量输入后，就会发生能级跃迁，这种能级跃迁是获取 NMR 信号的基础。

为了让原子核自旋的进动发生能级跃迁，需要为原子核提供跃迁所需要的能量，这一能量通常是通过外加射频场B_1提供的。根据物理学原理，当外加射频场的频率与原子核自旋进动的频率相等时，射频场的能量才能够有效地被原子核吸收，为能级跃迁提供能量。因此，某种特定的原子核在给定的外加磁场中，只吸收某一特定频率射频场提供的能量，这样就形成了一个 NMR 信号。

3. 核磁共振条件

必须具备以下三个条件，磁性原子核才发生共振产生 NMR 共振信号，由低能态向高能态跃迁：①$I \neq 0$；②外磁场B_0；③需要一个与B_0相互垂直的射频场B_1，且回旋频率ν_1=跃迁频率ν_0，$\nu_0 = \frac{\gamma}{2\pi}B_0$。

4. 饱和弛豫

1) 饱和现象

在电磁波的作用下，当$h\nu$对应于分子中某种能级(分子振动能级、转动能级、电子能级、核能级等)的能量差为ΔE时，分子可以吸收能量，由低能态跃迁到高能态，同时激发态的分子可以释放能量回到低能态，重建玻尔兹曼(Boltzmann)分布，对于^1H低能态的核数目比高能态的核数目多约百万分之十，才能维持玻尔兹曼分布，否则无法观察到 NMR 信号，这种现象称为饱和，在 NMR 中，如果发生饱和现象，即使满足 NMR 的三个条件，也无法观测到 NMR 信号。

2) 弛豫过程

原子核从激化的状态恢复到平衡排列状态的过程，即高能态的原子核以非辐射的形式释放能量回到低能态重建玻尔兹曼分布，这种过程称为弛豫过程，弛豫过程分以下两种：

(1) 自旋-晶格弛豫。晶格泛指环境，自旋-晶格弛豫是高能态自旋核将能量传给周围环境(同类分子、溶剂小分子、固体晶格等)而本身回到低能态，维持玻尔兹曼分布，自旋-晶格弛豫过程的半衰期就是自旋-晶格弛豫时间，用T_1表示，T_1与样品状态及核的种类、温度等有关，自旋-晶格弛豫也称为纵向弛豫。

(2) 自旋-自旋弛豫。高能态原子核把能量传递给同类低能态的自旋核，本身回到低能态，维持玻尔兹曼分布，结果是高低能态自旋核总数是保持不变的。自旋-自旋弛豫过程的半衰期就是自旋-自旋弛豫时间，用 T_2 表示，自旋-自旋弛豫也称为横向弛豫。

5.1.2　核磁共振的化学位移及其影响因素

1. 核磁共振的化学位移

1) 屏蔽效应

理想化的、裸露的氢核满足共振条件，产生单一的吸收峰：$\nu = \frac{\gamma}{2\pi} B_0$。但这只是在理想情况下，实际上并不存在裸露的氢核。一般在有机化合物中，氢核不但受周围不断运动的价电子影响，还受到相邻原子的影响，如图 5-2 所示。带正电原子核的核外电子在与外磁场垂直的平面上绕核旋转的同时，会产生与外磁场方向相反的感生磁场，起到屏蔽作用，使氢核实际受到的外磁场作用减小。

原子核实际感受到的磁场强度即有效磁场(B_{eff})：

$$B_{eff} = B_0 - \sigma \cdot B_0$$

式中，σ 为屏蔽常数，与核外电子云的密度有关，密度越大，σ 越大，表明受到的屏蔽效应越大。

2) 化学位移

某一种核(如氢核)，由于所处的化学环境不同，核的共振频率也不尽相同，因而它们的谱线出现在谱图的不同位置上，这种现象称为化学位移(chemical shift)，实际上核的共振频率为 $\nu = \frac{\gamma}{2\pi} B_0(1-\sigma)$。

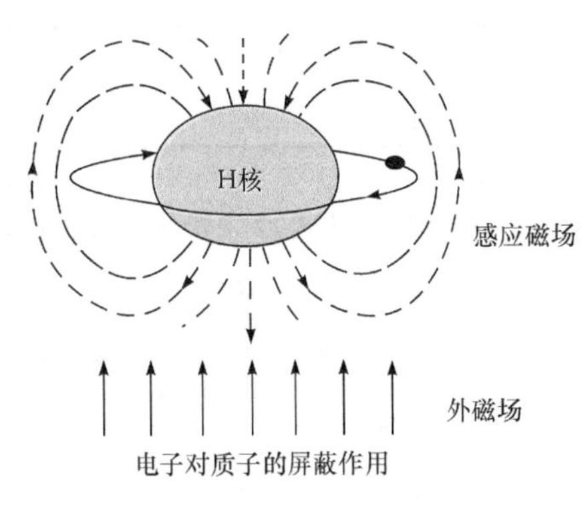

图 5-2　H 核外电子云产生感应磁场

3) 化学位移的表示方法

若用磁场强度或频率表示化学位移，则使用不同型号(即不同照射频率)的仪器所得的化学位移值不同，同一种化合物在不同仪器上测得的谱图，若以共振频率表示，将没有简单、直观的可比性。一般是选择相对标准，以四甲基硅烷 $Si(CH_3)_4$(TMS)作内标物，并规定其化学位移常数为零。

为了解决这个问题，采用位移常数 δ 来表示化学位移：

$$\delta = [(\nu_s - \nu_{TMS})/\nu_{TMS}] \times 10^6 \text{ (ppm)} \tag{5-2}$$

式中，ν_s 为样品的频率；ν_{TMS} 为 TMS 的频率。

TMS 作为基准参考物质，特点如下：

(1) TMS 不活泼，与样品不反应且分子间不缔合。

(2) TMS 是一个对称结构，无论在氢谱还是在碳谱中都只有一个吸收峰。

(3) 因为 Si 的电负性(1.9)比 C 的电负性(2.5)小，TMS 中的氢核和碳核处在高电子密度区，产生的屏蔽效应强，与绝大部分样品信号之间不会互相重叠干扰。

(4) TMS 沸点很低(27℃)，容易去除，有利于回收样品。

(5) TMS 是非极性溶剂，不溶于水。

对于强极性试样，必须用重水作溶剂测 NMR 谱时，要用其他标准物。例如，DSS[DSS：$(CH_3)_3SiCH_2CH_2CH_2SO_3Na$]作内标，也可使用毛细管加 TMS 作外标。

2. 影响化学位移的因素

1) 诱导效应的影响

与质子相连元素的电负性越强，吸电子作用越强，质子周围的电子云密度越小，屏蔽作用减弱，信号峰向低场移动，δ值越大，见表5-1。

表 5-1　与 CH_3 连接基团(X)电负性的影响

化合物	CH_3F	CH_3OH	CH_3Cl	CH_3Br	CH_3I	CH_4	TMS
电负性	4	3.5	3	2.8	2.5	2.1	1.8
δ_H/ppm	4.26	3.14	3.05	2.68	2.16	0.23	0

取代基个数越多，吸电子诱导效应越大，δ值越大，见表5-2。

表 5-2　与 CH_3 连接基团(X)数目的影响

化合物	CH_3Cl	CH_2Cl_2	$CHCl_3$
δ_H/ppm	3.05	5.3	7.27

诱导效应是通过成键沿键轴方向传递的，氢核与取代基的距离越大，相隔化学键的距离越大，影响越小，诱导效应越小，δ值越小，如与—OH相连的C—H的化学位移，见表5-3。

表 5-3　与 CH_3 连接基团(X)距离的影响

化合物	CH_3OH	CH_3CH_2OH	$CH_3CH_2CH_2OH$
δ_H/ppm	3.39	1.18	0.93

2) 磁各向异性效应的影响

化合物中非球形对称的电子云，如π电子系统，对邻近质子附加一个各向异性的磁场，即该磁场在某些区域与外磁场 B_0 的方向相反，使外磁场强度减弱，起抗磁性屏蔽作用(+)，发生高场位移；在另一些区域与外磁场 B_0 方向相同，对外磁场起增强作用，产生顺磁性屏蔽作用(−)，发生低场位移。

一般产生磁各向异性的常见基团为双键、三键、苯环、饱和三元环。

(1) 芳烃和烯烃的磁各向异性效应。

双键碳上的质子位于π键环流电子产生的感生磁场与外加磁场方向一致的区域(称为去屏蔽区)，去屏蔽效应的结果使双键碳上的质子的共振信号移向稍低的磁场区。

烯烃及苯环上的H核位于去屏蔽区，如图5-3所示，δ_H向化学位移较大方向移动，乙烯H的δ= 5.23 ppm，苯环上H的δ= 7.27 ppm。

(2) 羰基的磁各向异性效应。

羰基的屏蔽作用与双键相似，由于醛基质子位于去屏蔽区，而且受电负性较大的氧的影响，共振峰出现在低场(δ：10 ppm附近)，如图5-4所示。

双键和苯环的π电子云均为盘式，当它们的平面垂直于磁场时就会产生感应电流和感应磁场，在双键的上下为抗磁屏蔽区，在双键平面区域为顺磁屏蔽区。如图5-5所示，典型的安纽烯有18个H，分子内外H化学位移并不同。12个环外H，受到较强的去屏蔽作用，$\delta_{环外氢}\approx$

8.9 ppm；6 个环内 H，受到高度的屏蔽作用，$\delta_{环内氢} \approx -1.8$ ppm。

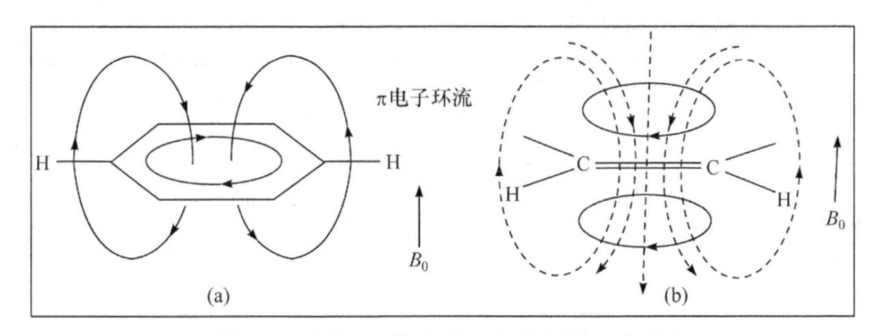

图 5-3　烯烃(a)及苯环(b)电子环流示意图

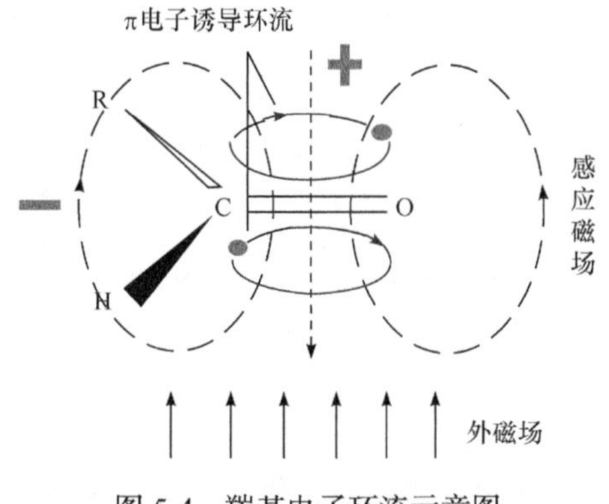

图 5-4　羰基电子环流示意图

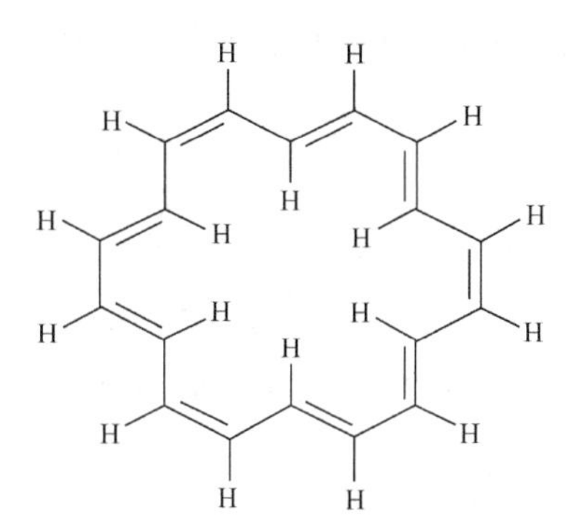

图 5-5　安纽烯的结构式

(3) 三键的磁各向异性效应。

三键 π 电子在 B_0 作用下绕 C—C 运动，在三键轴方向产生逆磁屏蔽，质子正好位于其磁力线上，与外磁场 B_0 方向相反，增强屏蔽强度，而三键上的质子正好在屏蔽区，如图 5-6 所示，结果是 δ 为 1.8～3.0 ppm，小于烯烃 H 的化学位移。

(4) 单键的磁各向异性效应。

形成单键的 sp^3 杂化轨道是非球形对称的，也有磁各向异性效应，但很弱，如图 5-7 所示，在沿着单键键轴方向是去屏蔽区，而键轴的四周为屏蔽区，正好与三键相反。

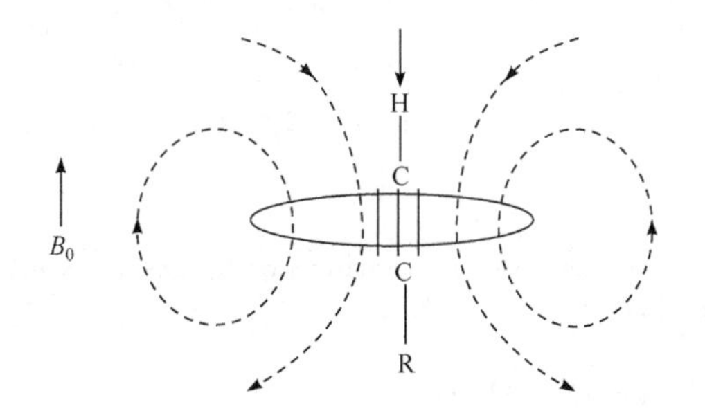

图 5-6　三键 π 电子环流示意图

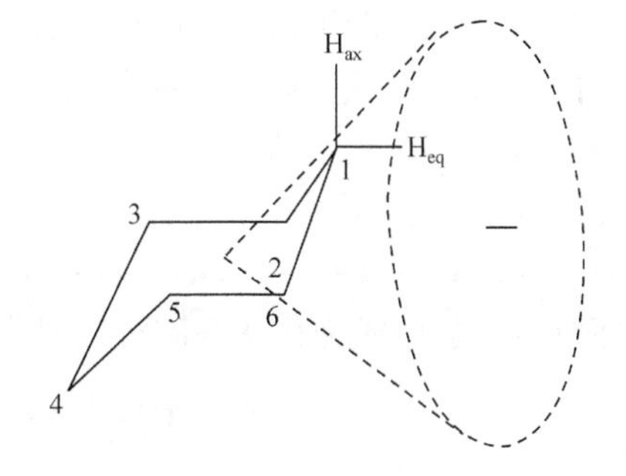

图 5-7　环己烷的立体结构($\delta_{eq} > \delta_{ax}$)

只有当单键旋转受阻时这一效应才能显示出来。例如，环己烷直立氢(H_{ax})和平伏氢(H_{eq})的化学位移值并不相同。

(5) 三元环磁各向异性效应。

三元环磁各向异性效应不可忽视，磁场在环平面的上下方构成屏蔽区，环平面的周围为去屏蔽区。由于三元环上的质子不可能与环共平面，位于屏蔽区，共振信号明显向高场移动，如图 5-8 所示。

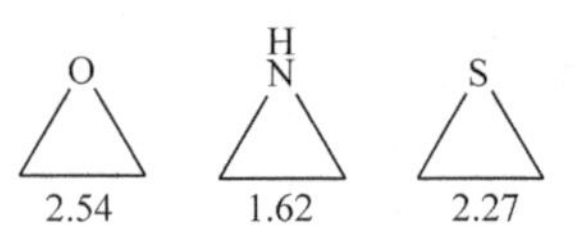

图 5-8　三元环磁各向异性效应

电子环流引起的磁各向异性效应是通过空间传递，不是通过化学键传递。如图 5-9 所示，两结构为同分异构体，由于左图中—CH_3位于苯环电子云屏蔽区，所以 $\delta_{CH_3—左} < \delta_{CH_3—右}$。

3) 共轭效应的影响

使氢核周围电子云密度增加，则磁屏蔽增加，共振吸收峰移向高场；反之，共振吸收峰移向低场。p-π 共轭作用增加某些基团的电子云密度，使其在高场共振，π-π 共轭作用可减小某些质子的电子云密度，使其在低场共振，如图 5-10 所示。

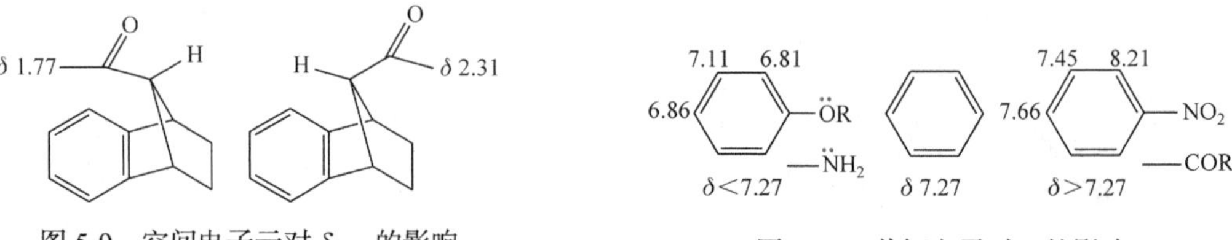

图 5-9　空间电子云对 δ_{CH_3} 的影响

图 5-10　共轭电子对 δ 的影响

4) 氢键的影响

具有氢键的质子其化学位移比无氢键的质子大，氢键的形成降低了核外电子云密度。

(1) 氢键缔合对化学位移的影响。

两个电负性基团分别通过共价键和氢键产生吸电子诱导作用，造成更大的去屏蔽效应，使共振信号向低场移动，δ值增大。

分子间氢键的形成与样品浓度、测定温度及溶剂等因素有关，因此相应的质子δ 不固定，如醇羟基和脂肪氨基的质子δ一般为 0.5～5 ppm，酚羟基质子则为 4～7 ppm。温度升高，在非极性溶剂中，浓度越小对氢键的形成越不利，因此可以通过改变测定温度或浓度，观察谱峰的位置变化，确定 OH 或 NH 等产生的信号，不过分子内氢键的生成与浓度无关，相应的质子总是出现在较低场。例如，β-二酮有酮式和烯醇式结构，在烯醇式结构中，由于分子内氢键的形成，烯醇式有很大的化学位移，可高达 15～19 ppm，如图 5-11 所示。

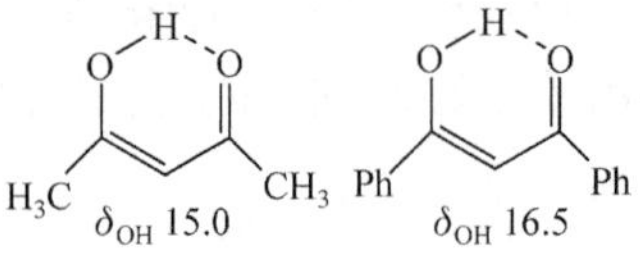

图 5-11　β-二酮的烯醇式的化学位移

(2) 氢核交换效应。

分子中含有—OH、—COOH、—NH_2、—SH 等活泼氢可在分子间进行快速交换，从而使化学环境不同的核成为化学等同核，具有同样的化学位移。

$$RCOOH_a + HOH_b \longrightarrow RCOOH_b + HOH_a$$

$$\delta_{abs} = n_a\delta_a + n_b\delta_b \tag{5-3}$$

式中，δ_{abs} 为观察到的化学位移；n_a 和 n_b 为 H_a 和 H_b 的物质的量。

当测定含有—OH、—COOH、—NH_2、—SH 等基团的化合物时，一般可加入几滴重水，振荡后，再进行测试。此时，—OH、—COOH、—NH_2、—SH 等基团上质子被重氢交换，相应共振峰强度衰减或消失，因此活泼氢可采用重水交换的方法进行识别。

$$ROH + D_2O \longrightarrow ROD + HOD$$

重氢交换的方法也是判断原样品分子中是否含有活泼氢的一种有效手段。注意：提高温度或有酸碱存在时，可加快质子交换的反应速率。

5) 浓度、温度、溶剂等外界条件对 δ 值的影响

(1) 浓度对 δ 值的影响。

浓度对—OH、—NH 的活泼性影响较大。例如，随 CH_3CH_2OH 浓度的增加，羟基氢信号逐渐移向低场。

(2) 温度对 δ 值的影响。

温度可能引起化合物分子结构的变化，如环烷烃的构型翻转受阻，$C_6D_{11}H$ 的变温 ^1H NMR 谱如图 5-12 所示，随着温度的降低，由一个峰逐步分成两个谱峰，而且化学位移向低场移动，因此温度越低，分辨率越高，越有利于核磁共振的测试。

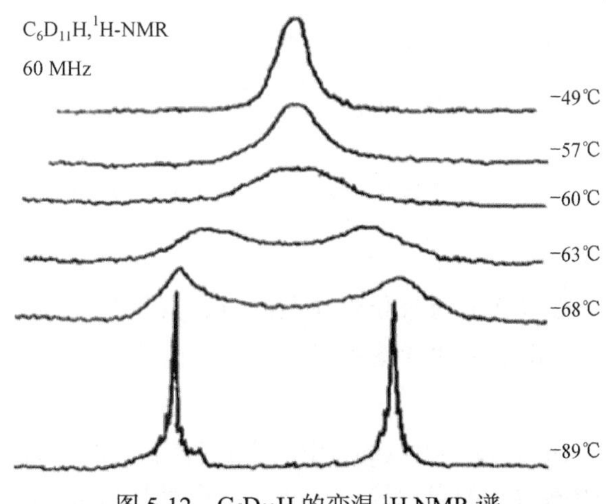

图 5-12 $C_6D_{11}H$ 的变温 ^1H NMR 谱

(3) 溶剂对 δ 值的影响。溶质分子受到不同溶剂影响而引起的化学位移变化称为溶剂效应。其原因很多，如溶剂与化合物发生相互作用，形成氢键、配合物或者分子与分子之间相互作用等导致环境发生改变。一般化合物在 CCl_4、$CDCl_3$ 中化合物谱峰的重现性较好，在苯中溶剂效应影响较大。例如，*N,N*-二甲基甲醛在氘代氯仿溶剂中，$\delta_\beta \approx 2.88$ ppm，$\delta_\alpha \approx 2.97$ ppm。在氘代氯仿溶剂中逐渐加入溶剂苯，α- 和 β- 甲基的化学位移逐渐靠近，最后两者交换位置，说明存在溶剂效应。

$$\mathrm{O{=}CH{-}\ddot{N}(CH_3)_\beta(CH_3)_\alpha} \longleftrightarrow \mathrm{{}^{-}O{-}CH{=}\overset{+}{N}(CH_3)_\beta(CH_3)_\alpha}$$

因此，在查阅或报道核磁共振数据时应注意标明测试时所用的溶剂，NMR 样品尽可能用同一种溶剂，如果使用混合溶剂，应说明混合溶剂的比例。一般尽量使用浓度相同或相近的稀溶液，避免使用苯、吡啶等溶剂，有可能会与样品形成瞬间复合物，改变有关质子的实际

存在状态，从而使化学位移出现漂移。

3. 各类氢核的化学位移

1) sp^3杂化碳上的氢

sp^3杂化碳上的氢，即饱和烷烃中的氢的化学位移一般在 0～2 ppm，且大致按顺序依次增大：环丙烷＜CH_3＜CH_2＜CH，但当与 H 相连的碳上同时有强吸电子原子，如 O、Cl、N 等，或邻位有各向异性基团如双键、羰基、苯基等时，化学位移会大幅度增加，往往会超出此范围。

一些环状化合物sp^3杂环碳上 H 的化学位移如图 5-13 所示。

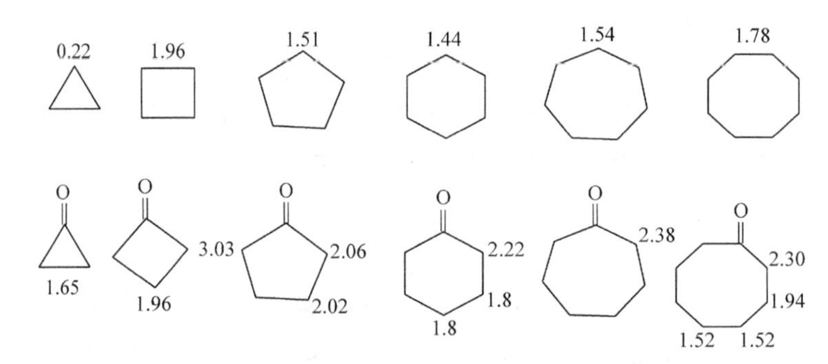

图 5-13　一些环状化合物 sp^3杂环碳上氢核的化学位移

2) sp^2杂化碳上的氢

sp^2杂化碳上的氢是指双键上的氢和苯环上的氢，其化学位移 δ 分别为：烯氢在 4.5～8.0 ppm，芳环上的氢及 α,β-不饱和羰基系统中 β 位信号在 6.5～8.5 ppm，醛基氢在 9.4～10.0 ppm。

芳环和芳杂环也是由 sp^2 杂化碳组成的，由于受到各向异性作用，芳环上的氢在较低场出现核磁共振信号。通常烷基取代的影响较小，极性和共轭取代基对环上剩余质子的化学位移和谱峰影响较大，常以多重峰出现，如图 5-14 所示。

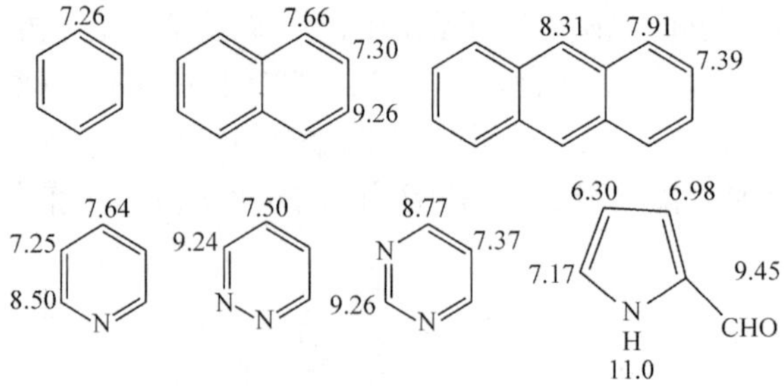

图 5-14　一些芳环和芳杂环氢核的化学位移

3) 常见结构单元化学位移范围

常见结构单元化学位移如图 5-15 所示。

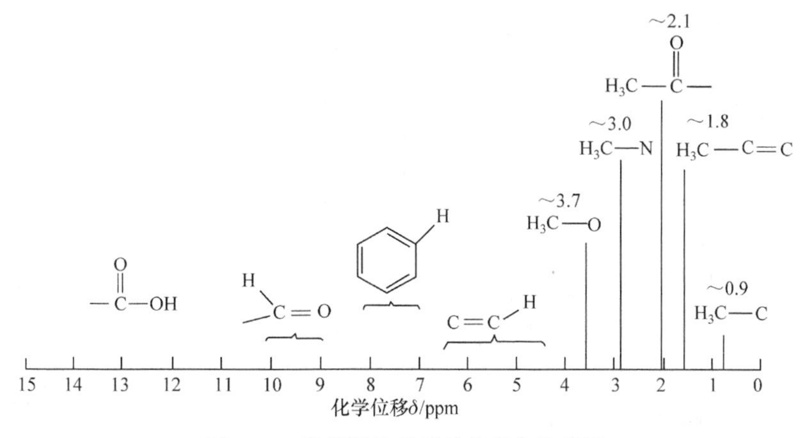

图 5-15　常见结构单元的化学位移范围

5.1.3　自旋耦合

1951 年，古托夫斯基(Gutowsky)等发现 $POCl_2F$ 溶液中 ^{19}F 谱图中有两条谱线，分子中只有一个 F，由此发现了自旋-自旋耦合现象。

自旋核-自旋核之间的相互作用(干扰)称为自旋耦合，耦合的结果是造成谱线增多的现象，称为自旋裂分。例如，乙烷分子中的 6 个 H 为磁等性的，H 核之间不发生自旋耦合裂分，而碘乙烷则不同，有两类不同的 H 核，产生了两组峰，δ= 1.8 ppm 处的三重峰为—CH_3 产生，δ= 3.0 ppm 处的四重峰为—CH_2 产生，这两组相邻的不同基团上的 H 核相互作用，使它们的共振峰产生了裂分，这种现象称为自旋耦合，也称自旋干扰，见图 5-16。

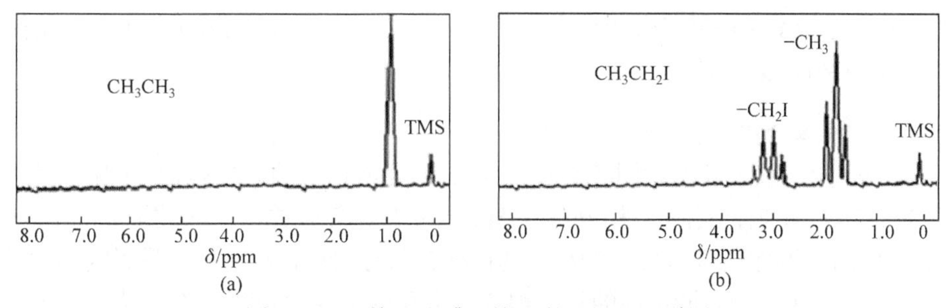

图 5-16　乙烷(a)和碘乙烷(b)的 ^1H NMR 谱图

1. 自旋-自旋耦合机理

自旋耦合是自旋核之间的相互作用，是一种自旋干扰现象，如 $R_1R_2CH_A—R_3R_4CH_B$ 中的 H_A 和 H_B 之间的自旋耦合，如图 5-17 所示。

H_B 自旋取向 $m = +1/2$，与外加磁场方向一致，传递到 H_A 将增强外加磁场，故 H_A 共振峰将移向强度较低外加磁场区，见图 5-17 中 X 型分子。

H_B 自旋取向 $m = -1/2$，与外加磁场方向相反，传递到 H_A 将削弱外加磁场，故 H_A 共振峰将移向强度较高外加磁场区，见图 5-17 中 Y 型分子。

由自旋核在 B_0 中产生的局部磁场进行分析可知，H_A 使 H_B 或 H_B 使 H_A 的共振峰耦合裂分为二等强度的峰，如图 5-18 所示。

同样，$Cl_2H^ACl—CH_2{}^BCl$ 和碘乙烷的 H-H 耦合裂分结果如图 5-19 和图 5-20 所示，对于 $Cl_2H^ACl—CH_2{}^BCl$ δ_A 为 1∶2∶1 三重峰，δ_B 为 1∶1 双峰；对于碘乙烷，CH_2 为 1∶3∶3∶1

四重峰，CH_3为1∶2∶1三重峰。

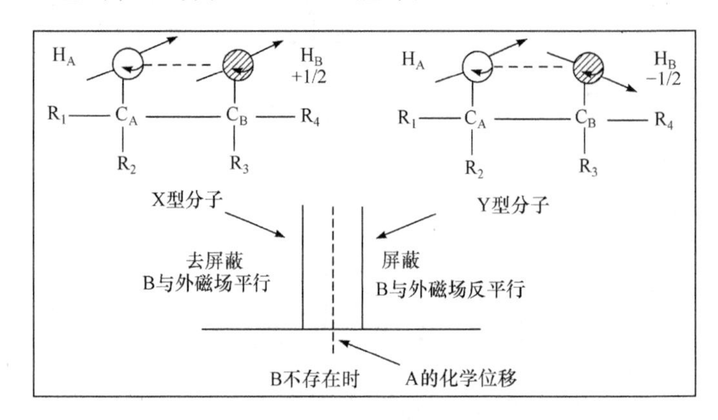

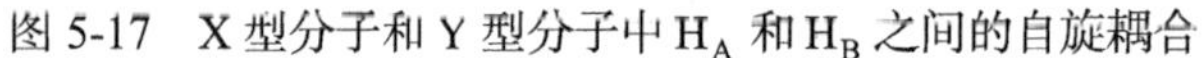

图 5-17　X 型分子和 Y 型分子中 H_A 和 H_B 之间的自旋耦合

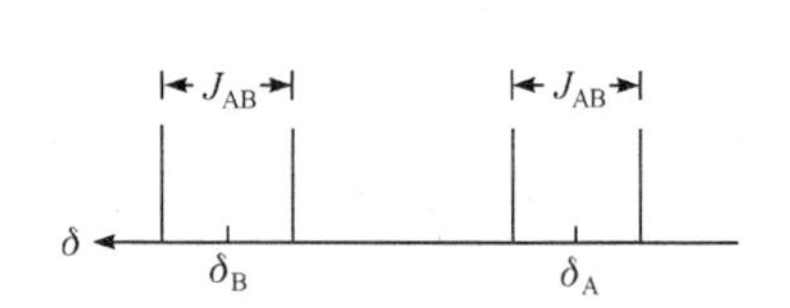

图 5-18　H_A 和 H_B 的自旋耦合裂分峰

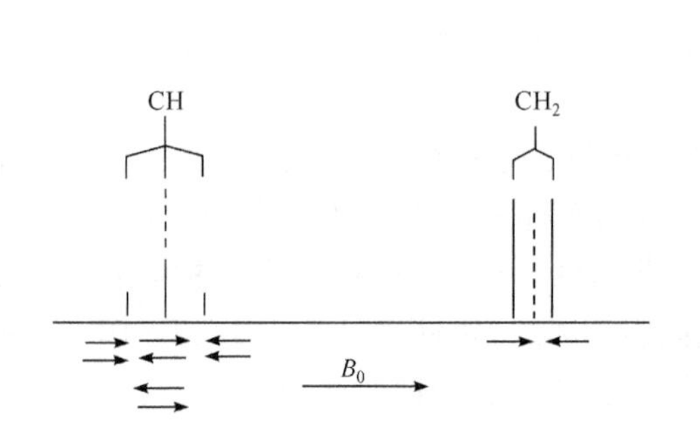

图 5-19　$Cl_2H^ACl—CH_2^BCl$ 分子中的 H-H 的自旋耦合裂分峰

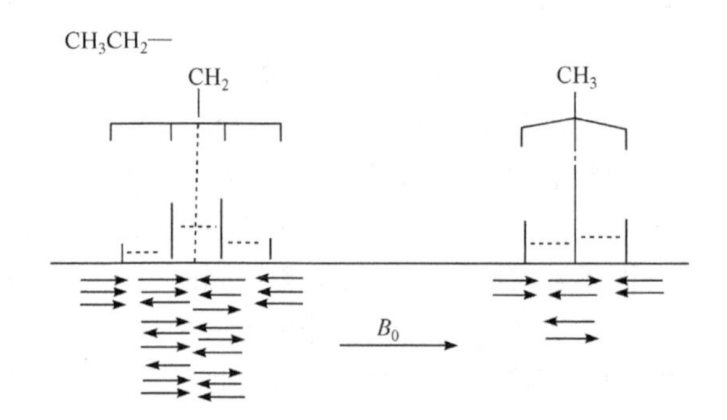

图 5-20　碘乙烷分子中 H-H 的自旋耦合裂分峰

根据以上自旋耦合机理总结如下规律：

(1) $(n+1)$规律：某组环境相同的氢核，与 n 个环境相同的氢核耦合，则被裂分为$(n+1)$重峰(对于 H，其 $I=1/2$)，实际上为$(2nI+1)$规律，n 为相邻碳原子上的质子数。

(2) 对于同时受两组磁性核影响的核，其自旋裂分分两种情况：如果受影响的两基团结构相似，分别与 n 个和 m 个环境不同的氢核耦合，中间碳上的 H 峰的裂分峰为 $n+m+1$ 重峰，因为存在谱峰重合，如 $CH_3CH_2^*CH_2CH_3$、—CH_3 和—CH_2CH_3 基团结构类似，中间碳上的 H^* 为 $3+2+1=6$ 重峰；如果结构不类似，则将产生$(m+1)(n+1)$重峰，如 $CH_3CH_2^*CH_2NO_2$ 中间 H^*裂分峰为 12 重峰，受—CH_3 和—CH_2NO_2 基团的影响。

(3) 谱峰裂分强度比即为对应的峰面积比，近似为二项式的展开式系数比：$(a+b)^n$。当 $n=1$，面积比为 1∶1；当 $n=2$，面积比为 1∶2∶1；当 $n=3$，面积比为 1∶3∶3∶1；当 $n=4$，面积比为 1∶4∶6∶4∶1。

(4) 向心规则：相互耦合的裂分峰，内侧高，外侧偏低，并且两组峰的化学位移越小，内侧峰越高。δ值：裂分峰组的中心位置是该组磁性核的化学位移 δ值；J值：裂分峰之间的裂距为耦合常数 J 的大小。

(5) 一级谱图：一般规定相互耦合的两组核的化学位移差$\Delta\nu$(以频率 Hz 表示，$=\Delta\delta\times$仪器工作频率，$\Delta\delta$为相邻两峰的化学位移差值)至少是它们的耦合常数的 6 倍以上(即$\Delta\nu/J\geqslant6$)时，得到的谱图为一级谱图。而$\Delta\nu/J<6$ 时为高级谱图，在高级谱图中，磁核之间耦合作用不

符合上述一级裂分$(n+1)$规律，$(n+1)$规律主要适合一级谱图。

2. 耦合常数

自旋-自旋耦合裂分后，两峰之间的距离即两峰的频率差为$\nu_a-\nu$(单位：Hz)。用耦合常数J表示($J=\Delta\delta\times$振荡器频率)，J反映了自旋干扰核之间相互干扰的强弱。耦合常数与化学键性质有关，与外加磁场强度无关，数值依赖于耦合氢原子的结构关系。

影响 J 值大小的主要因素是核间距、原子核的磁性、分子结构及构象，因此耦合常数是化合物分子结构的属性。简单自旋耦合体系的J值等于多重峰的间距，复杂自旋耦合体系的J值需要通过复杂计算求得。

1) 质子与质子之间的耦合

耦合作用是通过成键的电子对间接传递的，不是通过空间磁场传递的，因此耦合的传递程度是有限的。

耦合常数J与化学位移值 δ一样是有机物结构解析的重要依据，根据核之间间隔的距离常将耦合分为同碳耦合($^2J_{H-C-H}$或^2J)、邻碳耦合($^3J_{H-C-C-H}$或^3J)和远程耦合三种。

(1) 同碳质子耦合常数(^2J)。

质子与质子之间的耦合通过两个键之间的耦合，如 H_a—C—H_b，H_a和H_b之间的耦合用^2J或$J_{同}$表示，^2J变化范围大，如构象固定的环己烷(sp^3杂化体系)，$^2J=-12.6$ Hz；端基烯烃(R—CH═CH_2^*)(sp^2杂化体系)，^2J为 0.5～3 Hz。

(2) 邻碳质子耦合常数(^3J)。

^3J是邻碳 H 耦合常数，对sp^3杂化体系，单键能自由旋转时，$^3J\approx7$ Hz。通过三个键之间耦合，如最常见的 H_a—C—C—H_b(J_{ab})，用^3J或$J_{邻}$或J_0表示，如图 5-21 所示为四类化合物结构的耦合常数。

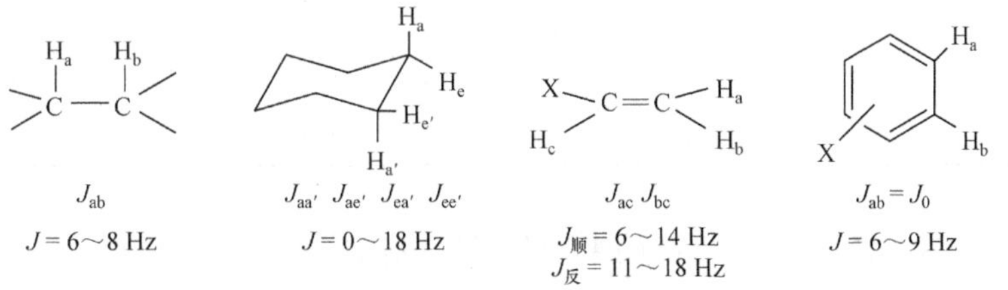

J_{ab} $J=6\sim8$ Hz

$J_{aa'}$ $J_{ae'}$ $J_{ea'}$ $J_{ee'}$ $J=0\sim18$ Hz

J_{ac} J_{bc} $J_{顺}=6\sim14$ Hz $J_{反}=11\sim18$ Hz

$J_{ab}=J_0$ $J=6\sim9$ Hz

图 5-21 四类化合物的^3J或$J_{邻}$

耦合常数 J 可以通过谱图计算出来，耦合的两组质子，耦合常数相同，可以通过耦合常数相同这一点判断相互作用的两组峰，如图 5-22 所示，直接测量两个峰之间的距离并计算其耦合常数。

当构象固定时，^3J是两面角θ的函数，符合 Karplus 方程：

$$^3J=A+B\cos\theta+C\cos^2\theta \tag{5-4}$$

式中，$A=4.12$；$B=-0.5$；$C=4.5$；$\theta=180°$，^3J最大；$\theta=90°$，^3J最小，如图 5-23 所示。

对乙烯型的^3J而言，因为分子是一平面结构，处于顺位的两个质子，$\theta\approx0°$；而处于反位的两个质子，$\theta\approx180°$。所以$^3J_{反}$总是大于$^3J_{顺}$。

同时，$^3J_{反}$和$^3J_{顺}$两者均与取代基的电负性有关，如表 5-4 所示，随着 X 电负性增加，CHX═CH_2耦合常数^3J减小。

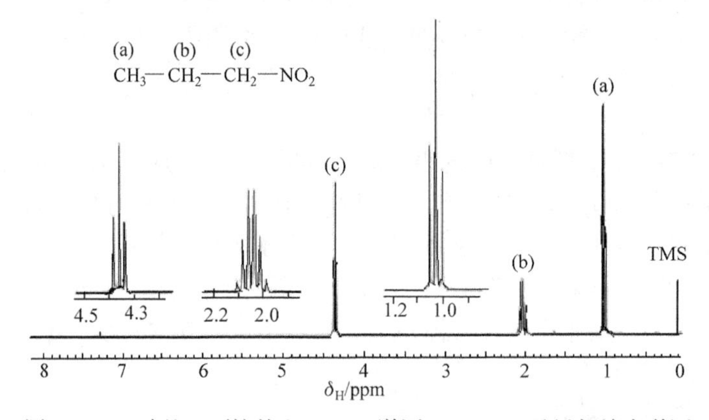

图 5-22　1-硝基正丙烷的 ^{1}H-NMR 谱图(300 MHz)及局部放大谱图

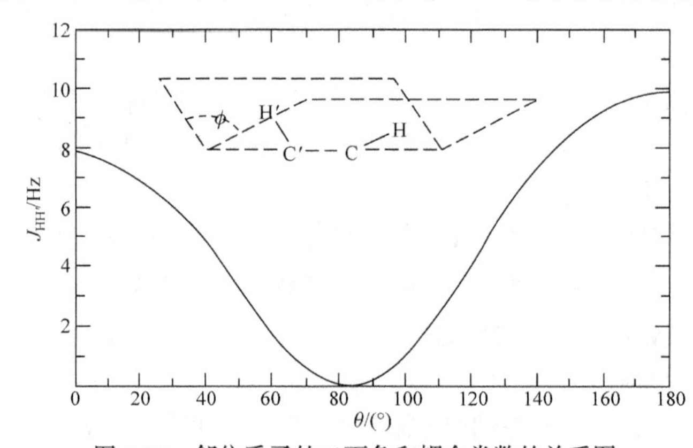

图 5-23　邻位质子的二面角和耦合常数的关系图

表 5-4　取代基对乙烯型的 ^3J 的影响(Hz)

取代基	—Li	$—CH_3$	—F
$^3J_{顺}$	19.3	10.0	4.7
$^3J_{反}$	23.9	16.8	12.0

对于六元环：$J_{aa}>J_{ae}\approx J_{ee}$，可以用来判断烯烃取代基的位置。

表 5-5 为常见质子邻碳耦合常数。

表 5-5　常见质子邻碳耦合常数

质子	耦合常数/Hz	质子	耦合常数/Hz
H—C—C—H	6～8	苯环邻位 H, H	6～10
H—C═C—H	11～18	环己烯 H, H	8～11
H—C═C—H	6～15	环丙烷 H, H	*cis*: 6～12 *trans*: 4～8
═C(H)—CH	4～10	环戊烯 H, H	5～7

2) 远程耦合

间隔 3 键以上的耦合称为远程耦合。远程耦合(^4J, ^5J)的耦合常数一般较小，为 0～2 Hz，但在 W 形折线型和共轭体系分子结构中 J 较大，如图 5-24 所示。

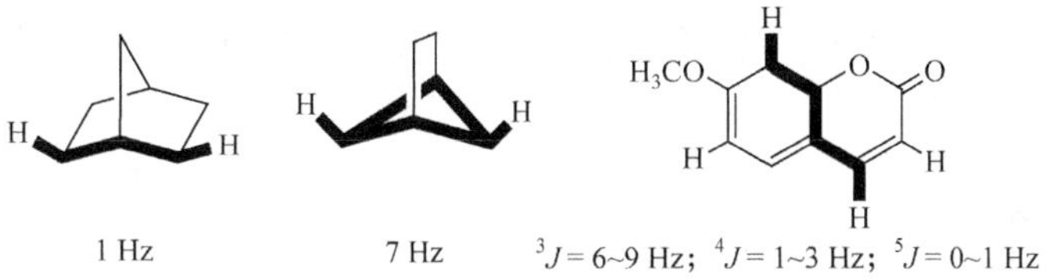

1 Hz　　7 Hz　　^3J = 6~9 Hz；^4J = 1~3 Hz；^5J = 0~1 Hz

图 5-24　W 形折线型和共轭体系分子结构

3) 质子与其他核的耦合

有机化合物含有其他的自旋量子数不等于零的核如 ^{2}D、^{13}C、^{14}N、^{19}F、^{31}P 等，这些核与 ^{1}H 也会发生耦合作用，使吸收峰发生裂分。

^{2}D 与 ^{13}C 的耦合主要出现在氘代溶剂中，D 的自旋量子数 $I = 1$，符合 $2n + 1$ 规律。例如，在 $CDCl_3$ 碳谱中一个 D 将 C 裂分为三重峰，强度之比为 1 ∶ 1 ∶ 1；2 个 D 将 C 裂分为五重峰；3 个 D 将 C 裂分为七重峰。例如，氘代丙酮作溶剂时，在 30 ppm 处发现一个裂距很小的七重峰。

^{19}F、^{31}P 的自旋量子数均为 $I = 1/2$，对 ^{1}H 的耦合也符合 $n + 1$ 规律，^{19}F 与 ^{1}H 之间的耦合较强，从相隔 2 个键到 5 个键的耦合都能观测到；^{31}P 对 ^{1}H 的耦合相对较弱。

^{13}C 因天然丰度仅为 1%左右，它与 ^{1}H 的耦合在一般情况下是看不到耦合现象的；^{35}Cl、^{79}Br、^{127}I 等原子的自旋量子数 I 分别为 3/2、3/2、5/2，其电四极矩很大，会引起相邻 H 核的自旋去耦作用，故不会对 H 核的共振峰裂分，也不会出现卤-卤裂分的现象。

3. 核的等价性

1) 化学等价(化学位移等价)

在一个分子中，处于相同化学环境的相同原子或基团，若通过快速旋转或某种对称操作，一些磁性核可以互换位置，在 NMR 中具有相同的化学位移，则这些核称为化学等价核，如乙烷的 6 个 H 为化学等价核。

如果两个质子不能通过对称操作而互相交换，就一定是化学不等价核。

化学等价核等价性的一般规律为：

(1) 甲基上的三个氢或饱和碳上三个相同基团上 H 是化学等价；

(2) 固定环上 CH_2 的两个 H 不是化学等价；

(3) 与手性碳直接相连的 CH_2 上的两个 H 不是化学等价；

(4) 单键不能自由旋转时，连在同一碳(或氮)上的两个相同基团上的 H 不是化学等价。

2) 磁等价核

分子中如果有一组化学等价核，当它与组外的任一磁性核耦合时，其耦合常数都相等，则该组核为磁等价核。

磁等价质子之间不发生自旋裂分，如 CH_3—CH_3 只有一个单峰；不等价质子间存在耦合，表现出裂分，如 CH_3—CH_2—Cl 中，—CH_3 的三个 H 核是磁等价的，对邻位 H 的耦合常数相等，同样—CH_2 的两个 H 核也是磁等价的。

3) 化学等价但磁不等价

b　a

对于 c⟨苯环⟩—X，尽管邻位两个 H 为化学等价，但它们与其他 H 核的耦合常数不等，

b′　a′

因此邻位两个 H 不是磁等价核，同样间位上的两个 H 也不是磁等价核。当然化学不等价，磁一定不等价。

5.1.4　核磁共振碳谱

大多数有机分子骨架由碳原子组成，用 ^{13}C NMR 研究有机分子的结构显然是十分理想的，1957 年 Lauterbur 首次观测到 ^{13}C NMR 信号。在 C 的同位素中，只有 ^{13}C 有自旋现象，存在核磁共振吸收，其自旋量子数 $I = 1/2$，^{13}C NMR 的原理与 ^{1}H NMR 相同。但由于 $\gamma_C = \gamma_H/4$，且 ^{13}C 的天然丰度只有 1.1%，因此 ^{13}C 核的测定灵敏度很低，大约是 H 的 1/6000，测定十分困难，必须采用一些能提高灵敏度的方法。

采用连续扫描方式，即使配合使用计算机对信号储存、累加、记录一张有实用价值的谱也需要很长时间及消耗大量的样品，加之 ^{13}C 与 ^{1}H 之间存在耦合(^{1}J-^{4}J)，裂分峰相互重叠，难解难分，给谱图解析带来了许多困难，20 世纪 60 年代后期，特别是 70 年代 PFT-NMR 波谱仪的出现以及去耦技术的发展使 ^{13}C NMR 测试变得简单可行。

1. ^{13}C NMR 的特点

(1) 化学位移范围大：0～300 ppm，是 ^{1}H NMR 谱的 20～30 倍，分辨率高，谱线简单且谱线之间分得很开，容易识别，即使化学环境相差很小的碳，在碳谱上也能分开出峰；而 ^{1}H NMR 的化学位移 δ 通常在 0～20 ppm。

(2) 可观察到不与氢相连的碳的共振吸收峰：可观察到季碳、羰基碳、腈基碳以及不含氢原子的烯碳和炔碳的特征吸收峰，在 ^{1}H NMR 谱中不能直接观测这类季碳核的信息，只能靠分子式及其对相邻基团 δ 值的影响来推断，而在 ^{13}C NMR 谱中，均能给出各种碳核的特征吸收峰，得到化合物骨架信息。

(3) 可区别碳原子级数(伯仲叔季)，信息比氢谱丰富。

(4) ^{13}C NMR 的耦合常数大：^{13}C NMR 中耦合情况比较复杂，除了 ^{1}H—^{13}C 耦合，还有 ^{13}C 与其他自旋核之间的耦合。^{1}H—^{13}C 的耦合常数通常在 125～250 Hz。因此在谱图测定过程中，通常采用一些去耦技术，识谱时一定要注意谱图的测定方法及条件。

(5) ^{13}C NMR 灵敏度低：测定需要样品量多，测试时间长，^{13}C 信号灵敏度只有 ^{1}H 信号的 1/6000。

(6) ^{13}C 在自然界丰度低：丰度为 1.1%，不必考虑 ^{13}C 与 ^{13}C 之间的耦合，一般只考虑与 ^{1}H 的耦合。

(7) ^{13}C NMR 的标准物质：与氢谱相同，也是采用 TMS 作内标或外标。实际上，溶剂的共振吸收峰的化学位移可作为 ^{13}C 化学位移的参考标准，如氘代氯仿的 $\delta_C = 77$ ppm。

2. 提高 ^{13}C NMR 灵敏度的方法

(1) 提高仪器灵敏度。

(2) 提高仪器外加磁场强度和射频场功率，但是射频场功率过大容易发生饱和。

(3) 增大样品浓度，以增大样品中 ^{13}C 核的绝对数目。

(4) 降低测试温度(但要注意某些化合物的 ^{13}C NMR 谱可能随温度发生变化)。

(5) 多次扫描累加，是最常用的有效方法。在多次累加时，信号(*S*)正比于扫描次数，而噪声(*N*)反比于扫描次数，所以 *S/N*(信噪比，即信号强度) 正比于扫描次数。若扫描累加 100 次，*S/N* 增大 10 倍。

(6) PFT 与去耦技术相结合，采用双共振技术，利用核极化效应(nuclear overhauser effect，NOE 效应)增强信号强度[NOE 效应即空间位置靠近($r<0.5$ nm)的两个原子核，当其中一个核的自旋被干扰达到饱和时，另一个核的谱峰强度也发生变化]。

3. ^{13}C NMR 的实验方法及去耦技术

核之间的自旋耦合作用是由成键电子自旋相互作用造成的，不考虑 $^{13}C—^{13}C$ 耦合，只考虑 $^{13}C—^{1}H$ 耦合，^{13}C 与 ^{1}H 最重要的耦合作用是 $^{1}J_{^{13}C—^{1}H}$，决定它的重要因素是 C—H 键的 s 电子成分，取代基电负性对 ^{1}J 也有影响。

碳谱中，碳与氢核的耦合相当严重，且耦合规则与氢谱相同，碳谱很复杂，很难解析，一般采用去耦技术简化谱图。

$^{1}J_{^{13}C—^{1}H}$ 是最重要的耦合常数，一般为 120～320 Hz，与杂化轨道 s 成分有关，经验证明，$^{1}J_{CH}\approx 5\times(s\%)$ (Hz)，s 成分越大，$^{1}J_{CH}$ 越大。

CH_4　　(sp^3 杂化　$s\% = 25\%$)　　$^{1}J = 125$ Hz

$CH_2=$　　(sp^2 杂化　$s\% = 33\%$)　　$^{1}J = 157$ Hz

C_6H_6　　(sp^2 杂化　$s\% = 33\%$)　　$^{1}J = 159$ Hz

$HC\equiv CH$　　(sp 杂化　$s\% = 50\%$)　　$^{1}J = 249$ Hz

当只考虑 $^{1}J_{CH}$ 耦合时，各个碳在耦合谱中的峰数和相对强度类似一级 H 谱，符合$(n + 1)$规则，如图 5-25 所示。

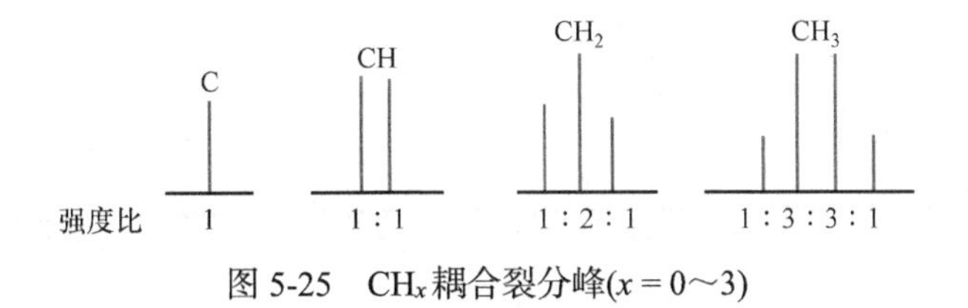

图 5-25　CH_x 耦合裂分峰($x = 0$～3)

1) 质子宽带去耦

质子宽带去耦也称为质子噪声去耦，是一种双共振去耦技术，质子去耦的双共振表示为 $^{13}C\{^{1}H\}$，质子宽带去耦是在扫描时，同时用一相当宽和强的去耦射频对可使全部质子共振的射频区进行照射，使全部质子饱和，从而消除碳核和氢核之间的耦合，使每种环境碳原子只给出一个谱线，从而简化了谱图，如图 5-26 所示。而且由于多重耦合峰合并成单峰提高了信噪比，使信号增强，实际上是对 ^{1}H 去耦时的 NOE 效应，一般 NOE 效应可使谱线强度提高 1～2 倍。图 5-26 所示为化合物的质子宽带去耦谱和未去耦谱的比较。

宽带去耦的特点是分辨率高，每一种化学等价的碳原子只有一条谱线，由于有 NOE 作用使得谱线增强，信号更易辨认。由于 NOE 作用不同，峰高不能定量反应碳原子的数量，只能反映碳原子种类个数，故无法区分伯仲叔季碳，也不能通过积分定量碳的数目。

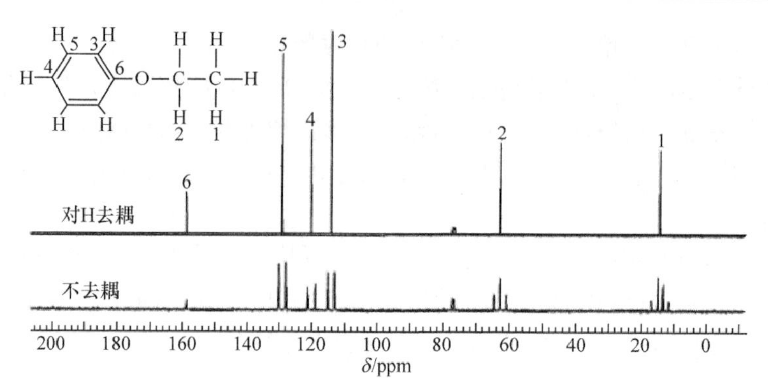

图 5-26　有机物去耦前后 ^{13}C NMR 谱图对比

2) 偏共振去耦

宽带去耦的谱图虽然简单、清晰，但不能分辨伯仲叔季碳原子的信息，偏共振去耦是降低 $^1J_{^{13}C-^1H}$、改善因耦合产生的谱线重叠而保留各碳原子的耦合信息的一种去耦方法，也称为不完全去耦，既消除了远程耦合，又保留了 H 对 C 的耦合信息，实际上是 $^1J_{^{13}C-^1H}$ 变小，裂分峰相互靠近形成峰簇，能够区分伯仲叔季碳原子类型。

其实验方法与质子宽带去耦相似，只是此时使用的干扰射频使各种质子的共振频率偏离，使碳上质子在一定程度上去耦，耦合常数变小(剩余耦合常数)。峰的分裂数目不变，但裂距变小，谱图得到简化，但又保留了碳氢耦合信息，如图 5-27 所示。

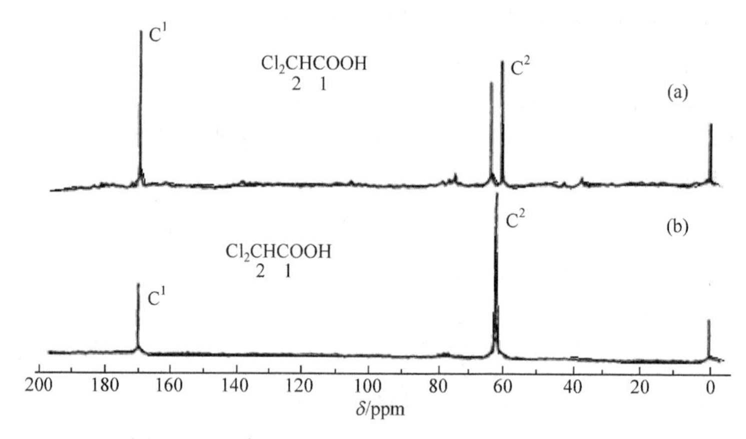

图 5-27　2-氯乙酸偏共振去耦谱(a)和去耦合谱(b)

宽带去耦和偏共振去耦的碳谱比较：

(1) 得出各组峰的峰形，从而可以判断分辨出各种碳氢基团类型；

(2) 利用偏共振去耦技术可以在保留 NOE 信号增强的同时，仍然看到 CH_3 的四重峰、CH_2 的三重峰和 CH 的双峰，季碳为单峰，峰的分裂数与直接相连的氢有关，一般遵循$(n+1)$规律。

3) 质子选择性去耦

质子选择性去耦是偏共振去耦的特例，当调节去耦频率 ν_2 正好等于某种氢的共振频率，与该种氢相连的碳原子被完全去耦，产生一单峰，其他碳原子则被偏共振去耦。

当测定一个化合物的 ^{13}C NMR 谱，而又准确知道这个化合物的 ^1H NMR 各峰的 δ 值及归属时，可测定选择性去耦谱，以确定碳谱谱线的归属。

例如，确定糠醛中 3 位碳和 4 位碳的归属，分别照射 3 位及 4 位质子，则 3 位碳及 4 位碳的双重峰将分别变成单峰，显然可确定信号归属。

宽带去耦、偏共振去耦、选择性去耦的去耦频率和碳谱的表现形式如图 5-28 所示。

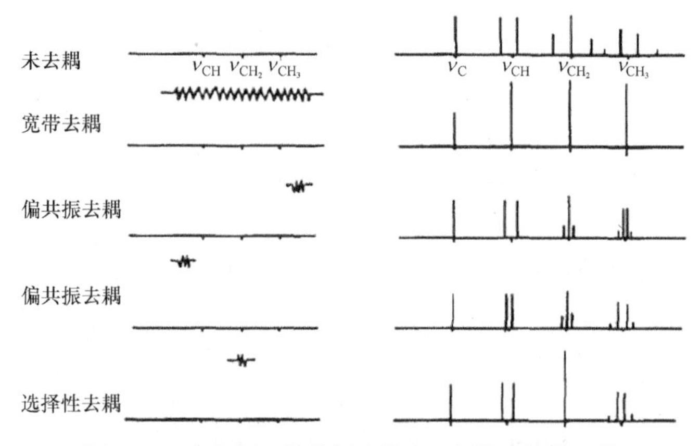

图 5-28　全去耦、偏共振去耦、选择性去耦的比较

4. 无畸变极化转移增强(DEPT)谱

偏共振去耦谱中因为保留氢核的耦合影响，故 ^{13}C 信号的灵敏度将会降低，同时信号裂分也可能造成谱线的重叠，给信号识别带来一定困难，目前已基本上让位于 DEPT 法。DEPT 采用多脉冲极化转移实验技术，是目前最常用的可将伯仲叔季碳原子进行分类的测定方法，偏共振去耦目前已经由 DEPT 取代，在具有两种核自旋的系统中，可把高灵敏核(^1H 核)的自旋极化传递到低灵敏核(^{13}C)上。这样由 ^1H 核到与它耦合的 ^{13}C 核的完全极化传递(polarization transfer)可将 ^{13}C 核的α、β态的粒子数差提高 4 倍。图 5-29 为 DEPT 信号强度与θ脉冲倾倒角的关系，极化转移是由耦合的 C—H 键完成的，季碳没有极化转移的条件，所以 DEPT 谱图上不出现季碳信号，但可对照常规 ^{13}C 质子宽带去耦谱，对季碳信号峰加以指认。

CH：$I = I_0\sin\theta$

CH_2：$I = I_0\sin 2\theta$

CH_3：$I = 0.75I_0(\sin\theta + \sin 3\theta)$

从图 5-29 中可以看出以下规律。

DEPT 45°谱：季碳不出峰，CH_3、CH_2、CH 中的碳均出正峰。

DEPT 90°谱：CH 中的碳均出正峰，其他碳不出峰。

DEPT 135°谱：CH_3、CH 中的碳均出正峰，CH_2 碳出负峰，季碳不出峰。图 5-30 为某有机物的 DEPT 和碳谱，可以很清楚地分辨出碳原子级数。该化合物的结构式为

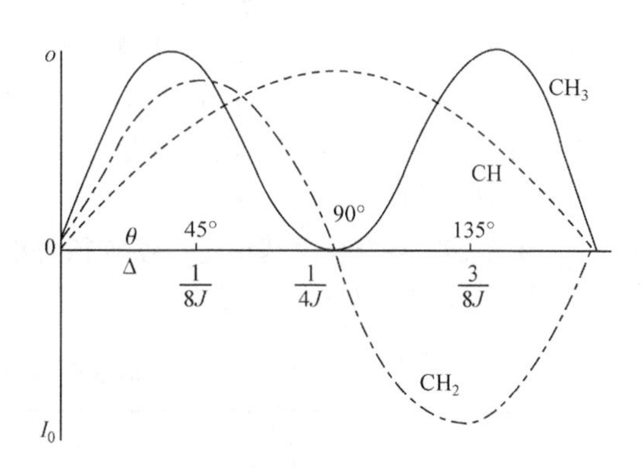

图 5-29　DEPT 信号强度与θ脉冲倾倒角的关系

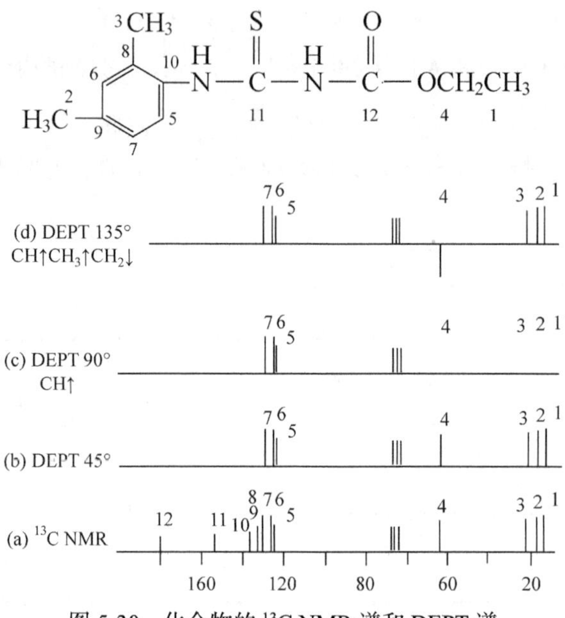

图 5-30 化合物的 ^{13}C NMR 谱和 DEPT 谱

5. 影响碳化学位移的因素

1) 共轭效应

共轭效应使电子分布不均匀，导致 δ_C 低场或高场位移，如下列各有机物的化学位移变化。

$H_2C{=}CH_2$ (123.3)　　$H_3C(H)C{=}C(H)CHO$ (152.1, 132.8, 191.4)　　H_3C-CHO (201)

苯 (128.5)　　苯甲醚 $C_6H_5-OCH_3$ (159.8, 113.5, 129.5, 120.5)　　苯甲酸 C_6H_5-COOH (130.9, 130.1, 128.4, 133.5)

反式-2-丁烯醛，3 位碳带有部分正电荷，较 2 位碳低场位移，而 C═O 的 C 较乙醛分子中的 C═O，其 δ 位于较高场。在苯甲醚分子中，诱导效应使 C_1 带有较多的正电荷，较苯分子中 δ_C 低场位移，是由于 p-π 共轭使 C_2、C_4 带有部分负电荷，故 δ 高场位移。在苯甲酸分子中，2,4 位碳的 δ 值刚好相反，这是由于 π-π 共轭使苯环电子云密度降低。

2) 诱导效应

与电负性强的取代基相连，使碳核外电子云密度降低，δ 低场位移，取代基电负性越大，δ 低场位移越大，如表 5-6 所示。

表 5-6 取代基对 $\delta_{C^*H_3}$ 的影响

化合物	CH_3I	CH_3Br	CH_3Cl	CH_3F	
δ/ppm	−20.7	20.0	24.9	80	
化合物	CH_4	CH_3Cl	CH_2Cl_2	$CHCl_3$	CCl_4
δ/ppm	−2.3	24.9	52	77	96

由此可见，电负性越大，移向低场越多，电负性 F＞Cl＞Br＞I，但 I 有很多的电子，对碳原子有很强的屏蔽作用，从而碳原子共振移向高场，又称重原子效应。同一碳原子上，I 取代数目增多，屏蔽作用增强，导致 δ 出现更大的负值，如 CI_4 的 δ 为−292.5 ppm。

诱导效应是通过成键电子沿键轴方向传递的，随着与取代基距离的增大，该效应迅速减弱，如表 5-7 所示。

表 5-7　取代基距离对 $\delta_{C^*H_3}$ 的影响

	α	β	γ	δ	ε	ξ
	X—CH_2	—CH_2	—CH_2	—CH_2	—CH_2	—CH_3
X═H	14.2	23.1	32.2	32.2	23.1	14.2
I	−7.2	10.9	−1.5	−0.9	0.0	0.0
Br	19.7	10.2	−3.8	−0.7	0.0	0.0
Cl	31	10	−5.1	−0.5	0.0	0.0
F	70.1	7.8	−6.8	0.0	0.0	0.0

除 I 原子外，α-C、β-C 的 δ 均低场位移，α-C 的 δ 位移从十几至几十 ppm，β-C 的位移约为 10 ppm，γ-C 的 δ 均高场位移 2～7 ppm，这是空间作用的影响。对 γ 位以上的碳，诱导效应的影响可忽略不计。

当脂肪链的碳原子不连杂原子时，一般情况下 δ 在 55 ppm 以内。当连杂原子时，δ 可达 80 ppm 或更大。

3) 立体效应

δ_C 对分子的构型十分敏感。碳核与碳核或与其他核相距几个键时，期间相互作用大大减弱。但若空间接近时，彼此会强烈影响，在范德华(van der Walls)距离内紧密排列的原子或原子团会相互排斥，将核外电子云彼此推向对方核的附近，使其受到屏蔽。例如，C—H 键受到立体作用后，氢核“裸露”，而成键电子偏向碳核一边，δ_C 高场位移。

表 5-7 中 γ 位碳高场位移 2～7 ppm，这种影响称 γ-邻位交叉效应或 γ-旁位交叉效应，该效应在链烃、六元环系化合物中普遍存在。分子间空间位阻的存在也会导致 δ 值改变，如图 5-31 所示，这些有机物分子，π-π 共轭程度降低，$\delta_{C=O}$ 增大。

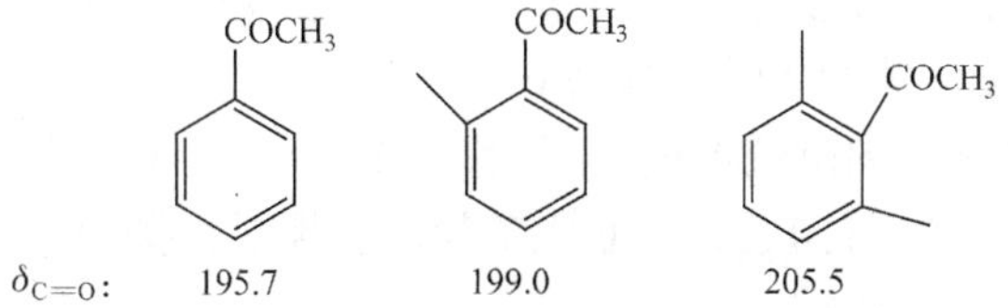

$COCH_3$　$COCH_3$　$COCH_3$

$\delta_{C=O}$:　195.7　199.0　205.5

图 5-31　π-π 共轭程度对羰基碳化学位移的影响

4) 重原子效应

如图 5-32 所示，当甲烷中的氢被一个溴原子取代后生成一溴甲烷，其碳的 δ 由−2.3 ppm 增加到 9.6 ppm，二溴甲烷中碳的 δ 为 21.4 ppm，化学位移继续增大，但三溴甲烷中碳的 δ 为 12.1 ppm，化学位移没有继续增大，反而开始向高场移动，甲烷的氢全部被溴原子取代后生成四溴化碳，其碳的 δ 为−28.7 ppm，强烈移向高场，可以看出对 sp^3 杂化的碳原子而言，其上面连接有一个和两个溴原子时，体现的是电负性的影响，没有表现出重原子效应，但是连接有三个和四个溴原子时表现出重原子效应，因为此时重原子效应超过了电负性的影响。如果化合物中碳被溴和碘取代，两种效应可能都需要考虑。

5) 其他因素的影响

(1) 溶剂的影响：不同溶剂测试的 ^{13}C NMR 谱，δ_C 改变几至十几 ppm。

(2) 氢键的影响：下列化合物中，氢键的形成使 C═O 键中碳核电子云密度降低，$\delta_{C=O}$ 低场位移，化学位移增大，如图 5-33 所示。

CH_4	CH_3Br	CH_2Br_2	$CHBr_3$	CBr_4
−2.3	9.6	21.4	12.1	−28.7

图 5-32　重原子 Br 对碳化学位移的影响

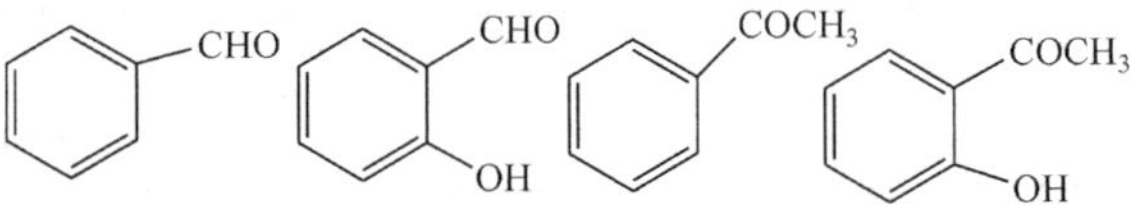

CHO　CHO OH　$COCH_3$　$COCH_3$ OH

$\delta_{C=O}$：192　197　197　204

图 5-33　氢键对羰基碳化学位移的影响

(3) 温度的影响：温度的改变可使 δ_C 有几 ppm 的位移，当分子有构型、构象变化或有交换过程时，谱线的数目、分辨率、线型都将随温度变化而发生明显变化。

6. 各类碳核的化学位移范围

(1) 饱和烃：饱和烃在高场范围(δ为 0～45 ppm)共振，$\delta_C > \delta_{CH} > \delta_{CH_2} > \delta_{CH_3}$，直链端甲基的 $\delta_{CH_3} \approx 14.0$ ppm($n>4$)，支链烷烃化合物中甲基的 δ_{CH_3} 在 7.0～30 ppm 变化，由此可鉴别直链或支链烷烃化合物，邻碳上取代基增多，δ_C 增大。

(2) 饱和烃衍生物：每有一个 α-H 或 β-H 被甲基取代，碳的化学位移增加约 9 ppm，称 α 或 β效应，每有一个 γ-H 被取代，碳化学位移减小约 2.5 ppm。

(3) 烯烃：烯烃 sp^2 杂化的碳的化学位移 δ 为 100～165 ppm，其中端烯基═CH_2 的 δ 为 104～115 ppm，随取代基的不同而不同。带有一个氢原子的═CHR 的δ_C 为 120～140 ppm，而═CR_1R_2 在δ_C 为 145～165 ppm 出现吸收峰。在碳谱中，各种磁各向异性相对 σ 均较弱，因此 C═C 与苯环中的碳大致在同一范围内出现。类似于脂肪链烷大致有 $\delta_C > \delta_{CH} > \delta_{CH_2} > \delta_{CH_3}$，取代烯大致有 $\delta_{C=} > \delta_{-CH=} > \delta_{CH_2=}$，与对应的烷相比，烯的 β-、γ-、δ-、ε-C 原子和对应烷的 C 原子的δ_C 相差不大，大约在 1 ppm 以内。

形成共轭双键时存在共轭效应，中间的碳原子因键级减小，共振向高场移动。

(4) 炔烃：炔烃 sp 杂化碳的化学位移为 67～92 ppm。

(5) 芳烃：芳烃芳环 sp^2 杂化的碳的化学位移为 123～142 ppm(苯为 128.5 ppm)，取代芳烃 sp^2 杂化碳的化学位移为 110～170 ppm。取代基的电负性对直接相连的芳环碳原子影响最大，共轭效应对邻对位碳原子影响较大。

若苯环上的氢被其他基团所取代，被取代的 C-1 原子(其他基团取代了氢位置的当前碳原子) δ 值有明显变化，最大幅度可达 35 ppm，邻对位碳原子 δ 值也可能有较大的变化，其变化幅度可达 16.5 ppm，间位碳原子几乎不发生变化。重原子效应：可产生高场位移，I 的取代会对 C-1 的共振产生很大的高场位移，Br 的取代也使 C-1 原子有高场位移。

(6) 羰基化合物：各类羰基化合物在 ^{13}C NMR 谱的最低场出峰，从低场到高场的次序是：酮、醛＞酸＞酯≈酰氯≈酰胺＞酸酐。羰基化合物δ_C 在 160～220 ppm：醛为(200 ± 5)ppm；酮为(210 ± 10)ppm；羧酸、酯、酰胺、酰卤为 160～185 ppm。可见，在常见官能团中，羰基的碳原子由于其共振位置在最低场，很容易被识别。碳原子与杂原子(具有孤电子对的原子)或不饱和基团相连，羰基碳原子的电子短缺得以缓和，因此共振移向高场方向，δ_C减小。

7. 碳谱中的耦合及耦合常数

核之间的自旋耦合作用是由成键电子自旋相互作用造成的，不考虑 $^{13}C—^{13}C$ 耦合，只考虑 $^{13}C—^{1}H$ 耦合，^{13}C 与 ^{1}H 最重要的耦合作用是 $^{1}J_{^{13}C—^{1}H}$，决定它的重要因素是 C—H 键的 s 电子成分，取代基电负性对 ^{1}J 也有影响。

碳谱中，碳与氢核的耦合相当严重，且耦合规则与氢谱相同，若不使用特殊技术，碳谱耦合谱峰非常复杂，很难解析。

与碳直接相连的氢对碳的耦合用 $^{1}J_{CH}$ 表示，$^{1}J_{CH}$ 较大，为 120～320 Hz，引起 $^{1}J_{CH}$ 增大有两种结构因素：随碳原子杂化轨道中 s 成分增大，$^{1}J_{CH}$ 增大；碳原子与电负性取代基相连时，随着取代基的电负性增大，碳原子上的取代程度增大，$^{1}J_{CH}$ 增大，如表 5-8 所示。

表 5-8　取代基的电负性对 $^{1}J_{CH}$ 的影响

化合物	CH_4	CH_3NH_2	CH_3OH	CH_3Cl	CH_2Cl_2	$CHCl_3$
$^{1}J_{CH}$/Hz	123	133	141	150	178	209

环张力的影响：$^{1}J_{CH}$ 与环张力有关，环张力增大，$^{1}J_{CH}$ 也增大，因此 $^{1}J_{CH}$ 还可给出环大小的信息，见表 5-9。

表 5-9　环张力对 $^{1}J_{CH}$ 的影响

sp^3C			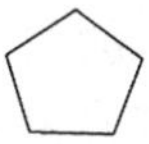	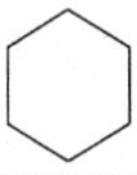	支链烷烃
$^{1}J_{CH}$/Hz	161	136	128	123	约 125
sp^2C			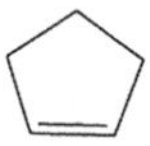	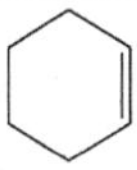	$CH_2═CH_2$
$^{1}J_{CH}$/Hz	220	170	160	157	165

杂芳环：杂原子的引入使 $^{1}J_{CH}$ 增大，且与杂原子的相对位置有关。

氘代试剂往往用作 NMR 样品的溶剂，在测试 ^{13}C NMR 时，是对 H 去耦，实际上不仅 H 对 C 有耦合，D 核对 C 也有耦合且 $^{1}J_{CD}$ 符合$(2n+1)$规律，只是 $^{1}J_{CD}$ 比 $^{1}J_{CH}$ 小很多，如 $CDCl_3$ 溶剂在 ^{13}C NMR 去耦谱图中出现三重峰，是 D 对 C 的耦合峰。

5.1.5　二维核磁共振

二维核磁共振方法是吉纳(Jeener)于 1971 年首先提出的，是一维谱衍生出来的新实验方法。

引入二维后，不仅可将化学位移、耦合常数等参数展开在二维平面上，减少了谱线的拥挤和重叠，而且通过提供的 H—H、C—H、C—C 之间的耦合作用以及空间的相互作用，确定它们之间的连接关系和空间构型，有利于复杂化合物的谱图解析，特别是应用于复杂的天然产物和生物大分子的结构鉴定。

NMR 一维谱的信号是一个频率的函数，共振峰分布在一个频率轴(磁场)上，可记为 $S(\omega)$。二维谱信号是两个独立频率(磁场)变量的函数，记为 $S(\omega_1,\omega_2)$，共振信号分布在两个频率轴组成的平面上。也就是说 2D NMR 将化学位移、耦合常数等 NMR 参数在二维平面上展开，于是在一般一维谱中重叠在一个坐标轴上的信号被分散到由两个独立的频率轴构成的平面上，使图谱解析和寻找核之间的相互作用更容易。不同的二维 NMR 方法得到的图谱不同，两个坐标轴所代表的参数也不同。

1. 常用 2D NMR 图谱的名称

1) 堆积图

堆积图的优点是直观，具有立体感，缺点是难以确定吸收峰的频率，大峰后面可能隐藏小峰，而且耗时较长，如图 5-34(a)所示。

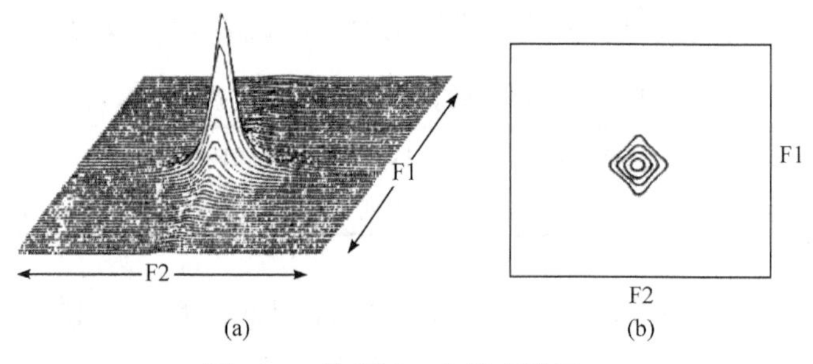

图 5-34 堆积图(a)和等高线图(b)

2) 等高线图

等高线图中最中心的圆圈表示峰的位置，圆圈的数目表示峰的强度，见图 5-34(b)。等高线图类似于等高线地图，这种图的优点是容易获得频率定量数据，作图快；缺点是低强度的峰可能漏画，目前化学位移二维谱图广泛采用等高线图。

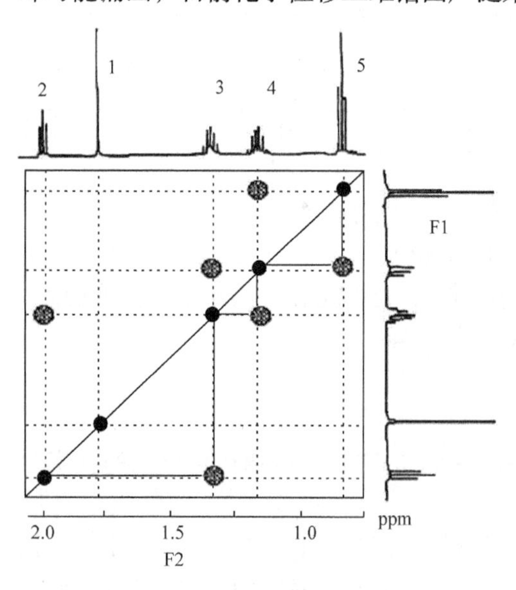

图 5-35 2-己酮二维同核氢谱图

3) 对角峰

对角峰是处在坐标 F1=F2 的对角线上，对角峰在 F1 或 F2 上的投影得到的是常规的一维耦合谱或去耦谱，图 5-35 所示是化合物 $\underset{5}{CH_3}—\underset{4}{CH_2}—\underset{3}{CH_2}—\underset{2}{CH_2}—\underset{1}{\overset{O}{\overset{\|}{C}}}—CH_3$ 的同核二维 H—H 谱。

4) 交叉峰

交叉峰也称相关峰，它们不在对角线上，即坐标 F1 ≠ F2，交叉峰显示了具有相同耦合常数的不同核之间的耦合(交叉)，交叉峰有两组，分别出现在对角线两侧，并以对角线对称，这两组对角线和交叉峰可以组成一个正方形，由此推测这两组核 A 和 X 有耦合关系。

2. 二维谱的分类

1) 同核化学位移相关谱

(1) H-H COSY 化学位移相关谱。

^1H-^1H COSY 是 ^1H 核和 ^1H 核之间的化学位移相关谱。通常在横轴和纵轴上均设定为 ^1H 的化学位移值，两个坐标轴上则显示通常的一维 ^1H 谱。

如图 5-35 所示，在该谱图中出现了两种峰，分别为对角峰和相关峰。相同的氢核信号将在对角线上相交，相互耦合的两个/组氢核信号将在相关峰上相交，表示两个 H 核之间有耦合关系，一般反映的是 ^3J 耦合。

(2) 二维 NOESY 谱。

二维 NOE 谱简称为 NOESY，它反映了有机化合物结构中 H 核与 H 核之间空间距离的关系，而与二者间相距多少、化学键无关，因此对确定有机化合物结构、构型和构象以及生物大分子如蛋白质分子在溶液中的二级结构等有重要意义。

NOESY 的谱图与 ^1H -^1H COSY 非常相似，它的 F2 维和 F1 维上的投影均是氢谱，也有对角峰和交叉峰，图谱解析的方法也和 COSY 相同，唯一不同的是图中的交叉峰并非表示两个 H 核之间有耦合关系，而是表示两个 H 核之间的空间位置接近。图 5-36 是化合物 4-甲氧基-5-羟基苯甲醛的 NOESY 谱，可以看到很明显的交叉峰。

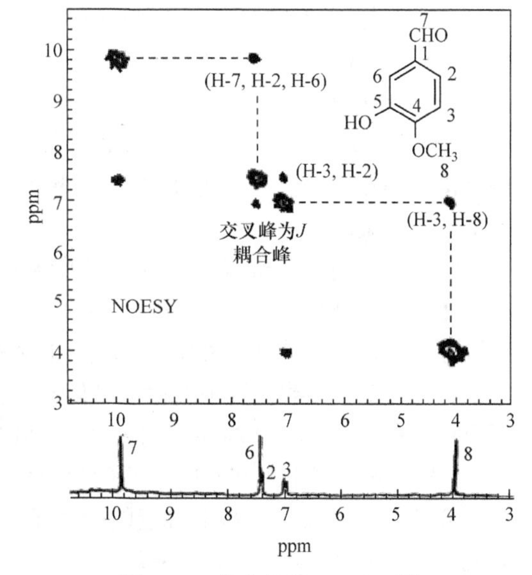

图 5-36　化合物的 NOESY 谱

由于 NOESY 实验是由 COSY 实验发展而来的，因此在图谱中往往出现 COSY 峰即 ^3J 耦合交叉峰，故在解析时需要对照它的 ^1H-^1H COSY 谱将 ^3J 耦合交叉峰扣除。

(3) C-C 化学位移相关谱。

这是直接测定二维碳骨架的方法，是确定碳原子连接顺序的实验，采用一种双量子相干技术进行测定。

碳组成分子骨架，它更能直接反映化学键的特征与取代情况。但由于 ^{13}C 天然丰度仅为 1.1%，出现相连 ^{13}C—^{13}C 耦合的概率为 0.01%，因此 $^1J_{C-C}$ 测试非常困难，信号累加时间达两天多，只在迫不得已时才做，一般不做。

2) 异核化学位移相关谱

异核化学位移相关谱是两个不同核的频率通过标量耦合建立起来的相关谱，应用最广泛的是 ^1H—^{13}C，^{13}C—^1H COSY 谱图中 F2 为 ^{13}C 化学位移，F1 为 ^1H 化学位移，没有对角峰，其交叉峰表明 C—H 相连耦合的信息，季碳不出交叉峰。解析时，可以从一已知的氢核信号，根据相关关系即可找到与之相连的 ^{13}C 信号，反之亦然。

(1) ^1H 检测的异核多量子相关谱(HMQC)。

常规的 ^{13}C 检测的异核直接相关谱灵敏度低，样品的用量较大，测定时间较长。HMQC 技术很好地克服了上述缺点，HMQC 实验是通过多量子相干，检测 ^1H 信号而达到间接检测 ^{13}C 的一种方法。

HMQC 是反式检测氢，氢的分辨率和灵敏度较高，碳的分辨率低。图 5-37 中 F2 坐标是 ^{1}H 的化学位移，F1 是 ^{13}C 的化学位移，直接相连的 ^{13}C 与 ^{1}H 将在对应的 ^{13}C 化学位移与 ^{1}H 化学位移的交点处给出相关信号，但不能得到季碳的结构信息。

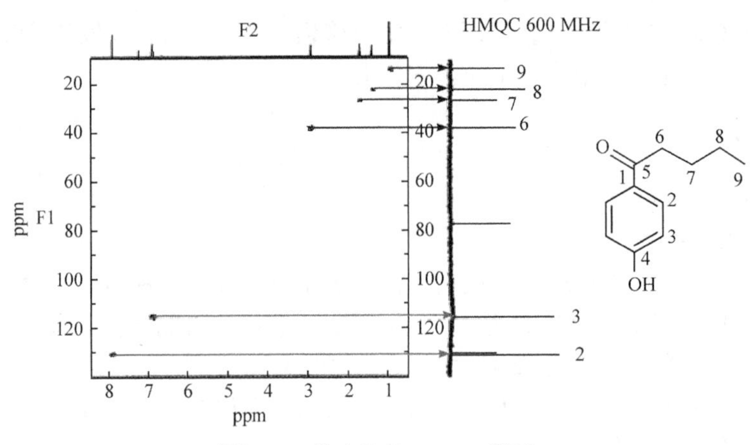

图 5-37　化合物的 HMQC 谱图

(2) ^{1}H 检测的异核单量子相关谱(HSQC)。

HSQC 与 HMQC 相似，也是通过 $^{1}J_{C-H}$ 耦合常数实现碳氢相关。相干传递是通过单量子相干机理。HSQC 谱的灵敏度比 HMQC 高，图谱形式和解谱方法与 HMQC 相同，只是实验参数设置要求更精确。

HSQC 二维谱中，没有对角峰，每个相关峰表示相交的氢、碳交叉峰所对应的氢、碳原子是直接一键相连的。当 CH_2 上两个氢的化学位移不等时，在 HSQC 谱上，一个碳峰就会与两个氢峰都相关。

(3) ^{1}H 检测的异核多量子远程相关谱(HMBC)。

HMBC 是异核二维相关谱，无对角峰，每个相关峰表示相交的氢、碳峰所对应的氢、碳原子是双键、三键或四键相连的信息。HMBC 谱上是否出峰与氢、碳原子相隔几键没有直接关系，只与实验参数设置中所设的 J 值有直接关系，氢碳双键、三键或四键的 J 范围有很大一部分是重叠的。由于脉冲序列的关系，HMBC 谱中有时也会出现一键耦合峰，是以一对相隔 100 多赫兹的小峰出现在对应氢峰的化学位移两边。

分子结构可以看成是由带氢的碳原子连接形成的片段，由季碳或杂原子将这些片段连接而成，HMBC 实验是确定这种片段连接的最好方式。HMBC 表示异核远程多键相关谱，与 HSQC 一样，HMBC 的谱图也是一种间接检测实验，是通过检测 H 间接检测 C 信号。横坐标 F2 代表采样的 ^{1}H NMR 的化学位移，纵坐标 F1 代表的是间接 ^{13}C NMR 的化学位移。相隔 2～4 个化学键相连的 H 原子就会在谱图上出现交叉峰即只要有交叉峰的出现，交叉峰所对应的 H、C 原子就是通过 2～4 个化学键相连的，注意 ^{4}J 相连的交叉峰不一定出现。

根据 HMBC 谱所给出的 H、C 之间的关系，结合 HMQC 的谱图，就能解决 C 原子的连接顺序问题，这样就能基本上确定有机化合物的骨架结构，基本上一个有机化合物的结构就能够确定了。HMBC 的主要问题是不能确定相关峰是双键、三键还是四键的耦合，不过四键耦合较少出现。

HMBC 可高灵敏度地检测 $^{13}C—^{1}H$ 远程耦合，因此可得到有关季碳的结构信息及其被杂原子或季碳切断的耦合系统之间的结构信息。HMBC 是突出相隔 2～4 个键的碳氢之间的耦合，交叉峰为单峰。但由于技术上的原因，有时不能完全去掉直接相连的碳氢之间的耦合 $^1J_{C-H}$，交叉峰表现为双峰或三重峰中心对应化学位移，解析图谱时要特别注意，HMQC 是通过异核多量子相干把 ^{1}H 核和与其直接相连的 ^{13}C 关联起来，HMBC 则是通过异核多量子相干把 ^{1}H 核和远程耦合的 ^{13}C 核关联起来，见图 5-38。

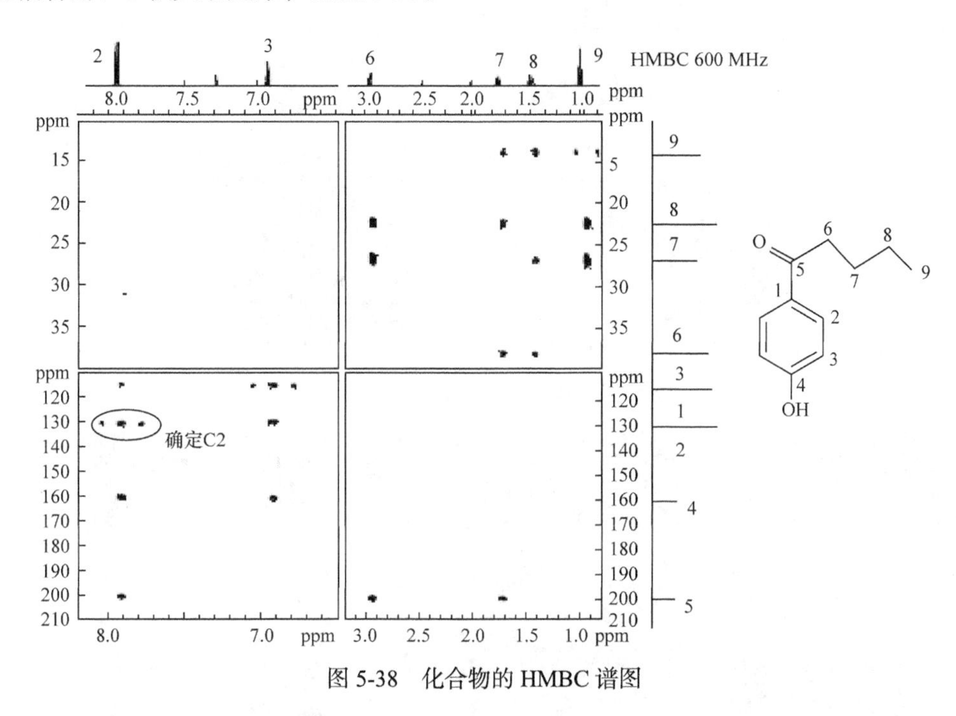

图 5-38　化合物的 HMBC 谱图

5.2　核磁共振波谱仪的结构及工作原理

5.2.1　核磁共振波谱仪的组成及超导磁体

1. 核磁共振波谱仪的组成

脉冲傅里叶核磁共振波谱仪一般包括五个主要部分(图 5-39)：射频发射系统、探头、磁场系统、信号接收系统和信号处理与控制系统。

(1) 射频发射系统：射频发射系统是将一个稳定的、已知频率的石英振荡器产生的电磁波，经频率综合器精确地合成出欲观测核(如 ^{1}H、^{13}C、^{31}P 等)、被辐照核(如照射 ^{1}H 以消除其对观测核的耦合作用)和锁定核(如 ^{2}D、^{7}Li，用于稳定仪器的磁场强度)的 3 个通道所需频率的射频源。射频源发射的射频脉冲通过探头上的发射线圈照射到样品上。

(2) 探头：探头是整个仪器的心脏，固定在磁极间隙中间，包括样品管支架、发射线圈、接收线圈等，见图 5-40。探头分为多种，如宽频探头、反式探头、微量探头、固体探头、低温探头、低频探头等。

(3) 磁场系统：用于产生一个强、稳、匀的静磁场以便观测化学位移微小差异的共振信息。高磁场磁体需要采用超导体绕制的线圈经电激励来产生，称为超导磁体。超导磁体需要使用足够的液氦来降低温度，维持其正常工作。磁体内同时含有多组匀场线圈，通过调节其电流

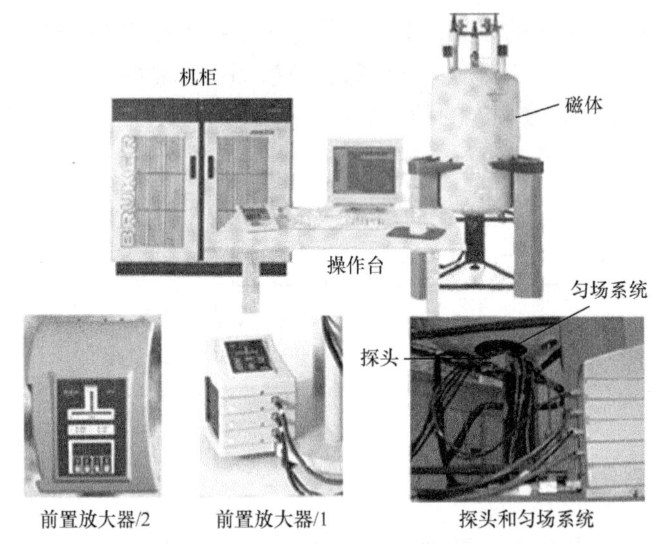

图 5-39　核磁共振波谱仪的主要组成

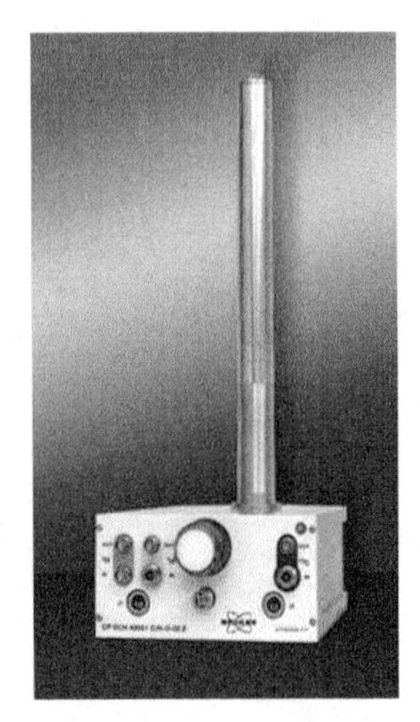
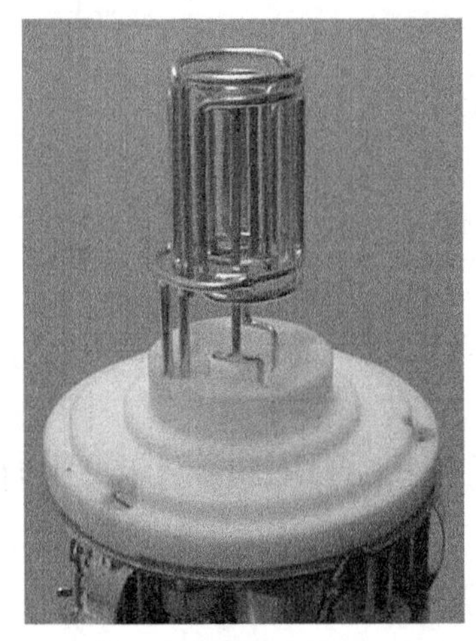
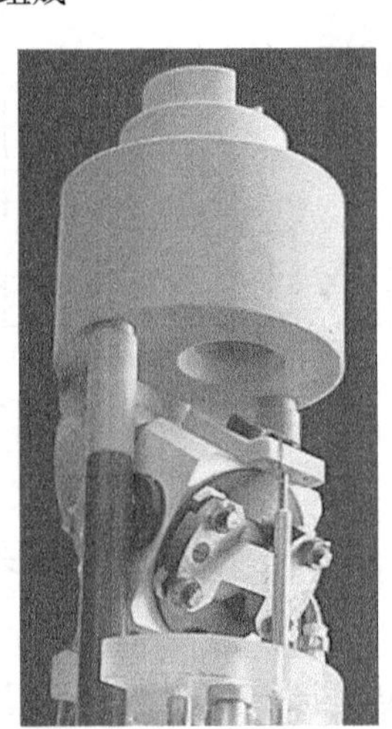

图 5-40　核磁共振波谱仪的探头结构

使它在空间构成相互正交的梯度磁场来补偿主磁体的磁场不均匀性，通过仔细反复匀场，可获得足够高的仪器分辨率和良好的 NMR 谱图。

(4) 信号接收系统：信号接收系统和射频发射系统实际上用的是同一组线圈。当射频脉冲发射并施加到样品上后，发射门关闭，接收门打开，FID 信号被信号接收系统接收。信号经前置放大器放大、检波、滤波等处理，再经模数转换转化为数字信号，最后通过计算机快速采样，FID 信号被记录下来。

(5) 信号处理与控制系统：负责控制和协调各系统有条不紊地工作，并对接收的 FID 信号进行累积、傅里叶变换处理等。

2. 超导磁体

超导磁体的剖面图如图 5-41 所示。核磁共振波谱仪的超导磁体是将铌-钛合金导线绕成的螺线管线圈，通过一定电流产生磁场，在温度接近热力学零度时，螺线管线圈内阻几乎为零，成为超导体，消耗的电功也接近于零。一旦在超导线圈中充入一定电流强度的电流，此电流会持续不断地在线圈中循环流动，从而形成稳定的永久磁场。为保持永久磁场，需将匀场线圈放入液氦环境中，为减少液氦损失，用液氮保护液氦。此外，超导磁体还有传感器、液氮腔、液氦腔、引管、引线、阀门等。

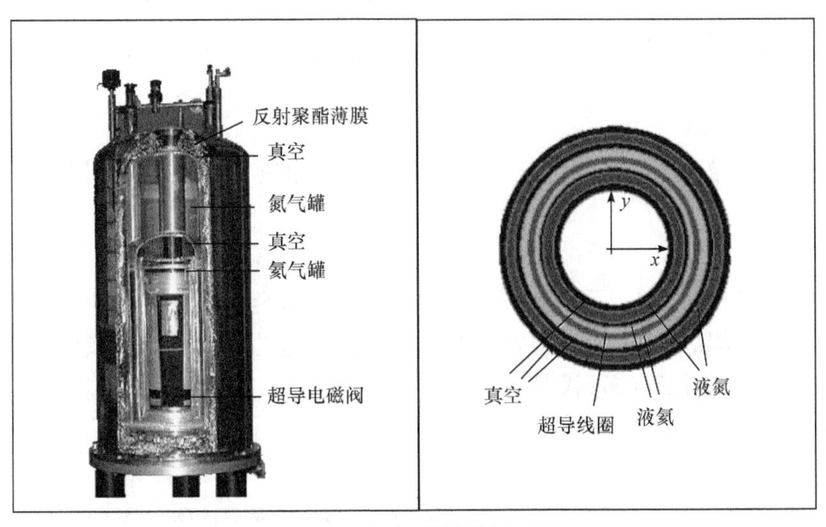

图 5-41　超导磁体的剖面图

5.2.2　核磁共振波谱仪工作原理

如图 5-42 所示，核磁共振波谱仪的工作原理为原子核在强磁场中发生能级分裂，当对外来电磁辐射进行吸收时，核能级的跃迁将会发生即产生 NMR 现象。当外加射频场的频率等于原子核自旋进动的频率时，原子核才可以对射频场的能量有效地进行吸收，将有助于能级跃迁。所以在给定的外加磁场中，仅由某种特定的原子核吸收，即形成一个核磁共振信号。用一定频率的电磁波对样品进行照射，可使特定化学结构环境中的原子核实现共振跃迁，在照射扫描中记录发生共振时的信号位置和强度，就可得到核磁共振波谱。

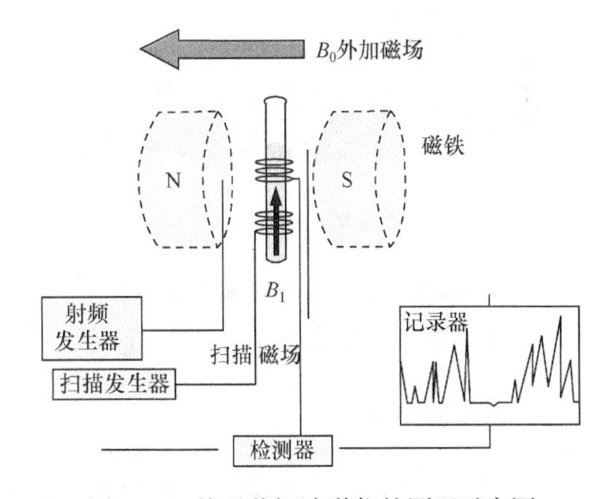

图 5-42　核磁共振波谱仪的原理示意图

5.2.3　核磁共振波谱测试的制样技术

NMR 波谱按照测定对象可分为：^{1}H NMR 谱(测定对象为氢原子核)、^{13}C NMR 谱及氟谱、磷谱、氮谱、硅谱等，根据谱图确定出化合物中不同元素的特征结构。

样品的温度、观测核的频率和样品中自旋核的数目都会影响检测信号的强度。将样品的浓度尽可能最大化并降低样品的温度用来提高灵敏度的方式在任何情况下并不都是可行的。对于分子量较大的样品，增加溶质的量和降低溶液温度会增加溶液黏度，黏度增大导致谱峰增宽，从而降低了谱图的分辨率和信噪比。

配制高质量的样品溶液是得到理想核磁共振图谱的前提条件。下面介绍配制高质量样品的一些基本原则。

1. 核磁样品管的选择

样品管的直径与核磁探头的线圈直径相匹配，不能使用比探头线圈样品腔直径大的样品管。对于大多数的有机样品，一般选择高硼硅玻璃材质的核磁样品管或者同等直径的聚四氟乙烯样品管，一般外径为 5 mm。

2. 样品的纯度

样品纯度越高越好，保证样品有较好的溶解度，尽量避免样品出现分层、乳化等。

3. 溶剂的选择

测试时需要用氘代试剂，是因为测试时溶剂中的氢也会出峰，溶剂的量远远大于样品的量，溶剂峰会掩盖样品峰，所以溶解样品时尽量选择合适的氘代试剂，减少溶剂峰对样品峰的干扰，一般选择性价比高的氘代溶剂。

4. 核磁管的清洗和干燥

使用过的核磁管要进行彻底清洗才能重新测试，如果清洗核磁管不当，会检测到核磁管残留物的信号。一般建议依次采用氯仿-乙醇-丙酮-水清洗。另外也可以使用核磁样品管清洗器，这种方法清洗速度快、清洗质量高。不要将核磁管放置于干燥箱中长时间干燥，以免对核磁管的均匀性造成影响。

5. 防止样品管倒立

溶解样品时不要将样品管倒立，因为高密度聚乙烯材质的核磁管帽可被常用的氘代溶剂溶解(至少染色剂会被溶解)会影响样品的纯度。

6. 样品的体积

配制溶液的体积会影响匀场速度。在 5 mm 直径的核磁管里，体积为 0.5～0.6 mL 的溶液是最适宜的，一般高度为 4～5 cm。

7. 样品的浓度

如果样品太稀，采集一个简单的一维谱图可能会花几小时的时间。如果样品太浓，信号峰会因高浓度引起的黏度过高，分子转动速度变慢而使核磁谱峰增宽。

(1) 溶质过量的情况。当样品充裕时，配制溶液应当确保均匀。首先必须避免固体存在于核磁管中，一个例外情况是干的分子筛(干燥剂)在核磁样品管的底部，远离检测区域。如果想要配制饱和溶液而又不担心黏度高引起核磁共振谱峰增宽，可加入过量溶质充分混合之后再过滤。

(2) 溶质有限的情况。当溶质质量有限且溶解度很高时，可以尝试减少溶液总体积来增加浓度。但是溶液体积太小不利于匀场，从而降低了信噪比。

(3) 最优化的溶质浓度。一般获取优质核磁共振图谱的样品浓度为 20～50 mmol · L^{-1}。

5.3　核磁共振波谱在材料分析中的应用

在材料科学研究中，NMR 技术从结构的角度上来考虑进行研究，如研究反应机理、分子间的相互作用等与结构有关的内容。主要是在高分子材料中应用的比较多，在金属材料上的应用很少，但并不是没有，如对超导材料的研究。迅速发展的固体 NMR 技术，包括一维、二维、三维的 NMR 测试方法及 NMR 成像技术，已成为研究材料的有力工具。在研究固体材料的化学组成、结构、性能及缺陷等方面都具有深远的影响。

1. 固体核磁共振波谱的应用

固体核磁共振技术可对聚合物做以下几种形式的表征：①聚合物中各组分的含量；②链段长度的分析；③聚合物分子量的测定；④高聚物混合物的化学组成；⑤共混及共聚物的定性、定量分析；⑥共聚物端基分布的测定；⑦聚合物支化度的分析；⑧聚烯烃立构规整度、序列结构的研究及官能团鉴别。

1) 固体高分子形态研究

固体 NMR 在高分子材料表征中的重要用途之一是形态研究。高分子链可以有序地排列成结晶型或无规地组成无定形。结晶型及非晶相区在 NMR 谱中化学位移不同，能很容易地区别。它的优点在于它不但能提供结晶区的信息，还能测量非晶区的结构。

2) 多相聚合物体系的研究

聚氨酯是一种典型的多相聚合物，由硬链段和软链段组成。硬链段在室温时处于玻璃态，而软链段在室温时是橡胶态。硬链段与软链段的相对含量可改变材料的物理性能。在聚氨酯中，基团能形成多种氢键，使硬链段之间排列得比较整齐，形成硬相微畴，分布在软相中，称为微相分离。由于软、硬相在聚集态结构、玻璃化转变温度上的明显区别，在 NMR 实验时，可利用软、硬弛豫时间的不同来分别研究软、硬相的相互作用及互溶性等。

3) 高聚物表面或界面的研究

高分子复合材料如纤维增强塑料等，在工业上应用广泛。硅氧烷偶联剂被用来预处理玻璃纤维表面，以提高纤维与树脂的黏结力。偶联剂在界面的结构对材料的性能有重要的影响。尽管 NMR 通常不作为表面分析方法，但是高分辨 CP/MAS 的 NMR 仍可用来直接观察吸附在玻璃纤维表面的硅氧烷偶联剂的结构。例如，用 CP/MAS NMR 技术可以直接观察到卡博特二氧化硅(Cab-O-Si)无定形硅石表面吸附的 1/4 单分子层的聚丙烯酸异丙酯及某些界面水解过程中分子的移动等。

4) 高分子共混体系二维核磁共振研究

高分子共混体系的物理性质取决于它们在分子水平上的相容性。采用二维核磁共振技术(2D-NMR)可以直观地观察共混体系中两种高分子的相容性。在核磁共振领域中，2D-NMR 技术是一个巨大的进展，为核磁共振在化学、生物、材料方面的研究开辟了新天地。许多研究者用 2D-NMR 在高分子结构研究方面做了大量的工作。共混体系中两种可相容的高分子链之间的相互作用可由 2D-NMR 谱中的交叉峰来表达。

5) 含氯、含硅高分子材料的研究

含氯或含硅高分子是重要的聚合物材料。固体 ^{19}F NMR 谱带宽，需使样品以比 ^{13}C 样品更高的速度旋转，才能使峰变窄。高速旋转与多次脉冲相结合，便可得到满意的固体 ^{19}F NMR 谱，可以用来表征含氟高聚物及排列序列、等离子体沉积含氟材料等。用于聚氨酯材料发泡的氟氯碳在发泡材料中分别以气相及聚合物相存在，它们的共振峰的化学位移有明显的区别。气相中 ^{19}F 峰比聚合物相中的 ^{19}F 峰处于较高场的位置，当 MAS 速度降至 2 kHz 时，NMR 谱中出现气相 ^{19}F 的共振峰。

2. 液体核磁共振波谱的应用

将高分子样品溶解在合适的溶剂中，测定其 NMR 谱，可以得到样品的化学位移、共振峰的积分强度、耦合现象和耦合常数、弛豫时间 T_1 及 T_2 以及旋转坐标系中的弛豫时间 T_1 等重要信息。分析这些波谱信息，便可以推断出有关的化学组分、分子量、支化度、几何异构和分子链序列结构等。

1) 高聚物分子量的测定

图 5-43 是未知分子量的聚乙烯，结构式为 $CH_3(CH_2)_nCH_3$。化学位移 1.2 ppm 的峰为—CH_2—上的质子峰，化学位移 0.9 ppm 的峰为端基—CH_3 上的质子峰。图中两种质子峰的高度比为 8∶1。由于每一个分子链含有两个—CH_3 质子，故每个分子链含有 48 个亚甲基质子。因此，该分子式可写作 $CH_3(CH_2)_{24}CH_3$。在图 5-44 中通过比较高聚物 NMR 谱中主链与端基 ^{1}H 的共振峰强度，便可算出高聚物的平均分子量。

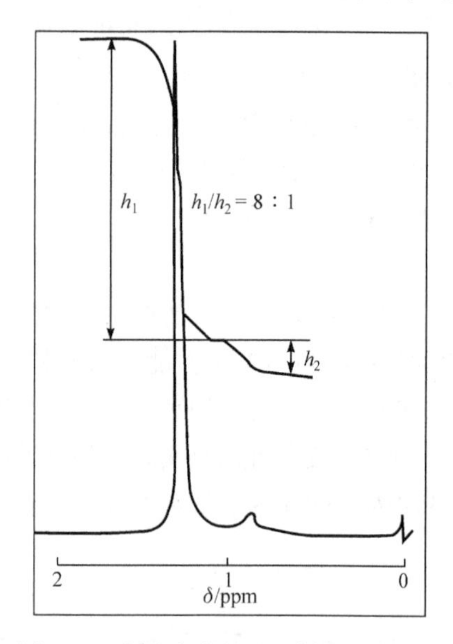

图 5-43　低聚合度的聚乙烯的 ^{1}H NMR

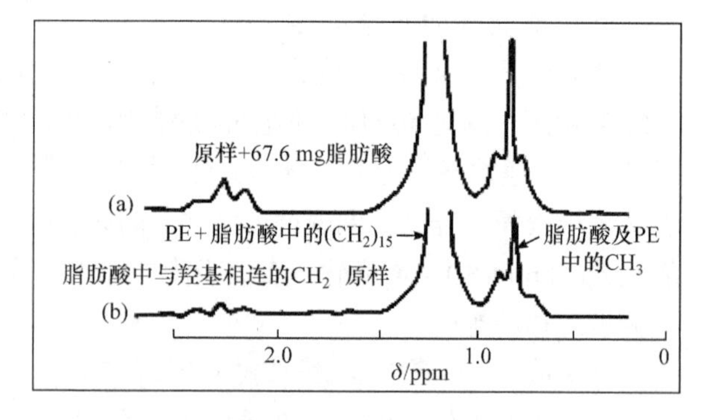

图 5-44　聚乙烯/硬脂酸混合物的 ^{1}H NMR

2) 共聚物端基分布测定

氧化乙烯与氧化丙烯可以分别聚合成聚氧化乙烯(PEG)与聚氧化丙烯(PPG)，其端基可能是伯醇，也可能是仲醇。在共聚物的 NMR 谱中端基共振峰与主链峰叠合在一起，无法通过积分强度来计算端基的分布，伯醇与仲醇很容易与三氟乙酐反应，生成三氟乙酸酯，聚醚聚醇的两种三氟乙酸酯可以用 ^{19}F NMR 谱区别，如图 5-45 所示，与伯醇及仲醇反应后的三氟甲基的 ^{19}F 共振峰被分裂成间隔为 0.5 ppm 的两部分。根据它们的积分强度比，可算出原来共聚物中伯醇端基占整个端基的比例，即

$$伯醇\% = \frac{[I_1]}{[I_1]+[I_2]} \times 100\%$$

式中，$[I_1]$ 及 $[I_2]$ 分别为与伯醇及仲醇反应生成三氟乙酸酯中 ^{19}F 的积分强度。图 5-45 中(a)、(b)、(c)三种不同共聚样品的伯醇端基含量分别为 76%、64%、20%。

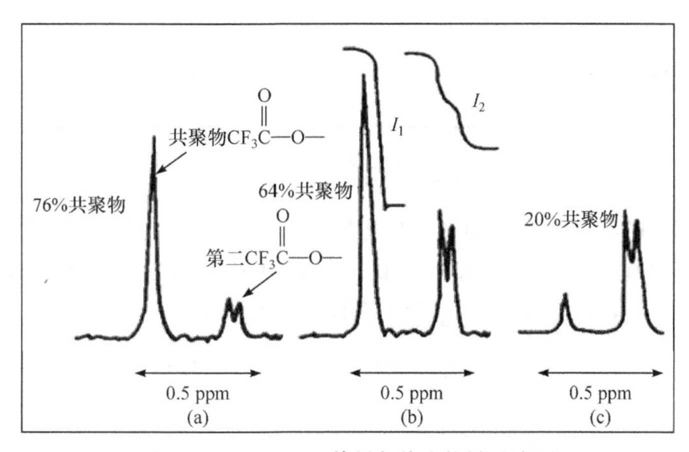

图 5-45　^{19}F NMR 谱研究共聚物端基含量

由图 5-46 可以看出，与伯醇反应生成的酯中三氟甲基的 ^{19}F 为单峰，而与仲醇反应生成的酯中三氟甲基的 ^{19}F 共振分裂成两个小峰，这是由于与仲醇反应后的三氟乙酸酯有两种空间异构体，如图 5-46 所示，空间异构引起的 ^{19}F 原子核的屏蔽效应使其共振分裂成两个小峰。

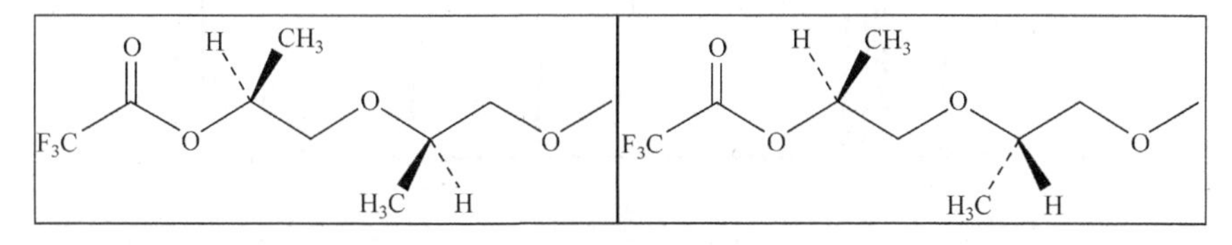

图 5-46　三氟乙酸酯的两种异构体

3) 乙烯基聚合物支化度分析

无论出现长链支化还是短链支化，都会引起聚合物形态及性质的变化，聚乙烯高分子链上存在的短链支化明显地降低了熔点和结晶度，用红外光谱法可以测得高压聚乙烯中存在许多短的支化链，通过 NMR 分析可以进一步得出支链的类型及出现的次数，δ= 30 ppm 的主峰对应于聚乙烯分子中的亚甲基，支链上受屏蔽效应较大的是 C1 及 C2，而其余的支链 ^{13}C 屏蔽效应不明显。分析有关峰的相对强度，便可以得出各种支链的分布，见表 5-10。没有发现甲基或丙基支链，从而可推出短支链是聚合过程中的“回咬”现象引起的，而长支链则是由分子内链转移引起的。

表 5-10　低密度聚乙烯支链分布

支链类型	每 1000 个主链碳中的支链数
—CH_3(Me)	0.0
—CH_2CH_3(Et)	1.0
—$CH_2CH_2CH_3$(Pr)	0.0
—$CH_2CH_2CH_2CH_3$(Bu)	9.6
—$CH_2CH_2CH_2CH_2CH_3$(Am)	3.6
己基(-hexyl)及长支链(L)	5.6
总数	18.8

4) 聚合物的几何异构

同种聚合物的不同几何异构也能在 NMR 图谱上表现出来，图 5-47 是聚异戊二烯的两种几何异构体的 ^{13}C NMR 谱，由图可见甲基碳及亚甲基 C1(—CH_2—)的共振峰对几何异构是非常敏感的，而 C4(—CH_2—)对双键取代基的异构体则不敏感。

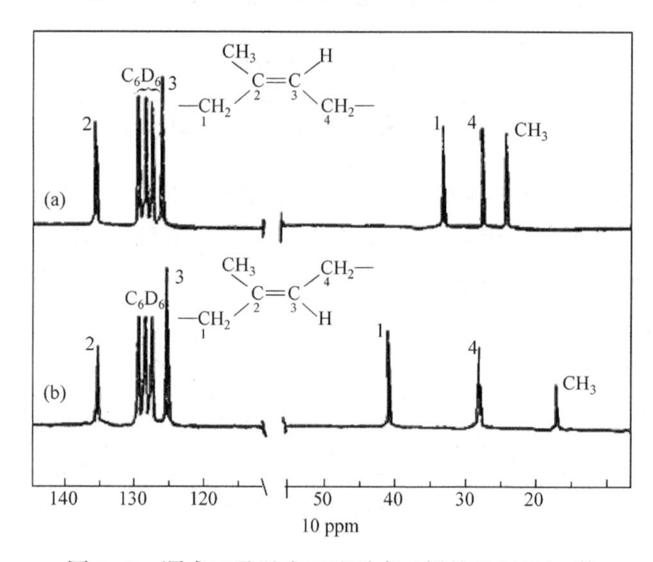

图 5-47　顺式(a)及反式(b)聚异戊二烯的 ^{13}C NMR 谱

5) 聚烯烃立构规整度及序列结构的研究

取代烯烃聚合时，由于所用引发剂的类型及其他条件的不同，可以生成不同的立构规整度。在间规立构体中，亚甲基上的两个质子 H 所处的化学环境完全一样，在 ^{1}H NMR 谱中呈现为单一的共振峰。在等规立构体中，亚甲基上的两个质子 H 所处环境不一样，在 ^{1}H NMR 谱中呈现为分裂峰。图 5-48 左边为在三元序列中的不同排列方式，右图为各种序列结构的 ^{1}H 的化学位移。化学位移在 1.1～1.4 ppm 的峰对应于 α- 甲基。间规立构的三元序列的亚甲基为一个约为 2 ppm 的单峰[图 5-48(a)]，而等规立构的亚甲基分裂成位于 1.6 ppm 附近及位于 2.3 ppm 附近的多重峰[图 5-48(b)]。

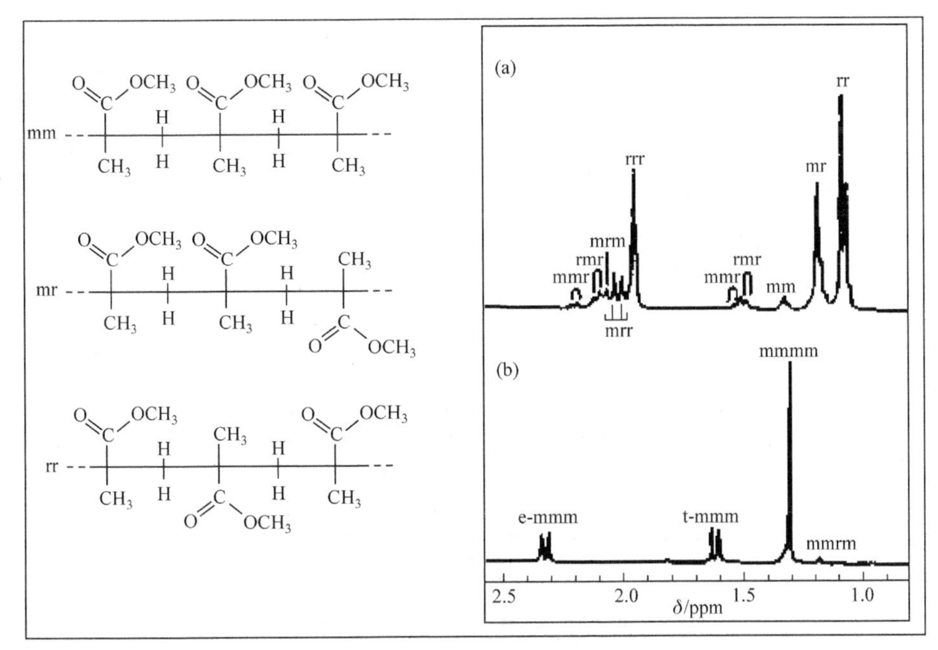

图 5-48　三种立构异构体的排列方式及聚甲基丙烯酸甲酯的 ^{1}H NMR 谱

m 表示等规立构排列，r 表示间规立构排列，mm 表示三元组等规立构排列，rr 表示三元组间规立构排列，rrr 和 mmm 等表示四元组立构序列结构，mmmm 表示五元组立构序列结构

5.4　核磁共振波谱测试案例图谱解析

5.4.1　^{1}H NMR 测试案例图谱解析

^{1}H 谱解析通常按以下步骤进行：

(1) 先检查内标物的峰位是否准确，基线是否平坦，溶剂中残留的 ^{1}H 信号是否出现在预定的位置。

(2) 已知分子式，算出不饱和度 U。

(3) 根据各峰的积分线高度，参考分子式或孤立甲基峰等，算出氢分布。

(4) 解析孤立甲基峰：通过计算或查表确定甲基类型，如 CH_3—O—、CH_3—Ar 等。

(5) 解析低场共振峰：醛基氢 δ 9～10.5 ppm、酚羟基氢 δ 9.5～15 ppm、羧基氢 δ 10～12 ppm 及烯醇氢 δ 14～16 ppm。

(6) 计算频率差和耦合常数的比值 ($\Delta\nu / J$)，确定图谱中的一级与高级耦合部分。先解析图谱中的一级耦合部分，由共振峰的化学位移及峰分裂确定归属及耦合系统。

(7) 解析图谱中高级耦合部分：

(i) 先查看 δ 7 ppm 左右是否有芳氢的共振峰，按分裂图形确定自旋系统及取代位置；

(ii) 难解析的高级耦合系统可先进行纵坐标扩展，若不能解决问题，可更换高场强仪器或运用双照射等技术测定，也可用位移试剂使不同基团谱线的化学位移拉开，从而使图谱简化。

(8) 含活泼氢的未知物：可对比重水交换前后光谱的改变，以确定活泼氢的峰位及类型(如—OH、—NH、—SH、—COOH 等)。

(9) 参考 IR、UV 及 MS 等图谱进行综合波谱解析。

(10) 结构初定后，查表或计算各基团的化学位移并核对。核对耦合关系与耦合常数是否合理。

【例 5-1】 一个未知物的分子式为 $C_9H_{13}N$，δ_a 1.22(d)、δ_b 2.80(sep)、δ_c 3.44(s)、δ_d 6.60(m)及δ_e 7.03(m)。^1H NMR 如图 5-49 所示，试确定其结构式。

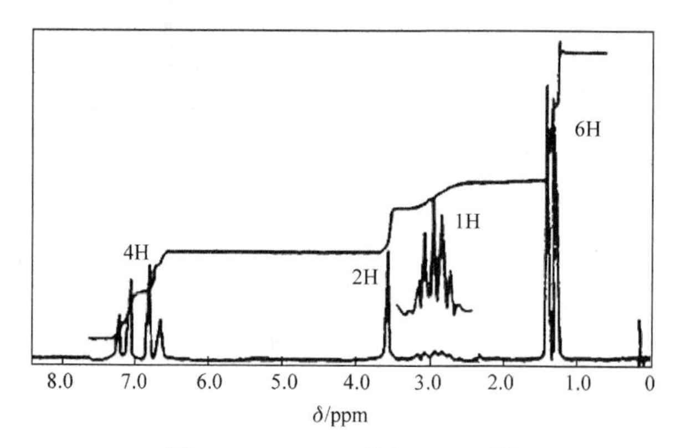

图 5-49　$C_9H_{13}N$ 的 ^1H NMR 谱

解　解析步骤和数据分析如下：

不饱和度 $U=4$，δ值 7.0 ppm 有谱峰，可能有苯环；H 分布为 a：b：c：d：e = 6H(1.8)：1H(0.3)：2H(0.6)：2H(0.6)：2H(0.6)；δ_a 1.22 ppm 二重峰 6H 可推出—$CH(CH_3)_2$，δ_b 2.80 ppm 七重峰 1H 可推出—$CH(CH_3)_2$ 与苯环相连接；δ_d 6.60 ppm 二重峰 2H 和 δ_e 7.03 ppm 二重峰 2H 可推出苯环的对位取代特征峰；由分子式 $C_9H_{13}N$ 减去($C_3H_7+C_6H_4$) = NH_2(氨基)，化学位移也相符，δ_c 3.44 ppm 单峰 2H 可推出—NH_2。所以未知物结构为：

d　e

H_2N—⟨苯环⟩—$CH(CH_3)_2$ 。

d′　e′

【例 5-2】 化合物 $C_7H_{16}O_3$ 的 ^1H NMR 谱如图 5-50 所示，试推断该分子的结构。

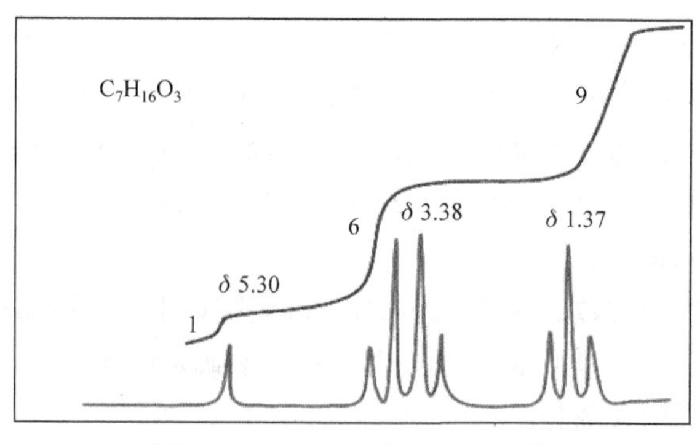

图 5-50　$C_7H_{16}O_3$ 的 ^1H NMR 谱

解　解析步骤和数据分析如下：

$C_7H_{16}O_3$，$\Omega=0$，不含不饱和键和环。

δ3.38 ppm 和δ1.37 ppm 为四重峰和三重峰，可推出—CH_2CH_3，且δ3.38 ppm 在 4 ppm 左右，说明含有—O—CH_2—CH_3，结构中有三个 O，可能具有三个(—O—CH_2—CH_3)$_3$结构，δ5.3 ppm 为 CH 上 H 吸收峰，低场与电负性基团相连。

由此可推出未知物结构为$HC(O—CH_2CH_3)_3$。

5.4.2　^{13}C NMR 测试案例图谱解析

^{13}C NMR 谱的解析并没有一个成熟、统一的程序，应该根据具体情况，结合其他物理方法和化学方法测定的数据，综合分析才能得到正确的结论。

^{13}C NMR 谱解析的步骤如下：

(1) 确定分子式并根据分子式计算不饱和度。

(2) 从 ^{13}C NMR 的质子宽带去耦谱，了解分子中含 C 的数目、类型和分子的对称性。如果 ^{13}C 的谱线数目与分子式的 C 数相同，表明分子中不存在环境相同的含 C 基团；如果 ^{13}C 的谱线数小于分子式中的 C 数，说明分子式中存在某种对称因素；如果谱线数大于分子中的 C 数，则说明样品中可能有杂质或有异构体共存。

(3) 分析谱线的化学位移，可以识别 sp^3、sp^2、sp 杂化碳和季碳，如果从高场到低场进行判断，0～40 ppm 为饱和烃碳，40～90 ppm 为与 O、N 相连的饱和碳，100～150 ppm 为芳环碳和烯碳，大于 150 ppm 为羰基碳及叠烯碳。

(4) 分析偏共振去耦谱和 DEPT 谱，了解与各种不同化学环境的碳直接相连的质子数，确定分子中有多少个 CH_3、CH_2、CH 和季碳及其可能的连接方式。比较各基团含 H 总数和分子式中 H 的数目，判断是否存在—OH、—NH_2、—C(X)H、—NH—等含活泼氢的基团。

(5) 如果样品中不含 F、P 等原子，宽带质子去耦谱图中的每一条谱线对应于一种化学环境的碳，对比偏共振去耦谱，全部耦合作用产生的峰的裂分应全部去除。如果还有谱线的裂分不能去除，应考虑分子中是否含 F 或 P 等元素。

(6) 从分子式和可能的结构单元推出可能的结构式。利用化学位移规律和经验计算式，估算各碳的化学位移，与实测值比较。

(7) 综合考虑 ^{1}H NMR、IR、MS 和 UV 的分析结果，必要时进行其他的双共振技术及 τ_1 测定，排除不合理者，得到正确的结构式。

【例 5-3】　化合物 $C_4H_6O_2$ 的 ^{13}C NMR 谱图如图 5-51 所示，确定分子结构。

解　解析步骤和数据分析如下：

(1) $\Omega=2$。

(2) 谱峰归属：4 个碳，^{13}C 谱产生 4 个峰，分子没有对称性，峰的归属见表 5-11。

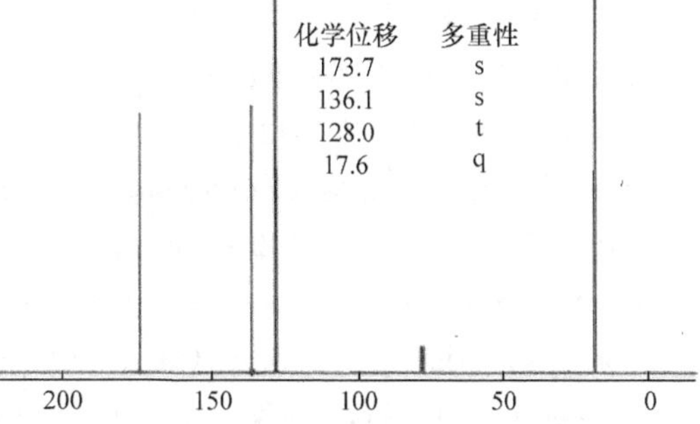

图 5-51　化合物 $C_4H_6O_2$ 的 ^{13}C NMR 谱

表 5-11　化合物 $C_4H_6O_2$ 位移峰的归属及推导

δ/ppm	偏共振多重性	归属	推导
17.6	q	CH_3	CH_3 连于 —C=C（$—\overset{CH_3}{\overset{\mid}{C}}=C$）
128.0	t	CH_2	$—\overset{\mid}{C}=\overset{H}{\overset{\mid}{C}}—H$
136.1	s	C	$—\overset{\mid}{C}=C$
173.7	s	C	C=O

推导的结构为 $HO-C(=O)-C(CH_3)=CH_2$。

【例 5-4】 某化合物的分子式为 $C_9H_{12}NOCl$，化学结构式为 $\overset{4}{O}CH_3$（C5）、$\overset{1}{C}H_3$（C6）、$H_3\overset{2}{C}$（C9）、$ClH_2\overset{3}{C}$（C8）、N（与C7、C8相连）的吡啶环化合物，该化合物的 ^{13}C 质子噪声去耦谱与 DEPT 135°谱如图 5-52(a)和(b)所示，溶剂为 $CDCl_3$，对 ^{13}C 质子噪声去耦谱中各谱线进行指认。

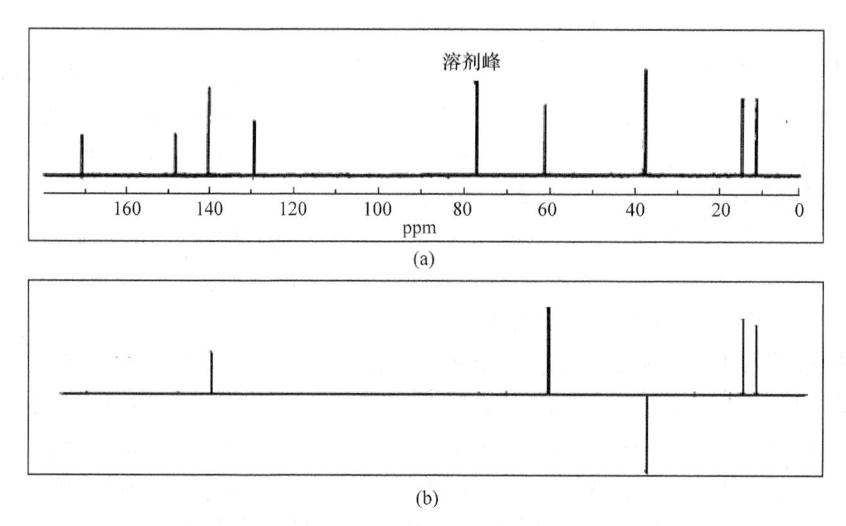

图 5-52　化合物的 ^{13}C 质子噪声去耦谱(a)和 DEPT 135°谱(b)

解　解析步骤和数据分析如下：

(1) 排除杂峰 77 ppm 为 $CDCl_3$ 溶剂峰。余下 9 条谱为样品的真实谱峰。

(2) 对称性分析：该化合物没有对称性，分子中共有 9 个碳原子，与图谱中共有 9 条样品谱相符合。

(3) 碳原子 δ 的分区：按碳谱化学位移分区规律，该化合物的碳谱可分为不饱和碳原子区和脂肪链碳原子区。不饱和区域有 5 条谱线，在 171.0 ppm、148.6 ppm、140.9 ppm 处的谱线应是与杂原子相连的不饱和碳原子 C5、C7、C8。饱和区域有 4 条谱线，61.5 ppm、38.1 ppm 处的谱线应为与杂原子相连的饱和碳原子 C4 或 C3。

(4) 碳原子级数的确定：DEPT 135°谱中共出 5 条谱线，其中 38.1 为负峰，应为 $ClCH_2$—基团中的 C3；171.0 ppm、148.6 ppm、129.5 ppm、130.3 ppm 处不出峰，说明这 4 条谱线均为季碳原子；11.4 ppm、14.8 ppm、61.5 ppm、140.9 ppm 为正峰，应为—CH_3 或═CH—基团中的 C；140.9 ppm 谱线为吡啶环上的═CH—基团中的 C7；11.4 ppm 和 14.8 ppm 为饱和 C 两个 CH_3— C1 和 C2；61.5 ppm 处谱线(与杂原子相连的饱和 C)为 CH_3O—基团中的碳原子 C4。

5.4.3　^{19}F NMR、^{31}P NMR 等测试解析

1. ^{19}F NMR 谱化学位移

^{19}F NMR 与 ^{1}H NMR 相比，氟具有与氢相当的 100%天然丰度，检测灵敏度高，氟相对于氢的化学位移范围较大，一般来说，有机含氟化合物中氟原子数远比氢原子数少得多，^{19}F NMR 的分离度好，检测谱图简单易分析。

各类化合物的 ^{19}F 化学位移见图 5-53。

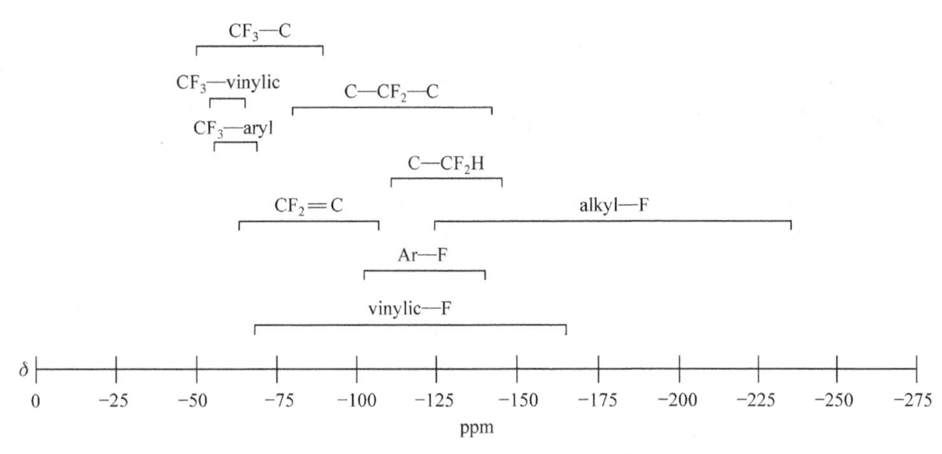

图 5-53　各类化合物的 ^{19}F 化学位移

vinylic：乙烯基；aryl：芳基；alkyl：烷基

绝大部分化合物的化学位移为负值，另有酰基氟、磺酰氟以及含 SF_5 类化合物为正值。

2. ^{31}P NMR 谱化学位移

杂原子对 ^{31}P NMR 的影响是由和磷原子直接键合的原子的孤对 p 电子对磷原子反馈能力不同造成的。杂原子反馈能力强，dπ-pπ 键交叠程度大，磷原子屏蔽作用相应增大，其化学位移向更高场移动；而杂原子反馈能力的大小与其自身的原子半径有关，原子半径越大，其反馈电子能力越弱。

1) 杂原子对 ^{31}P NMR 化学位移的影响

在含磷化合物中，由于杂原子的引入，^{31}P NMR 中的化学位移均有一定程度移动，见表 5-12。

表 5-12　杂原子对 ^{31}P NMR 化学位移的影响

1	$(RO)_2P(=O)—O—P(=O)(OR)_2$ ^{31}P NMR　−12.9 ppm	2	$(RO)_2P(=S)—S—P(=S)(OR)_2$ ^{31}P NMR　79.2 ppm
3	$(RO)_2P(=O)—OR$ ^{31}P NMR　1.6 ppm	4	$(RS)_2P(=O)—OR$ ^{31}P NMR　53.2 ppm
5	Ph, O, NH, P, NH, O ^{31}P NMR　−35.73 ppm	6	Ph, O, O, P, NH, O ^{31}P NMR　−23.62 ppm

2) 配位含磷化合物中的环结构对 ^{31}P NMR 化学位移的影响

在含磷化合物中，随着连接环数目的增多，^{31}P NMR 中的化学位移向低场移动，见表 5-13。这是因为环的张力作用使环内 P—O 键上 dπ-pπ 键的交叠程度减弱，从而使磷原子的屏蔽效应减小。在五配位磷化合物中，随着环数的增多，^{31}P NMR 中的化学位移向低场移动。每增加一个环，向低场移动约 20 ppm，且环的增加对化学位移的移动具有加和性。稠环化合物对化学位移的影响与单环化合物的影响相近。三环五配位磷化合物的化学位移与相应的稠双环相比，向低场移动约 30 ppm，相当于一个单环和一个稠双环对化学位移的影响的加和作用。螺双环磷化合物的化学位移与相应的双环化合物相近。

表 5-13　环结构对 ^{31}P NMR 化学位移的影响

环类型	化合物	δ/ppm
无环	$(C_2H_5O)_5P$	−70.0
单环	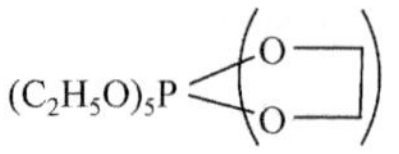 $(C_2H_5O)_5P$ O O	−50.0
	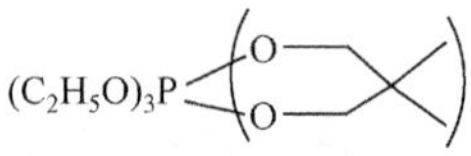 $(C_2H_5O)_3P$ O O	−70.0
双环	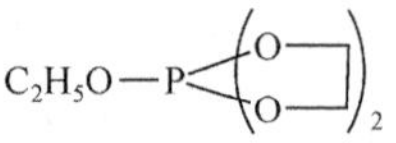 C_2H_5O—P O O)$_2$	−27.0
	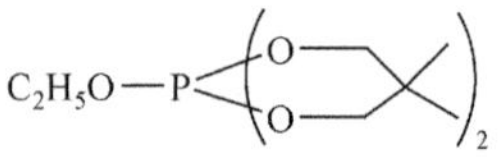 C_2H_5O—P O O)$_2$	−66.0
稠双环	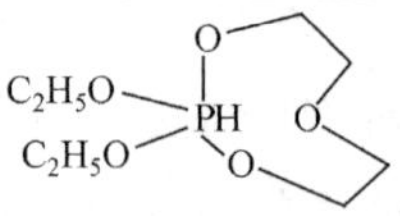 C_2H_5O C_2H_5O PH O O O	−43.50
	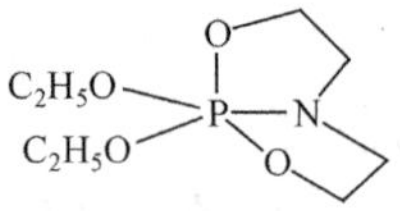 C_2H_5O C_2H_5O P—N O O	−69.90
螺环	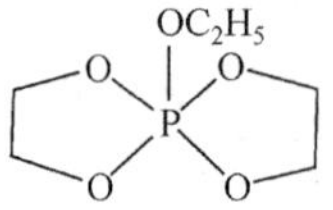 OC_2H_5 O O P O O	−28.94
三环五配位	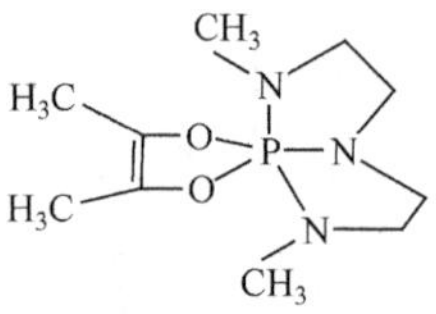 CH_3 N H_3C H_3C O O P—N N CH_3	−31.3
	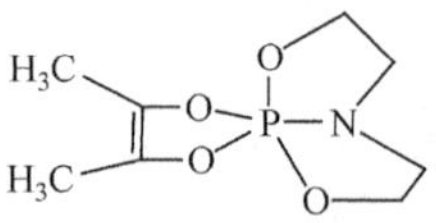 H_3C H_3C O O P—N O O	−41.6

参 考 文 献

常建华, 董绮功. 2005. 波谱原理及解析[M]. 2 版. 北京: 科学出版社.
恩斯特 E E, 博登豪森 G, 沃考恩 A. 1997. 一维和二维核磁共振原理[M]. 北京: 科学出版社.
萨蒂亚纳拉亚纳 D W. 2017. 核磁共振导论[M]. 2 版. 北京: 国防工业出版社.
王乃兴. 2021. 核磁共振谱学——在有机化学中的应用[M]. 4 版. 北京: 化学工业出版社.
魏嘉, 戴培麟, 张建平, 等. 2003. 核磁共振技术的发展[J]. 现代仪器, (5): 13-16+12.
约瑟夫 B 兰伯特, 尤金 P 马佐拉, 克拉克 D 里奇. 2021. 核磁共振波谱学: 原理、应用和实验方法导论[M]. 向俊锋, 周秋菊, 等译. 北京: 化学工业出版社.

张雪芹, 潘远江, 李杨. 2001. 核磁共振方法在高分子聚合物方面的应用[J]. 现代科学仪器, (6): 29-33+22.
赵天增. 1983. 核磁共振氢谱[M]. 北京: 北京大学出版社.
赵天增. 1993. 核磁共振碳谱[M]. 郑州: 河南科学技术出版社.
赵天增, 秦海林, 张海艳, 等. 2018. 核磁共振二维谱[M]. 北京: 化学工业出版社.
Hundeshagen H. 1986. The Present state of NMR tomography and its future[J]. EuroPean Journal of Nuelear Medieine and Moleeular Imaging, 11(9): 355-360.
Spraul M, Hofmann M, Dvortsak P, et al. 1992. Liquid chromatography coupled with High-field proton NMR for profiling humonurine for endogenous compounds and drug onetabolites[J]. Journal of Pharmaceutical & Biomedical Analysis, 10: 601.

习　　题

1. 化合物 $C_7H_{14}O_2$ 的 ^{1}H NMR 谱如图 5-54 所示，它是下列结构式中的哪一种？

(1) $CH_3CH_2CO_2\underline{CH_2}CH_2CH_2CH_3$；(2) $CH_3CH_2CO_2\underline{CH_2}CH(CH_3)_2$；(3) $(CH_3)_2CHCO_2\underline{CH_2}CH_2CH_3$。

t(三重峰)　　d(二重峰)　　t(三重峰)

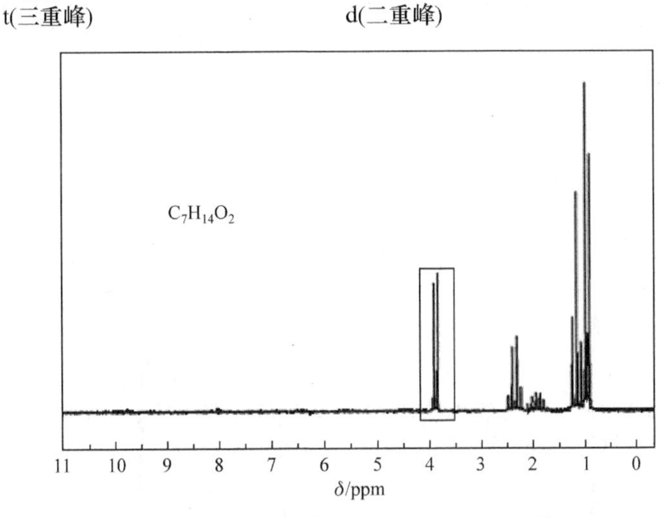

图 5-54　化合物 $C_7H_{14}O_2$ 的 ^{1}H NMR 谱

2. 有两个酯分子式为 $C_{10}H_{12}O_2$，它的 ^{1}H NMR 谱图分别为图 5-55(a)和(b)，写出这两个酯的结构式并标出各峰的归属。

3. 化合物 $C_{11}H_{12}O$，经鉴定为羰基化合物，用 $KMnO_4$ 氧化得到苯甲酸，它的 ^{1}H NMR 谱如图 5-56 所示，写出它的结构式并说明各峰的归属。

4. 化合物 K($C_4H_8O_2$)无明显酸性，在 $CDCl_3$ 中测试 ^{1}H NMR：δ1.35 ppm(双峰，3H)，δ2.15 ppm(单峰，3H)，δ3.75 ppm(单峰，1H)，δ4.25 ppm(四重峰，1H)，在重水(D_2O)中测试时δ3.75 ppm 峰消失，写出 K 的结构。

5. 未知物分子式为 C_7H_9N，核磁共振碳谱如图 5-57 所示，推测其结构。

6. 某含氮未知物，质谱显示分子离子峰为 m/z 209，元素分析结果为 C 57.4%，H 5.3%，N 6.7%，^{13}C NMR 谱如图 5-58 所示(括号内 s 表示单峰，d 表示双峰，t 表示三重峰，q 表示四重峰)，推导其化学结构是(A)还是(B)。

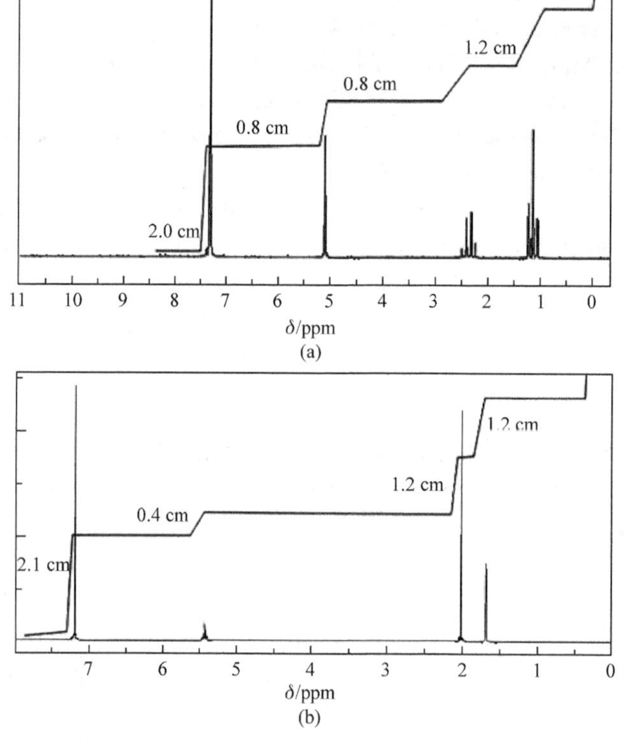

图 5-55　化合物 $C_{10}H_{12}O_2$ 的 ^1H NMR 谱

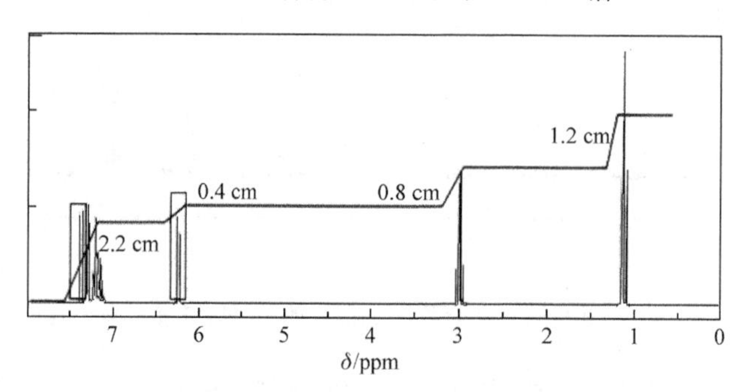

图 5-56　化合物 $C_{11}H_{12}O$ 的 ^1H NMR 谱

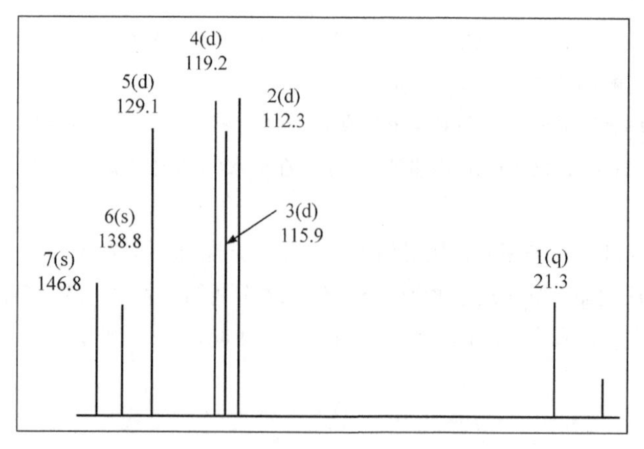

图 5-57　化合物 C_7H_9N 的 ^{13}C NMR 谱

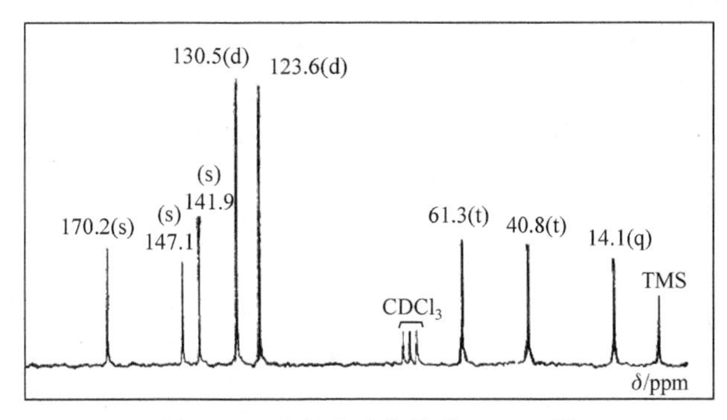

图 5-58　含氮化合物的 ^{13}C NMR 谱

$O_2N-H_2C-C_6H_4-\overset{O}{\overset{\|}{C}}-O-CH_2CH_3$ (1, 2, 3, 4 为苯环碳编号)

(A)

$O_2N-C_6H_4-CH_2-\overset{O}{\overset{\|}{C}}-O-CH_2CH_3$ (1, 2, 3, 4 为苯环碳编号)

(B)

第二篇　X射线分析技术

第 6 章　X 射线衍射技术

6.1　X 射线衍射基本原理

6.1.1　晶体结构基础

自然界中固体物质的形态和结构多种多样，其中绝大多数固体内部原子都具有周期性规则排列的特性，这类物质称为晶体。如果大块的晶体内部原子保持完全一致的排列方式，则这类晶体称为单晶，如钻石、单晶硅、蓝宝石等，如图 6-1(a)～(c)所示。如果一个块体是由许多小的晶粒组成的，如图 6-1(d)所示，各晶粒取向随机分布，晶粒与晶粒间存在晶界，这类晶体称为多晶，如钢铁、陶瓷、矿石等。从图 6-1(e)多晶氧化铝的扫描电子显微镜照片中也能看出多晶体是由大小不一的小晶粒组成的，晶粒间存在明显的晶界。多晶材料由于存在晶界和大量缺陷，其与具有相同晶体结构的单晶相比宏观力学性能差别较大。原子排列完全随机的固体称为非晶，如玻璃。材料的晶体结构决定了材料的宏观性质。单晶与多晶材料具有确定的熔点，但非晶物质没有固定的熔点。

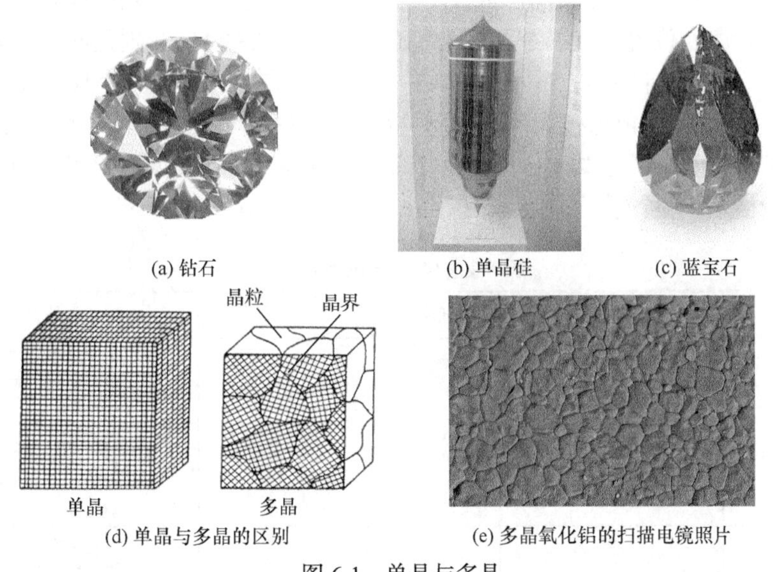

(a) 钻石　(b) 单晶硅　(c) 蓝宝石

(d) 单晶与多晶的区别　(e) 多晶氧化铝的扫描电镜照片

图 6-1　单晶与多晶

无论是单晶还是多晶，晶体内部的原子、离子、分子基团周期性排列的构型称为晶体结构。通常将周期性重复的单元称为晶胞。晶胞在空间周期性排列形成晶体。以图 6-2(a)中的二维空间点阵为例，晶体结构由空间点阵与结构基元构成。每个结构基元包含一个或多个原子，如图 6-2(a)中的 A、B、C 三个原子。每个结构基元中包含的原子种类、数量和构型都相同。将结构基元抽象为一个格点，这些格点在空间排列成空间点阵。空间点阵中的重复单元即为晶胞。对于二维空间点阵，晶胞参数包括晶胞的基矢 $\boldsymbol{a}$、$\boldsymbol{b}$ 及它们的夹角 α。对于三维空间点阵，如图 6-2(b)所示，晶胞参数包括基矢 $\boldsymbol{a}$、$\boldsymbol{b}$、$\boldsymbol{c}$ 及它们之间的夹角 α、β、γ。

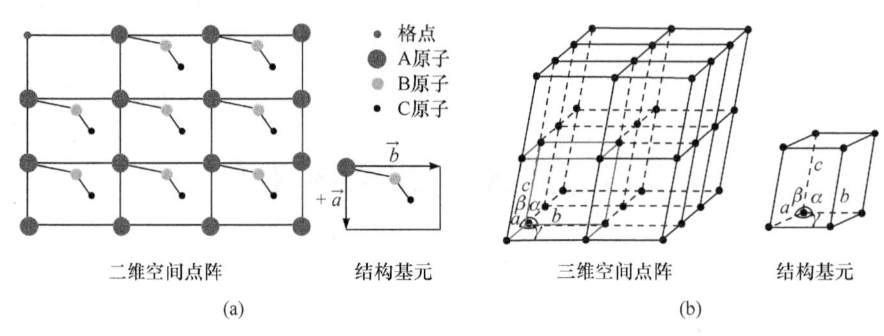

图 6-2　二维空间点阵(a)和三维空间点阵(b)

根据三维空间周期性约束条件，法国晶体学家布拉维证明只有七大晶系、14 种空间点阵，见表 6-1。因此，人们将这 14 种点阵称为布拉维点阵。其中立方晶系中晶胞的 3 个基矢 $\boldsymbol{a}$、$\boldsymbol{b}$、$\boldsymbol{c}$ 长度相等且相互垂直。立方晶系根据对称性又分为简单立方、体心立方和面心立方三种布拉维点阵。以简单立方为例，α-Po(钋)晶胞的 8 个顶点处各有一个原子，但是每个原子都被周围的 8 个晶胞共用，因此一个晶胞中只包含一个原子，该原子的位置通常用晶体坐标表示为(0 0 0)。晶体坐标是指以 3 个晶胞基矢 $\boldsymbol{a}$、$\boldsymbol{b}$、$\boldsymbol{c}$ 为单位长度的坐标表示方法。CsCl 也是简单立方结构，如图 6-3(a)所示，但是 CsCl 晶胞中包含 2 个原子——1 个 Cs 原子和 1 个 Cl 原子。它们的晶体坐标分别是(0 0 0)和(1/2 1/2 1/2)，即一个在立方体顶角位置，另一个在立方体体心位置。尽管在立方体体心位置有一个原子，但 CsCl 仍然属于简单立方而非体心立方结构。这是因为 Cl 原子与 Cs 原子构成一个整体在空间形成一个简单立方点阵。而钨、钼等就是体心立方晶格，其在立方体顶角和体心位置各有一个相同的钨或钼原子。食盐 NaCl 则是面心立方晶格，如图 6-3(b)所示，一个 Cl 原子和一个 Na 原子构成一个格点，在立方体的 8 个顶点和 6 个面的中心各有一个格点。由于 8 个顶点被周围的晶胞共用，所以每个晶胞只有一个格点，而每个面的中心格点只与相邻的两个晶胞共享，因此每个晶胞只包含 3 个面心格点。所以在单个 NaCl 晶胞中只包含 4 个格点、8 个原子。

表 6-1　14 种布拉维格子

晶系	晶格参数	布拉维格子	符号	晶胞结构
立方晶系 cubic	$a=b=c$ $\alpha=\beta=\gamma=90°$	简单立方	cP	
立方晶系 cubic	$a=b=c$ $\alpha=\beta=\gamma=90°$	体心立方	cI	
		面心立方	cF	

续表

晶系	晶格参数	布拉维格子	符号	晶胞结构
四方晶系 tetragonal	$a=b\neq c$ $\alpha=\beta=\gamma=90°$	简单四方	tP	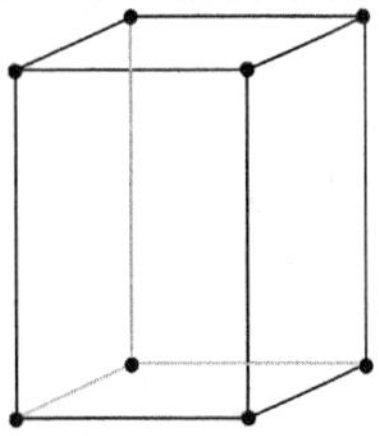
		体心四方	tI	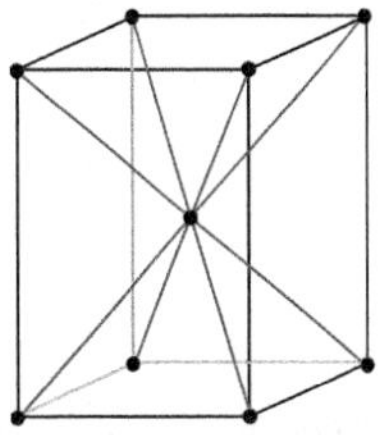
正交晶系 orthorhombic	$a\neq b\neq c$ $\alpha=\beta=\gamma=90°$	简单正交	oP	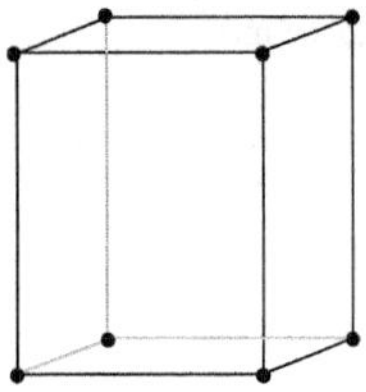
		体心正交	oI	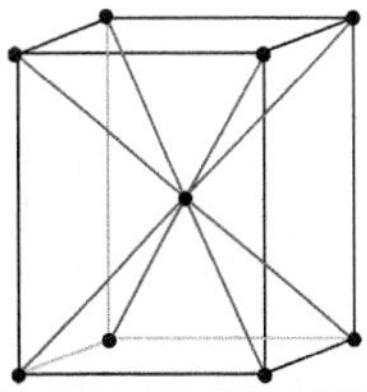
		底心正交	oC	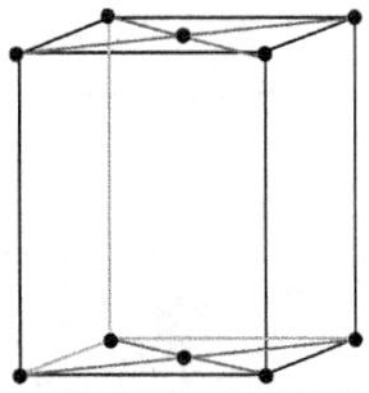
		面心正交	oF	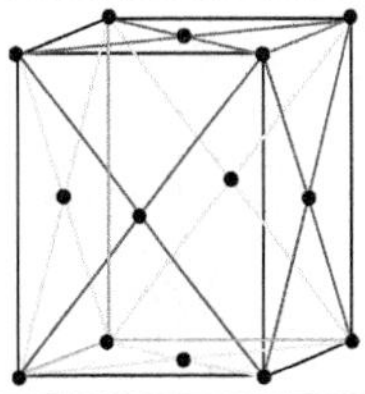
三方晶系 rhombohedral	$a=b=c$ $\alpha=\beta=\gamma\neq 90°$	简单菱方	hR	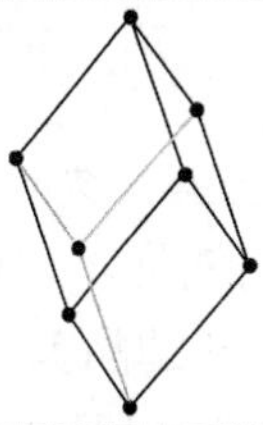

续表

晶系	晶格参数	布拉维格子	符号	晶胞结构
六方晶系 hexagonal	$a=b\neq c$ $\alpha=\beta=90°$ $\gamma=120°$	简单六方	hP	
单斜晶系 monoclinic	$a\neq b\neq c$ $\alpha=\gamma=90°$ $\beta\neq 90°$	简单单斜	mP	
		底心单斜	mC	
三斜晶系 triclinic	$a\neq b\neq c$ $\alpha\neq\beta\neq\gamma\neq 90°$	简单三斜	aP	

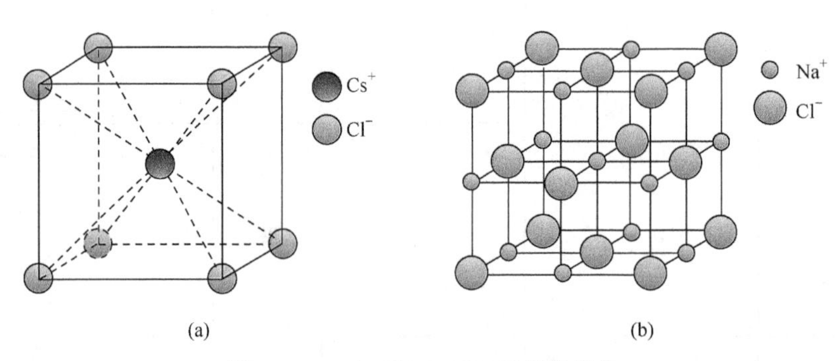

图 6-3　CsCl(a)和 NaCl(b)的晶体结构

除立方晶系外，其他晶体结构的材料也非常常见。近年来被广泛用于制备白光 LED 的氮化镓(GaN)就是六方晶格。其晶格常数 $a=b\neq c$，$\boldsymbol{c}$ 轴与 $\boldsymbol{a}$、$\boldsymbol{b}$ 轴垂直，$\boldsymbol{a}$、$\boldsymbol{b}$ 轴夹角为 120°。在单个 GaN 的晶胞中包含 2 个 Ga 原子和 2 个 N 原子。由三个晶胞旋转 120°紧靠在一起形成一个六棱柱，上下底面是正六边形，侧面为长方形。

材料的晶体结构决定了其物理化学特性。钛酸铅($PbTiO_3$)为钙钛矿结构，在常温下为四方结构，即六面体上下底面为正方形，***c*** 轴与 ***a***、***b*** 轴不相等，由此呈现出铁电性。当温度超过相变温度 490℃时，钛酸铅的晶体结构由四方相转变为立方相，从而失去铁电性转变为顺电性。类似的钙钛矿材料锆酸铅($PbZrO_3$)在低温下为正交相，呈现出反铁电特性，在高温下为立方相，表现为顺电特性。$PbTiO_3$ 与 $PbZrO_3$ 形成二元固溶体发展出压电性能优良的锆钛酸铅系压电陶瓷(PZT)。通过调节 PZT 中 Zr 与 Ti 的比例，可以改变 PZT 的晶体结构，进而改变 PZT 的压电性能。

6.1.2　晶向与晶面

为了对晶体的结构、缺陷、取向、织构等进行研究，需要确定晶体内的直线方向和平面取向，即晶向与晶面。为便于讨论晶体内部的结构，通常以晶胞的基矢 ***a***、***b***、***c*** 作为坐标轴，基矢的长度为单位长度作为晶向与晶面的坐标，而不用埃、毫米等长度单位。国际上通用米勒指数(Miller indices)来统一标定晶向指数与晶面指数。下面分别介绍晶向与晶面的表示方法。

在图 6-4 所示的晶胞中，以基矢 ***a***、***b***、***c*** 为坐标轴，所有的晶向都是从原点 *O* 出发。晶向 *OA* 与基矢 ***a*** 轴平行，用米勒指数表示为[100]。方括号表示晶向，括号中的三个坐标[*uvw*]分别表示在 ***a***、***b***、***c*** 轴的投影长度的整数倍。在晶向 *OA* 上 *A* 点在 ***a*** 轴的投影为 1 个单位长度，在 ***b*** 轴和 ***c*** 轴的投影都为 0，因此晶向 *OA* 的米勒指数为[100]。同理，对于晶向 *OB*，*B* 点在 ***a*** 轴和 ***b*** 轴的投影都为 1 个单位长度，在 ***c*** 轴的投影为 0，由此确定晶向指数为[110]。虽然通常是用晶向上的一点来确定晶向的米勒指数，但是晶向的米勒指数与具体采用哪个点计算无关。

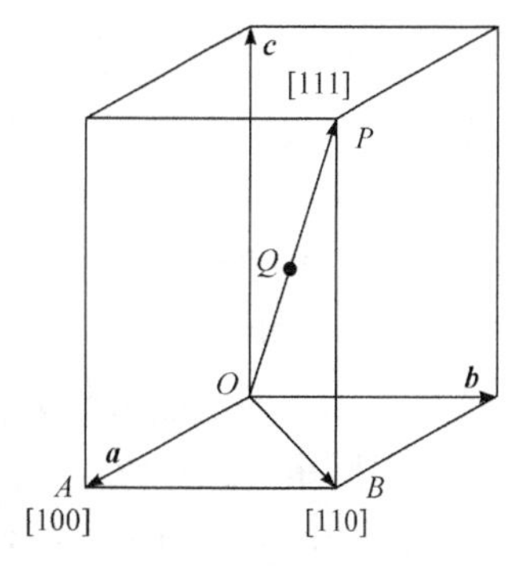

图 6-4　晶向指数

以晶向 *OP* 为例。*P* 为 *OP* 上的一点，*P* 点在 ***a***、***b***、***c*** 轴上的投影都是 1 个长度单位，因此晶向 *OP* 的米勒指数为[111]。如果取 *OP* 上的中点 *Q* 进行计算可以发现，*Q* 点在 3 个轴上的投影分别为 1/2、1/2、1/2 个长度单位。将 *Q* 点的晶体坐标化成最小的整数并加上方括号即得到晶向指数[111]。这与采用 *P* 点确定的晶向指数是一样的。

对于不经过原点 *O* 的矢量，通过平移使其经过原点，再确定晶向。例如，晶向 *PB*，将其平移使 *P* 点与 *O* 点重合，则 *B* 点正好为−1 个 ***c*** 轴单位长度，在 ***a***、***b*** 轴上投影都为 0。所以 *PB* 晶向为$[00\bar{1}]$。这里$\bar{1}$上的横线表示负数。

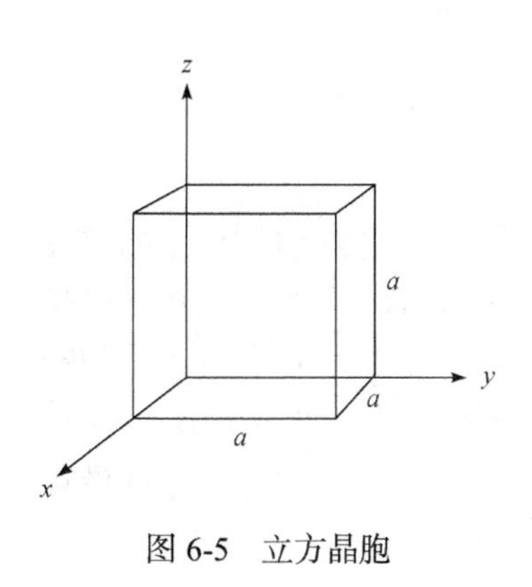

图 6-5　立方晶胞

根据晶胞的对称性，晶胞中有些晶向是等价的。在图 6-5 所示的立方晶胞中，因为其 3 个轴相互垂直且相等，因此任何一个与基矢平行的晶向都是等价的，即[100]、[010]、[001]、$[\bar{1}00]$、$[0\bar{1}0]$、$[00\bar{1}]$六个晶向都是等价的。一般把相互等价的晶向称为晶向族，记为<*uvw*>。上面这六个等价的晶向属于<100>晶向族。对于非立方晶系，基矢的长度不同，导致对称性不同，晶向族就不一定包含米勒指数中 3 个数字的全部排列。例如，在四方晶系中，***c*** 轴长度与 ***a***、***b*** 轴不相等，所以[100]与[001]就不等价。

为了指明晶胞内的平面方向，需要引入晶面指数。晶面指数也是用米勒指数来表示，记为(hkl)。晶面指数与晶向指数表示方法的区别在于晶面指数是用圆括号，而晶向指数是用方括号。(hkl)晶面在晶胞基矢 $\boldsymbol{a}$、$\boldsymbol{b}$、$\boldsymbol{c}$ 上的截距分别为$\frac{a}{h}$、$\frac{b}{k}$、$\frac{c}{l}$。要确定一个晶面的晶面指数(hkl)，首先得到该晶面在晶胞基矢 $\boldsymbol{a}$、$\boldsymbol{b}$、$\boldsymbol{c}$ 上的截距，然后取该截距的倒数，并化为 3 个互质的整数，加上圆括号就得到晶面指数(hkl)。下面以图 6-6 为例说明晶面指数的计算方法。

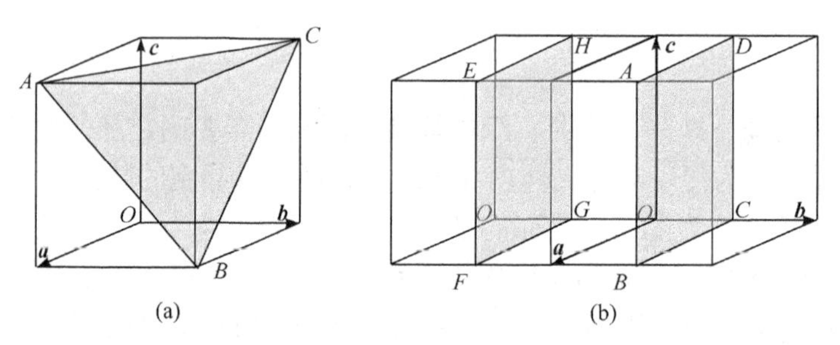

图 6-6　(a)晶面(111)；(b)晶面(020)

在图 6-6(a)中，晶面 ABC 在晶胞基矢 $\boldsymbol{a}$、$\boldsymbol{b}$、$\boldsymbol{c}$ 坐标轴上的截距以对应的基矢长度为单位分别为 2、2、2。取截距的倒数 1/2、1/2、1/2，再将其化为互质的整数得到 1、1、1，最后得到晶面 ABC 的晶面指数为(111)。在图 6-6(b)中，晶面 $ABCD$ 与 $\boldsymbol{a}$、$\boldsymbol{c}$ 轴平行对应的截距为∞，在 $\boldsymbol{b}$ 轴上的截距为 1/2。取截距的倒数为 1/∞、1/2、1/∞，最后得到晶面指数为(020)。晶面指数也可以取负值。在图 6-6(b)中，晶面 $EFGH$ 与 $\boldsymbol{a}$、$\boldsymbol{c}$ 轴平行，在 $\boldsymbol{b}$ 轴上的截距为−1/2，因此晶面 $EFGH$ 的晶面指数为$(0\bar{2}0)$。与晶向指数类似，这里的“−”号标在数字上面。

根据晶胞的对称性，晶胞中有部分晶面是等价的。例如，在立方晶胞中，如图 6-7 所示，(100)、$(\bar{1}00)$、(010)、$(0\bar{1}0)$、(001)、$(00\bar{1})$六个晶面是等价的，即通过适当的旋转、反演等对称操作，它们能完全重合。这样，将这些等价的晶面都归于同一晶面族。晶面族用花括号$\{hkl\}$表示。图 6-7 中六个晶面都属于{100}晶面族。

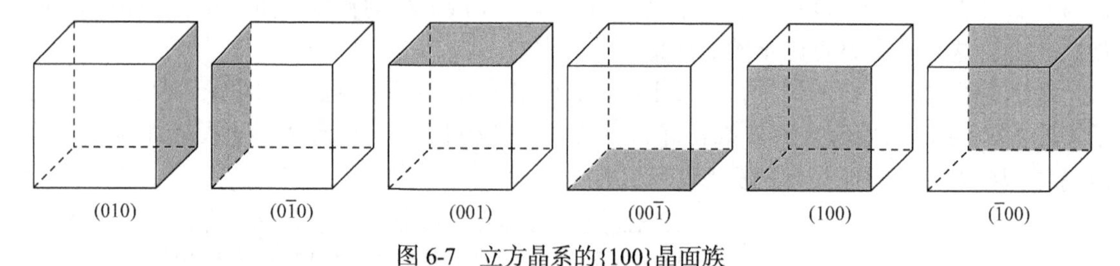

图 6-7　立方晶系的{100}晶面族

6.1.3　六方晶系中的晶向指数与晶面指数

在晶胞中，确定了基矢 $\boldsymbol{a}$、$\boldsymbol{b}$、$\boldsymbol{c}$ 就能确定晶向指数和晶面指数。在六方晶系中，由于沿 $\boldsymbol{c}$ 轴方向存在 6 次对称轴，即晶胞以 $\boldsymbol{c}$ 轴为对称轴每旋转 60°就与自身重合。如果只使用米勒指数(hkl)和$[uvw]$描述其晶面和晶向，就不能很好地表现出六方晶系的对称性。以六方晶系的棱面为例，在图 6-8 中可以看出这些棱面应为等价面。它们的米勒指数分别为(100)、(010)、$(\bar{1}10)$、$(\bar{1}00)$、$(0\bar{1}0)$和$(1\bar{1}0)$。从这些棱面的米勒指数上很难直接看出它们的等价关系。为了能够更加直观地表现出六方晶系的对称关系，引入四指数系统，即在平面内增加第三个基矢 $\boldsymbol{a}_3$ 与原有基矢 $\boldsymbol{a}_1$、$\boldsymbol{a}_2$ 间的夹角为 120°，使$\boldsymbol{a}_3=-(\boldsymbol{a}_1+\boldsymbol{a}_2)$。这种晶面指数$(hkil)$的表示方法称为米勒-

布拉维指数。因为两个基矢就能确定平面内任意一点的位置，$\boldsymbol{a}_1$、$\boldsymbol{a}_2$、$\boldsymbol{a}_3$ 三个基矢中只有两个是独立的，所以四指数中的第三个指数 $i=-(h+k)$。用四指数法表示六方晶系的棱面的晶面指数分别为 $(10\bar{1}0)$、$(01\bar{1}0)$、$(\bar{1}100)$、$(\bar{1}010)$、$(0\bar{1}10)$、$(1\bar{1}00)$。由此看出，这些晶面指数呈现出正负数值的排列关系。这六个等价的晶面记为 $\{10\bar{1}0\}$ 晶面族。

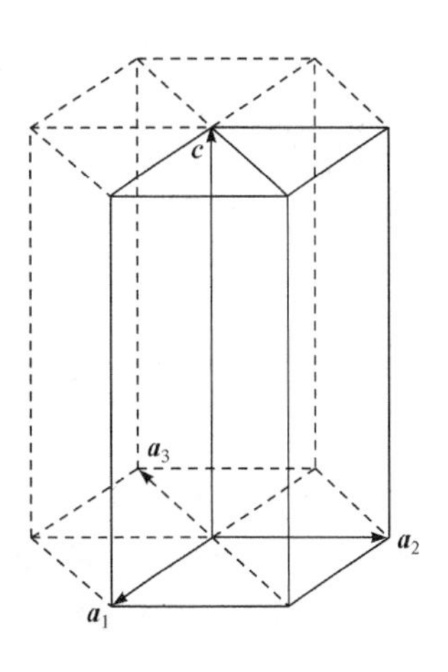

图 6-8　六方晶系

对于六方晶系中的晶向指数也有类似的问题。以 $\boldsymbol{a}_1$、$\boldsymbol{a}_2$、$\boldsymbol{c}$ 为基矢表示出的六棱柱底面的 6 个等价方向为[100]、[110]、[010]、$[\bar{1}00]$、$[\bar{1}\bar{1}0]$、$[0\bar{1}0]$。从这些晶向指数上并不能直观地看出这 6 个晶向的等价关系。为此引入四指数系统，即米勒-布拉维指数，用 $[uvtw]$ 表示，这里 $t=-(u+v)$。结合四指数系统中第三基矢 $\boldsymbol{a}_3=-(\boldsymbol{a}_1+\boldsymbol{a}_2)$ 与基矢 $\boldsymbol{a}_1$、$\boldsymbol{a}_2$ 的关系可以推导出米勒指数 $[UVW]$ 与米勒-布拉维指数 $[uvtw]$ 之间的变换关系为

$$\begin{cases} U=2u+v \\ V=u+2v \\ W=w \end{cases} \tag{6-1}$$

$$\begin{cases} u=\dfrac{1}{3}(2U-V) \\ v=\dfrac{1}{3}(2V-U) \\ w=W \end{cases} \tag{6-2}$$

由上述变换关系可计算出六棱柱底面 6 个等价方向的四指数晶向分别为 $[2\bar{1}\bar{1}0]$、$[11\bar{2}0]$、$[\bar{1}2\bar{1}0]$、$[\bar{2}110]$、$[\bar{1}\bar{1}20]$ 和 $[1\bar{2}10]$。与四指数晶面指数类似，在六方晶系中采用四指数系统表示晶向也能很直观地看出晶向的对称性。

6.1.4　倒易空间

前面通过将重复的原子团抽象为一个格点，从而将千变万化的晶体结构归纳为 14 种布拉维点阵。因为这是在实空间中对晶体结构进行描述，所以这也称为正点阵。对于 X 射线衍射、透射电子显微镜的测试表征技术而言，利用从正点阵派生出来的倒易点阵对晶面和晶向进行描述和分析更为方便。下面将对倒易点阵的基本概念及与 X 射线衍射之间的关系进行简要介绍。

倒易点阵是在倒易空间中整齐排列的点阵。倒易空间与实空间相对应，也由 3 个倒易点阵基矢 $\boldsymbol{a}^*$、$\boldsymbol{b}^*$、$\boldsymbol{c}^*$ 确定倒易空间的方位。它们与实空间基矢的关系是

$$\begin{aligned} \boldsymbol{a}^* &= \frac{\boldsymbol{b}\times\boldsymbol{c}}{V} \\ \boldsymbol{b}^* &= \frac{\boldsymbol{c}\times\boldsymbol{a}}{V} \\ \boldsymbol{c}^* &= \frac{\boldsymbol{a}\times\boldsymbol{b}}{V} \end{aligned} \tag{6-3}$$

这里 $V=\boldsymbol{a}\cdot(\boldsymbol{b}\times\boldsymbol{c})$ 为晶胞体积。由上式可知 $\boldsymbol{a}\cdot\boldsymbol{a}^*=\boldsymbol{b}\cdot\boldsymbol{b}^*=\boldsymbol{c}\cdot\boldsymbol{c}^*=1$ 且 $\boldsymbol{a}\cdot\boldsymbol{b}^*=\boldsymbol{a}\cdot\boldsymbol{c}^*=\boldsymbol{b}\cdot\boldsymbol{a}^*=\boldsymbol{b}\cdot\boldsymbol{c}^*=\boldsymbol{c}\cdot\boldsymbol{a}^*=\boldsymbol{c}\cdot\boldsymbol{b}^*=0$。由此可知，实空间的基矢 $\boldsymbol{a}$、$\boldsymbol{b}$、$\boldsymbol{c}$ 与倒易空间的基矢 $\boldsymbol{a}^*$、$\boldsymbol{b}^*$、$\boldsymbol{c}^*$互为倒数。这也是倒易空间和倒易点阵名称的由来。同时也能发现，倒易空间的基矢 $\boldsymbol{a}^*$、$\boldsymbol{b}^*$、$\boldsymbol{c}^*$分别垂直于实空间的 $\boldsymbol{bc}$ 平面、$\boldsymbol{ac}$ 平面和 $\boldsymbol{ab}$ 平面，如图 6-9 所示。倒易基矢的长度为实空间基矢长度的倒数，即 $a^*=\dfrac{1}{a}$、$b^*=\dfrac{1}{b}$、$c^*=\dfrac{1}{c}$。通常，实空间的长度单位为 nm 或 Å，那么在倒易空间中长度单位即为 1/nm 或 1/Å。在绘制倒易空间时采用比例尺确定单位长度 $1\ \text{nm}^{-1}$ 或 $1\ \text{Å}^{-1}$。

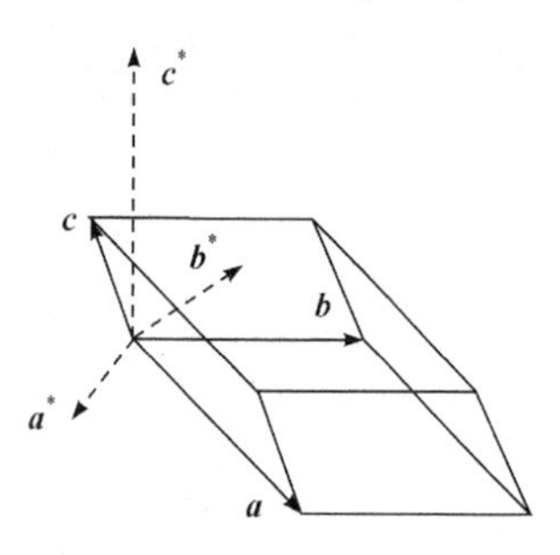

图 6-9　倒易基矢 $\boldsymbol{a}^*$、$\boldsymbol{b}^*$、$\boldsymbol{c}^*$ 与晶胞基矢 $\boldsymbol{a}$、$\boldsymbol{b}$、$\boldsymbol{c}$ 间的关系

在确定倒易点阵的基矢后即可确定倒易点阵。倒易点阵中的格点代表了正点阵中的一列晶面。在正点阵中晶面用(hkl)表示，对应倒易点阵中同名倒易格点 hkl 代表了该晶面的方向。同时由倒易点阵原点 O 指向倒易格点 hkl 的一个矢量$[hkl]^*$垂直于正点阵中晶面(hkl)，即 $g_{[hkl]^*}\perp(hkl)$。且晶面间距 d_{hkl} 与其同名的倒易矢$[hkl]^*$的长度 $g_{[hkl]}$ 互为倒数，即 $d_{hkl}=1/g_{[hkl]}$。以立方晶系的倒易点阵为例。图 6-10 为倒易矢 $\boldsymbol{a}^*$和 $\boldsymbol{c}^*$构成的倒易点阵平面，沿倒易基矢 $\boldsymbol{a}^*$和 $\boldsymbol{c}^*$方向的单位长度分别为 $|\boldsymbol{a}^*|$ 和 $|\boldsymbol{c}^*|$。每一个倒易点都由一个坐标 hkl 标定，与正空间中晶面(hkl)相对应。因此，沿着倒易基矢 $\boldsymbol{a}^*$方向的倒易点依次为 100、200、300 等，而沿着倒易基矢 $\boldsymbol{c}^*$方向的倒易点依次为 001、002、003 等。沿着基矢负方向则对应加上符号，如 $\bar{1}0\bar{1}$。对于特定晶面的面间距也可以很方便地从倒易点阵中求出来。以(103)晶面为例，在倒易点阵中找到倒易点 103，根据倒易基矢的几何关系计算出从倒易点阵原点 O 到倒易点 103 的倒易矢量 $g_{[103]}$ 的长度。由于立方晶系中 $\boldsymbol{a}^*$与 $\boldsymbol{c}^*$相互垂直，且$|\boldsymbol{a}^*|=|\boldsymbol{c}^*|=1/\boldsymbol{a}$，则

$$\left|g_{[103]}\right|=\sqrt{1^2+3^2}\left|\boldsymbol{a}^*\right|=\sqrt{10}/a \tag{6-4}$$

由此得到(103)晶面的面间距为

$$d_{(103)}=\frac{1}{g_{[103]}}=\frac{a}{\sqrt{10}} \tag{6-5}$$

式中，a 为立方晶胞的晶格常数。由此可以推导出各晶系的晶面间距的计算公式，见附录 1。

对于晶面间的夹角也可以由倒易矢量间的夹角直接求出。倒易矢量间的点乘与其长度和夹角间的关系为

$$\boldsymbol{g}_1\cdot\boldsymbol{g}_2=g_1g_2\cos\varphi \tag{6-6}$$

还是以图 6-10 中立方晶系中的晶面(103)为例，求其与 c 轴方向的夹角。很明显，

c*　$g_{[103]}$

$\bar{3}03$	$\bar{2}03$	$\bar{1}03$	003	103	203	303
$\bar{3}02$	$\bar{2}02$	$\bar{1}02$	002	102	202	302
$\bar{3}01$	$\bar{2}01$	$\bar{1}01$	001	101	201	301
$\bar{3}00$	$\bar{2}00$	$\bar{1}00$	O	100	200	300
$\bar{3}0\bar{1}$	$\bar{2}0\bar{1}$	$\bar{1}0\bar{1}$	$00\bar{1}$	$10\bar{1}$	$20\bar{1}$	$30\bar{1}$
$\bar{3}0\bar{2}$	$\bar{2}0\bar{2}$	$\bar{1}0\bar{2}$	$00\bar{2}$	$10\bar{2}$	$20\bar{2}$	$30\bar{2}$
$\bar{3}0\bar{3}$	$\bar{2}0\bar{3}$	$\bar{1}0\bar{3}$	$00\bar{3}$	$10\bar{3}$	$20\bar{3}$	$30\bar{3}$

a*

图 6-10　立方晶系的倒易点阵中由基矢 $\boldsymbol{a}^*$和 $\boldsymbol{c}^*$构成的点阵平面

$$\cos\varphi=\frac{3\left|\boldsymbol{c}^*\right|}{\sqrt{10}\left|\boldsymbol{a}^*\right|}=\frac{3}{\sqrt{10}} \tag{6-7}$$

$$\varphi\approx18.43° \tag{6-8}$$

6.1.5 布拉格公式

前面已经介绍了各种晶体结构，但是如何用 X 射线衍射来测试这些晶体结构，还需要建立 X 射线衍射谱与晶体结构间的对应关系。早在 1895 年，伦琴(W. C. Röntgen)发现 X 射线时就观察到 X 射线能穿透物体，在感光底片上形成 X 射线透射照片。直到 1912 年 4 月，劳厄(M. von Laue)观察到硫酸铜的衍射斑点才发现 X 射线透过晶体会发生衍射。这与光透过狭缝发生衍射现象极为相似。只是 X 射线的波长更短，而晶体的晶面间距相对狭缝而言更小。劳厄把光栅衍射理论推广到三维光栅，得到了劳厄方程。首次将 X 射线衍射与晶体结构定量地联系在一起。为此，劳厄获得 1914 年的诺贝尔物理学奖。

受到劳厄的实验启发，布拉格父子(W. H. Bragg 与 W. L. Bragg)在做 ZnS 的 X 射线衍射实验时观察到晶面反射现象，由此推导出了布拉格方程：

$$2d\sin\theta = n\lambda \tag{6-9}$$

式中，d 为晶格的面间距，可由晶格常数与对应的晶面指数计算出来；θ 为发生晶面反射时的入射角，即布拉格角；n 为衍射级数；λ 为入射 X 射线波长。布拉格方程的提出创立了 X 射线晶体学理论。布拉格方程已经被广泛应用于晶体结构分析。

这里可以用 X 射线在两个晶面上发生的干涉来直观描述布拉格方程。在图 6-11 中入射 X 射线在相邻两个晶面有一个光程差 CB，而出射 X 射线在相邻两个晶面也有一个光程差 BD。根据几何关系可知，$CB = BD = d\sin\theta$。当 X 射线在上下两个晶面的光程差为 X 射线波长 λ 的整数倍时，两束反射光发生干涉增强，即满足布拉格方程 $2d\sin\theta = n\lambda$ 时，X 射线可以产生衍射峰。这里需要说明的是，从晶面反射的角度来推导布拉格方程仅仅是为了让初学者更容易理解，实际的衍射过程更复杂。当衍射级数 $n>1$ 时，并不能找到一个真实的原子面使 X 射线在其上面发生反射。通常把 n 与 d 合并为 d/n，反映的是高指数晶面($nh\ nk\ nl$)的面间距。这样布拉格方程改写为 $2d\sin\theta = \lambda$，这里 d 就表示为任意晶面的面间距。例如，在立方晶系中(100)面的面间距为 $d_{100} = a$，而(200)面的面间距 $d_{200} = a/2$，$d_{100} = 2d_{200}$。即在 X 射线衍射谱上，(200)面为(100)面的二级衍射。

上面是从实空间利用晶面反射的概念解释布拉格方程，但是从倒易点阵探讨晶体对 X 射线的衍射更有助于对 X 射线衍射技术的深入理解。图 6-12 给出了 X 射线在晶格中产生衍射与晶体倒易点阵之间的关系。由 X 射线的入射矢量 $\dfrac{\boldsymbol{k}_0}{\lambda}$ 与衍射矢量 $\dfrac{\boldsymbol{k}}{\lambda}$ 可以构造出一个平行四边

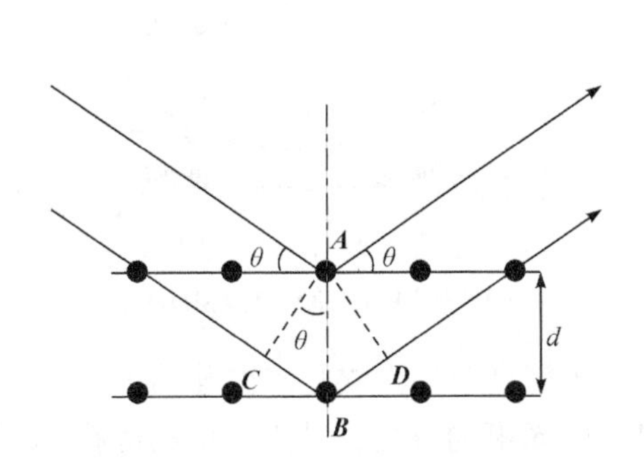

图 6-11 X 射线在晶体面上的衍射

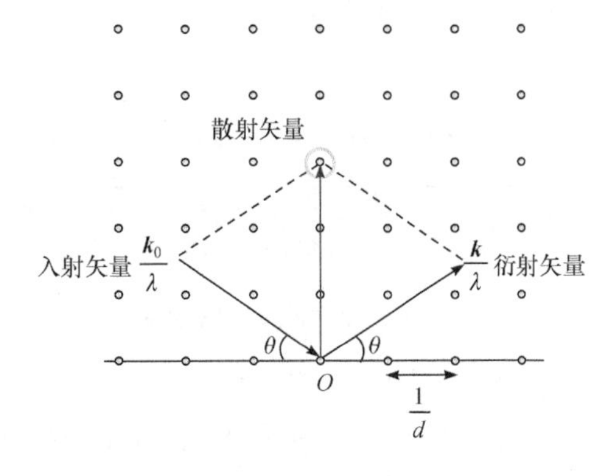

图 6-12 倒易点阵与 X 射线衍射的关系

形，其对角线为散射矢量$\dfrac{\boldsymbol{k}-\boldsymbol{k}_0}{\lambda}$。这里的$\boldsymbol{k}_0$和$\boldsymbol{k}$分别为入射线和衍射线的单位矢量，入射线与出射线的长度为 X 射线波长的倒数，$\dfrac{1}{\lambda}$。对于给定的入射角与衍射角均为θ，由于入射矢量与衍射矢量的长度是确定的，此时散射矢量的长度与方向也就唯一确定了。从图 6-12 中可以看出，随着θ角从小变大，散射矢量由下向上延伸。当散射矢量的端点经过一个倒易点时，就会在 X 射线衍射仪上记录到一个衍射峰。由散射矢量与倒易矢量的几何关系可以得出

$$\left|\frac{\boldsymbol{k}-\boldsymbol{k}_0}{\lambda}\right|=\frac{2\sin\theta}{\lambda}=\left|d_{hkl}^*\right|=\frac{1}{d_{hkl}} \tag{6-10}$$

由此得到布拉格公式

$$2d_{hkl}\sin\theta=\lambda \tag{6-11}$$

由图 6-12 也可以看出，如果入射角与衍射角不同，散射矢量就不会与样品表面垂直，可指向任意方向。因此，经过精心设计，散射矢量可测量衍射平面上与倒易点阵原点O相距$\dfrac{2}{\lambda}$以内的任意倒易点。具体测量方法将在 6.3.5 小节中详细阐述。

由布拉格公式可知，只要晶面间距d与衍射角θ满足$2d_{hkl}\sin\theta=\lambda$的关系，原则上就能测到衍射峰。然而，在图 6-13 中可以看到不是所有的硅的晶面都出现了衍射峰，只有晶面指数(hkl)全为奇数或全为偶数时才有衍射峰，而像(100)、(221)这样的奇偶混杂的晶面的衍射峰就没有出现。另外每个衍射峰的强度各不相同。这些信息在布拉格公式中并没有给出。对于 X 射线衍射强度需要进一步考虑原子对 X 射线的散射、晶体结构的影响、温度的影响等各种因素。

在倒易空间中，当散射矢量等于一个倒易晶格矢量时，满足布拉格条件。这也可以使用埃瓦尔德球(Ewald 球)的概念进行可视化(图 6-14)。

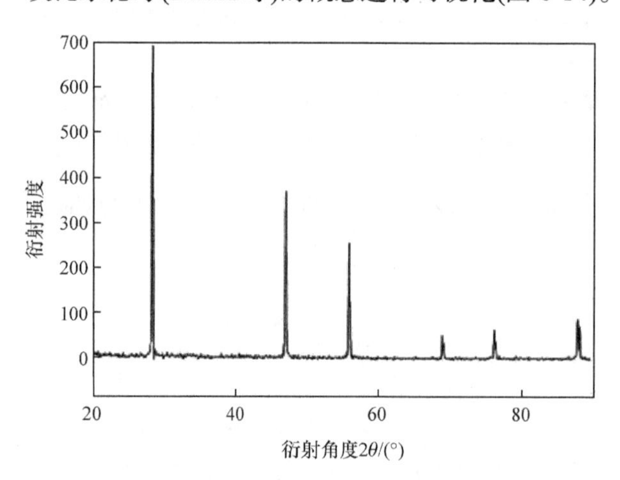

图 6-13　多晶硅的粉末衍射图

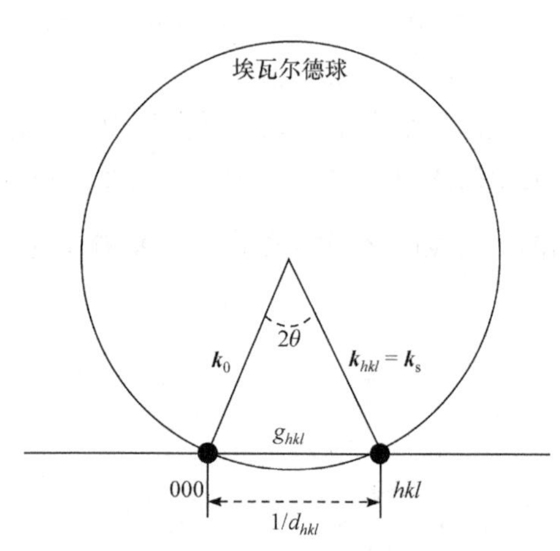

图 6-14　埃瓦尔德球的建立

当散射矢量$\boldsymbol{k}_s-\boldsymbol{k}_0$等于互反晶格矢量$g_{hkl}$时，满足布拉格条件。埃瓦尔德球的半径为$k_0=1/\lambda$。入射波矢$\boldsymbol{k}_0$的长度为$1/\lambda$，开始于晶体，指向入射光束的方向，结束于倒易晶格的原点O。散射波矢$\boldsymbol{k}_s$(也称为$\boldsymbol{k}_{hkl}$)具有相同的长度$1/\lambda$。

根据图 6-14，两个向波的差值为

$$|\boldsymbol{k}_s - \boldsymbol{k}_0| = 2\frac{1}{\lambda}\sin\theta \tag{6-12}$$

当 $\boldsymbol{k}_s - \boldsymbol{k}_0$ 等于格点向量 $\boldsymbol{g}_{hkl}$

$$|\boldsymbol{g}_{hkl}| = \frac{1}{d_{hkl}} = 2\frac{1}{\lambda}\sin\theta \tag{6-13}$$

将上式重新排列可以得到

$$2d_{hkl}\sin\theta = \lambda \tag{6-14}$$

这与布拉格定律相同。由于 $\boldsymbol{k}_s$ 和 $\boldsymbol{k}_0$ 具有相同的向量长度 $1/\lambda$，$\boldsymbol{g}_{hkl}$ 必须位于一个半径为 $1/\lambda$ 的球体上，并通过倒数晶格的原点，如图 6-14 所示。

6.1.6　原子散射因子

X 射线照射到晶体上，X 射线中的电场会激发晶体中的电子产生受迫振动，而振动的电子向四周发射 X 射线，产生散射。散射模式分为相干散射和非相干散射。相干散射是指散射线波长与入射线相同、相位恒定，散射线之间能发生相互干涉。而非相干散射线之间不能发生干涉叠加。在 X 射线衍射中主要探测的是相干散射线，而非相干散射成为 X 射线衍射谱中的背景噪声。根据经典电磁理论可以推导出自由电子对平面偏振光的散射强度为

$$I_{散} = I_0\left(\frac{e^2}{mc^2R}\right)^2\sin^2\phi \tag{6-15}$$

式中，I_0 为入射线强度；m、e、c 分别为电子的质量、电量和光速；R 为散射距离；ϕ 为极角，表示电子受迫振动方向与散射方向间的夹角。

对于非偏振光，其电矢量在与入射线垂直的平面内指向各个方向的概率相等。将各个电矢量方向上的散射线强度叠加得到非偏振光散射线的强度为

$$I_{散} = I_0\left(\frac{e^2}{mc^2R}\right)^2\frac{1+\cos^2 2\theta}{2} \tag{6-16}$$

式中，2θ 为散射角；$(1+\cos^2 2\theta)/2$ 为偏振因子。沿原 X 射线传播方向上的散射强度是垂直于原 X 射线方向上的散射强度的 2 倍。

上式对于原子核对 X 射线的散射强度也是成立的，区别在于原子核的质量远大于电子质量。最轻的氢核的质量是电子质量的 1836 倍，导致电子对 X 射线的相干散射强度是原子核的 3.3×10^6 倍。所以在 X 射线衍射中忽略原子核的影响，只考虑电子的散射作用。

前面的散射强度为自由电子对 X 射线的散射作用。对于原子而言，电子被束缚在原子核周围，因此原子对 X 射线的散射与自由电子不同，需要考虑电子云的空间分布。

$$f(s) = \int_V \rho(r)\mathrm{e}^{i2\pi s\cdot r}\mathrm{d}v \tag{6-17}$$

通常用原子散射因子 f 来表示原子相干散射振幅与单电子相干散射振幅之比。原子散射因子 f 包含了原子内所有电子对 X 射线散射的贡献，与散射方向、原子序数密切相关，且 $f \propto \dfrac{\sin\theta}{\lambda}$，如图 6-15 所示。当 $\theta = 0$ 时 $f = Z$，此时的原子散射因子就等于电子数。随着散射角度 θ 的增大，原子散射因子 f 减小。各元素的原子散射系数可以查阅 *International Tables for*

X-ray Crystallography 的第三卷和第四卷。

事实上原子散射因子也与温度相关。在一定温度下，晶格中的原子总是在平衡位置附近振动，导致原子周围的电子云也随之分布在平衡位置周围的更大空间中，使原子散射因子随 $\sin\theta/\lambda$ 下降的速度比原子固定在平衡位置时更快，如图 6-16 所示。温度系数可以用 $\exp\left[-B\dfrac{\sin^2\theta}{\lambda^2}\right]$ 来表示，其中热系数 B 表示的是原子振动过程中的均方位移。考虑热效应后，原子散射因子 $f=f_0\mathrm{e}^{-M}$，这里 f_0 是不考虑温度影响时的原子散射因子；M 与温度、晶格中原子振动特性、散射角等相关；e^{-M} 为修正原子散射因子的温度因子。

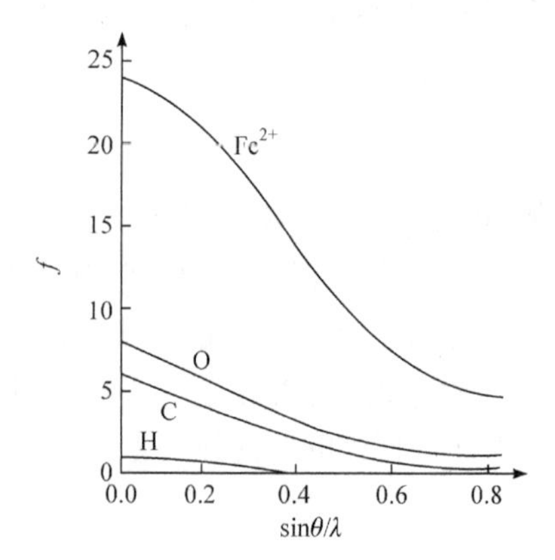

图 6-15　原子散射因子与 $\sin\theta/\lambda$ 的关系

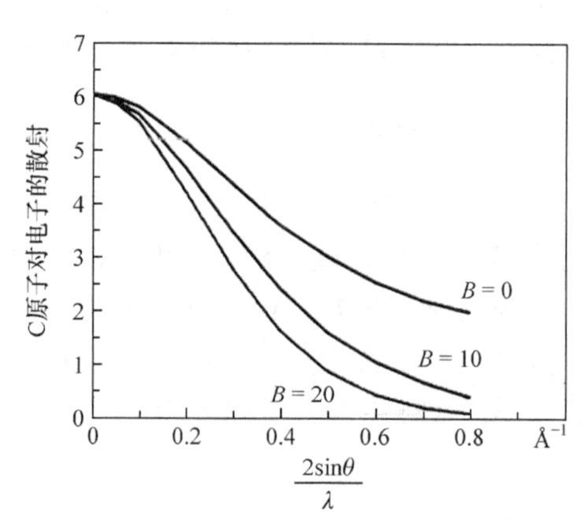

图 6-16　原子散射因子与温度的关系

6.1.7　结构因子

晶体是由晶胞周期性重复构成的。晶胞中各原子位置不同，它们对入射 X 射线散射形成的散射波的振幅和相位不同。一个晶胞对 X 射线的衍射是晶胞中所有原子对 X 射线散射线干涉叠加而成的。

考虑到一个晶胞中有 N 个原子，各原子的散射因子分别为 f_1、f_2、…、f_N。晶胞中各个原子相对晶胞原点的位置可有矢量 $\boldsymbol{r}_1$、$\boldsymbol{r}_2$、…、$\boldsymbol{r}_N$ 表示，则晶胞中所有原子的散射振幅之和为

$$F=\sum_{j}^{N}f_j\mathrm{e}^{2\pi i\boldsymbol{s}\cdot\boldsymbol{r}_j} \tag{6-18}$$

式中，$2\pi i\boldsymbol{s}\cdot\boldsymbol{r}_j$ 为晶胞中第 j 个原子的散射线与原点的相位差。散射矢量 $\boldsymbol{s}$ 和原子位置矢量 $\boldsymbol{r}_j$ 分别表示为

$$\begin{cases}\boldsymbol{s}=h\boldsymbol{a}^*+k\boldsymbol{b}^*+l\boldsymbol{c}^*\\ \boldsymbol{r}_j=u_j\boldsymbol{a}+v_j\boldsymbol{b}+w_j\boldsymbol{c}\end{cases} \tag{6-19}$$

利用实空间基矢与倒易点阵基矢间的关系可以推导出

$$F=\sum_{j}^{N}f_j\mathrm{e}^{2\pi i(u_jh+v_jk+w_jl)} \tag{6-20}$$

因为 F 与晶体结构有关，所以称为结构因子，表征的是单个晶胞对 X 射线散射振幅与单电子散射波振幅之比：

$$|F| = \frac{\text{晶胞中所有原子的散射振幅之和}}{\text{单个原子的散射振幅}} \tag{6-21}$$

则单个晶胞的衍射强度为 $I_c = |F|^2 I_e$，I_e 为单电子的衍射强度。由此可见，各衍射峰的相对强度主要是由结构因子决定的。当结构因子 $|F_{hkl}|^2 = 0$ 时，即使晶面间距与衍射角满足布拉格方程，也无法测得衍射峰。一般把 $|F_{hkl}|^2 = 0$ 称为消光条件。下面讨论几种布拉维格子的消光规律。

1. 简单格子

简单格子包括简单立方、简单四方、简单正交、简单菱方、简单六方、简单单斜。其特点是每个晶胞中仅包含 1 个格点(当然这一个格点可以是单原子也可以是多原子组成的)。以每个格点只包含一个原子为例，其原子坐标位置为 000，则晶胞的结构因子为

$$F = f_j e^{2\pi i(0h+0k+0l)} = f_j \tag{6-22}$$

也就等于这个原子的散射因子，因此对于简单格子不存在消光条件，任意晶面都能产生衍射。

对于每个格点中包含多个原子的情况也不会出现消光，仅仅会出现干涉增强和干涉减弱。以 CsCl 为例，如图 6-3(a)所示，其 Cl 原子位于晶胞的原点处，坐标为 000，Cs 原子位于晶胞的体心位置，坐标为 $\frac{1}{2}\frac{1}{2}\frac{1}{2}$。其结构因子为

$$F = f_{\text{Cl}} e^{2\pi i(0h+0k+0l)} + f_{\text{Cs}} e^{2\pi i(0.5h+0.5k+0.5l)} = f_{\text{Cl}} + f_{\text{Cs}} e^{\pi i(h+k+l)} \tag{6-23}$$

当 $h+k+l$ 为偶数时，$F_{hkl} = f_{\text{Cl}} + f_{\text{Cs}}$，衍射强度 $|F_{hkl}|^2$ 增强；当 $h+k+l$ 为奇数时，$F_{hkl} = f_{\text{Cl}} - f_{\text{Cs}}$，衍射强度 $|F_{hkl}|^2$ 减弱。

2. 底心格子

底心格子包括底心正交、底心单斜。晶胞中包含 2 个格点，其坐标分别为 000 和 $\frac{1}{2}\frac{1}{2}0$。对于每个格点只含单个原子的情况，结构因子为

$$F = f e^{2\pi i(0h+0k+0l)} + f e^{2\pi i(0.5h+0.5k+0l)} = f\left[1 + e^{\pi i(h+k)}\right] \tag{6-24}$$

当 $h+k$ 为偶数时，$F = 2f$；当 $h+k$ 为奇数时，$F = 0$，结构消光。所以底心格子不会出现 $h+k$ 为奇数的衍射线，只有当 h、k 为全奇或全偶时才能产生衍射。

对于每个格点中包含多个原子的情况与简单格子类似，对于 $h+k$ 为偶数时仅仅会出现干涉增强和干涉减弱，而对于 $h+k$ 为奇数时也不能产生衍射。

3. 体心格子

体心格子包括体心立方、体心四方、体心正交。晶胞中包含两个格点，其坐标分别为 000 和 $\frac{1}{2}\frac{1}{2}\frac{1}{2}$。对于每个格点只含单个原子的情况，结构因子为

$$F = f\mathrm{e}^{2\pi i(0h+0k+0l)} + f\mathrm{e}^{2\pi i(0.5h+0.5k+0.5l)} = f\left[1+\mathrm{e}^{\pi i(h+k+l)}\right] \tag{6-25}$$

当 $h+k+l$ 为偶数时，$F=2f$；当 $h+k+l$ 为奇数时，$F=0$，结构消光。

以 α-Fe 为例，其晶格结构为体心立方，X 射线衍射谱中就只有(110)、(200)、(211)等晶面的衍射峰。

4. 面心格子

面心格子包括面心立方。其晶胞中包含四个格点，坐标分别是 000、$\frac{1}{2}\frac{1}{2}0$、$\frac{1}{2}0\frac{1}{2}$ 和 $0\frac{1}{2}\frac{1}{2}$。对于每个格点只包含单个原子的情况，结构因子为

$$\begin{aligned} F &= f\mathrm{e}^{2\pi i(0h+0k+0l)} + f\mathrm{e}^{2\pi i(0.5h+0.5k)} + f\mathrm{e}^{2\pi i(0.5h+0.5l)} + f\mathrm{e}^{2\pi i(0.5k+0.5l)} \\ &= f\left[1+\mathrm{e}^{\pi i(h+k)}+\mathrm{e}^{\pi i(h+l)}+\mathrm{e}^{\pi i(k+l)}\right] \end{aligned} \tag{6-26}$$

当 h、k、l 全为奇数或全为偶数时，$F=4f$；当 h、k、l 奇偶混杂时，$F=0$，结构消光。例如，在 Si 的衍射谱(图 6-13)中就不会出现(101)、(210)等晶面的衍射峰。

6.1.8　多重因子

对粉末 X 射线衍射而言，除结构因子外，多重因子也是影响衍射峰相对强度的一个非常重要的因素。它是晶面族{*hkl*}中所包含的所有晶面数目。对于粉末 X 射线衍射，X 射线照射到粉末样品上，样品中受到 X 射线照射的晶粒都会参与对 X 射线的散射，最终得到的衍射谱是这些微小晶粒集体贡献的结果。在粉末样品中这些微小晶粒的取向各不相同，最理想的分布是均匀分布，即每个晶面都有相同的概率参与衍射过程。这样，根据布拉格公式，所有具有相同面间距但晶面指数不同的晶面对 X 射线的散射都汇聚到同一个衍射峰，使该衍射峰强度增强。例如，在立方晶系中{100}晶面族(图 6-7)具有 6 个等价的晶面，其多重因子为 6。表 6-2 给出了各晶系不同晶面族的多重因子。

表 6-2　各晶系不同晶面族的多重因子

晶系	晶面族									
	hkl	*hhl*	*h*0*l*	0*kl*	*hk*0	*hh*0	*hhh*	00*l*	0*k*0	*h*00
立方	18	24	24			12	8	6		
四方	16	8	8		8	4		2	4	
正交	8		4	4	4			2	2	2
六方(三方)	24	12	12		12	6		2	6	
单斜	4		2	4	4			2	2	2
三斜	2		2	2	2			2	2	2

6.1.9　角因子

角因子反映了 X 射线衍射峰强度受布拉格角的影响，包括洛伦兹因子和偏振因子。其中偏振因子 $(1+\cos^2 2\theta)/2$ 已在 6.1.6 小节中讨论过。虽然入射 X 射线是非偏振光，但是散射线是偏振的，一部分电场方向垂直电子振动方向的 X 射线不起作用。

洛伦兹因子是由 X 射线的发散及光源的非单色性造成的，包括晶粒大小、参与衍射的晶粒数量及衍射线的位置对衍射峰强度的影响。由于实际晶体的不完整性、入射 X 射线也不是绝对的单色光，而且入射光也不是严格的平行光，总有一定的发散角。所以衍射线强度虽然在满足布拉格方程的位置最大，但是衍射角稍微偏离一点，衍射线强度也不会立刻变为 0。衍射峰具有一定的宽度。对衍射峰所围成的面积进行积分得到衍射峰的积分强度，其余布拉格角的关系为$I \propto 1/\sin 2\theta$。另一个影响衍射峰强度的因素是参与衍射的晶粒数量。因为参与衍射的晶粒分数与 $\cos\theta$ 成正比，所以衍射强度$I \propto \cos\theta$。第三个影响衍射峰强度的因素是与衍射圆锥的大小相关。衍射强度均匀分布在衍射圆锥面上，这样圆锥面越大，单位弧长上的强度越低，$I \propto 1/\sin 2\theta$。所以把这三个因素综合起来得到洛伦兹因子为$\dfrac{1}{4\sin^2\theta\cos\theta}$。

综合洛伦兹因子与偏振因子得到角因子为

$$\varphi(\theta)=\frac{1+\cos^2 2\theta}{\sin^2\theta\cos\theta} \tag{6-27}$$

图 6-17 显示了角因子随布拉格角 θ 的变化关系。仅角因子就使衍射峰强度在 10°和 45°相差 22 倍。需要指出的是，这里的角因子是针对粉末衍射的，其他实验方法的角因子可查阅 *International Tables for X-ray Crystallography* 第二卷。

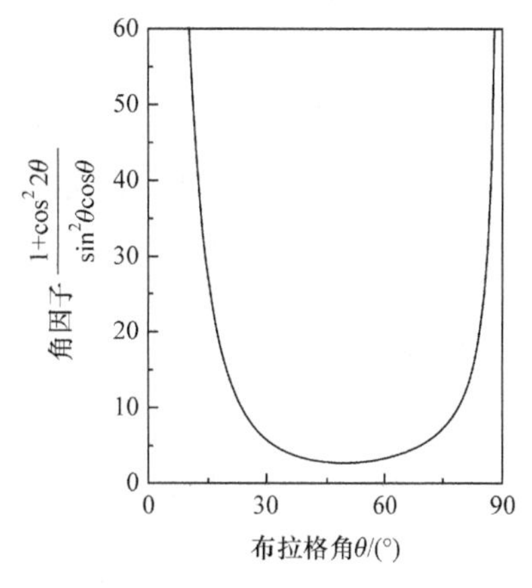

图 6-17 角因子与布拉格角的关系

6.2 X 射线衍射仪基本结构

6.2.1 X 射线光源

要实现 X 射线衍射，首先需要一个 X 射线源。从原理上讲，高速运动的带电粒子运动受到阻碍时就会发射出 X 射线。常见的 X 射线产生的方法包括阴极射线管、电子加速器等。如图 6-18 所示，早期阴极射线管中电子由热阴极发射，并由加在阳极和阴极两端的高压电压加速撞击阳极靶面产生 X 射线。这种阴极射线管结构简单，但是由于缺乏冷却装置、电子束没有聚焦，其产生的 X 射线功率低、发散大，不适合做 X 射线衍射。

图 6-19 为现代 X 射线管引入聚焦电极对热阴极发射的电子聚焦后轰击到靶材上产生 X 射线。常用的靶材有 Cu、Cr、Fe、Co、Ni、Mo、Ag、W 等。不同的靶材产生的特征 X 射线波长不同，见表 6-3。靶由冷却水进行冷却，使靶能够耐受更大电流的电子束不断轰击，从而得到更高亮度的 X 射线。为了获得更高亮度的 X 射线，人们开发出转靶 X 射线管，如图 6-20 所示。与固定靶不同，转靶 X 射线管中靶材被安装在一个电机上不停旋转，这样电子束就不会总是轰击靶上同一个地方，可以增加靶材散热的效率，从而可以增加功率提高 X 射线的亮度。例如，实验室常见固定 Cu 靶 X 射线管最大功率约为 1600 W，而同样是 Cu 靶，转靶 X 射线管最大功率可以达到 6000 W。然而由于转靶技术要求更高，价格也更昂贵。

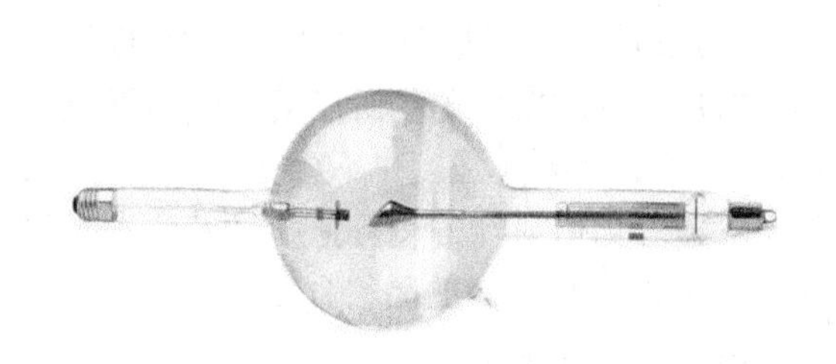

图 6-18　早期阴极射线管

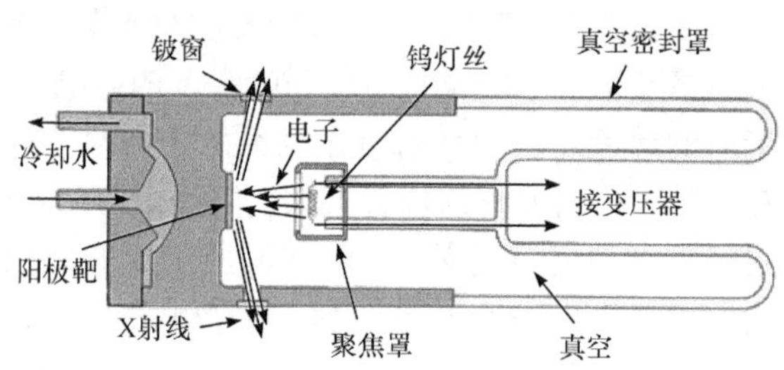

图 6-19　现代 X 射线管原理图

表 6-3　常见靶材 K 线系波长与激发电压

原子序数 Z	元素	波长/Å				激发电压/kV
		K_{α}	$K_{\alpha1}$	$K_{\alpha2}$	K_{β}	
24	Cr	2.2909	2.28962	2.29352	2.08479	5.98
26	Fe	1.9373	1.93597	1.93991	1.75654	7.10
27	Co	1.7902	1.78890	1.79279	1.62073	7.71
28	Ni	1.6591	1.65793	1.66168	1.50008	8.29
29	Cu	1.5418	1.54050	1.54434	1.39217	8.86
42	Mo	0.7107	0.70926	0.71354	0.63225	20.0

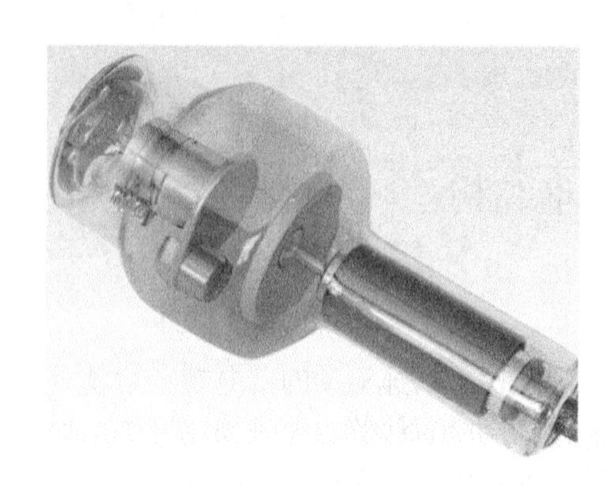

图 6-20　转靶 X 射线管

X 射线管中电子加速垂直轰击在靶材上，原则上沿靶材表面方向 X 射线强度最高，但是由于靶材自身的散射与吸收效应，一般取与靶面夹角为 3°～6°的 X 射线光束。在 X 射线管的对应位置安装一个 X 射线透射窗口。这个窗口材料通常是用金属 Be 制作的，所以也称为铍窗。之所以用铍窗是因为既要保持 X 射线管内部的真空，又要尽量少吸收 X 射线。Be 的原子序数小，对 X 射线吸收系数低。比 Be 原子序数更小的 Li 太活泼，在空气中极易被氧化，甚至燃烧。

X 射线管中靶面被电子轰击的面积称为焦点。通常实验室采用柱状灯丝，所以一般焦点也呈长方形为线焦斑，常用于粉末衍射。既能满足衍射几何的需要，又能得到足够的信号强度。如果沿长方形长轴方向取用 X 射线则得到正方形的焦点。焦点的尺寸与形状影响着衍射图的强度与分辨率。目前已经发展出微焦斑 X 射线源，可提高极小焦斑面积上的 X 射线通量，而功耗却很低。小的焦点能产生精细的衍射花样，可以提高结构分析的精度与灵敏度。

相对于实验室用 X 射线管，同步辐射产生的 X 射线具有高亮度、低发散度、单色性强、准相干的特点。在同步辐射装置中，如图 6-21 所示，电子在回旋加速器中被加速到接近光速运动，利用电磁铁使这些相对论电子在磁场作用下偏转，同时沿电子运动的切线方向就会放出强烈的同步辐射。典型的同步辐射光源亮度比 X 射线靶产生的亮度高 6～10 个数量级，能获得信噪比极高的衍射谱。这对于含有微量成分、结晶质量差的样品有极大帮助。图 6-22 为采用同步辐射测得的 X 射线衍射谱与采用传统 X 射线管测得的衍射谱的对比图，从图上可以看到，采用同步辐射测得的衍射谱具有极好的信噪比，在主衍射峰附近的比较微弱的衍射峰都能很好地分辨出来，而采用传统 X 射线管测得的衍射谱很难分辨这些微弱的衍射峰，衍射峰展宽比较严重，已经将精细衍射峰结构掩盖了。

图 6-21　同步辐射光源结构示意图

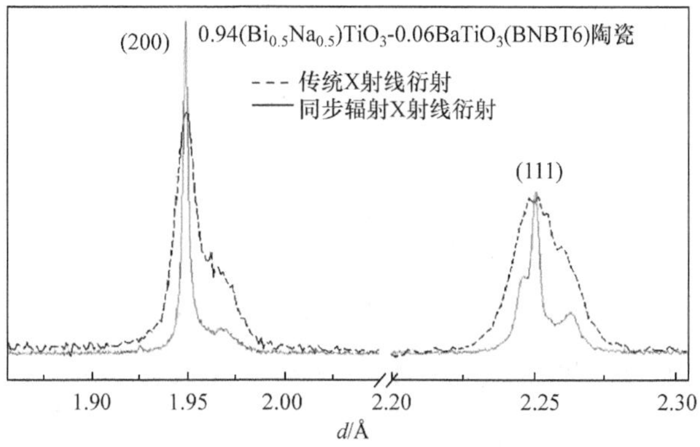

图 6-22　同步辐射与 X 射线管测得的 X 射线衍射谱对比

目前我国拥有北京同步辐射装置、合肥的国家同步辐射实验室、上海同步辐射光源等三个同步辐射光源。其中上海光源属于第三代同步辐射光源，相比前两代光源具有更高的亮度和更多线站供用户使用。现在正在建设的北京高能同步辐射光源将是中国第一台高能同步辐射光源，也将是世界上最亮的第四代同步辐射光源。

6.2.2　X 射线光谱

在 X 射线管中，当电子轰击到阳极靶表面时电子与靶原子发生碰撞，电子失去能量，其中一部分能量以光子的形式辐射出去，释放出两种 X 射线谱。一种是连续谱，一种是特征 X 射线谱。图 6-23 为钨阳极靶受到不同加速电压加速的电子轰击辐射出来的 X 射线谱。其中比较宽泛的部分为连续谱，而尖峰处为特征 X 射线谱。X 射线衍射实验需要采用特征 X 射线谱。

电子在与靶原子发生碰撞的过程中有的只碰撞一次就将全部能量作为光子辐射出去。此时 X 射线谱中光子的最大能量与加速电压相同。但大多数电子都需要经过多次碰撞，每次辐射的光子能量都不尽相同。这些能量不同的光子构成了连续 X 射线谱。

只有当电子的加速电压超过激发电压时才能得到特征 X 射线谱。特征 X 射线谱是靶原子的本征跃迁辐射导致的，其波长不受管电压和管电流影响。改变管电压和管电流仅影响特征 X 射线的强度。当电子轰击阳极靶时，除了受到靶原子散射放出连续 X 射线外，还会与原子中的电子发生碰撞。图 6-24 展现了当加速电压足够高、入射电子的能量足够大时，原子的内壳层电子就有可能被激发出去，从而留下一个空位。此时外壳层电子向内跃迁就会放出特征 X 射线。特征 X 射线的波长由发生跃迁的外壳层与内壳层之间的能级差决定。

原子的核外电子排布分为 K、L、M、N、O、P、Q、R 等壳层。当某壳层的电子被激发出去形成空位，更外层的电子向内跃迁而放出的光子，被归为该壳层的线系。例如，在 X 射线衍射中常用的 K 线系，就是因为最内层的 K 壳层电子被激发了，而外层电子跃迁到 K 壳层放出的特征 X 射线。如果这个向内跃迁的电子来自 L 壳层，此时该 X 射线谱称为 K_{α} 谱，如果来自更外层的 M 壳层，则称为 K_{β}。以此类推也会有 L_{α}、L_{β}、M_{α} 等谱线。因为 L 壳层离 K 壳层最近，K 壳层的空位被 L 壳层的电子填充的概率高，所以 K_{α} 线的辐射强度比 K_{β} 强约 5

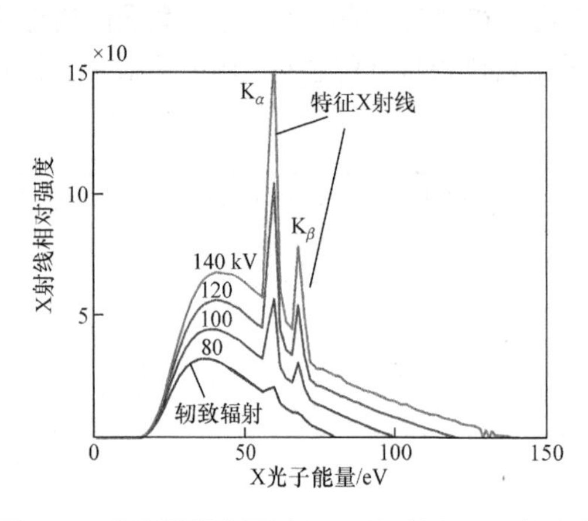

图 6-23　钨阳极靶在不同电压下辐射出的 X 射线谱

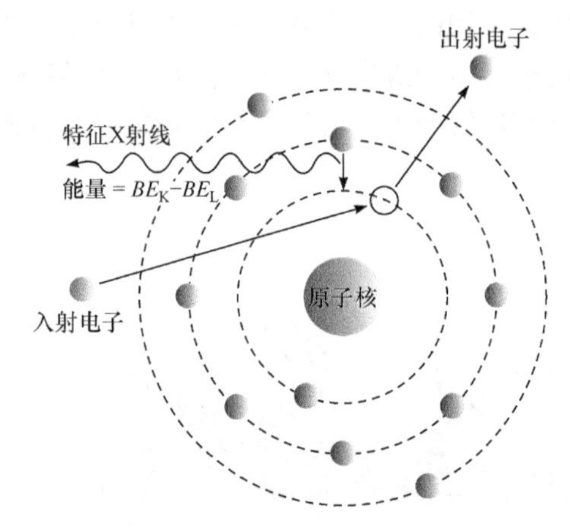

图 6-24　高速电子激发靶原子内壳层电子，外层电子向内跃迁发出特征 X 射线

倍。因此，在 X 射线衍射中一般选用 K_α 线作为射线光源。为避免干扰，其他谱线需要通过过滤片或单色器进行去除。事实上，由于电子壳层的精细结构，K_α 谱线也不是单一波长的，包含 $K_{\alpha1}$ 和 $K_{\alpha2}$ 两条谱线，它们的强度比约为 $K_{\alpha1}:K_{\alpha2}=2:1$。在通常的实验条件下，这两条精细谱线很难区分，一般合并在一起作为 K_α 谱线，其谱线波长为 $K_{\alpha1}$ 和 $K_{\alpha2}$ 波长的加权平均 $\lambda_{K_\alpha}=(2\lambda_{K_{\alpha1}}+\lambda_{K_{\alpha2}})/3$，见表 6-3。

由于要产生特征 X 射线谱需要把内壳层电子激发出去，入射电子需要足够的能量才能实现。这也就是为什么必须要超过激发电压才能产生特征 X 射线。每种靶材 K 壳层电子的束缚能不同，激发所需的能量各不相同。表 6-3 中列出了几种常见靶材的激发电压。这里需要指出的是，这个激发电压仅仅是产生特征 X 射线的临界电压，此时的特征 X 射线的强度非常低，如果以此电压作为工作电压，X 射线衍射的谱线强度和信噪比都会非常差。K 线系强度与工作电压间有如下关系：

$$I=K_2 i\left(V-V_K\right)^{1.5\sim1.7} \tag{6-28}$$

式中，K_2 为常数；V 和 i 分别为工作电压和工作电流；V_K 为激发电压。由上式可知，当工作电压为激发电压 3～5 倍时能使特征 X 射线强度与连续谱强度之比最大。

6.2.3　X 射线衍射光路

早期粉末多晶的 X 射线衍射研究多用德拜照相法，用底片记录 X 射线透过粉末样品形成的衍射环。随着计算机和电子技术的进步，现在最常用的是衍射仪法。衍射仪能准确记录衍射线的强度与线型，有利于后期物相检索与全谱拟合。在图 6-25 所示的 X 射线衍射仪中，X 射线管和 X 射线探测器被安装在测角仪上，样品放置在测角仪的圆心处。粉末衍射仪常用 Bragg-Brentano 聚焦几何。如图 6-25(b)所示，X 射线管以一定发散角度辐射出 X 射线经过发散狭缝和索拉狭缝照射到样品上，X 射线从样品上反射后再经过一个索拉狭缝、防散狭缝和接收狭缝聚焦到探测器上，由探测器转变为电信号，由计算机记录衍射角度与信号强度。测量粉末 X 射线衍射谱时，X 射线源与探测器同时绕测角仪的圆心联动转动。当 X 射线的入射线与样品表面的夹角为 θ 时，探测器与入射线的夹角就为 2θ。随着 X 射线管与探测器的转动，计算机将衍射角 2θ 所对应探测器探测到的反射 X 射线的强度记录下来，从而得到 X 射线衍射谱(图 6-13)。

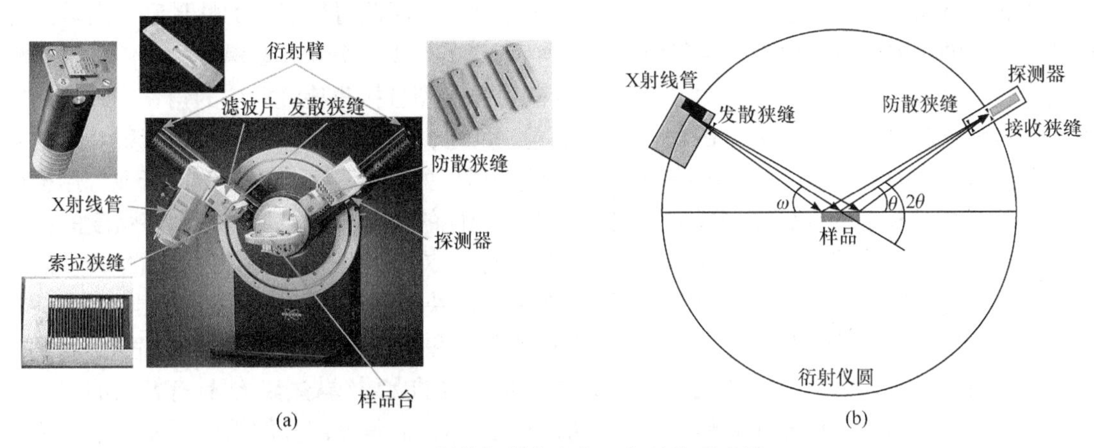

图 6-25　X 射线衍射仪实物(a)与结构示意图(b)

这种聚焦几何的光路结构使样品被照射的面积比较大，可以得到角宽度较小且衍射峰强度较大的衍射线，既提高了分辨率又有很高的灵敏度。但是聚焦几何要求 X 射线的焦点和探测器前的接收狭缝都必须位于测角仪圆上，也就是说样品到 X 射线焦点的距离与到接收狭缝的距离应该严格相等。同时样品表面必须与测角仪圆的圆心相切，任何样品表面高度的误差都会引起衍射峰的偏移。样品表面高于仪器圆中心，衍射峰向高角偏移，且随着布拉格角增大偏移增加。若样品表面低于仪器圆中心，衍射峰向低角偏移，且随着布拉格角增大偏移增加。另外，只有当样品表面为曲线，且曲率与聚焦圆的曲率相等时才严格满足聚焦条件。但是由于聚焦圆曲率随 θ 变化，且曲面样品制样困难，通常采用平面样品进行测试。但此时衍射线并不能完全聚焦，所以当入射的 X 射线束的水平发散度过大时，衍射峰会明显宽化，分辨率也会降低。

如图 6-25(a)所示，在 X 射线衍射仪的光路中安装有发散狭缝、防散狭缝、接收狭缝、索拉狭缝和滤波片等，都是为了矫正 X 射线束的形状、光路准直、降低噪声、提高信噪比等。发散狭缝、防散狭缝都是金属片中间开有一定尺寸的开口。发散狭缝安装在 X 射线管前，其大小限制了入射 X 射线的发散度，也就限制了入射 X 射线的强度和照射到样品表面的面积。而防散狭缝安装在 X 射线的反射光路上，仅仅让 X 射线的衍射线进入探测器，防止其他散射线进入探测器，从而提高衍射信号的灵敏度和信噪比。通常测试中发散狭缝与防散狭缝采用相同的开口大小，较大的开口能获得较强的衍射信号，但是会增加衍射峰的宽度，而较小的狭缝能获得更精细的分辨率，但是以降低衍射峰的强度为代价。现代 X 射线衍射仪中引入可变狭缝，狭缝的开口大小可由计算机控制。可变狭缝的优点在于，在低衍射角时采用较小的狭缝开口，随着衍射角 2θ 变大，狭缝开口逐渐增加。由图 6-26 可知，在低角度时衍射信号较强，适当减小狭缝开口有利于提高分辨率，在高衍射角时衍射信号较弱，适当增加狭缝开

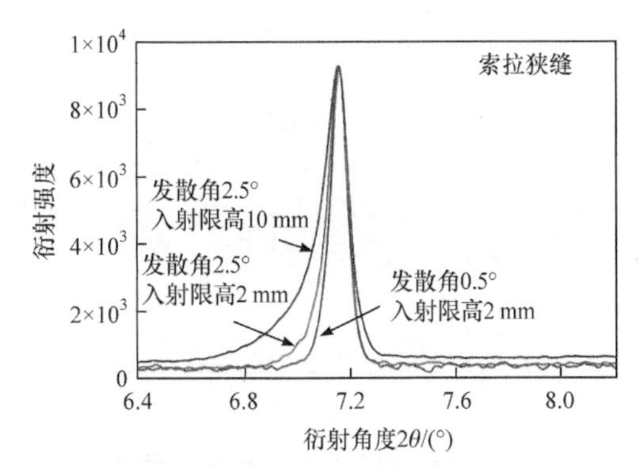

图 6-26　不同大小的索拉狭缝对衍射峰峰形的影响

口有利于提高信号强度。

接收狭缝决定了同时进入探测器的衍射线的角宽度，因此对衍射峰的峰形和衍射峰的分辨率有较大的影响。测角仪圆的半径对 X 射线衍射谱的强度与分辨率也有较大影响。通常测角仪圆半径越大光路越长，X 射线受到的空气散射越强烈且接收狭缝对应的角宽度越小，所得衍射峰强度越低，但是衍射谱的角分辨率更高。反之，测角仪圆半径越小，衍射峰强度越强，但衍射谱的分辨率会降低。因此很多 X 射线衍射仪的设备厂商针对特定的行业应用推出了具有很小衍射圆半径的桌面型粉末衍射仪，用于定性的物相分析能快速得到高强度的衍射谱。而高分辨 X 射线衍射仪具有较大的测角仪圆半径，对于粉末和多晶等晶体质量较差的样品所得到的衍射峰强度较低，一般用于单晶薄膜和单晶块体的晶体结构分析。在常规测试中，衍射仪圆半径是不会进行调整的，因此应根据试样状况和所需要做的测试选择合适的衍射仪。

粉末衍射仪所采用的 X 射线源通常为线焦，X 射线的入射线与衍射线具有较大的垂直发散度，会影响衍射峰的信噪比和峰形，使衍射峰不对称，低角度部分的强度明显高于高角度部分，如图 6-26 所示。为此在光路中安装两个索拉狭缝。索拉狭缝是一组平行的金属薄片，如图 6-25(a)所示，用于限制 X 射线在垂直方向的发散。索拉狭缝的金属片间距越小、长度越长，则 X 射线束的垂直发散度越小、衍射峰峰形越对称，但衍射峰强度会降低。通常测试样品时索拉狭缝是不更换的，仅根据需要调整发散狭缝、防散狭缝和接收狭缝。

由表 6-3 可知，电子轰击靶材时放出的特征 X 射线不仅有 K_α 谱线还有 K_β 谱线。K_β 谱线的波长比 K_α 谱线的波长略短。因此，同一个晶面会由 K_α 和 K_β 形成两个衍射峰，容易造成衍射峰的叠加，分析更加复杂。为此需要将 K_β 谱线过滤掉。最简单的办法是采用滤波片对 K_β 谱线进行过滤，以降低对衍射谱的干扰。某种物质对不同波长 X 射线的吸收系数如图 6-27 所示。当入射的 X 射线波长比该物质的 K 壳层吸收的最大波长短时，该物质对 X 射线的吸收系数随波长增加而呈指数增加。当入射的 X 射线波长比该物质的 K 壳层吸收的最大波长还要长时，K 壳层已经不能吸收该波长的 X 射线，表现出吸收系数突然下降的现象。因此，滤波片选择的材料应该是正好使靶材的 K_β 谱线落在滤波片的高吸收区，而靶材的 K_α 谱线落在低吸收区，这样就能有选择地吸收靶材 K_β 谱线，而不对靶材 K_α 谱线产生强烈吸收。图 6-28 为 Ni

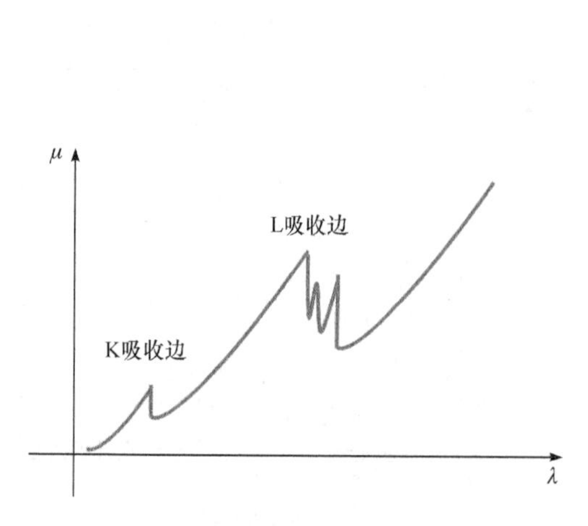

图 6-27　物质对 X 射线吸收系数与 X 射线波长的关系

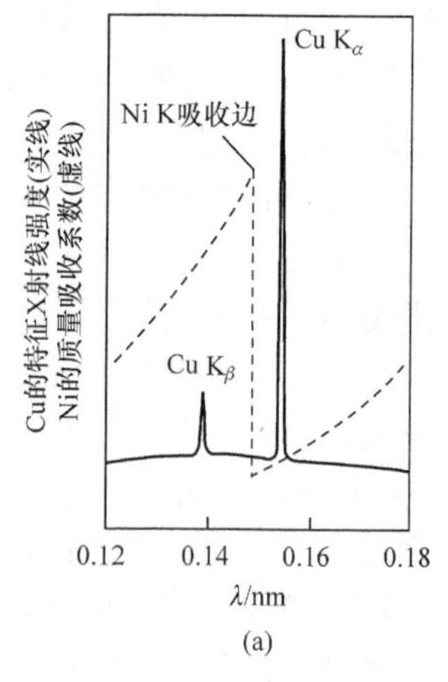

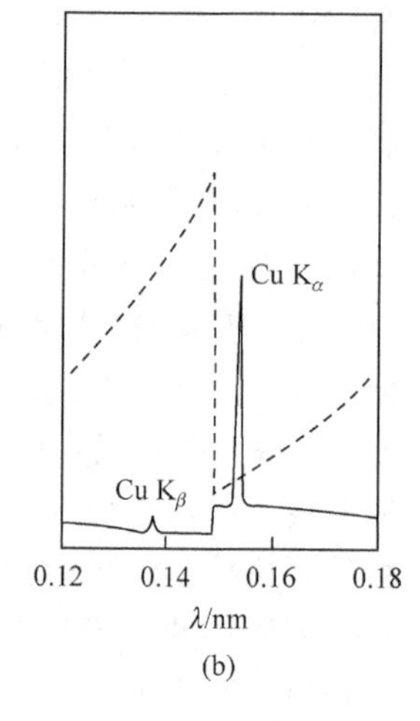

图 6-28　加镍滤波片前(a)、后(b)的 Cu 辐射的特征谱

滤波片对 Cu 靶的 X 射线的吸收情况。可以看到 Ni 的 K 吸收边正好落在 Cu 的 K_α 和 K_β 谱线之间。加上 Ni 滤波片后，Cu 的 K_β 谱线和连续 X 射线谱都被强烈吸收了，K_α 谱线的强度也有所降低。通常滤波片所用材料的原子序数要比靶材小。当靶材原子序数 $Z_{靶}<40$ 时，滤波片选择 $Z_{靶}-1$；当靶材原子序数 $Z_{靶}>40$ 时，滤波片选择 $Z_{靶}-2$。表 6-4 归纳了常用靶材对应的滤波片。滤波片并不能把 K_β 谱线全部过滤掉，对于较强的衍射峰还是能在其低衍射角方向观察到由 K_β 谱线引起的衍射峰。另外，加了滤波片后 K_α 谱线的强度也会降低，因此，当测试单个衍射峰附近较小衍射角范围的时候可不用滤波片以增加弱衍射峰的强度。

表 6-4　常用靶材对应的滤波片

靶材	Cr	Fe	Co	Ni	Cu	Mo
滤波片	V	Mn	Fe	Co	Ni	Zr

聚焦几何虽然能兼顾衍射信号强度和分辨率，但是要求试样为平面试样，且 X 射线的入射角与反射角严格相等，否则会引起衍射峰的偏移。这不利于非平面试样、入射角与反射角不相等的测试，如掠入射扫描、φ 扫描、高分辨 X 射线衍射、X 射线反射、倒易空间扫描等测试，因此需要采用平行光衍射几何。此时，衍射光路严格遵循布拉格方程，不会因样品形状、衍射角与入射角不相等引起衍射峰位的偏移。通常使用 Göbel 镜(图 6-29)将 X 射线管辐射出的发散光汇聚成平行光。Göbel 镜是一块在硅片或玻璃衬底上用 W/Si、Ni/C、Ni/B_4C 等复合材料做成有梯度的多层晶体膜并且弯曲成抛物面形状的镜子。X 射线管的焦点被放置在 Göbel 镜的焦点处，Göbel 镜上每一点都满足布拉格反射，从而将发散的 X 射线束汇聚成平行光束，作为入射或衍射光束。可有效地去除 K_β 与连续谱，从而得到 K_α 的强平行光束，可实现平行光几何下的薄膜掠入射分析、薄膜反射率分析等，再配合单色器、长索拉狭缝、刀口准直器、欧拉环等配件完成各种复杂的衍射分析。

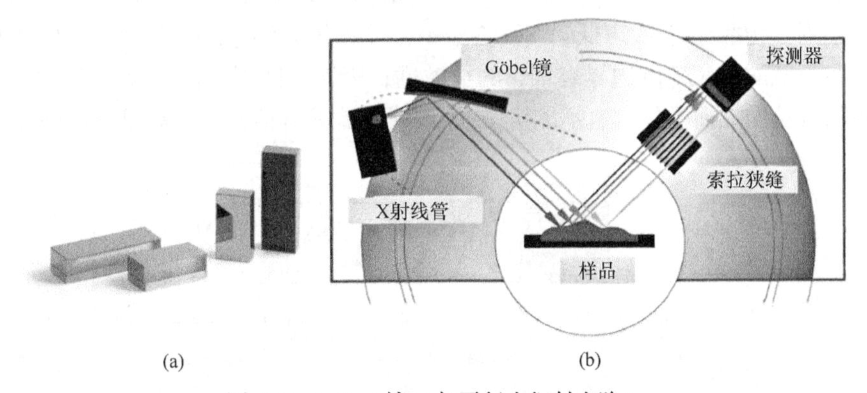

图 6-29　Göbel 镜(a)与平行光衍射光路(b)

在 X 射线衍射光路中通常也会引入单色器来降低背景噪声、提高分辨率。根据衍射仪的配置，单色器可放在入射光路上也可放置在探测器前，在某些高分辨 X 射线衍射仪上甚至在入射光路和反射光路上各安装一个单色器。晶体单色器通常采用单晶石英、热解石墨、单晶硅、单晶锗等单晶体。单色器被安装在光路上使其正好满足 K_α 射线的布拉格衍射条件，即只有所需要的 K_α 射线经过单色器反射通过光路，而其他波长的光被过滤掉。一般经过一次反射

很难将 $K_{\alpha1}$ 和 $K_{\alpha2}$ 区分开。为此设计出经过 2 次或 4 次反射的单色器，如图 6-30(a)所示，具有很好的波长选择特性，特别是对于单晶材料的衍射，能反映出单晶的结构与缺陷。图 6-30(b)显示了利用单色器测试的衍射谱具有更低的背底。

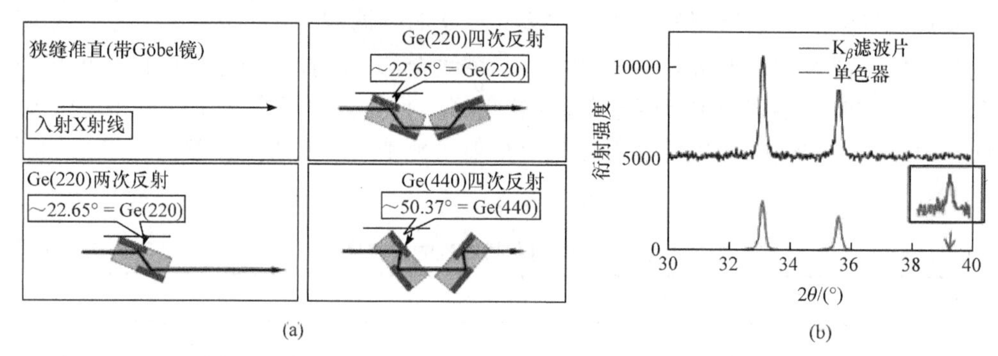

图 6-30 (a)不同类型的单色器；(b)利用单色器测试的衍射谱与用滤波片测试的衍射谱对比

6.2.4 X 射线探测器

X 射线衍射的光强需要探测器将收集到的光子数量转化为电信号被计算机记录下来。评估 X 射线探测器性能主要有量子计数效率和灵敏度、噪声水平、动力学范围、线性计数范围与时间分辨率、能量分辨率等，其中灵敏度、线性计数范围及能量分辨率是探测器性能的主要考量因素。

传统的点探测器只能记录光子计数而不具备空间分辨率，只记录衍射强度而不区分光子的来源，即探测器输出的信息只包含了样品和光源直射光的强度。现在实验室常见的点探测器包括闪烁计数器和锂漂移探测器、硅漂移探测器等。

闪烁计数器主要由闪烁晶体(将入射的X射线光子转换成可被光电倍增管阴极接收的荧光)、光电倍增管(将可见光转换成电脉冲信号)及其他辅助部件组成，如图 6-31 所示。常采用的闪烁晶体有 NaI(Tl)、CsI(Tl)、CaI_2(Eu)、ZnS(Ag)等。晶体闪烁计数器具有稳定性高、寿命长、零维护、高线性范围 2×10^6 cps、噪声低(小于 0.3 cps)、时间分辨率高的特点，易于进行脉冲高度分析甄别，且在很宽的波长范围内具有均匀的灵敏度，因而常被用于各实验室多晶衍射仪。但是它的分辨率随波长增加而下降，也不能辨别 K_β 谱线或滤除其信号，其能量分辨率低。

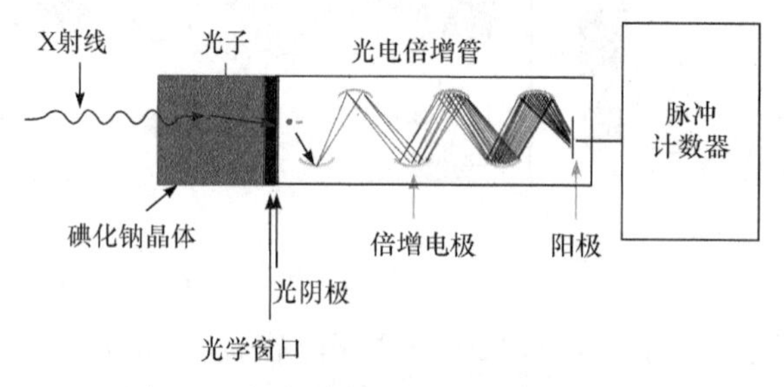

图 6-31 闪烁计数器的构造及工作原理

固体探测器由半导体材料制成，将 X 射线的能量转换成电信号；通常由高质量的 Si 或 Ge 单晶掺杂 Li，形成 Si(Li)或 Ge(Li)固体半导体探测器。其工作原理如图 6-32 所示，X 射线入射到被冷却至 77 K(液氮温度)的半导体探测器内，将产生电子-空穴对。电子-空穴对的数目与所吸收的 X 射线光子能量成正比，并被探测器两电极间电场分开，同时被阴极和阳极收集，而产生与电子-空穴对数目成正比的脉冲信号，因此脉冲幅值正比于入射 X 射线光子能量。

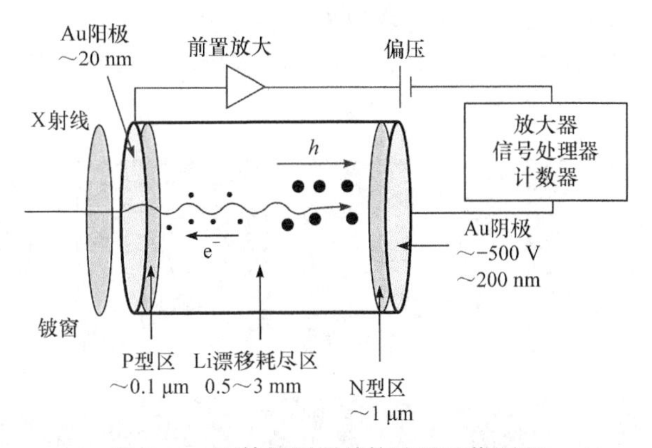

图 6-32　固体探测器的构造及工作原理

固体探测器具有极佳的能量分辨率，可选择特定能量的光子进行响应做能量色散衍射，且背景噪声低、适用的波长范围广。但是它的局限在于需在低温下工作，以避免 Li 的反向迁移；而且其最大计数率低、动态范围窄，因而不被广泛应用。

随着半导体技术的进步，探测器向微型化、集成化发展。首先出现的是一维线探测器(位敏探测器)，由 100 个并行排列的像元构成，每个像元是一个独立的半导体探头，配有各自独立的计数系统，用来代替常规的单点探测器。其最大计数率可高达 10^8 而不饱和，对温度变化不敏感，且用风冷即可，操作维护方便。特别适合对测试速度有特别要求的样品，用于日常的快速分析、原位分析，如高低温和化学反应测量微观结构的动态变化。

在扫描过程中每一个方向都要被每一个像元测量一次，记录到的总强度是这 100 个固体探测器在该方向探测到的强度总和，强度为单个固体探测器的 100 倍，灵敏度提高了 10 倍，分辨率很高。目前商业化的一维线探测器除兼有使用寿命长、零维护、高线性范围的优点外，去荧光的效果也非常好且灵敏度高，在损失非常少的 K_α 信号强度前提下，能很好地滤除荧光及 K_β 信号，大大改善了信噪比，如图 6-33 所示。另外一维线探测器还能通过不同角度安装实现零维、一维、二维模式切换。

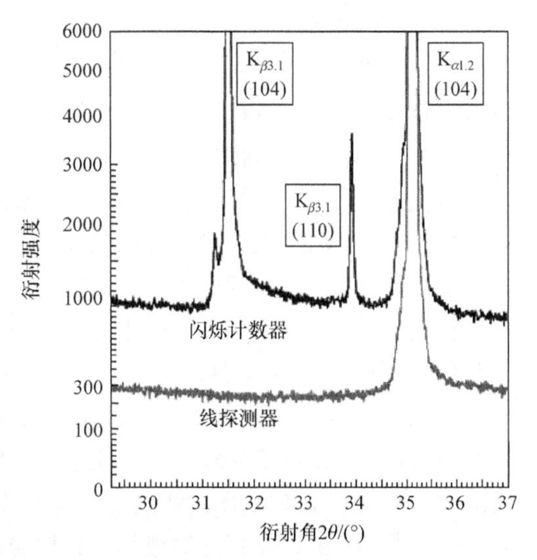

图 6-33　一维线探测器获得的 X 射线衍射谱与传统点探测器对比

目前 X 射线探测器已从一维线探测器向二维面探测器发展，如图 6-34 所示，可从两个维度同时记录衍射信号。二维探测器一般采用影像板或电荷耦合探测器(CCD)。影像板的工作方式类似于照相胶片：X 射线使影像板曝光，形成 X 射线潜像，然后再由红色激光逐点激发光致荧光，由光电倍增管记录荧光强度，从而得到数字化的 X 射线图像。影像板的优点在于灵敏度高、动态范围宽、空间分辨率高、测量精度高、背底低，但数据读出速度较慢，难以用于测量试样晶体结构随时间的演化过程。CCD 系统的工作方式与影像板不同。X 射线首先激发一块荧光膜，将 X 射线图像转变为可见光图像。再由荧光膜后面的光导纤维将可见光图像投影到 CCD 芯片上。由 CCD 芯片数字化得到 X 射线衍射图像。CCD 系统的优点在于空间分辨率和动态范围比影像板高、数据读出时间短，可研究晶体结构演化过程，为快速原位测定提供了极其快速、高效的表征手段。

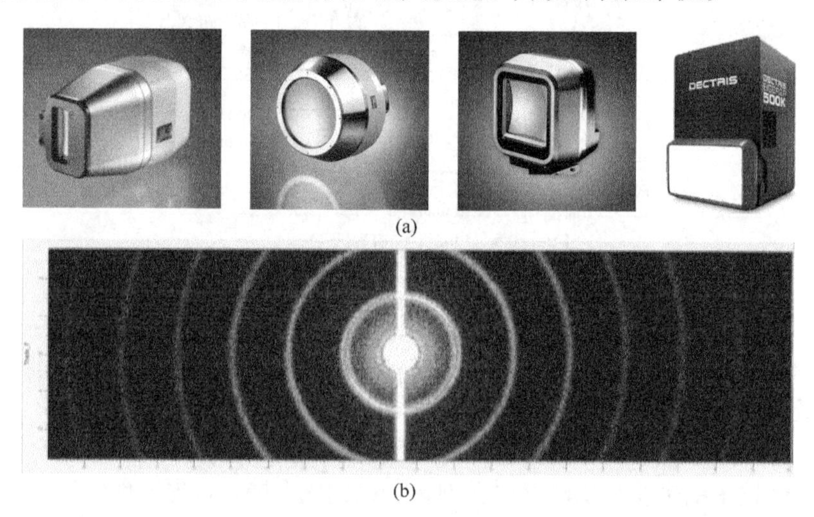

(a)

(b)

图 6-34　二维探测器(a)与其所获得的衍射图像(b)

6.3　X 射线衍射基本测试方法与案例

6.3.1　粉末衍射(θ-2θ 扫描)

粉末 X 射线衍射是常规 X 射线衍射方法，常用于物相鉴别与定量分析、晶胞参数与晶型分析、结构精修、晶粒尺寸与结晶度定量分析、聚合物孔径分析等，适用于几乎所有有机、无机、高分子材料的晶体结构分析。

测试过程中，试样被装入样品台，测试面与样品台表面高度保持一致，然后将样品台装入衍射仪，使测试面处于测角仪的圆心处。衍射仪采用 θ-2θ 联动测试模式对样品进行扫描，即衍射角始终保持为入射角的 2 倍。在扫描过程中计算机同时将测角仪测得的衍射角与探测器测得的 X 射线强度记录下来得到 X 射线衍射谱。测试前根据试样确定测试的参数，包括衍射几何、测试的角度范围、步长、扫描速度、扫描方式、狭缝尺寸等。对于粉末、多晶平板样品一般采用聚焦几何，如图 6-25(b)所示。对于表面不规则样品如矿物、文物，应采用平行光衍射几何，如图 6-29(b)所示，可进行无损直接测量研究。测试的角度范围应根据样品的晶格晶面间距确定。对于无机物一般衍射角 2θ 从 20°到 120°，对于有机晶体因为晶面间距比较大，衍射角 2θ 可以从 1°开始测试。狭缝宽度与衍射峰的强度成正比，与分辨率成反比。需要根据测试目的选择合适的狭缝宽度。扫描速度与衍射谱的强度和精度相关。扫描速度越慢得到的衍射谱的强度越强、精度越高，反之则强度下降、精度变差。一般做全谱扫描时可采用较大的狭缝宽度和较快的扫描速度，得到强度较高、信噪比较好的衍射谱，用于物相鉴别、定性分析。要进行定量分析时应针对需要分析的衍射峰采用更窄的狭缝、更小的步长和更慢的扫描速度进行窄谱扫描。扫描方式分为连续扫描和步进扫描两种。连续扫描时测角仪以设定的速度转动，在转动过程中探测器会不停地收集信号，会将衍射角 2θ 附近步长范围内的 $\Delta\theta$

的 X 射线信号都计入 2θ 衍射角的信号，同时也会使衍射峰向测角仪转动方向偏移，造成衍射谱分辨率的下降。步进扫描方式中测角仪的转动是不连续的。测角仪每转过 $\Delta\theta$ 角度就会停下来等待探测器采集 X 射线信号。完成设定时间的信号采集后测角仪才会转动一个 $\Delta\theta$ 步进角度。步进扫描的优点在于没有滞后和平滑效应，精度更高，但是步进法耗时较长，通常用于高精度测量。

样品粒度和衍射强度的精确度有直接关系。粒度越小，被 X 射线照射到的颗粒就越多，越接近颗粒随机分布，衍射强度就越精确；但是过细的颗粒会导致衍射峰宽化。较为理想的试样颗粒尺寸在 10～50 μm。对于颗粒较大的样品及压片烧结的材料，测试前需要通过手工或机械研磨成合适颗粒尺寸的粉末样品。实验室中常用的粉末 X 射线衍射仪一般采用聚焦衍射几何，使用平板样品进行测试，因此要求样品的测试面平整致密，并且测试面与样品台的表面高度一致。粉末制样过程如图 6-35 所示。取适量样品装入样品台凹槽，然后用平板玻璃压实、刮平。

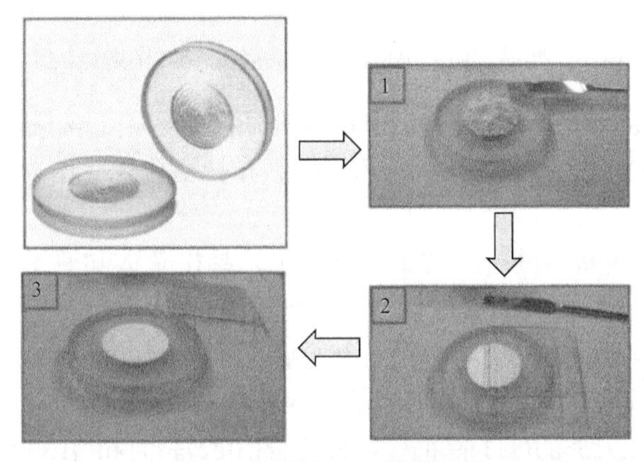

图 6-35　粉末样品制样过程

对于微量样品，需选用微量样品台(图 6-36)，将微量粉末样品分散在样品架中心。对于极微量样品，可用乙醇或丙酮等不溶的易挥发溶剂进行分散后均匀地涂布在样品台表面，待溶剂挥发至干即可进行测量。

对于金属、陶瓷等块状样品，应将待测面打磨成平面并抛光、超声清洗干净后将适量橡皮泥垫在样品台与试样之间，如图 6-37 所示，再用平板玻璃将试样表面压至与样品台表面平齐。

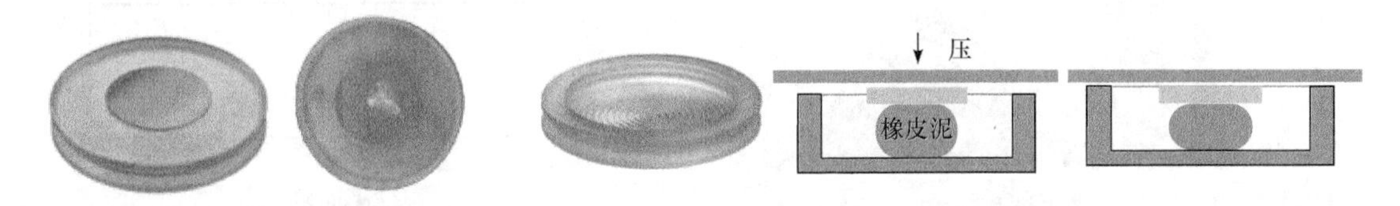

图 6-36　微量样品制样方法　　图 6-37　片状样品制样方法

制样的好坏直接影响衍射谱的质量。在聚焦几何测试中，从图 6-38(a)对比表面抹平的样品与未抹平的样品的测试数据可以看到，样品表面不平整会导致衍射峰强度剧烈降低。这是由于不平整表面的漫反射会降低产生衍射的晶面数量，从而降低衍射强度；在极度不平整的表面，产生的衍射峰会被相邻颗粒阻挡从而降低衍射强度。因此，在制备平板样品时要特别注意其表面平整度。在测试过程中，样品台的高度、样品在样品槽中的填充情况都会影响最终样品平面相对于衍射平面的高度变化。进而引起测试平面与测试圆偏离相切关系，导致衍射峰位出现偏移。如图 6-38(b)所示，样品台高度明显低于正常高度的情况下衍射峰向小角度方向发生明显偏移，同时峰形也会出现一定的变化，导致峰形不对称。

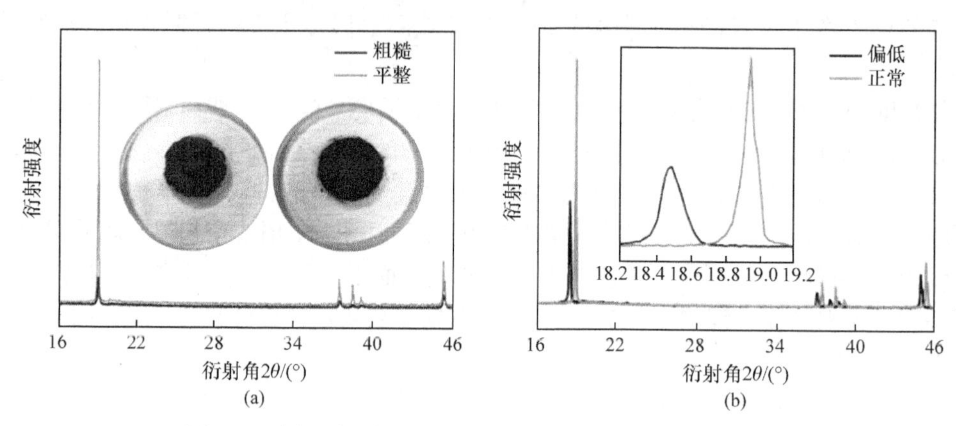

图 6-38 样品表面粗糙度(a)与样品高度(b)对衍射谱的影响

测得试样的 X 射线衍射谱后可定性、定量分析试样的物相、含量、晶格参数、晶粒尺寸、择优取向度、结晶度等信息，如图 6-39 所示。根据布拉格公式，衍射峰对应的峰位与晶面间距一一对应。

每种物相都有特定的晶格结构，其布拉维格子、晶格常数和原子排列结构各不相同。每种物相都有独特的粉末衍射图样。因此可以根据衍射谱中衍射峰的峰位鉴别出试样中的物相。物相分析与化学分析不同，如石墨与金刚石都是碳元素的同素异形体。它们具有相同的元素成分，但是晶体结构不同。石墨为六方结构而金刚石为面心立方结构。图 6-40 显示金刚石主要的衍射峰分别位于 43.915°的(111)晶面、75.302°的(022)晶面和 91.495°的(113)晶面，而石墨的主要衍射峰分别位于 26.381°的(002)晶面和 44.391°的(101)晶面。它们的 X 射线衍射谱差异非常大，非常容易区分。

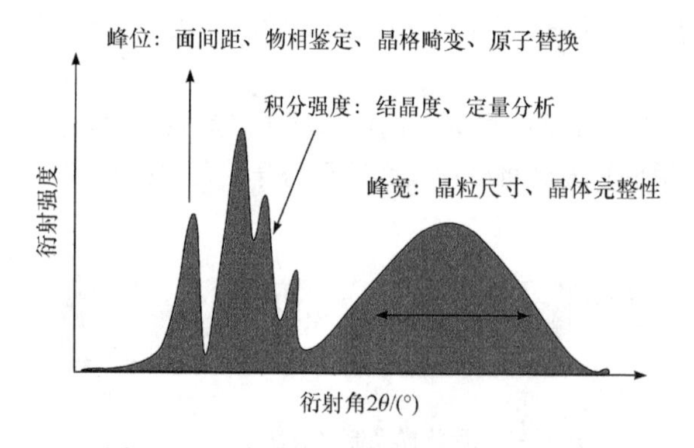

图 6-39 X 射线衍射谱所包含的材料信息

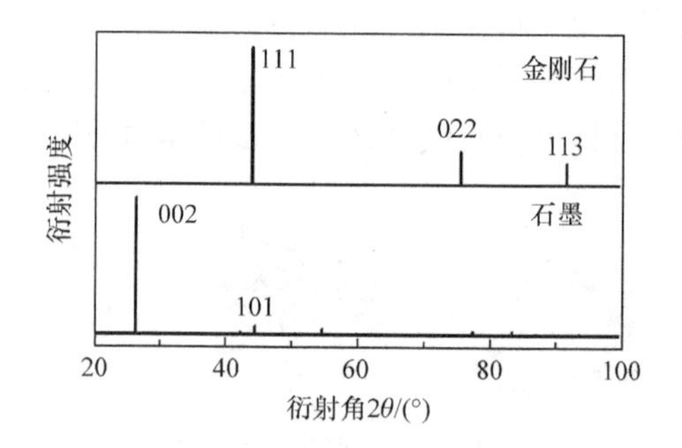

图 6-40 石墨与金刚石的 X 射线衍射谱对比

定性分析物相的基本方法就是将试样的 X 射线衍射谱与已知晶体的衍射数据进行对比。目前常用的是粉末衍射卡片(power diffraction file，PDF)数据库，包括大量无机晶体、有机晶体的 X 射线衍射数据。PDF 数据库是由国际衍射数据中心收集、编辑、出版，目前已包括无机晶体数据约 44 万条、有机晶体数据约 55 万条，而且每年还在不断增加，主要用于结晶材料的物相鉴定。

PDF 卡片通常包含卡片编号、物质名称、晶格常数、晶格结构与对称群、测试条件、晶面指数与对应的衍射角或面间距及相对强度等信息，如表 6-5 所示。这张 Si 的 PDF 卡片左上角的数字 27-1402 是该卡片在 PDF 数据库中的编号。Quality 表示该卡片中数据的可靠性，其中星号*表示该卡片为高质量衍射数据，R 表示衍射数据由 Rietveld 精修获得，C 表示由单晶结构参数计算而来，O 表示低精度衍射数据等。CAS Number 为物质数字识别号码，由美国化学学会下属的美国化学文摘社对每种物质进行唯一编号。Molecular Weight 和 Volume 分别为分子量与晶胞体积。Sys 和 Lattice 为晶系与布拉维格子类型，在表 6-5 中 Si 的晶系为 Cubic(立方晶系)，布拉维格子为面心结构。S.G.为晶胞的空间群，Si 晶体的空间群为 $Fd\overline{3}m$，空间群号为 227。PDF 卡中包含晶格常数 a，Si 的晶格常数是 5.430 Å。注意卡片上没有标注 b、c 及 α、β、γ 等具体的数据，这表明它们是根据晶体布拉维格子而可以缺省的数据，即在此卡片中对于 Si 而言，$a=b=c$，$\alpha=\beta=\gamma=90°$。SS/FOM 为衍射数据质量指标，该指标越高表明数据质量越好。I/Icor 表示该物质 X 射线最强衍射峰相对于刚玉的最强峰的比值。利用该指标可采用参考强度比值法(RIR 法)定性确定试样中各物相的含量。由于不是所有物质的 PDF 卡片中都有该指标，因此该方法的应用范围受到限制。现在常用 Rietveld 精修的方法定量确定试样中各物相的含量。

表 6-5 Si 的 PDF 卡片

27-1402 Quality:*	Si Silicon Ref: Natl. Bur. Stand. (US) Monogr. 25, 13, 35(1976)		
CAS Number: 7440-21-3			
Molecular Weight: 28.09	d(Å)	Int-f	hkl
Volume(CD): 160.18	3.1355	100	111
Dx: 2.329 Dm:	1.9201	55	220
Sys: Cubic	1.6375	30	311
Lattice: Face-centered	1.3577	6	400
S.G.: $Fd\overline{3}m$ (227)	1.2459	11	331
Cell Parameters:	1.1086	12	422
a: 5.430 b c	1.0452	6	511
α β γ	0.96000	3	440
SS/FOM: F11=409(0.0021, 13)	0.91800	7	531
I/Icor: 4.70	0.85870	8	620
Rad: Cu $K_{\alpha 1}$	0.82820	3	533
Lamda: 1.5405981			
Filter:			
d-sp: diffractometer			
Mineral Name: Silicon syn			

在这些信息中对物相定性分析比较重要的是晶面间距与相对强度数据。在 PDF 卡检索软件中利用布拉格公式 $2d_{hkl}\sin\theta=\lambda$ 能很方便地将晶面间距转换为衍射角 2θ。在利用检索软件对衍射峰进行检索时首先确定可能的元素，然后根据衍射峰的峰位找出与之相近的物相。通常检索软件会提供许多可能的物相。然后人工核对每一种物相，结合样品制备信息、成分信

息等找出最有可能的物相。在核对衍射谱的过程中，通常以峰强最强的前三个衍射峰为主，将其峰位与可能物相的 PDF 卡片上的衍射峰进行对比。如果衍射谱上的峰位与 PDF 卡片上的峰位基本能对齐，且没有其他差别很大的衍射峰，则基本能确定所需鉴别的物相。需要注意的是：首先这只是定性分析物相，衍射峰的峰位由于实验误差会与 PDF 卡片上的峰位数据有偏差，这是由制样误差、零点误差等测试误差造成的，通常在 0.5°以内就认为是可以接受的。其次，可以将几个主要的衍射峰的相对强度进行定性比较，如果符合则物相就能确定下来。但是相对强度会因为试样的择优取向而与 PDF 卡片上的数据差别很大，只能作为物相鉴别的辅助方法。

另外对于多个物相的混合物，物相的鉴别会比较困难，需要结合试样合成采用的原材料、中间产物与最终产物及试样的化学成分等信息进行综合研判。如图 6-41 所示，某种水泥试样的 X 射线衍射谱经鉴别可以发现，试样包含碳酸钙 $CaCO_3$、二水合硫酸钙 $CaSO_4 \cdot 2H_2O$、六水硫酸镁 $MgSO_4 \cdot 6H_2O$、碳酸镁 $MgCO_3$、碳酸镁钙 $CaMg(CO_3)_2$、二氧化硅 SiO_2、氢氧化钙 $Ca(OH)_2$、氟化钙 CaF_2 等成分。

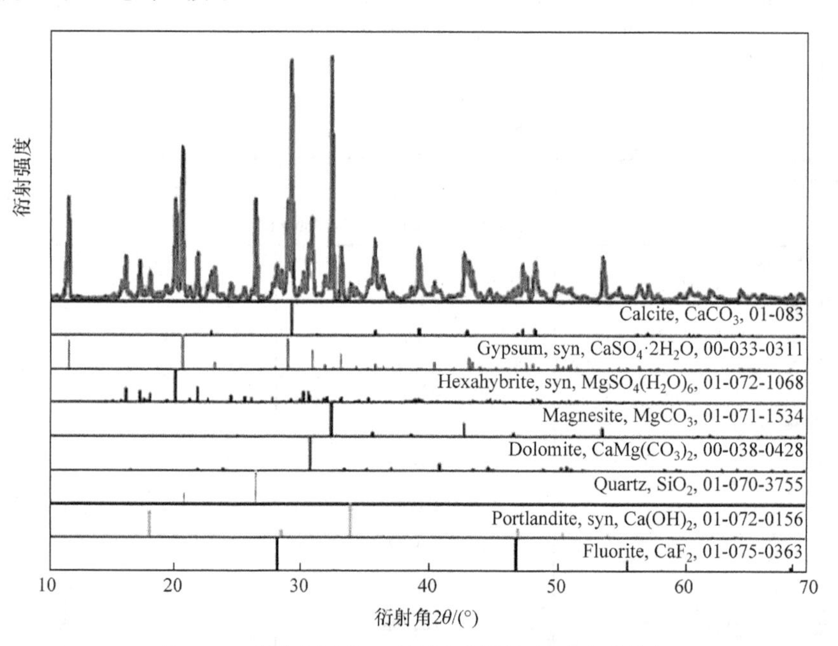

图 6-41　某种水泥的 X 射线衍射谱与检索出的物相

在鉴定物相时应注意，强衍射峰比弱衍射峰更重要，通常为试样中的主要成分，应重点检索。如果只是几个弱衍射峰能够与 PDF 卡对上，而强峰没有对上，那应该否定该物相。应重视低角度的衍射峰。各种物相在低角度的衍射峰往往比较强，而且也比较少，各物相在低角度的衍射峰不易重叠。而高角度的衍射峰往往比较弱，且比较宽化，各物相重叠也较多，不利于物相鉴别。

粉末 X 射线衍射谱除了鉴定物相，还能通过定量分析确定多相混合试样中各相的含量。衍射谱中衍射峰的强度与其参与衍射的体积分数成正比。然而对于多相混合样品，每个相对 X 射线的吸收各不相同，导致某一组分的衍射峰强度与该相参与衍射的体积并不是线性关系。要定量确定各组分的含量，需要用标样对试样进行标定，因此发展出了外标法、内标法、自标法等方法。然而这些方法都依赖于标样，测试比较烦琐。近年来迅速发展起来的 Rietveld

结构精修方法能够不依赖标样对衍射谱进行定量分析。具体方法见 6.4 节。

6.3.2　晶粒尺寸的测定

布拉格公式给出的衍射峰是一条没有宽度的直线，然而实验测得的衍射峰都是有一定宽度。衍射峰的宽度随测试条件与样品状态有关。较大的狭缝和较大的 X 射线发散度都会引起衍射峰的展宽。晶粒尺寸过细和微观应力也会引起衍射谱的宽化。在日常实验中，为了获得较为准确的晶粒尺寸，应尽力控制由衍射仪引起的衍射峰展宽效应，如用更窄的狭缝、更慢的扫描速度等。当然也可以用标样对仪器线形进行测定，然后再从实测线形中扣除仪器因素。但由于计算过程比较复杂，实际工作中很少采用，绝大部分研究中都是直接采用谢乐(Scherrer)公式进行计算。谢乐公式又称为德拜-谢乐(Debye-Scherrer)公式，是由荷兰著名化学家德拜和他的研究生谢乐首先提出的。此处略过谢乐公式的具体推导过程，计算公式如下：

$$D_{hkl}=\frac{k\lambda}{\beta_{hkl}\cos\theta} \tag{6-29}$$

式中，D_{hkl} 为晶粒在(hkl)面垂直方向的平均厚度；β_{hkl} 为(hkl)面衍射峰的半高宽(FWHM)；λ 为 X 射线波长；θ 为衍射峰的衍射角；k 为常数。

β_{hkl} 可以是半高宽，也可以是积分宽度(integral breath)，如图 6-42 所示。半高宽是指在衍射峰强度一半的位置上衍射峰的宽度。而积分宽度是将衍射峰积分得到衍射峰所围的面积，再除以峰高。积分面积更有利于计算机进行计算。无论采取哪种计算方法，β_{hkl} 都应该转变为弧度单位。

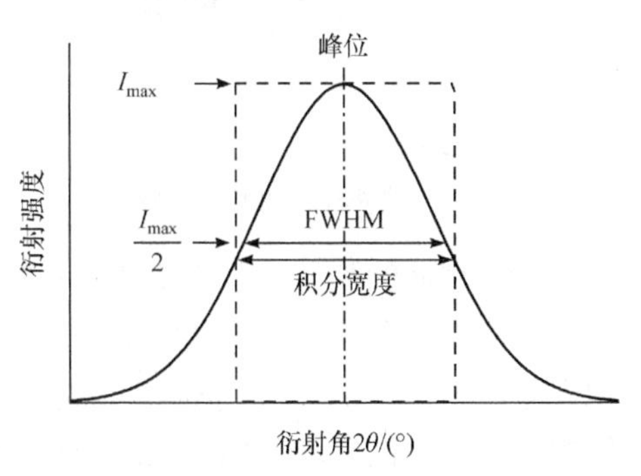

图 6-42　衍射峰的半高宽与积分宽度

当 β_{hkl} 为半高宽时，k 取 0.89；当 β_{hkl} 为积分宽度时，k 取 1；这只适合于球形粒子，对立方体粒子常数 k 应改为 0.94。

谢乐公式适用于 D_{hkl} 为 3～200 nm 的晶粒尺寸的计算。过大的晶粒尺寸导致由晶粒细化引起的衍射峰宽化变小，此时就不能忽略应力和仪器引起的展宽。过细的晶粒导致衍射峰过宽、强度过低，由此计算出的晶粒尺寸误差过大。计算晶粒尺寸时，一般采用低角度的衍射线，如果晶粒尺寸较大，可用较高衍射角的衍射线代替。

谢乐公式计算出的微晶尺寸为微晶在衍射面垂直方向的平均厚度。所以利用衍射谱中不同晶面的衍射峰计算晶粒尺寸能初步判断晶粒的形状。例如，对于晶粒形状为杆状的试样，利用其沿长杆方向的晶面的衍射峰计算出的晶粒尺寸远大于利用其径向晶面计算出的晶粒尺寸。

6.3.3　摇摆曲线

薄膜在外延生长过程中会产生各种缺陷。特别是当薄膜的晶格参数与衬底不完全匹配时，薄膜中会产生大量位错缺陷以释放薄膜中的应力，如图 6-43 所示。如果所有晶粒的晶面都平行于样品表面，那就只产生一个很小的衍射斑点，但是当薄膜中有位错缺陷时，晶粒中的晶面就会与样品表面间有一个小的夹角，这导致在薄膜法线方向的衍射斑点会有一个横向的展宽效应。因此，衍射斑点的横向展宽反映了薄膜中缺陷的程度。

为了测试衍射斑点的横向展宽，通常运用摇摆曲线(rocking curve)方法进行测试。首先确保样品表面与测角仪的圆心相切，采用 θ-2θ 扫描获得对应晶面的衍射峰。采用重心法或最高强度法确定衍射峰的峰位。然后将 2θ 固定为衍射峰的峰位，如图 6-43 所示，保持入射线与衍射线间的夹角固定不变。然后在 $\theta \pm \Delta\theta$ 改变 X 射线入射角度 ω，获得衍射光强随 ω 变化的衍射谱，称为摇摆曲线。图 6-44 比较了是否采用 GaN 缓冲层对生长在 Al_2O_3 衬底上的 GaN 厚膜的摇摆曲线的影响。可以发现，采用缓冲层后 GaN 薄膜的摇摆曲线变得更窄了，说明薄膜中的缺陷更少了。

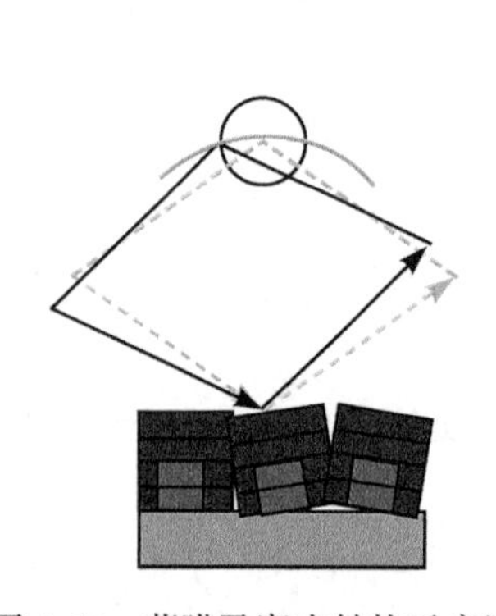

图 6-43　薄膜马赛克结构示意图与摇摆曲线测试示意图

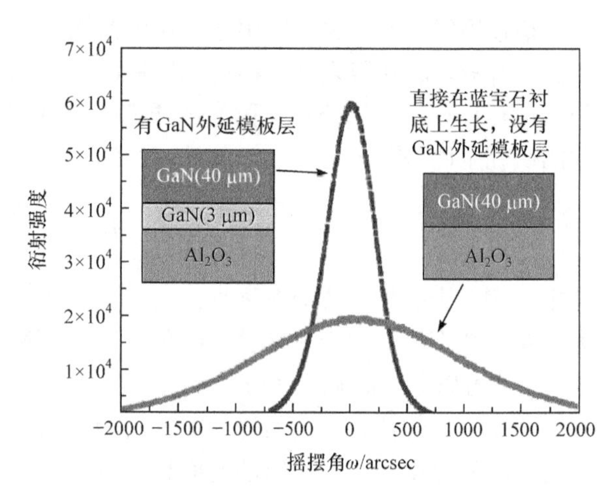

图 6-44　有、无 GaN 缓冲层对 GaN 厚膜的摇摆曲线的影响

在摇摆曲线的测试过程中往往会发现，摇摆曲线的最高峰位与晶面衍射角 θ 不相等。这说明样品表面法线与衍射仪的 θ-2θ 联动扫描的散射矢量间(图 6-12)存在一个夹角，应修正此项误差后再做一次 2θ-ω 扫描。此时之所以称为 2θ-ω 扫描，是因为虽然扫描方式还是保持入射角与衍射角的联动，但是入射角 ω 需要对之前测出的样品法线与散射矢量间的夹角进行修正。此时测得的对应晶面的衍射峰的峰位可能会有一个小的偏移。以此新测得的峰位衍射角 θ 为基础，重新测量摇摆曲线。该摇摆曲线比第一次测得的更为准确。虽然样品法线与散射矢量间的夹角依然存在，但经过修正后，对摇摆曲线的特性不会有影响。

由于摇摆曲线反映了样品的缺陷密度。Hirsch 等提出了一个定量分析晶体缺陷密度的方法。晶体的缺陷密度表达为

$$\rho = \frac{\beta^2}{9b^2} \tag{6-30}$$

式中，β 为摇摆曲线的弧度单位制的半高宽；b 为伯格斯矢量，cm。以图 6-44 为例，采用缓冲层后 GaN 薄膜的质量得到极大的提高，摇摆曲线的半高宽约为 500 arcsec，合 2.424×10^{-3} rad。GaN<0001>晶向的刃位错伯格斯矢量为 $\frac{1}{3}<11\bar{2}0>$，长度约为 $a_{\text{GaN}}/3 = 1.63\times10^{-8}$ cm。由此可计算出来，该样品的刃位错密度约为 2.46×10^{9} cm^{-2}。

6.3.4　单晶取向关系与织构测定

利用溅射、蒸发、化学沉积等方法在衬底上生长出几纳米到几微米的材料称为薄膜。随

着半导体工艺的发展，近年来薄膜生长技术得到了长足的进步，已经能实现单原子层的可控生长。近年来已经得到广泛应用的白光 LED 就是将以 GaN 基的多层薄膜生长衬底上实现蓝光二极管，再激发黄色的荧光粉从而形成白光。蓝光 LED 的发明获得了 2014 年的诺贝尔物理学奖。薄膜已成为现代工业与生活中不可或缺的重要材料。薄膜在衬底上根据薄膜的晶格结构与衬底的匹配情况会生长成单晶外延、多晶和非晶几种结构形式。常用 X 射线衍射中 φ 扫描和极图测量薄膜材料的取向类型及薄膜取向与衬底取向间的关系。φ 扫描和极图需要如图 6-45(a)所示的欧拉环附件配合才能在 X 射线衍射仪上进行测量。在四元衍射仪上，如图 6-45(b)所示，样品绕法线旋转的角度称为 φ 角；使样品在垂直于 X 射线入射线与衍射线构成的衍射面转动，散射线与样品法线间的夹角称为 χ 角。在 φ 扫描和极图测量过程中需要设定衍射角 2θ、倾角 χ 和 φ 角。

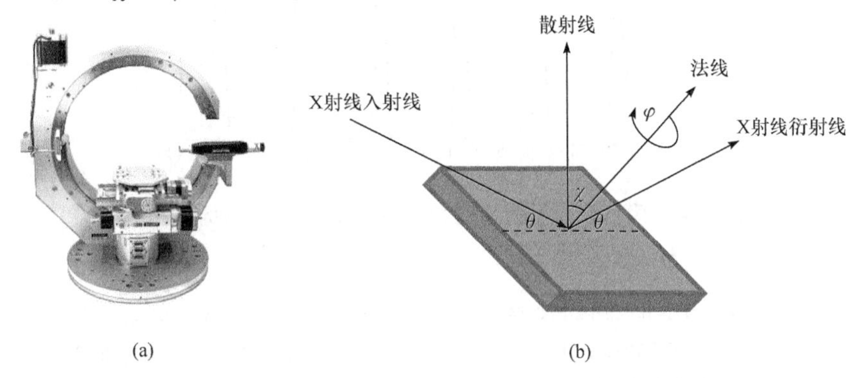

图 6-45　欧拉环实物照片(a)与 φ 扫描所需用到的各个角度(b)

φ 扫描是将衍射角 2θ 固定为某个与试样表面不平行晶面的衍射峰位，然后将样品的 χ 旋转到该晶面与法线方向的夹角使得该晶面的衍射峰可以出现在衍射仪的衍射面(X 射线入射线与衍射线构成的平面)中，再以样品的法线为轴将样品旋转 360°，在此过程中测量该晶面衍射峰强度的变化。图 6-46 为在 c 面蓝宝石衬底上外延生长的 ZnO 单晶薄膜的 φ 扫描谱。从图中可以看到同时测量了蓝宝石衬底的 $(10\bar{1}10)$ 晶面与 ZnO 薄膜的 $(10\bar{1}4)$ 晶面的 φ 扫描谱。

由于 ZnO 为六方纤锌矿，晶格常数 $a = 3.25$ Å、$c = 5.21$ Å，在 c 面蓝宝石上为(0001)择优取向生长，即样品的法线方向为[0001]晶向。为了确定 ZnO 薄膜与 c 面蓝宝石衬底的面内取向关系，需要测量 ZnO 面内的晶面 $(10\bar{1}0)$，此时需要旋转 χ 角至 90°使试样表面平行于衍射面，但通常不会这样测量。因为试样表面与衍射面垂直后能发生衍射的晶面实际上非常薄，很难得到有足够信噪比的衍射信号。为此会测量一个非法线方向的晶面，一般要求 χ 角不是太大又有足够的衍射强度，此例中为 ZnO 的 $(10\bar{1}4)$ 面。该面面间距 $d = 1.178$ Å，固定衍射角 $2\theta = 81.65°$(以 Cu K_α 为测量 X 射线)；该面与(0001)面的夹角为 25°，因此设置样品倾斜角 $\chi =$ 25°，然后对 φ 角进行 360°扫描，就能在 φ 扫描谱上看到六个衍射峰，如图 6-46(b)所示，代表了 ZnO 面内的六次对称性，即 ZnO 晶胞的六个棱面的方向。类似地，对 c 面蓝宝石衬底进行 φ 扫描获得其晶面的面内取向。通过对比分析就能得到 ZnO 与 c 面蓝宝石衬底间的面内对应关系。从而可以确定 ZnO 生长在 c 面蓝宝石衬底上的面内取向关系为：ZnO 的 $(10\bar{1}0)$ 晶面与蓝宝石的 $(11\bar{2}0)$ 晶面平行，即 ZnO 的晶胞在面内有一个 30°的旋转。

材料在加工过程中，如轧制、拉伸、挤压、旋压、拔丝等加工工艺，各晶粒的晶体学取向会呈现出一定程度的各向异性。某些晶向向材料的某些特定方向集中，称该材料中存在择

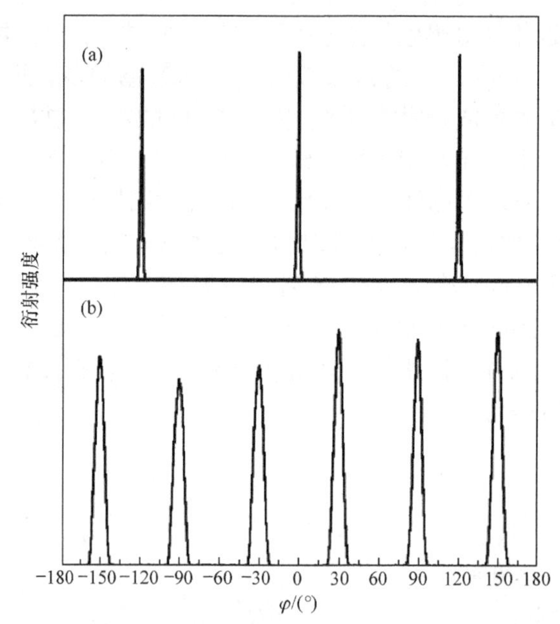

图 6-46　生长在 c 面蓝宝石衬底上的 ZnO 单晶薄膜的 φ 扫描

(a) 蓝宝石 $(10\bar{1}10)$ 晶面的 φ 扫描衍射峰；(b) ZnO $(10\bar{1}4)$ 晶面的 φ 扫描衍射峰

优取向或织构。极图被用来描述材料的织构状态，即材料中各晶粒取向与材料外形坐标间的关系。在 φ 扫描过程中 2θ 角和 χ 角是固定的，只有 φ 角在旋转。如果让倾角 χ 从 0°逐步转动到 90°，每转动一个 $\Delta\chi$ 角就做一次 φ 扫描，并把所有的 φ 扫描以极坐标(χ, φ)的形式绘制成衍射强度的等高线图，就得到了二维极图。

图 6-47 为冷轧钢板的{110}极图，反映了在轧制过程中，随着板材的厚度逐步减小，长度不断延伸，多数晶粒倾向于以[011]晶向平行于轧制方向，同时还以(100)晶面平行于板材表面。这种类型的择优取向称为板织构。关于材料的织构与极图的定性、定量分析请参阅相关专著，此处不再赘述。

6.3.5　倒易空间扫描

对于 X 射线衍射仪，并不是倒易空间中的每一个区域都能测试，其测试的范围受到 X 射线波长的限制。如图 6-48 所示，X 射线衍射仪入射线与反射线构成的衍射平面内所能测试的

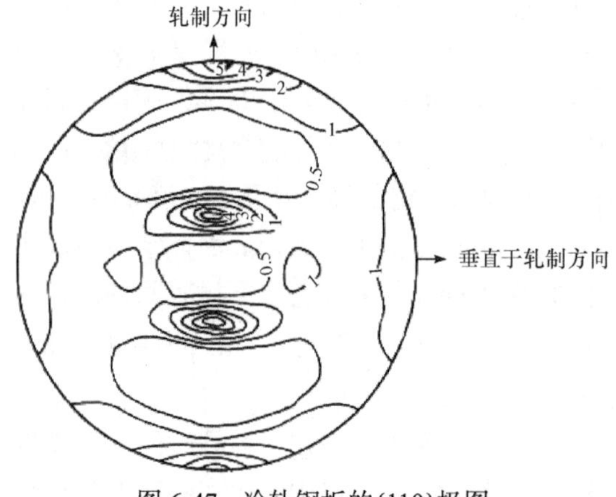

图 6-47　冷轧钢板的{110}极图

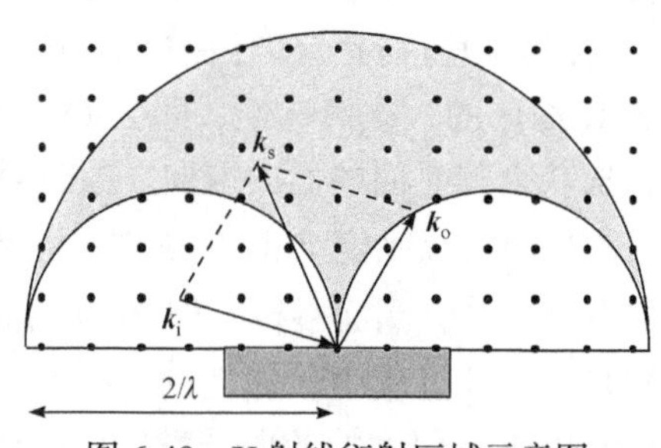

图 6-48　X 射线衍射区域示意图

范围不大于以 2/λ为半径的上半圆。由于入射矢量与反射矢量长度 1/λ 的限制，衍射平面内下半部分的两个小半圆区域内也是无法测试的。因此，仅图 6-48 中灰色部分为衍射仪所能测试的倒易空间的区域。从图中可以看出，散射矢量 $\boldsymbol{k}_s$ 为入射矢量 $\boldsymbol{k}_i$ 和反射矢量 $\boldsymbol{k}_o$ 所构成的平行四边形的对角线。通过调整入射角 ω 和出射角θ，散射矢量 $\boldsymbol{k}_s$ 能遍历整个可测试的倒易空间的区域。这样就能对某个倒易空间区域进行扫描，获得二维衍射强度分布图，即倒易空间图。

倒易空间图常用于外延薄膜样品测试，能显示样品中的晶格应变、缺陷状态、薄膜有衬底间的倾角等信息。在做倒易空间扫描时首先应根据样品的结构进行实验设计，通过 φ 扫面确定需要进行倒易空间扫描的衍射斑点并定位，使其位于衍射仪的衍射面内，再利用计算机辅助设置倒易空间扫描区域和测试参数等。由于需要采集的数据比较多，测试耗时比较长。借助一维线探测器和二维面探测器能极大地提高倒易空间扫描的测试速度。

图 6-49 为生长在 GaAs 衬底上 $In_{0.09}Ga_{0.91}As$ 薄膜的 ($\bar{2}24$) 倒易点附近的倒易空间图。图中画出了[112]晶向及与其垂直的方向，衍射峰在该方向的展宽是由马赛克效应引起的。观察到在衬底与薄膜间存在失配缺陷和样品翘曲导致的衬底与薄膜衍射斑点的展宽，这使得难以获得准确的衍射峰位。弛豫线上左右两个点分别代表完全弛豫和完全应变的两个状态。而薄膜的衍射斑点位于两者之间，表明薄膜处于部分弛豫的状态。

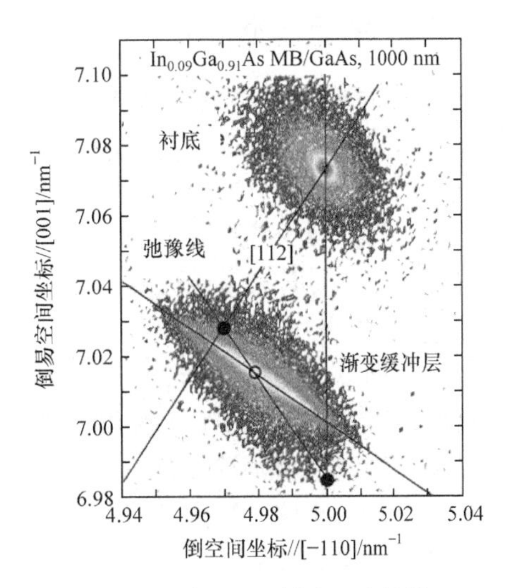

图 6-49　在 GaAs 衬底上生长的 $In_{0.09}Ga_{0.91}As$ 薄膜的倒易空间图

倒易空间图也能用来观察界面应变诱导的结构变化。图 6-50 显示了在 TiO_2 衬底上生长的不同厚度的 VO_2 薄膜(112)晶面的倒易空间图。从图中可以明显地看到界面应变。对于最薄的 VO_2 样品，如图 6-50(a)所示，其衍射峰相对于 TiO_2 的(112)面的衍射峰在垂直方向上没有改变，说明此 VO_2 薄膜处于完全应变的状态，VO_2 的面内晶格常数与 TiO_2 衬底相同。沿法线方向上非常宽的衍射峰表明了薄膜与衬底间存在高应变界面。随着薄膜增厚，VO_2(112)晶面的衍射斑点开始变得更尖锐，且偏离衬底的衍射斑点，说明界面的应变逐渐弛豫。当薄膜足够厚时，界面的应变已被完全释放，薄膜处于完全弛豫状态。

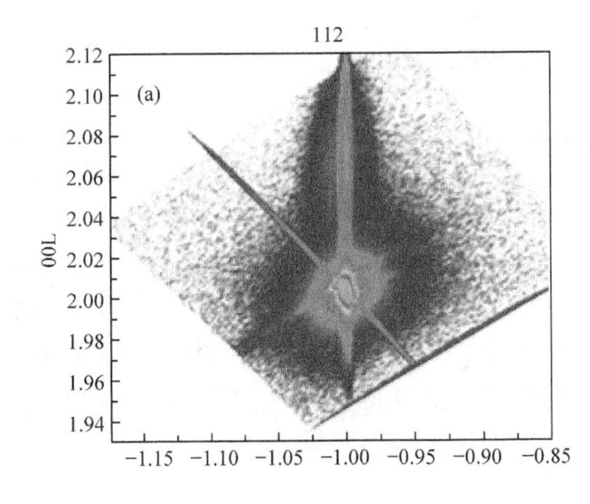

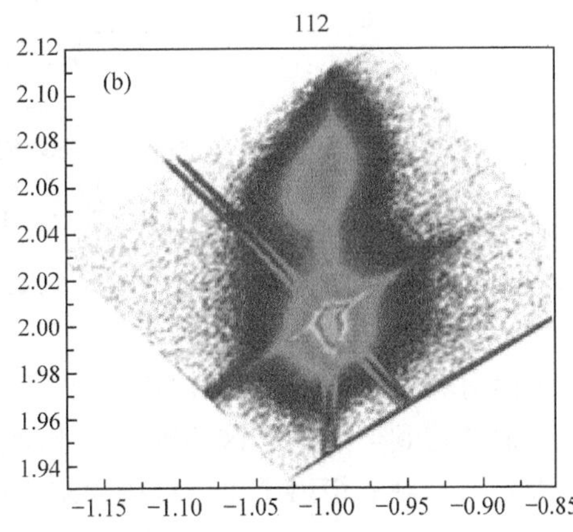

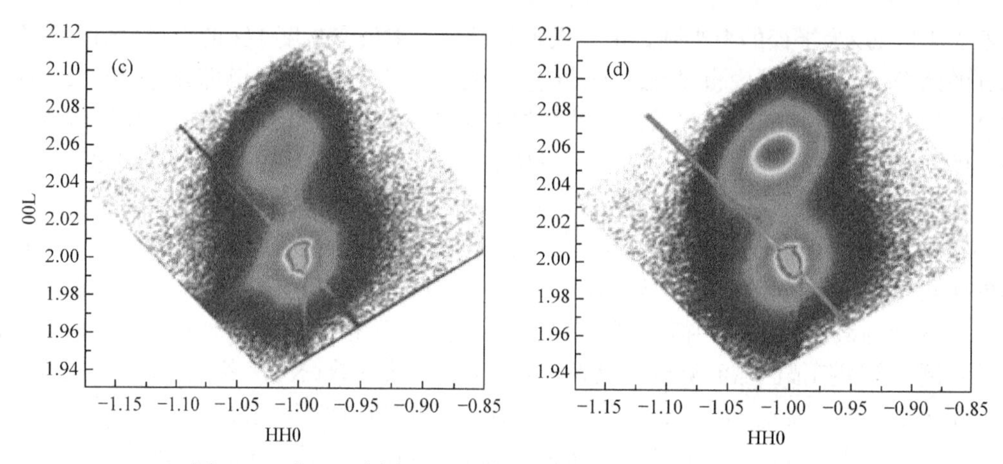

图 6-50　在 TiO_2 衬底上生长的不同厚度的 VO_2 的倒易空间图

(a) 1.6 nm；(b) 16.6 nm；(c) 24.2 nm；(d) 74 nm

6.3.6　掠入射 X 射线衍射

在常规粉末衍射中，X 射线的有效穿透深度可达微米级。对薄膜样品而言，X 射线能穿透薄膜照射到衬底上，从而在衍射谱上同时出现薄膜与衬底的衍射峰。对于衬底衍射峰位与薄膜衍射峰位没有重叠的情况，问题还不算严重，依然能够对薄膜进行物相分析。但是如果衬底的衍射峰与薄膜有重叠，那么薄膜的衍射信号就会被衬底的信号掩盖。为了增强薄膜的衍射信号，同时减弱衬底的影响，通常采用掠入射 X 射线衍射(GIXRD)的方法对薄膜样品进行测量。

如图 6-51 所示，掠入射 X 射线衍射通常采用固定一个很小的 X 射线掠入射角，而探测器做 2θ 扫描。由于入射角仅略大于全反射角，因此 X 射线在薄膜中的穿透深度很小，仅为纳米级，可消除衬底的影响。同时由于入射角很小，X 射线照射在样品上的面积非常大，使表面的信号增强几个数量级。入射 X 射线应为平行光。若采用聚焦几何会导致衍射峰发生偏移。

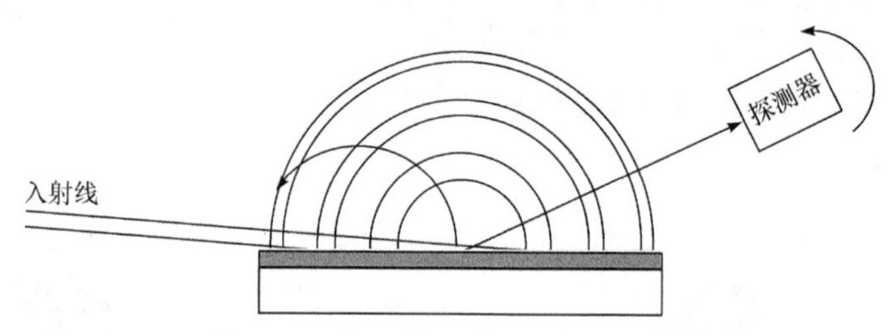

图 6-51　掠入射 X 射线衍射示意图

对于多晶薄膜，由于晶粒的随机排布，其在衍射面上形成衍射环，如图 6-51 所示。在掠入射几何中，由于 X 射线入射线角度是固定的，仅探测器在转动，因此散射线在衍射面上的轨迹近似为一个半径为 $1/\lambda$ 的半圆，起点位于倒易空间原点处。在探测器转动过程中，散射线依次经过衍射环，由此形成衍射谱。虽然在 θ-2θ 粉末衍射中，散射线是沿样品的法线方向扫描经过衍射环得到衍射谱。这两种衍射谱所获得的峰位信息是一样的，都符合布拉格公式。因此，掠入射得到的衍射谱也可以用粉末衍射的方法进行物相分析。但是掠入射衍射由于入射角很小，其衍射谱反映的是样品表面的信息，通过改变入射角能获得试样不同深度的物相结构。

图 6-52 给出一个利用掠入射的方法研究薄膜组分随深度变化的例子。$Cu(In,Ga)(S,Se)_2$ 是一种太阳能电池材料。通过改变合金中 In：Ga 比例与 S：Se 比例可以调节材料的带隙与晶格常数。本例为共溅射法制备的 $Cu(In,Ga)(S,Se)_2$ 薄膜样品，制备过程中仅改变 S：Se 流量比，其他制备参数保持不变。利用不同的入射角度测量该样品的(112)晶面的掠入射衍射谱可以发现，在入射角度为 0.3°时仅有 $2\theta = 27.5°$的衍射峰，表明薄膜表面为富 S 成分的合金。随着入射角度的增加，一个低角度的 $2\theta = 27.2°$的衍射峰逐渐出现，表明在薄膜的深部 S 含量逐渐降低。

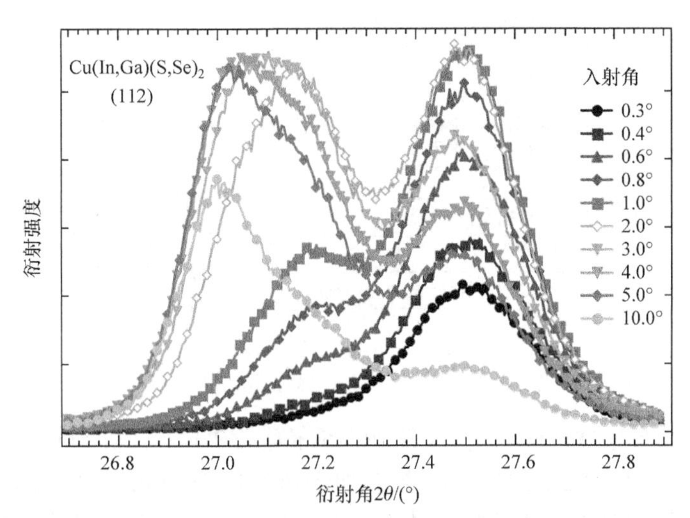

图 6-52　$Cu(In, Ga)(S, Se)_2$ 薄膜的(112)晶面衍射峰随入射角度的变化

6.3.7　单晶衍射及结构解析

单晶是指晶体内部微粒在三维空间呈有规律地、周期性地排列，或者说晶体的整体在三维方向上由同一空间格子构成，整个晶体中质点在空间的排列为长程有序。单晶具有以下特征：均一性(晶体的各个部位宏观性质相同)、各向异性(晶体在不同的方向上具有不同的物理性质)、自限性(晶体能自发地形成规则的几何外形)、对称性(晶体在某些方向上的物理化学性质完全相同)、具有固定的熔点(内能最小)、对 X 射线有衍射，类似于光栅的作用。单晶衍射不同于多晶和非晶材料，在单晶的倒易点阵与特征 X 射线对应的埃瓦尔德球(图 6-14)相交的概率很小，所以在单晶衍射中一般使用连续 X 射线或者旋转晶体来增加倒易点阵与埃瓦尔德球相交的概率，从而获得足够量的衍射斑点，进行单晶结构的解析。

单晶衍射方法早期采用照相法，如使用连续 X 射线照射的劳厄法，特征 X 射线的回摆法、韦森堡法和旋进法，然而照相法所得结构的准确性较差，且衍射数据的收集时间长，直到 1970 年，计算机控制的四圆衍射仪的出现，实现了 X 射线衍射实验技术质的飞跃。单晶结构解析早期是采用模型法和帕特森法(Patterson method)，20 世纪 40 年代发展了直接法(direct method)。单晶衍射理论、方法和仪器的发展为单晶结构分析奠定了基础。

单晶结构分析方法可以精确定位固态化合物中原子的空间位置，获得包括原子的连接方式、分子构型、原子间准确的键长和键角等结构信息，广泛应用于对新合成未知人工晶体结构的确定、天然产物绝对构型、蛋白质等分子结构的确定。图 6-53 概述了单晶结构分析的过程。单晶结构解析和精修目前广泛使用的软件有 SHELXTL、OLEX、WinGX、CRYSTAL。下面以化合物$[Cd(tzphtpy)_2]_n \cdot 6.5nH_2O$为例具体阐述单晶结构分析的过程。

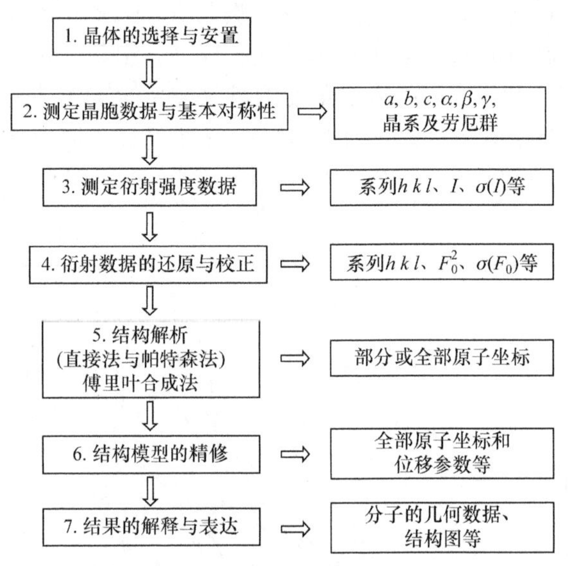

图 6-53　单晶结构分析步骤

晶胞参数：a，b，c，α，β，γ；晶面指标和衍射指标：$h\,k\,l$；衍射强度：I；系统偏差：σ；结构因子：F

$[Cd(tzphtpy)_2]_n \cdot 6.5nH_2O$[Htzphtpy = (4-四氮唑-5-苯基)-2,2′:6′2″三联吡啶]是通过$CdBr_2 \cdot 4H_2O$、Htzphtpy、NaOH 以 1∶1∶2 的物质的量比，加入到含有 7.0 mL 离子水的聚四氟乙烯衬里的不锈钢反应釜中，通过 140℃水热反应获得的黄色块状晶体。挑选晶体尺寸为 0.45 mm × 0.37 mm × 0.21 mm、光学显微镜下无裂缝等缺陷的单晶，安置在 Rigaku Saturn-724 CCD 四圆衍射仪上，在常温下，采用 Mo K_α 光源进行数据收集和指标化，获得晶胞参数如下：

$$a = 28.831(8)\ \text{Å};\ b = 17.947(4)\ \text{Å};\ c = 19.693(5)\ \text{Å}$$

$$\alpha = \gamma = 90°;\ \beta = 112.991(4)°;\ V = 9380(4)\ \text{Å}^3$$

在$\theta \leqslant 25°$收集数据，共得到 10650 个衍射点，独立衍射点 10650 个，其中强点 9512 个$[I \geqslant 2\sigma(I)]$，数据经还原和吸收校正，系统消光规律显示该晶体属于 C 格子，具有 c 滑移面，在 $C2/c$ 空间群下，使用直接法对结构进行解析，最后精修结果为 $R_1 = 0.0544[I \geqslant 2\sigma(I)]$，$wR_2$ = 0.1688 $\{R_1 = \sum \| F_o | - | F_c \| / \sum | F_o |$，$wR_2 = \left[\sum w(F_o^2 - F_c^2)^2 / \sum w(F_o^2)^2\right]^{1/2}\}$。

通过结构解析和精修得到的结构结果描述如下：化合物$[Cd(tzphtpy)_2]_n \cdot 6.5nH_2O$在其不对称单元中含有一个晶体学不对称的 Cd 原子、两个 tzphtpy 基团和 6.5 个客体水分子[图 6-54(a)]，Cd 原子处于扭曲的四面体配位几何构型中($\tau_4 = 0.76$)，tzphtpy 基团利用两个 N 原子(一个来自四氮唑，另一个来自三联吡啶)与两个 Cd 配位形成 1D 项链般的链状结构[图 6-54(b)]，1D 链间通过分子间 π-π 相互作用形成 3D 超分子框架结构[图 6-54(c)]，PLATON 计算表明孔隙率为 10%左右，两个孔的平均直径分别约为 8.0 Å 和 2.0 Å[图 6-54(d)]。

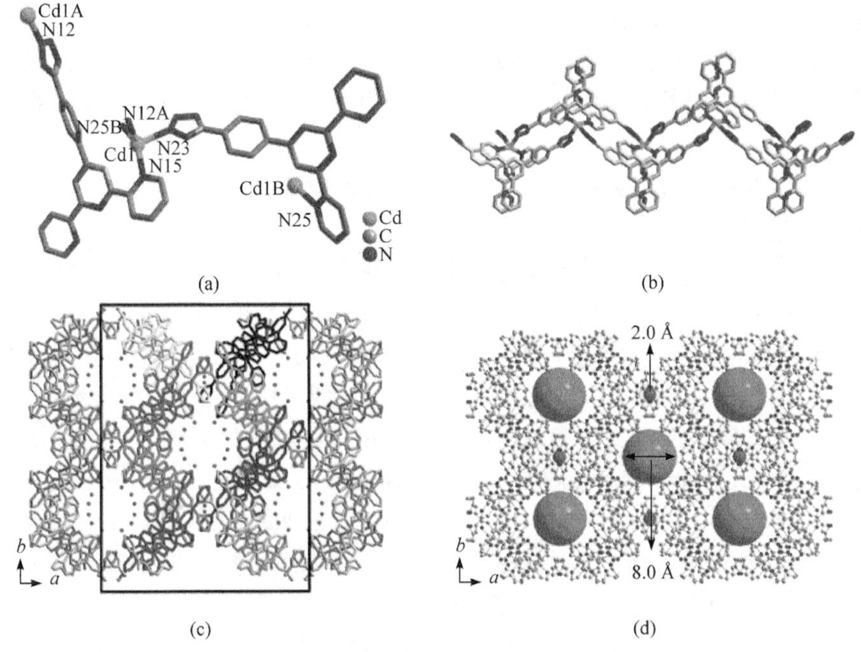

图 6-54　化合物$[Cd(tzphtpy)_2]_n \cdot 6.5nH_2O$

(a) 配位环境图；(b) 1D 链状结构；(c) 3D 超分子框架；(d) 结构中两种不同大小的孔

6.4　Rietveld 结构精修

6.4.1　Rietveld 结构精修的基本原理

6.3 节已经介绍过，利用粉末 X 射线衍射谱，通过检索、对比数据库能够定性地确定试样中的物相种类，通过分析衍射峰的峰形、半高宽等可以得到晶粒尺寸、微观结构、缺陷密度、织构等信息。对于多相混合、非化学计量比、晶格扭曲的试样，采用定量分析的方法可分析各组分的含量、原子比例、晶格畸变结构等信息。定量相分析的基础是粉末 X 射线衍射的理论强度公式：

$$I = \frac{I_0 \lambda^3}{32\pi R V_0^2}\left(\frac{e^2}{mc^2}\right)^2 \frac{1+\cos^2 2\theta}{\sin^2\theta\cos\theta} F^2 P V \mathrm{e}^{-2M} A(\theta) \tag{6-31}$$

式中，I_0 为入射 X 射线强度；λ 为 X 射线波长；R 为衍射圆半径；V_0 为晶胞体积；e、m 分别为电子电荷与质量；c 为光速；θ 为布拉格角；F 为结构因子；P 为多重因子；V 为试样被 X 射线照射的体积；$A(\theta)$为吸收因子；e^{-2M} 为温度因子。

全谱拟合方法以粉末 X 射线衍射的理论强度公式(6-31)为基础，通过构建晶体结构模型结合峰形函数计算出理论衍射谱，将理论谱与实测衍射谱进行对比，调整晶体结构参数和峰形参数，采用最小二乘法使理论谱与实验谱之间的差别降到最小，从而得到晶体结构参数与峰形参数等数据进行定量分析。因为在拟合过程中不是只参考了少数几个衍射峰，而是对整个大范围衍射角的衍射峰进行拟合，且引入了对峰形的分析，因此这种方法称为全谱拟合。

对于单相物质，式(6-31)能计算出该物相的各衍射峰的相对强度。对于多个物相混合的试样，原则上衍射峰的强度由各物相的衍射峰的强度叠加而成。然而，实际情况要复杂得多。

衍射谱还受到很多实验因素的影响，包括试样的择优取向性、各组分对 X 射线的吸收特性、样品的厚度、试样中颗粒的尺寸效应、试样中的缺陷与微观应变、衍射仪的光路、X 射线束的发散特性、量角仪的误差等。例如，在两组分混合的试样中，其中一个组分的颗粒尺寸比另一组分大得多，该组分对应的衍射峰强度会比另一组分高，甚至在含量偏低的情况下也会如此。这是因为小颗粒的物相受到颗粒尺寸细化导致衍射峰宽化。

为了进一步利用 X 射线衍射谱深入研究物相的特征，近年来已经发展出全谱拟合方法对试样的物相进行定量分析。该方法不仅能确定试样中各组分的含量，还能对物相的晶体结构进行精修，分析晶粒的尺寸、微观应变、原子占据态、晶格畸变等。

根据布拉格公式和式(6-31)可以得到晶体的衍射峰位与相对强度。然而衍射峰的峰形与实验参数、衍射光路等相关，很难从理论上计算出来，一般采用经验的方法设定一个峰形函数，通过调整峰形函数的参数使其与实测衍射峰的峰形相符。最常见的峰形函数就是高斯函数，一条对称的钟形曲线，见图 6-55 中虚线。但是高斯曲线的峰顶处太宽、峰尾处太窄，不太符合 X 射线衍射峰的峰形。另一个常见的峰形曲线是洛伦兹曲线，见图 6-55 中点虚线，峰尾处又过宽，也与实测谱不符。为了能对峰形进行调整，将高斯函数与洛伦兹函数进行卷积得到 Voigt 函数，见图 6-55 中实线。Voigt 函数的峰尾宽度位于高斯曲线与洛伦兹曲线之间，可通过参数进行调整，因此该峰形函数能对实测衍射峰的峰形较好地拟合。因为卷积计算量较大，后来人们又提出了 Pearson Ⅶ函数和 Pseudo-Voigt 函数。基本思路与 Voigt 函数类似，将高斯函数与洛伦兹函数进行组合，只是组合的方式不同，主要是为了减少计算量。另外，由于 X 射线的轴向发散会导致衍射峰不对称，在低角度侧更宽。为了拟合非对称的衍射峰，近年来又出现了各种峰形函数，旨在修正衍射峰的不对称性。在实际工作中，应根据实测衍射谱的峰形选择较为合适的峰形函数。

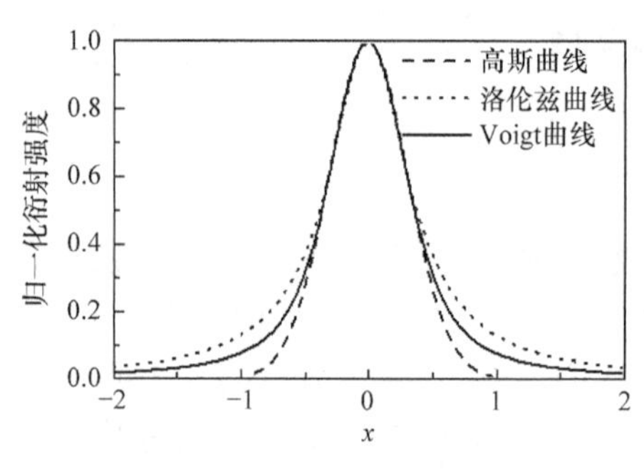

图 6-55　高斯曲线、洛伦兹曲线与 Voigt 曲线形状对比

对于每个衍射峰,除峰位外还有一个关键参数就是半高宽 β_k。一般衍射谱中各个衍射峰的半高宽 β_k 并不相同，通常随衍射角 θ 增大而增大。通常用式(6-32)来描述这种变化关系：

$$\beta_k = U\tan^2\theta_k + V\tan\theta_k + W \tag{6-32}$$

式中，U、V、W 为需要精修的经验参数。有人认为式(6-32)仅适用于高斯函数，对于洛伦兹函数需要用下式来表示：

$$\beta_{kL} = X\tan\theta_k + Y/\cos\theta_k \tag{6-33}$$

式中，X、Y 也是需要精修的经验参数。对于采用由高斯函数和洛伦兹函数复合形成的峰形函数，如 Voigt 函数，可以针对高斯函数部分和洛伦兹函数部分分别采用不同的峰宽函数。

在 X 射线衍射谱中除衍射峰外还有背景噪声。背景来自于样品荧光、非相关散射、空气散射、探测器噪声、晶格热运动导致的漫反射等。一般这类漫反射造成的背景随 2θ 平滑变化可以用低阶多项式进行拟合，以便在结构精修时进行扣除。

$$Y_{ib} = \sum_{i=0}^{N} B_i\left(2\theta - 90^\circ\right)^i \tag{6-34}$$

还有一类本底是由非晶成分引起的一个非常宽泛的衍射峰，如图 6-39 所示。这是由非晶成分中的短程有序决定的，可用短程相互作用的干涉函数来表征。在做结构精修之前需要将这个非晶峰扣除，以便正确处理结晶相。一般而言，做结构精修的试样应尽量避免非晶成分。

在设定峰形函数、半高宽和本底函数后就能计算出整个衍射谱。整个衍射谱是由各个衍射峰的强度分布叠加而成的。

$$Y_{ic} = Y_{ib} + \sum Y_{ik} \tag{6-35}$$

然后将计算出的衍射谱与实验测得的衍射谱用最小二乘法进行拟合，即使两者之差的平方和 M 最小。

$$M = \sum_i W_i \left(Y_{im} - Y_{ic}\right)^2 \tag{6-36}$$

式中，$W_i = 1/Y_i$ 为权重因子；Y_{im} 为实测的衍射谱强度；Y_{ic} 为根据晶体模型计算出的衍射谱强度。

为了评估全谱拟合结果的质量，判别精修参数是否合理，人们提出了一些判别因子，即 R 因子。常用的 R 因子包括

评估因子(profile factor)：

$$R_{\mathrm{p}} = 100\frac{\sum_i \left|Y_{im} - Y_{ic}\right|}{\sum_i Y_{im}} \tag{6-37}$$

加权评估因子(weighted profile factor)：

$$R_{\mathrm{wp}} = 100\left[\frac{\sum_i W_i \left(Y_{im} - Y_{ic}\right)^2}{\sum_i W_i Y_{im}^2}\right]^{1/2} \tag{6-38}$$

期望加权评估因子(expected weighted profile factor)：

$$R_{\exp} = 100\left[\frac{n-p}{\sum_i W_i Y_{im}^2}\right]^{1/2} \tag{6-39}$$

拟合优度(goodness of fit indicator)：

$$S = \frac{R_{\mathrm{wp}}}{R_{\exp}} \tag{6-40}$$

约化卡方值(reduced chi-square)：

$$\chi^2 = \left(\frac{R_{\mathrm{wp}}}{R_{\exp}}\right)^2 \tag{6-41}$$

这些 R 因子反映的拟合过程中的侧重点不一样。其中，R_{wp} 最能直接反映拟合的优劣。精修过程中通过监控 R_{wp} 的变化能指示精修的方向。但 R_{wp} 也受到衍射谱中每个角度上实测强度和本底函数质量的严重影响。S 为 R_{wp} 与其期望值 $R_{\exp}$ 的比，因此可作为判断拟合质量的依据。S 接近 1 说明拟合质量较高，S 大于 1.5 说明结构模型与实际不符。在结构精修过程中不能仅凭单一的指标判断拟合结果的优劣，应对拟合参数的合理性综合分析、判断。

6.4.2 Rietveld 结构精修的策略与步骤

要进行 Rietveld 精修，首先需要获得高质量的 X 射线衍射谱。从评估拟合质量的 R 因子

可以看出，衍射峰的信噪比越高、峰位越准确、仪器造成的衍射峰展宽和畸变越小就越能获得较高的拟合质量。一般而言，用作 Rietveld 精修的 X 射线衍射谱的主衍射峰的强度应在 5000 计数值以上，衍射谱的 2θ 范围应尽可能大。虽然在定性分析中很少运用到高指数晶面，但是高衍射角的高指数晶胞的衍射峰对于提高精修的质量非常重要。6.7.1 小节中已指出，衍射角越高，通过衍射峰计算出的晶格常数的误差越小。在固定狭缝测试中，高角度衍射峰的强度较低，可采用可变狭缝测试。绝大部分 Rietveld 精修软件都能处理可变狭缝测试的数据。

其次，应建立一个合理的晶格模型。对于一个完全未知的 X 射线衍射谱是无法进行 Rietveld 精修的。应对衍射谱进行定性分析，鉴定出试样中的物相组分。根据这些物相组分选用对应的晶格模型。对于有些试样是经过掺杂的，如 $PbZr_xTi_{1-x}O_3$ 陶瓷，往往没有现成的晶格结构模型。这时应以结构相近的晶格模型为基础，如 $PbTiO_3$，通过修改晶格常数、原子比例等建立一个近似的晶格结构模型。这里最关键的参数就是晶格常数，因为其与衍射峰位一一对应，如果初始晶格常数与试样差别过大会导致计算谱的衍射峰位与实测谱偏离太远，此时无法通过计算机拟合得到合理的结果，应手动修改晶格常数使其基本符合实测谱。

接下来设置峰形函数、本底函数、精修过程参数后就可以进行初步精修了。最初的精修主要是为了对齐衍射峰位与强度，以及扣除本底。需要注意的是，由于精修参数众多，不宜一次拟合过多参数，容易造成拟合过程不收敛。应对参数分组逐一拟合。而且拟合过程中需要对参数进行多次拟合，一般不会初次拟合就得到很好的拟合质量。若初次拟合中，强峰峰位能基本符合、计算得到的峰强与实测衍射谱的峰强基本符合，则可以对其他参数进行精修。若峰位相差太大，会导致计算得到的峰强过小，此时应尝试手动调整晶格常数，使衍射峰位基本吻合。

接下来应对本底函数做一次拟合，可与峰强参数同时拟合。若本底没有非晶峰，采用多项式拟合就能得到比较好的精度。

然后应对零点偏差进行拟合。一般而言，衍射仪或多或少都存在零点偏差，而且试样的制样过程也会导致衍射峰的偏移。零点偏差仅使所有的衍射峰向同一个方向偏移相同的角度，因此可将零点偏差与晶格常数一起进行拟合。此时拟合得到的晶格常数已经较为准确。最后可以将衍射峰强度、本底函数、温度因子等再一次进行精修。

精修过程中应仔细观察衍射峰的相对强度变化。若计算谱的相对强度与实测谱相差太大，说明有择优取向或原子占据态或比例有偏差。应根据试样的实际情况判断偏差出现的原因。如果是掺杂造成的，则应优先对原子占据态或原子比例进行精修。

在精修过程中需注意参数间的关联。可通过关联矩阵确定待精修的参数间的关联程度。相关度较大的参数间会出现较大的偏移，而且这些参数间是相互补偿的，容易引起精修的发散甚至失败。需要找出关联参数并去掉。若本底多项式的各参数、热参数与原子占据态参数、峰形参数等比较容易出现关联情况，需在精修过程中谨慎处理。

Rietveld 精修是为了获得合理的物理化学结果。如果仅仅为了提高拟合程度而对晶格模型进行任意修改，则失去了其实际意义，而得到一个虚假的结果。因此，在精修过程中应不断检查众多参数的含义。对于不合理的参数需进行修正。在精修过程达到相应的目的后，如获得晶格常数、物相组分、晶格结构、原子比例等性质，精修过程就可以终止了。

6.4.3　Rietveld 结构精修典型应用实例

目前 Rietveld 结构精修已在许多材料晶体结构定量分析中得到了广泛的应用。这里首先以不同相二氧化钛的定量分析为例，讨论 Rietveld 精修在定量相分析中的作用。二氧化钛 TiO_2 常温下有两个相：金红石(rutile)相和锐钛矿(anatase)相，都是四方结构，如图 6-56(a)、(b)所示。在合成制备 TiO_2 的过程中往往难以得到纯相 TiO_2，一般都会有杂相存在。以某商业 TiO_2 粉体为例，采用步长为 0.008°、每步扫描时间为 10 s 的测试条件从 10°到 100°采集 X 射线衍射谱，如图 6-56(c)所示。对衍射谱定性相分析发现，该试样由锐钛矿相与金红石相 TiO_2 混合而成。采用 ICSD 数据库中 TiO_2 的晶体结构作为 Rietveld 精修的初始模型对该试样的 X 射线衍射谱进行拟合，得到的 R 因子为 $R_p = 7.55\%$，$R_{wp} = 10.37\%$，$R_{exp} = 9.44\%$，$S = 1.22$。

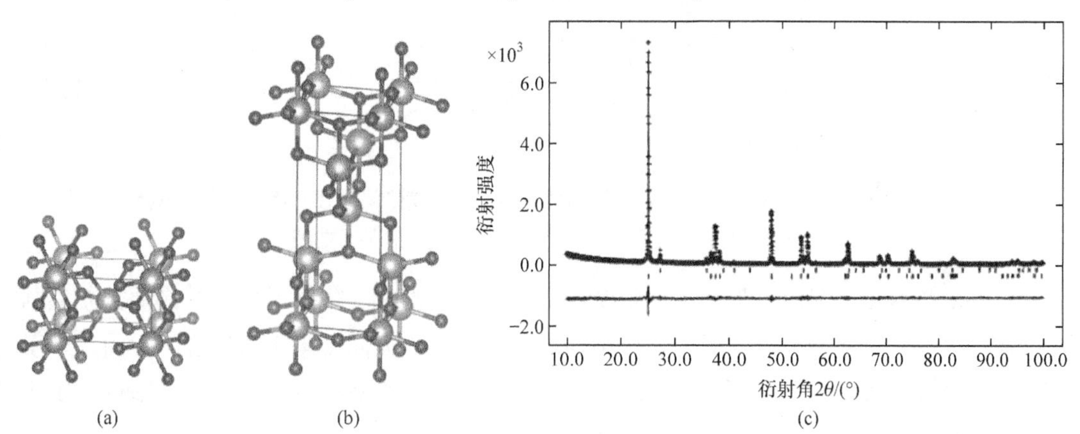

图 6-56　金红石相(a)与锐钛矿相(b)TiO_2 晶体结构；(c)商业 TiO_2 粉体的 X 射线衍射谱与 Rietveld 精修结果

从表 6-6 可以看出，该 TiO_2 粉体以锐钛矿相为主，质量分数为 95.12(1)%，而金红石相约为 4.88(11)%。同时，Rietveld 精修还得到了较为准确的晶格常数和原子坐标。其中晶格常数的拟合误差在万分之一左右，这可以用于表征热膨胀系数、晶格畸变等特性。

表 6-6　TiO_2 粉体的晶格常数与 Rietveld 精修结果

		锐钛矿相	金红石相
空间群		$I4_1/amd$	$P4_2/mnm$
a		3.78343(4)	4.58814(15)
c		9.52725(12)	2.95563(17)
Ti	x	0.000	0.0000
	y	0.2500	0.0000
	z	0.3750	0.0000
O	x	0.000	0.2992(23)
	y	0.250	0.2992(23)
	z	0.16698(14)	0.000
质量分数		95.12(1)%	4.88(11)%

为拓展材料的用途、改善材料的特性，人们通常会通过掺杂的方法改变材料的组分和晶体结构，以达到获取特定性能的目的。Rietveld 精修也可应用于掺杂体系晶格结构的研究。王好文研究了 Fe 掺杂多铁材料 $DyMnO_3$，以期通过 Fe^{3+}部分取代 Mn^{3+}抑制 Dy^{3+}的独立自旋序，

保持 Mn-Dy 交互作用带来的电极化。对不同 Fe 掺杂浓度(x = 0.0～0.1)的 $DyMn_{1-x}Fe_xO_3$ 多晶陶瓷的 X 射线衍射谱进行 Rietveld 精修，如图 6-57(a)所示，得到可靠性参数 R_{wp} 约为 4.78%，R_p 约为 3.57%。

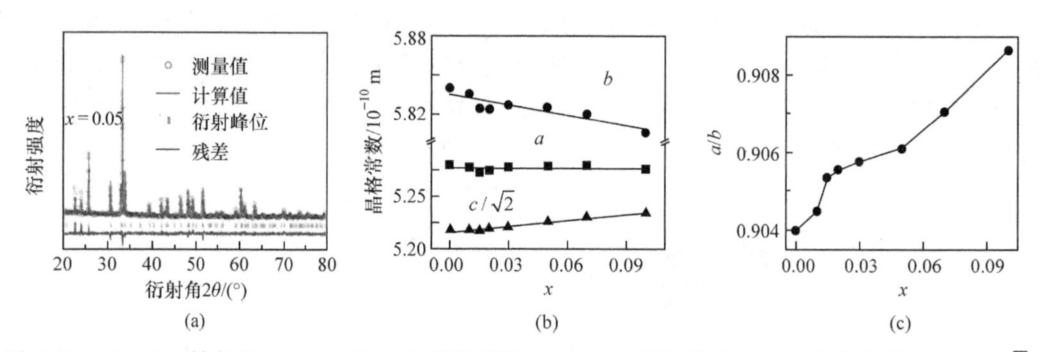

图 6-57 (a) 5%Fe 掺杂的 $DyMnO_3$ 的 X 射线衍射谱与 Rietveld 精修谱对比；(b) 晶格常数(a, b, $c/\sqrt{2}$)与 x 的关系曲线；(c) a/b 与掺杂浓度 x 的关系曲线

Rietveld 精修结果显示，随着 Fe^{3+}掺杂的增加，晶格常数 a 略微增加，晶格常数 b 急剧减小，晶格常数 $c/\sqrt{2}$ 逐渐增大。Fe^{3+}的掺杂使样品体系在 b 方向发生了压缩和 c 方向发生了拉伸变形。同时，随着 x 增加 a/b 逐渐增大，3%以内的 Fe^{3+}掺杂不对样品的晶格结构产生明显改变，但 Fe^{3+}掺杂超过 3%会降低样品的正交度(a/b)。

从上面的示例可以看出，Rietveld 精修是一种无标样、基于晶体结构计算和全粉末衍射图谱的定量相分析方法，且有显著的优点：可减少系统误差对定量结果的影响，如仪器零点，样品偏移等；在全谱图范围对背景进行校正，可更准确地确定衍射峰的强度，分析衍射峰严重重叠的复杂图谱。能对择优取向、微吸收及消光等影响强度的因素进行校正，减小择优取向对结果的影响。

6.5 X 射线反射测试原理与应用

6.5.1 X 射线反射基本原理

X 射线作为一种光波，当其照射到物质表面时也会产生折射、反射、干涉、散射等现象，如图 6-58 所示。X 射线从真空进入另一介质时的折射率略小于 1，即 $n=1-\delta$，$\delta\approx10^{-6}$。因为 $n<1$，当 X 射线以足够小的入射角 θ_i 照射到样品表面时，X 射线会在样品表面发生全反射现象。发生全反射的最大入射角称为临界角 θ_c。根据折射定律可知，发生折射时，

$$\cos\theta_i\cdot1=\cos\theta_t\cdot n=(1-\delta)\cos\theta_t \tag{6-42}$$

当发生全反射时，$\theta_t=0$，临界角满足 $\cos\theta_c=1-\delta$。因为 θ_c 很小，所以

$$\cos\theta_c=1-\frac{\theta_c^2}{2}=1-\delta \tag{6-43}$$

$$\theta_c\approx\sqrt{2\delta} \tag{6-44}$$

由计算可知，X 射线全反射的临界角 θ_c 的范围为 0.1°～1°。

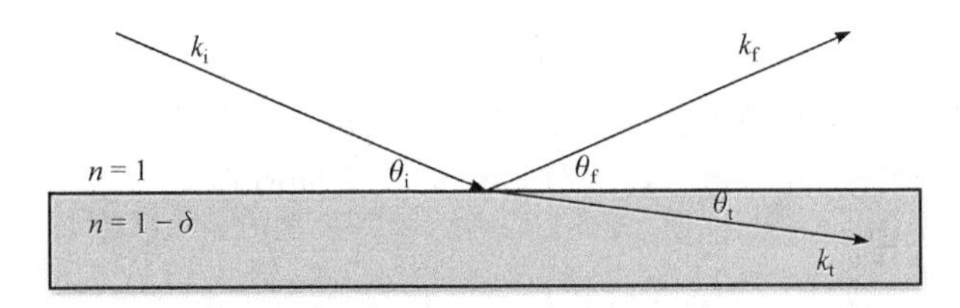

图 6-58　X 射线折射光路图

在临界角附近测得的衍射信息能够反映材料的密度、厚度、粗糙度、膜层结构等信息，如图 6-59 所示。反射曲线主要分为 3 部分：在入射角小于临界角时测得的是一个全反射平台；入射角略大于临界角时反射率大幅下降，但同时会得到试样表面薄膜引起的干涉峰；当入射角过大时，反射率降低至背景噪声相同的量级。在薄膜试样中还能观察到各种干涉峰。干涉峰的周期与薄膜的厚度成反比，干涉峰越密集，薄膜越厚。试样表面与界面的粗糙度影响反射率的衰减速率。粗糙度越大，随 2θ 角度增大反射率衰减越快。干涉峰的波峰与波谷间的差异与薄膜和衬底间的密度差异相关。密度差异越大，干涉峰的波峰与波谷间的差异也就越大。

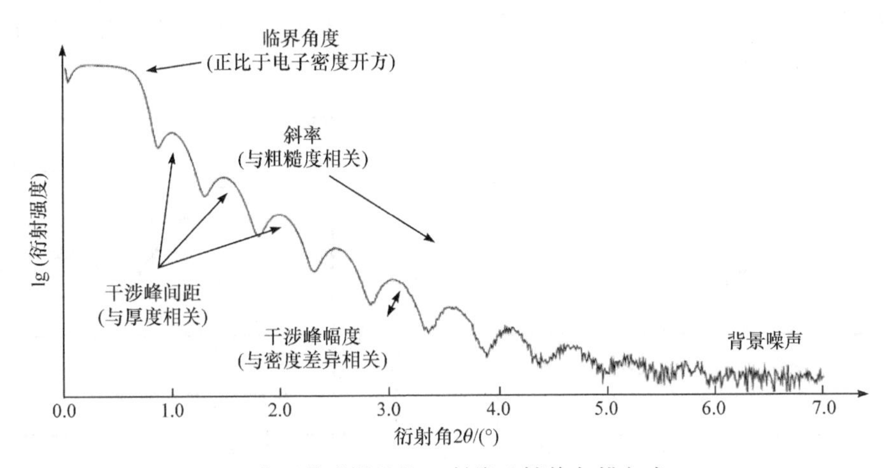

图 6-59　典型薄膜样品的 X 射线反射谱(扫描方式 2θ- ω)

实际工作中的研究对象往往是在衬底表面生长的多层薄膜系统。为了从 X 射线反射谱获取试样的信息，需要根据 X 射线在试样中每一层的折射、反射、干涉构建数学模型对 X 射线反射谱进行拟合。这个数学模型还需要考虑 X 射线的波长、光束的形状、试样表面与界面的粗糙度、试样中的成分与原子散射因子、试样的密度等因素对 X 射线反射谱的影响。然后再利用模拟退火、蒙特卡罗方法、遗传算法等数学方法实现对多变量的非线性拟合。具体的数学模型不在此赘述，有兴趣的读者可以参考相关文献。通常人们通过对试样结构进行建模，运用现成的商业软件(如 PANalytical X’Pert Reflectivity，Bruker AXS LEPTOS，Bede Refs)或开源软件(如 GenX 等)对测试得到的 X 射线衍射谱进行拟合。

6.5.2　X 射线反射测试的数据拟合方法

X 射线反射谱的测试过程与粉末衍射谱的测试类似，只是 2θ 角的范围一般为 0.1°～5°。X 射线衍射谱的纵坐标用对数表示。在对数据进行拟合之前应根据对试样的了解建立试样的结构模型，包括衬底材料、膜层数量、各膜层材料与厚度等。表面与界面的粗糙度可以先忽略，待拟合谱线与实测谱线基本吻合后再进行修正。模型建立过程中的初始参数并不是十分准确的，需要通过拟合得到准确参数。但是初始参数也十分重要，不合理的初始参数导致拟合难以收敛或经过拟合得到的某些参数十分不合理。下面以在蓝宝石衬底上生长的 SnO 薄膜为例介绍拟合的主要过程。

首先设置合适初始参数。建立薄膜结构模型后设置合理的初始参数如图 6-60 所示，在临界角约 0.5°的位置确定 X 射线强度，使根据模型计算出的全反射区的强度与实测谱基本相等。模拟谱临界角的位置可以通过调整衬底的面密度使其与实测谱基本一致。薄膜的初始面密度可与衬底的基本一致。另外需要注意的是，薄膜的初始厚度的设置应使模拟谱的干涉峰的周期与实测谱基本一致。在对 X 射线反射谱的拟合过程中 X 射线强度、面密度和膜厚这三个参数的初始值对拟合的质量和收敛速度都十分重要。可在设置好这三个参数后先做一次拟合，主要是为了初步收敛这几个参数。

在对上述参数做初步拟合后，从图 6-61 中可以看出拟合谱与实测谱基本吻合，特别是干涉周期基本一致。但是也可以看到，临界角的差异仍比较大，临界角以下的部分完全吻合。这与样品的宽度和 X 射线束的形状、宽度及 X 射线衍射仪的零点偏差相关，需要一并进行修正。可以排除临界角以下的部分，以降低误差。另外，初步拟合中没有考虑的界面和表面粗糙度等也应一并进行拟合。

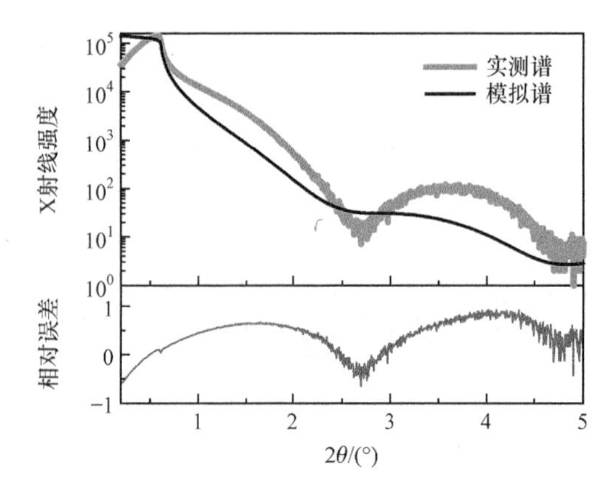

图 6-60　建立薄膜结构模型后设置合理的初始参数

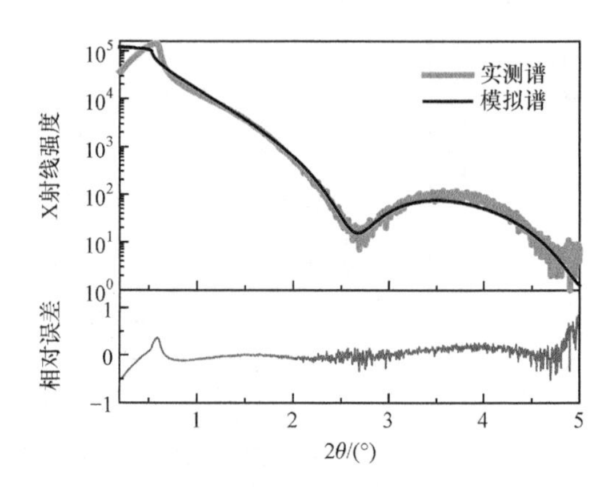

图 6-61　经过对 X 射线强度、膜厚、面密度进行初步拟合后得到的拟合谱与实测谱的对比

经过进一步的拟合、修正获得如图 6-62 所示的与实测谱几乎完全一致的模拟谱。从而能获得薄膜的厚度、表面粗糙度、材料密度等多种信息。此时可以得到膜厚为 3.9 nm。由于需要拟合的参数较多，特别是当薄膜为多层膜系统时，应将参数分开拟合、优化，分步进行。避免将所有参数同时优化，特别是当这些参数离真实值还相差甚远时。在拟合过程中引入新的参数时，应将之前已优化好的参数进行固定，单独优化新引入的参数，避免因新参数不合理引起过分的干扰。

对于多层薄膜的 X 射线反射谱，如图 6-63 所示，可以明显看到干涉峰呈现周期性变化，这是由多层膜间相互干涉引起的。通过建模、拟合，可以很准确地得到各层薄膜的厚度、粗糙度、密度等信息。由于试样对 X 射线的吸收和散射作用，X 射线反射谱一般适用于 100 nm 以下的薄膜试样。

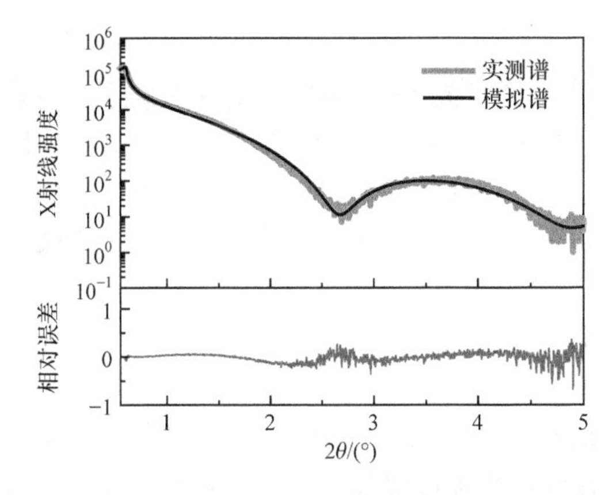

图 6-62　考虑 X 射线束形状、界面与表面粗糙度修正后的拟合谱与实测谱的对比

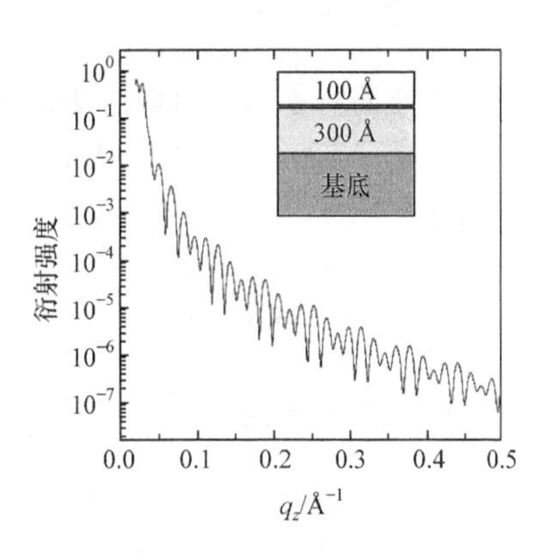

图 6-63　多层薄膜的 X 射线反射谱

6.6　小角 X 射线散射分析技术

小角 X 射线散射技术(SAXS)是采用 X 射线照射样品，利用探测器获得偏离 X 射线主光束一定角度(一般为 5°)以内的散射信号，用于分析大尺寸范围内(最大 300 nm)周期性结构信息的一项技术。其研究对象主要是纳米粒子、介孔结构、聚合物嵌段结构等。

6.6.1　SAXS 与 XRD 分析的区别

SAXS 与 XRD 的主要区别在于散射 X 射线的角度，通常将 2θ 小于 5°的测试称为 SAXS，大于 5°的测试称为 XRD。但是无论是 SAXS 还是 XRD，两种测试产生信号的本质是一样的，都来源于物质内部电子密度差，都可以使用布拉格定律解释；区别在于 SAXS 信号主要来源于材料内部 1～300 nm 的长周期结构所产生的电子密度差，偏重于宏观结构统计；而 XRD 信号则主要来源于材料中原子周期性排列所产生的晶体结构，更侧重于微观结构分析。

SAXS 的光学结构也与 XRD 有所不同，主要区别在于 SAXS 对入射 X 射线的准直度要求较高，所以 X 射线源的狭缝较细，光路较长。为了获得靠近主光路附近的散射信号，SAXS 的探测器往往距离样品较远(在 1 m 以上)，并且 SAXS 使用的探测器为二维探测器。在二维探测器上收集散射信号，之后将探测器上每个像素点的位置转化为散射角 2θ 或者散射矢量 q($q = 4\pi\sin\theta/\lambda$，其中$\lambda$为 X 射线的波长)，如图 6-64 所示。

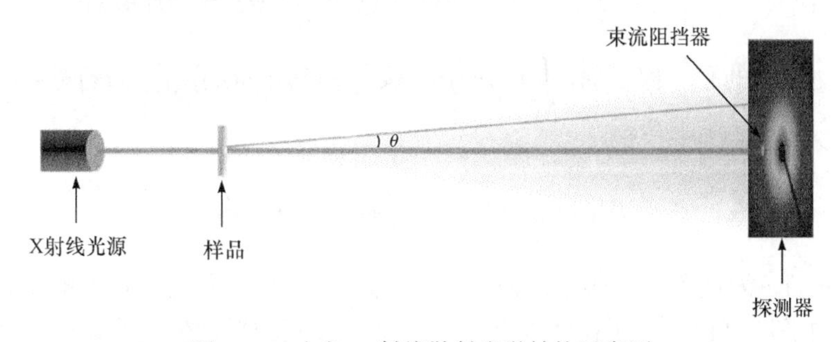

图 6-64　小角 X 射线散射光学结构示意图

6.6.2　SAXS 的应用范围

SAXS 研究的对象大致可以分为以下两大类：①测试对象是非连续相，如纳米粒子、高分子溶液、乳液等，如果粒子的形状结构是明确的，则由 SAXS 可以给出粒子尺寸上的统计信息，如高分子的几何参数、纳米粒子的粒径分布、长径比等；②测试对象是连续相，如合金材料、复合材料、结晶性聚合物等，由 SAXS 可以获取样品两相区域的尺寸和形状、长度、体积分数和比表面积等统计信息。

6.6.3　SAXS 的基本理论

在 SAXS 的测试中往往得到的是一条弥散的曲线，很少呈现类似 XRD 图谱中的特征峰，所以显示的信息并不直观，需要应用相应的散射方程对其进行拟合才能分析测试对象内部的结构信息。因此，对于拟合所使用散射方程的物理意义需要有基本认识，否则在实际应用中无法根据具体的情况进行相应的拟合参数调整。

首先给出散射振幅 $A(q)$的表达式如下：

$$A(q)=\sum_{i=1}^{N_p}\mathrm{e}^{-iqr} \tag{6-45}$$

式中，$A(q)$为体系中 N 个电子散射振幅 r 的总和。为了方便计算，假定电子在体系内部连续分布，将式(6-45)以电子密度的形式改写成积分的形式：

$$A(q)=\int_0^V \mathrm{e}^{-iqr}\rho(r)\mathrm{d}^3r \tag{6-46}$$

式中，$\rho(r)\mathrm{d}^3r$ 为单位体积内的电子数；d^3r 为微元体积 $\mathrm{d}V$。这里使用 d^3r 是因为其中的 r 值可以表示电子之间的距离，可以更准确地表达 r 的物理含义。$\rho(r)$指的是 r 处的密度，所以电子数可以由密度$\rho(r)$乘以微元体积 d^3r 得到。通过式(6-46)可以发现，散射振幅 $A(q)$为电子密度$\rho(r)$的傅里叶变换。

散射强度 $I(q)$可以看作是振幅 $A(q)$的平方，

$$\begin{aligned}I(q)=|A(q)|^2&=\left[\int_0^V \mathrm{e}^{-iqr_1}\rho(r)\mathrm{d}^3r_1\right]\cdot\left[\int_0^V \mathrm{e}^{-iqr_2}\rho(r)\mathrm{d}^3r_2\right]\\&=\int_0^V \mathrm{e}^{-iq(r_1-r_2)}\left\{\int_V\left[\rho(r_1)\rho(r_2)\right]\mathrm{d}^3r_1\right\}\mathrm{d}^3r_2\end{aligned} \tag{6-47}$$

式中，$\int_0^V\rho(r_1)\rho(r_2)\mathrm{d}^3r_1$ 为 r_1 到 r_2 处电子密度乘积的总和，将这个部分除以体积 V 就可以得到 r_1 到 r_2 处电子密度乘积的平均值，写作 $\int_0^V[\rho(r_1)\rho(r_2)]\mathrm{d}^3r_1/V=<\rho(r_1)\rho(r_2)>$ (符号$<>$含义为求平均值)。将该式代入式(6-47)中，得

$$I(q)=V\int_0^V \mathrm{e}^{-iq(r_1-r_2)}<\rho(r_1)\rho(r_2)>\mathrm{d}^3r_2 \tag{6-48}$$

式中，$<\rho(r_1)\rho(r_2)>$为这个函数所求的值，其含义是 r_1 处电子密度与 r_2 处电子密度的相关性。两处密度乘积的平均值越大说明这两处越相关，反之乘积的平均值越小说明这两处越不相关，这个值就称为 r_1 与 r_2 的相关系数，得到这个系数的函数就称为相关函数。r_1 与 r_2 之间的距离

Δr 就是相关函数的变量，$\Delta r = r_1 - r_2$。电子密度的相关函数可以写作 $\Gamma(\Delta r) = <\rho(r_1)\rho(r_2)>$。相关函数在 SAXS 中的应用十分重要，这里不再赘述，有需要的读者可阅读相关文献。式(6-48)可以改写成 $I(q)$是 $\Gamma(\Delta r)$ 的傅里叶变换：

$$I(q) = V\int_0^V \mathrm{e}^{-iq(\Delta r)}\Gamma(\Delta r)\mathrm{d}^3\Delta r \tag{6-49}$$

因为在实际的 SAXS 测试中许多样品处于溶液、空气或者另一材料等背景下，电子密度的相关函数中含有背景的电子密度$<\rho>$这一无效部分，所以扣除背景电子密度后的电子密度的涨落 $\eta(r)$才是有效部分，写作 $\eta(r) = \rho(r) - <\rho>$，因此电子密度涨落的相关方程 $\gamma(r)$ 为 $\gamma(r) = <\eta(r_1)\eta(r_2)>$。与 $\Gamma(\Delta r)$ 的关系可以写作 $\gamma(r) = \Gamma(\Delta r) - <\rho>^2$，所以式(6-49)可以写成如下形式：

$$I(q) = V\int_0^V \mathrm{e}^{-iq(\Delta r)}\left[\gamma(\Delta r) + <\rho>^2\right]\mathrm{d}^3\Delta r \tag{6-50}$$

由上式可以发现当$<\rho>^2$ 越大，$\Gamma(\Delta r)$ 越大，经过傅里叶变换后 $I(q)$越小。所以在分析数据时背景的扣除是十分重要的步骤。在扣除背景后就可以将式(6-50)中的$<\rho>^2$ 直接去掉，得

$$I(q) = V\int_0^V \mathrm{e}^{-iq(\Delta r)}\gamma(\Delta r)\mathrm{d}^3\Delta r \tag{6-51}$$

由上式可以发现散射强度 $I(q)$是电子密度涨落相关函数 $\gamma(r)$的傅里叶变换。其表示的关系是当测试体系中相距 Δr 的两处密度涨落相差越大时，相关函数越小，经过傅里叶变换后散射强度越大；反之，可以从实际测试得到的散射强度，通过傅里叶逆变换得到密度涨落的相关函数。

6.6.4　SAXS 在纳米粒子中的应用

以 6.00 nm 的金纳米粒子的散射曲线分析为例，如图 6-65 所示。在 SAXS 的发展早期 Guinier 发明的一种通过测量散射信号变化的趋势来确定回转半径的方法。Guinier 用来计算回转半径的公式就是著名的 Guinier 公式：

$$I(q) = (\Delta\rho V)^2 \exp\left(-\frac{1}{3}q^2 R_{\mathrm{g}}^2\right) \tag{6-52}$$

式中，R_{g} 为回转半径。将式(6-52)两边同时取对数可以得到如下结果：

$$\ln I(q) = \ln(\Delta\rho V)^2 - \frac{1}{3}q^2 R_{\mathrm{g}}^2 \tag{6-53}$$

这时使用 $\ln I(q)$与 q^2 作图，可以将图 6-65 变为图 6-66。

在图 6-66 中，可以得到一条斜率为$-\frac{R_{\mathrm{g}}^2}{3}$的线，通过斜率可以得到与之对应的 R_{g}，得到了粒子的 R_{g} 就可以通过不同粒子形状和回转半径的换算公式(表 6-7)，算出粒子的几何尺寸。通过 Guinier 公式计算的金粒子平均粒径为 3.78 nm。

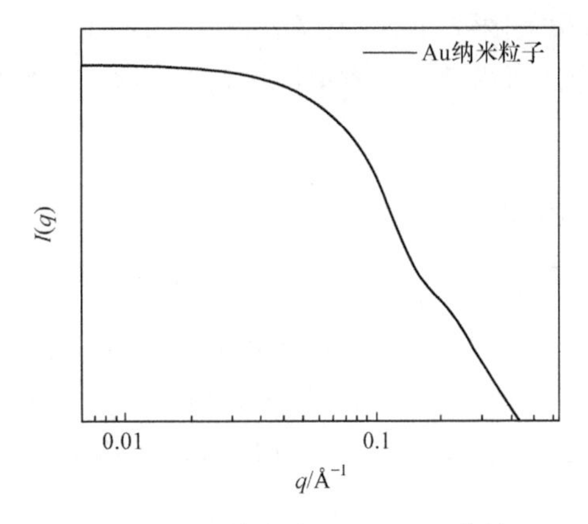

图 6-65　金纳米粒子的 SAXS 信号

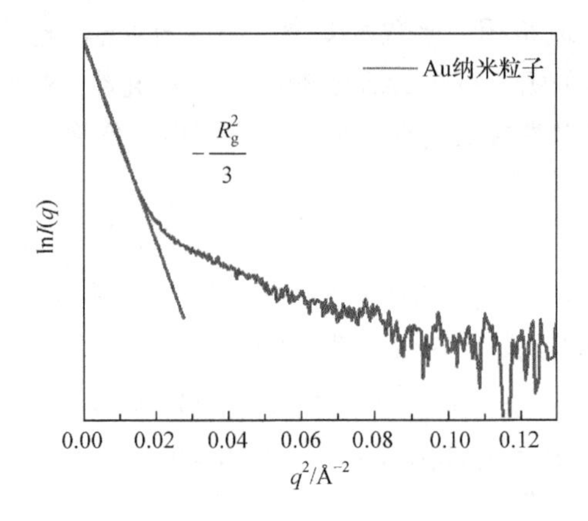

图 6-66　使用 $\ln I(q)$与 q^2 作图的散射信号

表 6-7　不同粒子几何尺寸与回转半径的换算关系

粒子形状	几何尺寸	回转半径 R_g
球	半径 R	$\left(\frac{3}{5}\right)^{\frac{1}{2}}R$
圆盘	半径 R	$\frac{R}{\sqrt{2}}$
纤维	长 $2H$	$\frac{H}{\sqrt{3}}$
圆柱体	高 $2H$，半径 R	$\left(\frac{R^2}{2}+\frac{H^2}{3}\right)^{\frac{1}{2}}$
立方体	边长 $2a$	a
长方体	长 $2a$，宽 $2b$，高 $2c$	$\left(\frac{a^2+b^2+c^2}{3}\right)^{\frac{1}{2}}$

但是这个结果与粒径 6.00 nm 并不一致，原因有可能是样品在溶液中产生了聚集，产生了结构因子干扰了 Guinier 拟合的准确性。一般改进方法是降低样品浓度，但是降低浓度会导致散射强度急剧下降。导致散射信号的噪声过大，同样会使拟合结果产生偏差。所以后来改为使用密度涨落的相关函数来计算粒径，因为范围不受限制于低 q 值区域，可以得到更准确的粒径。相关函数使用的球形拟合公式是由式(6-51)推导得出：

$$I(q)=(\Delta\rho V)^2\frac{9\left[\sin(qR)-qR\cos(qR)\right]^2}{(qR)^6} \tag{6-54}$$

式中，R 为粒子的几何半径。所以粒子的尺寸信息可以从粒子的 SAXS 信号由式(6-54)拟合，由此可以得到粒子相关的尺寸信息(图 6-67)，该纳米粒子的平均半径为 6.11 nm。这个拟合结果相较于 Guinier 公式更接近准确的结果。

通过对式(6-54)进一步分析，可以得到球形粒子散射强度与 q 的关系。式(6-54)中分子是 q 的二次方，分母是 q 的六次方，可以约去 q 的二次方。所以当粒子为球形时散射强度 $I(q)$与

q^4 成反比，记作 $I(q)\propto 1/q^4$。

棒状粒子的拟合方程如下：

$$I(q)=(\Delta\rho V)^2\frac{2}{qL}\left[Si(qL)-\frac{1-\cos(qL)}{qL}\right] \tag{6-55}$$

式中，L 为棒长度；$Si(qL)$为正弦积分函数。通过上式可以得到散射强度 $I(q)$与 q 成反比，记作 $I(q)\propto 1/q$。

盘状粒子的拟合方程如下：

$$I(q)=(\Delta\rho V)^2\frac{2}{q^2R^2}\left[1-\frac{J_1(2qR)}{qR}\right] \tag{6-56}$$

式中，R 为盘状粒子的半径；J_1 为 Bessel 函数。通过上式可以得到散射强度 $I(q)$与 q^2 成反比，记作 $I(q)\propto 1/q^2$。

由上面的式子可以得出以下结论：如果粒子是一维的，散射强度的变化趋势为 $I(q)\propto 1/q$；如果粒子是二维的，散射强度的变化趋势为 $I(q)\propto 1/q^2$；如果粒子是三维的，散射强度的变化趋势为 $I(q)\propto 1/q^4$，通过这个规律可以对粒子形状做初步的判断，如图 6-68 所示。

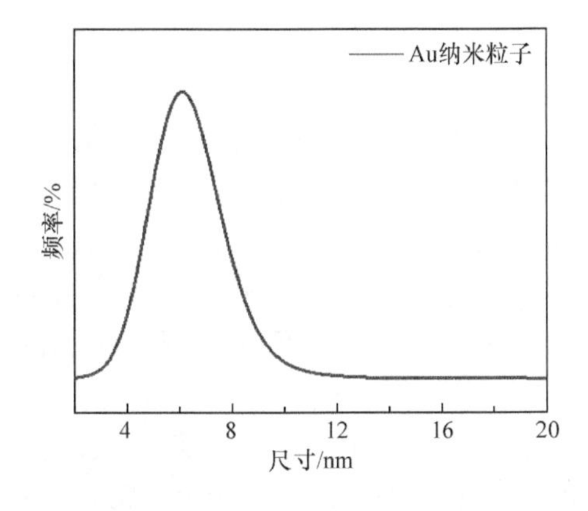

图 6-67　金纳米粒子的粒径分布

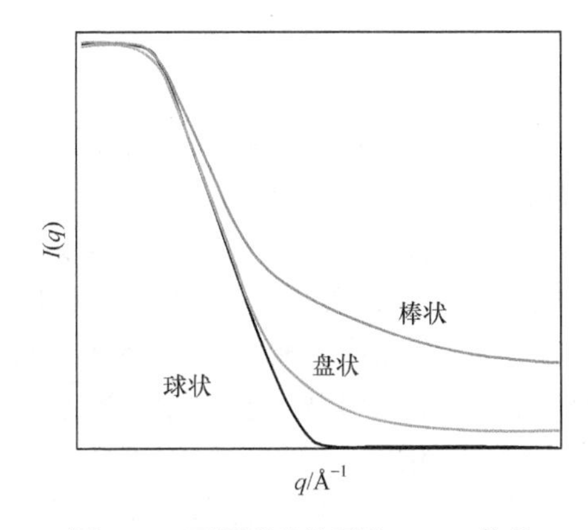

图 6-68　不同形状粒子的 SAXS 信号

6.6.5　SAXS 在聚合物结晶性能上的应用

聚合物的结晶行为是由高分子链折叠形成片晶而产生的，并且这种结晶行为在聚合物中往往呈周期性出现，所以在聚合物中同时存在结晶区域与非晶区域，如图 6-69 所示。采用 XRD 主要分析聚合物晶体的晶型、结晶度和晶体尺寸等，而 SAXS 则主要研究聚合物中结晶区域的大小、形状和长周期等。

由于聚合物中晶区与非晶区存在密度的差异，因此可以将聚合物看作是一种两相体系。图 6-70 为尼龙 11(PA11)的小角散射曲线。由图 6-70 可见，PA11 在小角范围存在一个峰，这个峰是 PA11 长周期所引起的衍射峰。根据这个峰的位置就可以通过布拉格方程直接得到聚合物的长周期。PA11 通过布拉格方程计算得到的长周期为 11.89 nm。但是长周期是一层晶区加上一层非晶区的总长度，想要得到片晶的厚度，只有再去测定该聚合物的体积结晶率。使用体积结晶率乘以长周期才能得到片晶的厚度，使用起来十分烦琐。

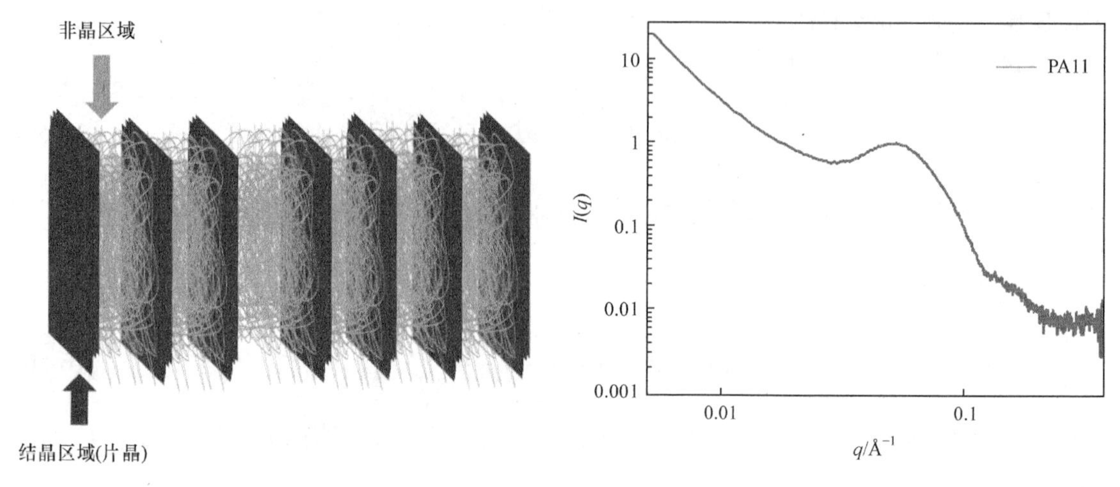

图 6-69　聚合物结晶示意图　　　　图 6-70　PA11 的 SAXS 信号

1980 年，Strobl 首先提出将聚合物简化为一维排列的形式，使用一种一维的相关方程来算聚合物的长周期，如图 6-71(a)所示。使用 SAXS 的散射信号就可以得到聚合物中结晶的所有尺寸信息。当使用一维相关函数来表述散射强度时，式(6-56)可以改写为

$$I(q)=\int_0^{\infty} q^2\cos(qz)\gamma(z)\mathrm{d}q \tag{6-57}$$

式中，因为使用一维方向的 z 取代了 r，所以 $e^{-iq(r)}$被改写为余弦函数 $\cos(qz)$。并且忽略了体积，所以没有体积 V。图 6-71(b)为聚合物中晶区与非晶区密度的涨落函数，图中 $<\rho>$ 为背景电子密度，晶区的电子密度为 $\rho_a-<\rho>$，非晶区的电子密度为 $\rho_b-<\rho>$。图 6-71(c)，为相关函数 $\gamma(z)$的函数图像。这个相关函数所表达的意思是，将不同长度的 z 放入图 6-71(b)中，长度 z 中两端的密度相乘取平均，就得到 $\gamma(z)$。所以当 z 为 0 时两端密度完全一样，$\gamma(0)$就等于密度的平方，这种状态下称为完全相关。此时，当 z 达到 d_c时，$\gamma(d_c)$为最小值，这种状态下称为完全不相关。当 $\gamma(z)$再次达到完全相关时，z 的长度恰好等于一个长周期。通过相关函数图像曲线的分析，可以反推得到密度涨落的周期规律。所以如图 6-71(c)所示，第一个峰与第二个峰之间的距离 L 为聚合物中的长周期。出现第一个最小相关值 $\gamma(z)$时的距离就是晶片厚度 d_c。知道了 $\gamma(0)$的值，又因为已知 d_c与 L，所以可以知道晶区与非晶区的密度差$\Delta\rho$，通过式子 $\gamma(0)=(\Delta\rho)^2 d_c/L$。知道了$\Delta\rho$，可以通过第一段的斜率 $\mathrm{d}\gamma(z)/\mathrm{d}z$ 获得晶片的比表面积 S/V，两者之间的换算关系为

$$\frac{\mathrm{d}\gamma(z)}{\mathrm{d}z}=-\left[\left(\frac{S}{V}/2\right)(\Delta\rho)^2\right] \tag{6-58}$$

通过这个相关函数，可以得到以下信息：①长周期的尺寸 L；②晶片厚度 d_c；③晶区与非晶区的密度差$\Delta\rho$；④晶片的比表面积 S/V。

但是实际测试中，往往得到的相关函数如图 6-72 所示，是一段逐渐平缓的曲线。这是因为 z 较远时，两点在物理意义上不具备相关性。同时实际测试得到的相关函数峰的变化没有理想曲线的锐利。这是因为聚合物的长周期的结构是不完善的，晶片与非晶区的尺寸具有分散性。但是依然可以通过作切线的方法，得到 PA11 的长周期为 9.72 nm，晶片厚度为 3.46 nm。

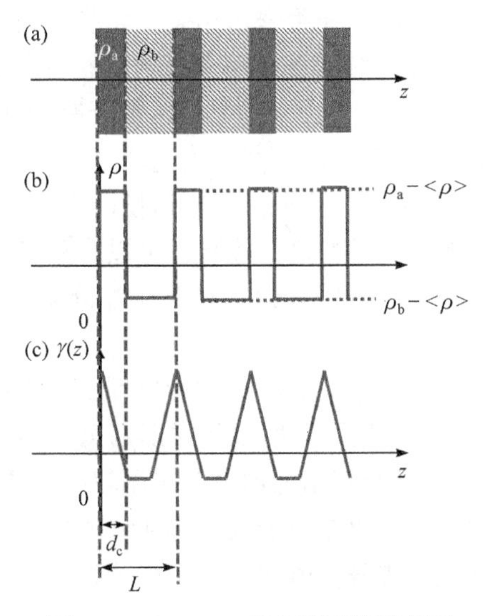

图 6-71　Strobl 一维相关函数示意图

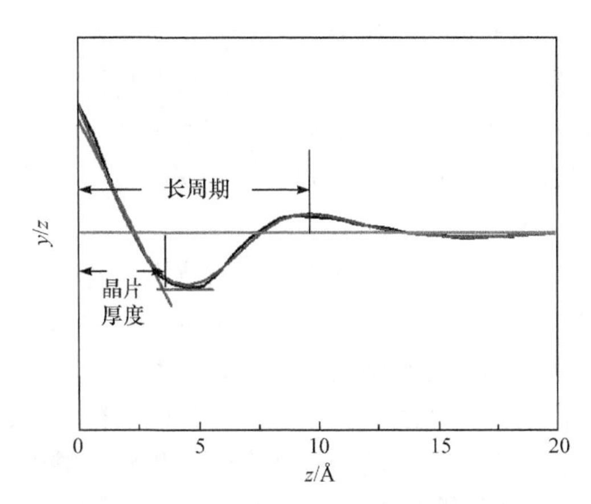

图 6-72　PA11 长周期(片晶)的相关函数

6.6.6　SAXS 其他分析方法

SAXS 除了有上文提到的经典 Guinier 理论以外还有 Porod、Debye 理论。这三种理论的区别在于分析散射曲线的区域不同。Porod 理论相较于 Guinier 理论主要拟合散射信号的高角度部分，用来描述散射强度与两相之间表面积之间的关系，可以反映散射体表面的粗糙度；Debye 理论则主要计算散射对象与对象之间的相关程度。其拟合的区域集中在散射曲线的中部，可以用于分析散射体之间的堆砌模式，三种理论适用部分如图 6-73 所示。

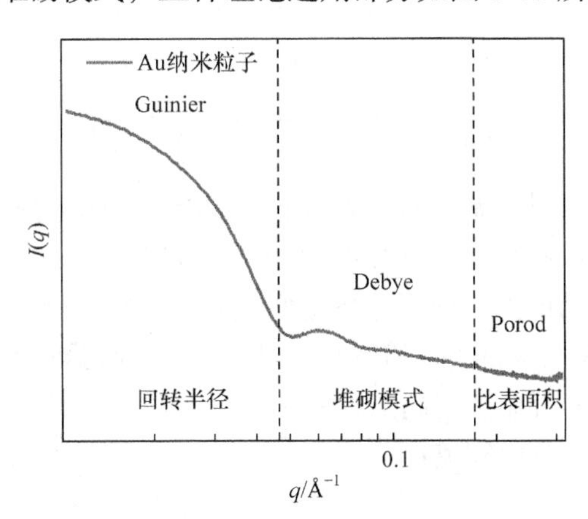

图 6-73　SAXS 曲线上各理论的适用范围

6.7　特殊应用案例

6.7.1　晶格常数测定与误差分析方法

从对晶体材料的研究中可以发现，晶体的晶格常数随晶体的成分、温度、压力等条件变化。通过精确测定晶格常数可以得到材料的组分、热膨胀系数、相图中的相界等材料信息。

从布拉格公式可以知道，X 射线衍射峰的峰位与晶体中的晶面间距密切相关，而晶面间距可由晶格常数计算，因此可以通过 X 射线衍射测定晶格常数。然而直接用常规测试的粉末衍射谱计算出来的晶格常数误差较大，往往会发现用不同衍射峰计算出来的晶格常数会有 0.01 Å 以上的差异。而通常由组分变化、热膨胀、宏观应力等引起的晶格常数的变化小于 0.01 Å。这些测试误差将微小的晶格常数变化掩盖了。导致测试误差的主要原因是衍射仪的零点误差、X 射线的发散误差、试样引起的误差等。通过对这些测试误差的进行控制，可以将晶格常数的测试误差控制在 0.0001 Å 左右，基本满足对合金组分、热膨胀系数、宏观应力等参数的测量需求。

对于粉末样品的晶格常数测定，建议采用全谱拟合的方法(见 6.4 节)进行处理。因为在全谱拟合过程中考虑了仪器因素对衍射线线形的影响，充分利用了衍射峰的线形信息，因此通常能得到较为准确的晶格常数。为获得较好的定量结果，在收集衍射谱时应采用较小的狭缝、较慢的扫描速度，获得足够高强度的衍射峰，测试的衍射角 2θ 尽可能大。小狭缝能尽量减小仪器误差。较慢的扫描速度能收集到足够的 X 射线计数、提高信噪比、减小积分误差。大衍射角 2θ 有利于减小晶格常数的拟合误差。

对于单晶块体材料或单晶薄膜样品，通常难以同时获得所有晶面的衍射峰，不能通过全谱拟合的方法定量分析晶格常数。往往需要利用少数几个衍射峰来计算晶格常数。此时首先应消除衍射仪的零点误差 $\Delta\theta_0$，其会导致衍射谱整体偏移 $\Delta\theta_0$。可以利用同一晶面的不同级数的衍射峰来计算仪器的零点误差 $\Delta\theta_0$，从而获得准确的衍射角 2θ。根据布拉格公式：

$$2d\sin\left(\theta_i+\Delta\theta_0\right)=n_i\lambda \tag{6-59}$$

式中，d 为晶面间距；θ_i 为对应晶面的实测衍射角；n_i 为衍射级数。对于同一晶面的不同衍射级数，有

$$2d=\frac{n_1\lambda}{\sin\left(\theta_1+\Delta\theta_0\right)}=\frac{n_2\lambda}{\sin\left(\theta_2+\Delta\theta_0\right)}=\frac{n_i\lambda}{\sin\left(\theta_i+\Delta\theta_0\right)} \tag{6-60}$$

只要衍射谱上同时出现同一晶面的多级衍射峰就能计算出衍射仪的零点误差 $\Delta\theta_0$。

图 6-74 为生长在 GaAs 衬底上的 c-GaN 薄膜的衍射谱。从这个衍射谱上可以看到同时出现了 GaAs 的(002)和(004)晶面的衍射峰。将它们代入式(6-60)计算出衍射仪的零点误差 $\Delta\theta_0=0.004°$，从而可以对 GaN(002)晶面的衍射峰位进行修正，获得更为精确的晶格常数。

在测定晶格常数时应尽可能选用高角度的衍射峰。假设衍射角 θ 的测量误差为$\Delta\theta$，根据布拉格公式和晶面间距公式可以知道：

$$\Delta d=-\frac{1}{2}n\lambda\cot\theta\csc\theta\Delta\theta \tag{6-61}$$

$$\frac{\Delta a}{a}\propto\frac{\Delta d}{d}\propto\cot\theta\left|\Delta\theta\right| \tag{6-62}$$

如图 6-75 所示，衍射角$\theta=90°$时，$\Delta a/a=0$。此时，衍射角测量误差引起的晶格常数的误差为 0。实际测量中$\theta=90°$的衍射峰是得不到的，但可以通过选用尽可能靠近 90°的衍射峰，使$\theta>60°$区域的衍射峰尽可能多，这样有利于减小测量误差。

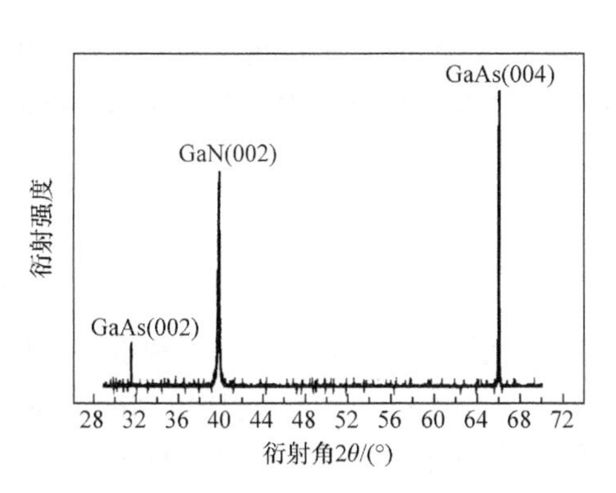

图 6-74　生长在 GaAs 衬底上的 c-GaN 薄膜的衍射谱

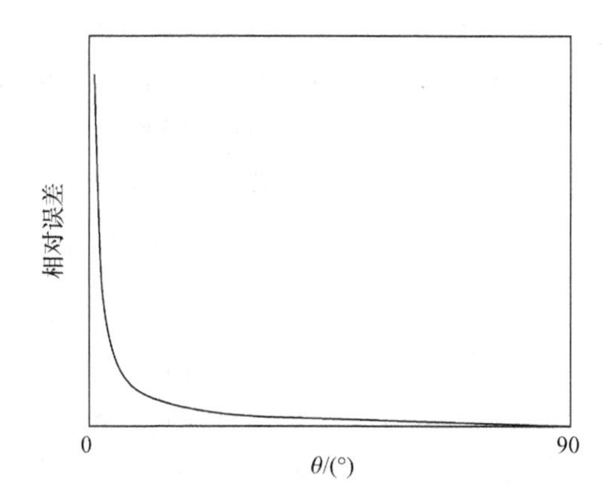

图 6-75　相对误差$\Delta a/a$与θ的关系

为了评估晶格常数的测定质量，需要估算其误差范围，利用误差传递公式从衍射峰的峰位误差中推导出来。在精确测定晶格常数的过程中可采用重心法确定衍射峰的峰位，即

$$\overline{2\theta}=\frac{\int I2\theta \mathrm{d}2\theta}{\int I\mathrm{d}2\theta}=\frac{\sum_{i=1}^{N}2\theta_i I_i}{\sum_{i=1}^{N}I_i} \tag{6-63}$$

式(6-63)表示衍射仪测得的衍射峰区间中包含 N 个 2θ 角度间隔。在重心法中，衍射峰被视为衍射的 X 射线光子围绕衍射峰位的概率分布。因此，将这些 2θ 角度对应的衍射强度加权平均得到衍射峰的峰位$\overline{2\theta}$。由数理统计知识可知，衍射峰位$\overline{2\theta}$的标准差为

$$\Delta\overline{2\theta}=\frac{\sqrt{\sum_{i=1}^{N}(2\theta_i-\overline{2\theta})^2 I_i}}{\sum_{i=1}^{N}I_i} \tag{6-64}$$

由误差传递公式，对于函数有 $y=f(x)$，y 的标准差 Δy 与 x 的标准差 Δx 间的关系为

$$\Delta y=\sqrt{\left(\frac{\partial f(x)}{\partial x}\right)^2\Delta x^2} \tag{6-65}$$

由布拉格公式可以得到晶面间距 d 的标准差 Δd 与衍射峰位$\overline{2\theta}$的标准差$\Delta\overline{2\theta}$间的关系为

$$\Delta d=\frac{\lambda}{4}\frac{\cos\overline{\theta}}{\sin\overline{\theta}}\Delta\overline{2\theta} \tag{6-66}$$

进而可由晶面间距与晶格常数间的关系式确定测得晶格常数的标准差。

下面以单晶硅样品为例说明晶格常数的测定方法。图 6-76 为单晶硅样品的(111)与(333)晶面的衍射谱。该衍射谱是采用 Cu $K_{\alpha1}$ 平行光源测得的。利用式(6-68)和式(6-64)计算出(111)面与(333)面的衍射峰位和标准差分别

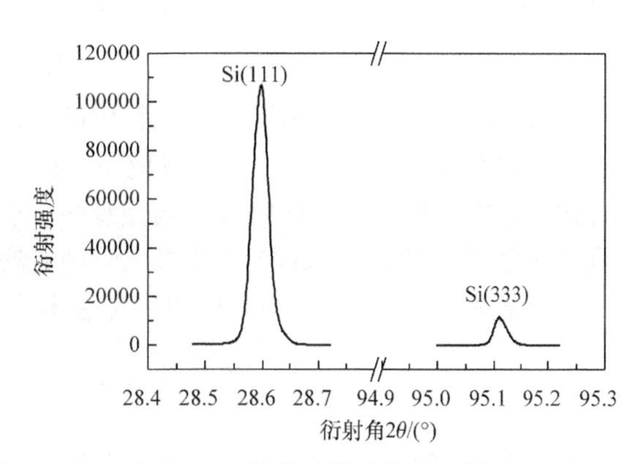

图 6-76　单晶硅样品的(111)晶面与(333)晶面的衍射谱

为 28.59 71936° ± 0.0000088°和 95.112920° ± 0.000029°。若直接由布拉格方程计算单晶硅的晶格常数分别得到 a_{111} = (5.402129 ± 0.00000023) Å 和 a_{333} = (5.423967 ± 0.00000018) Å。可以看到 $|a_{111} - a_{333}| \approx 0.022$ Å，此时计算得到的晶格常数的精度仅达到 10^{-2} Å。进一步采用不同级数的衍射峰对衍射仪的零点误差进行修正：

$$d_{111}\sin\left(\theta_{111}+\Delta\theta_0\right)=d_{333}\sin\left(\theta_{333}+\Delta\theta_0\right) \tag{6-67}$$

$$\Delta\theta_0=-0.076570° \tag{6-68}$$

经过对零点误差的修正后计算得到的单晶硅的晶格常数为 a = 5.430609 Å。根据误差传递公式(6-65)和公式(6-66)可以计算得到晶格常数的标准差 $\Delta a = 1.8\times10^{-7}$ Å。对比单晶硅在 300 K 的标准晶格常数 5.431020511 (89) Å 可以发现，本次测试得到单晶硅晶格常数与标准值之间的误差约为 4×10^{-4} Å。这个精度已经能够实现对热膨胀系数、合金组分、宏观应力等特性进行测量。进一步提高测试精度需要严格控制实验环境、采用步进扫描方式、更小的狭缝、更小的扫描步距、更长的信号收集时间、对衍射峰形进行修正等。

虽然根据衍射峰计算出来的晶格常数标准差达到了 10^{-7} Å 量级，但这只是测试中的随机误差，无法反映出系统误差。为了尽量降低系统误差，需要极为谨慎地处理所有测试条件，包括样品、衍射仪、测试条件等。

6.7.2　位错密度与微观应变

在材料生长和加工过程中会在晶粒内部产生残余应力，晶粒内的面间距会出现非均匀应变。由于这个非均匀应变处于晶粒内部且不改变晶粒的平均晶格常数，因此称为微观应变。微观应变与材料中的缺陷状态密切相关。采用 X 射线衍射能对材料中的微观应变进行表征。

在 X 射线衍射谱中衍射峰的半高宽 β_{m} 中包括了理想晶体本征半高宽 β_0、入射束发散度 β_{d}、缺陷加宽 β_α、镶嵌结构中晶粒尺寸加宽 β_{l} 和晶片翘曲 β_{r}。这些因素之间可用下式表示：

$$\beta_{\mathrm{m}}^2=\beta_0^2+\beta_{\mathrm{d}}^2+\beta_\alpha^2+\beta_{\mathrm{l}}^2+\beta_{\mathrm{r}}^2 \tag{6-69}$$

晶体的本征半高宽 β_0 只与晶体的晶体结构、晶体中的原子类型、衍射矢量相关，一般不超过 10 arcsec。入射束发散度 β_{d} 依赖于限束装置，对于 Ge 或 Si 的二次反射单色器，β_{d} 不大于 30 arcsec。晶片翘曲 β_{r} 依赖于样品的曲率半径，一般不会超过实测衍射峰半高宽的 10%。因此 β_0、β_{d}、β_{r} 这些因素引起的展宽可以被忽略。这样，实测衍射峰的半高宽近似为

$$\beta_{\mathrm{m}}^2=\beta_\alpha^2+\beta_{\mathrm{l}}^2 \tag{6-70}$$

对于晶粒足够小的情况，小晶粒中的微观应力可忽略，从而实测的衍射峰半高宽就是由晶粒细化展宽引起的。这时就可以应用 6.3.2 小节介绍的谢乐公式计算晶粒的平均尺寸。对于实际晶体中晶粒细化引起的展宽与微观应力引起的展宽是叠加在一起的情况，为了将这两种因素区分开，Williamson 与 Hall 提出一种方法将它们分开，分别得到晶粒尺寸与微观应变。

对于 ω-2θ 扫描，衍射峰的半高宽表示为

$$\beta=\frac{\lambda}{2L_\perp\cos\theta}+\varepsilon_\perp\tan\theta \tag{6-71}$$

式中，θ 为衍射角；λ 为波长；$\varepsilon_\perp$ 为生长方向上的微观应变；$L_\perp$ 为生长方向上的共格长度，即两个位错间的距离。上式可变形为

$$\beta\frac{\cos\theta}{\lambda}=\frac{1}{2L_{\perp}}+\varepsilon_{\perp}\frac{\sin\theta}{\lambda} \tag{6-72}$$

可以发现，如果以 $\beta\cos\theta/\lambda$ 为纵坐标，以 $\sin\theta/\lambda$ 为横坐标，上式为一线性方程，其斜率为微观应变 $\varepsilon_{\perp}$ ，截距为 $1/(2L_{\perp})$ 。

图 6-77 展示了对 GaN 薄膜法线方向上不同衍射级数的衍射峰的半高宽绘制的 Williamson-Hall 图进行线性拟合获得了 GaN 薄膜在法线方向上的微观应变ε。对比不同厚度的 GaN 薄膜可以发现，随着薄膜厚度的增加，微观应变逐渐减小。

类似地对于 ω 扫描，即摇摆曲线的半高宽是由位错产生的倾角 β_t 与面内共格长度 $L_{//}$ 产生的加宽共同贡献的，其关系为

$$\beta\frac{\sin\theta}{\lambda}=\frac{1}{2L_{//}}+\beta_t\frac{\sin\theta}{\lambda} \tag{6-73}$$

由上式可知，$\beta\sin\theta/\lambda$ 与 $\sin\theta/\lambda$ 为线性关系，通过拟合同一方向上的不同晶面半高宽的 Williamson-Hall 图就能得到倾角 β_t 和面内共格长度 $L_{//}$ 。而镶嵌结构的倾角 β_t 又与位错密度相关(见 6.3.3 小节)。

图 6-78 展示了通过拟合 GaN (00l)晶面摇摆曲线半高宽的 Williamson-Hall 图获得薄膜的倾角 β_t 。从图中可以看出，厚度 1000 nm 以下的薄膜具有相近的倾角，即位错密度相当。而厚膜的倾角 β_t 比薄膜要小，说明随着膜厚增加，位错减少了。

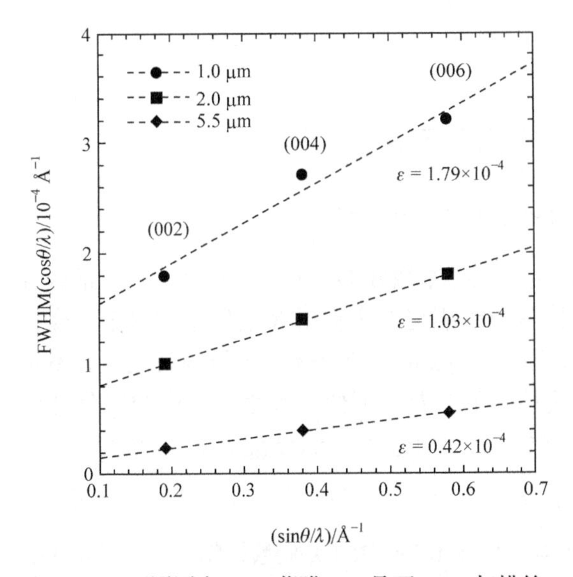

图 6-77　不同厚度 GaN 薄膜(00l)晶面 ω-2θ 扫描的半高宽的 Williamson-Hall 图

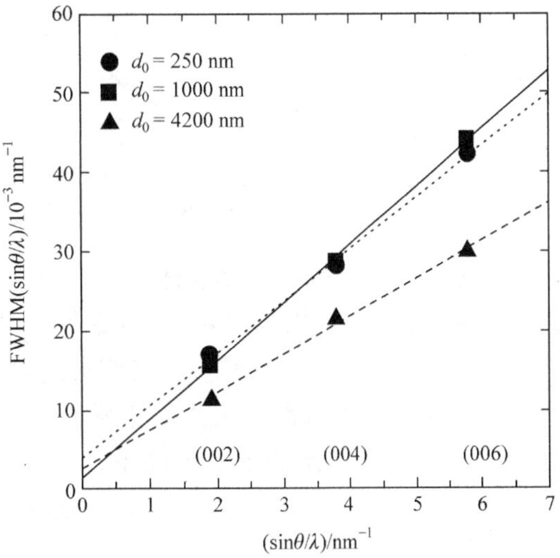

图 6-78　不同厚度 GaN 薄膜(00l)晶面 ω 扫描的半高宽的 Williamson-Hall 图

这里需要指出的是，Williamson-Hall 方法有诸多假设前提，由于实际样品与测试条件很难完全满足这些前提条件，利用该方法计算所得到的不同样品间的相对趋势更有意义。

6.7.3　固溶体固溶度与有序度测定

一般工业上用的金属材料大多是由固溶体组成。固溶体是指溶质原子能够溶入溶剂晶格中而仍保持溶剂类型的合金相。例如，广泛使用的钢铁、有色金属等均以固溶体为基体相，

其含量占组织中的绝大部分。在 α- 黄铜中，锌置换了铜原子，形成固溶体合金。通过形成固溶体合金能够改变材料的物理化学性质，如更好的延展性、更好的导电性等。因此，对固溶体的研究有很重要的实际意义。

当一种组元 A 溶解进另一种组元 B 中形成固溶体时，合金的晶格常数会随着 A 溶解的含量发生变化。1921 年 Lars Vegard 提出了一个固溶体晶格常数的近似表达式：

$$l_{A_{1-c}B_c} = (1-c)l_A + cl_B \tag{6-74}$$

即固溶体的晶格常数为构成固溶体的组分的晶格常数的线形组合。这里 l_A、l_B、$l_{A_{1-c}B_c}$ 分别为组分 A、B 和固溶体的晶格常数，c 为固溶组分 B 的原子含量。图 6-79 展示了 $Si_{1-c}Ge_c$ 合金的晶格常数随 Ge 含量的变化关系。Si 的晶格常数为 $a_{Si} = 5.431$ Å，Ge 的晶格常数为 $a_{Ge} = 5.6575$ Å，因此 $Si_{1-c}Ge_c$ 合金的晶格常数近似可表达为

$$a_{Si_{1-c}Ge_c} = (1-c)a_{Si} + ca_{Ge} = 5.431\times(1-c) + 5.6575c = 5.431 + 0.2265c \tag{6-75}$$

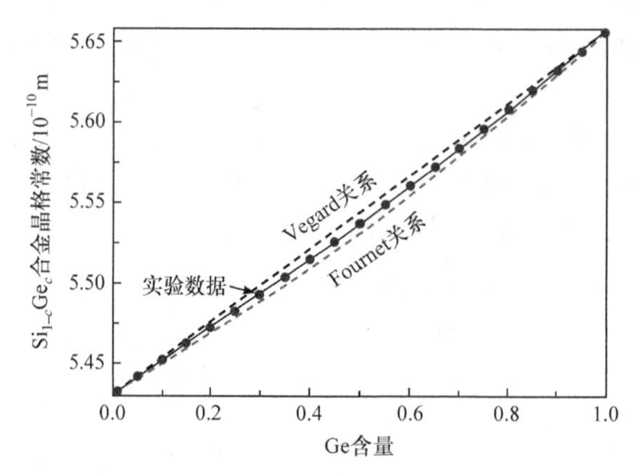

图 6-79　$Si_{1-c}Ge_c$ 合金的晶格常数与 Ge 含量的关系

从图 6-79 可以看出，实验测得的 $Si_{1-c}Ge_c$ 合金的晶格常数随 Ge 含量的变化关系非常接近线性关系。因此，可以利用 6.7.1 小节介绍的晶格常数的测定方法利用 X 射线衍射测定合金材料的晶格常数，从而确定合金中各组分的含量。虽然 Vegard 定则只是一个经验公式，并不是所有固溶体的晶格常数变化关系都满足该线性规律，但是对于近似估算固溶体中的组分含量比较实用。对于特定的固溶体体系，可以通过添加二次项修正得到更准确的关系式：

$$l_{A_{1-c}B_c} = l_A + (l_B - l_A)c + bc^2 \tag{6-76}$$

式中，b 为弯曲系数，通常通过拟合实验数据获得。从图 6-79 中的实验数据拟合可得 $Si_{1-c}Ge_c$ 合金的晶格常数更准确的关系为

$$l_{A_{1-c}B_c} = 5.431 + 0.1992c + 0.02733c^2 \tag{6-77}$$

对于某些固溶体，在高温下 A、B 两种原子无序排列，称为无序固溶体。当温度冷却到临界温度以下时，两种原子有序排列，称为有序固溶体。Cu_3Au 就是这种固溶体，有序-无序转变温度为 390℃。当温度低于临界温度时有序相为简单立方结构($L1_2$)，Au 占据六面体的顶角位置，而 Cu 占据六面体的面心位置，如图 6-80(a)所示。当温度高于临界温度时，无序相为面心立方结构(A1)，Au 和 Cu 随机占据六面体的顶角和面心位置，如图 6-80(b)所示。

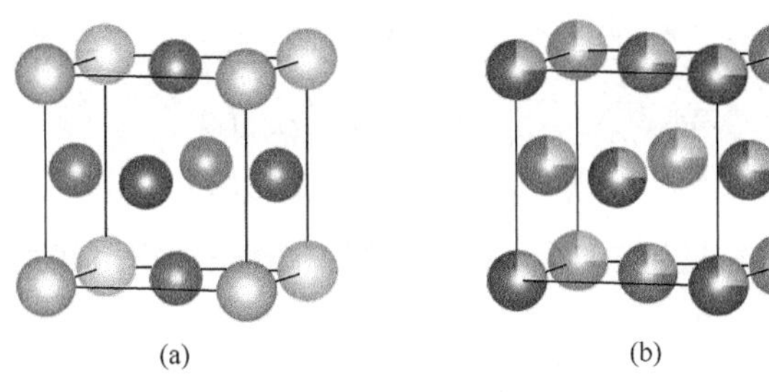

图 6-80　Cu_3Au 固溶体在低温(a)和高温(b)下的晶体结构

根据 6.1.7 小节可以知道，对于有序相 $L1_2$，其结构因子为

$$F_{hkl} = f_{Au} + f_{Cu}[e^{\pi i(h+k)} + e^{\pi i(h+l)} + e^{\pi i(k+l)}] \tag{6-78}$$

对于无序相 A1，因每个位置都可以看成是由 1/4 个 Au 原子与 3/4 个 Cu 原子组成，其结构因子为

$$F_{hkl} = \left(\frac{1}{4}f_{Au} + \frac{3}{4}f_{Cu}\right)[1 + e^{\pi i(h+k)} + e^{\pi i(h+l)} + e^{\pi i(k+l)}] \tag{6-79}$$

从表 6-8 可以看出，有序相 $L1_2$ 为简单立方结构，没有点阵消光；而无序相 A1 为面心立方结构，存在点阵消光，h、k、l 奇偶混杂时衍射线消光。因此，在 Cu_3Au 合金的 X 射线衍射谱上可以看到随着温度的降低，原本消失的(100)、(110)、(210)、(221)、(300)等晶面的衍射峰重新出现了。这就是超结构衍射线。

表 6-8　Cu_3Au 有序相与无序相各晶面的结构因子

F_{hkl}	100	110	111	200	210	220	221	300	311
有序相	$f_{Au}-f_{Cu}$	$f_{Au}-f_{Cu}$	$f_{Au}+3f_{Cu}$	$f_{Au}+3f_{Cu}$	$f_{Au}-f_{Cu}$	$f_{Au}+3f_{Cu}$	$f_{Au}-f_{Cu}$	$f_{Au}-f_{Cu}$	$f_{Au}+3f_{Cu}$
无序相	0	0	$f_{Au}+3f_{Cu}$	$f_{Au}+3f_{Cu}$	0	$f_{Au}+3f_{Cu}$	0	0	$f_{Au}+3f_{Cu}$

根据 Bragg-Williams 长程有序度的定义：

$$S = \frac{P_A - c_A}{1 - c_A} = \frac{P_B - c_B}{1 - c_B} \tag{6-80}$$

式中，P_A 为 A 位置被 A 原子占据比例；P_B 为 B 位置被 B 原子占据比例；c_A、c_B 分别为 A、B 组分的原子含量。对于完全有序相 $S = 1$，对于完全无序相 $S = 0$。实际测试过程中，Cu_3Au 合金并不会突然从无序相转变为有序相，而总是会有一个部分有序化的过程。对于部分有序化的 Cu_3Au 合金的结构因子，当 h、k、l 同为奇数或偶数时，

$$F_{hkl} = f_{Au} + 3f_{Cu}$$

当 h、k、l 奇偶混杂时，

$$F_{hkl} = S(f_{Au} - f_{Cu})$$

考虑到(100)与(200)晶面具有相同的多重因子，(100)晶面与(200)晶面的衍射强度正比于 $(F_{hkl})^2$ 和相应的角度修正 $\varphi_{hkl}(\theta)$，即

$$I_{100} \propto |F_{100}|^2 \varphi_{100}(\theta) \tag{6-81}$$

$$I_{200} \propto |F_{200}|^2 \varphi_{200}(\theta) \tag{6-82}$$

这里 $\varphi(\theta)$ 包括吸收因子、温度因子、角度因子等与角度相关的修正因子。长程有序度为

$$S=\sqrt{\frac{I_{100}}{I_{200}}}\left|\frac{f_{\mathrm{Au}}+3f_{\mathrm{Cu}}}{f_{\mathrm{Au}}-f_{\mathrm{Cu}}}\right|\frac{\varphi_{200}(\theta)}{\varphi_{100}(\theta)} \tag{6-83}$$

由此通过 X 射线衍射测量超结构衍射线强度与非超结构衍射线强度之比可以计算出固溶体合金的长程有序度。

参 考 文 献

陈小明，蔡继文. 2007. 单晶结构分析原理与实践[M]. 2 版. 北京：科学出版社.

刘晓轩. 2006. Rietveld 方法在无机材料中的一些应用[D]. 厦门：厦门大学.

潘峰，王英华，陈超. 2016. X 射线衍射技术[M]. 北京：化学工业出版社.

王好文. 2015. 锰氧化物 $Dy(Mn_{1-x}Fe_x)O_3$ 中的多铁特性研究[D]. 武汉：华中科技大学.

Bellani V, Bocchi C, Ciabattoni T, et al. 2007. Residual strain measurements in InGaAs metamorphic buffer layers on GaAs[J]. The European Physical Journal B, 56(3): 217-222.

Boöttcher T, Einfeldt S, Figge S, et al. 2001. The role of high-temperature island coalescence in the development of stresses in GaN films[J]. Applied Physics Letters, 78(14): 1976-1978.

Brock C P. 2019. International Tables for Crystallography[M]. 9th ed. Hoboken: John Wiley & Sons.

Fan L, Shi C, Luo Z, et al. 2014. Strain dynamics of ultrathin VO_2 film grown on TiO_2 (001) and the associated phase transition modulation[J]. Nano Letters, 14(7): 4036-4043.

Gay P, Hirsch P B, Kelly A. 1953. The estimation of dislocation densities in metals from X-ray data[J]. Acta Metallurgica, 1(3): 315-319.

Guinier A, Fournet G, Yudowitch K L, et al. 1955. Small-angle Scattering of X-rays[M]. Hoboken: John Wiley & Sons.

Jacques D A, Trewhella J. 2010. Small-angle scattering for structural biology-expanding the frontier while avoiding the pitfalls[J]. Protein Science, 19 (4): 642-657.

Jeon D W, Sun Z Y, Li J, et al. 2015. Erbium doped GaN synthesized by hydride vapor-phase epitaxy[J]. Optical Materials Express, 5(3): 596-602.

Kötschau I M, Schock H W. 2010. Compositional depth profiling of polycrystalline thin films by grazing-in cidence X-ray diffraction[J]. Journal of Applied Crystallography, 39(5): 683-696.

Li R, Wang S H, Liu Z F, et al. 2016. An azole-based metal-organic framework toward direct white-light emissions by the synergism of ligand-centered charge transfer and interligand π-π interactions[J]. Crystal Growth & Design, 16(7): 3969-3975.

Liu Z F, Shan F K, Sohn J Y, et al. 2004. Epitaxial growth and optimization of ZnO films by pulsed laser deposition[J]. Journal-Korean Physical Society, 44(5): 1123-1127.

Luis F C, María M C, Lorena P, et al. 2015. Ferroelectrics under the synchrotron light: a review[J]. Materials, 9(1): 14.

Magomedov M N. 2020. On the deviation from the Vegard's law for the solid solutions[J]. Solid State Communications, 322(6): 114060.

Strobl G R, Schneider M. 1980. Direct evaluation of the electron density correlation function of partially crystalline polymers[J]. Journal of Polymer Science: Polymer Physics Edition, 18(6): 1343-1359.

Strobl G R, Schneider M J, Voigt-Martin I G. 1980. Model of partial crystallization and melting derived from small-angle X-ray scattering and electron microscopic studies on low-density polyethylene[J]. Journal of Polymer Science: Polymer Physics Edition, 18 (6): 1361-1381.

Williamson G K, Hall W H. 1953. X-ray line broadening from filed aluminium and wolfram[J]. Acta Metallurgica, 1(1): 22-31.

Zheng X H, Wang Y T, Feng Z H, et al. 2003. Method for measurement of lattice parameter of cubic GaN layers on GaAs (001)[J]. Journal of Crystal Growth, 250(3-4): 345-348.

习　题

1. 单晶、多晶和非晶材料 X 射线衍射谱的特点各有哪些?

2. 六方 GaN 的晶格常数 $a = 3.1896$ Å、$c = 5.1855$ Å，其 c 面(0001)为极性面，m 面 $(10\bar{1}0)$ 和 a 面 $(11\bar{2}0)$ 为非极性面，r 面 $(10\bar{1}2)$ 为半极性面。画出六方 GaN 的晶体结构并标出这 4 个晶面，计算它们的晶面间距。

3. Cu 为面心立方结构，推导它的结构消光条件。

4. 满足布拉格方程的晶面是否一定会出现衍射峰? 详细说明原因。

5. 有一立方结构晶体由于受到宏观应力作用，其晶格常数变小了，在 X 射线衍射谱上衍射峰是向高角度移动还是向低角度移动?

6. 为什么 X 射线管需要用 Be 作为 X 射线的出射窗口，而不能用其他材料?

7. 用 Cu 靶 X 射线管做 X 射线衍射时，在没有单色器的条件下为什么需要 Ni 滤波片? 是否能用其他金属作为滤波片? 为什么?

8. 特征 X 射线与韧致辐射的差异是什么? 阐述它们产生的原理。

9. 一个形状不规整的零件是否能在粉末衍射仪上用聚焦几何测量 X 射线衍射谱? 说明原因。

10. 在蓝宝石衬底上用 MOCVD 生长的 GaN 外延薄膜应该用什么方法表征其与衬底的面内取向关系? 设计测试方式并估算测试参数。

11. Si 的 PDF 卡片见表 6-5，找出强度最高的衍射峰的 d 值和对应的晶面。

第 7 章　X 射线光电子能谱

X 射线光电子能谱(XPS)分析是一种研究物质表层元素组成与离子状态的表面分析技术，其基本原理是用单色 X 射线照射样品，使样品中原子或分子的电子被激发，然后测量被激发电子的能量分布，通过与已知元素的原子或离子不同壳层的电子能量相比较，从而确定样品表层原子或离子的种类和状态。

XPS 分析是由瑞典皇家科学院院士、Uppsala 大学物理研究所所长西格巴恩(K. Siegbahn)教授领导的研究小组创立的，并于 1954 年研制出世界上第一台光电子能谱仪。此后，他们精确地测定了元素周期表中各种原子的内层电子结合能，并使 XPS 在理论和实验技术方面都获得了长足的发展。凭借其在光电子能谱的理论和技术上的重大贡献，西格巴恩于 1981 年荣获诺贝尔物理学奖。经过三十多年的努力，XPS 已从刚开始的化学元素定性分析发展为表面元素定性、半定量及元素化学价态分析的重要手段。目前，XPS 研究领域已不局限于传统的化学分析，而是扩展到现代迅猛发展的材料学科，成为一种最主要的表面分析工具。

7.1　XPS 基本原理和专业术语

7.1.1　光电效应

物质受光作用激发出电子的现象称为光电效应，也称为光电离或光致发射。原子中不同能级上的电子具有不同的结合能。当具有一定能量 $h\nu$ (h 为普朗克常量，ν 为光子频率)的入射光子与试样中的原子相互作用时，单个光子将全部能量转移给原子中某壳层(能级)上一个受束缚的电子，使这个电子获得能量 $h\nu$ 。如果 $h\nu$ 大于该电子的壳层(能级)结合能 E_b ，则这个电子将脱离原来的束缚，并克服材料的功函数 W_s ，剩余的光子能量转化为该电子的动能，最终将从原子中发射出去，成为自由光电子，原子本身则变为激发态离子。图 7-1 为原子中 K 层电子被激发的光电效应过程示意图。光电效应能量转换过程如式(7-1)所示：

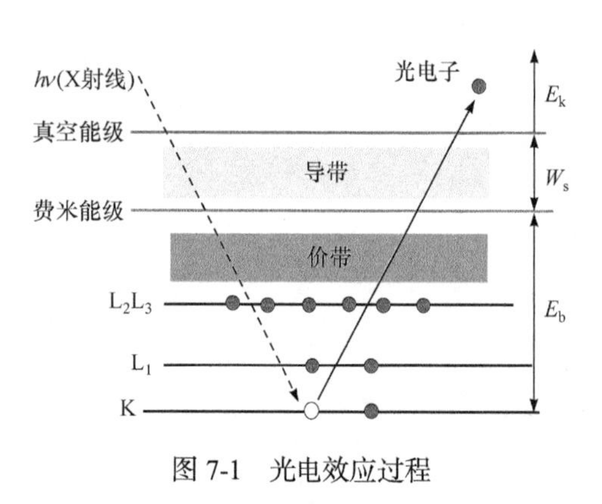

图 7-1　光电效应过程

$$A + h\nu \longrightarrow A^{+*} + e^{-1} \tag{7-1}$$

式中，A 为中性原子；$h\nu$ 为入射光子能量；A^{+*} 为处于激发态离子；e^{-1} 为发射出的光电子。

7.1.2　XPS 工作原理

X 射线光电子能谱仪正是基于上述光电效应而诞生的。在光电离过程中，能量转换的关系式满足式(7-2)：

$$h\nu = E_k + E_b + W_s \tag{7-2}$$

式中，$h\nu$ 为 X 射线源光子的能量；E_k 为出射的光电子动能；E_b 为电子结合能；W_s 为逸出功函数。

对于固体样品，E_b 电子结合能等于将此电子从所在能级转移到费米能级(费米能级相当于 0 K 时固体能带中充满电子的最高能级)所需要的能量。固体样品中电子由费米能级跃迁到自由电子能级所需要的能量称为逸出功 W_s。

在 X 射线光电子能谱仪中，样品与能谱仪材料的功函数大小不同。但是，当固体样品通过样品台与仪器室接触良好，并且都接地时，根据固体物理的理论，两者的费米能级将处在同一水平。如果样品的功函数 W_s 大于仪器的功函数 W'，当两种材料一同接地后，功函数小的仪器中的电子便向功函数大的样品迁移，并且分布在样品表面，使样品带负电，能谱仪入口处则因少电子而带正电。这样，在样品和仪器之间产生了接触电位差，其值等于样品功函数与能谱仪功函数之差 ΔW (图 7-2)。当具有动能 E_k 的电子穿过样品至能谱仪入口之间的空间时，便受到上述电位差所形成的电场作用被加速，使自由光电子进入能谱仪后，其动能由 E_k 增加至 E_k'，如图 7-2 所示。

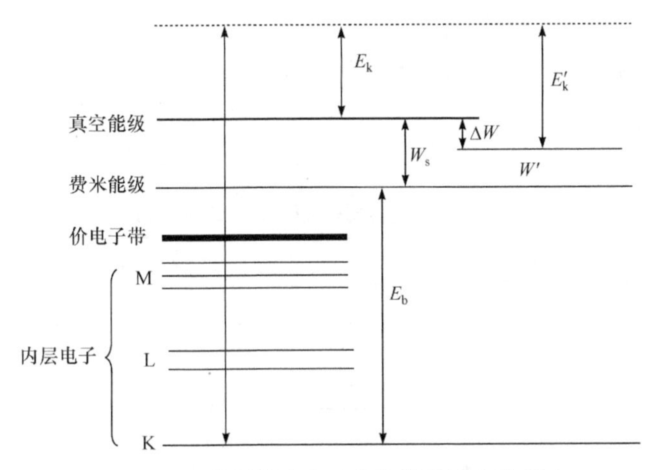

图 7-2　固体材料光电过程的能量关系示意图

由图 7-2 得

$$E_k + W_s = E_k' + W' \tag{7-3}$$

将式(7-3)代入式(7-2)得

$$E_b = h\nu - E_k' - W' \tag{7-4}$$

对于实验选用的特定种类 X 射线源，其能量 $h\nu$ 固定。被激发的光电子动能 E_k' 可利用仪器测得，样品的功函数 W_s 因样品而异，但是对固定仪器而言，当仪器条件不变时，仪器的功函数 W' 固定，一般在 4 eV 左右。因此，根据式(7-4)，只要测量出光电子的动能 E_k'，就可以计算出光电子结合能 E_b。

在 XPS 分析中，由于采用的 X 射线激发源的能量较高，不仅可以激发出原子价轨道中的电子，还可以激发出内层轨道电子，因此其出射光电子的能量与入射光子能量及原子轨道结合能有关。对于特定的单色激发源和特定的原子轨道，其光电子能量是特定的。当固定激发源能量时，其光电子的能量仅与元素的种类和所电离激发的原子轨道有关。因此，可以根据光电子的结合能定性分析物质的元素种类。

7.1.3 原子能级的划分

原子中单个电子的运动状态可以用量子数来描述。n为主量子数，每个电子的能量主要(并非完全)取决于主量子数。n越大，电子能量越高。通常以 K($n=1$)、L($n=2$)、M($n=3$)、N($n=4$)、…表示。在一个原子内，具有相同n值的电子处于相同的电子壳层。

l为角量子数，它决定电子云的几何形状。不同l值将原子内的电子壳层分为几个亚层，即能级。l值与n有关，给定n值后，l限于下列数值：$l=0, 1, 2, \cdots, n-1$。通常分别用 s($l=0$)、p($l=1$)、d($l=2$)、f($l=3$)、…表示。当$n=1$时，$l=0$；$n=2$时，$l=0, 1$，依此类推。在给定壳层的能级上，电子的能量随l值的增加略有增加。

另外，原子中的电子既有轨道运动又有自旋运动。量子力学理论和光谱实验结果都已证实，电子的轨道运动和自旋运动之间存在电磁相互作用，即自旋-轨道耦合作用的结果使其能级发生分裂。对于$l>0$的内壳层来说，这种分裂可以用内量子数j来表征，其数值为

$$j=\left|l \pm 1/2\right| \tag{7-5}$$

由式(7-5)可知，s 层对应的l值为 0，j只有一个数值，即$j=1/2$，因此 s 亚层不会发生能级裂分。p 亚层对应的l值为 1，所以j有两个不同的数值，即$j=1/2$和$j=3/2$。依此类推，d 亚层对应的$j=3/2$和$j=5/2$。因此，除 s 亚层不发生自旋分裂外，凡是$l>0$的各亚层，都将分裂成两个能级，在 XPS 谱图上出现双峰。电子壳层结构及相应 XPS 谱峰数目如表 7-1 所示。

表 7-1 电子壳层结构及 XPS 谱峰数目

壳层	亚层	亚层最大电子数目	壳层最大电子数目	XPS 谱峰
K	1s	2	2	$1s_{1/2}$
L	2s	2	2 + 6 = 8	$2s_{1/2}$
	2p	6		$2p_{1/2}$、$2p_{3/2}$
M	3s	2	2 + 6 + 10 = 18	$3s_{1/2}$
	3p	6		$3p_{1/2}$、$3p_{3/2}$
	3d	10		$3d_{3/2}$、$3d_{5/2}$
N	4s	2	2 + 6 + 10 + 14 = 32	$4s_{1/2}$
	4p	6		$4p_{1/2}$、$4p_{3/2}$
	4d	10		$4d_{3/2}$、$4d_{5/2}$
	4f	14		$4f_{5/2}$、$4f_{7/2}$
O	5s	2	2 + 6 + 10 + 14 + 18 = 50	$5s_{1/2}$
	5p	6		$5p_{1/2}$、$5p_{3/2}$
	5d	10		$5d_{3/2}$、$5d_{5/2}$
	5f	14		$5f_{5/2}$、$5f_{7/2}$
	5g	18		$5g_{7/2}$、$5g_{9/2}$

在 XPS 谱图分析中，单个原子能级用两个数字和一个小写字母表示。例如，$3d_{5/2}$，第一个数字为主量子数$n=3$，表示该电子原本处于 M 壳层；小写字母 d 为角量子数，表示$l=2$；

右下角的分数 5/2 为内量子数 j。在 XPS 谱图中，s 能级电子的内量子数 $j=1/2$ 通常省略。图 7-3 是 Pt 4f 轨道的 XPS 高分辨谱图，图中表明由于自旋-轨道耦合作用，Pt 4f 裂分成 Pt $4f_{5/2}$ 和 Pt $4f_{7/2}$ 两个峰。

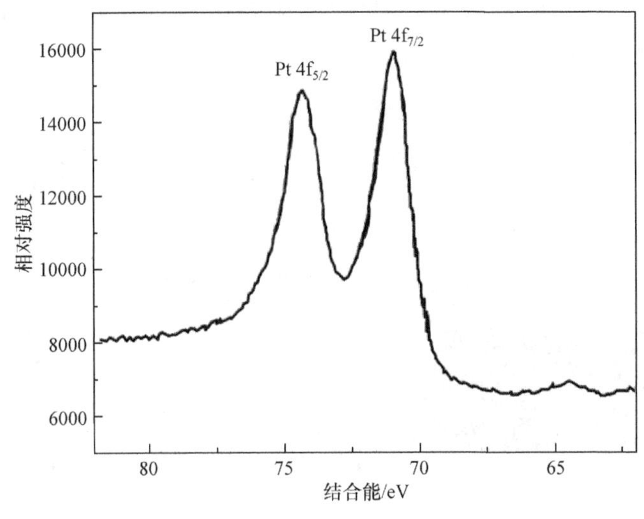

图 7-3　Pt 4f 的 XPS 高分辨谱图

7.1.4　信息深度

在 XPS 分析中，一般用能量较低的软 X 射线(如 Mg K_α、Al K_α射线)激发光电子，尽管其能量不高，但仍然可穿透约 10 nm 厚的固体表层并引起原子轨道的电子电离。产生的光电子在离开固体表面之前要经历一系列弹性或非弹性散射。弹性散射是指光电子与其他原子核及电子相互作用时只改变运动方向而不损失能量，这种光电子形成 XPS 谱的主峰；如果这种相互作用同时还损失了光电子能量，则称为非弹性散射。经历了非弹性散射的光电子只能形成某些伴峰或背景信号。一般认为，对于具有特征能量的光电子在穿过固体表面层时，其强度衰减服从指数规律。当光电子垂直于固体表面出射时，在经历深度为 t 之后，其强度满足式(7-6)：

$$I(t)=I_0\mathrm{e}^{-t/\lambda} \tag{7-6}$$

式中，I_0 为初始的光电子强度；$I(t)$ 为光电子穿过深度 t 之后剩余的光电子强度；λ 为一个常数，与光电子动能有关，称为光电子非弹性散射自由程或电子逸出深度。

由式(7-6)可以看出，当垂直射出深度 t 等于 λ 时，剩余光电子强度衰减至初始光电子强度 I_0 的 1/e；当厚度 t 达 3λ 时，光电子强度仅剩下不到初始光电子强度 I_0 的 5%。因此，能够逃离固体表面的光电子只能来源于表层有限厚度范围内。实际上，λ 通常非常小，金属材料的 λ 为 0.5～3 nm，无机材料的 λ 为 2～4 nm，有机聚合物的 λ 为 4～10 nm。因此，XPS 是一种分析深度很浅的表面分析技术。

7.2　X 射线光电子能谱仪结构

X 射线光电子能谱仪主要由快速进样室、X 射线源、离子源、电子能量分析器、电子探测器、真空系统、计算机系统等组成。在 XPS 测试过程中，样品被牢固地粘接在样品台上，采用 X 射线照射样品表面，样品内部的电子被激发，脱离束缚的光电子被检测器所捕获并检测出光电子动能，得到样品的 XPS 谱图。谱图的横坐标为电子结合能或电子动能，纵坐标为信号强度。图 7-4 为以 Mg K_α射线为 X 射线源，对金属 Pd 进行 XPS 测试的工作示意图，得到的谱图如图 7-4(b)所示。

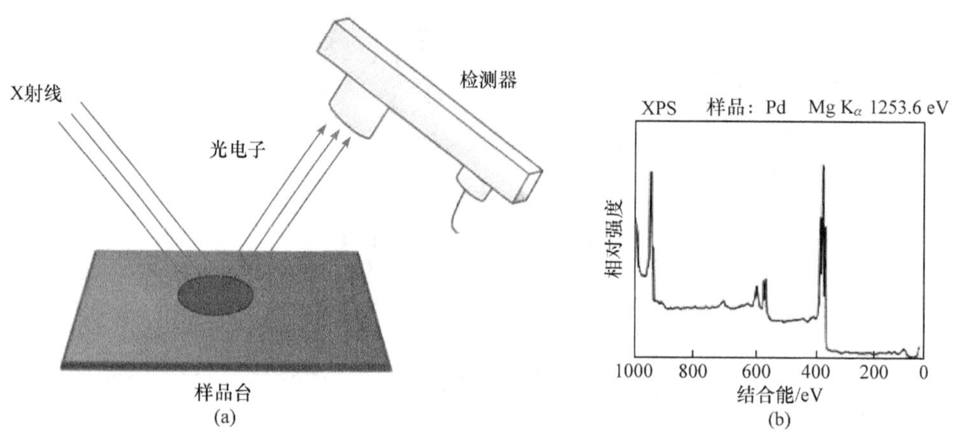

图 7-4　金属 Pd 的 XPS 测试示意图

7.2.1　快速进样室

X 射线光电子能谱仪大多配备快速进样室，其目的是在不破坏分析室超高真空的情况下进行快速进样。快速进样室的体积很小，以便能在 5～10 min 能达到 10^{-3} Pa 的高真空。部分仪器将快速进样室设计成样品预处理室，可以对样品进行加热、蒸镀和刻蚀等操作。

7.2.2　X 射线源

X 射线的产生如图 7-5 所示，在高压电作用下，灯丝发射出高能电子流，轰击金属靶材产生特征 X 射线。如果靶材料是 Mg，产生能量为 1253.6 eV 的 Mg K_α线系。如果靶材料是 Al，则发射出的 K_α能量为 1486.6 eV。目前商用 XPS 仪器最常用的靶材料是 Mg 或 Al。

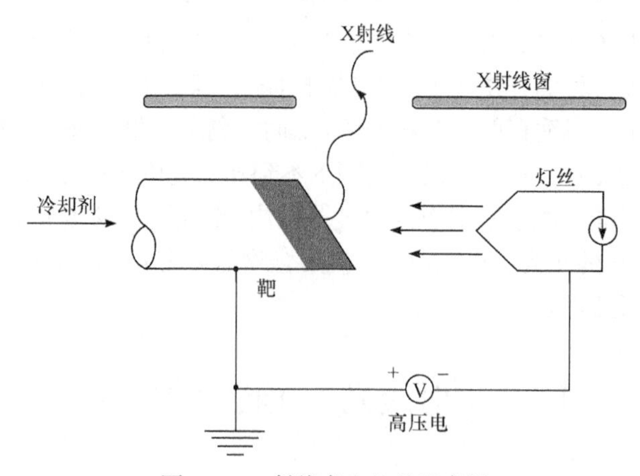

图 7-5　X 射线产生的总示意图

X 射线产生的原理如图 7-6 所示。当一束高能电子轰击靶材料，假设靶材料的 1s 轨道电子吸收能量被激发出样品，被激发的电子称为二次电子。此时，1s 轨道会出现空位，2p 轨道电子可能跃迁到 1s 空位处[图 7-6(a)]。当 2p 轨道电子跃迁至 1s 轨道，富余的能量以射线的形式发射，此射线即为 K_α 射线[图 7-6(b)]。$2p_{3/2}$ 和 $2p_{1/2}$ 均有可能跃迁至 1s 轨道，会产生 $K_{\alpha1}$ 和 $K_{\alpha2}$ 两种射线。当 $K_{\alpha1}$ 和 $K_{\alpha2}$ 两条曲线重叠时，总曲线呈现出非对称的 X 射线总能量图，并具有一定的线宽。

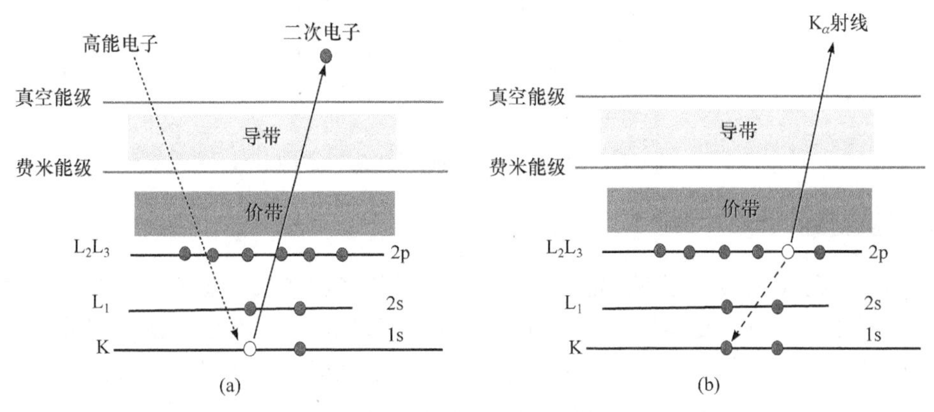

图 7-6　X 射线产生原理示意图

在 XPS 仪器中，常用的 Mg 和 Al 的特征 K_α 射线能量分别是 1253.6 eV 和 1486.8 eV，其线宽分别为 0.7 eV 和 0.9 eV。由于 Mg 的 K_α 射线自然宽度稍窄，对于分辨率要求较高的测试，一般采用 Mg 靶作为射线源。此外，可以利用晶体色散将 X 射线单色化，减小 X 射线线宽，得到比较单色的 X 射线。X 射线经单色化后，除了能改善光电子能谱的分辨率，还除去了其他波长 X 射线产生的伴峰，改善信噪比。除了用特征 X 射线作激发源外，还可用加速器的同步辐射，它能提供能量从 10 eV 到 10 keV 连续可调的激发源。同步辐射在强度和线宽方面均比特征 X 射线优越，更重要的是能够从连续能量范围内任意选择所需要的辐射能量值。

7.2.3　离子源

XPS 仪器配备离子源的目的是对样品表面进行清洁或对样品表面进行定量剥离。XPS 谱仪中，常采用 Ar 离子源，可分为固定式和扫描式。固定式 Ar 离子源由于不能进行扫描剥离，对样品表面刻蚀的均匀性较差，仅用作表面清洁。对于进行深度分析用的离子源，应采用扫描式 Ar 离子源。

7.2.4　电子能量分析器

电子能量分析器是光电子能谱仪的核心部件，其作用在于将具有不同能量的光电子分别聚焦并分辨开。常用的能量分析器有半球形电子能量分析器和筒镜型电子能量分析器。其共同特点是：对应于内外两面的电位差值只允许一种能量的电子通过，连续改变两面间的电位差值就可以对电子能量进行扫描。由于半球形电子能量分析器对光电子的传输效率高、能量分辨率好，XPS 仪器多采用该类电子能量分析器。

半球形电子能量分析器示意图如图 7-7 所示，其由内外两个同心半球面构成。当在球形电容器上加一个扫描电压，同心球形电容器就会对不同能量的电子产生不同的偏转作用，从而将能量不同的电子分离开。

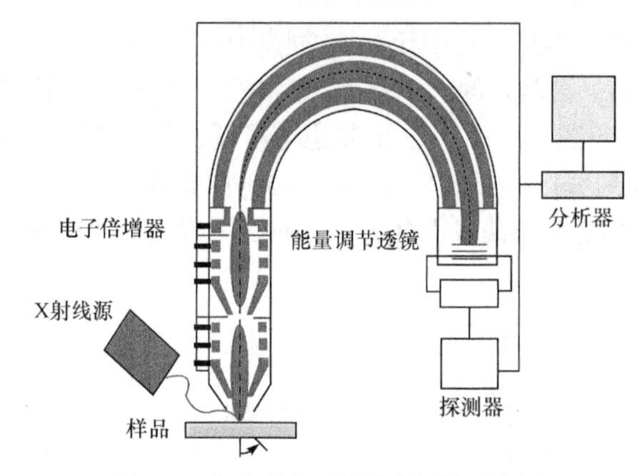

图 7-7　半球形电子能量分析器示意图

7.2.5　电子探测器

原子和分子在 X 射线作用下从能级激发出电子的概率都较低，因此在 XPS 分析中所能检测到的光电子流非常弱。要接收这样的弱信号，一般采用脉冲计数的方法，即采用电子倍增器来检测电子的数目。电子倍增器的原理是当具有一定动能的电子进入倍增器，打到倍增器内壁，又打击出若干个二次电子。这些二次电子沿内壁电场加速，又打到对面的内壁上，产生出更多的二次电子。如此反复倍增，最后在倍增器的末端形成一个脉冲信号输出。如果将多个单通道电子倍增器组合在一起，就成了多通道电子倍增器，既能提高采集数据的效率，又能大大提高仪器的灵敏度。光电子能谱仪一般都有自动记录和自动扫描装置，并采用电子计算机进行程序控制和数据处理。

7.2.6　真空系统

XPS 仪器必须采用超高真空系统。这主要是出于两方面的原因：①XPS 是一种表面分析技术，如果分析室的真空度很差，在很短的时间内试样的清洁表面就会被真空中的残余气体分子所覆盖；②由于光电子的信号和能量都非常弱，如果真空度较差，光电子很容易与真空中的残余气体分子发生碰撞作用而损失能量，最后难以到达检测器。

为了使分析室的真空度达到 10^{-6} Pa，XPS 仪器一般采用三级真空泵系统。前级泵一般采用旋转机械泵或分子筛吸附泵，极限真空度能达到 10^{-2} Pa；采用油扩散泵或分子泵，可获得高真空，极限真空度能达到 10^{-8} Pa；而采用溅射离子泵和钛升华泵，可获得超高真空，极限真空度能达到 10^{-9} Pa。这几种真空泵的性能各有优缺点，可以根据各自的需要进行组合。新型 X 射线光电子能谱仪普遍采用机械泵-分子泵-溅射离子泵-钛升华泵系列，这样可以防止扩散泵油污染清洁的超高真空分析室。

7.2.7　计算机系统

由于 X 射线光电子能谱仪的数据采集及控制十分复杂，商业用 XPS 仪均采用计算机系统来控制仪器和采集数据。鉴于 XPS 数据的复杂性，谱图的计算机处理也是一个重要的部分，包含元素的自动标识、半定量计算、谱峰的拟合和去卷积等。

7.3　XPS 实验技术方法

7.3.1　样品制备技术

通常情况下，XPS 仪器只能对固体样品进行分析。实验过程中，样品必须通过传递杆，穿过超高真空隔离阀，再送到样品分析室。因此，样品尺寸必须符合一定的大小规范，以利于真空进样。对于块状样品和薄膜样品，其长宽最好小于 10 mm，高度小于 5 mm。对于体积较大的样品则必须通过适当方法制备成合适大小的样品。但在制备过程中，必须考虑处理过程可能对表面成分和状态的影响。

对于粉体样品，有两种常用的制样方法：一种是用双面胶带直接把粉体固定在样品台上；另一种是把粉体样品压成薄片，然后再固定在样品台上。前者的优点是制样方便，样品用量少，预抽到高真空的时间较短，缺点是可能会引进胶带的成分。后者的优点是可以在真空中对样品进行处理，如加热、表面反应等，其信号强度也要比胶带法高得多，缺点是样品用量太大，抽到超高真空的时间太长。在普通的实验过程中，一般采用胶带法制样。

对于含有挥发性物质的样品，在样品进入真空系统前必须清除掉挥发性物质。一般可以采用对样品加热或用溶剂清洗等方法。对于表面有油等有机物污染的样品，在进入真空系统前必须用油溶性溶剂如环己烷、丙酮等清洗掉样品表面的油污，最后再用乙醇清洗掉有机溶剂。为了保证样品表面不被氧化，一般采用自然干燥。

由于光电子带有负电荷，其在微弱的磁场作用下即可发生偏转。因此，当样品具有磁性时，由样品表面出射的光电子会在样品磁场的作用下偏离接收角，最后不能到达分析器，难以得到正确的 XPS 谱。而且，当样品的磁性很强时，还有可能使分析器头及样品架磁化。因此，绝对禁止带有磁性的样品进入分析室。对于具有弱磁性的样品，可以通过退磁的方法去掉样品的微弱磁性，然后就可以像正常样品一样分析。

7.3.2　离子束溅射技术

在 XPS 能谱分析中，为了清洁被污染的固体表面，通常利用离子枪发出的离子束对样品表面进行溅射剥离，从而清洁表面。一般 XPS 均配有 Ar 离子枪，利用刻蚀法除去表面污染物。利用该方法需要注意，由于存在择优溅射现象，刻蚀可能会引起试样表面化学组成的变化，易被溅射的成分在样品表面的原子浓度会降低，而不易被溅射的成分原子浓度将会升高。有的样品还会发生氧化或还原反应。因此，若需利用该方法清洁试样表面，最好用标准样品来选择刻蚀参数，以避免待测样品表面被 Ar 离子还原及改变表面组成。

离子束溅射技术更重要的应用是样品表面组分的深度分析。利用离子束可定量地剥离一定厚度的表面层，然后再用 XPS 分析表面成分，这样即可获得元素成分沿深度方向的分布图。深度分析用的离子枪一般采用 0.5～5 keV 的 Ar 离子源，扫描离子束的束斑直径一般为 1～10 mm，溅射速率为 0.1～50 nm · min^{-1}。为了提高深度分辨率，一般应采用间断溅射的方式。通过增加离子束的直径可以减少离子束的坑边效应。为了降低离子束的择优溅射效应及基底效应，应提高溅射速率、降低每次溅射时间。

7.3.3 样品荷电的校准

荷电效应是影响谱峰位移的物理因素之一。X 射线激发样品，使大量光电子离开样品表面，样品带正电，即为一种荷电效应，其结果使谱图向高结合能方向移动，影响电子结合能的正确测量。样品荷电问题非常复杂，一般难以用某一种方法彻底消除。在实验过程中，必须注意这类荷电效应，并设法进行校正。

对于金属样品，只要使它与仪器保持良好的接触，即可消除这种影响。非金属样品不能导电，需采取适当措施消除或校正这种影响。通常可采用下面几种方法：①使用中和电子枪，利用电子枪的电子中和样品表面的正电荷；②将样品薄薄地涂在金属导体衬底上，可以使样品表面荷电减小至 0.1 eV 以下；③在仪器内部装校正器，校正样品的荷电效应。在上述三种方法中，第二种方法简便易行，不需增加辅助设备，但对荷电效应比较严重的样品，不能得到正确的结果。

7.4 XPS 谱图处理及解析

7.4.1 数据处理软件及步骤

采用计算机系统自带的 Avantage 软件进行 XPS 数据采集与处理。用计算机采集宽谱图后，首先标注每个峰的结合能位置，然后再根据结合能的数据在标准手册中寻找对应的元素。最后再通过对照标准谱图，一一对应其余的峰，确定有哪些元素存在。原则上，当一个元素存在时，其相应的强峰都应在谱图上出现。一般而言，不能根据一个峰的出现来确定元素是否存在。目前，新型 XPS 能谱仪可以通过计算机进行智能识别，自动鉴别元素。由于结合能的非单一性和荷电效应，计算机自动识别经常会出现一些错误的结论，因此需要测试者进行评估判断。通过定量分析程序，可以设置每个元素谱峰的面积计算区域与扣除背景方式，由计算机自动计算出每个元素的相对原子百分数，进而得出各元素的相对含量。

7.4.2 XPS 谱图的一般特点

由于光电子来自不同的原子壳层，因此具有不同的能量状态。结合能大的光电子将获得较小的动能，而结合能小的光电子将获得较大的动能。整个光电发射过程是量子化的，光电子的动能也是量子化的，因而来自不同能级的光电子动能分布是离散形。XPS 电子能量分析器将检测到光电子的动能通过一个模拟电路，以数字方式记录下来并储存在计算机磁盘里。计算机所记录的是给定时间内一定能量的电子到达探测器的个数，即每秒电子计数，简称相对强度。

虽然电子能量分析器检测的是光电子的动能，但只要通过简单的换算即可得到光电子原来所在能级的结合能($E_b = h\nu - E_k' - W'$)。通常能谱仪的计算机可用动能(E_k)或结合能(E_b)两种坐标形式绘制和打印 XPS 谱图，即谱图的横坐标是动能或结合能，单位是 eV，纵坐标是相对强度。由于光电子的结合能比动能更能直接反映出电子的能级结构，因此一般以结合能为横坐标。来自不同壳层的光电子结合能值与激发源光子的能量无关，只与该光电子原来所在能级的能量有关。也就是说，对同一个样品，无论取 Mg K_α 还是取 Al K_α 射线作为激发源，所得到的该样品的各种光电子在其 XPS 谱图上的结合能分布状况都是一样的。

XPS 谱图中明显而尖锐的谱峰基本都是由未经非弹性散射的光电子形成的。来自样品深层的光电子，由于在逃逸的路径上有能量损失，其动能已不再具有特征性，成为谱图的背底或伴峰。由于能量损失是随机的，背底电子的能量变化是连续的，往往低结合能端的背底电子少，高结合能端的背底电子多，反映在谱图上就是：随着结合能的增大，背底电子的强度一般呈现逐渐上升的趋势。

7.4.3　XPS 谱图中的主峰

样品在 X 射线作用下，各轨道的电子都有可能从原子中激发出光电子。XPS 谱图中强度最大、峰宽最小、对称性最好的谱峰称为 XPS 谱图中的主峰。每一种元素都有自己最强、具有表征作用的光电子线，它是元素定性分析的主要依据。为便于区分，通常采用被激发电子所在能级来标记光电子。例如，由 K 层激发出来的电子称为 1s 光电子，由 L 层激发出来的电子分别记为 2s、$2p_{1/2}$、$2p_{3/2}$ 光电子，依此类推。一般而言，来自同一壳层上的光电子，内角量子数越大，谱线的强度越大。常见的强光电子线有 1s、$2p_{3/2}$、$3d_{5/2}$、$4f_{7/2}$ 等。

除强光电子线外，还有来自原子内其他壳层的光电子线，它们比最强光电子线弱，在元素定性分析中起着辅助的作用。光电子线的谱线宽度是来自样品元素本征信号的自然线宽、X 射线源的自然线宽、仪器及样品自身状况的宽化因素等四个方面的贡献。高结合能端的光电子线通常比低结合能端的光电子线宽 1～4 eV，所有绝缘体的光电子线都比良导体的光电子线宽约 0.5 eV。

XPS 仪器储存了几乎所有元素原子的各层电子结合能数据。图 7-8 为原子各层电子结合能数据图，其中横坐标为原子序数。例如，1s 曲线代表原子序数小于 10 的所有原子在 1s 轨道的电子结合能。对于原子序数较大的原子，由于其 1s 轨道电子结合能远高于 X 射线源能量(Mg K_{α} = 1253.6 eV，Al K_{α} = 1486.6 eV)，在 XPS 测试中无法被激发。因此，当原子序数大于 10，XPS 测试不出现 1s 特征峰。当原子序数为 20 时，其 XPS 能够出现 2s、2p、3s、3p 轨道的光电子峰，但是其 3s、3p 轨道光电子结合能远低于 2s、2p 轨道光电子结合能。

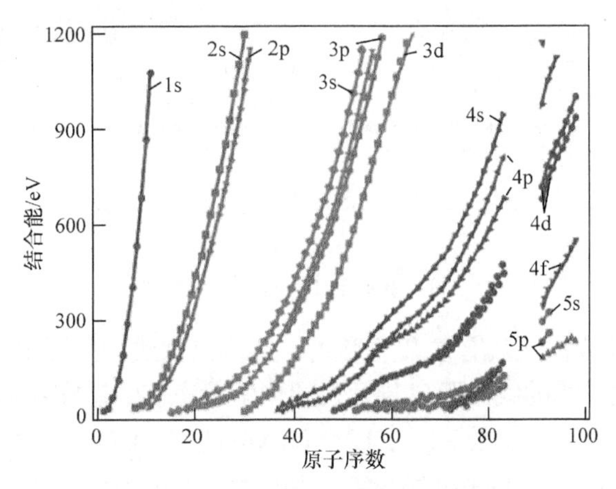

图 7-8　原子各层电子结合能数据图

以金属 Pd 为例，其原子序数为 46。由图 7-8 可知，当原子序数为 46 时，其 XPS 测试时会呈现 4s、4p、3s、3p、3d 等谱峰。其中，4s、4p 轨道光电子结合能较小(低于 100 eV)，而 3d 轨道光电子结合能处于 300～400 eV，3p 轨道光电子结合能处于 500～600 eV，3s 轨道光电子结合能大于 600 eV。

书后附录 2 列出了常见元素的各种轨道电子结合能数值，其他元素的电子结合能可查阅相关参考书。根据图 7-8 及附录 2 所示的各原子不同能级电子的结合能信息，可以初步估测所测元素原子 XPS 谱峰的大致特征峰位置，从而通过 XPS 测试获得样品表面的重要信息。

7.4.4　XPS 谱图中的伴峰

XPS 谱图中可以观测到的谱线除主要的光电子线外，还有俄歇线、X 射线卫星线、鬼线、振离线和振激线、多重分裂线和能量损失谱线等，这些称为伴线或伴峰。研究伴峰，不仅对正确解释谱图很重要，而且也能为分子和原子中电子结构的研究提供重要信息。

1. 俄歇线

当原子中的一个内层电子光致电离而射出后，在内层留下一个空穴，原子处于激发态。这种激发态离子要向低能转化而发生弛豫，一种弛豫方式是可通过辐射跃迁释放能量，其值等于两个能级之间的能量差，波长在 X 射线区，辐射出的射线称为 X 射线荧光，该方式类似 X 射线的产生。另一种弛豫方式是通过非辐射跃迁使另一个电子激发成自由电子，该电子就称为俄歇电子，由俄歇电子形成的谱线称为俄歇线。

俄歇电子的产生过程示意图如图 7-9 所示。在 XPS 测试过程中，射线源为 X 射线。如果选用 Mg 靶，其 X 射线能量为 1253.6 eV。在 X 射线轰击下，某一壳层电子(假设为 1s 轨道)会被激发，成为光电子。光电子能量将形成 XPS 谱图的主峰。此时，1s 轨道将存在一个空位。如果外层电子(如 2s 壳层)跌落至 1s 轨道，富余的能量可能会使 2p 轨道电子激发逃逸，成为俄歇电子。

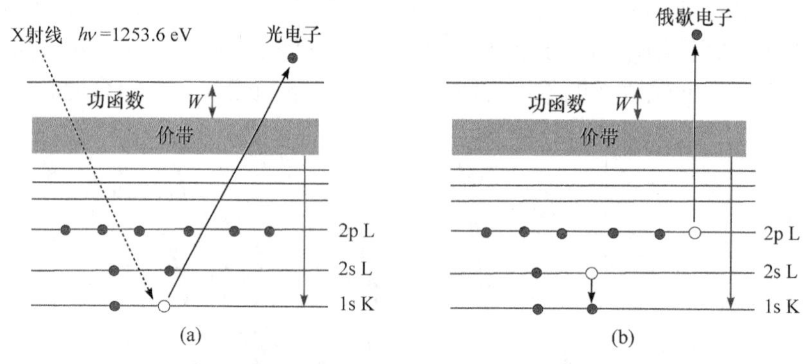

图 7-9　俄歇电子产生过程示意图

X 射线激发的俄歇线往往具有复杂的形式，它多以谱线群的形式出现，与相应的光电子线相伴随。它到主光电子线的线间距离与元素的化学状态有关。在 XPS 谱图中可以观察到的俄歇谱线主要有四个系列，它们是 KLL、LMM、MNN 和 NOO，符号的意义是：左边字母代表产生起始空穴的电子层，中间字母代表填补起始空穴的电子所属电子层，右边字母代表发射俄歇电子的电子层。

由于俄歇线具有与激发源无关的动能值，因而在使用不同 X 射线激发源对同一样品采集谱线时，在以动能为横坐标的谱图中，俄歇线的横坐标能量位置不会因激发源的变化而变化，而光电子动能则会受激发源影响。在以结合能为横坐标的谱图中，尽管光电子线的能量位置不会改变，但俄歇线的能量位置会因激发源的改变而做相应的变化。因此，可以通过换靶的方式对同一样品分别采用 Mg K_α 和 Al K_α 为射线源，利用变换 X 射线源的办法来区分光电子线与俄歇线。

另外，俄歇线也有化学位移，并且位移方向与光电子线一致。当有些元素的光电子线化学位移不明显时，也许俄歇线的化学位移会有所帮助。因此，俄歇线是 XPS 谱图中光电子线信息的补充。

2. X 射线卫星线

用来照射样品的单色 X 射线并非单色，常规使用的 Mg/Al $K_{\alpha1,2}$ 射线里混杂有 $K_{\alpha3,4,5,6}$ 和 K_β 射线，它们分别是阳极材料中的 L_2 和 L_3 能级上状态不同的电子和 M 能级的电子跃迁到 K 层上产生的荧光 X 射线效应，这些射线统称为 $K_{\alpha1,2}$ X 射线的卫星线。样品原子在受到 X 射线照射时，除了发射特征 X 射线($K_{\alpha1,2}$)所激发的光电子外，X 射线卫星线也同样激发光电子。由这些光电子形成的光电子峰，称为 X 射线卫星峰。由于 $K_{\alpha1,2}$ 射线卫星线的能量较高，因此这些光电子往往有较高的动能，表现在 XPS 谱图上就是在光电子线的低结合能端或高动能端产生强度较小的卫星峰。这些强度较小的卫星峰离主光电子线(峰)的距离以及它们的强度大小因阳极材料的不同而不同。

3. 多重分裂线

当原子或自由离子的价壳层拥有未成对的自旋电子时，光致电离所形成的内壳层空位便将与价轨道上未成对的自旋电子发生耦合，使体系不止出现一个终态。每一个终态在 XPS 谱图上将有一条谱线，这就是多重分裂线的含义。过渡金属具有未充满的 d 轨道，稀土和锕系元素具有未充满的 f 轨道，这些元素的 XPS 谱图中往往出现多重分裂线。图 7-10 为 Mn^{2+}由于 3s 轨道电子电离所产生的多重分裂谱。当 Mn^{2+}的 3s 轨道受激发后，会出现两种终态，见图 7-10 中(a)和(b)。(a)态中锰离子电离后剩下的一个 3s 电子和 5 个 3d 电子的自旋方向相同，(b)态中锰离子电离后剩下的一个 3s 电子和 5 个 3d 电子的自旋方向相反。因此，在终态(b)中，光电离后产生的未成对电子与价轨道上的未成对电子耦合，使其能量降低，即与原子核结合牢固；而在终态(a)中，光电离后产生的未成对电子与价轨道上的未成对电子自旋方向相同，没有耦合作用，所以其能量较高，即与原子核结合能较低。在 XPS 谱图中，终态(a)的 3s 轨道电子结合能低，终态(b)的 3s 轨道电子结合能高，且两种终态 XPS 中 3s 光电子峰强度比为 $I_a/I_b = 2/1$，分裂的程度是两谱线峰位之间的能量差。

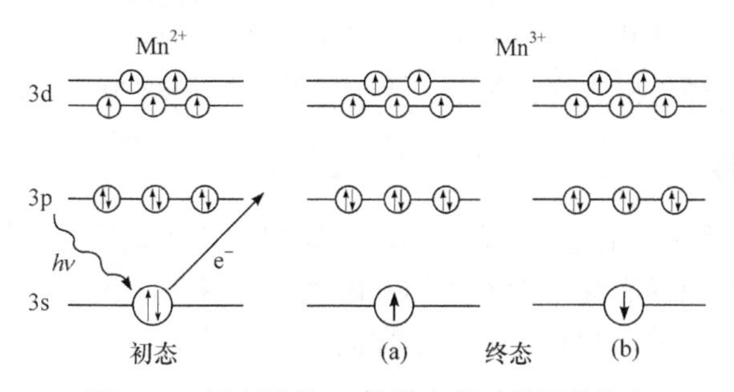

图 7-10　锰离子的 3s 轨道电离时的两种终态

4. 能量损失谱线

光电子能量损失谱线是由于光电子在穿过样品表面时与原子(或分子)之间发生非弹性碰撞，损失能量后在谱图上出现的伴峰。能量损失的大小与样品有关，损失峰强度取决于样品的特性和穿过样品的电子动能。在气相中，能量损失谱线是以分立峰的形式出现的，其强度与样品气体分压有关。降低样品气体分压可以减小或基本消除气体的特征能量损失效应。在固体中，能量损失谱线的形状比较复杂。对于金属，通常在光电子主峰的低动能端或高结合能端的 5～20 eV 处可观察到主要损失峰，随后在谐波区间出现一系列次级峰；对于非导体，通常看到的是一个拖着长尾巴的拖尾峰。在一定的情况下，能量损失谱线给分析谱图增加了困难。

5. 电子的振离和振激谱线

在光电子发射中，因内层形成空位，原子中心电位发生突然变化将引起外壳电子跃迁。这时有两种可能：如果价壳层电子跃迁到非束缚的连续状态成了自由电子，则称此过程为电子的振离；如果价壳层电子跃迁到更高能级的束缚态，则称为电子的振激。

振离是一种多重电离过程。当原子的一个内层电子被 X 射线光电离而发射时，由于原子有效电荷的突然变化，导致一个外层电子激发到连续区(电离)。这种激发使部分 X 射线光子的能量被原子吸收。由于部分能量被原子吸收，剩余部分用于正常激发光电子的能量就减小，其结果是在 XPS 谱图主光电子峰的高结合能端(低动能端)出现平滑的连续谱线。在这条连续谱线的低结合能端(高动能端)有一陡限，此限与主光电子峰之间的能量差等于带有一个内层空穴离子基态的电离电位。

振激是一种与光电离过程同时发生的激发过程，其产生过程与振离类似，区别在于它的价壳层电子跃迁到了更高级的束缚态。外层电子的跃迁导致用于正常发射光电子的射线能量减小，其结果是在谱图主光电子峰的低动能端出现分立(不连续)的伴峰，伴峰与主峰之间的能量差等于带有一个内层空穴的离子基态与它的激发态之间的能量差。

6. 鬼线

XPS 谱图中有时会出现一些难以解释的光电子线，这时就要考虑是否为鬼线。鬼线的来源主要是阳极靶材料不纯，含有微量的杂质。这时，X 射线不仅来自阳极靶材料元素，还来自阳极靶材料中的杂质元素。这些杂质元素可能是 Al 阳极靶中的 Mg，或者 Mg 阳极靶中的 Al，或者阳极靶的基底材料 Cu。鬼线还有可能起因于 X 射线源的窗口材料 Al 箔。来自杂质元素的 X 射线同样激发出光电子，这些光电子反映在 XPS 谱图上，出现的就是彼此交错的光电子线，像“幽灵”一样随机出现，常令人困惑不解，因此称为“鬼线”。

7.4.5 XPS 谱峰的位移

在 XPS 谱图上所指示的光电子结合能有时偏离附录 2 中给出的数据，这种现象称为谱峰的位移。引起光电子峰位移有化学因素和物理因素。前者是因为原子周围的化学环境改变所引起的位移，称为化学位移。物理因素包括样品的荷电效应、自由分子的压力效应、固体的热效应等。

原子价态的变化、原子与不同电负性原子结合都会影响它的内层电子结合能，从而引起光电子峰发生位移。化学位移在 XPS 中是一种很有用的信息，通过对化学位移的研究，可以了解原子的状态、可能的化学环境及分子结构等。化学位移现象可以用原子的静电模型解释。原子中的内层电子主要受原子核强烈的库仑作用，使电子在原子内具有一定的结合能，其能量从较轻元素的几百电子伏特到较重元素的十万电子伏特。同时，内层电子又受到外层电子的屏蔽作用。因此，当外层电子密度减小时，屏蔽作用将减弱，电子的结合能增加；反之，当外层电子密度增加时，电子的结合能降低。

类似地，当某元素的原子处于不同的氧化态时，它的结合能也将发生改变。例如，金属 Be 的 1s 电子结合能为 110 eV，如果将其放在 1.33×10^{-7} Pa 的真空下蒸发到 Al 基片上，然后再用 Al K_{α} 作激发源，测量其光电子能谱，可得到一个有分裂峰的谱峰，两者结合能相差(2.9 ± 0.1)eV，如图 7-11 曲线(a)所示。其中，110.0 eV 的峰值对应的是金属 Be(Be 1s)，而另一能量稍大的峰值对应的是 BeO 的 Be 1s。该结果说明，在 1.33×10^{-7} Pa 真空条件下蒸发，部分 Be 已氧化。如果不在真空条件，而是直接将 Be 在空气中氧化，就得到图 7-11 曲线(b)所示的结果，即几乎所有 Be 都被氧化成 BeO。假设用 Zr 作还原剂阻止 Be 的氧化，就得到主要是 110.0 eV 的金属 Be 1s 光电子峰[图 7-11 曲线(c)]。因此，原子内壳层电子结合能随着原子氧化态的增高而增大。氧化态越高，化学位移越大。原子内壳层的电子结合能随化学环境而变化，反映在光电子能谱图上就是结合能谱线位置发生位移，其强度与原子所在的不同结构(化学环境)的数目有关。

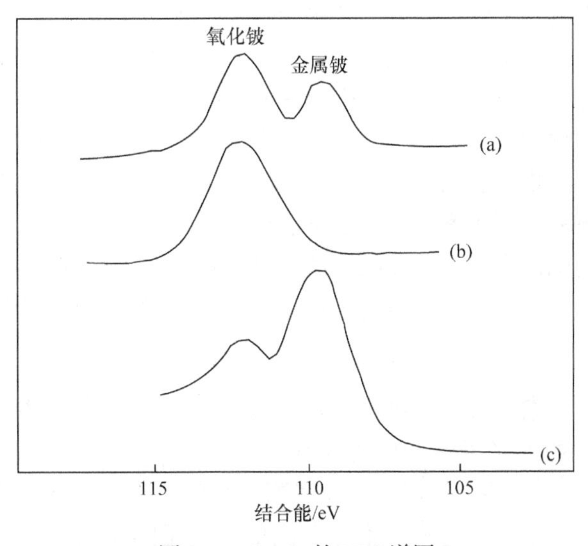

图 7-11　Be 1s 的 XPS 谱图

尽管随着原子氧化态升高，光电子化学位移会增大，但原子的氧化态与光电子结合能位移之间并不存在数值上的绝对关系。因此，在测得某原子的电子结合能之后，也难以断定该原子的氧化态。往往要用标准样来对照，找到各种氧化态与化学位移的对应关系。

7.4.6　定性分析

XPS 是一种非破坏性的分析方法。当用于固体样品定性分析时，它是一种表面分析方法，具有较高的灵敏度，是最有效的元素定性分析方法之一。原则上，XPS 可以鉴定元素周期表中除氢以外的所有元素。由于各种元素都有它特征的电子结合能，因此在能谱图中就出现特征谱线。即使是周期表中相邻元素，其同能级的电子结合能相差也相当大。因此，当用 XPS

仪得到一张 XPS 谱图后，可以依据元素光电子线、俄歇线的特征能量值以及其他伴线的特征来标识谱图，找到每条谱线的归属，从而达到定性分析的目的。

在分析谱图时，对于金属和半导体样品，由于其不会荷电，不用扣除荷电效应。而对于绝缘样品，当荷电效应较大时，会造成结合能位置存在较大偏移，因此必须进行校准消除荷电位移。在标识特征谱图时，首先标识常见元素的谱线，如 C 1s、C_{KLL}、O_{KLL}、O 2s、X 射线卫星线和能量损失线等。利用文献及附录 2 中的结合能数值标识谱图中最强的、代表样品中主体元素的强光电子谱线，并找出与其匹配的其他弱光电子线和俄歇线，但要特别注意某些谱线可能来自更强光电子线的干扰。同时，由于光电子激发过程的复杂性，在 XPS 谱图上不仅存在各原子轨道的光电子峰，还有一系列伴峰，如部分轨道的自旋裂分峰、K_β X 射线卫星峰等。目前，虽然定性标记的工作可由计算机进行，但经常会发生标记错误，应加以注意。

当发现一个元素的强光电子线被另一元素的俄歇线干扰时，应采用换靶的方法，在以结合能为横坐标的 XPS 谱图中将产生干扰的俄歇线移开，达到消除干扰的目的，以利于谱线的定性标识。

7.4.7　定量分析

除了能对许多元素进行定性分析外，XPS 还可以进行半定量分析。XPS 定量分析的关键是如何将所观测的谱线强度信号转变为元素含量，即将峰面积转换为相应元素的含量(或相对浓度)。因此，通过测量光电子强度即可进行 XPS 定量分析。在实验中发现，直接用谱线强度进行定量，得到的结果误差较大。这是由于不同元素原子或同一原子不同壳层电子对光照敏感度不同。敏感度高的光电子信号强，敏感度低的光电子信号弱。因此，不能直接用谱线强度进行定量。目前，通常采用元素灵敏度因子法定量。

元素灵敏度因子法也称原子灵敏度因子法，是一种半经验性的相对定量方法。对于单相、均一、无限厚的固体表面，从光电发射物理过程出发，可导出谱线强度的计算公式：

$$I = f_0 \rho A_0 Q \lambda_e \phi y D \tag{7-7}$$

式中，I 为检测到的某元素特征谱线所对应的强度，cps；f_0 为 X 射线强度，表示每平方厘米样品表面上每秒所碰撞的光子数(光子数 × cm^{-2} × s^{-1})；ρ 为被测元素的原子密度(原子数 × cm^{-3})；A_0 为被测试样有效面积，cm^2；Q 为待测谱线对应轨道的光电离截面，cm^2；λ_e 为试样中电子的逸出深度，cm；ϕ 为考虑入射光和出射光电子间夹角变化影响的校正因子；y 为形成特定能量光电过程效率；D 为能量分析器对发射电子的检测效率。其中，定义 $S = f_0 A_0 Q \lambda_e \phi y D$ 为元素灵敏度因子或标准谱线强度，可用适当的方法计算或通过实验测定。因此，可得

$$\rho = I / f_0 A_0 Q \lambda_e \phi y D = I / S \tag{7-8}$$

根据式(7-8)，对某固体试样中的两种不同元素，若已知它们的灵敏度因子 S_1 和 S_2，并测出两者各自特定的光电子能量谱线强度 I_1 和 I_2，即可计算其原子密度之比：

$$\rho_1 / \rho_2 = (I_1 / S_1) / (I_2 / S_2) \tag{7-9}$$

由式(7-9)可写出样品中某元素所占有的原子百分数：

$$C_x = \rho_x / \sum \rho_i = (I_x / S_x) / \sum (I_i / S_i) \tag{7-10}$$

目前发表的有关元素的 S 值，一般是以氟 F 1s 轨道电子谱线灵敏度因子为 1 定出的。刘世宏 1988 年所著《X 射线光电子能谱分析》给出了部分元素的 S 值。在实际样品分析中，只要测出样品中各元素的某一光电子线强度，再分别除以它们各自的灵敏度因子，就可以利用式(7-10)进行相对定量，得到某种原子比或原子百分数。XPS 并不是一种很准确的定量分析方法。由于元素灵敏度因子 S 概括了影响谱线强度的多种因素，因此无论是理论计算还是实验测定，其数值都不可能精确。

7.4.8　不同深度的元素分布分析

XPS 可以通过多种方法实现元素沿深度方向分布的分析，最常用的两种方法是剥离深度分析和变角 XPS 深度分析。

1. 剥离深度分析

在剥离深度分析中，最常用的是以 Ar 离子作为离子源对无机材料逐层剥离，其原理是用离子枪不断轰击出新的下表面，连续测试、循序渐进就可以做深度分析，得到沿表层到深层元素的浓度分布。由于离子溅射的方法是一种破坏性分析方法，会存在择优溅射问题，因此溅射源离子的能量应尽可能小。为了避免离子束溅射坑边效应，离子束面积应比 X 射线枪束斑面积大 4 倍以上。对于新一代 XPS 仪器，由于采用了小束斑 X 射线源(微米量级)，XPS 深度分析变得较为现实和常用。

然而，高能 Ar 离子源会造成聚合物表面化学态信息被破坏或者化学组成被改变，因此其难以用于聚合物材料。近年来，随着 XPS 技术的发展，有些厂家发展出气体团簇离子源溅射技术。由于气体团簇离子源能量和单电荷分散到整个团簇上，团簇撞击样品显著减少了进入材料中的能量，使样品表面损伤区大大减小，因此利用该技术中弱结合气体原子团簇可剥离聚合物材料。目前，该技术被证实可以成功地进行有机多层材料的深度剖析。

2. 变角 XPS 深度分析

变角 XPS 深度分析方法的原理是利用采样深度与样品表面出射的光电子接收角的三角函数关系，可以获得不同深度的元素浓度。图 7-12 为变角 XPS 分析示意图。其中，θ 为进入分析器方向的电子与样品深度之间的夹角。由图可知，取样深度 d 与 θ 的关系为 $d = 3\lambda\cos\theta$。当 θ 为 0°时，XPS 的采样深度最深。增大 θ，XPS 的采样深度减小。因此，通过改变 θ 角度，可以获得不同深度的表面层信息。由于变角 XPS 深度分析技术是一种非破坏性的深度分析方法，因此其只适用于表面层非常薄(1～5 nm)的体系。

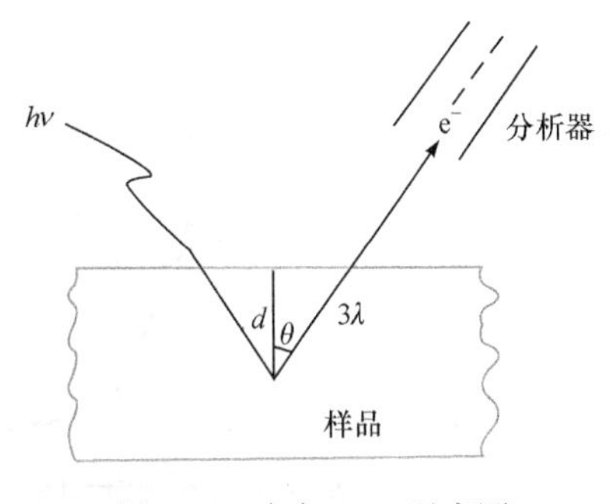

图 7-12　变角 XPS 示意图

7.5　XPS 在材料分析中的应用及案例分析

7.5.1　表面元素全分析

受外界环境影响，材料表面组成、结构与性能往往与本体之间存在较大差异。材料表面结构和性能的变化会进一步影响其整体性能。因此，了解材料表面层组成对于探讨改进和提高材料性能具有重要意义。借助 XPS 可以方便地对材料表面成分进行有效的分析。图 7-13 为氧化钡(BaO)的 XPS 谱图。由强信号的谱峰位置以及元素的特征结合能可以确定体系中主要含有 Ba、O 等元素。此外，XPS 信号显示其表面还有一些来自 C 的信号，这可能是由于样品被污染造成的。在谱图高结合能端还出现 X 射线诱发的 Ba 和 O 的俄歇峰。

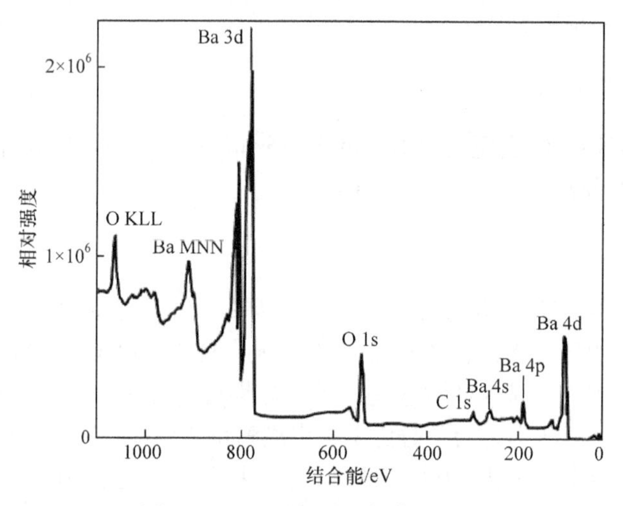

图 7-13　BaO 的 XPS 宽谱扫描图

图 7-14 为金(Au)的 XPS 谱图，所用射线源为 Al K_α 射线。图中显示了来自 Au 不同能级特征光电子峰，如 4s、4p、4d 等。另外，在高结合能端还显示了部分俄歇峰信号。

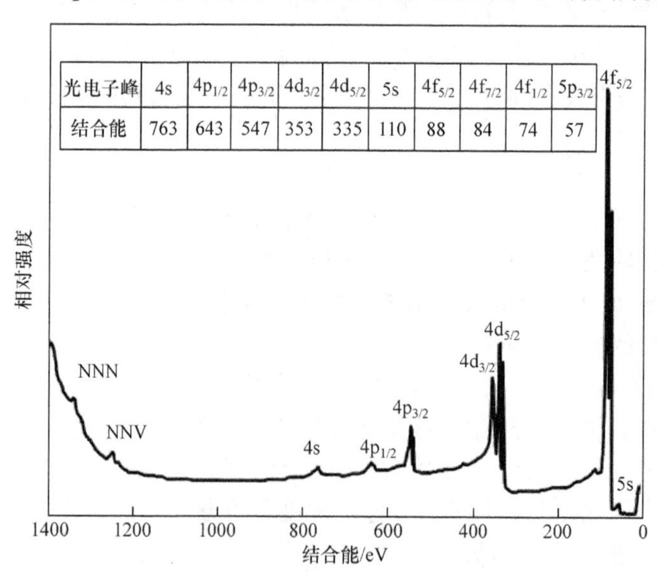

光电子峰	4s	$4p_{1/2}$	$4p_{3/2}$	$4d_{3/2}$	$4d_{5/2}$	5s	$4f_{5/2}$	$4f_{7/2}$	$4f_{1/2}$	$5p_{3/2}$
结合能	763	643	547	353	335	110	88	84	74	57

图 7-14　Au 的 XPS 宽谱扫描图

7.5.2　元素窄谱分析

元素窄谱分析也称为分谱分析或高分辨谱分析。在仪器设置分析参数时，与全谱相比，其扫描时间长、通过能小、扫描步长小、扫描区间在几十个电子伏特内。根据全分析谱图设定元素窄谱扫描范围，只要能包括待测元素的能量范围，又没有其他元素的谱线干扰就可以。

一般情况下，元素窄谱的能量范围以强光电子线为主。元素窄谱分析可以得到谱线的精细结构，通常用作分析元素的化学位移。

表 7-2 列出了不同化学环境下 C 1s 的电子结合能。可以看出，随相邻原子电负性的增加，C 1s 电子结合能从 285.0 eV 上升至 287.8 eV。当与氧双键相连，C 1s 电子结合能高达 288.0 eV。这是因为随着原子电负性增加，其对 C 外层吸引力增强，使 C 原子自身的电子结合能增加。

表 7-2　不同化学环境 C 1s 电子结合能

基团	C 1s 电子结合能/eV
C—H，C—C	285.0
C—N	286.0
C—O—H，C—O—C	286.5
C—Cl	286.5
C—F	287.8
C═O	288.0

图 7-15 反映了三氟乙酸乙酯中不同化学环境 C 1s 的电子结合能差异。如图所示，三氟乙酸乙酯中的四个 C 原子处于四种不同的化学环境。化学式最左边 C 与三个 F 原子相连，由于 F 电负性较大，与其相连的 C 原子周围的负电荷密度较低，电子对 C 1s 电子的屏蔽作用较小，使 1s 电子与 C 原子核结合较紧密，此处 C 1s 电子结合能较大，F_3—C—中的 C 1s 电子结合能由原来的 284.0 eV 正位移增大至 292.2 eV；而由于 H 的电负性小，最右边—CH_3 的 C 1s 电子结合能最小，其他两种情况的 C 1s 电子结合能介于两者之间。

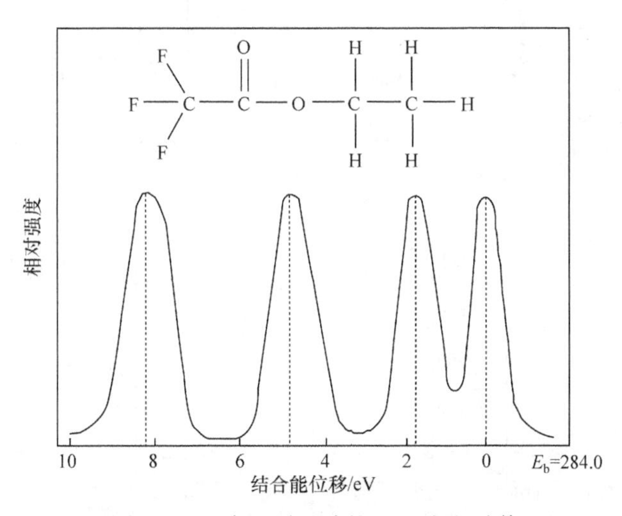

图 7-15　三氟乙酸乙酯的 C 1s 光电子谱

图 7-16 分别为 Ti 和 TiO_2 中 Ti 原子的 $2p_{1/2}$ 和 $2p_{3/2}$ 电子结合能。其中，Ti 原子的 $2p_{1/2}$ 和 $2p_{3/2}$ 电子结合能差值为 6.15 eV。在 TiO_2 中，Ti 由 0 价变为 +4 价，其对外层电子具有更强的吸引作用，导致 $2p_{1/2}$ 和 $2p_{3/2}$ 轨道电子结合能均移向高结合能端。

以上列举了 XPS 元素窄谱分析在研究化学位移方面的应用。另外，在定量分析时最好也用窄区谱，这样得到的定量数据结果误差较小。

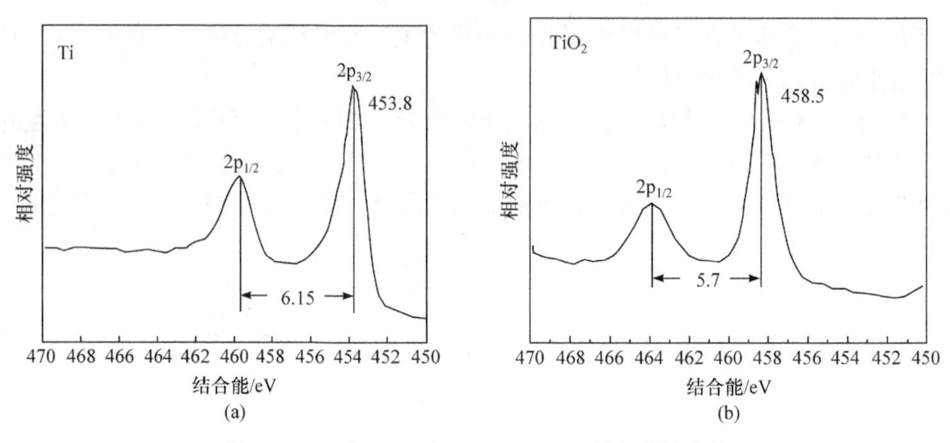

图 7-16　Ti 和 TiO_2 中 Ti $2p_{1/2}$、$2p_{3/2}$ 的电子结合能

7.5.3　XPS 在元素定量分析中的应用

在做定量分析时，通常需要先做全谱扫描，确认样品所含元素种类。然后再取各元素的窄区谱，利用计算机软件对各元素特征峰面积积分，可得到各特征峰面积。根据各元素特征峰面积以及元素灵敏度因子，利用式(7-10)计算各元素原子相对含量。例如，图 7-17 为某样品元素全分析及窄谱分析图，显示该样品中包含 O、N、C、Si 四种元素。

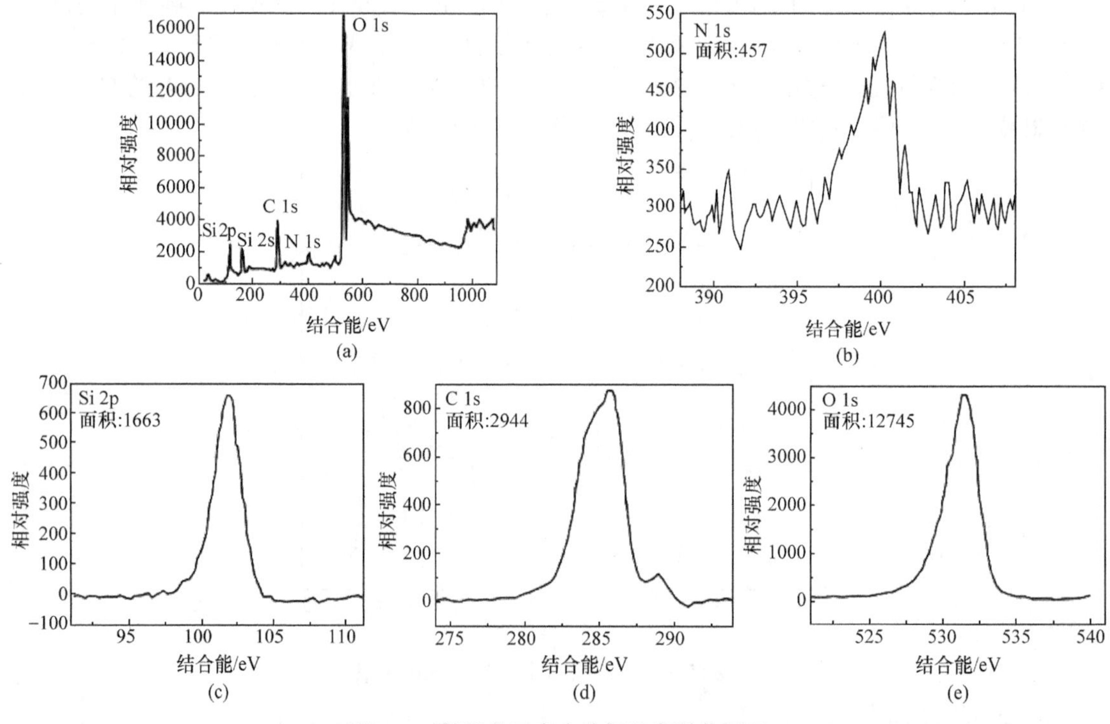

图 7-17　某样品元素全分析及窄谱分析图

将图 7-17 中各原子特征峰面积汇总，结合各元素灵敏度因子 S，可得表 7-3 信息。利用式(7-10)，可计算各元素原子相对含量(表 7-3 中 n 所示)。

表 7-3　元素含量及灵敏度因子

元素	积分面积	元素灵敏度因子 S	原子相对含量 n
Si 2p	1663	0.83	0.21
C 1s	2944	1.00	0.30
O 1s	12745	2.85	0.46
N 1s	457	1.77	0.03

图 7-18 为对苯二甲酸乙二酯的 C 1s 和 O 1s 的特征 XPS 谱图。其中，C 1s 谱图显示有三种不同化学环境的 C 电子结合能[图 7-18(a)]，分别对应于与氧相连酯基上的两个碳、乙基上的两个碳、苯环上的六个碳。三种峰面积比为 1∶1∶3，与化学式中三种不同化学环境下的碳数目一致。相应地，O 1s 谱图显示有两种不同化学环境的 O 电子结合能[图 7-18(b)]。其中，高结合能端为以单键形式与碳相连的氧。两种化学环境 O 的峰面积比为 1∶1。

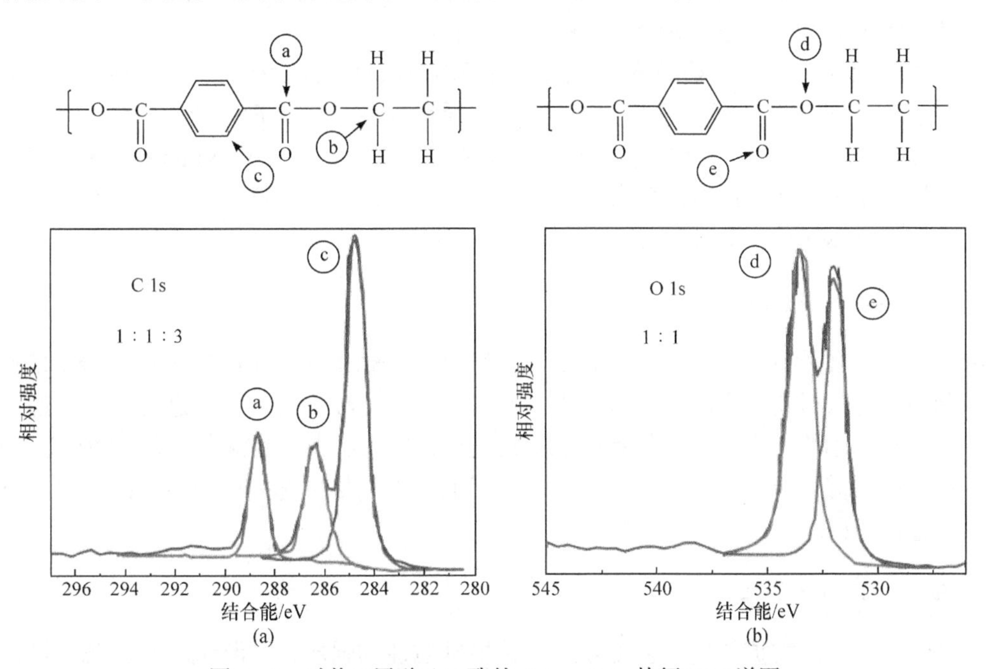

图 7-18　对苯二甲酸乙二酯的 C 1s、O 1s 特征 XPS 谱图

7.5.4　XPS 在材料深度剖析中的应用

XPS 只能用于表层分析，但是如果采用离子溅射的方式不断轰击出样品新的下表面，连续测试、循序渐进就可以做深度分析，得到沿表层到深层元素的浓度分布。图 7-19 为钨-钛-硅多层材料的结构示意图及其 XPS 深度分布曲线。该深度谱线反映出的元素浓度变化与材料结构一致，也体现了各元素在不同深度的浓度变化。另外，XPS 深度分析还可用于研究多层梯度材料在不同工艺条件下的扩散情况及扩散界面处元素的价态变化。

7.5.5　样品制备及测试过程的注意事项

1. 样品基本要求

在 XPS 测试过程中，样品制备是重要环节，其影响谱图质量，甚至决定实验的成败，必

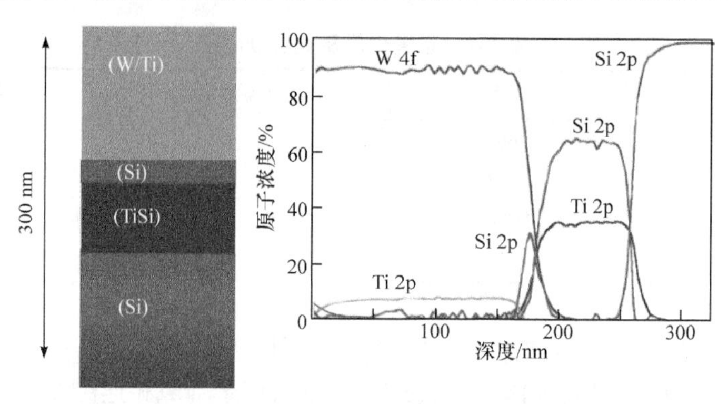

图 7-19　钨-钛-硅多层材料的结构示意图及其 XPS 深度分布曲线

须结合测试目的、测试条件综合考虑。根据样品的特性和分析目的，制备样品时需遵循以下原则：不损伤仪器(如不能污染真空)、不损毁样品待测信息、引入的杂质不影响分析结果、尽可能降低分析中荷电效应等对谱峰的影响等。

由于 XPS 是一项表面分析技术，因此样品必须干燥且表面干净、平整，在高真空环境以及 X 射线照射下不挥发、不分解、不释放气体。通常 XPS 不测试液体或胶状样品。对于块状样品，可以直接用双面胶将其粘到样品台上，长宽厚不得超过 5 mm×5 mm×3 mm。对于粉体样品，制样通常采用压片或双面胶带法，也可将粉末分散至水或挥发性有机溶剂，形成悬浊液滴至硅片等固体基片、金属箔或滤膜、海绵等基底上。

2. 粉末样品制备注意事项

粉末样品用量必须大于 10 mg 或 10 mL，粉末粒径越细(一般小于 0.2 mm)，谱峰信噪比越好。在利用压片法对粉末样品制样时，压力、时间可根据样品实际情况进行设定，通常压力为 5～10 MPa，时间为 5～10 s。如果粉末颗粒过粗，压片后表面粗糙度过大，将导致 XPS 信号弱。压片后，需进行气体吹扫，除去未压牢固的粉末，尽量选择样品中表面平滑且没有裂缝的区域进行测试。

3. 磁性样品制样要求

容易磁化的样品需提前进行去磁处理，并根据磁性的强弱，在测试时选择磁透镜模式或静电透镜模式。采用磁透镜模式测试时，应尽量减小样品尺寸，减少磁场对发射电子的干扰；当磁性较强、无法减小样品尺寸、使用标准模式透镜无法获得正确图谱时，可采用静电透镜模式，但装样时远离其他样品，最好单独安装在样品台上。

4. 样品表面污染问题

样品表面若被污染，不仅会降低 XPS 原始信号的强度，而且会出现污染物的干扰峰，使背景信号增强。因此，在样品制备及测试过程尤其要注意保证样品本身的清洁。为减少样品表面污染，制样过程需提前利用浸有无水乙醇的无尘纸将使用工具擦拭并佩戴无粉乳胶手套，必要时可对样品进行清洁。清洁样品表面的方法主要有干氮气吹、有机溶剂(乙醇)或水等直接物理清洗、机械清洁(刮削、打磨、断裂等)、预抽、加热脱附等，也可采用温和 Ar 离子轻轻刻蚀样品表面，如有条件可采用团簇离子枪，以减少刻蚀样品过程造成的样品损伤。由于样品在真空中污染慢、程度小，为减少污染，样品制备后应尽早送入样品真空室测试。

部分测试者将喷金处理过的扫描电子显微镜待测样品直接作为 XPS 待测样品进行送样，这显然是错误的。由于 XPS 为表面分析技术，其只能获得样品表面几纳米范围内的信息，因此若直接对喷金样品进行 XPS 测试，得到的显然是表面金的信息。

5. 荷电问题

XPS 分析中，如果样品导电性差或虽导电但未有效接地，当 X 射线不断照射样品时，样品表面出现正电荷积累，会影响 XPS 谱峰结果。因此，可以从以下几方面尽量减少荷电的影响：①测试前，用导电胶带或导电细丝缠绕表面，或者用铜网、带孔的铝箔包裹样品，尽量减少或消除测试表面荷电；②测试中，使用电子枪等进行荷电中和；③测试后，对于已经出现的荷电，可采用内外标法等进行校准。其中，污染 C 1s 校准的方法最方便，被广泛采用。

6. 离子溅射问题

虽然 Ar 离子刻蚀的方法可以用于清洁样品表面或做深度分析，但是离子溅射也会带来一系列问题，如择优溅射、破坏样品表面结构和组分、长时间溅射造成表面粗糙、弧坑效应等。因此，在清洁样品表面时尽量不使用 Ar 离子刻蚀的方法，而采用其他物理和化学方法来处理样品。如确实需要使用离子溅射时，也应当尽量使用低通量 Ar 离子，减少 Ar 辐射时间，尽可能保持原始样品特征或采用原子团簇枪，降低对样品表面的损伤。另外，在利用离子溅射做清洁或深度剖析时，要求样品均匀、表面平整，且尺寸大于 Ar 离子溅射面积 2 倍以上。为了使 XPS 分析中心位于 Ar 离子有效溅射区域内，一般刻蚀面积为分析面积的 3～5 倍。

并非所有的样品均可随意进行 Ar 离子清洁刻蚀。例如，Ar 离子刻蚀可能会诱导 TiO_2 发生还原反应。因此，建议慎用 Ar 离子刻蚀如 TiO_2 等可能发生还原反应的样品，并均衡考虑污染和离子溅射损伤等多方面的影响。即使采用 Ar 离子刻蚀，也应采用低能 Ar 离子源并控制剂量。

7. 测试过程注意事项

表面分析能谱仪对真空度的要求相当高，在目前大型分析仪器中列于首位。获得超高真空是保证进行有效分析的重要手段。如果样品表面附着一层气体分子层，样品被激发出的电子将受阻，严重影响分析结果。因此，样品台装入进样室之后尽量长时间抽气以获得较高的真空度，降低对仪器内腔和电子枪的污染，且测试结束时应立即把样品转移到进样室。另外，安装样品时，应注意增大样品间的间隔，以防 X 射线损伤周围的样品。

另外，在数据分析过程中，应注意样品中的不同元素能谱峰可能存在重叠，使光电子峰相互干扰。例如，当样品中同时存在 Cu、Pr 两种元素，Cu 2p 和 Pr 3d 谱峰会发生重叠，此时需要采用其他特征峰(如 Cu 3p 或 Pr 4d)进行分析。

7.5.6　UPS 在材料表面电子结构分析中的应用

上面所讲的是 XPS 基本原理及应用。XPS 仪器有时会搭配紫外光配件，可以进行紫外光电子能谱(ultraviolet photoelectron spectrometer，UPS)测量。UPS 基本原理与 XPS 基本相同，都是基于爱因斯坦光电定律。其入射光线为一定能量的紫外光，可在高能量分辨率(10～20 meV)水平上探测价层电子能级的亚结构和分子振动能级的精细结构，与 XPS 互补。

对于自由分子和原子，其遵循：

$$h\nu = E_k + E_b + \Phi$$

式中，$h\nu$ 为入射光子能量(He Ⅰ，21.22 eV)；E_k 为光电过程中发射的光电子动能(测量值)；E_b 为内层或价层束缚电子的结合能(计算值)；Φ 为谱仪的逸出功。紫外光的能量较小，因此 UPS 激发电子仅来自于非常浅的样品表面(约 10 Å)，反映的是原子费米能级附近的电子即价层电子相互作用的信息。图 7-20 为 Ag 的 UPS 谱图，包含 Ag 原子费米能级附近的电子结合能信息。

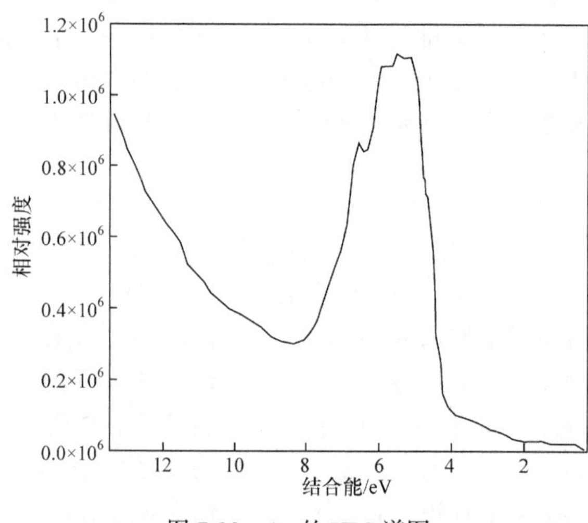

图 7-20　Ag 的 UPS 谱图

有关 XPS 的应用还有很多，它的优势在于具有较高的灵敏度，能够反映出原子化合态的变化，并且获得材料表面及不同深度的组成信息。但是，它的使用也存在部分局限性，如对材料表面清洁度要求较高、监测范围仅为表面几纳米等。在实际使用中，需要将 XPS 与其他分析方法相结合，才能得到更准确的信息。

参 考 文 献

刘世宏. 1988. X 射线光电子能谱分析[M]. 北京：科学出版社.

吴刚. 2001. 材料结构表征及应用[M]. 北京：化学工业出版社.

曾幸荣. 2007. 高分子近代测试分析技术[M]. 广州：华南理工大学出版社.

张锐. 2007. 现代材料分析方法[M]. 北京：化学工业出版社.

习　　题

1. XPS 如何制样？有哪些注意事项？
2. 为什么 XPS 仪器必须采用超高真空系统？
3. XPS 化学位移是如何产生的？其在聚合物结构分析中有什么作用？
4. 对于绝缘体样品或导电性能不好的样品，为什么要进行荷电校准？
5. 简要说明如何应用 XPS 进行定量分析。
6. 如何应用 XPS 对样品不同深度的物质进行分析？

第三篇　电子显微分析技术

第 8 章　电子显微分析基础

高能电子束是一种电磁波，具有波粒二象性，当其沿一定方向入射到样品时，在样品原子核和核外电子的库仑电场作用下，将发生电磁场与物质场的强烈相互作用，产生弹性散射和非弹性散射。伴随着散射过程，相互作用区域中将激发出多种携带样品特征的物理信号，而这正是透射电子显微镜、扫描电子显微镜、电子探针及其他许多相关的显微分析仪器得以广泛应用的物质基础。

8.1　电子与物质的相互作用

8.1.1　散射效应

在电子显微分析仪器中，由电子枪阴极产生的电子束通过加速电场加速和电磁透镜聚焦后形成一束高能电子探针，沿一定方向入射到样品中，由于受到试样中原子核及核外电子云的库仑势和晶格位场的作用，其入射方向或能量会发生改变(或者两者同时改变)，这种现象称为散射(图 8-1)。根据散射方向和能量变化情况，将电子束与样品的散射作用过程大致分为弹性散射和非弹性散射两个基本过程。

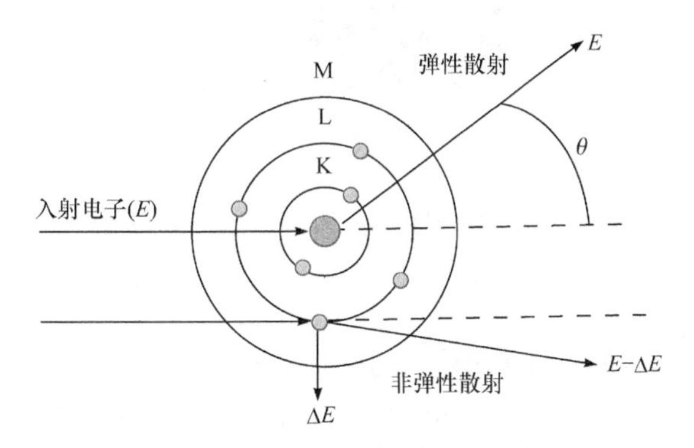

图 8-1　入射电子与样品原子的散射作用示意图

1. 弹性散射

当高能入射电子进入样品内部后与原子核及核外电子云发生碰撞或作用，由于原子核的质量比电子大得多，入射电子受到原子核的散射，发生弹性散射过程：入射电子的动能 E 散射前后基本不降低，但运动方向发生较大的改变，如图 8-1 所示，电子束偏离入射方向的角度为θ，该平均值为 8°，被偏转范围为 0～180°，此时原子不被激发，弹性散射主要导致电子在样品内部扩散。

2. 非弹性散射

当高能入射电子与原子核或核外电子(主要是核外电子)发生碰撞时，由于两者电荷及质量相当接近，则发生非弹性散射过程：不仅运动方向发生变化，而且碰撞后电子能量也大幅度降低，被转移到原子核或核外电子上，从而引起价电子、内层电子、等离激元、声子等激发，产生二次电子、特征 X 射线光子、俄歇电子或光电子等信号。

8.1.2 相互作用区

电子束入射样品时与原子核或核外电子碰撞具有随机性，因此弹性散射和非弹性散射过程是同时发生的，每次散射后都会使其前进方向发生改变，从而使电子在样品内部扩散，直至电子重新出射出样品或者能量完全损失掉，电子束运动轨迹区域称为相互作用区，其体积大小及形状与入射电子束能量、材料原子序数和样品倾斜角度等性质有关。

相互作用区可以采用蒙特卡罗方法进行电子运行轨迹模拟计算得到，这是一种统计学的方法，通过分析上万个电子的运动轨迹，获取统计的轨迹图，如图 8-2 所示。

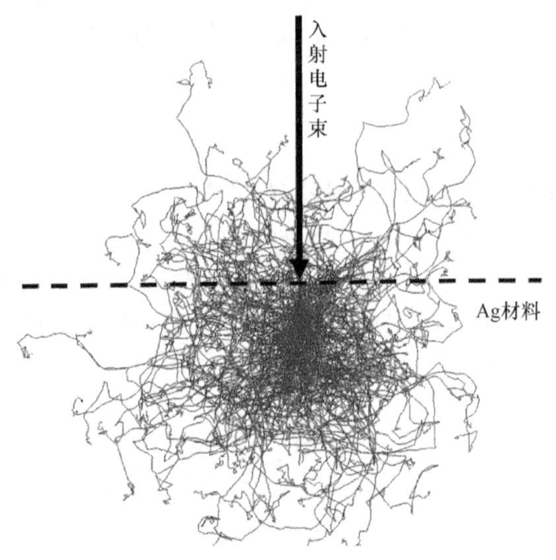

图 8-2 电子束在材料 Ag 中的蒙特卡罗轨迹模拟图

1. 原子序数的影响

当入射电子束能量一定时，相互作用区的形状主要与样品物质的原子序数有关。根据卢瑟福模型的描述，弹性散射截面(Q)正比于电子所轰击样品的原子序数(Z)。在高原子序数样品(如金属或陶瓷)中，电子在单位距离内经历的弹性散射比低原子序数样品多，其平均散射角也较大。因此，电子运动的轨迹更容易偏离起始方向，在固体中穿透深度随之减小；而在低原子序数的固体样品(如高分子材料或生物材料)中，电子偏离原入射方向的程度较小，而穿透得较深；因此，电子束与样品的相互作用区形状明显随原子序数而改变，从低原子序数的“水滴”状变为高原子序数的“半球”形，如图 8-3 所示。

2. 入射电子束能量的影响

对于同一样品，相互作用区的尺寸正比于入射电子束能量。而入射电子束能量取决于加速电压，当入射电子束能量变化时，相互作用区的横向和纵向尺寸随之成比例改变，其形状无明显变化，如图 8-3 所示，根据 Betch 理论的关系式 $\mathrm{d}E/\mathrm{d}z \propto 1/E$ 可知，入射电子束能量 E 随穿行距离 z 的损失率($\mathrm{d}E/\mathrm{d}z$)与其初始能量 E 成反比，即电子束初始能量越高，电子穿过某段特定

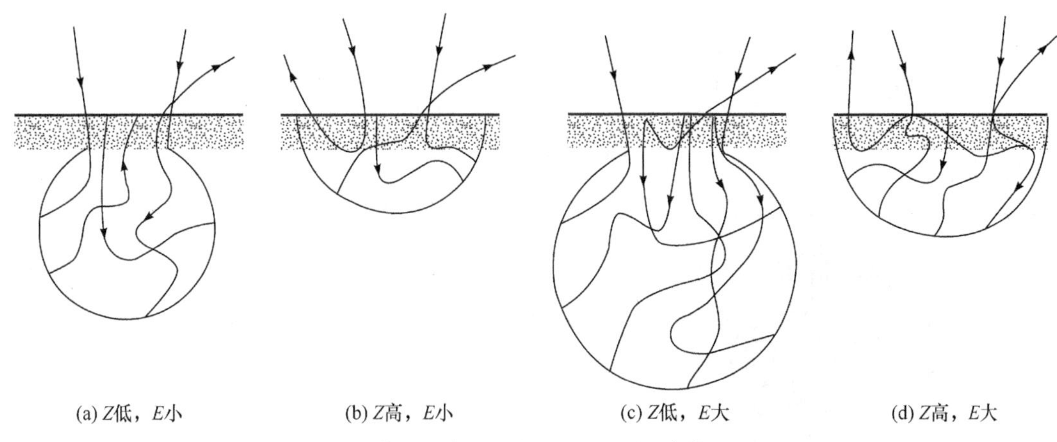

图 8-3　相互作用区与电子能量(E)和原子序数(Z)的关系图

的长度后保持的能量越大，电子在样品中能够穿透的深度越大。另外，由卢瑟福模型可知，电子在样品中的弹性散射截面与其能量的平方成反比，即 $Q\propto 1/E^2$ ，因而当能量增加时，接近表面的入射电子轨迹变得较直，某些电子在遭遇样品的原子核、核外电子多次散射反射回表面之前可在固体中穿透更深。

3. 样品倾斜角影响

样品倾斜的程度对相互作用区的大小也有一定影响。当样品倾斜角增大时，相互作用区减小，这主要是因为电子束在任何单独散射过程中具有向前散射的趋向，即电子偏离原前进方向的平均角度较小。当垂直入射(倾斜角为 0°)时，电子束向前散射的趋向使大部分电子传播到样品的较深处。当样品倾斜时，电子向前散射的趋势使其在表面附近传播，更多电子容易逃逸出样品，从而减小了相互作用区的深度。

8.1.3　主要成像信号

当高能入射电子与试样发生弹性散射或非弹性散射相互作用时，将发生能量的交换或运动轨迹的偏移，从而产生大量携带样品性能特征的信号，如二次电子、背散射电子、特征 X 射线、俄歇电子、透射电子、阴极荧光等，可利用这些信号成像来分析试样。不同类型信号具有不同的能量和激发体积，信号的范围和图像分辨率取决于加速电压和材料类型，图 8-4 给出了电子显微镜的高能入射电子束与样品散射后的主要信号和激发范围示意图。

1. 二次电子

二次电子(secondary electron，SE)是扫描电子显微镜中应用最多的信号电子，当高能入射电子与试样原子核外的内层电子或价电子发生相互作用时，将部分能量传递给核外电子，使其获取能量后发生电离形成自由电子，通过克服材料的逸出功离开样品即为二次电子。一般二次电子的能量为 0～50 eV，平均能量约 30 eV，如图 8-5 所示。

二次电子不仅能量较低，并且其非弹性散射平均自由程很短，非常容易损失能量，因此只有样品表面或者亚表面区域产生的二次电子才能克服材料的逸出功，离开样品到达探测器；入射电子在样品内部激发的二次电子，由于能量小使其不能出射到达表面，最后湮灭在样品深处。被探测到的二次电子激发区域直径与入射电子束斑尺寸相当，而其逸出最大深度一般约为

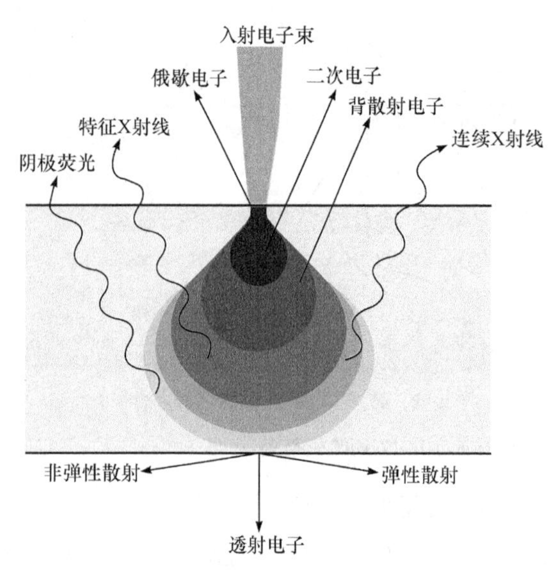

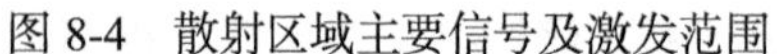

图 8-4 散射区域主要信号及激发范围

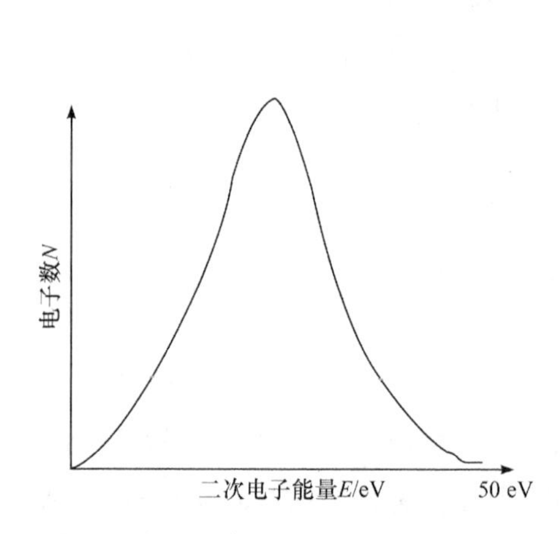

图 8-5 材料出射二次电子的能量分布图

5 倍的平均自由程(导体约为 1 nm，非导体约为 10 nm)。因此，二次电子信号的采集区域非常小，空间分辨率最高，并且对表面形貌变化非常敏感，能够完全真实地反映样品表面和极表面的形貌特征。

2. 背散射电子

背散射电子(backscattered electron，BSE)也称初级背散射电子，是指受到固体样品原子的散射后又被反射回样品表面的部分入射电子，约占入射电子总数的 30%。它主要由两部分组成：一部分是被样品表面原子反射回来的入射电子，称为弹性背散射电子，它们只改变运动方向，本身能量没有损失或损失很小，基本等于入射电子的初始能量，所以弹性背散射电子的能量可达数千至数万电子伏特，图 8-6 中曲线最右端 E_0 处是弹性背散射电子峰，仅占非常小的一部分；另一部分是入射电子在固体样品内部经过一系列散射后最终由原子核反射或由核外电子产生的，散射角累计大于 90°，不仅方向改变，能量也有不同程度损失(小于 40%)的入射电子，称为非弹性背散射电子，其能量大于样品表面逸出功，可从几电子伏特到接近入射电子的初始能量。由于这部分入射电子遭遇散射的次数不同，各自损失的能量也不相同，因此非弹性背散射电子能量分布范围很广，如图 8-6 所示。

背散射电子产额与原子序数密切相关，当电子束垂直入射时，背散射电子的产额通常随样品原子序数 Z 的增加而单调上升，尤其在低原子序数区，这种变化更为明显，如图 8-7 所示，因此应用此信号电子成像可以反映样品微区内相态分布。

3. 透射电子

如果样品很薄，其厚度比入射电子的有效穿透深度(或全吸收厚度)小得多，那么将会有相当一部分入射电子穿透样品而成为透射电子(transmitted electron，TE)，如图 8-4 所示，它是透射电子显微镜中应用最多的信号电子。这里所指的透射电子是采用扫描透射操作方式对薄样品成像和微区成分分析时形成的透射电子，它是由直径很小(<10 nm)的高能电子束照射薄样品时产生的，因此透射电子的强度取决于微区的厚度、成分、晶体结构和取向。

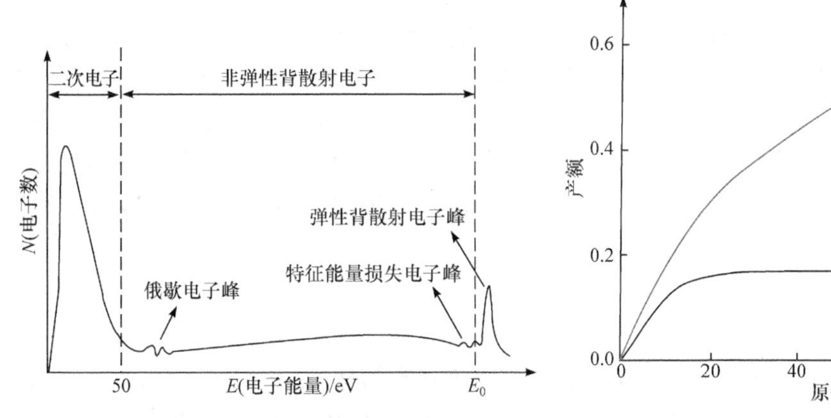

图 8-6　背散射电子能量分布范围示意图

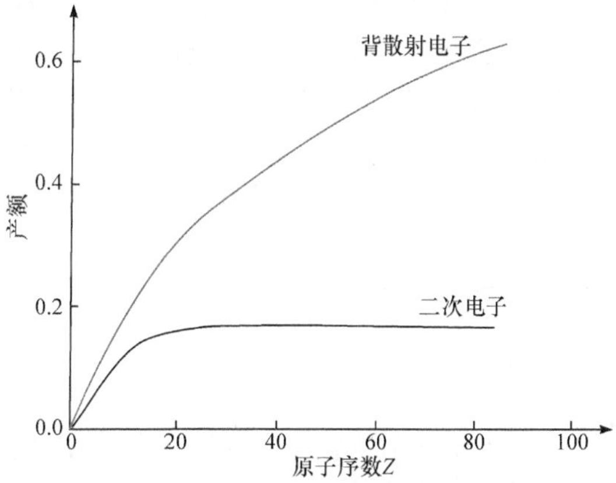

图 8-7　背散射电子和二次电子产额随样品原子序数的变化

透射电子是一种反映样品多种信息的信号电子，在透射电子显微镜中利用其质厚效应、衍射效应、衍衬效应可实现对样品微观形貌、晶体结构、位向缺陷等多方面的信息进行分析；透射电子中除了与入射电子能量相当的弹性散射电子外，还有各种不同能量损失的非弹性散射电子，其中有些是具备特征能量损失ΔE的非弹性散射电子，即特征能量损失电子，它们与分析区域的成分有关，因此可以利用特征能量损失电子配合电子能量分析器来进行微区成分分析，即电子能量损失谱仪(electron energy loss spectrometer，EELS)。

4. 特征 X 射线

当高能入射电子轰击试样后，部分入射电子与原子内层芯电子发生非弹性散射，将其部分能量传递给内层芯电子使其激发并脱离该原子。此时，内壳层上将出现一个空位，整个原子处于一种不稳定的高能激发态，在受激后的瞬间(约 10^{-12} s)会有一系列外层电子相继向内壳层空位进行补位跃迁，同时产生一系列特征 X 射线(characteristic X-ray)和俄歇电子，释放出多余的能量促使原子恢复到最低能量状态，见图 8-8。

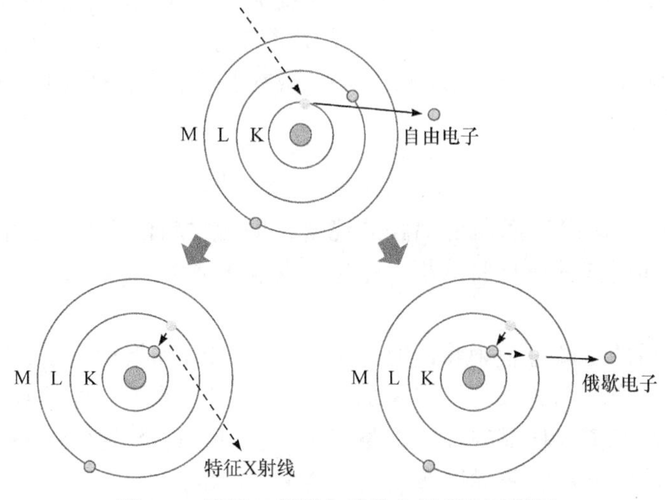

图 8-8　特征 X 射线与俄歇电子产生示意图

特征 X 射线能量等于上述跃迁过程中相关壳层间的临界激发能 E_c 之差。不同原子的壳层间的能量差值不同，因此通过探测特征 X 射线能量可以反映样品中元素组成和变化。由于特征 X 射线能量非常高、穿透力非常强，即使样品内部较深处产生的信号也能出射至表面被 X 射线能谱仪探测到，因此其产生范围包括了整个入射电子与样品的相互作用区，对于中等原子序数以上元素(Ca 以后)所组成的样品，如金属或陶瓷，该范围尺寸一般为 2～5 μm，因此配备在扫描电子显微镜上的普通 X 射线能谱仪和扫描探针显微镜一般为微米尺度分析仪器。

5. 吸收电子

高能电子入射比较厚的样品后，其中部分入射电子随着与样品中原子核或核外电子发生非弹性散射次数的增多，其能量不断降低，直至耗尽，这部分电子既不能穿透样品，也无力逸出样品，只能留在样品内部，即称为吸收电子(absorbed electron)。若通过一个高灵敏度的电流表把样品接地，将检测到样品对地的电流信号，这就是吸收电流或样品电流信号。

实验证明，假如入射电子束照射一个足够厚度、没有透射电子产生的样品，那么入射电子的电流强度 I_0 则等于背散射电子电流强度 I_b、二次电子电流强度 I_s 和吸收电子电流强度 I_a 之和。

对于一个多元素的试样，当入射电流强度 I_0 一定时，则 I_s 是固定的(因为它仅与形貌特征有关)，那么吸收电流 I_a 与背散射电流 I_b 存在互补关系，即背散射电子数量增加则吸收电子将减少，因此吸收电子产额与背散射电子一样与样品微区的原子序数相关，即入射电子束射入一个多元素样品中时，因二次电子产额与原子序数无关，则背散射电子较多的区域(Z 较大)其吸收电子的数量就减少，反之亦然；所以吸收电子信号多少也能反映出微区的原子序数衬度，即可用来进行微区成分定性分析，若把吸收电子信号调制成图像，则其衬度恰好和背散射电子信号调制的图像衬度相反。

6. 俄歇电子

当高能入射电子与样品原子发生相互作用后，原子激发后经历去激过程，除了释放特征 X 射线外，还存在另外一种去激过程，即特征 X 射线从样品内出射的过程中，又被原子吸收，释放出某一壳层的另一个低能电子，该电子的能量等于原来特征 X 射线能量减去被发射电子的结合能，这就是俄歇电子(Auger electron，AE)。俄歇电子也有特征能量，如从 L 层产生的俄歇电子 KLL 其能量为

$$E_{KLL} = E_K - E_L - E_L - E_W \tag{8-1}$$

式中，E_W 为俄歇电子逸出表面所要消耗的能量，即为材料的逸出功。俄歇电子携带样品成分信息，也可以利用其进行材料分析，称为俄歇电子能谱术(Auger electron spectroscopy，AES)。

内层电子受激后的弛豫过程中将同时产生特征 X 射线和俄歇电子，由于两者在后期出射样品的过程是在完全不同的条件下发生的，特征 X 射线除了被样品吸收外，发生非弹性散射的概率很低，因此离开样品时没有能量损失，所以特征 X 射线是整个相互作用区内的一个平均量；而俄歇电子发生非弹性散射的机会多，能量损失大，对于能量为 50～2000 eV 的俄歇电子，非弹性散射的平均自由程为 0.1～2 nm，因此俄歇电子主要来自样品极表面的

2～3 个原子层，为 0.5～2 nm 的深度范围，仅带出表面的化学信息，具有分析区域小、分析深度浅和不破坏样品的特点，广泛应用于材料分析以及催化、吸附、腐蚀、磨损等方面的研究。

当然，除了上述常见的信号电子外，还有很多特殊的信号电子用于分析特定样品的化学物理特性，如阴极荧光信号可以用于半导体、磷光体和某些绝缘体材料的分析等。

8.1.4 电子晶体学简介

根据德布罗意的微观粒子波动性理论，高速运动电子具有类似 X 射线光子的波动特性，在受到晶体材料中规则排列的原子集合体的弹性散射后，散射的电子波也会发生干涉效应，使电子合成波在某些方向加强、某些方向减弱，从而形成电子衍射图，以此分析晶体周期性结构，这就是电子晶体学，是在 X 射线晶体学的基础上发展起来的。

与 X 射线衍射分析相比，电子衍射分析技术具有三大优点：①由于样品原子对电子的散射能力远高于其对 X 射线的散射能力(高 10^4 倍以上)，所以分析灵敏度非常高，纳米尺度的微小晶体也能给出清晰的电子衍射图像；②X 射线不能被有效汇聚以实现选定微区分析，而电子则可以在电磁透镜中聚焦成像，所以电子衍射可以对材料中的选定区域结构进行分析，并且可与形貌观察相结合，获取有关物相的大小、形态和分布等全面信息；③电子衍射技术还能从高分辨图像中提取 X 射线衍射中丢失的结构因子相位信息，可以分析晶体取向关系，如晶体生长的择优取向、析出相与基体的取向关系等。这些优势使电子衍射与 X 射线衍射相互补充，在结构解析领域发挥着越来越重要的作用。

目前，电子衍射分析技术分别在扫描电子显微镜和透射电子显微镜中得到了广泛应用，为晶体材料的显微结构和取向分布研究发挥着重要作用。

1. 电子背散射衍射技术

电子背散射衍射技术(electron backscattering diffraction, EBSD)是基于扫描电子显微镜中电子束在倾斜样品表面激发出并形成衍射菊池带，通过对衍射菊池带的分析来获取分析区域内晶体结构、取向及其他信息的方法。与其他表征技术相比，EBSD 技术具有以下特点：①可以在几百微米甚至毫米尺度范围内同时给出材料显微形貌、结构、取向分布和晶粒大小分布等多种信息。测定材料的晶体结构和取向的传统方法是 X 射线衍射和透射电子显微镜中的电子衍射。X 射线衍射可以获得材料晶体结构及取向的宏观统计信息，但不能把这些信息与材料的微观组织形貌与成分对应起来，而透射电子显微镜的电子衍射可以把材料微观组织形貌的观察和晶体结构与取向分析相结合，但透射电子显微镜得到的信息往往是非常小的局部，很难得到更大区域如几百微米或毫米尺度的统计信息。这两种分析方法各有所长，相辅相成，EBSD 技术综合了这两者的优点。②与透射电子显微镜选区电子衍射相比，EBSD 技术对晶体取向的变化尤其敏感，特别适合研究材料中晶体取向的变化。③样品制备方面，EBSD 样品制样简单，可以直接分析较大的块状样品，无须减薄。但由于试样表面与电子束之间存在较大的倾斜角度(通常为 70°)，因此对样品表面平整度要求较高。④对晶胞参数的测量精度较差，必须依靠能谱分析或者波谱分析结果才能进行较准确的相鉴定。

2. 电子衍射分析技术

通常所说的电子衍射分析(electron diffraction analysis)是基于透射电子显微镜高能入射电

子与晶体原子相互作用所产生的衍射图谱进行的一项分析技术。20 世纪 50 年代后，透射电子显微镜电子光学系统日臻完善，特别是高压电源的改善，提高了电子穿透能力，电子衍射技术才开始在透射电子显微镜上发挥重要作用。上述 EBSD 所依赖的扫描电子显微镜入射电子束能量一般最高为 30 keV，而透射电子显微镜电子枪加速电压最高可达 1200 kV，所以透射电子显微镜光源的波长更小，根据布拉格方程，其电子衍射的衍射角 2θ 更小，所获得的分辨率更高；另外，在透射电子显微镜的电子衍射花样中，对于不同的晶体试样，采用不同的衍射方式时，可以观察到多种形式的衍射结果，如单晶电子衍射花样、多晶电子衍射花样、非晶电子衍射花样、会聚束电子衍射花样及菊池花样等。因此，在晶体材料分析和研究中，透射电子显微镜上的电子衍射分析技术已经成为 X 射线衍射以外的另一种重要的研究手段，如今发挥着越来越重要的作用，第 9 章将对该内容进行详细系统的阐述。

8.2 电子光学基础

8.2.1 显微镜分辨率

分辨率又称为分辨力或分辨本领，它表示对物点(物相)的分辨能力，其基本定义为能够清楚地分辨两个物点的最小距离。在正常照明条件下人眼分辨率约为 0.2 mm，即相距物点 0.25 m 处人眼可以清晰地分辨 0.2 mm 间距的两个物点，而当两物点距离再接近时则无法分辨了，只有借助于分辨率更高的光学或电子显微镜进行观察。通常，采用贝克公式表述显微镜的理论分辨率 γ_0，如

$$\gamma_0 = 0.61\lambda / (n \cdot \sin\alpha) \tag{8-2}$$

式中，λ 为光源波长；n 为显微镜系统内介质的折射率(电子显微镜筒是真空环境，$n=1$)；α 为透镜孔径半角。

由式(8-2)可知，显微镜理论分辨率主要取决于所用光源的波长，仪器所采用的光源波长越短，则分辨率越高。对于光学显微镜，$\alpha_{\max}=70°\sim75°$，$n=1.5$，可见光波长 λ 处于 390～760 nm，因此其仪器分辨率约为 200 nm，这是光学显微镜的极限分辨率。相比较可见光波长，电子波波长极短且能够变化，利用其作为光源成像，分辨率将显著提高，由此可见，电子显微镜产生并发展的关键一步是仪器光源的转变，即由光波向电子波的转变。

由上述分析可知，提高仪器分辨率的关键技术是使用比光波波长更短的电子波，根据德布罗意微粒波动性理论，其波长表述为

$$\lambda = h / mv \tag{8-3}$$

式中，h 为普朗克常量；m 为电子质量；v 为电子运动速度。在电子枪的加速电场中，电子受加速电压作用其运动速度由 0 迅速提高至 v，其能量公式为

$$\frac{1}{2}mv^2 = eU \tag{8-4}$$

式中，e 为电子电荷量；U 为加速电压。

由式(8-3)和式(8-4)可知，电子波波长与加速电压有关，加速电压越高，电子波波长越短，见表 8-1。

表 8-1　电子波波长与加速电压的关系

加速电压/kV	电子波波长/nm	加速电压/kV	电子波波长/nm
0.001	1.226	50	0.00536
0.01	0.388	60	0.00437
0.1	0.123	70	0.00449
1	0.0388	80	0.00418
10	0.0122	100	0.0037
30	0.00698	200	0.00251
40	0.00601	1000	0.00087

由表 8-1 可以看出，电子波的波长比可见光波长要短得多，为可见光波长的十万分之一至百万分之一，从理论上分析，采用如此短的电子波作为光源，可明显提高仪器的分辨率。

虽然极短波长的电子波在电子显微镜光源中的应用极大地提高了仪器的分辨率，然而与理论值相比，电子显微镜的实际分辨率还是相差 10～100 倍，这个巨大的差异主要是由以下三种因素导致的：①透镜的球差、色差等像差导致电子束斑尺寸的增大；②高能电子束与样品原子的散射效应导致信号逸出深度和宽度的扩展；③仪器的本征或环境噪声促使信噪比降低，导致图像衬度降低。因此，只有通过仪器软硬件的改进消除或者降低这些不利因素，才能大幅度提高电子显微镜的分辨率。其中，最重要的是第一种影响因素，即电子显微镜的聚焦系统有待进一步改进，这也是各大仪器品牌努力和奋斗的方向。

8.2.2　电子在磁场中运动和电磁透镜

1. 电子在磁场中运动

电子在磁场中运动时会受到磁场洛伦兹力的作用，其表达式为

$$F = qv \times B \tag{8-5}$$

式中，F 为洛伦兹力；q 为运动电子电量；v 为运动电子速度；B 为电子所在位置磁感应强度。F 垂直于运动电子速度 v 和磁场磁感应强度 B 所决定的平面。

当洛伦兹力在电子运动方向上的分量为 0 时，在此方向上不改变运动电子的动能，即不改变电子运动速度大小；但只要当电子运动方向与磁感应强度方向不在一条直线上时，磁场力就随时改变着电子运动的方向，使电子在磁场中发生偏转。

初始速度为 v 的电子在磁感应强度为 B 的匀强磁场中运动时的受力情况及运动轨道有以下几种情况：

(1) v 和 B 同向，因为 B 与 v 之间的夹角为零，所以作用于电子的洛伦兹力等于零，电子做匀速直线运动，不受磁场影响。

(2) v 和 B 垂直，这时电子将受到洛伦兹力大小为 $F = evB$，方向与 v 及 B 垂直，电子运动速度的大小不变，只改变方向，电子在与磁场垂直的平面内做匀速圆周运动，而洛伦兹力起着向心力的作用。

(3) v 和 B 斜交成θ角，由于磁场的作用，垂直于 B 的速度分量 v_r 不改变大小，而仅改变方向，电子在垂直磁场的平面内做匀速圆周运动，但由于同时有反平行于 B 的速度分矢量 v_a，

所以电子在磁场内做螺旋近轴运动。

2. 电磁透镜

光学显微镜采用玻璃透镜对光线进行聚焦，电子显微镜则采用磁场使电子束聚焦成像，使电子束聚焦的部件为电子透镜，它分为静电透镜和电磁透镜两种，用静电场形成的透镜为静电透镜，用非均匀轴对称磁场形成的透镜称为电磁透镜。电磁透镜与静电透镜相比，其优点在于：改变线圈中的电流强度就能很方便地控制电磁透镜的焦距和放大倍数；电磁透镜线圈的电源电压较低，一般为 60～100 V，没有击穿的隐患；电磁透镜的像差比较小。因此，在电子显微镜中主要使用电磁透镜进行聚焦成像。

电磁透镜实质上是一个通电的短线圈，它能形成一种轴对称的不均匀分布磁场。如图 8-9(a) 所示，电磁透镜的磁力线围绕导线呈环状，磁力线上任一点的磁场强度 B 都可以分解成平行于透镜主轴的分量 B_z 和垂直于透镜主轴的分量 B_r，速度为 v 的平行电子束进入透镜的磁场时，位于 A_1 点的电子将受到 B_r 分量的作用，根据右手法则，电子所受的切向力 F_t 的方向如图 8-9(b) 所示，F_t 使电子获得一个切向速度 v_t，v_t 随即与 B_z 分量相乘，形成了另一个向透镜主轴靠近的径向力 F_r，使电子束向主轴偏转(聚焦)。当电子穿过线圈走到 A_2 点位置时，B_r 的方向改变了 180°，F_t 随之反向，但是 F_t 的反向只能使 v_t 变小，而不能改变 v_t 的方向，因此穿过线圈的电子仍然趋向于向主轴靠近。结果就是电子束做圆锥螺旋近轴运动，如图 8-9(c)所示，即电子束的聚焦。

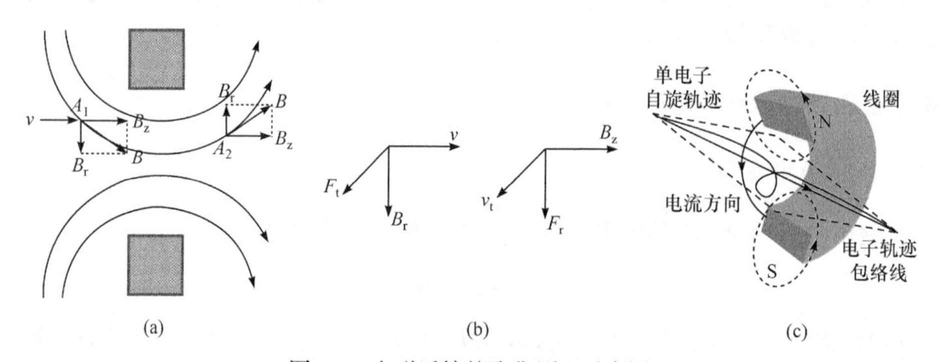

图 8-9　电磁透镜的聚焦原理示意图

(a) 短磁透镜中不同位置的磁场分量；(b) 电子在 A_1 位置的受力与磁场分量的关系；(c) 单电子在短磁透镜中的圆锥螺旋近轴运动

8.2.3 电磁透镜像差

电子显微镜与光学显微镜一样，由于透镜的缺陷，会产生各种像差。然而，在光学显微镜中可以采用不同类型透镜的组合以消除或减小像差，但在电磁透镜中存在的球差和色差却很难通过发散和汇聚方式进行消除，这就成为影响电子显微镜分辨率和成像质量的主要因素。电子显微镜透镜的像差主要分为如下四种。

1. 球差

在电子显微镜的透镜磁场中，从光源发出的电子束是以光轴为中心的圆柱状，远离光轴的电子偏转能力强，在光轴上汇聚的距离近；光轴附近区域的电子偏转能力弱，在光轴上汇聚的距离远。因此，使一个点光源在通过透镜后不能在高斯像平面上形成清晰的聚焦点，而只能找到一个位置使点光源在该平面成像较清晰且具有最小直径为 d_s 的弥散斑，即称为球差(图 8-10)，该弥散斑直径表述如下：

$$d_s = 0.5C_s\alpha^3 \tag{8-6}$$

式中，C_s 为球差系数；α 为透镜孔径半角。

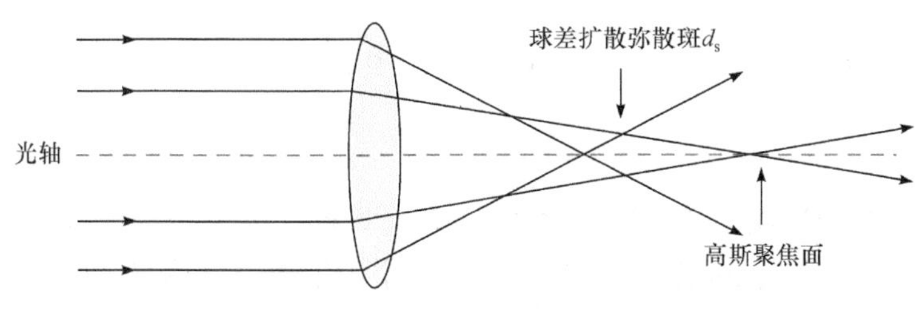

图 8-10　电磁透镜球差示意图

由式(8-6)可知，球差弥散斑直径 d_s 与透镜孔径半角的三次方及球差系数成正比。而孔径半角直接与所用的光阑孔径有关，为减少球差对电子束斑直径的影响，获得高分辨率图像，尽量采用小孔径光阑挡住非旁轴电子束，但这会大幅度降低束流，从而可能无法进行能谱、波谱或者电子背散射衍射分析，因此使用时根据测试需求选择合适的光阑孔径；另外，球差系数与透镜的焦距呈正比例关系，一般来说，透镜焦距越长，其球差系数也就越大。而工作距离指的是透镜极靴下表面与试样入射点之间的距离，随着工作距离的增加其透镜聚焦焦距也相应增加，透镜球差系数也相应增加。因此，一般要获得高分辨率的图像应采用较小的工作距离，以保证球差弥散斑尽量小；此外，球差系数也受电子束能量的影响，电子束能量越大，则球差系数越小，所以增加电子枪加速电压也是减小球差效应的一种有效方式。

近年来，球差校正技术在高分辨透射电子显微镜上实现了突破性应用(即球差校正透射电子显微镜)，极大地降低了球差影响，显著提高了仪器分辨率(达到 pm 量级)，实现了单原子尺寸的结构分析。

2. 色差

电子显微镜中，由电子枪阴极产生的入射电子经过加速后形成的高能电子束存在一定的能量扩展范围。例如，钨阴极产生的电子束能量发散度为 1.5～2.0 eV，场发射阴极则为 0.2～0.5 eV。而当电子束通过透镜磁场时，能量不同的电子偏转能力不同，高能量电子的偏转能力强，焦距较短；反之，低能量电子的偏转能力弱，焦距较长，从而导致同一光源点出射的电子不能聚焦在同一个点，而是在像平面前汇聚成一个直径为 d_c 的弥散斑，称为色差，如图 8-11 所示。

色差导致的弥散斑直径 d_c 的经验公式如下：

$$d_c = C_c\alpha\left(\Delta E / E_0\right) \tag{8-7}$$

式中，C_c 为色差系数；α 为透镜孔径半角；ΔE 为电子束能量扩展范围；E_0 为入射电子束能量。

由式(8-7)可见，色差导致的弥散斑直径与入射电子束能量扩散范围成正比，与入射电子能量成反比，因此采用低能量扩展范围的电子枪阴极和小孔径光阑、保持电子束电压稳定及采用高加速电压均可以有效降低色差的影响，获得高分辨图像。

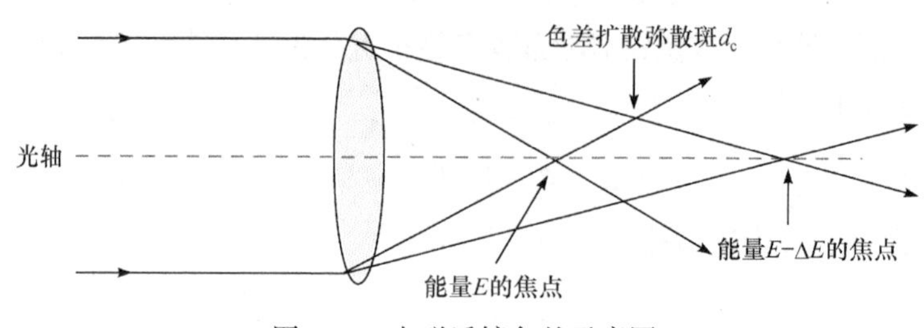

图 8-11　电磁透镜色差示意图

3. 衍射差

如同光波通过光学透镜一样，由于高能电子束也具有波动性，当由点光源发出的电子束经过汇聚透镜成像后，由于微小孔径光阑的限制也会引起衍射效应，从而使其所成的像不是一个点，而是一个由明暗相间的圆环包围着的亮斑，即艾里(Airy)斑，电磁透镜的衍射差主要来自艾里斑，如图 8-12 所示。

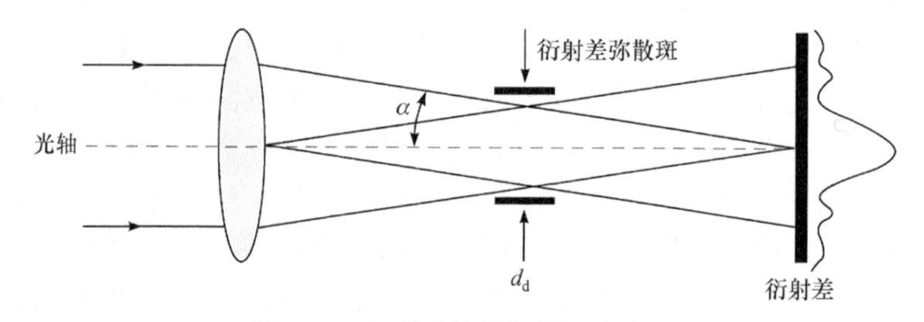

图 8-12　电磁透镜的衍射差示意图

由图 8-12 可见，衍射差造成物点在像面上有一个强度分布，在轴向上产生一个直径为 d_d 的弥散斑，可以用下式表达：

$$d_d = 0.61\lambda / \alpha \tag{8-8}$$

根据德布罗意方程：

$$\lambda = 1.22 / \sqrt{E_0} \tag{8-9}$$

则衍射效应扩散斑直径为

$$d_d = \frac{0.7442}{\alpha\sqrt{E_0}} \tag{8-10}$$

由式(8-10)可见，衍射差与孔径半角及加速电压呈反比关系，要降低衍射差对图像分辨率的影响，必须采用大孔径光阑和高加速电压。

4. 像散

像散是电子显微镜特别是扫描电子显微镜操作过程中经常遇到的现象，会影响图像聚焦和拍摄效果，严重时会导致低倍拍摄都很难获得清晰图片，是电镜操作者必须掌握的一项操作技巧。像散起因于电镜制造及使用过程中，极靴与光阑加工精度误差、铁芯材料不均匀或绕制线圈松紧程度不同、后期使用过程中磨损及镜筒污染、透镜极靴的各向磁导率差异等造成透镜磁场的非旋转对称，导致电子束的折射也不对称，致使从光源点发射的各束电子将被聚焦在两个相互垂直的焦线上，而不是一个圆形汇聚点，这称为像散像差，如图 8-13 所示。

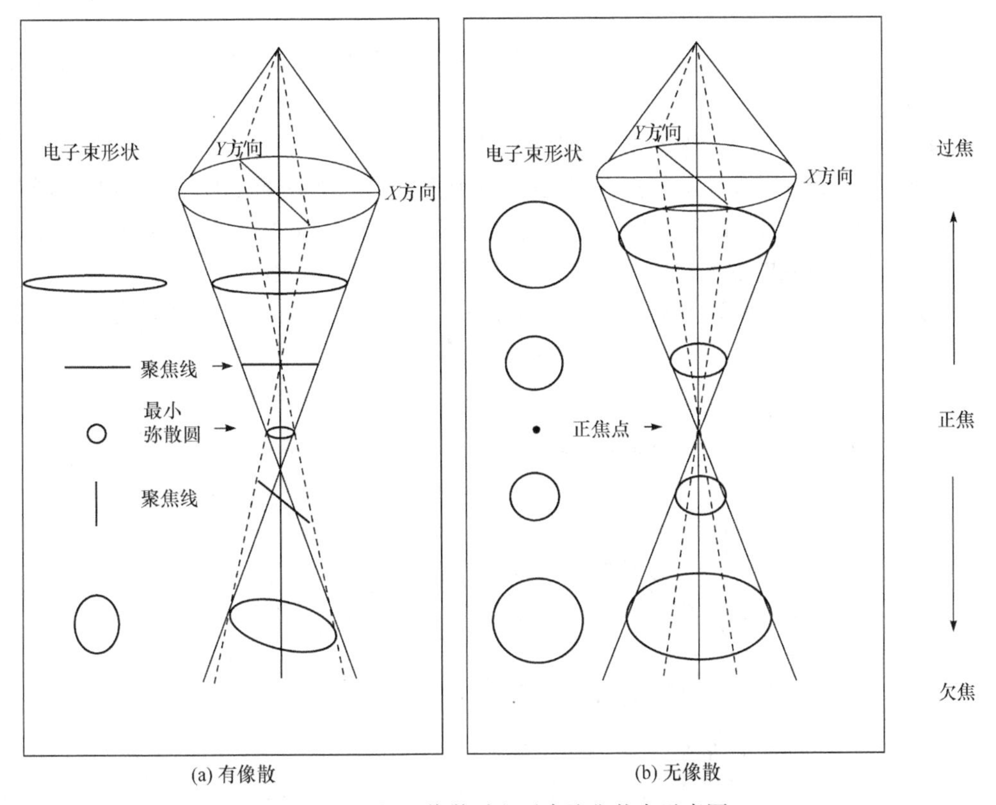

(a) 有像散　　(b) 无像散

图 8-13　有/无像散时电子束聚焦状态示意图

像散有方向性，往往造成图像朝一个方向上偏斜，在扫描电子显微镜聚焦过程中最为明显，当焦距处于过焦和欠焦时，像斑就会呈现互为交错 90°的椭圆像斑，类似彗星拖尾的现象(图 8-14)，即使在正焦的位置上像斑没有变形，但像斑的边缘也会十分模糊。

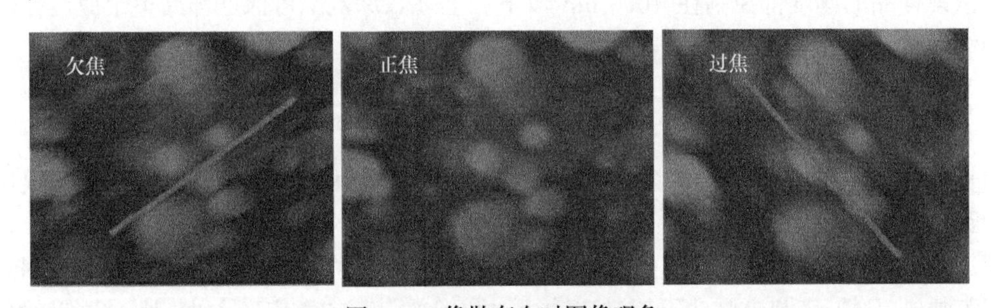

图 8-14　像散存在时图像现象

光学显微镜有汇聚透镜和发散透镜两种，利用两者的组合可以消除像差，但电磁透镜均为汇聚透镜，因此球差和色差不能完全消除，电磁透镜设计上尽量减小像差系数，利用小孔径光阑、提高电源稳定性和选用短波电子束，可以减小球差、色差和衍射差，利用消像散器可以消除像散的影响。

电磁透镜的四种像差是同时存在的，使聚焦后电子束斑尺寸变大，图像分辨率变差。

8.2.4 透镜景深和焦长

1. 景深

景深 (D_f) 是指当像平面固定时，在保持物像清晰的条件下，允许物平面(样品)沿透镜主轴移动的最大距离。

任何物品都有一定厚度，理论上，当透镜焦距、像距一定时，只有一层样品平面与透镜的理想物平面相重合，能在像平面上获得该层平面的理想图像。偏离理想物平面的物点都存在一定程度的失焦，从而在像平面上产生一个具有一定尺寸的失焦圆斑。如果失焦圆斑尺寸不超过由衍射效应和像差引起的散焦斑，那么对透镜分辨率不会产生影响。

如图 8-15 所示，景深 D_f 与电磁透镜分辨率 Δr_0、孔径半角 α 之间的关系为

$$D_f = \frac{2\Delta r_0}{\tan\alpha} \approx \frac{2\Delta r_0}{\alpha} \tag{8-11}$$

由式(8-11)可知，景深与透镜的分辨率成正比，与孔径半角成反比。

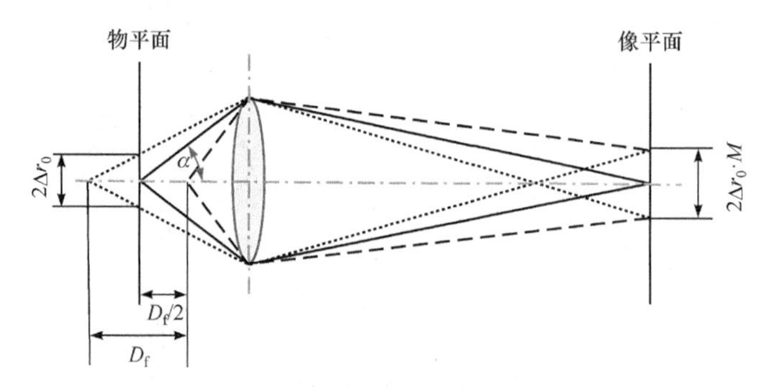

图 8-15 电磁透镜景深示意图

例如，电镜分辨率$\Delta\gamma = 1$ nm，孔径半角$\alpha = 0.01$～0.001 rad，则景深 $D_f = 200$～2000 nm；这说明厚度为 200～2000 nm 的样品细节都能够得到 1 nm 的最小分辨距离，实际操作中透射电子显微镜样品的厚度都控制在 1000 nm 以下，上述景深范围可保证样品整个厚度范围内各个结构细节都清晰可见。

2. 焦长

焦长 (D_L) 是指在固定样品的条件下(物距不变)，像平面沿透镜主轴移动时仍能保持物像清晰的距离范围。

理论上，当透镜的焦距、物距一定时，像平面在一定的轴向距离内移动，也会引起失焦，产生失焦圆斑。若失焦圆斑尺寸不超过透镜衍射和像差引起的散焦斑大小，则对透镜的分辨率没有影响。

电磁透镜的这一特点给电子显微镜图像的照相记录带来了极大的方便，只要在观察图像的荧光屏上一次性将图像聚焦清晰，那么在透镜电子显微镜普通的放大倍数下(几万倍)荧光屏以上或以下十几甚至几十厘米放置照相底片，所拍的图像也是清晰的。透射电子显微镜的放大倍数继续增大时，将照相底片或 CCD 探头放在投影镜下的任何位置图像都是清晰的，只是放置位置不同，放大倍数不同。

参考文献

任小明. 2020. 扫描电镜/能谱仪原理及特殊分析技术[M]. 北京: 化学工业出版社.
徐柏森, 杨静. 2016. 电子显微技术与应用[M]. 南京: 东南大学出版社.
曾毅, 吴伟, 刘紫微. 2014. 低电压扫描电镜应用技术研究[M]. 上海: 上海科学技术出版社.
张大同. 2009. 扫描电镜与能谱仪分析技术[M]. 广州: 华南理工大学出版社.
张静武. 2012. 材料电子显微分析[M]. 北京: 冶金工业出版社.

习　题

1. 电子与物质相互作用区受哪些因素影响?
2. 高能入射电子与试样相互作用后产生哪些主要成像信号? 每种信号的散射体积如何?
3. 与 X 射线衍射分析相比，电子衍射分析技术的优点是什么?
4. 电磁透镜的像差分为哪几种? 产生的原因是什么?

第 9 章　透射电子显微镜

9.1　透射电子显微镜与电子光学

透射电子显微镜(TEM)是一种高分辨率、高放大倍数的显微镜，是观察和分析材料的形貌、组织和结构的有效工具。1932～1933 年，德国实验物理学家鲁斯卡(Ruska)等在研究高压阴极射线示波器的基础上制成了以电子束为照明源的第一台透射电子显微镜。人类探测微观世界的能力获得巨大突破，现在透射电子显微镜的分辨本领已达到原子尺度水平，成为研究物质微观结构的强有力手段之一。

9.1.1　透射电子显微镜的结构

透射电子显微镜主要由光学成像系统、真空系统和电气系统三大部分组成，下面重点介绍透射电子显微镜的光学成像系统。

透射电子显微镜的光学成像系统组装成一个直立的圆柱体，称为镜筒，是透射电子显微镜的主体部分。其内部从上到下排列着电子枪、聚光镜、样品室、物镜、中间镜、投影镜、荧光屏和记录系统等装置，根据它们功能的不同可以分为照明系统、成像系统和图像观察记录系统。图 9-1 为透射电子显微镜镜筒剖面图。

1. 照明系统

照明系统由电子枪、聚光镜和相应的平移对中、倾斜调节装置组成，其作用是提供一束亮度高、相干性好且束流稳定的照明源。通过聚光镜的控制可以实现从平行照明到大会聚角的照明条件。为满足中心暗场成像的需要，照明电子束可倾斜 2°～3°。

电子枪是透射电子显微镜的光源，要求发射的电子束亮度高、电子束斑的尺寸小、发射稳定度高。电子枪可分为热电子发射型和场发射型两种，过去的透射电子显微镜中使用的是热电子发射型的热阴极三极电子枪，它是由阴极、阳极和栅极组成。为了保障电子枪高真空的工作条件，实际的电子枪腔体通常经过极其精密的设计，见图 9-2。

2. 成像系统

成像系统由物镜、中间镜和投影镜组成。物镜是成像系统的第一级透镜，它的分辨本领决定了透射电子显微镜的分辨率。为了获得高分辨率、高质量的图像，物镜采用球差系数小的强励磁、短焦距透镜，借助物镜光阑进一步降低球差和提高像衬度，并配有消像散器消除像散。中间镜和投影镜是将来自物镜给出的样品形貌像或衍射花样进行分级放大。通过成像系统透镜的不同组合可使透射电子显微镜从 50 倍左右的低倍到一百万倍以上的高倍进行放大倍率变化。

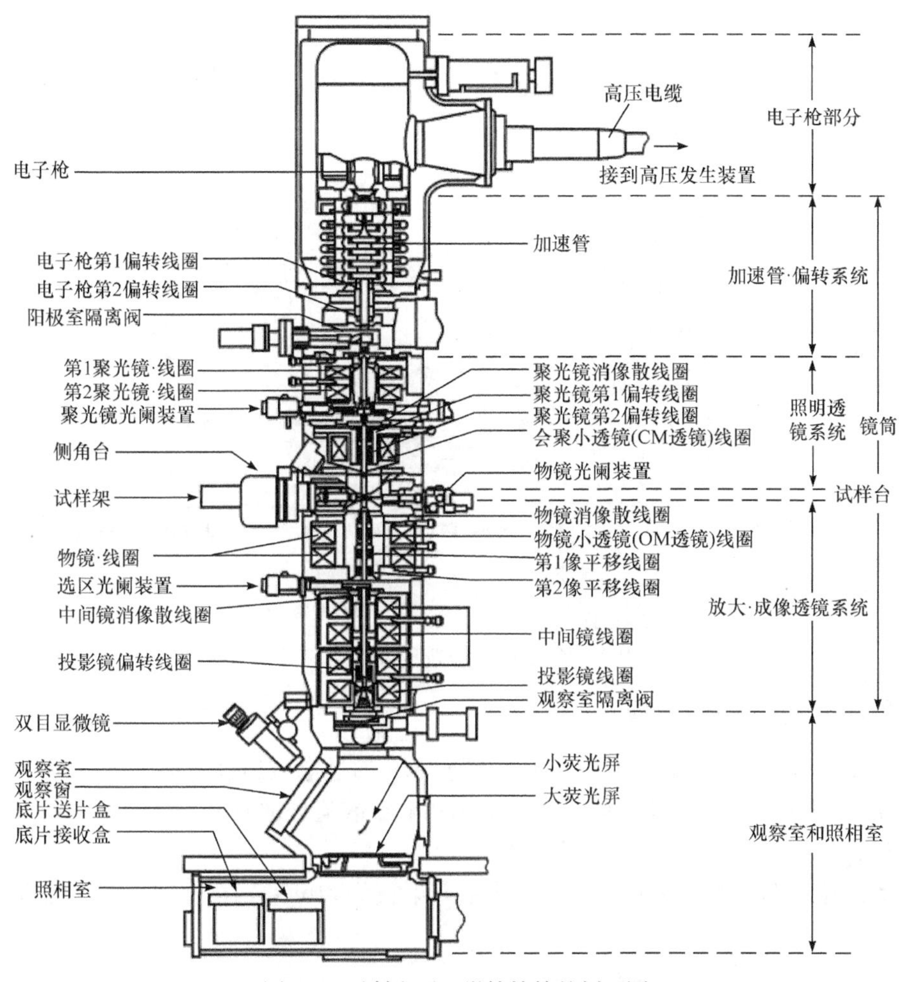

图 9-1　透射电子显微镜镜筒的剖面图

3. 图像观察记录系统

图像观察记录系统由荧光屏、照相机和数据显示器等组成。投影镜给出的最终像显示在荧光屏上，通过观察窗，能观察到荧光屏上呈现的电子显微像和电子衍射花样。通常，观察窗外备有 10 倍的双目光学显微镜，其用于对图像和衍射花样的聚焦。观察到的图像和衍射花样需要记录时，将荧光屏竖起后，它们就被记录在荧光屏下方的照相底片上并使之感光，记录下数码图像。现代新型的透射电子显微镜通常会使用慢扫描电荷耦合器件(charge coupled device，CCD)摄像机，可以方便地用于动态观察和快速记录图像以避免振动或热漂移对图像的影响，并直接生成数字图像文件保存到计算机中。

透射电子显微镜的真空系统是为了保证电子的稳定发射和在镜筒内整个狭长的通道中不与空气分子碰撞而改变电子原有的轨迹，同时为了保证高压稳定度和防止样品污染，不同的电子枪要求有不同的真空度。

透射电子显微镜的供电系统主要提供稳定的加速电压和电磁透镜电流。为了有效地减少色差，一般要求加速电压稳定在每分钟为 10^{-6} 的比例；物镜是决定显微镜分辨本领的关键，对物镜电流稳定度要求更高，一般为$(1\sim2)\times10^{-6}$ min^{-1}，对中间镜和投影镜电流稳定度要求可比物镜低，约为 5×10^{-6} min^{-1}。

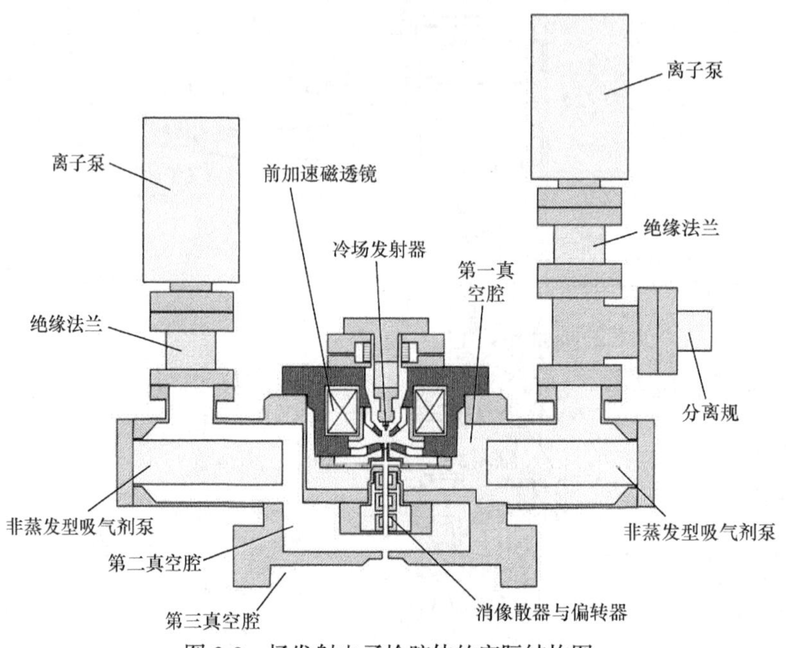

图 9-2　场发射电子枪腔体的实际结构图

9.1.2　透射电子显微镜工作原理

透射电子显微镜是一种以高能电子束为照明源，通过电磁透镜将穿过样品的电子(即透射电子)聚焦成像的电子光学仪器。电子束照明源和电磁透镜是透射电子显微镜有别于光学显微镜的两个最主要的部分，相关详细介绍见第 8 章。

实验和理论证明，电子束在电磁透镜中的折射行为和可见光在玻璃透镜中的折射相似，满足下列性质：

(1) 通过透镜光心的电子束不发生折射；

(2) 平行于主轴的电子束通过透镜后聚焦在主轴上一点 F，称为焦点；经过焦点并垂直于主轴的平面称为焦平面。

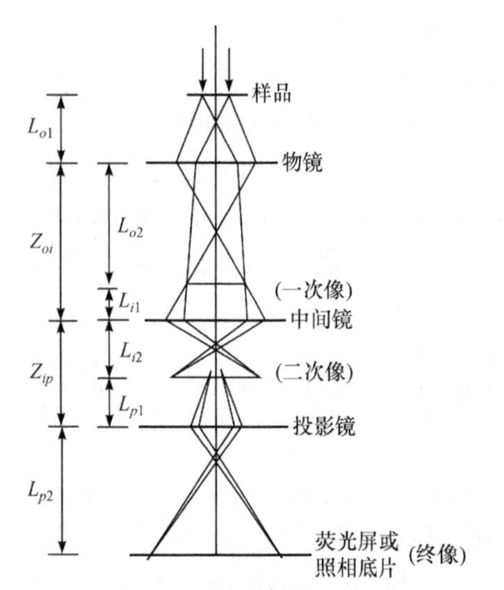

图 9-3　电磁透镜成像原理图

(3) 一束与某一副轴平行的电子束通过透镜后将聚焦于该副轴与焦平面的交点上。

在透射电子显微镜中，电磁透镜的排列组合形式如图 9-3 所示，物镜、中间镜、投影镜是以积木方式成像，即上一透镜(如物镜)的像就是下一透镜(如中间镜)成像时的物，也就是说，上一透镜的像平面就是下一透镜的物平面，这样才能保证经过连续放大的最终像是一个清晰的像。在这种成像方式中，如果电子显微镜是三级成像，那么总的放大倍率就是各个透镜倍率的乘积。

除了常规的成像模式外，透射电子显微镜还可在衍射模式下工作，获得样品的电子衍射花样，其原理如图 9-4 所示。未被样品散射的透射束平行于主轴，通过物镜后聚焦在主轴上的一点，形成 000 中心斑点；被样品中某(hkl)晶面散射后的衍射束平行于某一副轴，通过物镜后将聚焦于该副轴与背焦平面的焦点上，形成 *hkl* 衍射斑点。

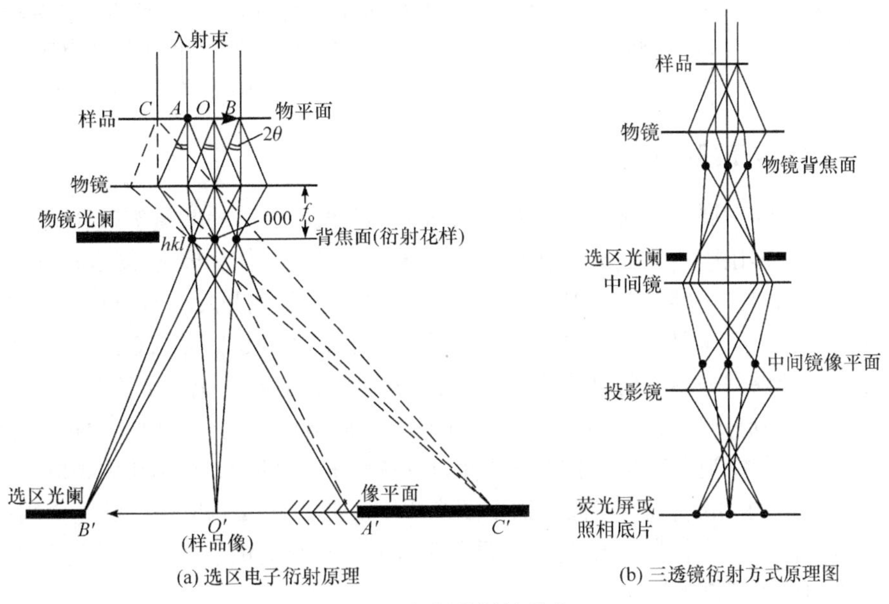

(a) 选区电子衍射原理　　(b) 三透镜衍射方式原理图

图 9-4　衍射花样的形成

比较成像光路和衍射光路可以发现，成像模式与衍射模式的不同仅在于中间镜所处的状态不同：中间镜的物平面与物镜的像平面重合即为成像模式，与物镜的背焦面重合即为衍射模式。由前述的三透镜变焦原理可知，只要改变中间镜的电流就可使中间镜的物平面上下移动，实现两种模式的切换。

明暗场像成像原理：晶体薄膜样品明暗场像的衬度(即不同区域的亮暗差别)，是由于样品相应的不同部位结构或取向的差别导致衍射强度的差异而形成的，因此称为衍射衬度，以衍射衬度机制为主而形成的图像称为衍衬像。如果只允许透射束通过物镜光阑成像，称为明场像；如果只允许某支衍射束通过物镜光阑成像，称为暗场像，有关明暗场成像的光路原理如图 9-5 所示。就衍射衬度而言，样品中不同部位结构或取向的差别实际上表现在满足或偏离布

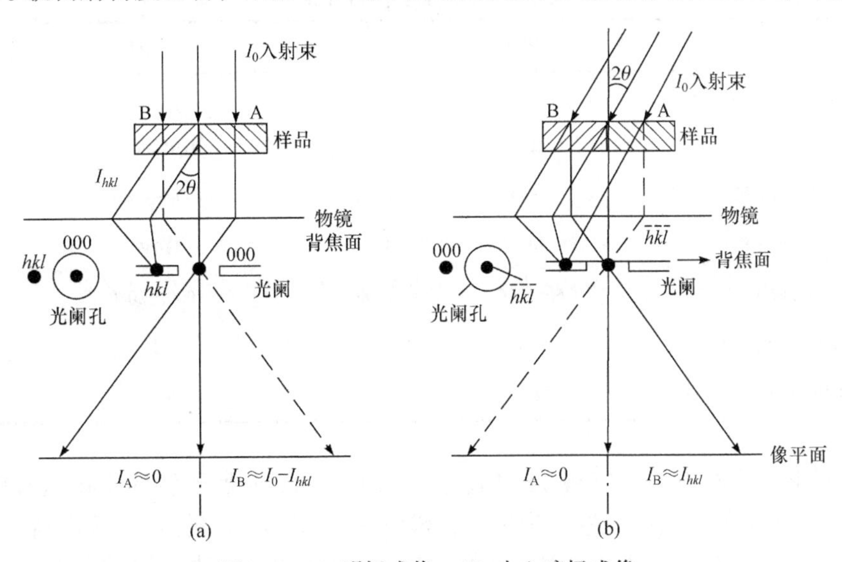

图 9-5　(a) 明场成像；(b) 中心暗场成像

拉格条件程度上的差别。满足布拉格条件的区域，衍射束强度较高，而透射束强度相对较弱，用透射束成明场像该区域呈暗衬度；反之，偏离布拉格条件的区域，衍射束强度较弱，透射束强度相对较高，该区域在明场像中显示亮衬度，而暗场像中的衬度则与选择哪支衍射束成像有关。如果在一个晶粒内，在双束衍射条件下，明场像与暗场像的衬度恰好相反。

9.1.3 高分辨透射电子显微成像技术

随着电子光源的发展，TEM 得到了极大的改善，表现出更小的能量扩散和更好的相干性。早期的 TEM 仪器使用由 V 形发夹形状组成的加热钨灯丝阴极作为光源[图 9-6(a)]，顶端半径约为 100 μm。20 世纪 70 年代，LaB_6 晶体作为改进的电子源被开发，具有更高的亮度、更低的能量宽度和更低的工作温度，最终提高了成像分辨率[图 9-6(b)]。在 20 世纪 80 年代后期，一种新一代的电子源——场发射电子枪(FEG)被开发出来，分辨率更高。冷的 FEG 有一个尖锐的 W 尖端[图 9-6(c)]，以集中电场，不需要加热。它们出色的电子发射能力被较短的使用寿命和超高真空条件所抵消。最近开发的一种称为肖特基 FEG 的源，利用在尖锐的 W 尖端涂覆 Zr 层来实现场发射的大部分优势，而不需要超高真空。现在，LaB_6 和 FEG 都主要用作电子源，它们在光束相干性、能量扩散、亮度和光源寿命方面都有显著的改善。通过这些改进，TEM 对硬、软材料的分辨率都超过了 4 Å。

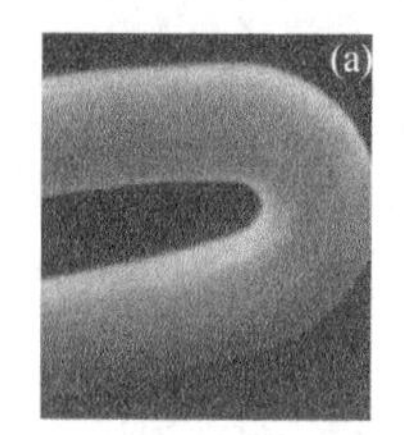

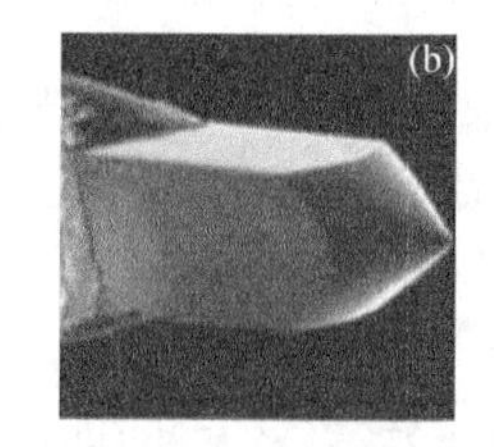

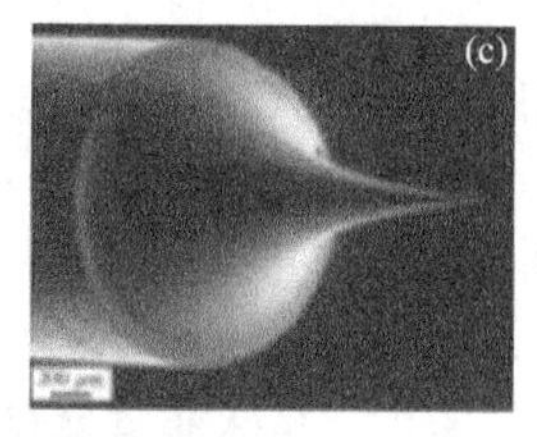

图 9-6 透射电子显微镜不同类型灯丝的示意图

(a) W 丝；(b) LaB_6 丝；(c)FEG

各种电子枪特性的比较见表 9-1。

表 9-1 各种电子枪特性比较

类型	钨丝	LaB_6	热场发射	冷场发射
亮度(200 kV)/($A \cdot cm^{-2} \cdot sr^{-1}$)	5×10^5	5×10^6	5×10^8	5×10^8
光源直径/μm	100	50	0.01～0.1	0.01～0.1
阴极温度/K	2800	1800	1600～1800	300
工作真空/Pa	10^{-3}	10^{-5}	10^{-7}	10^{-8}
寿命/h	60～200	1000	1000～2000	＞2000
电流波动率/h^{-1}	1%	3%	6%	5%
能量发散度/eV	2.3	1.5	0.6～0.8	0.3～0.5

虽然电子源一直在发展，但是 TEM 还是达到了 Scherzer 所预测的由物理透镜像差造成的分辨率极限。有两种方法可以进一步提高分辨率：一种方法是将加速电压提高到约 1 MeV，以达到非常小的电子波长；另一种方法是像 Scherzer 所提出的那样校正透镜像差。在几十年

中进行了无数次的尝试，终于在 20 世纪 90 年代后期透镜像差校正器的实现将分辨率提高到了 1.4 Å。最近，球差校正技术的发展进一步提高了分辨率，可实现超高分辨(0.5 Å)的原子成像。

在发展 TEM 的同时，Crewe 等还引入了扫描透射电子显微镜(STEM)对支撑在氢原子碳基体上的重原子进行成像。早期的发展使 STEM 能够提供软、硬材料的高对比度图像。最近的发展已将 STEM 推向原子分辨率，使其成为广泛用于纳米材料分析的工具。

9.1.4　高分辨像的物理光学

在实物平面中，透镜通过改变相位使图 9-7(a)中左边发散的光波在右边会聚。相对于光轴直线传播的光波来说，那些偏离光轴的光线更倾向于借助透镜在相位上超前。如图 9-7 所示，用于聚焦的玻璃透镜必须是具有球形表面的光学仪器。图 9-7(b)的光路结构说明了穿过玻璃固件的相位延迟必须大于在透镜中心的相位延迟。因为相位的延迟与玻璃在各个位点上的厚度是正相关的，所以从出射的球面波到会聚的球面波直接需要选用球面透镜来实现。除此之外，通过调整靠近光轴的光波相位，可改变右边的会聚光波的波矢量，也就是说，透镜本身的精度决定了其聚焦的精准性。

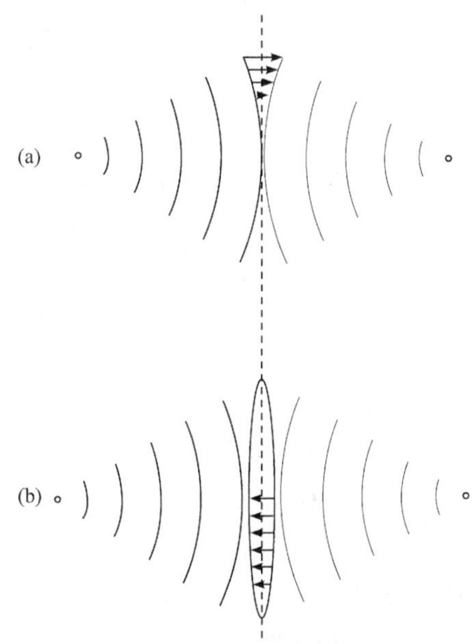

图 9-7　透镜对处于距光轴不同位置的光线提供微分相位移
(a) 离轴光线的相位超前聚焦；
(b) 轴上光线的相位延迟聚焦

将透镜视为一个二维的平面，在 *X-Y* 平面上可以提供相位移。那么，单个透镜应具有的理想相函数为

$$q_{\text{lens}}(x,y)=\mathrm{e}^{-ik(x^2+y^2)/f} \tag{9-1}$$

式中，k 为 k 空间函数；f 为焦距。

当波面上的相位发生变化时，材料或透镜的物函数应乘以 $q_{\text{lens}}(x,y)$。且必须考虑以下两条运行法则：

(1) 假定透镜非常薄，其相函数以 $q(x,y)$表示，它的作用是使光波发生相位移，在实空间透镜位置的相函数必须是透镜物函数与波函数的卷积而非乘积。

(2) 当波面沿着 z 方向行进，单点的传播是球形波，整个波面向前行进的相函数必须与传播因子 $p(x,y)$作卷积。但当波面是以一组衍射束传播时，波面上的相函数应与传播因子作乘积而非卷积。

如图 9-8 所示，对电磁透镜来说，可通过洛伦兹力使电子改变方向。因为方位角对称性与理论上的有序度会受仪器固件精密度的影响，由光源所发出的光束很难完全平行地打到所需要成像的微小区域内，所捕捉的相图与真实物相结构会存在像差。高分辨像的衬度往往是由电子经过样品时的相位移所致。在实操过程中，需要采用反差转换函数(contrast transfer function，CTF)对 TEM 像进行多次校准，进而得到高分辨透射电子显微镜(high resdution transmission electron microscope，HRTEM)像。

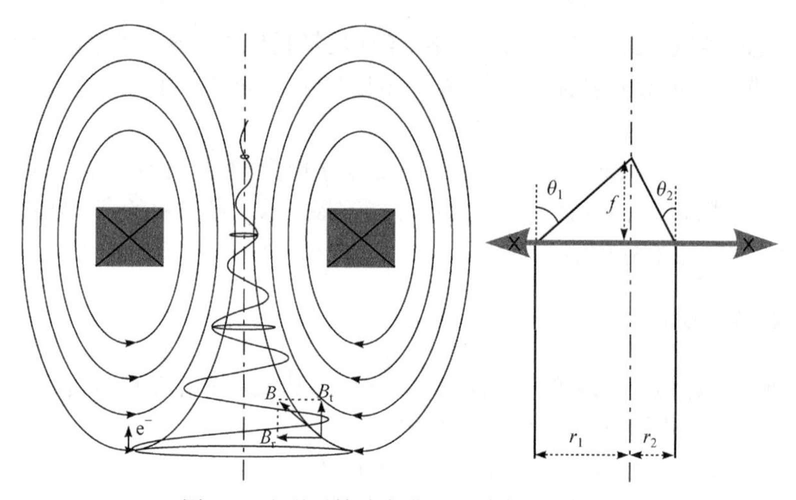

图 9-8　电磁透镜改变电子运动方向的模式

9.1.5　高角环形暗场成像的特征

9.1.4 小节介绍了相干弹性散射电子的相位衬度成像的 HRTEM 技术。近年来，另一种非弹性散射电子高分辨成像技术被科研工作者广泛选用，称为高角环形暗场成像(high-angle annular dark-field imaging，HAADF imaging)，HAADF 是用一个环绕中心电子束的环形探测器收集样品所产生的高角度散射电子以成像，因此也称为 *Z*-衬度像。最初是在 STEM 中安装了一个低角度环形明场(low-angle bright-field，LABF)探测器，以获得足够的效率，而衍射对比度使图像难以解释。然后设计了 HAADF 探测器，以避免布拉格散射电子的影响，获得易于解释和更高分辨率的图像。这些散射在相当大的角度的电子是不相干和弹性的，反映了质量和厚度的对比。HAADF 和 LABF 的射线示意图如图 9-9 所示。基于卢瑟福散射公式，通过几种合适的近似方法，HAADF 图像的对比度可以简单地看成与 *Z* 成正比。因此，HAADF 图像称为 *Z* 对比图像。

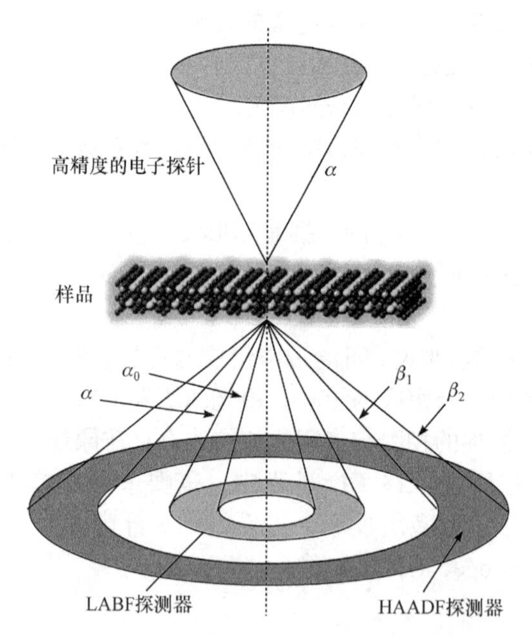

图 9-9　HAADF 和 LABF 的射线示意图

9.1.6　三维重构电子层析术

电子断层扫描这个术语被用来描述剖面图成像的过程，它是指从一系列不同角度的二维投影照片重构出三维结构的方法。在 1917 年拉东(Radon)首次提出了电子断层(electron tomography，ET)扫描的数学概念，从一组二维投影重建三维体形(或密度分布图)。尽管有了这个早期的数学基础，但直到 1956 年在天文学中用一组地球对太阳的投影来实际应用于三维重建。第一次非宇宙应用是 1961 年奥顿道夫(Oldendorf)使用 X 射线进行医学成像。该技术在 20 世纪 70 年代早期由亨斯菲尔德(Hounsfield)和科马克(Cormack)各自独立地进一步发展，后来又由其他人改进，形成了现在所知的计算机轴向断层层析术(CAT)，其基本成像原理遵循中心投影定理。

20 世纪 60 年代，断层扫描的基本概念被应用到 TEM 图像的三维分析中。在过去的几十年里，ET 得益于仪器、计算能力和重建算法等方面的巨大技术发展。在硬材料和软材料方面有前景的研究方向包括纳米粒子的高分辨层析成像、单粒子层析研究、大型生物复合物的结构测定以及原生环境下整个细胞的结构。即便如此，前方仍有许多挑战。虽然层析成像的基本概念是相同的，但每个学科已经根据各自的材料性质开发了一套具体的技术。目前最先进的三维重构电子层析术已可实现原子级的分辨率，原子分辨三维重构(atomic electron tomography，AET)是一种结合了先进电子显微镜和强大的迭代算法的通用三维重构成像方法。其基本的原理和重构流程如图 9-10 所示：①电子束聚焦在一个小点上，扫描样品形成二维图像，每个扫描位置的集成信号由环形暗场(annular dark-field，ADF)检测器记录；②通过将样品围绕倾斜轴旋转，一系列不同倾斜角度的二维图像被测量；③经过预处理和对齐后，通过分数傅里叶变换(fractional Fourier transform，FrFT)将倾斜序列反变换为傅里叶切片，采用傅里叶迭代算法计算三维重建，并对单个原子的坐标进行跟踪和细化，得到样品的三维原子模型。随着人们对 ET 在物理和生物科学的局限性及其相应解决方案和应用领域的认识不断深化，未来 ET 技术对硬材料和软材料的混杂材料的三维分析将会有诸多开拓性进展。

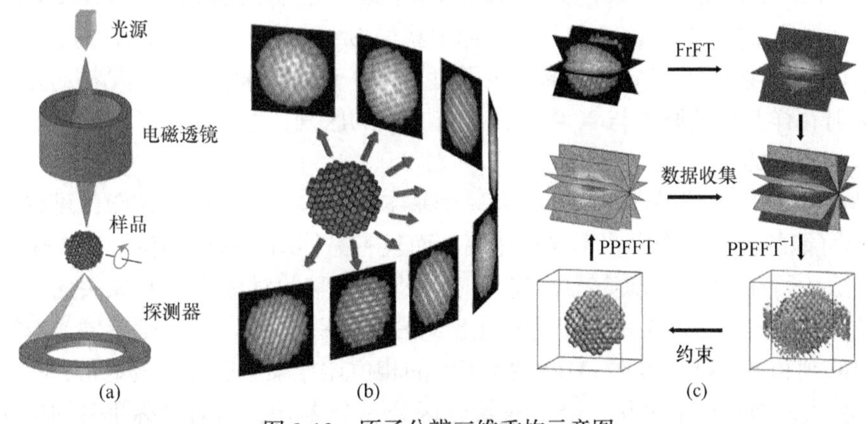

图 9-10　原子分辨三维重构示意图

9.2　电子晶体学

电子与物质的相互作用比 X 射线强得多，可以用来研究比 X 射线衍射所需要的晶体小 100 多万倍的晶体。散射分为弹性散射(无能量损失)和非弹性散射(有能量损失)，弹性散射不会改变电子的波长。因此，晶体中电子的弹性散射可以用类似 X 射线的方法处理，如布拉格定律。

非弹性散射电子提供了广泛的较长的波长范围，并对衍射图案上尖锐的衍射点周围的背景做出贡献。这里只考虑弹性散射。

电子晶体学是指利用电子显微镜与计算机图像处理技术，基于中心截面定理，首先通过电子显微镜收集样品沿不同方向的中心截面的二维图像或电子衍射数据，然后经计算机处理，进行截面信息整合和傅里叶变换，得到样品实空间结构的一门技术与学科。电子衍射图包含晶体的两种信息。衍射点的位置与晶胞参数和晶格类型有关。因此，可以在一个或几个衍射图形中从反射的位置确定单元参数和晶格类型。衍射点的强度与单元内原子的排列或者原子的位置有关。如果从足够薄的晶体中获取 ED 图样，在单个 ED 帧中寻找衍射点的峰值，使其衍射强度几乎是确定的，可以高精度地确定原子在单元格中的位置，0.2°～0.02°，这在第 7 章中有所描述。衍射图案的对称性也与晶体的对称性有关，可以从衍射点的强度来确定晶体的对称性，在大多数情况下还可以确定空间群。

本节主要讨论电子衍射在电子晶体学中的实际应用，包括电子衍射的几何方面、分度、相识别和单胞确认。介绍了几种不同的电子衍射技术，包括进动电子衍射(precession electron diffraction，PED)、旋转电子衍射(rotation electron diffraction，RED)、自动衍射层析成像(automated diffraction tomography，ADT)和会聚束电子衍射(convergent beam electron diffraction，CBED)。

9.2.1　电子衍射花样的标定

在透射电子显微镜的衍射花样中，当对不同的试样采用不同的衍射方式时，可以观察到多种形式的衍射结果，如单晶电子衍射花样、多晶电子衍射花样、非晶电子衍射花样、会聚束电子衍射花样及菊池花样等。而且晶体本身的结构特点也会在电子衍射花样中体现出来，如有序相的电子衍射花样会具有其本身的特点，另外由于二次衍射等会使电子衍射花样变得更加复杂。

不同类型的电子衍射可以从晶体材料中获得，其中最常用的是选区电子衍射(selected area electron diffraction，SAED)[图 9-11(a)]。如果从许多随机取向的晶体(多晶)中获得 SAED 图[图 9-11(b)]，则看起来像环形图案[图 9-11(a)]；如果从单晶中获得 SAED 图[图 9-11(a)]，则看起来像斑点图案[图 9-11(a)]。微衍射[图 9-11(c)]和会聚束电子衍射[图 9-11(d)]也被用于晶体结构的分析。

电子衍射花样产生的原理与 X 射线并没有本质的区别，但由于电子的波长非常短，因此电子衍射有其自身的特点。

电子晶体学与 X 射线晶体学相比，有一个基本的优势，即 HRTEM 图像可以被记录，而 X 射线是不可能的。在图像中，不仅有振幅，而且有晶体结构因子相位信息。这使区分旋转轴和螺旋轴成为可能。两个与旋转轴或镜像对称(即非平移的对称性操作)相关的反射总是具有相同的相位。如果它们是相关的一个对称元素与一个平移元素，如 2_1 螺旋轴或滑翔平面，则一些对反射必须相差 180°的相位。HRTEM 图像的相位比振幅更准确地被记录，通常在 ±20° 发现。这使它在大多数情况下可从一个 2_1 螺旋轴区分一个 2 倍轴(所有对称相关的反射有相等的相位)，其中沿着螺旋轴的所有对称相关的反射的奇数指数应该相差 180°。在晶体图像处理程序中计算了 HRTEM 图像中的相关系和偏离理想相关系的情况。在 SSZ-58 分子筛的晶格作为初基胞的情况下，一个中心晶格将在 $hk0$、$h0l$ 和 $0kl$ 三个平面上呈现出系统消光，而在这里并不是这样，如图 9-12，只有 $hk0$ 平面有系统消光 $h = 2n$，三个 ED 图案都显示 2 mm 对称性，所以晶体系统必须是正交的，(a) $hk0$：$h = 2n$，$h00$：$h = 2n$，$0k0$：不满足；(b) $h0l$：不满足，$h00$：$h = 2n$，$00l$：不满足；(c) $0kl$：不满足，$0k0$：不满足，$00l$：不满足。因此，并不能满足 hkl 的反射条件。根据系统消光和对称元素间的关系，结合空间群表可以推断出可能的空间

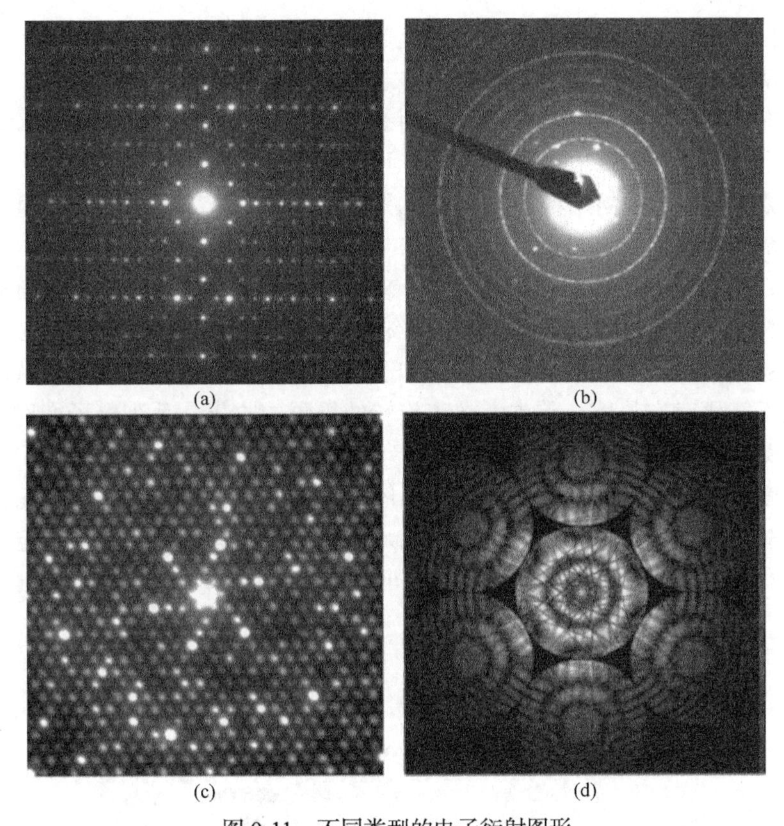

图 9-11　不同类型的电子衍射图形

(a) 单晶的选区电子衍射图；(b) 多晶样品的环状选区电子衍射图；(c) 入射电子束的微衍射小会聚角；(d) 会聚束电子衍射大入射电子束会聚角

群有 $P2_1ma$、$Pm2a$ 和 $Pmma$。只有进一步结合其他技术，如 CBED 或 HRTEM，才能准确区分这些空间群。

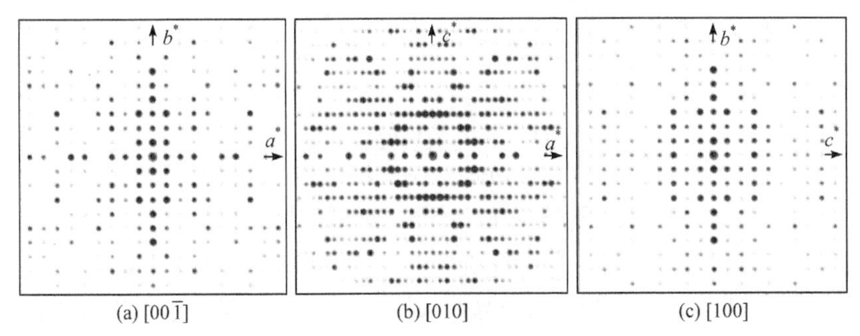

(a) [00$\bar{1}$]　(b) [010]　(c) [100]

图 9-12　SSZ-58 分子筛沿三个主带轴的 ED 模拟图

9.2.2　连续旋转电子衍射

连续旋转电子衍射(continuous rotating electron diffraction, cRED)是基于三维电子衍射原理发展起来的用于确定晶体结构的一种方法，具体来说，它是通过绕晶体某一晶轴旋转试样，获得一系列电子衍射花样，根据这些电子衍射花样和旋转的角度重构三维倒易点阵，来确定未知结构所属晶系、点阵参数及晶体结构的方法。最近，有两种新技术被开发出来用于收集完整的三维电子衍射数据：由科尔布开发的 ADT 和邹晓冬等开发的 RED 方法。本节将描述 RED 方法。圆锥形电子束旋进的旋进电子衍射方法通常用于高质量的电子衍射数据收集，但是此方法只能使用某些有限的几何形状来收集数据，而不能视为三维数据收集方法。真正的三维数据只能使用断层扫描和旋转技术等其他方法进行记录。

旋转方法的起源来自称为振荡方法的 X 射线实验数据收集技术。开发了 X 射线振荡方法以替代传统的数据收集方法。在振荡技术中，可以使用较小的振荡角来记录不同互易平面的连续小部分。数据收集的几何结构如图 9-13 所示。在 X 射线衍射的情况下，通常使用大型机械样品架进行精确旋转。

近年来，TEM 中的电磁线圈可以提供比 X 射线衍射仪更精确的旋转，旋转步长可小至 0.0005°。但是，受限于透射电子显微镜本身的结构，电子束只能在 ±3° ～ ±5° 旋转。为了收集三维电子衍射数据，旋转方法结合了电子束和测角仪的旋转。数据收集可以从晶体的任何方向开始，并且不需要对齐晶体。首先，在束旋转的极限内收集一系列电子衍射图。在数据收集期间，晶体保持静止。典型的电子衍射图序列如图 9-14 所示。然后，使用测角仪旋转将晶体倾斜给定角度，并收集另一系列的电子衍射图。重复此过程，直到达到测角仪旋转的极限为止。旋转方法可用于选区电子衍射模式或纳米束电子衍射模式。当用户指定电子束和测角仪的旋转步长及曝光时间时，可以自动完成整个数据收集。

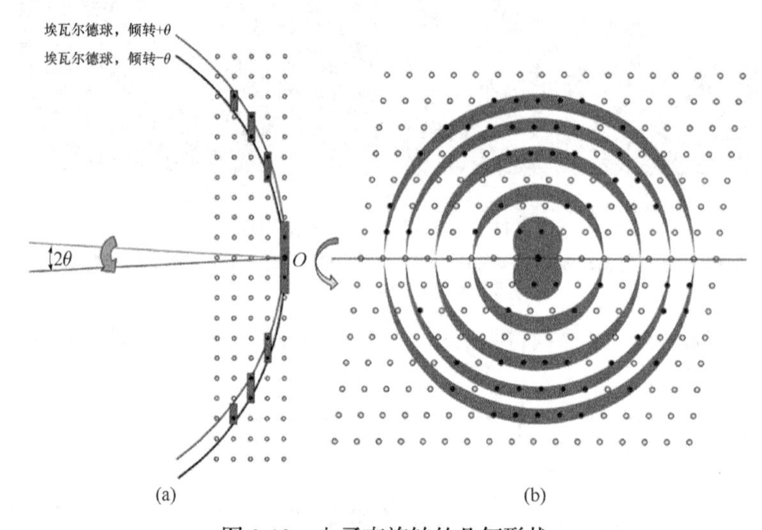

图 9-13　电子束旋转的几何形状

(a) 埃瓦尔德球体绕轴线(垂直于图平面)以 2θ 角 ($\pm\theta$) 振荡时的相互空间的侧视图；(b) 示意性投影图，显示了将观察反射的采样区域(灰色)，旋转轴是水平的

电子旋转方法可能会有很大不同，并且取决于可用的测角仪倾斜角度的范围、光束倾斜步骤和各个光束倾斜序列之间的部分重叠(当晶体保持静止时)。旋转速度可以轻松达到 2000 帧，这需要特殊的专用软件，如 ED-Tomo 来进行完整的三维倒易空间重建和数据处理(单位晶胞确定和强度提取)。三维倒易空间重构的示例如图 9-14 所示。重建的三维倒易空间允许切割单个倒易晶格层。由于埃瓦尔德球始终穿过 000，并沿细线切割，因此无法在 TEM 的整个平面中观察到这些层。图 9-15 为三维倒易空间重构示例。重建的三维倒易空间允许切割单个倒易晶格层。这些晶面无法在 TEM 中观察到，因为埃瓦尔德球一直通过 000，并沿着细线切割它们。

9.2.3　PXRD 和 cRED 的比较

相识别和结构确定在化学、物理和材料科学中非常重要。最近，已经开发了两种用于自动三维电子衍射(electron diffraction，ED)数据收集的方法，即 ADT 和 RED。与 X 射线衍射和

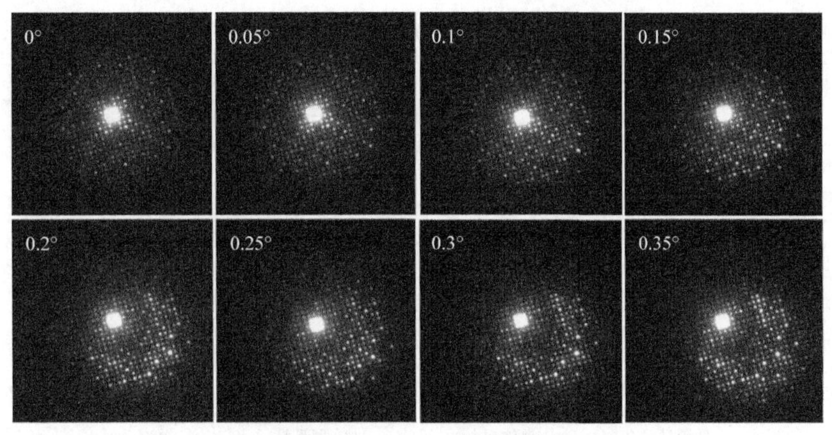

图 9-14　高精度梁倾斜系列 0.05°间隔旋转方法

电子束在 0°缓慢倾斜远离[001]区轴，定向光束在此期间保持在相同的位置

二维选区 ED 相比，三维 ED 方法在识别相和确定未知结构方面具有许多优势。可以使用 ADT 和 RED 方法收集几乎完整的三维 ED 数据。由于通常通过三维 ED 方法在选区轴外来测量每个 ED 数据，因此与选区 ED 模式相比，动态效果大大降低。数据收集简单快速，且可以从晶体的任意方向开始，这有利于自动化。三维 ED 是从单个纳米或微米大小的颗粒进行结构识别和结构求解的强大技术，而粉末 X 射线衍射(powder X-ray diffraction，PXRD)可提供样品中所有相的信息。ED 遭受动态散射，而 PXRD 数据是运动学的。三维 ED 方法和 PXRD 是互补的，它们的组合有望用于研究多相样品和复杂的晶体结构。三维 ED 方法和 PXRD 的组合可用于从 Ni-Se-O-Cl 晶体、沸石、锗酸盐、金属有机骨架和有机化合物到金属间化合物等多种不同材料的相识别和结构确定。三维 ED 与 X 射线衍射在相识别和结构求解方面一样可行，但仍需要进一步发展以使其与 X 射线衍射一样精确。预计在不久的将来，三维 ED 方法将变得至关重要。

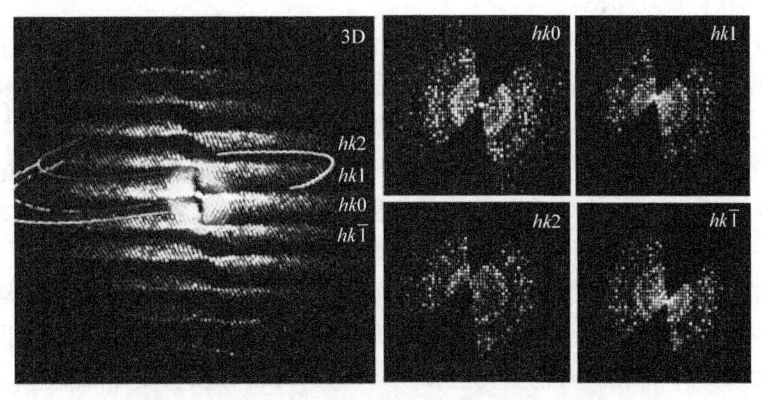

图 9-15　$K_2O \cdot 7\,Nb_2O_5$ 三维倒易空间重构(左)和单个倒易平面切片(右)倒易格的 $hk0$、$hk1$、$hk2$ 和 $hk\bar{1}$ 层

弧线来自 CCD 上的“坏”像素

在相识别中最广泛使用的技术是 PXRD。每个结晶相都有自己独特的 PXRD 图案，为相识别提供指纹。尽管 PXRD 在大多情况下都是成功的，但是有许多原因限制了 PXRD 在多相样品中的使用，尤其是含有未知相的样品。表 9-2 给出了单晶 X 射线衍射、PXRD、高分辨透射电子显微镜、电子衍射与旋转电子衍射的比较。

表 9-2 单晶 X 射线衍射、粉末 X 射线衍射、高分辨透射电子显微镜、电子衍射与旋转电子衍射的比较

	单晶 X 射线衍射	PXRD	HRTEM	ED	RED
	三维	二维	二维	二维	三维
晶体尺寸	>5 μm	>50 nm	>5 nm	>50 nm	>50 nm
晶胞确定	容易	难	需要专长	需要专长	容易
空间群确定	容易	难	容易	需要专长	容易
峰重叠	否	是	否	否	否
数据完整度	高	高	低	低	高
结构因子相位信息	否	否	是	否	否
样品信息	单颗晶粒	整体晶粒	单颗晶粒	单颗晶粒	单颗晶粒
强度	动态的	动态的	受物镜影响	动力学的	动力学的
结构解析	简单	难	需要专长	需要专长	简单
精修	准确	准确	不太准确	不太准确	不太准确

X 射线衍射和电子晶体学是互补的技术(表 9-2)。用于确定晶体材料结构的最常用技术是单晶 X 射线衍射(single crystal X-ray diffraction，SCXRD)，它只能用于使用内部衍射仪的大于 10 μm 的晶体或使用同步加速器光源的几微米的晶体。电子与物质非常强的相互作用使电子晶体学适合研究尺寸比 SCXRD 小一百万倍的晶体。当通过 XRD 研究时，被认为是粉末的晶体在 ED 中表现为单晶。虽然 PXRD 仅提供具有类似 d 值的衍射峰重叠的一维信息，但 ED 提供没有峰重叠的三维信息。从三维 ED 数据可以直接确定晶胞参数和空间群，而 PXRD 有时会很困难，尤其是对于晶胞尺寸较大(>10 Å)的结构。但是，由 ED 确定的晶胞参数不如根据 PXRD 确定的晶胞参数准确。另外，PXRD 数据是运动学的和完整的，而 ED 数据则受动态影响，通常不完整并且是动态的。

虽然 PXRD 数据代表样品中存在的所有相，但三维 ED 提供了单个颗粒的信息。通过 ED 选择单晶很容易进行相识别。适于 ED 研究的晶体大小从纳米到微米不等，具体取决于材料的类型。但是，三维 ED 数据的收集在以前是非常苛刻的，并且需要专业的实验人员，直到开发出自动化的三维 ED 数据收集和处理。在高分辨透射电子显微镜和高分辨扫描透射电子显微镜图像中存在衍射中丢失的晶体结构因子的相信息。这对于单独通过电子晶体学或与 PXRD 结合使用来确定未知结构非常有用。

PXRD 是结晶样品相鉴定的最常用技术，这是由于其简单、快速的数据收集和完善的数据库，以及粉末图案可以用作相鉴定的指纹。尽管二维带状 ED 模式也已用于相识别，但 ED 模式的收集和后续索引非常耗时且需要专业知识。但是，ED 在从多相样品中进行相识别方面具有优势，这是因为它可以在 TEM 中选择单个颗粒。

PXRD 和电子晶体学都已用于确定纳米级和微米级晶体的结构。使用 PXRD 数据的结构解决方案的主要挑战是处理重叠反射。已经开发了不同的方法来促进使用粉末衍射数据的结构求解，如直接方法和电荷翻转。特定于沸石的 FOCUS 方法也是由 McCusker 及其同事开发的，它包括用于复杂沸石结构溶液的晶体化学信息和粉末衍射数据。但是，当反射重叠变得严重时，仍然难以通过 PXRD 解决具有大晶胞的复杂结构。另外，ED 图案有助于更好地确定单位参数和空间组，因为反射被分离为 ED 图案中的尖点。尽管 ED 在早期用于结构确定并开发了量化

ED 模式的方法，但这是困难且非常苛刻的要求，即沿着不同的区域轴获取大量单独的二维 ED 数据并将其合并为三维数据集。更重要的是，从区域 ED 模式获取的 ED 强度会受到动态影响。文森特(Vincent)和米奇利(Midgley)发明的 PED 与传统的区域 ED 相比，具有更高的分辨率，并且受动态效应的影响较小。它已用于从投影或 PED 中解析未知无机化合物的结构。

如表 9-2 所示，电子晶体学和 PXRD 是互补的。电子晶体学和 PXRD 的结合对于确定纳米和微米级晶体的结构非常有力，特别是使用 HRTEM 图像，HRTEM 图像中的结构因子相比于仅靠 PXRD 无法解决的复杂结构的求解更加简化。例如，沸石 TNU-9、IM-5 和 SSZ-74 是结构最复杂的沸石。区域 ED 模式也已与 PXRD 结合用于结构确定。已经应用了不同的策略将 ED 与 PXRD 结合在一起来确定晶体的结构。一种策略是使用从 ED 数据中检索到的结构因子相位作为从 PXRD 数据确定结构的初始相位。这用于大孔锗硅酸盐 ITQ-26 的结构解析。Xie 和他的同事演示了如何从 ZSM-5 沸石的四个区域轴上的二维 PED 图案中导出结构因子相，并将其用作粉末装料翻转的初始相集。另一种策略是使用 ED 强度对 PXRD 中的重叠反射进行预分区。以这种方式解决了介孔手性锗硅酸盐沸石 ITQ-37。

尽管电子晶体学无论是单独使用还是与 PXRD 结合使用，对确定复杂结构都具有强大的功能，但结构确定既耗时(数月至数年)，又需要广泛的专业知识(只有少数人能做到)。自动化三维 ED 数据收集和处理的最新发展与 SCXRD 一样可行，使相识别和结构解决方案更快、更简单，但是所需晶体比 SCXRD 所需的晶体小一百万倍。三维 ED 和 PXRD 的结合对于从多相样品中进行相鉴定以及确定纳米级或微米级晶体的结构而言，功能更强大。此外，已经证实了三维 ED 应用于蛋白质的微晶结构解析是可行的。

9.2.4　基于连续旋转电子衍射的晶体结构解析

最近开发的两种自动进行三维 ED 数据收集和处理的方法是 ADT 和 RED。这两种方法均可用于从纳米或微米级晶体收集几乎完整的三维 ED 数据。通过旋转测角仪使晶体绕轴旋转 1～3 步，两者都可用于收集 ED 数据。为了掩盖测角仪旋转之间的间隙，RED 使用了精细的光束倾斜度(通常为 0.05°～0.2°)，而 ADT 通常与进动 ED 结合使用。ADT 通常使用小步长(1.0)的离散测角仪倾斜，带有或不带有连续进动 ED 来覆盖相互空间。数据收集既可以在纳米衍射模式下进行，也可以与 STEM 成像一起用于跟踪晶体运动(图 9-16)，还可以通过具有 TEM 成像的选定区域 ED 进行晶体跟踪。ADT3D 软件包用于 ED 数据处理和 ED 强度提取。

通过旋转测角仪，ADT 和 RED 均可提供从纳米单晶到亚微米尺寸的三维 ED 数据。在 ADT 中，倒易空间的精细采样是通过 PED 完成的，而 PED 需要专用的 PED 硬件，在 RED 中，这是通过倾斜电子束来完成的，该电子束由 RED 软件控制，而无需任何硬件。ADT 中的晶体跟踪将 STEM 与纳米衍射模式下的数据采集结合使用，对于光束敏感材料，这可能比 RED 更具优势。两种方法都已成功应用于各种材料的相识别和结构确定。

除了传统 ED 的优点外，三维 ED 方法还具有许多其他优点。首先，可以从纳米或微米大小的单晶自动收集几乎完整的三维 ED 数据。其次，由于通常在区域轴之外测量三维 ED 数据中的所有 ED 帧，因此与区域 ED 模式相比，动态效果降低。来自三维 ED 数据的强度质量很好，可以直接用于从头计算结构，也可以使用标准的 X 射线结构确定软件对结构进行进一步细化。数据收集可以从晶体的任意方向开始，这有利于自动化，并且对于非 TEM 专家而言也很容易。三维 ED 方法将 TEM 转变为单晶电子衍射仪，并使三维 ED 数据的采集更容易。对于具有已知或未知结构的不同类型材料的相识别和结构确定，它们已经显示出非常强大的功能。

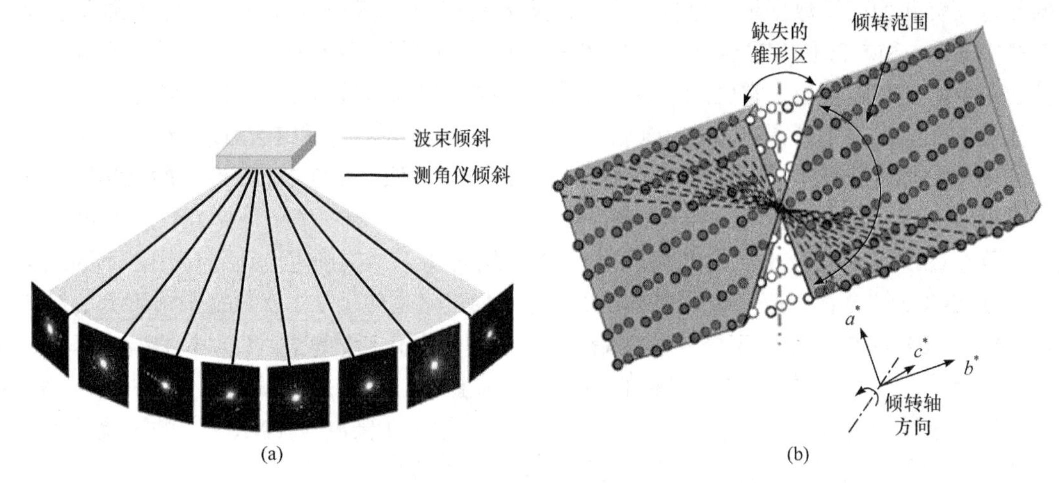

图 9-16　cRED 方法(a)和 ADT 方法(b)的概念的示意图

9.3　透射电子显微镜实验技术

9.3.1　透射电子显微镜样品测试范围

透射电子显微镜的样品测试范围比较广，一般来说，在高真空环境下稳定不分解并且不释放气体的固体样品都可以用透射电子显微镜表征测试。但由于电镜物镜具有强大的磁场并且离样品很近，因此磁性样品特别是磁性粉末样品不能采用普通透射电子显微镜进行测试，避免样品被吸附至物镜的极靴从而损坏电镜，而需要选择配备了洛伦兹透镜的透射电子显微镜进行测试，此外普通的固体样品一般要先经过处理以保证有电子能穿过薄试样区域。

由于透射电子显微镜测试过程中，电子束需穿透样品，因此所测试的样品厚度不能太厚，一般情况下样品厚度需小于 1 μm，最好能小于 0.1 μm。然而一般电子源出来的电子束到达样品试片并不容易，所以通常需将样品放置在金(Au)或铜(Cu)金属网上，电子容易被金属网吸引过来，大大增加了撞击样品的电子密度，也大大提高了样品影像的解析度。

9.3.2　透射电子显微镜样品制备技术

TEM 样品制备方法有很多，常用支持膜法、晶体薄膜法、复型法和超薄切片法 4 种。目前新材料的发展日新月异，对样品制备提出了更高的要求。样品制备的发展方向应该是制备时间更短、电子穿透面积更大、薄区的厚度更薄、高度局域减薄。

1. 粉末样品制备

粉末样品的制备多采用支持膜法。将试样载在支持膜上，再用金属网承载，支持膜的作用是支撑粉末试样，金属网的作用是加强支持膜。对于细小的粉末或颗粒，因不能直接用电子显微镜样品金属网来承载，需在金属网上预先黏附一层连续而且很薄(20～30 nm)的支持膜，细小的粉末样品放置于支持膜上而不从铜网孔漏掉，才可放到电子显微镜中观察。较多使用的是火棉胶-碳复合支持膜。然后将粉末研磨成纳米级别的粉体，如果本身是纳米材料则无需研磨，再把粉体分散到无水乙醇或者蒸馏水中超声分散，一般超声分散时间为 5～20 min，最后用移液枪或滴管滴到碳支持膜或微栅上充分晾干。

金属网格通常由金属制成，如铜、钼、镍、钛和金。尺寸为直径 3.05 mm，厚度 10～25 μm。目数定义了方格的大小和方格的个数(图 9-17)。通常需附加一层连续或多孔的支撑膜(碳或聚乙酸甲基乙烯酯)。

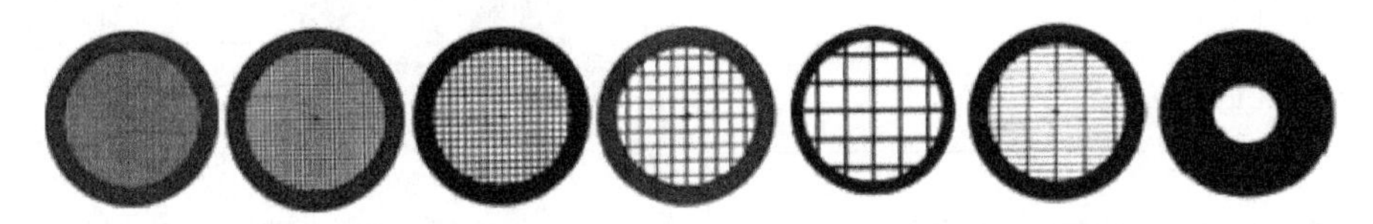

图 9-17　透射电子显微镜用样品支持金属网格形貌

2. 金属块体样品制备

由金属块体样品制成薄膜试样一般需要经过以下三个步骤：

(1) 利用砂轮片、金属丝或用电火花切割方法切取厚度小于 0.5 mm 的薄块。对于陶瓷等绝缘体则需用金刚石砂轮片切割。

(2) 用金相砂纸研磨或采取化学抛光方法，把薄块减薄为 0.05～0.1 mm 的薄片。

(3) 再用电解抛光的方法进行最终减薄，电解抛光减薄装置如图 9-18 所示，直至在孔洞边缘获得厚度小于 500 nm 的薄膜区域。

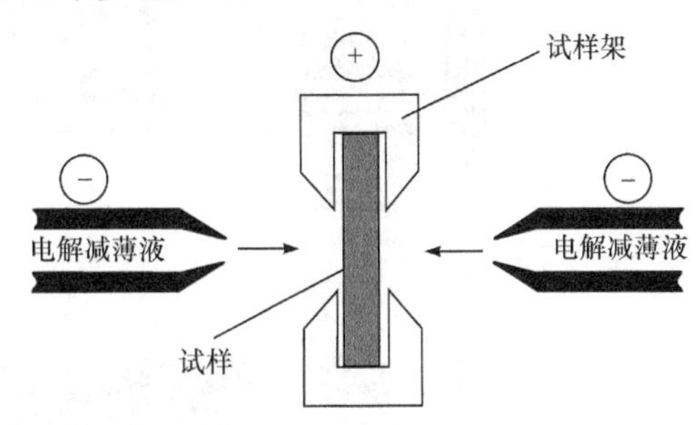

图 9-18　双喷式电解抛光减薄装置示意图

将大块试样成功地制成可观察的薄膜，最终的电解抛光是关键。影响电解抛光质量的因素很多，如电解液成分、浓度、抛光电压、温度和样品成分。如果制备的是一种新材料，则必须通过试验来确定最佳电解抛光条件。

3. 生物和高分子样品的制备(超薄切片法)

在透射电子显微镜的样品制备方法中，超薄切片技术是最基本、最常用的制备技术。超薄切片技术制作生物样品的过程基本与石蜡切片相似，需要经过取材、固定、脱水、浸透、包埋聚合、切片及染色等步骤。对于高分子样品，采用超薄切片机可获得 50 nm 左右的薄试样。高分子样品超薄切片机与陶瓷超薄切片机一样，只是用制备生物样品和高分子样品的玻璃刀取代可切割陶瓷材料的金刚石刀。

超薄切片机的原理是装在枢轴上的样品向切刀逐渐推进，装置示意图如图 9-19 所示。用超薄切片机切割生物样品或高分子样品，往往将切好的薄片从刀刃上取下时会发生变形或弯曲。为克服这一困难，可以将样品在液氮中冷冻，或将样品镶嵌在一种可以固化的介质中(如环氧树脂)，镶嵌后再切片就不会引起薄片样品的变形。

4. 薄膜样品制备

薄膜样品的制备主要是由切割、平面磨、钉薄和离子减薄四步完成，平面样品是将薄膜面粘到磨具上，从衬底面开始打磨，而截面样品稍微复杂，需要将薄膜面对粘并固化后再打磨截面。常见的薄膜样品如图 9-20 所示。

具体步骤为：切片 ⟶ 超声波清洗 ⟶ 配胶 ⟶ 对粘(针对截面样品) ⟶ 固化 ⟶ 试样的打磨 ⟶ 粘 Mo 环 ⟶ 钉薄 ⟶ 等离子减薄。图 9-21(b)所示为此法制得的 $BaSrTiO_3$/

Pt/SiO_2/Si 多层薄膜的截面样品 TEM 图像。

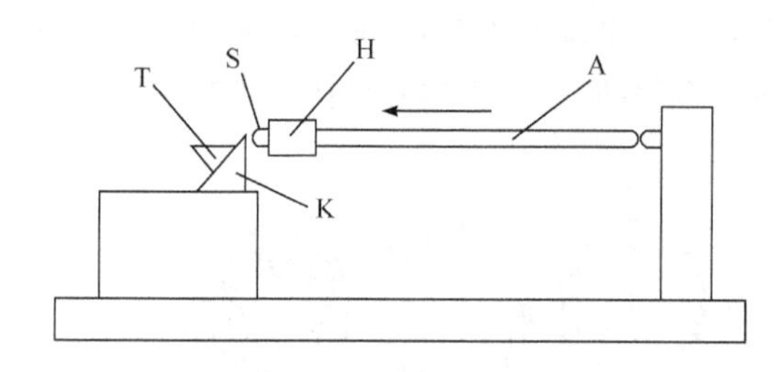

图 9-19　超薄切片制备薄膜的装置

S. 样品；H. 样品夹持器；A. 待推进装置的枢轴；K. 刀；T. 薄膜收集槽

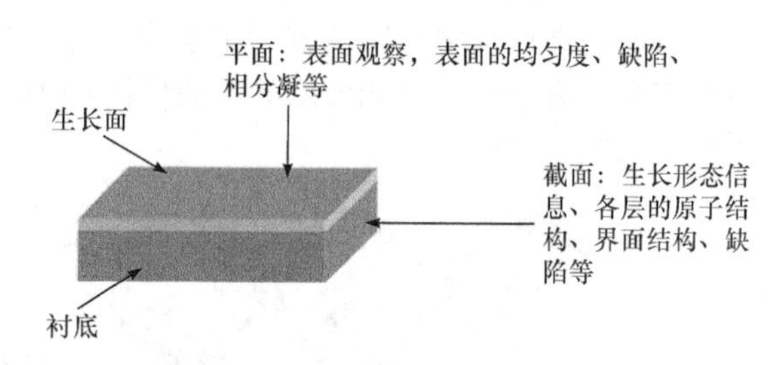

图 9-20　薄膜样品示意图

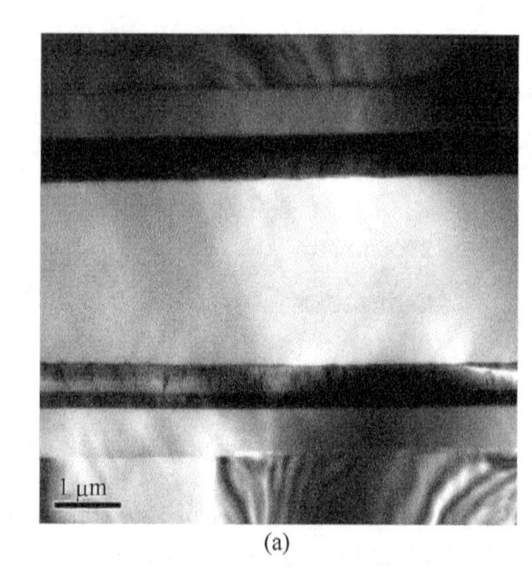

(a)

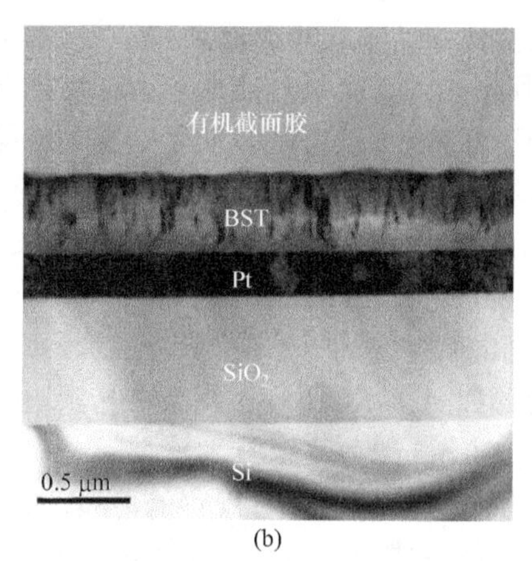

(b)

图 9-21　对粘的两个多层膜样品截面(a)和一个多层膜的低倍 TEM 图像(b)

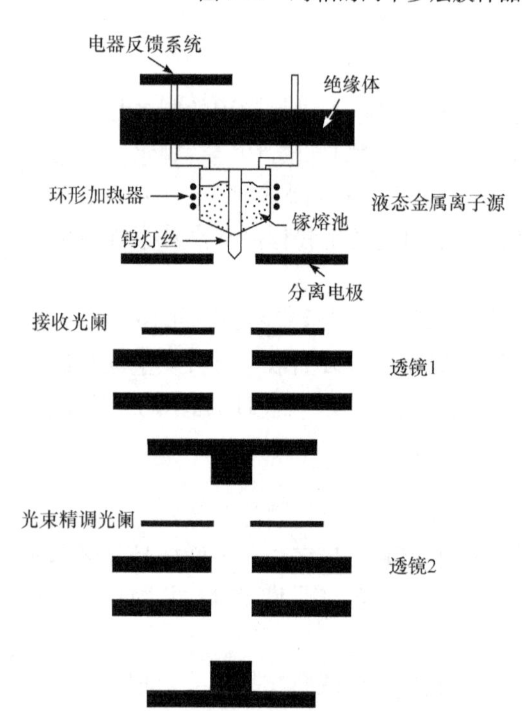

图 9-22　FIB 仪器离子源和透镜系统示意图

5. IC 芯片、集成电路的制样(聚焦离子束方法)

聚焦离子束(focused ion beam，FIB)仪器利用高能离子束轰击试样，使样品表面散射出二次离子，通常的加速电压为 5～50 kV。FIB 可以精确地对扫描离子像中样品特定微区进行刻蚀，刻蚀深度由 FIB 的束流大小和刻蚀时间等参数决定；进一步施加大电流可快速切割试片而挖出所需的洞或剖面，由此实现对试样特定微区进行 TEM 制样。

FIB 系统主要组成部分为：离子源、离子束聚焦/扫描系统和样品台。图 9-22 显示了 FIB 仪器中液态金属离子源(liquid metal ion source，LMIS)和透镜系统。

利用 FIB 可以快速地制备 TEM 样品。目前有两种方法：第一种是传统的刻槽法，具体过程见图 9-23(a)；第二种是取出法，图 9-23(b)显示了在材料表面制备 TEM 样品的过程。

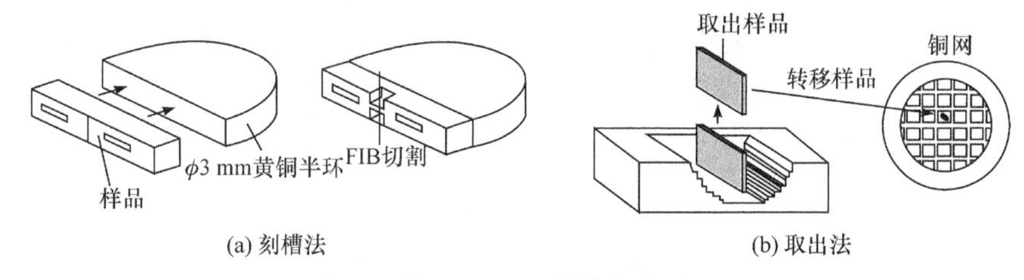

图 9-23　FIB 制样方法

6. 冷冻电镜样品制备技术

为了避免缓慢冷却过程中形成的冰晶破坏生物或大分子样品本身的结构，冷冻电镜实验样品制备(图 9-24)不同于常规样品，它是将溶液状态下的样品铺展在铜网上，形成很薄的样品液层(液层厚度取决于样品颗粒大小)，然后再将铜网投入液态乙烷中进行快速冷冻。快速冷冻后的样品将转变成无定形状态的冰(玻璃态的样品)，该状态下的样品不含有冰晶，不会破坏生物样品本身的结构，也不会导致电子衍射干扰数据收集。目前主流的冷冻电镜样品制备方法是依靠自动化的制样机器人完成的，这类机器人都有一个密闭的制样室，用于提供一个温度和湿度可控的制样环境。其样品减薄依然是采用滤纸按压的方式实现。机器人还有一个机械臂(轴)，可以悬挂镊子，在电机的驱动下，可以高速将镊子尖端插入冷冻剂中。快速冷冻后的样品对透射电子显微镜中的电子辐射耐受能力大大提高，且冷冻后的样品颗粒呈现样品自然状态下的形貌。

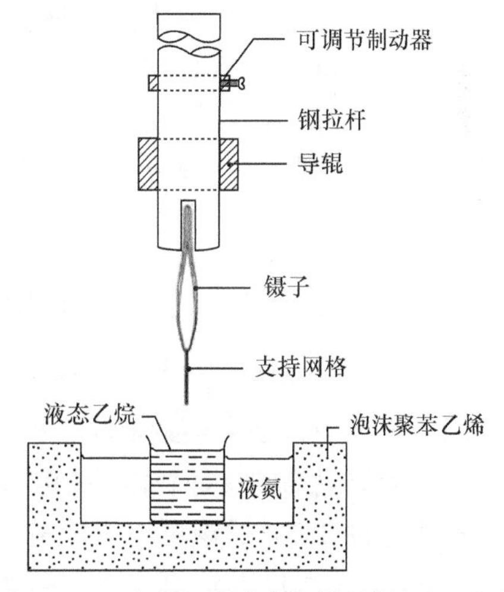

图 9-24　冷冻电镜玻璃态样品制备机理图

9.3.3　样品支架

样品支架对于材料结构与性能关系的发展有重要的作用，根据实验需求样品支架有可倾转、原位加热或冷却以及原位拉伸等不同功能。近年来，具有倾转功能的样品支架(图 9-25)在三维电子层析、三维电子衍射等领域中被广泛应用。无论是单轴倾转还是双轴倾转，由于透射电子显微镜仪器结构本身的限制，倾转角度的极限范围通常为–70°～70°。

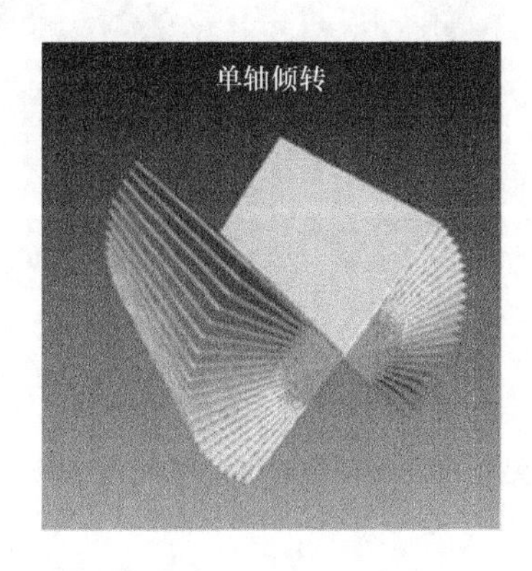

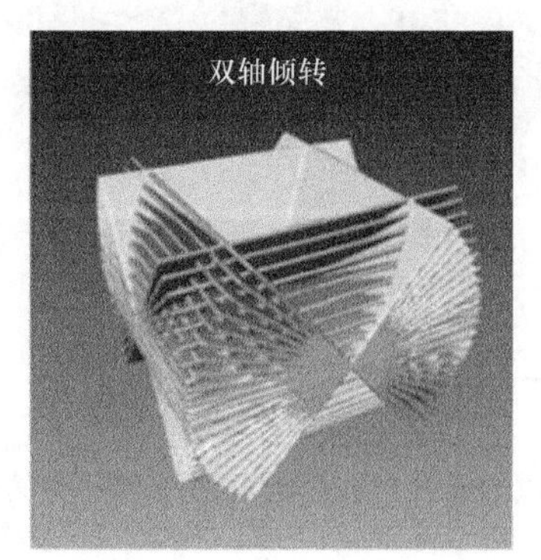

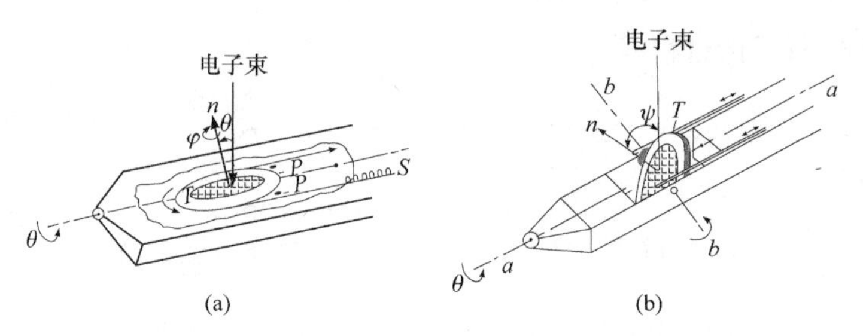

图 9-25　具有单轴倾转(a)、双轴倾转(b)功能的样品支架

9.4　透射电子显微镜在材料分析中的应用

透射电子显微镜作为固体材料表征分析手段应用非常普遍，无论是合金、陶瓷、纳米材料，还是高分子聚合物，都可以用透射电子显微镜来分析材料的精细结构，包括表面形貌、晶粒尺寸、晶相构成和分布、晶界特性、缺陷及位错甚至原子尺度的晶格信息等，都可以通过明暗场像、高分辨像、电子衍射及附件所带的 EDS、EELS 等能谱技术获得相关信息。

9.4.1　透射电子显微镜在纳米材料表征上的应用

透射电子显微镜由于成像分辨率非常高，非常适合纳米材料的表征分析。特别是一些特殊的纳米结构，如多层纳米球、纳米管等，比较容易分析其复合结构。众所周知，碳纳米管可以作为催化剂的良好载体，图 9-26 是作催化剂用途的碳纳米管封装金属 Ni 纳米粒子的复合结构，通过 TEM 成像可以清晰地发现制备的纳米管分布非常均匀，弯曲程度很小，直径约 80 nm，管壁厚度不到 10 nm，Ni 纳米颗粒也均匀地被封装在纳米管内部，由于 Ni 原子量明显大于 C，所以质厚衬度像中 Ni 金属颗粒明显显黑色，非常容易区分，Ni 金属颗粒大小不一，从二三十纳米的球形到两百多纳米的短棒，碳纳米管外部非常干净，没有附着其他颗粒。被封装在碳纳米管内部的 Ni 颗粒和短棒具有非常高的催化活性，而且由于隔断了与外界的接触从而避免了被氧化，因此同时具有良好的稳定性。

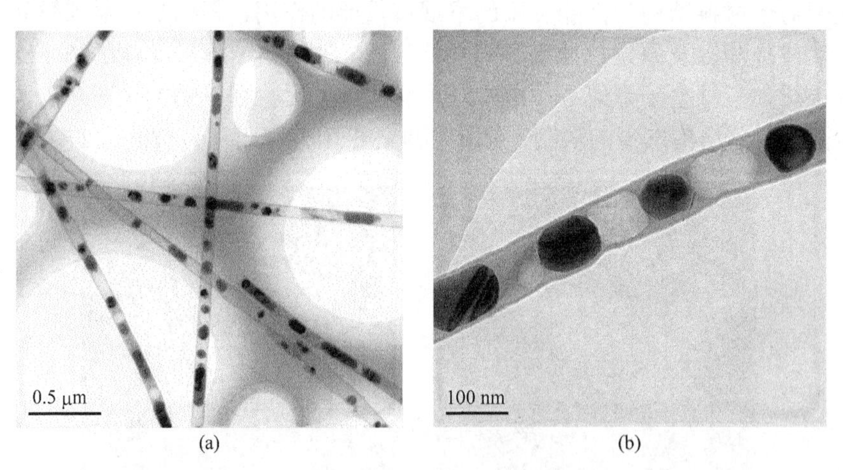

图 9-26　碳纳米管封装金属 Ni 纳米粒子复合结构在 7000 倍(a)和 29000 倍(b)倍率下的形貌

纳米胶囊结构在生物医学等方面应用潜力巨大，图 9-27 是由 $NaYF_4:Yb^{3+}/Tm^{3+}$内核上转换纳米粒子(upconversion nanoparticles，UCNPs)和 SiO_2 壳层组成的核壳结构。图 9-28(a)、(b)、(c)、(d)分别表示 $NaYF_4:Yb^{3+}/Tm^{3+}@NaYF_4$的量分别为 2.0 mL、1.4 mL、0.7 mL 和 0.5 mL 时所对应的 $NaYF_4:Yb^{3+}/Tm^{3+}@NaYF_4@SiO_2$ 的核/壳/壳三层结构。由于核壳层不同物质原子量的巨大差异和质厚衬度的特点，可以看出核壳结构十分明显，界面分明，同时随着四乙氧基硅烷(TEOS)和 UCNPs 比例增加，SiO_2 壳层的厚度也随之增大，所以通过透射电子显微镜表征可以发现，SiO_2 壳层厚度可以通过 UCNPs 的量来调控。

要合成这种单分散 $UCNPs@SiO_2@PAzo/MAA$ 核壳结构纳米球是非常困难的，通过透射电子显微镜很容易表征这种特殊的核壳结构。图 9-28 分别是单分散的被一层较薄的纳米胶囊壳层包裹的纳米微球，以及通过用氢氟酸刻蚀掉 SiO_2 壳层之后的 UCNPs@PAzo/MAA NCs 纳米结构。这种以 UCNPs 作为可移动内核和 PAzo/MAA 作为外壳的类似蛋黄蛋壳的特殊核壳结构，在装载药品和药物缓释用途方面具有很重要的应用潜力和价值。

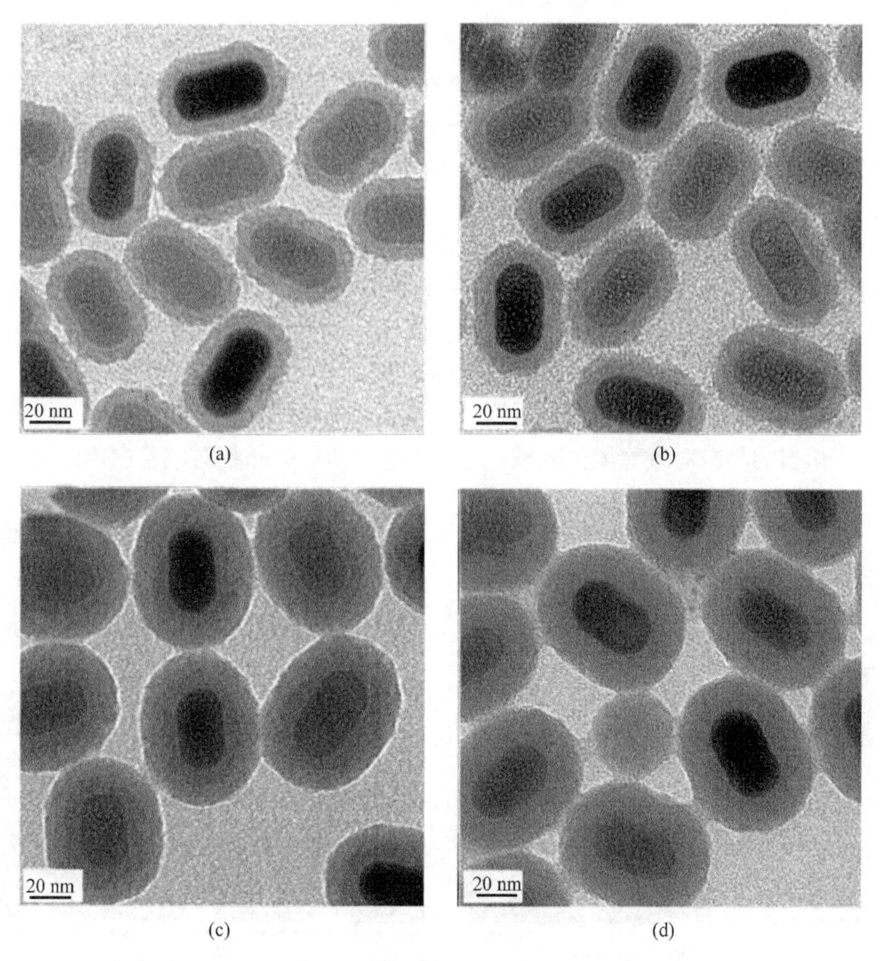

图 9-27　$NaYF_4:Yb^{3+}/Tm^{3+}@NaYF_4$的量分别为 2.0 mL(a)、1.4 mL(b)、0.7 mL(c)和 0.5 mL(d)的 $NaYF_4:Yb^{3+}/Tm^{3+}@NaYF_4@SiO_2$ 的核/壳/壳三层结构的形貌图

9.4.2　透射电子显微镜在晶体薄膜材料表征上的应用

透射电子显微镜的三种电子像衬度——质厚衬度、电子衍射衬度和相位衬度的成像原理

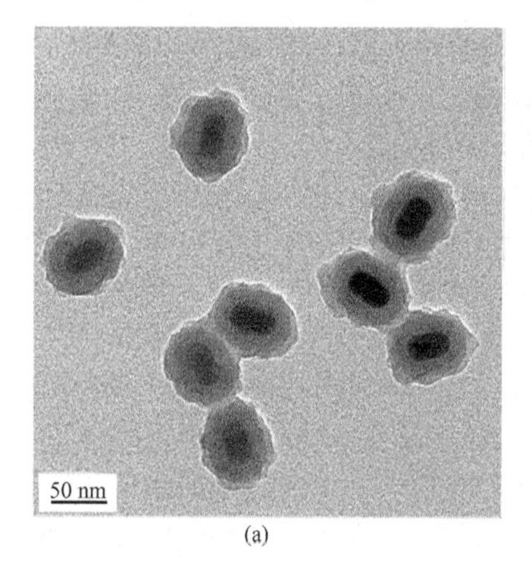

(a)

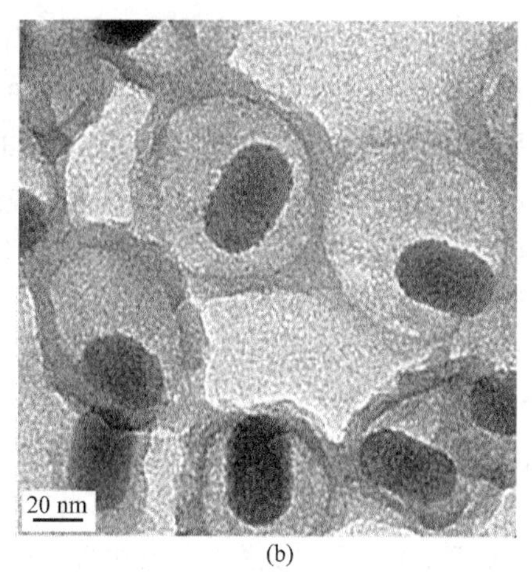

(b)

图 9-28　(a) UCNPs@SiO_2@PAzo/MAA 粒子和(b)UCNPs@PAzo/MAA NCs 的形貌图

各不相同，可以同时用来分析晶体材料的微观形貌和结构表征，对于晶体薄膜和非晶态材料，表征结果也会呈现出明显的差异。图 9-29 是在表面热氧化一层 SiO_2 的 Si 单晶衬底上采用直流溅射法沉积一层 Pt 底电极后再磁控溅射沉积一层 $Ba_{(1-x)}Sr_xTiO_3$(BST)的多晶薄膜。图 9-29(a)对应多层膜的截面结构，可以看出多层膜结构界面都非常平整和清晰，厚度都非常平均，体现出较高的薄膜制备质量，由于原子量差异，颜色最深的 Pt 层和颜色最浅的有机截面胶(glue)反映出明显的质厚衬度像特征，而且多晶薄膜成柱状晶生长结构，因为其竖直分布的深浅条纹来自其电子衍射衬度特征。图 9-29(b)对应 BST 薄膜的表面形貌结构，可以验证所制备的 BST 薄膜为多晶钙钛矿结构，晶粒尺寸为几十纳米到一百多纳米，因为制得的透射电子显微镜样品局部薄区厚度较均匀，厚度约为几十纳米，而且晶体内部各元素在纳米尺度上都分布均衡，所以从表面形貌可以看出不同晶粒显示出的明暗衬度差异主要来自电子衍射衬度特征，满足布拉格衍射条件发生电子衍射的晶粒对应着黑色区域，未发生电子衍射的晶粒对应着白色区域。

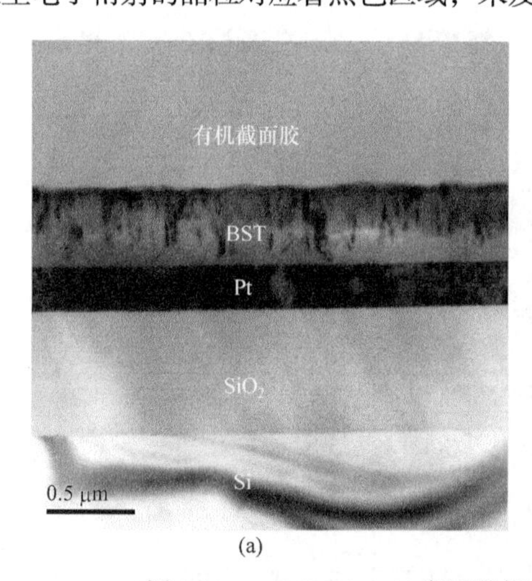

(a)

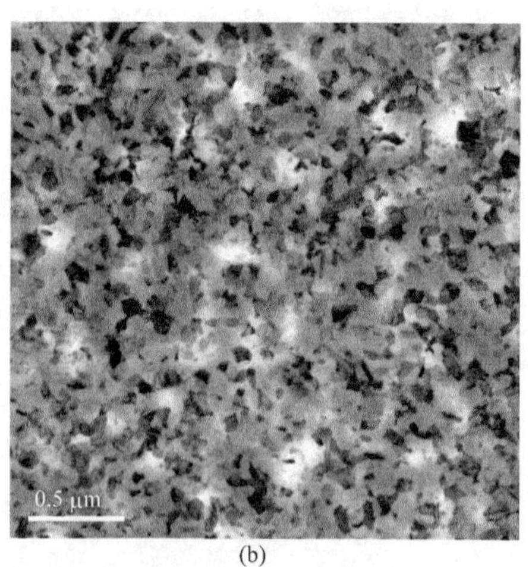

(b)

图 9-29　BST/Pt/SiO_2/Si 多层膜截面(a)和 BST 薄膜表面(b)的形貌图

进一步放大多层膜截面形貌，聚焦到 BST/Pt 界面，从图 9-30 可以更明显地发现界面非常平整和清晰，Pt 电极结构非常致密，沉积的 BST 膜厚也很均匀，除了 BST 薄膜主要的明暗衬度区域外，在靠近 Pt 电极区域还有一层厚度为二三十纳米的衬度均匀无明显变化的灰色区域，来自 BST 薄膜的非晶层或弱晶化层，会影响薄膜的电学性能，通过改进制备工艺或增加缓冲层等方式可以改善界面区晶化状态，减少或消除非晶层。从 BST 薄膜表面高倍显微图像来看，薄膜晶粒大小不一，但是衬度分明，反映出晶化良好，晶粒之间的晶界清晰致密，无裂纹无孔洞。

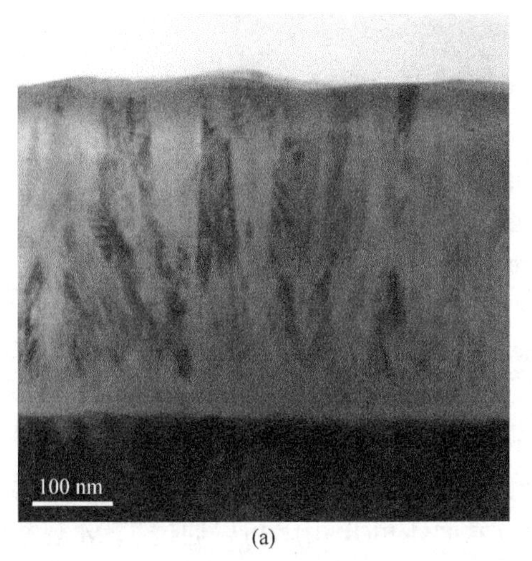

(a)

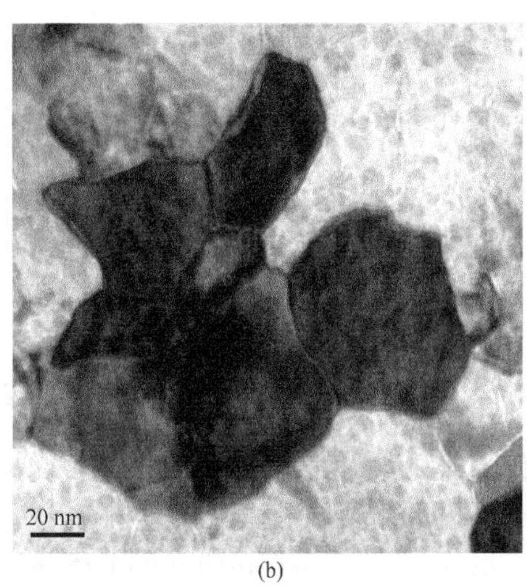

(b)

图 9-30　BST/Pt 截面(a)和 BST 薄膜表面(b)高倍显微形貌

9.4.3　透射电子显微镜在材料组成分析上的应用

透射电子显微镜结合附件 EDS 可以同时观察材料的微观形貌、元素组成分布和相结构，以 ZK 镁合金为例，ZK 镁合金是主要含有元素锌 Zn、锆 Zr 的高强变形商用镁合金，被认为是综合使用性能最好的镁合金之一，在 ZK 镁合金研究领域，对微观组织的调整与优化一直是研究的重点内容。关于 ZK-Ce 镁合金中 Mg-Zn-Ce 三元相的研究较少，李洪晓等认为 $(MgZn)_{12}Ce$ 并非具有严格的原子计量比，构成元素可以在一定范围内变化，并给出了三元线性化合物 $(MgZn)_{12}Ce$ 的元素范围(原子分数)为 Mg 48.8%～73.4%、Zn 12.3%～43.6%、Ce 5.64%～7.86%。$(MgZn)_{12}Ce$ 为底心正交晶体结构。

图 9-31 为 ZK61-1.5Ce 合金中化合物的 TEM 明场像和 EDS 能谱，从明场像可以看出，该

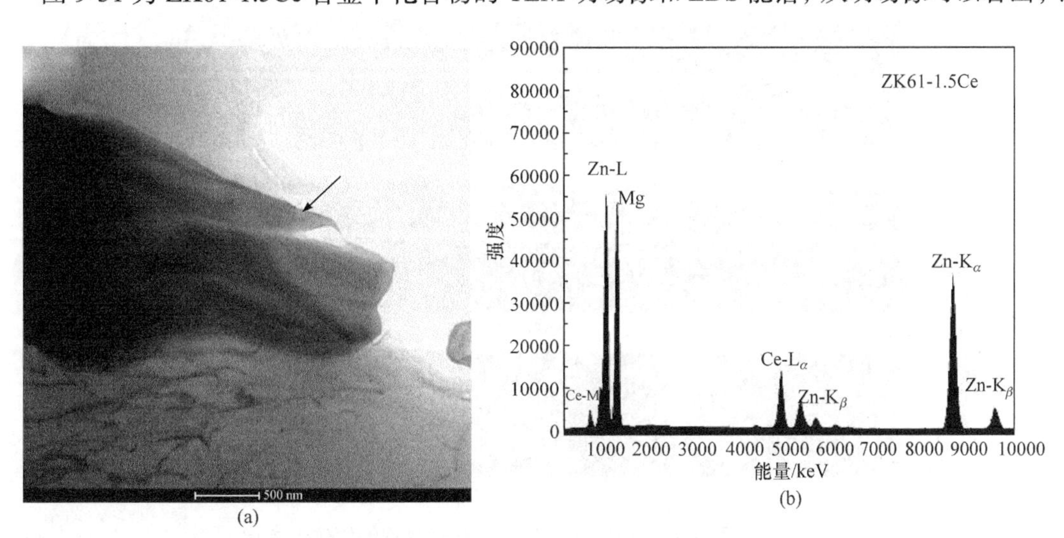

图 9-31　ZK61-1.5Ce 合金中化合物的 TEM 明场像(a)和 EDS 能谱(b)

化合物位于晶界处，且外形没有规则的几何形状。表 9-3 为化合物的能谱分析结果，表明该化合物由 Mg、Zn 和 Ce 元素组成，且 Ce 原子与 Mg、Zn 原子的和之比约为 1∶12。参考他人的研究以及对化合物的成分分析结果，该化合物为$(MgZn)_{12}Ce$，$(MgZn)_{12}Ce$ 具有斜方晶体结构，也称为 T 相。

表 9-3　ZK61-1.5Ce 合金中化合物组成的能谱分析结果

元素	原子比例/%	误差/%
Mg	50.13	6.22
Zn	42.18	4.68
Ce	7.70	1.36

9.4.4　透射电子显微镜在材料缺陷分析上的应用

晶体中不同的晶相中原子排列的差异反映在衍射衬度像中也会产生明显的衬度差异，可以用来分析不同的晶相和相界以及各种缺陷结构。多铁 $BiFeO_3$(BFO)薄膜内部由于外延应力产生准同型相界，界面附近存在四方相(T 相)和斜方六面体相(R 相)，可以通过 TEM 观察两相的相界缺陷结构和变化趋势。图 9-32 显示的是在(001)$LaAlO_3$(LAO)单晶衬底上采用脉冲激光沉积技术制备的 BFO 外延薄膜的截面形貌分别在(a)室温 13℃、(b)加热到 417℃、(c)加热到 435℃、(d)冷却到 55℃的原位明场像。薄膜加热前温度为 13℃时，T 相和 R 相区域以及界面都非常明显，从选取电子衍射(SAED)结果也可以验证这两相共存，但是当温度升高到 417℃时，黑色衬度对应的 T 相区域逐渐模糊和消失，继续升温到 435℃后，黑色 T 相区域完全消失，被 R 相所取代，也就是说此温度下 T 相完全转变为 R 相，同时也可以被 SAED 结果验证。温度升高到 450℃，由于相变过程已完成，衬度并无明显变化，降温过程从 450℃降到 55℃都

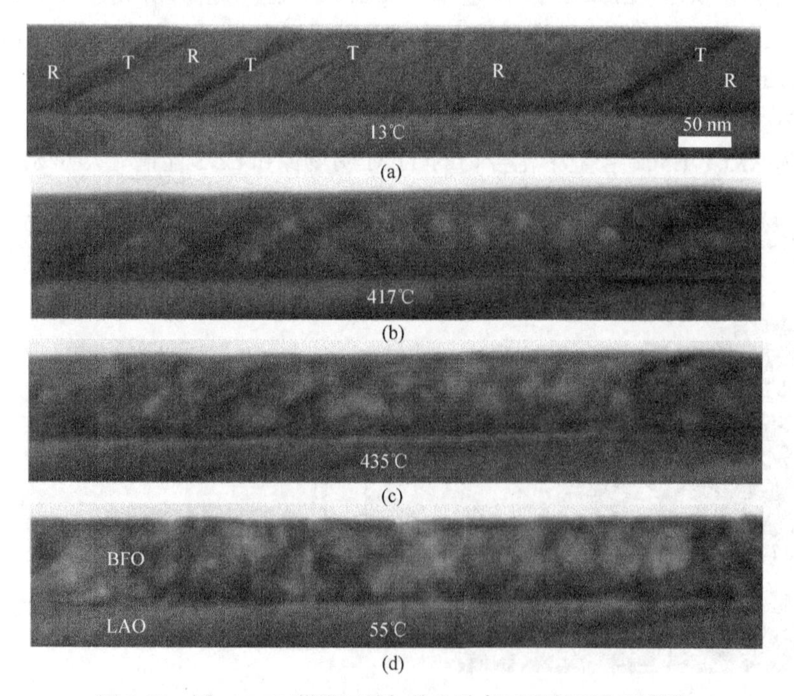

图 9-32　同一 BFO 薄膜区域加热和冷却过程的原位形貌像

没有观察到明显变化，这说明升温过程 T 相转变为 R 相的相变是不可逆的，不能通过降温恢复原来的相结构。

利用 HRTEM 可以观察磁控溅射技术生长的 Ir 薄膜原子尺度的位错与孪晶之间的相互作用，图 9-33(a)中可以看到一条清晰的带状孪晶，孪晶和基体是同一种结晶物质具有对称关系(如镜面反映，或绕某一特定晶轴旋转操作)的两部分，经对称操作，使两者完全重合。图 9-33(c)是图 9-33(a)的快速傅里叶变换(fast fourier transform，FFT)图，图中的对称性图像也显示出孪晶的特征。分开基体与孪晶的公共界面称为孪晶界。可看出孪晶界上的原子为基体和孪晶所共有，将其称为共格孪晶界，如图中白色虚线所示。图 9-33(a)中的片状孪晶是该样品中最普遍的一种形态。值得注意的是，图(a)中的孪晶界上下两侧的晶体厚度不同，上边的晶体原子层厚度大于下边。图中的层错与孪晶在白色箭头处相遇，此处阻碍了孪晶向右生长，从而导致左右两边孪晶的原子层厚度不一样。此外，在图 9-33(b)中也观察到类似情况，图中也是片层状孪晶的左端与一个全位错相接，阻止了位错进一步向前扩展。该孪晶的厚度只有 2 层原子层，是厚度最小的孪晶。观察说明，位错的运动和钉扎作用对孪晶的生长具有很大的影响，也会对 Ir 薄膜的塑性变形过程产生影响。在 Ir 薄膜受到外力时，位错与孪晶的交接处会产生应力集中，这有可能会增加 Ir 薄膜在受到外力作用时的断裂速度，导致其塑性变形能力变差。

各种晶体缺陷以前只能在理论上描述和间接地演示，现在则能直接在电子显微镜下观察到。随着电子显微镜的进一步完善和各种电子显微术的产生和发展，透射电子显微镜在材料分析表征中将会获取更多试样微小区域的晶体结构、组织形态、化学成分等信息，进一步拓展其应用领域，发挥越来越重要的应用潜能，对科学事业的发展产生不可估量的推进作用。

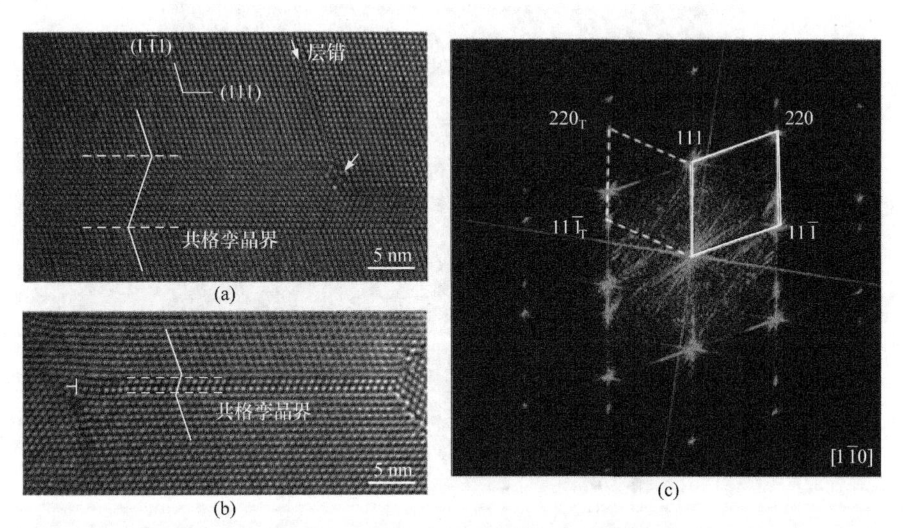

图 9-33　(a) (b) 孪晶与位错相互作用的高分辨透射电子显微镜照片；(c) 图(a)的 FFT 图

(a) 层错与孪晶的相互作用；(b) 全位错与孪晶的相互作用

9.4.5　HAADF-STEM 成像模式在晶界分析上的应用

在使用 HAADF 进行成像时，需要相干电子形成探针束，但对于非相干散射，电子束的强度是最重要的参数。一旦电子束形成，就可以忽略其相位项。与 HRTEM 相比，使用 HAADF 成像的分辨率可避免电镜缺陷的影响。电镜缺陷的干扰会导致相干衬度传递函数中高频数据的衰减，这是因为不同衬度传递函数(CTF)受电镜缺陷的干扰相干叠加导致振幅损失。对电子显微镜而言，CTF 的衰减很大程度上源于透镜电流的波动或电压的涨落。然而，每个电子都有一个确切的正值的强度，所以 HAADF 成像的过程中不会出现光波的抵消效应。HAADF 成像的极限分辨率高于 HRTEM。

图 9-34 为采用共沉淀法制备的金纳米颗粒与金红石型大颗粒 TiO_2 复合材料界面的 HRTEM 图像和 HAADF-STEM 图像。入射电子束方向平行于 TiO_2 的[001]带轴和金晶体的[110]带轴。金颗粒以 Au(111)[110]/TiO_2(110)[001]取向关系负载在 TiO_2(110)表面。通过 HAADF- STEM 图像可估算出金原子层与钛原子层之间的距离为 0.33 nm，如图 9-34(b)所示。这一距离与之前用真空沉积法制备的单晶 TiO_2 衬底上的金纳米颗粒的结果一致。HRTEM 图像以原子尺度分解界面结构如图 9-34(c)所示，结构模型叠加在图 9-34(d)中。箭头所示为 TiO_2(110)表面的架桥氧，这意味着金纳米颗粒沉积在 TiO_2(110)表面。在金原子层中没有观察到明显的变形，说明金与 TiO_2 表面的相互作用不强。通过上述分析，可获得清晰的材料内部结构信息，这也说明在实际的案例中 HRTEM 和 HAADF-STEM 往往会配合使用，协同建立准确的结构模型。

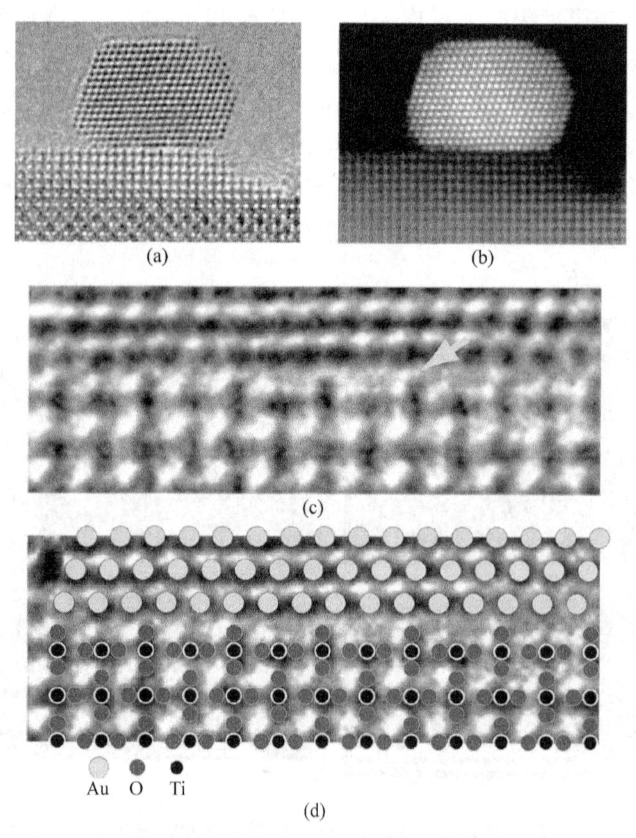

图 9-34 沉积在 TiO_2(110)上的金纳米粒子

HRTEM(a)和 HAADF-STEM(b)的像差校正图像以及界面(c)和相应的模型结构放大(d)的 TEM 图，显示了沿 TiO_2 的 Au(浅灰)、Ti(黑色)和 O(深灰) 原子柱位置[001]

9.4.6 透射电子显微镜在解析高分子晶体结构上的应用

相比于传统的 TEM 图像，HRTEM 图像可清晰地观测到晶格条纹，通过晶面间距与元素分析可获得准确可靠的结构信息。图 9-35 就是这样的实例，图中呈现了在 245℃下生长的 PS 样品，采用冷冻电镜在 4.2 K 下采集的 HRTEM 图像。左上角的插图是原始底片的电子衍射图。分析衍射图的条纹特征可知分子茎的排列信息被完整地记录在这幅 HRTEM 图像中。每一个黑点都对应于沿着其轴向所投射的分子干。如图 9-35 所示，一个具有强(110)条纹的域和一个具有[1$\bar{1}$0]条纹的域在 a 轴方向上交替叠加，图中分子茎在图中央的排列清晰可见，HRTEM 图像中暗点的排列表明晶体是由单斜晶畴组成的。图 9-35 中 a 轴方向域的横向宽度可达 7 nm，相当于 5 个基元的宽度。即使在不同温度下生长的样品的 HRTEM 图像中，也可以识别出相似的区域。

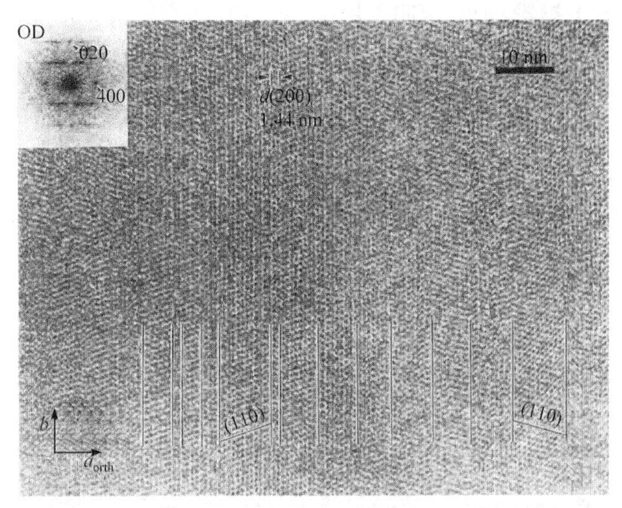

图 9-35　在 245℃时从熔体生长出的 s-PS 薄片的 HRTEM 图像(插图为原始底片的衍射图)

通过分析 HRTEM 图像和电子衍射图，可建立 β'-改性的 s-PS 的结构模型，如图 9-36 所示，箭头所指的区域为域边界，也可认为是晶界，虚线框为单斜单胞区域，同一构型的连续分子片段将包括于沿平行于 b 轴的方向被拉长的域。假设苯环沿 c 轴的相互排列与文献报道的相同，则每个域的单胞均可定义为是单斜的(空间群为 $P21/m$)。两个畴之间的边界是一个双平面。需要注意的是，图 9-36 中的箭头表示的是域边界的位置，而不是堆叠层错的位置。也就是说，单斜晶晶体是 β'-改性的 s-PS 薄片中的第二个“规则”结构，使两种单斜晶之间的畴边界为孪晶界，其中两种基序交替出现。综上所述，图 9-35 所示的在熔体生长的片层的分子排列可基于 HRTEM 图像确切地观察到。

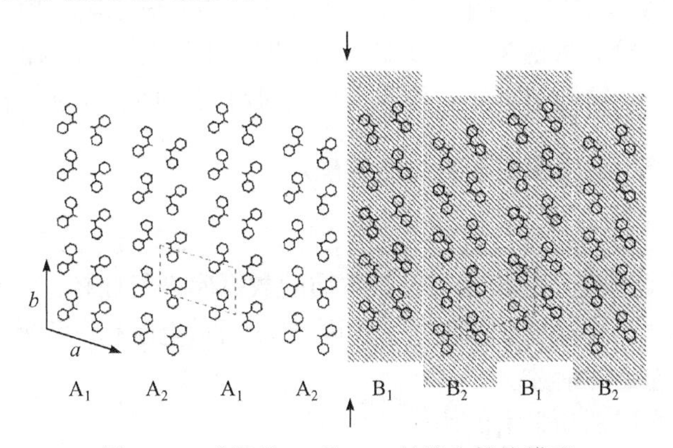

图 9-36　改性的 β'型 s-PS 的堆砌结构模型

9.4.7　透射电子显微镜三维重构技术在近原子分辨率的纳米粒子结构分析上的应用

晶体缺陷如点缺陷、位错、晶界和堆垛缺陷等对材料性能有重要影响，是材料工程的重要组成部分。自 20 世纪 50 年代以来已经使用了许多实验方法来成像晶体缺陷，但位错、晶界和堆积缺陷核心的原子排列的三维成像直到最近才通过 AET 的使用成为可能。通过将 ADF-STEM 与 EST 结合，AET 被证明可以在 2.4 Å 分辨率下成像金纳米颗粒，且无需假设结晶度或使用平均值。图 9-37 显示了三维重构的体积和等表面效果图，从重构图中可以看出这是一个多重孪生的二十面体纳米颗粒。三维重构处理后可以看到单个原子，几个主要的原子位置在原子尺度分辨率下被准确地识别出来。

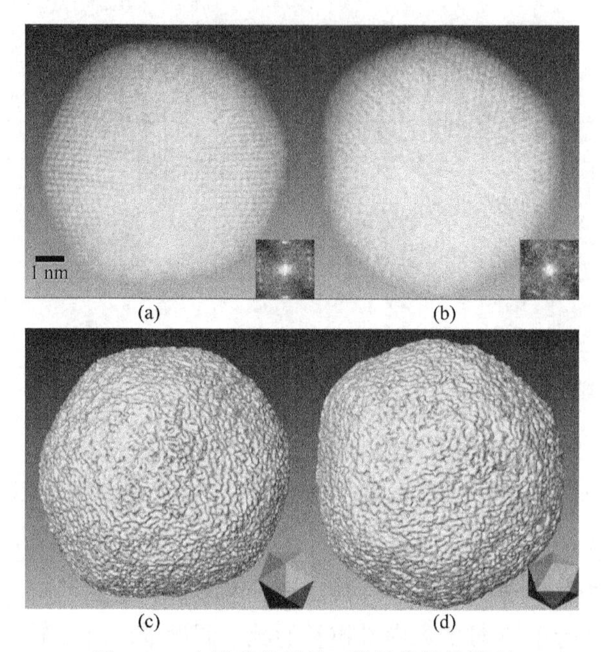

图 9-37　金纳米粒子的三维重构结构模型

(a)和(b)为金纳米粒子三维重构的体积效果图及其沿双对称和三重对称方向的傅里叶变换(插图)；(c)和(d)为沿双对称和三重对称方向进行三维重构的表面效果图和沿相同对称方向的二十面体模型(插图)

为了得到更高的分辨率和对比度来分析晶体缺陷，也可应用 AET 从大量 STEM 图像中对纳米颗粒的三维结构进行成像。由于单个原子的信号较弱，采用三维傅里叶滤波增强重建的信噪比。由于这可能会引入伪影，因此实现了两种独立的方法来验证使用傅里叶滤波的结果。随着探测器、样品支架等先进的透射电子显微镜硬件的发展，未来在原子分辨率确定晶体缺陷和非结晶态物质的三维结构很可能颠覆我们目前对材料属性和功能的认知。

9.4.8　透射电子显微镜衍射图像用于晶体结构确定

PhIDO 是由瑞典山特维克公司的刘平开发的，后来由邹晓冬在 PC 平台上实现。通过将观察到的 d 间隔和电子衍射模式的角度与已知物质的数据库进行比较，PhIDO 可以说明所测样品对应于哪种化合物。当样品被识别时，它还能自动指示电子衍射图形，并给出带轴和两个反射的最短倒数点阵向量的指数。

下面介绍两个阶段识别和索引的例子。

1. 单一的电子衍射图谱

如果一个电子衍射模式是沿着低指数的区域轴进行的，比如沿着一个主轴 *a*、*b* 或 *c*，通常只能从一个电子衍射模式中识别出化合物，如图 9-38 所示。

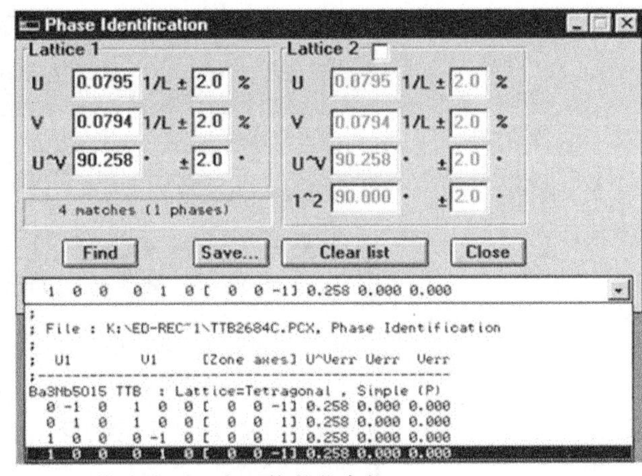

图 9-38　相位识别从一个 ED 模式找到一个可能的化合物

2. 两张电子衍射图谱

如果能从同一个晶体中获得两个 ED 图样，并且知道它们之间的夹角，那么在大多数情况下，只能找到一个正确的解。例如，当把晶格向量和图 9-39 中给出的角度(U1，V1 和 U1∧V1)与图 9-40 中给出的角度(U2，V2 和 U2∧V2)结合起来，将得到正确的答案，如图 9-41 所示。

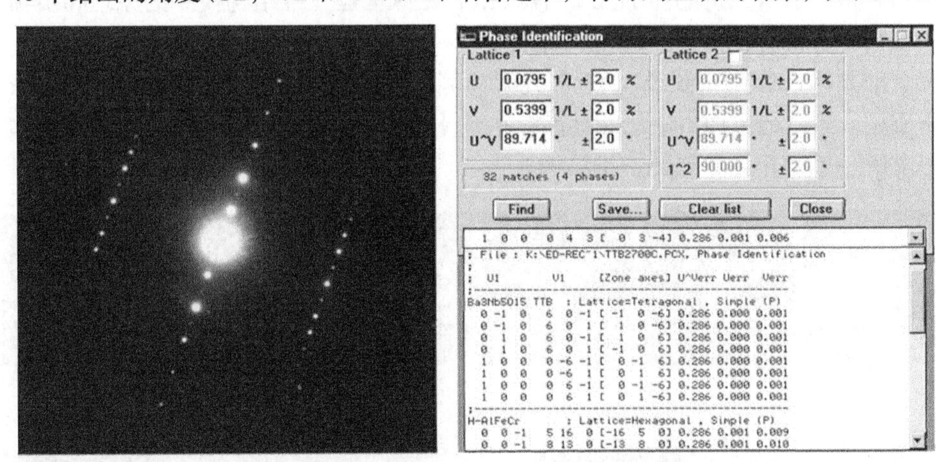

图 9-39　通过一张衍射图谱进行物相鉴定可以找到两种可能的化合物

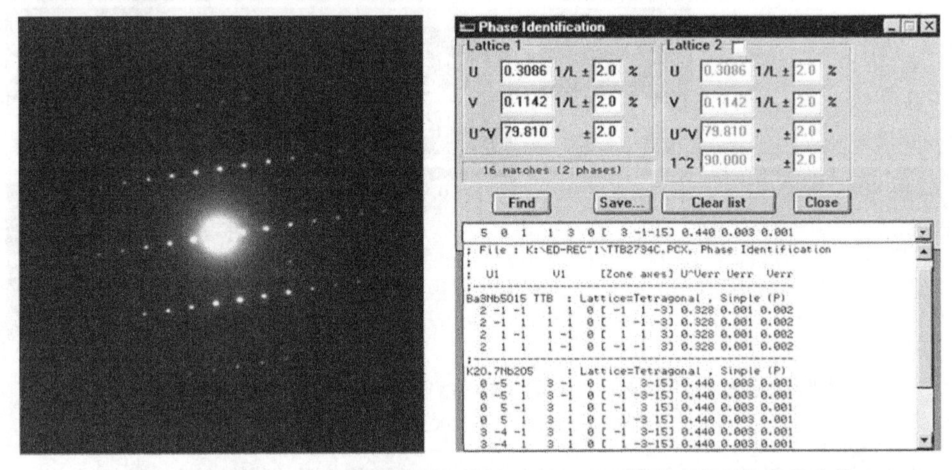

图 9-40　通过另一张衍射图谱进行物相鉴定也可以找到两种可能的化合物

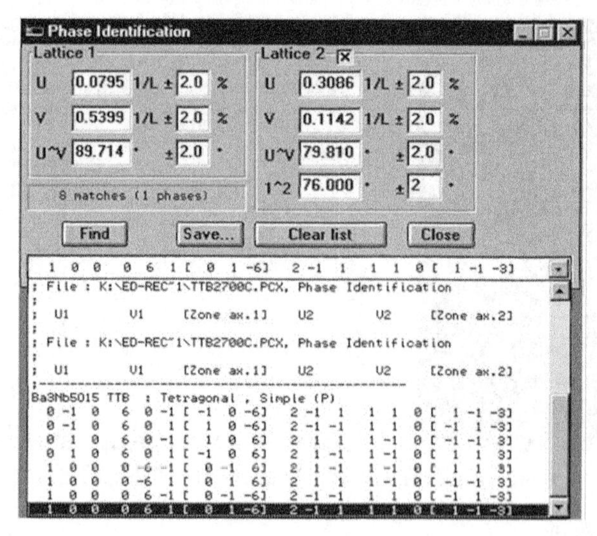

图 9-41　结合两组电子衍射图谱，它们之间夹角为 76°，这次只能找到一种确定的化合物 $Ba_3Nb_5O_{15}$

9.4.9　透射电子显微镜在晶体结构解析上的应用

以下部分将演示从无机晶体的几个 HRTEM 图像构建三维结构模型的原理和步骤。关于如何应用从头计算的方法解析三维晶体结构，有些原理也可以应用于非周期性结构的物质。以一种复合准晶体 *ν*-AlCrFe(图 9-42)近似元素为例，采用 CRISP、ELD、Triple 和 eMap 软件进行三维重构。该三维重构方法已在硅酸盐矿物十字石和沸石催化剂 IM-5 上进行了演示。它还被用于求解一系列介孔材料的三维结构。

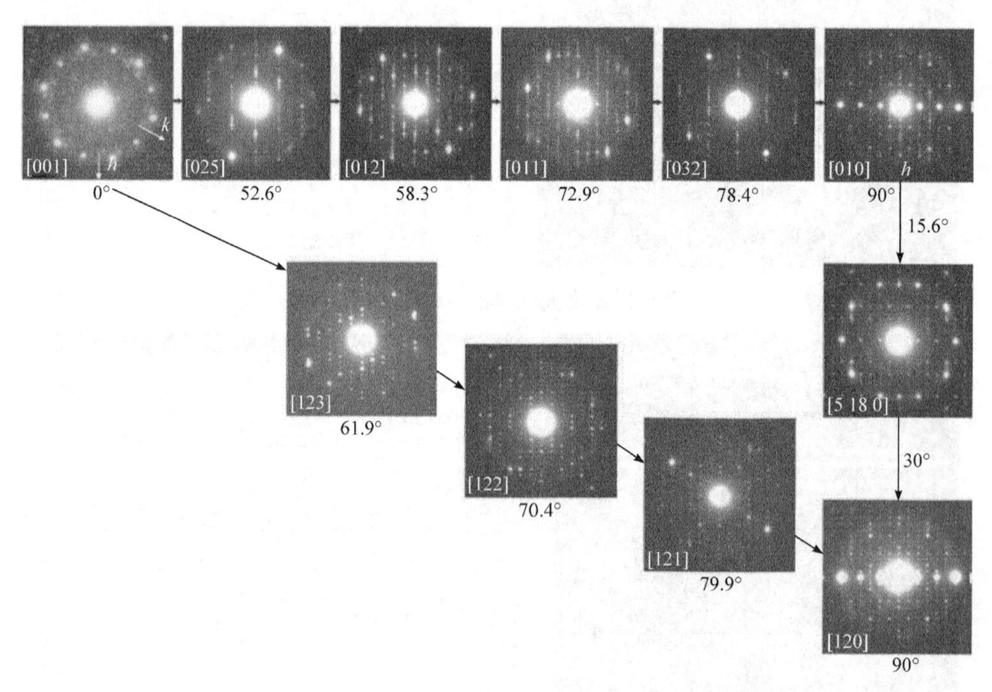

图 9-42　从部分晶带轴上获取的 SAED 图谱用于确定 *ν*-AlCrFe 的结构

图中给出了相应的晶带轴和相对于[001]和[010]晶带轴的倾转角

三维重构中最重要的步骤是获得良好的 HRTEM 图像和电子衍射图。数据应尽可能地清晰准确，因此 HRTEM 图像和 ED 模式只能从非常薄的晶体中获取。制备大面积薄的好样品并花费时间在 TEM 中寻找最佳的薄晶体是值得的。

如果显微镜的倾斜范围允许并且样品足够稳定，则应从每个薄晶体收集多个区域轴的数据。对于每个区域轴，均应同时拍摄 HRTEM 图像和电子衍射图。建议使用多个曝光时间收集 2～5 张 HRTEM 图像的全焦点系列和 ED 模式的曝光系列。确保曝光时间最短的 ED 模式中的强反射不饱和，而曝光时间最长的 ED 模式中的弱反射具有良好的信噪比。如果无法收集多个 HRTEM 图像，则在舍尔策(Scherzer)散焦处或至少在强反射不在对比度传递函数的零交叉处的图像处拍摄 HRTEM 图像非常重要。对于 ED 模式，重要的是要确保强反射不饱和。

记录之前，在线检查 HRTEM 图像的傅里叶变换非常有帮助。通过傅里叶变换判断晶体是否对准，得到最佳散焦和像散。可以使用晶体或附近的非晶调试像散，之后使用 TEM 上的像散校正器进行校正，并且可以进一步分离晶体。最佳散焦值是可以在傅里叶变换中观察到大多数反射(尤其是那些在高角度或强反射的地方)。

选择 HRTEM 图像的最佳采样大小(即每个像素的 Angom 数量)也很重要。每个采样像素应至少比图像分辨率小 2～3 倍，以便保留图像的最高分辨率信息。通常，最好进行更精细的采样。另外，太细的采样不能改善数据质量，并且要记录的晶体面积会很小。最好在 HRTEM 图像中包含尽可能多的晶胞。

选择最佳采样大小的最简单方法是从 HRTEM 图像的在线傅里叶变换。当采样的精度是图像分辨率的 2～3 倍时，傅里叶变换中的反射应仅覆盖傅里叶变换的 1/2 或 1/3。通常需要将来自不同方向的多个晶体的数据组合起来，以获得完整的三维数据。如上所述，必须收集的突起或区域轴的数量取决于晶体的对称性和强反射的分布。为了确定应选择哪些区域轴来收集 HRTEM 图像，需要收集几乎完整的三维电子衍射数据集以识别包含强反射的区域轴。应包括所有低折射率区域轴以及包含强反射的区域轴。

许多晶体是板状或针状的，当沉积在 TEM 网格上时具有较好的取向。存在不同的样品制备方法来获得非优选方向的投影，如超密切、聚焦离子束、离子切片和离子铣削。这些方法有时会产生伪影或样品损坏，使用时应格外小心。确定金属间化合物(如 ν-AlCrFe)的结构存在一个特殊的困难，因为原则上每个原子都是一个单独的原子，并且相对于其他原子可以位于任何位置(除非它们不能小于 2 Å)。这与许多其他类型物质(如氧化物)的结构形成对比。例如，在硅酸盐中总是会发现 Si 和 O 原子是交替的，每个 Si 与 4 个 O 结合，每个 O 与 2 个 Si 结合。在有机化合物中，通常已经从有机化学中得知了分子，然后晶体学问题便是找到分子的确切三维构象。这里通过 ν-AlCrFe 结构的确定来说明从 HRTEM 图像和 SAED 模式中求解具有大晶胞的未知结构的一般过程，因为这是迄今通过电子晶体学解决原子分辨率的最复杂的结构。

按照 ELD 和 Trice 的程序，通过 SAED 倾斜系列图确定 ν-AlCrFe 的晶胞。ν-AlCrFe 为六边形，$a = 40.48$ Å，$c = 12.5$ Å。分别根据沿[001]和[100]方向截取的两个 SAED 模式确定了空间组。组成为 $Al_{81}Fe_{11}Cr_8$，通过 EDS 测定。对于这种复杂结构，必须包括几个对角线投影，也仅来自沿结晶主轴线以外的区域轴的数据。在 JEOL JEM 2000FX 电子显微镜上收集了沿 h 0 0、0 0 1 和 $2h$ $-h$ 0 轴倾斜的三个 SAED 模式的倾斜序列。由于显微镜的样品倾斜角度有限(±45°)，因此将来自多个不同方向的晶体的 SAED 数据进行合并，以获得完整的 ED 数据集。从这些倾斜序列中，选择了包含强衍射点和/或多衍射点的 13 晶带轴进行三维重构：[001]、[010]、[011]、[012]、[013]、[014]、[021]、[023]、[120]、[121]、[122]、[241]和[5 18 0]。

然后分别在 300 kV 和 400 kV 的 JEOL 3010(点分辨率 1.7 Å)和 JEOL 4000 EX(点分辨率

1.6 Å)电子显微镜上收集ν-AlCrFe 晶体的 HRTEM 图像和 SAED 图案。由于这些显微镜的倾斜范围非常有限(±15°)，因此只能从每个晶体的一个或几个区域轴收集数据。对于 13 个晶带轴中的每个轴，在胶片上以 500000×放大倍数记录具有 3～5 个 HRTEM 图像的全焦点系列。还记录了相应的 SAED 模式，作为使用 1 s、2 s、4 s、8 s、16 s、32 s、64 s、128 s 和 180 s 的曝光序列。曝光系列中记录的大量 SAED 图案是因为此结构的最强反射和最弱反射之间存在巨大的强度差。使用 8 位 CCD 相机以每像素 0.6 Å 的分辨率对 HRTEM 图像的胶片进行数字化处理。初步检查了从 HRTEM 图像计算出的傅里叶变换，以评估总体质量，即结晶度、分辨率、散焦和散光等。为了最小化动态影响，仅选择 HRTEM 膜上晶体的最薄边缘进行进一步处理。由于 SAED 图案中强点和弱点之间的强度差异非常大，因此 SAED 图案的负片使用 12 位慢扫描 CCD 相机进行了数字化处理。

每个 SAED 图案上的衍射点强度通过 ELD 程序提取。为确保强度在 CCD 相机的可用范围内，仅从曝光时间最短的底片中提取最强反射的强度，而仅从曝光时间较长的底片中获取最弱的反射强度。使用程序 Triple，将来自不同曝光时间的底片的数据集合并。比例因子和 Rmerge 值是通过比较共同反射的强度(通常每对负片超过 100 个)来计算。将提取的峰强度数据导入 Jana2006 或 Olex，采用单晶 X 射线结构解析的方法进行结构解析与精修。

新开发的三维 ED 方法在多相样品的相识别和纳米或微米晶体的结构表征方面非常成功，这是传统 XRD 方法难以实现的。三维 ED 方法可以用于多种材料的结构测定，从简单到复杂的结构，从无机到金属有机再到有机化合物。三维 ED 在物相鉴定和结构解算方面与 XRD 一样可行，但要达到与 XRD 一样的准确性，还需要进一步的发展。如今，最好的方法是将三维 ED 和 PXRD 结合起来。期望在不久的将来，三维 ED 方法将在复杂材料的相识别和结构解析中发挥越来越重要的作用。

参考文献

李静. 2020. ZK-RE(Ce、Y、Gd)镁合金中的金属间化合物及其演化低电压扫描电镜应用技术研究[D]. 呼和浩特: 内蒙古工业大学.

戎咏华. 2006. 分析电子显微学导论[M]. 北京: 高等教育出版社.

韦如建, 贺昕, 王兴权, 等. 2021. 纳米 Ir 薄膜中缺陷结构的原子尺度研究[J]. 电子显微学报, 40(2): 101-107.

Akita T, Kohyama M, Haruta M. 2013. Electron microscopy study of gold nanoparticles deposited on transition metal oxides[J]. Accounts of Chemical Research, 46(8): 1773-1782.

Akita T, Tanaka K, Kohyama M, et al. 2010. HAADF-STEM observation of Au nanoparticles on TiO_2[J]. Surface & Interface Analysis, 40(13): 1760-1763.

Baerlocher C, Mccusker L B, Palatinus L. 2007. Charge flipping combined with histogram matching to solve complex crystal structures from powder diffraction data[J]. Zeitschrift Für Kristallographie, 222(2): 47-53.

Coates V J, Welter L M. 1976. Field emission electron gun: US3931517[P].

Christoph W, Harald R. 2002. Electrostatic correction of the chromatic and of the spherical aberration of charged-particle lenses (part Ⅱ)[J]. Journal of Electron Microscopy, 51(1): 45-51.

Ercius P, Alaidi O, Rames M J, et al. 2015. Electron tomography: a three-dimensional analytic tool for hard and soft materials research[J]. Advanced Materials, 27(38): 5638-5663.

Grillo V, Rossi F. 2013. STEM_CELL: A software tool for electron microscopy. Part 2 analysis of crystalline materials[J]. Ultramicroscopy, 125: 112-129.

Guo Y Z, Liu Y, Qi Y J, et al. 2017. Microstructure and temperature stability of highly strained tetragonal-like $BiFeO_3$ thin films[J]. Applied Surface Science, 425(15): 117-120.

Hovmöller S, Sjögren A, Farrants G, et al. 1984. Accurate atomic positions from electron microscopy[J]. Nature (London), 311: 238-241.

Huang M L, Li H X, Ding H, et al. 2012. Intermetallics and phase relations of Mg-Zn-Ce alloys at 400℃[J]. Transactions of Nonferrous Metals Society of China, 22(3): 539-545.

Ishikawa R, Okunishi E, Sawada H, et al. 2011. Direct imaging of hydrogen-atom columns in a crystal by annular bright-field electron microscopy[J]. Nature Materials, 10(4): 278-281.

Kolb U, Gorelik T, Kübelb C, et al. 2007. Towards automated diffraction tomography: Part Ⅰ—Data acquisition[J]. Ultramicroscopy, 107(6-7): 507-513.

Liu H W, Liu J W. 2011. SP2: a computer program for plotting stereographic projection and exploring crystallographic orientation relationships[J]. Journal of Applied Crystallography, 45(1): 130-134.

Luey K T. 1991. Life times and failure mechanisms of W/Re hairpin filaments[J]. Metallargical Transactions A, 22: 2077-2084.

Miao J, Ercius P, Billinge S J L. 2016. Atomic electron tomography: 3D structures without crystals[J]. Science, 353(6306): 1380.

Oleynikov P, Hovmöller S, Zou X D. 2007. Precession electron diffraction: Observed and calculated intensities[J]. Ultramicroscopy, 107(6-7): 523-533.

Plemmons D A, Suri P K, Flannigan D J. 2015. Probing structural and electronic dynamics with ultrafast electron microscopy[J]. Chemistry of Materials, 27(9): 3178-3192.

Rose H H. 2009. Historical aspects of aberration correction[J]. Journal of Electron Microscopy, 58(3): 77-85.

Sarraf H, Qian Z H, Skarpová L, et al. 2015. Direct probing of dispersion quality of ZrO_2 nanoparticles coated by polyelectrolyte at different concentrated suspensions[J]. Nanoscale Research Letters, 10: 456.

Tosaka M, Tsuji M, Kohjiya S, et al. 1999. Crystallization of syndiotactic polystyrene in β-form. 4. Crystal structure of melt-grown modification[J]. Macromolecules, 32(15): 4905-4911.

Urban K W, Mayer J, Jinschek J R, et al. 2013. Achromatic elemental mapping beyond the nanoscale in the transmission electron microscope[J]. Physical Review Letters, 110(18): 185507.

Varela M, Lupini A R, Benthem K V, et al. 2005. Materials characterization in the aberration-corrected scanning transmission electron microscope[J]. Annual Review of Materials Research, 35(1): 539-569.

Wan W, Sun J L, Su J, et al. 2013. Three-dimensional rotation electron diffraction: software RED for automated data collection and data processing[J]. Journal of Applied Crystallography, 46(6): 1863-1873.

Wang J Z, Zhang T J, Pan R K, et al. 2010. Investigation on the dielectric properties of (Ba, Sr) TiO_3 thin films on hybrid electrodes[J]. Materials Chemistry and Physics, 121(1): 28-31.

Wang X T, Liu X P, Wang L, et al. 2018. Synthesis of Yolk-Shell polymeric nanocapsules encapsulated with monodispersed upconversion nanoparticle for dual-responsive controlled drug release[J]. Macromolecules, 51(24): 10074-10082.

Wiengmoon A, Pearce J T H, Chairuangsri T, et al. 2013. HRTEM and HAADF-STEM of precipitates at peak ageing of cast A319 aluminium alloy[J]. Micron, 45: 32-36.

Willhammar T, Mayoral A, Zou X D. 2014. 3D reconstruction of atomic structures from high angle annular dark field (HAADF) STEM images and its application on zeolite silicalite-1[J]. Dalton Transactions, 43(37): 14158-14163.

Williams D B, Carter C B. 2009. Transmission Electron Microscopy: A Rextbook for Materials Science[M]. New York: Springer.

Yun Y F, Zou X D, Hovmöller S, et al. 2015. Three-dimensional electron diffraction as a complementary technique to powder X-ray diffraction for phase identification and structure solution of powders[J]. IUCrJ, 2(2): 267-282.

Zhang D L, Oleynikov P, Hovmöller S, et al. 2010. Collecting 3D electron diffraction data by the rotation method[J]. Zeitschrift Für Kristallographie, 225(2-3): 94-102.

Zheng G A, Horstmeyer R, Yang C H. 2013. Wide-field, high-resolution Fourier ptychographic microscopy[J]. Nature Photonics, 7(9): 739-745.

Zou X, Mo Z, Hovmöller S, et al. 2003. Three-dimensional reconstruction of the ν-AlCrFe phase by electron crystallography[J]. Acta Crystallographica Section A, A59(6): 526-539.

Zou X, Sukharev Y, Hovmöller S. 1993. Quantitative measurement of intensities from electron diffraction patterns for structure determination new features in the program system ELD[J]. Ultramicroscopy, 52: 436-444.

Zou X D, Hovmöller S, Oleynikov P. 2012. Electron Crystallography: Electron Microscopy and Electron Diffraction[M]. Oxford: Oxford University Press.

Zou X D, Sukharev Y, Hovmöller S. 1993. ELD-a computer program system for extracting intensities from electron diffraction patterns[J]. Ultramicroscopy, 49(1-4): 147-158.

习　题

1. 什么是电磁透镜？电子在电磁透镜中如何运动？与光在光学系统中的运动有什么不同？

2. 简述镜筒的基本构造和各部分的作用。

3. 利用图 9-43 中电子显微镜的简化图形，画出明场成像、暗场成像和选区衍射的光路图，并观察不同光路模式的区别。

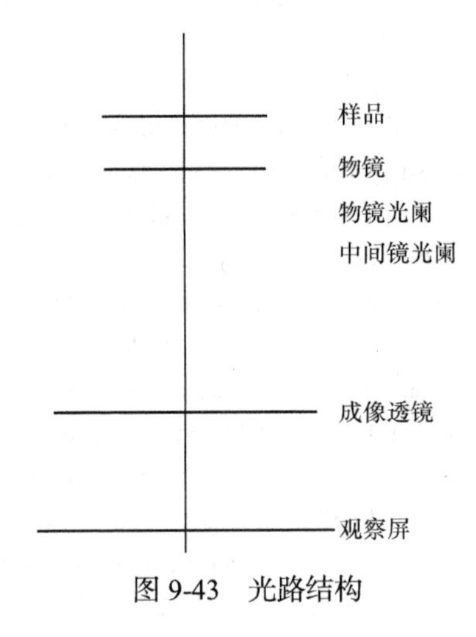

图 9-43　光路结构

4. 不同晶体结构的标准零层倒易截面图为什么不同？

5. 分析 PXRD 与 RED 在结构分析过程中的互补性(表 9-2)。

6. 相比于传统的 ED 图谱，cRED 有哪些优势？

7. 沿[111]方向的立方结构的衍射图谱是什么样的？标出图中的指标。

第 10 章　扫描电子显微镜

在显微结构分析表征中，扫描电子显微镜(scanning electron microscope，SEM)以其分辨率高、景深大、分析功能强及制样简单等优点成为现今测试技术领域发展最快的仪器，其核心技术指标(如分辨率)和重要结构部件(如电子枪)也一直处于不断的更新改进中，使其在金属、陶瓷、高分子、生物材料等各种材料研究中的应用不断拓展。

10.1　扫描电子显微镜基础知识

扫描电子显微镜是利用高能电子束在样品表面进行动态扫描，将样品中反映形貌、结构和化学组成的各类信号激发出来，经相应的探测器采集、检测、转化后在荧光屏上显示出该扫描区域所对应的图像衬度，以此来表征和分析样品。

10.1.1　扫描电子显微镜的工作原理

由电子枪阴极激发出的电子束在加速电场作用下形成高能电子束，经过聚光镜、光阑和物镜三级聚焦系统后会聚成一束极细(0.3～3 nm)的电子探针，入射到试样表面的某个分析点，与样品原子发生相互作用，以此激发出携带样品特征的各类信号，如二次电子、背散射电子、特征 X 射线、吸收电子、俄歇电子、阴极荧光等，利用二次电子探测器等相应探测器采集这些信号并转化成电信号进行成像，就可以清楚地分析出样品在入射点的特征性质，如微区形貌或成分组成等。然而，样品表面的一个分析点特征不具有代表性，需要采集更多分析点的特征即一个区域特征，因此必须利用扫描线圈驱动入射电子束在试样表面选定区域内从左至右、从上至下做光栅式扫描，从而对整个光栅区域内每个分析点进行采样以此完成成像。扫描区域一般是正方形的，X 方向有 1024 个点，Y 方向有 1024 行，因此产生一幅图像是来自样品 10^6 个点的信息，足以获得显微结构的细节，形成逼真图像。

扫描电子显微镜在采样和成像过程中，扫描发生器同时控制高能电子束和荧光屏中的电流电子“同步扫描”，如图 10-1 所示。

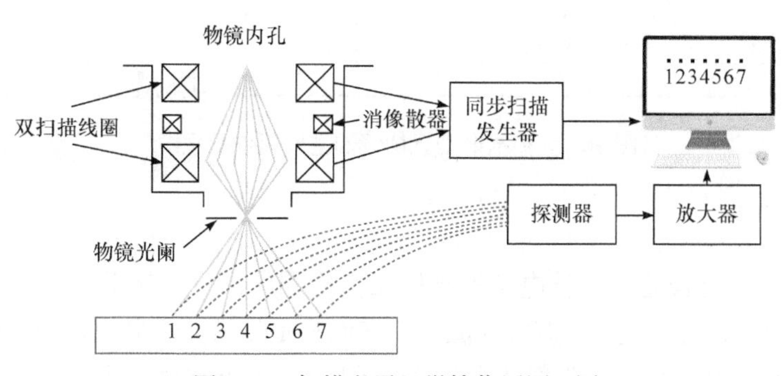

图 10-1　扫描电子显微镜作用原理图

当电子束在样品表面上进行从左到右、从上到下的光栅式扫描时，在荧光屏上也以相同的方式同步扫描，并且样品表面的采样点和荧光屏上的荧光粉颗粒数量也是相等的，因此“样品空间”上的一系列点就与“显示空间”各点确立了严格的对应关系，确保了荧光屏上图像客观真实地反映样品对应位置特征。样品表面被高能电子束扫描，激发出各种信号，其信号强度与样品的特征有密切的关系，这些信号通过探测器按顺序、成比例地转换为视频信号，经过放大，用来调制荧光屏对应点的电子束强度，即光点的亮度，这就形成了扫描电子显微镜的图像，而图像上亮度或颜色的变化反映出样品的特征变化。扫描电子显微镜成像不同于光学显微镜和透射电子显微镜那样直接由物体散射的光线或透射电子束成像，这种成像过程如同利用信号探测器作为摄像机，对样品表面逐点拍摄，把各点产生的信号转换到荧光屏上成像。

10.1.2　扫描电子显微镜的结构

扫描电子显微镜的内部结构较为复杂，部件较多，归纳起来主要分为四部分：电子光学系统、信号探测系统、真空维持系统、样品装填部件，具体部件如图 10-2 所示。

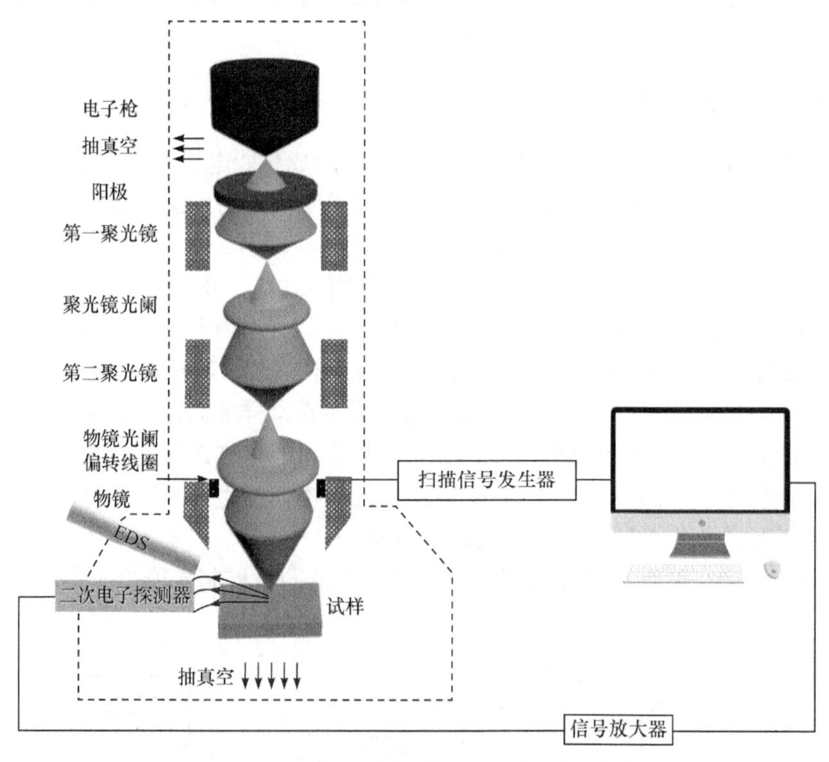

图 10-2　扫描电子显微镜的主要部件示意图

1. 电子光学系统

电子光学系统俗称镜筒，即从电子枪到样品室之间的部分，从上至下依次是电子枪、阳极、聚光镜及光阑、物镜及光阑、偏转线圈等，它们都是扫描电子显微镜的一些关键部件。在扫描电子显微镜中，为追求高分辨率要求入射至样品表面的电子束斑尺寸尽可能小，但图像的高信噪比又要求尽量大的电子束流，这两者之间的矛盾就要求扫描电子显微镜的电子光学系统要保证在尽可能小的束斑尺寸下获得最大的束流，而且要非常稳定，所以镜筒部位是扫描电子显微镜中非常重要的组成部分，它主要由以下几部分构成：①电子枪阴极，作为提供高能电子束的光源部件，其性能的优劣直接影响图像分辨率和成像质量，亮度、有效光源尺寸和能量扩展范围是电子枪阴极最重要的三项性能指标，不同类型阴极的性能指标间相差几个数量级。目前市面上主要有钨丝、六硼化镧和场发射电子枪阴极三种，其中，钨丝电子枪阴极性能最差，如灯丝亮度只有 10^5 A · cm^{-2} · sr^{-1}，有效光源尺寸约为 40 μm，能量扩展高达 3 eV；场发射电子枪分为冷场发射和热场发射，以冷场发射电子枪阴极性能最佳，如灯丝亮度高达 10^8 A · cm^{-2} · sr^{-1}，有效光源尺寸仅为 0.01 μm，能量扩展低至 0.2 eV，所以场发射电子枪的应用能够较好地实现小束斑尺寸下获取较大束流，从而实现高分辨成像。因此，普通型扫描电子显微镜一般采用钨丝和六硼化镧电子枪阴极，高分辨型扫描电子显微镜则选用场发射电子枪阴极作为光源。②聚焦透镜，由电子枪阴极发射出的电子束束斑尺寸很大，必须将其经过较大幅度的缩聚，形成直径为 0.1～3 nm 的针状束斑入射样品才能获取较高的分辨率，聚焦透镜是实现这一缩聚功能的主要部件，它分为聚光镜和物镜，其中物镜是末级聚焦透镜，决定了电子束在样品入射点处的最终束斑尺寸。聚焦透镜都是采用电场形成强大的磁场，使运动的电子产生偏转，改变其运动轨迹，从而使电子束产生会聚。通常采用静电场构成磁场的透镜称为静电透镜，采用通电的线圈产生磁场的透镜称为电磁透镜，见第 8 章内容。③扫描偏转线圈，为了实现电子束在试样上可控而有规律地光栅式扫描，在镜筒内设计了上下两组用于驱动电子束的扫描偏转线圈。扫描顺序是从左到右，从上到下，逐点、逐行依序在试样表面的视场范围内进行的，由于要求电子束在试样上的扫描与显示屏上的扫描完全同步，所以用同一个扫描信号发生器来同时控制和驱动镜筒的扫描偏转线圈和显示屏的扫描信号发生器，以确保扫描方式和时序两者能完全保持同步。

2. 信号探测系统

信号探测系统包括信号探测器、放大系统和显示装置，其作用是探测并收集样品在入射电子作用下所激发的各种信号，经多级放大后转换为显示系统的调制信号，最后在荧光屏上呈现出反映该试样扫描区域特征的图像。不同的物理信号需要采用不同类型的信号探测器，目前主要有电子(二次电子、背散射电子)探测器、X 射线探测器两大类。在此简要介绍电子探测器，X 射线探测器将在第 11 章中详细讲解。

电子探测器主要有以下三种：①E-T 二次电子探测器，它是常规的二次电子探测器，由闪烁体、光导管和光电倍增管组成，主要用于收集样品表面激发的二次电子信号，是普通扫描电子显微镜上的标配探测器。探测器前端的栅网上加有−150～+ 300 V 的偏电压，若栅网上加正电位，则吸引二次电子到达探测器，经高压加速后入射到闪烁体上的荧光层，荧光层受激发便会发光产生光信号并沿光导管传送到光电倍增管，把光信号转换成电信号并进行倍增放大，再传输给预放大器，最后经功率放大就成为显示屏中的视频图像。这种二次电子探测器的优点是噪声小、对荷电不敏感并且图像立体效果好，缺点是对信号电子的区分度不够，收集的都是混合信号，从而导致图像分辨率差。②In-Lens 二次电子探测器，它是一种新型探测器。传统 E-T 探测器处于样品仓中侧面位置，导致收集的信号是各类二次电子及背散射电子的混合信号，并且该探测器的光电转换效率和信噪比并不太高，以至于图像分辨率基本被限定在 3 nm 左右，很难再有明显提高。为了使扫描电子显微镜的图像分辨率能够达到或者优于 1 nm，特别是在低加速电压条件下能够获得满意分辨率，现在高分辨扫描电子显微镜普遍增设了 In-Lens 二次电子探测器，类似于光学显微镜的短焦距浸没式透镜的模式，将其放置于物镜的上方，通过提升样品台的 Z 轴，缩短工作距离减小各种像差及收集较为纯净的二次电子信号来提高图像的分辨率。该探测器的缺点是对荷电较为敏感，样品表面轻微荷电就会导致成像的异常。③背散射电子探测器，一般为环形结构，处于物镜正下方，有些机型将其直接固定在物镜下表面，有些机型不用时则可以拉出远离光轴的位置，主要用于收集背散射电子信号。背散射电子具有较高的能量，出射样品表面后走直线运动轨迹，直接轰击探测器固体表面被收集。另外一种背散射电子探测器称为 Robinson 探测器，利用大立体角的闪烁体置于物镜下方收集背散射电子，原子序数分辨率高。

3. 真空维持系统

为了保证扫描电子显微镜的电子光学系统能正常、稳定地工作，电子枪和镜筒内部都需要很高的真空度。普通扫描电子显微镜的电子枪室的真空度一般要求达到 10^{-3}～10^{-4} Pa，通常采用旋转式机械泵和油扩散泵两种泵组合式抽真空；高分辨扫描电子显微镜的真空度要求更高并且系统复杂，样品仓需要 10^{-5} Pa 左右的高真空，阴极电子枪腔室则需要达到 10^{-7}～10^{-8} Pa 量级的超高真空，为此，除了要用抽气能力大的无油旋转泵再组合涡轮分子泵外，还需要在镜筒的侧面加装离子吸附泵抽电子枪室内的真空，这样才能达到并维持这样的超高真空。

4. 样品装填部件

样品装填部件通常称为样品仓或样品室，位于扫描电子显微镜物镜下方，空间比较大，横向内径通常可以达到 30～40 cm，所以扫描电子显微镜的试样尺寸可以比透射电子显微镜大很多。样品仓内设样品台，并提供样品在 X(横向)、Y(纵向)、Z(高度)、R(旋转)、T(倾斜)五个坐标方向的移动，控制这 5 个自由度的选择，使样品在所有区域都能移动到电子束下方进行扫描成像。

10.1.3 图像衬度及成因

不同的样品或者同一种样品的不同微区，其形貌、原子序数、化学成分、晶体结构或取向等重要特征点存在或多或少的差异，从而促使扫描电子显微镜的入射电子束与微区原子相互作用所激发的信号强度不同，进而导致荧光屏上出现不同亮度的区域，获得扫描图像的衬度，其数学表达式为

$$C = \left(I_{\max} - I_{\min}\right) / I_{\max} \tag{10-1}$$

式中，$I_{\max}$ 和 $I_{\min}$ 为所扫描区域中被检测信号强度的最大值和最小值；C 为图像衬度，其值为 0～1。衬度反映出与样品性质有关的信息及其在微区中的变化，这是材料特征细节能够被表达和展示的基础，也正是仪器需要检测的。

利用扫描电子显微镜获取图像衬度的前提是样品微区的性质确实存在差异，利用某种探测器只是将这种差异检测并反映出来，再通过后期的信号处理软件予以增强。在荧光屏上正常人眼视力能够感受出的最小衬度值为 5%左右，低于该值的图像衬度就不能被分辨出了，即意

味着低于 5%图像衬度所反映的微区性质差异是无法被人眼所察觉的。在扫描电子显微镜测试表征中，形貌衬度和成分衬度是应用中最常见的两种图像衬度。

1. 形貌衬度

在扫描电子显微镜测试中，入射电子束与样品相互作用后会产生各类携带样品特征的信号，其中有些信号对样品表面形貌特征特别敏感，如二次电子，利用它成像而得到的衬度称为形貌衬度，这是扫描电子显微镜中最常用的图像衬度。

根据第 8 章的阐述，由于二次电子能量低，因此它主要来自于样品表面下的浅层区域(5～20 nm)，并且它的产额主要受样品表面微区形貌的影响。下面以样品测试中三种特殊情况下的二次电子产额为例来进行说明，如图 10-3 所示，当固定入射电子束能量和束流时，改变入射角或倾角 θ(即样品表面虚法线与电子束的夹角)依次为 0°、45°和 60°，通过探测器检测这三个不同角度下的二次电子产额 δ，其大小关系是 $\delta_3>\delta_2>\delta_1$，说明 δ 随表面倾角 θ 的增大而增加。这是因为倾角 θ 增大后，入射电子束在表层内穿行的距离延长了($L<\sqrt{2}L<2L$)，有机会与更多的原子发生相互作用，从而激发出更多的二次电子；此外，随表面倾角 θ 的增加，入射电子束在样品中的散射区域更加靠近表面，由此区域内逸出的二次电子比例大幅度增加，从而导致二次电子产额增加。

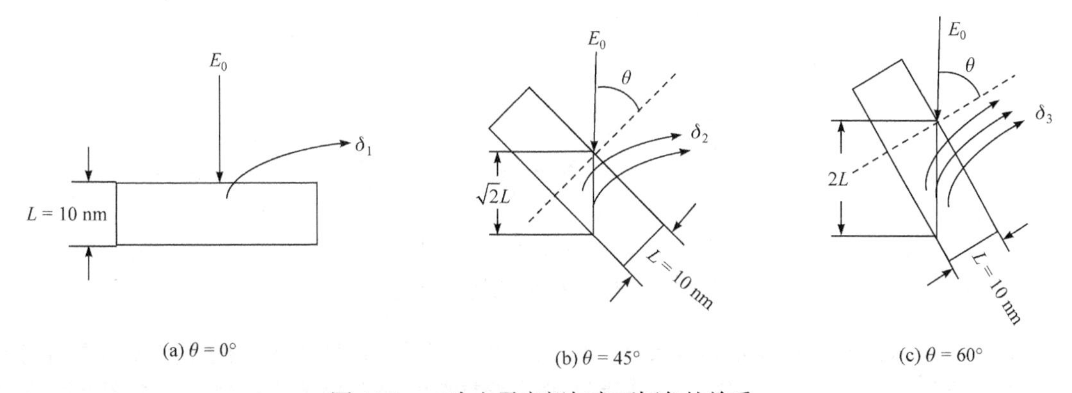

图 10-3　二次电子产额与表面倾角的关系

对于表面光滑的样品，当入射电子束能量大于 1 keV 时，二次电子产额 δ 与样品倾角 θ 呈如下正割关系：

$$\delta=\delta_0\frac{1}{\cos\theta}=\delta_0\cdot\sec\theta \tag{10-2}$$

式中，δ_0 为水平样品的二次电子产额。由式(10-2)作图，如图 10-4 所示。

由图 10-4 可知，样品表面倾角大比倾角小的区域激发的二次电子信号多，这种信号强度的差异正是扫描电子显微镜表征样品形貌时图像衬度的主要来源。如图 10-5 所示，假设样品表面区域由 a、b、c、d 几个倾角不同的小面构成，则每个小面的二次电子产额 δ 不同，从而导致在荧光屏上出现图像衬度，其中倾角最大的 b 面最亮，c 面和 d 面次之，水平的 a 面最暗。

然而，实际样品的表面形貌要复杂得多，可能由不同倾角的小面、曲面、尖角、边缘、孔洞和沟槽组成，表面时常还覆盖着小颗粒，如图 10-6 所示。这些部位的二次电子产额相对多，俗称为尖端(a)、边缘(c)、孔洞边缘(d)和颗粒(e)效应，样品中凡有这些特征的部位，二次电子信号强，这些微观区域在图像中呈现亮区，清晰可辨。从上述衬度成因很容易理解样品形貌像的特征。

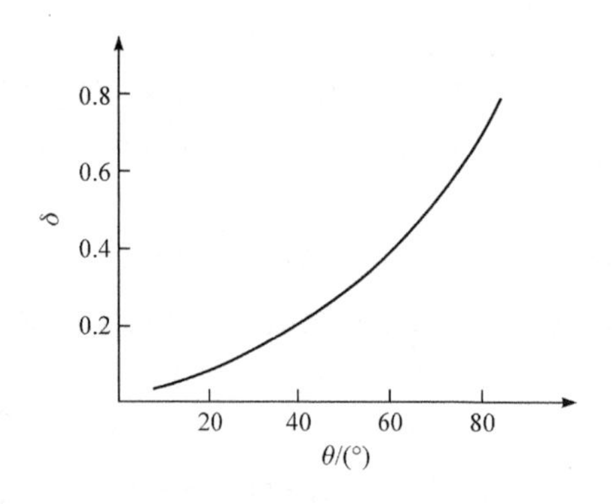

图 10-4　二次电子产额与倾角之间的关系

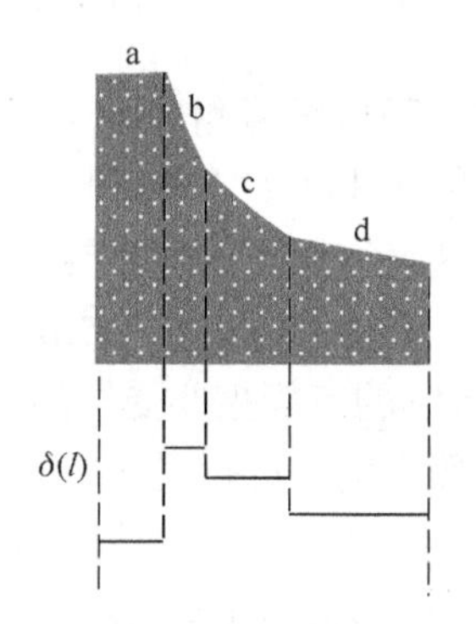

图 10-5　形貌与二次电子产额的关系

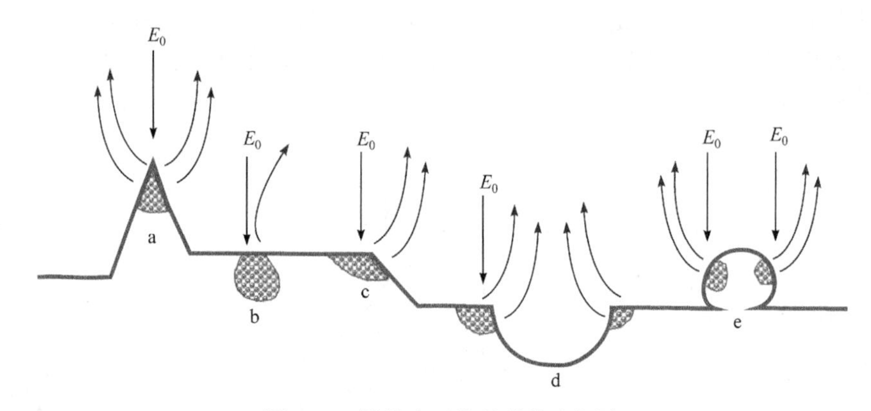

图 10-6　样品表面微观形貌示意图

图 10-7 是两种形貌衬度差异较大样品的二次电子图像。由图可见，两张图像的亮暗对比和视觉冲击的差异非常大，左图是溶液浇筑成型所获得的聚合物薄膜材料，整个图像非常暗淡，且绝大部分区域亮暗程度都基本一致，这主要缘于薄膜样品整体上非常平整，除了一小块皱褶区域外，没有其他高低起伏较大的形态，从而导致样品所激发的二次电子产额非常低且所有区域基本一致，这称为低衬度样品。这类样品非常难拍摄，需要采用加大束流、倾斜样品等操作方式才能获得较为满意的图像；与此相反，右图是陶瓷晶粒，图像非常明亮清晰，整个区域都呈现出适宜的亮暗衬度，晶粒的棱角和边缘部分显示较亮、孔隙或狭缝区域则较暗，这些亮暗衬度的组合就能很好地呈现出陶瓷晶粒的形貌，这就是常说的高衬度样品，这类样品非常好拍摄，初学者就能够拍出满意的图片。

2. 成分衬度

在入射电子束与样品相互作用后所产生的信号中，有些信号强度与样品微区物相的平均原子序数有强烈的依赖关系，如背散射电子信号。利用这些信号电子成像能够清楚地呈现出微区内原子序数的差异或相态分布，称为成分衬度像或 Z 衬度像。以背散射电子像为例阐述成分衬度的意义。

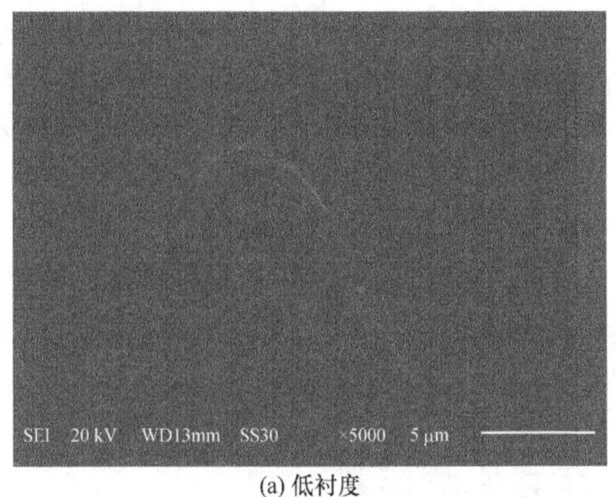

(a) 低衬度

(b) 高衬度

图 10-7　不同衬度样品的二次电子形貌图像

根据第 8 章的阐述，由于背散射电子主要是入射电子与样品原子核相互作用的产物，因此其产额与原子序数密切相关，高原子序数元素的原子核尺寸大并且原子结构复杂，入射电子受到原子核散射作用变成背散射电子的机会多，其产额大。图 10-8 反映了背散射电子产额η与原子序数 Z 的关系曲线。

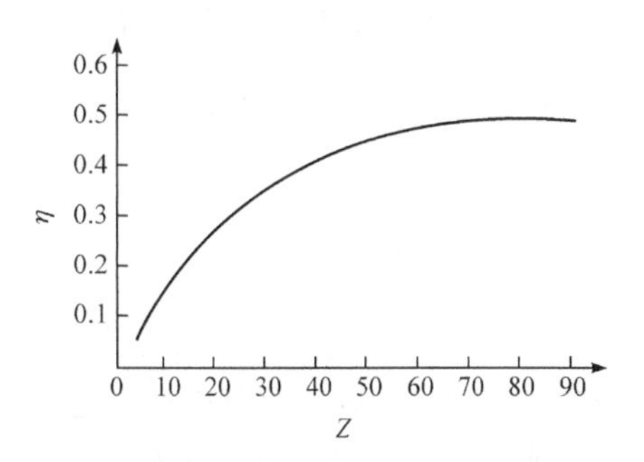

图 10-8　背散射电子产额与原子序数的关系曲线

由图 10-8 可见，背散射电子产额η随原子序数 Z 的增加以平滑、单调的方式上升。对于中等原子序数以下($Z<40$)元素，η 大致随 Z 呈线性增加；而对高原子序数($Z>40$)的元素，η 随 Z 增加得比较平缓，通过背散射电子图像上的亮暗对比可以很好地分析测试区域内平均原子序数或物相的变化情况，或者说，当试样是由几种原子序数的纯元素组成时，背散射电子图像中就存在衬度，如图 10-9 所示。

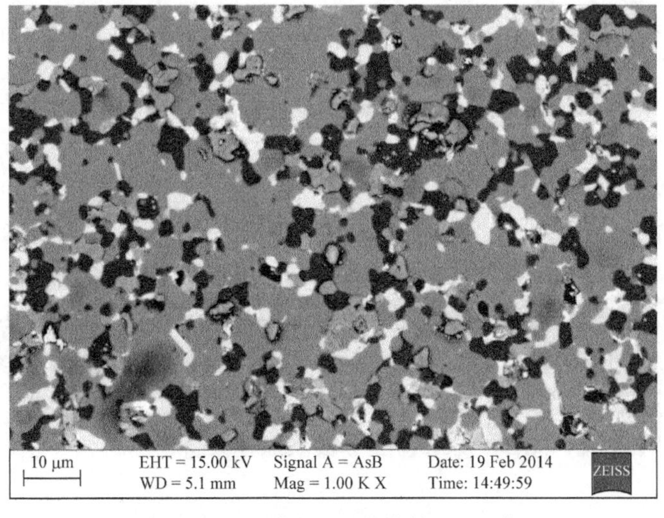

图 10-9　硬质合金的背散射电子图像

图 10-9 是 W-C-Co 三种元素所形成的硬质合金的背散射电子图像，由于这三种元素的原

子序数顺序为 W(74)＞Co(27)＞C(6)，因此由 C 元素所构成相区激发的背散射电子产额最低，信号强度非常弱，图像就呈黑色；Co 元素构成的相区所激发的背散射电子信号强度适中，图像呈灰色；而 W 元素原子序数最高，其构成相区所激发的背散射电子产额最高信号强度最大，所以图像最亮呈白色。由此通过背散射电子衬度像就可以很清晰地反映 W-C-Co 硬质合金相态分布情况。

当然，由样品所激发的每种信号都可以形成自身的衬度像，通过这些衬度像就可以很直观清晰地分析所对应的样品特征及其变化，如吸收电流成分衬度像、阴极荧光衬度像等，还有一种很重要并常用的特征 X 射线元素衬度像，其内容将在第 11 章中详细阐述。

10.2　图像质量及主要影响因素

在应用扫描电子显微镜分析样品表面形貌时，都希望获得一张高质量的图像，因为只有这样才能从图像中获取很多所需要的样品信息。

10.2.1　高质量图像特征点组成

一幅高质量的扫描电子显微镜图像能够很清晰并且非常真实地反映样品微区的原始形貌，给人一种赏心悦目的感觉，它由很多的特征点组成，主要包括如下几点要求。

1. 较高的分辨率要求

由第 8 章内容可知，显微镜的核心性能指标就是分辨率，提高仪器分辨率是显微镜不断改进的目的，所以较高分辨率也是高质量扫描电子显微镜图像的首要特征点，即研究者所关注的形貌细节能够清晰地呈现在图像中。例如，拍摄纳米材料时，高分辨率图像应该能够很清晰地反映纳米材料的形态及聚集状态，可以很容易地测量其尺寸，甚至可以观察到纳米材料表面是否还有孔隙、皱褶等细节。图像分辨率越高，所呈现的显微结构尺寸越小、越清晰可辨，并可能反映出更多的样品微观细节，有利于材料研究中的新发现，因此在扫描电子显微镜测试过程中，大多数操作者首要关注图像的分辨率。图像分辨率依赖于扫描电子显微镜仪器分辨率，只有高分辨扫描电子显微镜才能拍摄出高分辨率的图像，目前市面上普通钨丝扫描电子显微镜的标称分辨率在 3 nm 左右，而场发射扫描电子显微镜的分辨率已经优于 1 nm。

2. 适中的衬度要求

材料的类型和形貌千差万别，有些样品含有大量的尖端、边缘、棱角等特征区域，所激发出的二次电子信号太强从而导致这些微区图像呈现出太亮太耀眼的现象；而有些样品如聚合物薄膜表面太平整，所激发出的二次电子信号太弱从而导致这些微区图像呈现出暗淡无光的现象，这些太亮或太暗的图像衬度都不合适，将不利于样品重要细节的观察。因此，一幅高质量的扫描电子显微镜图像还要求图像衬度合适，即图像亮暗对比较为适中，样品需要观察的细节无论在白区还是黑区都可以凸显出来，能够被观察清楚。

3. 高信噪比要求

电镜测试过程中，如果探测器采集的信号数量太少强度太低，而各种元器件的电子噪声及测试环境噪声太大，则会导致噪声占据信号的主要部分，使显示屏上出现很多雪花状噪点，重叠在图像上，亮度起伏不定，从而掩盖了图像细节，这种现象称为信噪比太低。在一般测试环境下，样品表面的每个像元至少需要 10^3 个信号电子才能获得观察所必需的信噪比。因此，高质量图像还要求高信噪比，使图像看起来比较圆润，类似数码相机的照片。

4. 大景深要求

景深是指一个透镜对高低不平的试样各部位都能同时聚焦成像的能力范围，也就是指样品表面待测区域都能被清楚观察的最近和最远点的距离。景深大的图像看起来非常具有立体感，立体感强的图像中包含很多有分析价值的信息，特别是在分析表面凸凹不平的试样如金属断口、陶瓷晶界及聚合物断裂面时，从中可以直观清晰地判断材料断裂方式等信息。因此，一幅高质量图像有时要求大的景深。

10.2.2　图像质量影响因素

1. 仪器参数

上述各特征点之间是相互关联相互制约的，调整扫描电子显微镜的某一个参数可能会导致图像质量的几个特征点向不同效果变化，因此需要全面了解与图像质量有关的各仪器参数，以及这些参数与上述特征点之间的关系，以此获取更高质量的图像。

1) 束斑电流和直径

束斑电流 i 也称为探针电流，简称束流，它是表征入射电子束数量的参数；束斑直径 d 则是入射至样品表面的电子束的尺寸，它影响仪器分辨率，束斑直径 d 越大，入射电子与样品相互作用区域越大，分辨率越差，反之则分辨率越高。束流 i 与束斑直径 d 存在如下关系：

$$d^2 = i / 0.25\pi^2 \beta \alpha^2 \tag{10-3}$$

式中，β 为电子枪亮度，$A \cdot cm^{-2} \cdot sr^{-1}$；$\alpha$ 为透镜孔径半角。

由式(10-3)可知，当扫描电子显微镜的其他参数固定时，束斑直径受束流的影响，束流越大则束斑越大，两者为平方根函数关系。当提高束流时，束斑直径将会变大，此时分辨率下降，但入射至样品的电子数量会增加，将激发出更多的信号电子，从而提高图像的信噪比；反之，束流降低则电子束斑减小，图像分辨率提高，然而图像信噪比下降噪点增多。由此可知，束流对图像分辨率和信噪比的影响是相反的，采用小束流可以提高图像分辨率但降低了信噪比，反之，采用大束流则提高了图像信噪比，使图像看起来圆润光滑但分辨率下降，样品的小尺寸细节观察不清楚，因此必须根据实际测试需求进行合适的取舍或者找到一个平衡值。

2) 加速电压

由第 8 章内容可知，加速电压的变化影响电子束波长和电磁透镜的各种像差(球差、色差和衍射差)。加速电压升高、波长缩小、像差减小，从而导致束斑尺寸减小和束流增大，提高了图像分辨率和信噪比；然而，随着加速电压的升高，入射电子束与样品的相互作用区域也向纵深方向扩展，样品表面下较深区域激发的信号太强，导致表面信号占比太小，从而掩盖样品表面很多细节，并且当图像缺少表面信息和细节时，易呈现高反差，特别是会明显增大边缘效应，使拍摄的图像欠柔和，也会使图像容易呈现生硬的感觉，如图 10-10 所示，同一处样品区域分别在高加速电压[图 10-10(a)]和低加速电压[图 10-10(b)]下拍摄的二次电子形貌图，由图可见，太高的加速电压导致表面细节不清晰，并且增大了尖端效应反而使图像不如低电压下清楚了；另外，有些材料的耐热性和导电性太差，如纤维、橡胶、塑料等高分子或生物材料等，高加速电压会导致样品的热损伤及荷电效应，使图像拍摄很难正常进行或出现异常现象。

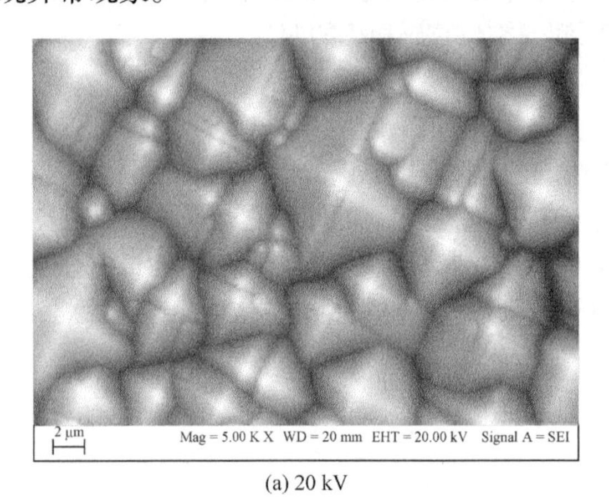

(a) 20 kV

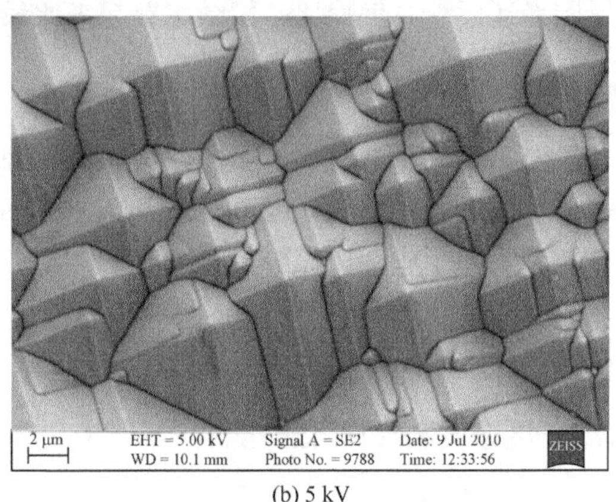

(b) 5 kV

图 10-10　高加速电压和低加速电压下二次电子形貌图

总之，在选择加速电压时，要考虑到高/低加速电压各自的优缺点，较低的加速电压有可能影响图像的信噪比和分辨率，但有时所获得的图像表面信息量往往会更多、更丰富，因此需要根据样品的实际情况及测试需求进行合理的选择。

3) 工作距离

工作距离是物镜极靴下端与样品待测区域的距离，任何电镜都可以很方便地调节工作距离，再通过末级透镜(物镜)的焦距变化直接影响入射至样品表面的电子束最终束斑直径。当工作距离降低后焦距随之减小，物镜的缩小倍率变大，样品表面的束斑直径变小，并且球差系数也与工作距离有关，工作距离越小，球差系数越小，束斑尺寸也变小，从而最终提高了图像分辨率；然而，当工作距离降低后，透镜孔径半角 α 变大，导致图像景深变小立体感变差。因此，需要高分辨图像时选择低的工作距离。例如，采用配备了 In-Lens 探测器的场发射扫描电子显微镜测试时，工作距离可以低至 1～2 mm；而观察粗糙断口表面时，则选用高的工作距离(20 mm 以上)，以获得较大的景深，呈现断口立体形态。

4) 光阑

扫描电子显微镜的物镜光阑主要用于遮挡非旁轴的杂散电子和限定聚焦电子束的发散角，同时兼具调节束斑直径的功能，以满足电子束的旁轴近似和相干性及改变束斑直径的需求。多数扫描电子显微镜的物镜光阑是可调节的，有 3～10 个尺寸可以进行选择。采用的光阑孔径越小，被遮挡的电子越多，在一定工作距离下相应的孔径半角也越小，这样景深就会变大，图像立体感变强，同时球差和色差会减小，束斑直径降低，图像分辨率提高；然而，选择小孔径光阑则入射电子束流变小，激发信号电子数量变少导致图像信噪比变差，光阑太小时甚至产生较大的衍射像差。综合考虑，当需要拍摄高分辨图像时通常选择较小光阑，而当拍摄的图像分辨率要求不太高或者需要使用能谱仪或波谱仪等做微区的化学组分分析时，应选用较大孔径的光阑，以便增大束流，改善信噪比和 X 射线计数率。

5) 扫描速度

如以上工作原理中所阐述，扫描电子显微镜必须利用扫描偏转线圈驱动入射电子束在试样表面选定区域内从左至右扫描 1024 个点、从上至下扫描 1024 行才能完成一帧图像，因此扫描成像需要一定的时间，这与扫描速度直接相关，每种电镜也有很多种扫描速度进行选择。扫描速度慢则成像时间长，入射电子束在每个入射点上停留时间长，激发出来的信号电子数量多，则信噪比就高、图像质量好，反之则信噪比低、图像质量差；然而，如果扫描时间过长，电子束滞留在样品上的时间太多，如果样品耐热性或导电性差，则扫描图像就会变形或呈现太严重的荷电现象。因此，对于耐热性好且无荷电效应的材料，可以选择较慢的扫描速度以改善图像质量，但对于高分子或生物材料等易产生热损伤及荷电之类的样品，通常要求较快的扫描速度以确保正常成像。

根据以上分析可知，各仪器参数影响是有很强的内在联系的，操作者需要根据样品实际和拍摄需要选择合适的参数。

2. 操作技术

当操作者根据具体样品选择并设定好仪器参数之后，还需要进行另外一些如放大、聚焦等操作步骤才能最终完成图像采集，其中部分操作步骤十分关键并且在日常操作中经常容易被忽略，操作调节不到位会影响仪器性能的发挥，甚至无法采集到清晰的图像。下面简单阐述几项主要的操作技术。

1) 电子光学系统合轴

在扫描电子显微镜中，电子枪阴极发射的电子束流依次通过聚光镜、物镜和各级光阑，最后到达样品表面。为保障电子束沿着这些部件的中心轴线穿行，必须使各部件的中心轴线重合，称为合轴或电子束对中。合轴好的光学系统像差最小，图像清晰，反之，电子束运行将偏离电子光学中心，轻者导致像散明显变大，高倍率下图像模糊，分辨率和信噪比变差，X 射线能谱分析时计数率严重下降，严重者将导致电镜无法成像，甚至荧光屏上找不到成片光点。所以每次更换灯丝、调节加速电压及转换物镜光阑后需要进行合轴操作，主要包含镜筒粗调、电子束微调、物镜光阑合轴三个步骤。

2) 像散消除

像散是扫描电子显微镜操作过程中经常遇见的像差现象，它会影响图像聚焦和拍摄质量，其严重时会导致低倍拍摄都很难获得清晰图像。像散的起因在第 8 章中已有详细介绍，此处不再赘述，当聚焦过程中出现如图 10-11(a)和(c)所示的现象，即说明存在像散。

针对像散像差，扫描电子显微镜都配备有像散消除器，从八个方位提供一个弱校正场，在 X 和 Y 方向补偿磁场的不对称性以此来消除像散，其操作技巧是：首先将图像聚焦到正焦位置，再分别调节像散消除器的 X/Y 旋钮，将图像尽量调节清晰，再反复调节焦距旋钮至欠焦或过焦状态，判断图像是否仍有像散即拖尾现象，如果仍然存在此现象但有减小的趋势，再重复上述操作过程，直到图像从模糊到清晰是以同心圆方式变化，则意味着像散消除了，图像在正焦位置最清楚，如图 10-11 所示，当像散不存在状态时，焦距处于过焦和欠焦时，图像虽然模糊，但没有拖尾现象[图 10-11(d)和(f)]，焦距处于正焦位置时图像非常清晰[图 10-11(e)]。像散消除时不要选择长针状的物相或者参照物，否则很难观察拖尾现象，最好选择一个圆球状特征物进行。

只有完全消除了像散才能进行下一步的电子束聚焦操作，否则聚焦过程就会遇到困难或者图像不清晰。

3) 电子束聚焦

电子束聚焦操作是扫描成像过程的必备动作，每次移动样品后进行图像拍摄前都必须执

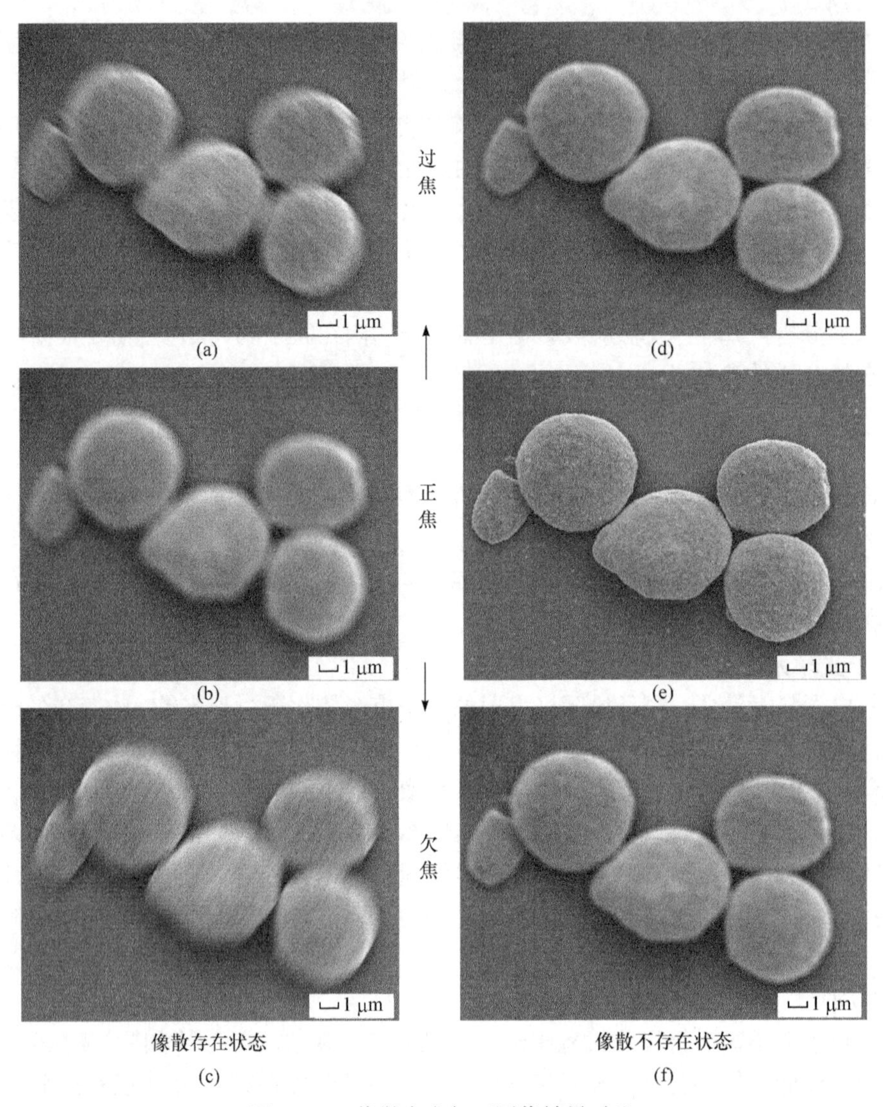

图 10-11　像散存在与否图像效果对比

行聚焦步骤，特别是对于表面粗糙样品更应如此，否则图像将不清晰。电子束的聚焦是通过调节物镜的励磁电流完成的，主要是旋转聚焦旋钮(Focus)，使其反复在欠焦、正焦和过焦三种状态下切换，通过对比三种状态下的图像清晰度来寻找到正焦的位置，以此完成电子束的聚焦。为提高聚焦的效率，在执行该操作过程中遵循“高倍聚焦、低倍照相”原则，它包含两种含义：①以高于所需拍摄倍数的 1.5～2 倍的放大倍数下进行电子束聚焦，完成后将放大倍数回调至所需倍数进行拍摄，这样要比所需倍数下聚焦后拍摄的图片更加清晰，比如需要拍摄 1 万倍图像，先将放大倍数调整至 1.5 万～2 万倍下聚焦，然后再回调至 1 万倍拍摄，这样所获取的图片清晰度更高。②当某个感兴趣区域要拍摄高倍和低倍组合的一系列图像时，一般先执行高倍下的聚焦和拍摄操作，然后再将放大倍数回调至所需低倍，此时直接进行拍照而无需再次执行电子束的聚焦步骤，与此相反，如果由低倍逐步向高倍拍照，则每一步都需要执行电子束聚焦操作，否则图像不清晰。

10.3　扫描电子显微镜实验技术

10.3.1　样品测试范围

扫描电子显微镜的样品测试范围非常广泛，只要在真空条件下能够稳定存在，并且不释放气体的样品理论上都可以进行扫描电子显微镜的表征测试。但由于扫描电子显微镜的物镜具有强大的磁场并且离样品很近，因此磁性样品特别是磁性粉末样品不能采用普通扫描电子显微镜进行测试，避免样品被吸附至物镜极靴从而损坏电镜，而需要选择配备无漏磁复合物镜的扫描电子显微镜进行测试。

10.3.2　样品制备技术

扫描电子显微镜测试中试样制备是重要的步骤，它关系到显微图像的测试质量和对试样的客观正确反映。虽然扫描电子显微镜测试的样品种类繁多、制备步骤简单，但所制备的样品只有具备导电性能好、热稳定性强及信号电子产额高等特点时才能获取好的图像质量。因此，需要针对测试样品进行相应处理以尽量满足上述要求。

1. 样品选取

目前很多型号的扫描电子显微镜的样品仓都比较大，但放置样品的样品台以及 X、Y、Z 轴马达的移动距离并不大，并且样品的观察区域都处于微米尺寸以下，所以块状样品尺寸不能太大，一般为 1 cm×1 cm 就完全足够了，粉末状样品铺展在 0.5 cm×0.5 cm 导电胶上即可，但所选取的样品都要具有典型代表性。

2. 样品清洗

对于要分析的一些块状样品，如金属断口上黏附油污、磨削、粉尘等杂质，它们会覆盖断口表面，除了影响观察部位外，还很容易污染电镜镜筒和样品仓，可用洗耳球或强力吹吹拂，或者将样品用乙醇进行超声清洗，直至表面干净，经过烘干后再进行下一步处理。

3. 样品粘接

待测样品一般通过导电双面胶或者导电液粘接于样品台上，固定好后才能送入样品仓中进行观察，根据样品形态不同采用不同的粘接方式：①块体样品，此类样品粘接步骤较为简单，把样品直接压紧贴合在剥去光面纸的胶带上即可。但如果样品本身导电性差并且较厚，则需要在样品表面进行“搭桥处理”，以便镀膜后样品表面和样品台之间形成导电通路。②粉末样品，此类样品制备的关键和难点是保证粉末与样品台粘接牢固，否则粉末会由于样品仓抽真空而飞溅后污染电镜，所以制备步骤要包含“挤、压、吹”三步。另外，纳米颗粒容易团聚，制备过程中应该尽量使其分散，根据颗粒尺寸通常选用干法(尺寸＞2 μm)或湿法(尺寸＜2 μm)中的某一种，如图 10-12 所示。

10.3.3　样品导电处理

一些导电性较差的样品如聚合物材料等，当高能入射电子束在样品表面持续扫描时，其表

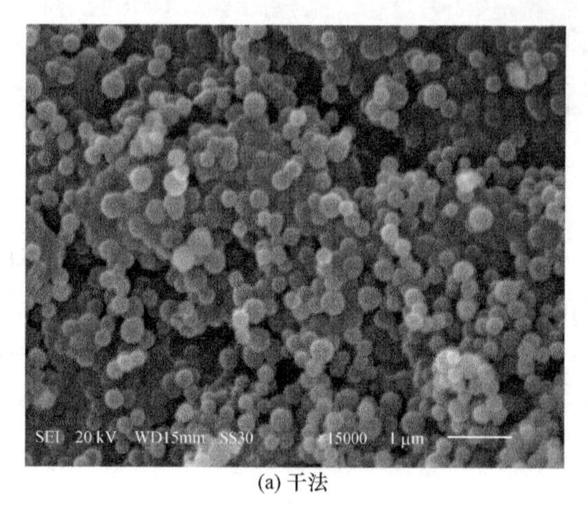

(a) 干法

(b) 湿法

图 10-12　不同制备工艺下的图像效果

面会逐渐积累较多的负电荷，形成相当高的负电场，排斥入射电子，并干扰信号电子的发射及偏转其运行轨迹，影响探测器对信号的接收，使聚焦及成像过程中图像晃动、亮度异常或出现明暗相间条纹，这就是经常见到的荷电现象。通常在样品表面蒸镀一层导电薄膜提高其样品导电性，使表面聚集的负电荷通过导电膜释放入地，消除荷电效应。此外，连续的导电膜也可以提高样品的导热性，减少热损伤，同时增加二次电子产额。目前实验室常用离子溅射方式镀膜，靶材一般选择 C、Ag、Pt-Au、Pd、Au 等，其中 Pt-Au 镀层颗粒非常细小，适于高放大倍数高分辨率图像的分析，是常用的材料。膜层一般以 5～10 nm 为宜，但采用 X 射线能谱仪做成分分析时，我国国家标准要求导电膜必须是碳膜，并且规定厚度在 20 nm 以内。

10.4　扫描电子显微镜在材料分析中的应用

任何一种材料的宏观性能都是由其显微结构所决定的，研究者必须充分了解材料的显微结构，如化学组成、元素分布、相态信息等，其中微观形态结构是材料中非常重要的显微结构，通常包括材料形状、晶粒或气孔尺寸及分布、相构成和分布、晶界特性、缺陷及裂纹、相界面形态及厚度等，而扫描电子显微镜无疑是观察材料显微形态结构最重要的工具。

10.4.1　SEM 在材料形态及尺寸分析上的应用

材料制备条件不同，产品形态结构和尺寸会有较大变化，采用扫描电子显微镜进行样品形态结构及尺寸分析是常规分析手段。例如，采用乙二醇(EG)还原硝酸银制备 Ag 立方体，在不同 Br^-浓度下，Ag 立方体的边角尖锐程度不一样，如图 10-13 所示，当 Br^-浓度过高或者过低，Ag 立方体的边角就会变得圆润；当 Br^-含量为 60 μL 时，Ag 立方体的边角最尖锐，粒径最均匀，将扫描电子显微镜形貌图通过 Image J 软件统计分析平均尺寸为 33 nm，此形态结构及尺寸的纳米立方体具有更好的 SERS 性能。

10.4.2　SEM 在多孔材料分析上的应用

在现今的科研领域，多孔材料的研究是热点课题之一，该材料具有密度小、孔隙率高、比表面积大等特点，使其拥有减震、吸音、电磁屏蔽、吸附等众多优异性能，在冶金、石油化工、

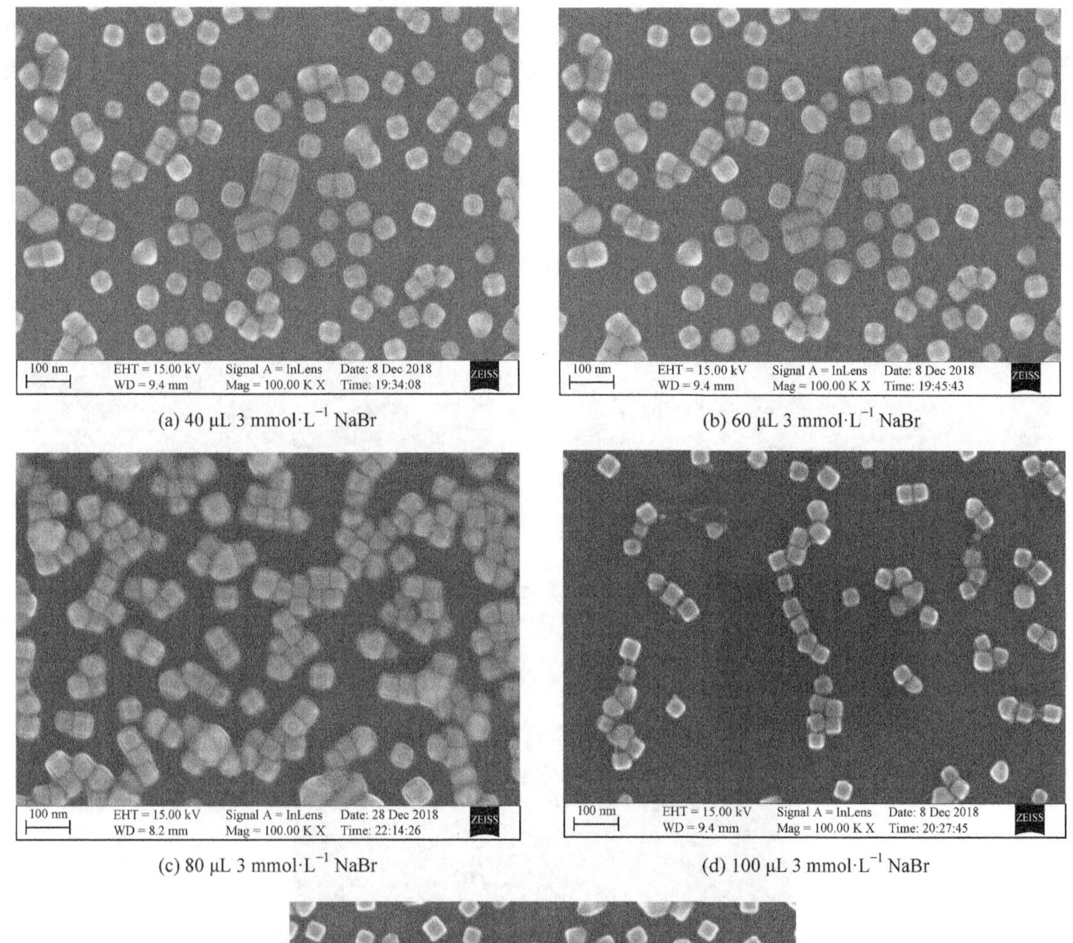

(a) 40 μL 3 mmol·L^{-1} NaBr

(b) 60 μL 3 mmol·L^{-1} NaBr

(c) 80 μL 3 mmol·L^{-1} NaBr

(d) 100 μL 3 mmol·L^{-1} NaBr

(e)120 μL 3 mmol·L^{-1} NaBr

图 10-13 不同 Br^-浓度下 Ag 立方体的形貌图

纺织、医药、酿造等国民经济部门以及国防军事等部门得到了广泛的应用。其中，材料的孔洞形态、孔径大小以及孔隙率高低是影响材料性能的重要因素，通过扫描电子显微镜对其进行表征是强有力的手段，几种常见多孔材料的扫描电子显微镜图像如图 10-14 所示。

多孔氧化铝材料[图 10-14(a)]的孔洞主要以方形大孔为主，而多孔碳材料[图 10-14(b)]主要是圆形的介孔，多孔分子筛[图 10-14(c)]主要是通过形成微孔来发挥作用，并且还可以发现材料表面有一条条的孔道；另外，在利用扫描电子显微镜表征多孔材料时需要特别注意样品的荷电效应，大多数多孔材料的导电性太差，并且喷金处理时靶材粒子容易掉入孔洞里使其不能形成连续导电膜，所以喷镀处理也不能消除荷电现象，只有采用低加速电压的方式才能获取清晰图片，上述三类多孔材料都是在加速电压等于或低于 1 kV 下进行成像的。

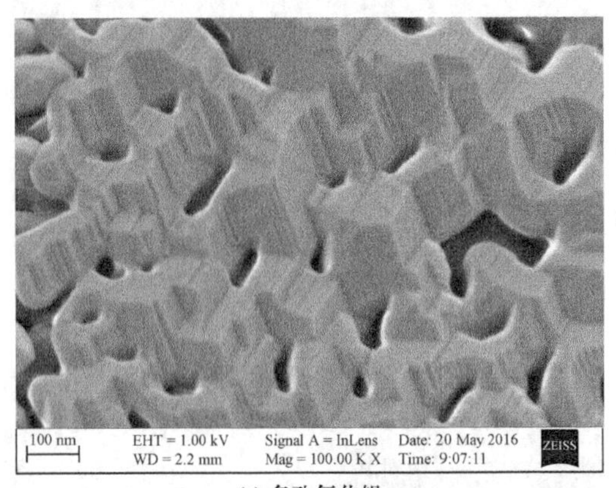

(a) 多孔氧化铝

100 nm　EHT = 1.00 kV　WD = 1.8 mm　Signal A = InLens　Mag = 100.00 K X　Date: 6 Jan 2020　Time: 2:00:54　ZEISS

(b) 多孔碳材料

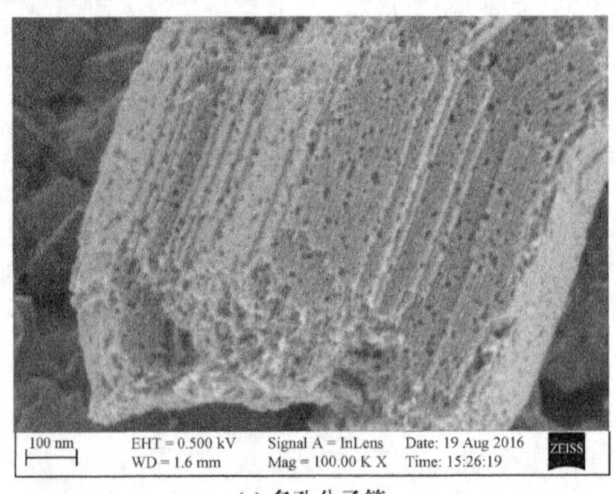

(c) 多孔分子筛

图 10-14　几种常见多孔材料的扫描电子显微镜图像

10.4.3　SEM 在层状或包覆材料上的应用

为获取某些优异特性，多相材料经常采取包覆或层状结构的形式出现，在扫描电子显微镜中可以利用不同相材料的二次电子激发效率或背散射电子的产额差异形成图像衬度从而表征分析其微观结构。例如，C 材料包覆 Ag 纳米纤维，由于在扫描电子显微镜高能电子束散射作用下，金属 Ag 的二次电子产额非常高，而非金属 C 材料的产额很低，所以利用二次电子信号成像可以获取很好的图像衬度，如图 10-15(a)所示，白亮柱状是包裹在内部的 Ag，黑灰色的边缘则是外面的包覆层 C 材料，通过此二次电子衬度像可以很直观地确定包覆结构的存在；而对于二次电子产额差异不是非常强的多相结构，则可以利用背散射电子产额差异所形成的衬度来成像进行分析，如 Cu-Al 合金材料，Cu 和 Al 都是金属材料，二次电子产额差异很小，但两种元素的原子序数相差 16，背散射电子产额则存在较大差异，可以利用背散射电子成分衬度像反映界面情况，如图 10-15(b)所示，由于原子序数 Cu＞Al，因此上面灰色的是 Cu 材料，下面黑色的是 Al 物相，Cu 材料涂覆在 Al 材料上方，界面清楚，厚度很好测量，并且从图中可见该合金的缺陷，有一条狭缝导致 Cu 渗入 Al 中了。

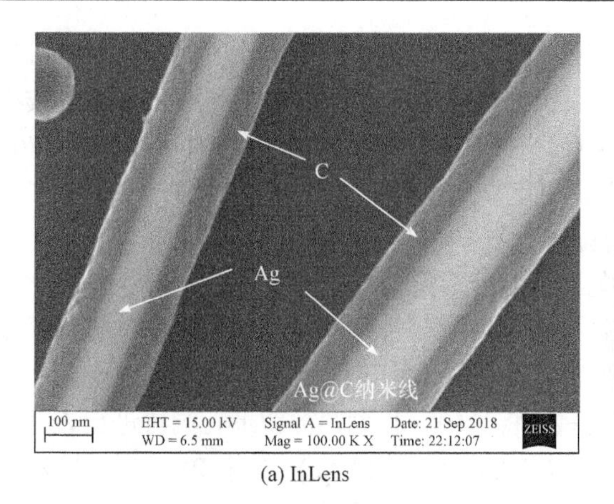

(a) InLens

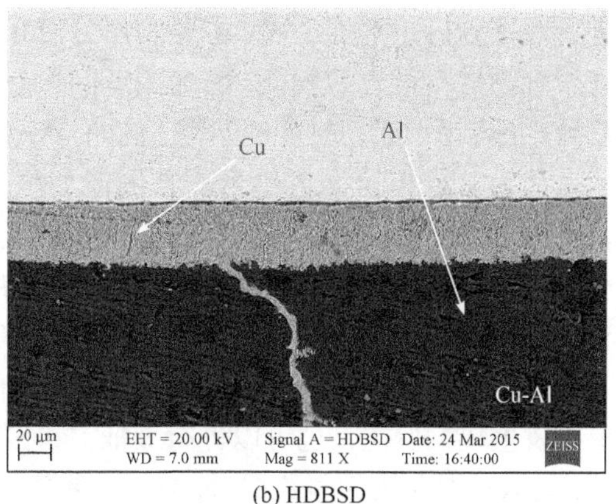

(b) HDBSD

图 10-15　Ag@C 材料和 Cu-Al 合金材料扫描电子显微镜图像

10.4.4　SEM 在材料断裂面分析上的应用

对于聚合物材料，韧性是重要的力学性能指标，采用扫描电子显微镜观察分析其断裂面的微观形态结构可以很好地剖析材料的断裂方式(脆性或韧性断裂)，或者研究材料的增韧机理。例如，采用二氧化硅接枝聚丙烯酸丁酯橡胶(SiO_2-PBA)的核壳粒子增韧环氧树脂，应用扫描电子显微镜高倍低倍相结合观察材料断面形态，分析 SiO_2-PBA 核壳粒子的增韧机理，如图 10-16 所示，纯环氧树脂整个冲击断面[图 10-16(a)]都非常光滑平整，只有少量河流状曲线，说明该基体断裂前没有发生过剪切屈服或者撕裂，冲击能量耗散小；而当掺入适量 SiO_2-PBA 核壳增韧粒子后该复合物冲击断裂面[图 10-16(b)]非常粗糙，形貌结构非常丰富，根须似的剪切屈服带向各个方向延伸，布满整个冲断面，撕裂现象也有出现，说明该复合材料是以韧性方式断裂的，具有很好的冲击韧性；在扫描电子显微镜高放大倍数下(6 万)观察核壳粒子在环氧树脂中的微观形态[图 10-16(c)]可以发现，核壳粒子和聚合物的界面层区域发生了明显的基体形变，说明此时基体的剪切屈服成为主要的增韧机理。

(a) 纯环氧树脂

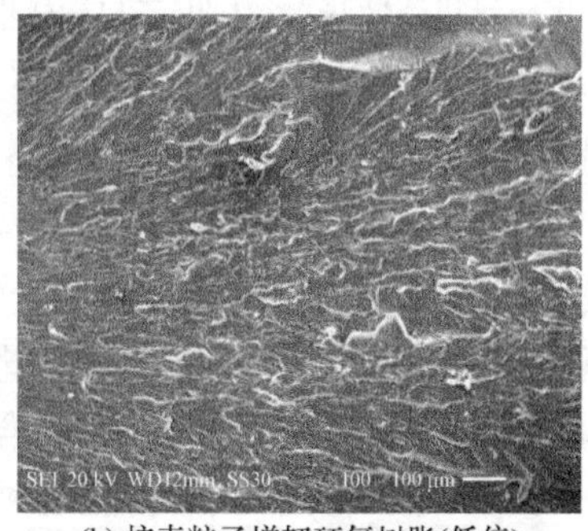

(b) 核壳粒子增韧环氧树脂(低倍)

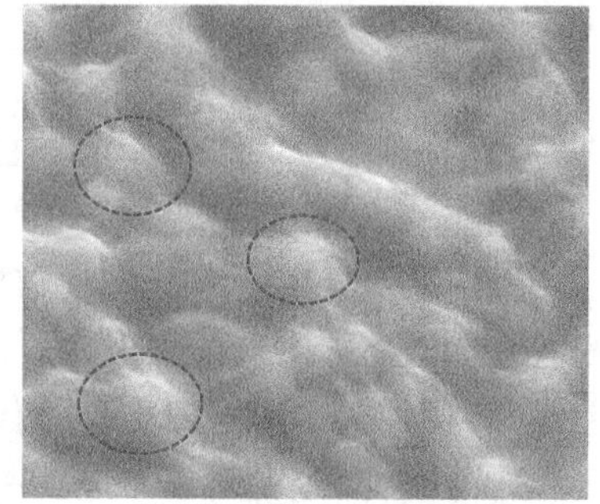

(c) 核壳粒子增韧环氧树脂(高倍)

图 10-16　聚合物材料冲击断面扫描电子显微镜图像

10.4.5　SEM 在多相复合材料分散形态上的应用

复合材料是由两种或两种以上不同性质的材料，通过物理或化学的方法在宏观(微观)上实现组合的材料，此类新材料在性能上互相取长补短，产生协同效应，使其综合性能优于原组成材料而满足各种不同的应用要求，是目前科研领域的热门方向。然而，多相之间的复合程度即分散相在连续相中的分散形态是影响性能发挥的重要因素，采用扫描电子显微镜对其分散情况进行表征分析是常规手段，主要利用分散相和连续相的形态差异来进行分析，其中无机材料填充聚合物材料最容易表征，因为两者的形态、二次电子产额及背散射电子产额几乎都有较大的差异，很容易形成高衬度的图像。例如，Ag 纳米线填充环氧树脂制备导热材料，如图 10-17(a)所示，作为分散相的 Ag 纳米线在图像上呈现长短不一的线棒状，由于金属的二次电子产额高，它的颜色是亮白色，而作为连续相的环氧树脂则是一块块条状的，并且颜色暗淡，从此图可以分析发现 Ag 纳米线在环氧树脂中分散均匀，无团聚现象，并形成了导热通路，所以此复合材料具有较好的导热导电性能。当复合材料中的多相都是同一类型材料并且没有形态等差异时，则很难分析，如多种聚合物复合材料。但如果聚合物两相之间由于某种作用力使其中一相形态发生较大变化，也可以进行表征，否则就只能将其中一相刻蚀掉留下孔洞再进行表征。例如，马来酸酐化聚偏氟乙烯/尼龙 6 共混复合体系(PVDF-*g*-MAH/PA6)，本来 PVDF-*g*-MAH 和 PA6 都属于聚合物材料，基体形态差异及电子信号差异都很小，很难通过扫描电子显微镜进行分辨，但两种材料复合后由于两相间界面作用力使其分散相 PVDF-*g*-MAH 呈现大小不同的球状，如图 10-17(b)所示，分散在连续相 PA6 中，这样就很容易观察 PVDF-*g*-MAH 的分散情况。

(a) Ag纳米线填充环氧树脂

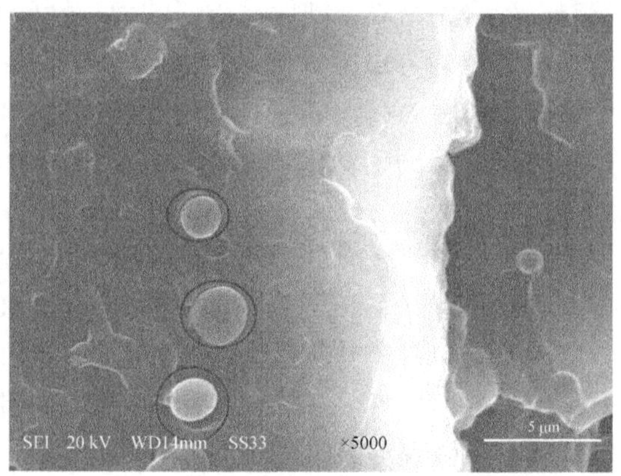

(b) PVDF-*g*-MAH/PA6复合体系

图 10-17 复合材料分散状态扫描电子显微镜图像

10.5 扫描电子显微镜低电压成像技术及应用

近年来，低电压高分辨成像技术在场发射扫描电子显微镜上实现了重要突破，其在 1 kV 的着陆电压下二次电子分辨率可以达到 0.8～1.5 nm，与普通钨丝电镜(30 kV 加速电压下二次电子分辨率为 3 nm)等相比，具有非常明显的优势：①通过选择合适的加速电压能在样品表面实现电荷平衡，避免对不导电样品表面蒸镀导电层，从而防止各种表面假象的出现或者真实细节的掩盖；②通过低加速电压的使用极大地降低了电子束与样品的相互作用区域，从而获取了样品及表面的形貌信息，为材料的研究提供由表及里的全面分析；③通过低加速电压的应用提高 X 射线能谱仪的空间分辨率，为纳米级尺寸的薄膜、颗粒的能谱分析提供了可能等。

10.5.1 非导电材料上的成像应用

1. 基本原理

扫描电子显微镜测试中经常出现荷电问题，其原因可以用基尔霍夫电流定律来解释，即在任一瞬间，流向某一节点的电流之和恒等于由该结点流出的电流之和，公式如下：

$$I_b = (\eta + \delta) \cdot I_b + I_{sc} + \frac{dQ}{dt} \tag{10-4}$$

式中，I_b 为入射电子电流；η 为背散射电子产额；δ 为二次电子产额；I_{sc} 为接地电流；Q 为时间 t 内的累计电荷。

由式(10-4)可见，在扫描电子显微镜中，入射电子的电流 I_b 等于背散射电子电流 ηI_b、二次电子电流 δI_b、样品接地电流 I_{sc} 及荷电电流的和。对于非导电且没有喷镀导电膜的厚样品，接地电流 I_{sc} 几乎为零，如果要使样品没有荷电，即 $dQ/dt = 0$，根据公式必须满足如下关系：

$$\eta + \delta = 1 \tag{10-5}$$

由式(10-5)可见，必须满足入射电子的数量等于激发的二次电子与背散射电子的数量总和，这样才能达到电荷平衡，保证样品表面没有过多的电荷或空穴。图 10-18 为固体材料电子发射特性曲线，横坐标为加速电压，纵坐标为材料所激发的信号电子产额总和，包括二次电子产额 δ 和背散射电子产额 η 。

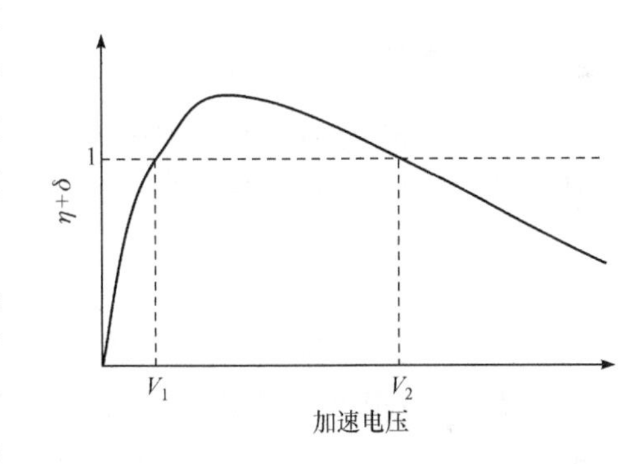

图 10-18　固体材料电子发射特性曲线

由图 10-18 可见，只有当加速电压处于 V_1 或 V_2 时，样品出射电子数与入射电子数相等，样品表面电荷平衡，不存在荷电问题。然而，V_1 或 V_2 都非常低(通常都低于 3 kV)，普通钨丝电镜在此电压下的成像效果非常差，只有高分辨场发射电镜低电压成像技术才能在此电压下实现拍摄，这样既能避免荷电问题又具有较好的成像效果。表 10-1 给出了部分常见材料的 V_2 值。

表 10-1　常见材料的 V_2 值

材料名称	感光树脂	碳	尼龙	聚四氟乙烯	砷化镓	石英	氧化铝
V_2/kV	0.6	0.8	1.2	1.9	2.6	3.0	3.0

2. 应用案例分析

植物的花粉颗粒是植物再生繁殖的重要物质基础，含有多种人体所需的营养成分，有研究认为其营养价值比牛奶、鸡蛋高 4～6 倍，在生物领域通常应用扫描电子显微镜分析其外观形貌，但此生物材料的导电性非常差，在未进行任何喷镀处理的条件下，当采用 5 kV 的着陆电压扫描时，电镜图像上衬度异常，呈现一条条黑白相间的条纹，这是明显的荷电现象[图 10-19(a)]，使花粉颗粒表面的细节完全被掩盖了，无法清晰地观察；而当采用 1 kV 的着陆电压时，图像上没有任何荷电现象，画面清晰亮度适中[图 10-19(b)]，可以清楚地观察到表面的凸起颗粒，凸凹棱角也表现得立体感十足。

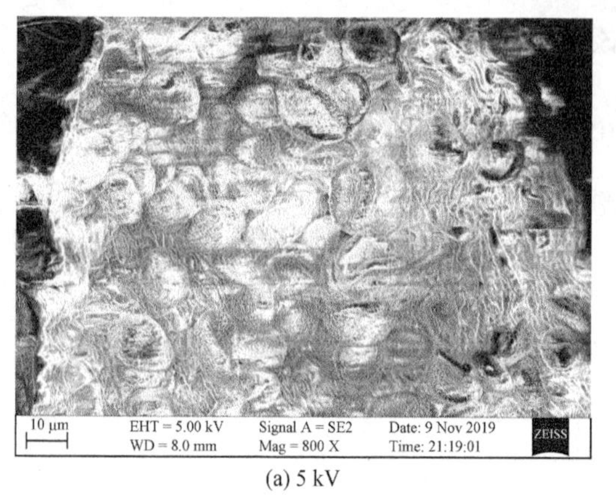

(a) 5 kV

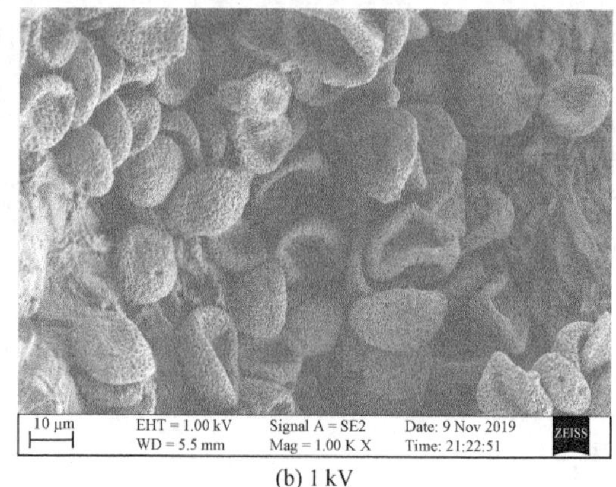

(b) 1 kV

图 10-19　某植物花粉颗粒在不同电压下的图像

10.5.2　热敏材料上的成像应用

1. 基本原理

在采用扫描电子显微镜观察高分子聚合物、生物样品等材料时，即使经过镀膜处理，有时在拍摄过程中依然会出现样品表面鼓泡、凹陷、整个观察区域变暗等异常的现象，这是由高能电子束辐照损伤样品所造成的。

扫描电子显微镜高能入射电子束与样品原子相互作用后会在样品中产生一定的温升，温升程度与入射电子束能量、电子束与样品的作用区域半径及样品的导热系数密切相关。Reimer提出了温升与入射电子束能量之间的关系式：

$$\Delta T = \frac{E_0}{k \cdot 2\pi r^2} \tag{10-6}$$

式中，ΔT 为单位长度内的温升；k 为样品的热导率；r 为作用区域半径；E_0 为入射电子能量。

由式(10-6)可知，温升与入射电子束能量、样品的热导率及相互作用区域密切相关，加速电压越高，样品的热导率越小，相应的温升越大。例如，铜材料的热导率为 398 $W \cdot m^{-1} \cdot K^{-1}$，在 20 kV 的加速电压下，其温升较小；而对于一些高分子材料，其热导率普遍较小，一般低于 0.15 $W \cdot m^{-1} \cdot K^{-1}$，是金属材料热导率的几千分之一，如聚苯乙烯为 0.108 $W \cdot m^{-1} \cdot K^{-1}$、环氧树脂为 0.1211 $W \cdot m^{-1} \cdot K^{-1}$、聚乙烯为 0.123 $W \cdot m^{-1} \cdot K^{-1}$、聚四氟乙烯为 0.127 $W \cdot m^{-1} \cdot K^{-1}$。因此，在同样的加速电压(如 20 kV)下的温升将是热导率高的材料的数百倍甚至上千倍，瞬时温度可以上升至 1000℃左右，这样高的温度远大于大部分聚合物材料的分解温度，所以会出现严重的电子辐照热损伤，即上述的材料表面的凹陷、裂缝、鼓泡、碳化等聚合物降解行为。

2. 应用案例分析

锂电池的结构中，隔膜是关键的内层组件之一，它的性能决定了电池的界面结构、内阻等，直接影响电池的容量、循环及安全性能等特性，性能优异的隔膜对提高电池的综合性能具有重要的作用。锂电池隔膜一般采用高强度薄膜化的聚烯烃多孔膜，是一种功能高分子有机化合物，其最大的缺点是热导率低、耐热性差，显微结构表征时扫描电子显微镜参数选择，特别是加速电压和束流的选择对于形貌结果有很大影响，必须要采用超低的加速电压以降低扫描区域的温度升高，从而有效避免高能电子束对材料的热损伤。图 10-20 是应用不同加速电压时所拍摄的锂电池隔膜表面的显微结构。

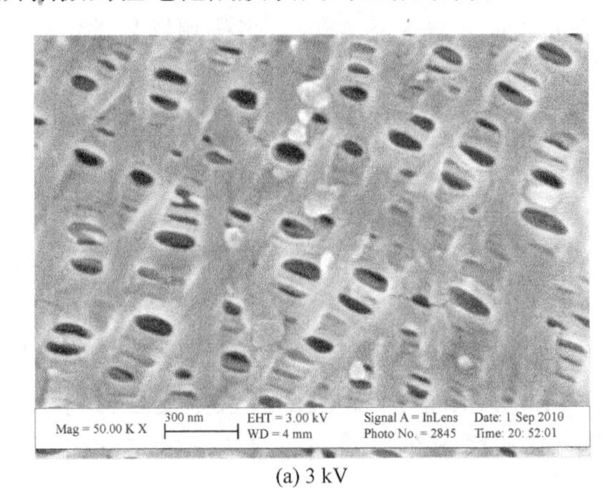

(a) 3 kV

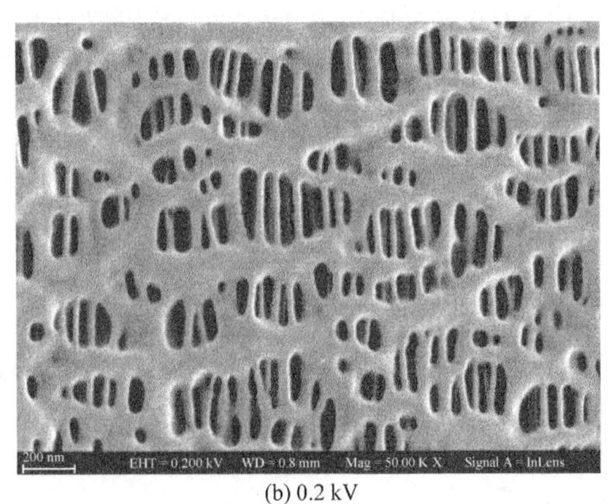

(b) 0.2 kV

图 10-20　不同加速电压下锂电池隔膜表面显微结构

仅采用 3 kV 的加速电压在 5 万倍进行材料分析时，所观察到的材料微观形态如图 10-20(a)所示，膜的表面由很多椭圆状孔洞组成，没有其他细节结构，很多人以为锂电池隔膜材料表面就是此种结构。然而，当加速电压继续降低至 0.2 kV 时，同样在 5 万倍进行材料表面观察时，如图 10-20(b)所示，原来膜材料是由许多细的纤维丝交错穿插而构成的，纤维丝之间有很多的狭缝，这是聚烯烃薄膜材料被拉伸形成的，这才是锂电池隔膜的真实微观形貌。同区域的完全不同显微结构的呈现主要是由不同加速电压造成的，0.2 kV 加速电压下，电子束能量很低，材料在此能量电子束的照射下不会发生任何损伤，所有的纤维丝物质都完好无损；而在 3 kV 加速电压下，由于高能量电子束的照射导致入射点的温度升高，超过了材料的熔融温度，不仅细微的纤维状结构发生了变化，材料主干纤维丝也都熔融黏结在一起，只剩下一些孔洞结构。

由上述案例分析可知，对于热导率低并且极易受损伤的样品，一定要慎重考虑加速电压对样品微观形貌的影响。

10.5.3　材料极表面区域的成像应用

1. 基本原理

在材料研究过程中，材料极表面区域的微观形貌或成分信息也非常重要，有时甚至对材料的整体宏观性能起决定性作用。然而，以前由于扫描电子显微镜低电压下分辨率的限制，厚度低于 10 nm 的极薄材料如片层石墨烯或者材料极浅表面的形貌或者成分信息很难被获取。随着低电压成像技术的突破，应用极低加速电压获取极表面区域信息正逐渐成为一种可能，并将可能成为扫描电子显微镜显微结构表征的一个重要发展方向。

如前所述，当高能电子束轰击样品时，入射电子将与样品原子发生相互作用，使其在样品内部产生弹性散射和非弹性散射效应，从而导致二次电子、背散射电子及特征 X 射线等信号的产生区域横向及纵深方向发生扩展，并逐渐远离了入射点。利用 Kanaya-Okayanama 电子射程公式估算电子束的散射范围：

$$L = 0.0276A \cdot E_0^{1.67} / (Z^{0.89} \cdot \rho) \tag{10-7}$$

式中，E_0 为入射电子能量；A 为入射点的平均原子量；Z 为入射点平均原子序数；ρ 为样品密度。

由式(10-7)可见，电子束散射范围受样品类型及电子束能量的影响，当待测样品选定后，其信号激发范围就只由电子束能量即加速电压决定。随着加速电压升高，电子束能量增加，信号的溢出深度加深，样品内表面结构信息比例逐渐提高；相反，当选用低加速电压时，则意味着入射电子束能量低，入射样品后散射效应弱，其散射区域接近浅表面，信号的溢出深度越浅，越有利于样品极表面区域形貌信息的获取。

2. 应用案例分析

石墨烯/氧化亚铜复合材料作为光催化剂，可抑制光生电子和空穴的复合，从而提高材料的光催化性能，是目前材料研究的热点领域，通常采用扫描电子显微镜观察该复合材料的复合结构，图 10-21 是石墨烯/氧化亚铜复合材料的同一区域在不同加速电压下的二次电子形貌图像。

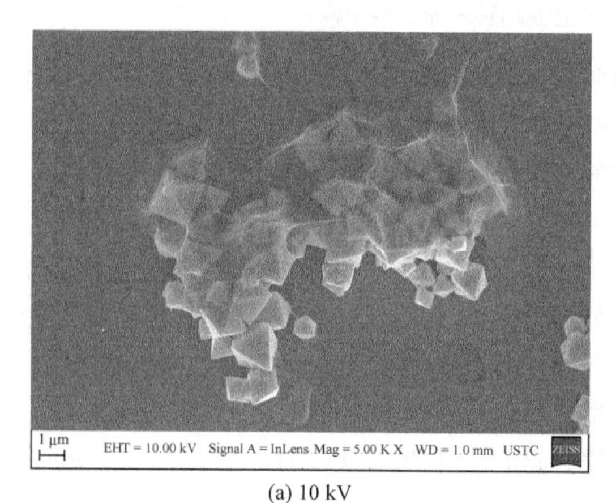

(a) 10 kV

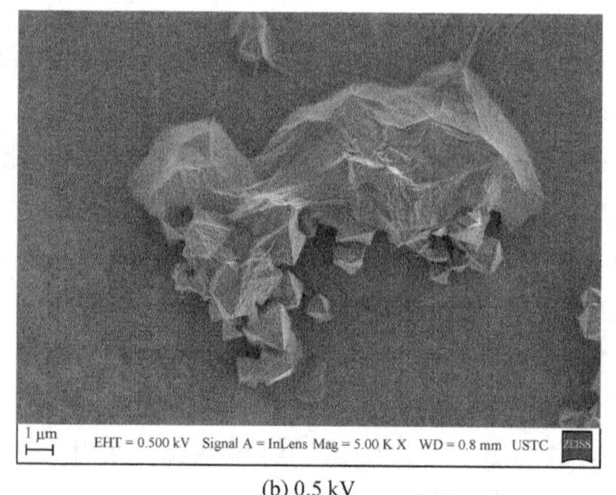

(b) 0.5 kV

图 10-21　不同加速电压下石墨烯/氧化亚铜的形貌图像

当加速电压设置为 10 kV 时，如图 10-21(a)所示，电子束的能量高，散射作用深度较大，被石墨烯包裹的内部氧化亚铜颗粒产生的二次电子信号所占比例远远高于表面石墨烯层，因此表面的石墨烯呈现出半透明状，石墨烯自身表面的形态难以观察清楚，下面所覆盖的氧化亚铜颗粒倒是一览无余。当加速电压降低至 0.5 kV 时，如图 10-21(b)所示，只能明显观察到覆盖在氧化亚铜表面的石墨烯薄膜材料，像一层雨衣，其极表面有大量褶皱，表明石墨烯薄膜非常柔软。从此案例可明显发现，通过调节加速电压可以实现材料在不同纵向尺寸区域的微观分析，在极低电压下成像可以获取材料极表面区域的信息。

综上所述，低电压成像技术作为近年来扫描电子显微镜分析测试中发展的一种新技术，能够实现材料的极表面区域观察、无辐照损伤测试及非导电样品的直接观测，从而实现材料微观结构的原生态分析测试，为材料研究提供正确的判断。

10.6　扫描电子显微镜荷电问题及其解决技术

10.6.1　荷电现象的存在

在扫描电子显微镜的测试中，操作者遇到最多的就是荷电现象，如图像中出现异常亮白或暗黑或两者相间的条纹、图像的漂移或畸变等，这就是荷电现象或放电现象，这主要是缘于扫描电子显微镜的入射电子束与导电性不良的样品作用后，入射电流和出射电流不守恒导致样品表面产生过多的电子或者空穴，相应地在样品表面形成不稳定的电场，从而动态地影响二次电子的产生、运输和采集等过程。如图 10-22 所示，整个图像上布满了白亮的细条纹，使图像细节无法被清晰地观察到。

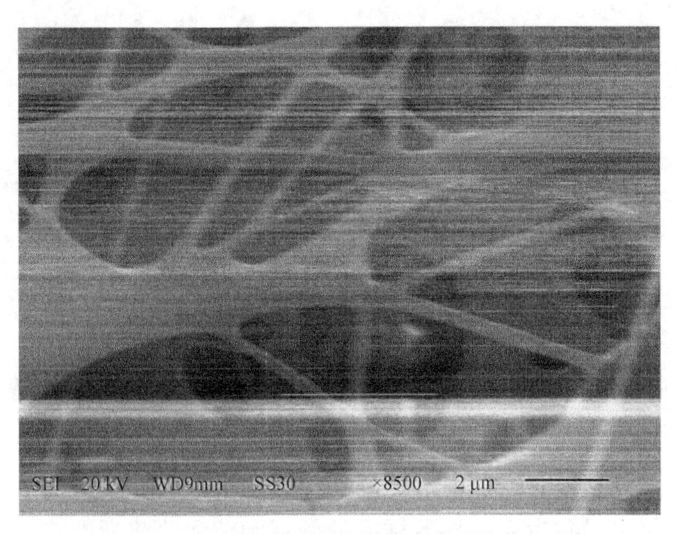

图 10-22　扫描电子显微镜图像中典型的荷电现象

10.6.2　荷电问题的解决技术及应用案例

严重的荷电问题有时让操作者很无奈，不知道如何解决，但实际上避免或减轻扫描电子显微镜测试中样品表面荷电问题的方法有很多，归纳起来主要分为 3 类：①多余电荷的消除，通过一些有效措施及时导走或中和样品表面所产生的电荷，防止其在样品表面大量的堆积；②出入电流的动态平衡，通过调整电镜参数等方式使样品的出射电子数和入射电子数相等，从而获得样品表面电荷的相对守恒；③选择荷电不敏感的成像信号或装置，以减轻荷电对图像的影响。下面通过实例来阐述几种主要的解决荷电问题的技术及其应用效果。

1. 多余电荷的消除

1) 蒸镀导电膜

蒸镀导电膜是消除样品荷电现象最常规、最有效的一种方法，即在样品表层喷镀碳或金属(Au、Ag 或 Pt)等导电膜，厚度一般根据样品导电性及所需观察的细节尺寸而定，通过喷镀电流和时间进行控制。采用这种消除荷电的方式有三点优势：①它大幅度提高了样品表面的导电性，使观察区域积累的电荷能够及时导走，从而提高成像质量；②金属镀层的二次电子产额普遍很高，通过在样品表面喷金属镀层有利于提高图像衬度；③由于金属元素的原子序数一般较大，在样品表面喷镀金属膜还可以减小入射电子束与样品间的相互作用，提高二次电子的空间分辨率，对于图像分辨率的改善也有很好的效果。

大部分聚合物材料的导电性极差，采用扫描电子显微镜进行形貌表征时，荷电现象非常严重，不进行处理直接拍摄很难获取较好质量的图像；并且聚合物材料特别是碳材料的二次电子产额较低，直接拍摄图像衬度也不高。通常此类材料在制样时需要进行导电膜喷镀处理，并且采用金属镀层(微米尺寸样品可以选择喷镀 Ag，纳米材料则必须喷镀 Pt)，增加样品表面二次电子产额，提高图像衬度。图 10-23 是采用相同的实验条件获取的聚合物微球样品喷镀 Pt 前后的对比图像。

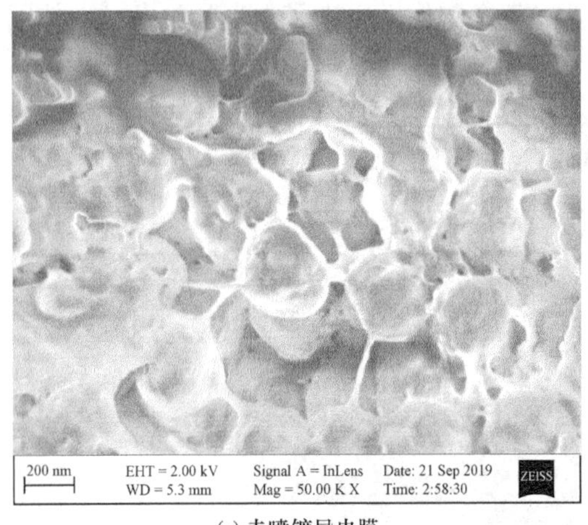

(a) 未喷镀导电膜

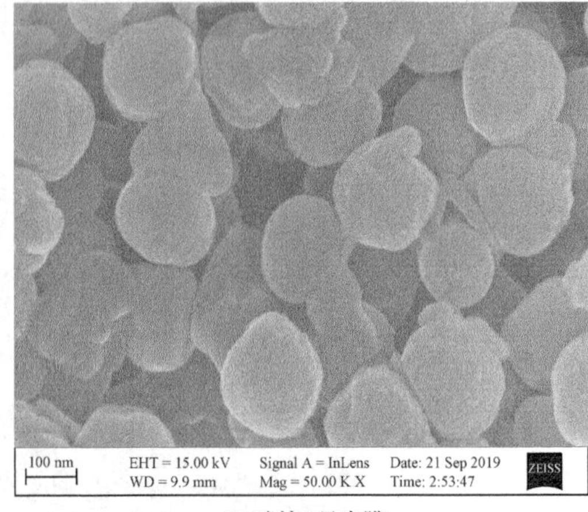

(b) 喷镀Pt导电膜

图 10-23　聚合物微球喷镀前后的成像效果

图 10-23(a)是在样品没有喷镀导电膜的情况下拍摄的，荷电现象非常严重，有些区域异常黑暗，微球边缘又异常发白，导致样品的微观细节无法清晰地被观察到；与此相反，如图 10-23(b)所示，当样品表面采取喷镀 Pt 导电膜处理后，荷电效应已经完全消除，图像衬度合适，微球表面微观细节能够被观察到，图像质量得到了很大的改善。

2) 样品与底座的有效连通

当高能电子束轰击导电性差或者非导体时，所产生的电荷都集中于样品的表面，如果样品与金属底座没有很好的连通，则积累的荷电电子没有导入大地的通路，即使喷镀导电膜也会存在荷电现象，特别是对于比较厚的块体材料，荷电现象更加严重，因为导电层一般只沉积在样品的正表面，侧面很难被喷镀上，所以样品没有进行表面搭接处理或者连通处理，电荷还是滞留于其表面。相反，如果样品与底座的连通处理较好，即使不采取导电层喷镀处理，有时也不会存在荷电积累。针对样品的形状不同，连通处理的方式也不同，对于大型块体材料，主要是将表面和底座进行搭接处理，如图 10-24 所示。

图 10-24　块体材料的连通示意图

将墨粉颗粒超声后分散于液体导电胶连通处理和撒至固体导电胶两种制样方式的样品进行图像观察，如图 10-25 所示，采取倾斜 45°观察粉末颗粒的导电连通效果和团聚情况，采取不倾斜来观察样品荷电现象，由图可见，当颗粒呈现团聚现象并且只有部分颗粒的底部接触导电胶的样品[图 10-25(a)]，图像上存在一条条黑条纹[图 10-25(b)]，这明显是荷电现象；而当颗粒呈现单分散并且全部颗粒的近一半部位都埋入导电液的样品[图 10-25(c)]，图像清晰没有任何荷电现象[图 10-25(d)]，因为导电通路很顺畅，电荷无积累。

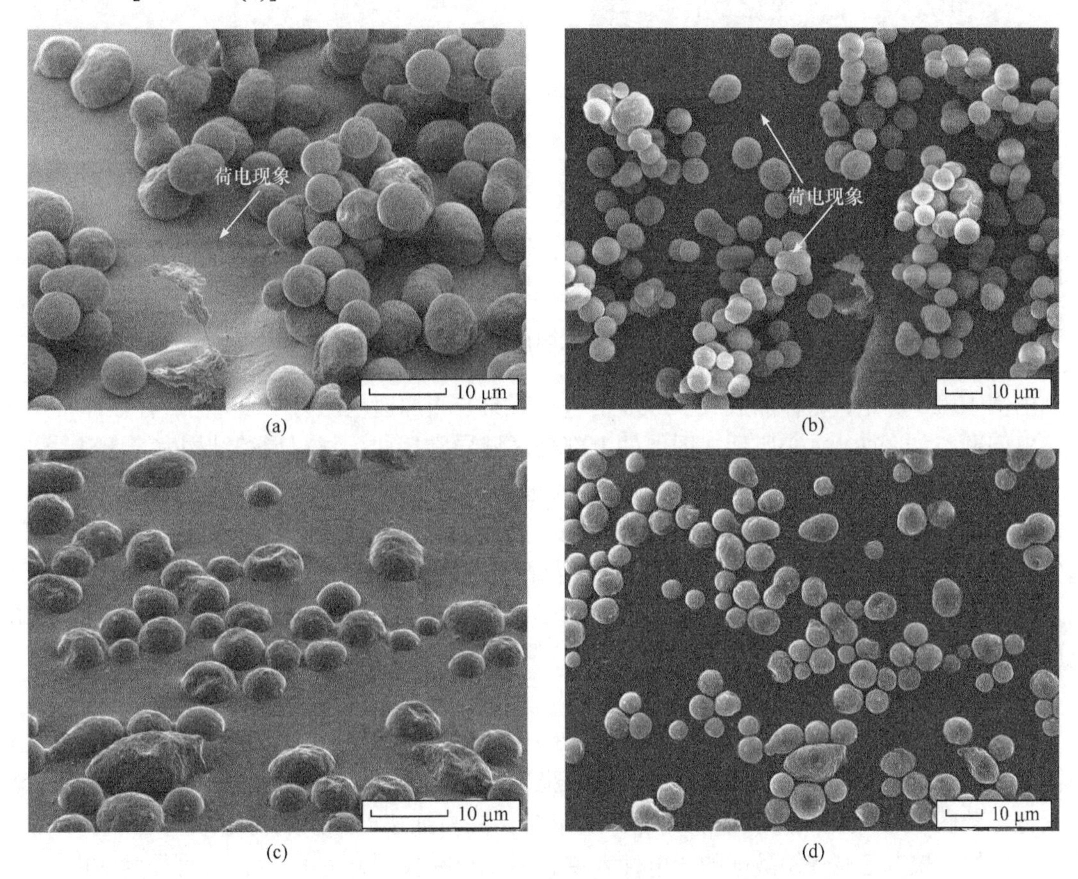

图 10-25 连通良好与否的墨粉颗粒的对比图像

(a) 导电胶固定，倾斜观察；(b) 导电胶固定，垂直观察；(c) 导电液固定，倾斜观察；(d) 导电液固定，垂直观察

2. 出入电流的动态平衡

1) 降低加速电压

加速电压是扫描电子显微镜测试中非常重要的一个实验参数，其数值高低决定了入射电子束能量的高低，从而影响入射电子扩展范围和出射电子数量。如前分析所述，当加速电压调整至 V_1 或 V_2 时，促使样品出射电子总额正好与入射电子数相等，即 $\delta+\eta=1$，使样品表面电流守恒，则将不存在电荷积累的问题。

金属有机骨架材料[metal-organic framework(MOF)material]是由有机配体和金属离子或团簇通过配位键自组装形成的具有分子内孔隙的有机-无机杂化材料，拥有优异的吸附性能、光学特性及电磁性质等，在现代材料学方面呈现出巨大的发展潜力和诱人的发展前景。采用扫描电子显微镜观察材料的形态是常规手段，但 MOF 材料的导电性不好，并且材料拥有大量孔隙，采用喷镀方式很难在表面形成连续的导电膜，所以喷镀后材料仍然会存在荷电现象。在此，采用降低加速电压方式进行形貌观察，在 15 kV 和 2 kV 两种不同加速电压下采集高倍二次电子形貌像，如图 10-26 所示。

(a) 15 kV

(b) 2 kV

图 10-26　MOF 材料在不同加速电压下的二次电子像

由图 10-26 可见，将样品放大 50000 倍进行观察，当加速电压为 15 kV 时，存在非常严重的荷电问题，如图 10-26(a)所示，图像的上部分区域异常扭曲，材料形貌结构完全无法辨别，这主要是因为在该加速电压下样品表面充满大量负电荷形成了非常强的负电场，使二次电子的运行轨迹在该电场作用下发生了严重的偏移；当加速电压降低至 2 kV 后图像扭曲现象完全消失，如图 10-26(b)所示，材料形貌结构包括细微结构都被清晰地呈现，表明此时样品表面的出入电流平衡，无附加电场存在。这也说明对于此 MOF 材料而言，2 kV 是其电荷平衡状态的电压。

2) 提高加速电压

除降低加速电压可以有效避免荷电效应外，在某些情况下提高加速电压同样可以有效避免样品充电，以此获得较好的扫描电子显微镜图像，特别是有些材料的 V_2 值比较难找或者其值太低导致图像信噪比太差从而影响图像质量时，提高加速电压抑制荷电效应是一个更好的选择。例如，聚苯乙烯(PS)微球的导电性太差，不太容易找到合适的 V_2 值，直径为 300 nm 的聚苯乙烯微球即使采用 1.5 kV 低加速电压拍摄，如图 10-27(a)所示，样品表面依然存在荷电现

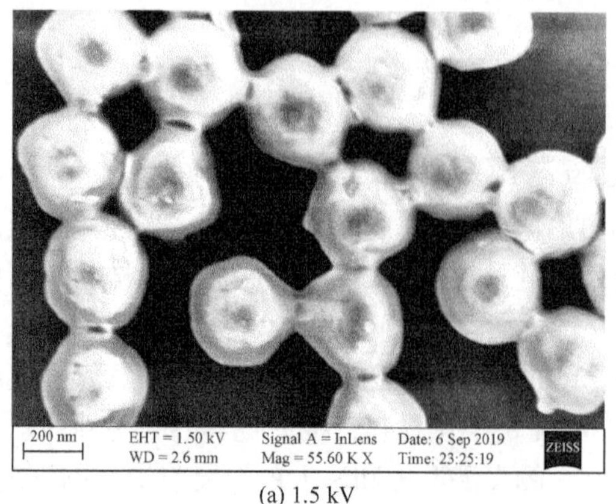

(a) 1.5 kV

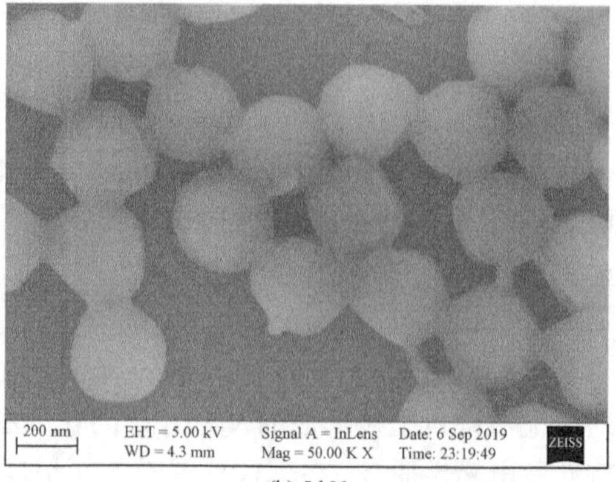

(b) 5 kV

图 10-27　聚苯乙烯微球(直径为 300 nm)的二次电子像

象，图像异常发白；但当加速电压提高至 5 kV 时，如图 10-27(b)所示，聚苯乙烯微球表面的荷电现象竟然完全消失，衬度适中，图像质量较好。

根据蒙特卡罗方法模拟的电子束在聚苯乙烯球中的扩散深度可以分析上述现象的原因，如图 10-28 所示，当加速电压为 1.5 kV 时，电子束扩展深度约为 100 nm，对于直径为 300 nm 的不导电微球而言，电子束的散射体积只集中于微球内的上部区域，未能穿透该球，如图 10-28 中左图所示，此时没有形成有效导电通路，积累的电荷都聚集在样品的表面，所以存在较为严重的荷电现象；当加速电压增加至 5 kV 时，其电子束扩展深度达到了约 700 nm，绝大部分入射电子束都将穿透聚苯乙烯微球，如图 10-28 中右图所示，入射电子将通过导电的样品底座形成接地电流，从而避免荷电现象。

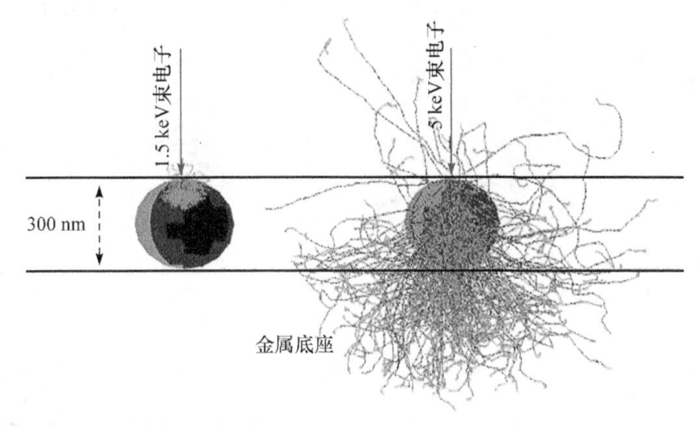

图 10-28　不同加速电压下电子束在聚苯乙烯微球的穿透深度示意图

由此可见，利用不同加速电压下电子束有不同穿透深度的特点，也可以选择合适的高加速电压达到减少荷电现象的目的，但此类方法通常适用于微纳米球状样品。

3. 选择荷电不敏感的成像信号或装置

1) 探测器的选择

场发射扫描电子显微镜(FESEM)一般都配备有多种二次电子探测器：高位二次电子探测器(In-Lens 或 TLD 探测器)位于镜筒内物镜上方，它借助透镜磁场力提升信号电子来进行收集；低位二次电子探测器(E-T 探测器)则处于物镜极靴下方的样品室侧面，直接接收信号电子，两种探测器的位置如图 10-29 所示。

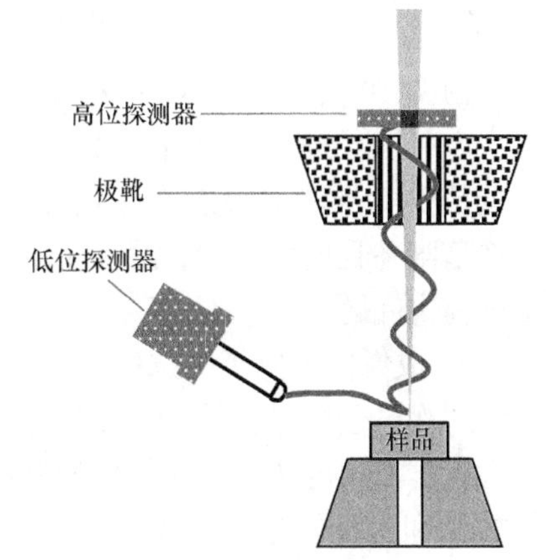

图 10-29　场发射扫描电子显微镜高、低位探测器示意图

由图 10-29 可见，由于高位二次电子探测器呈环形分布于物镜正上方，探测面积大，正对着样品表面的扫描区域，捕捉信号电子的角度大，并且物镜中间的强磁场力具有极大的助推力，使高位探测器对二次电子捕捉能力很强，所以导电样品的图像衬度高、信噪比好，而当样品表面存在荷电场时，其荷电效应对该探测器所收集到的二次电子数量变化幅度影响也很大，因此高位探测器对荷电更敏感；而低位二次电子探测器位于侧面，

捕捉信号电子的角度较小，对能量较低的二次电子捕捉能力较弱，所以样品表面的荷电场效应对该探测器所收集到的二次电子数量变化幅度影响不大，因此相比高位探测器，荷电现象不明显。所以对于放大倍率较低的二次电子像，采用低位二次电子探测器是改善荷电的一种较好手段之一。

以 $ZnCo_2O_4$ 纳米针和 PMMA 微球为例，分别采用 In-Lens 和 E-T 探测器收集二次电子信号进行成像，如图 10-30 所示。

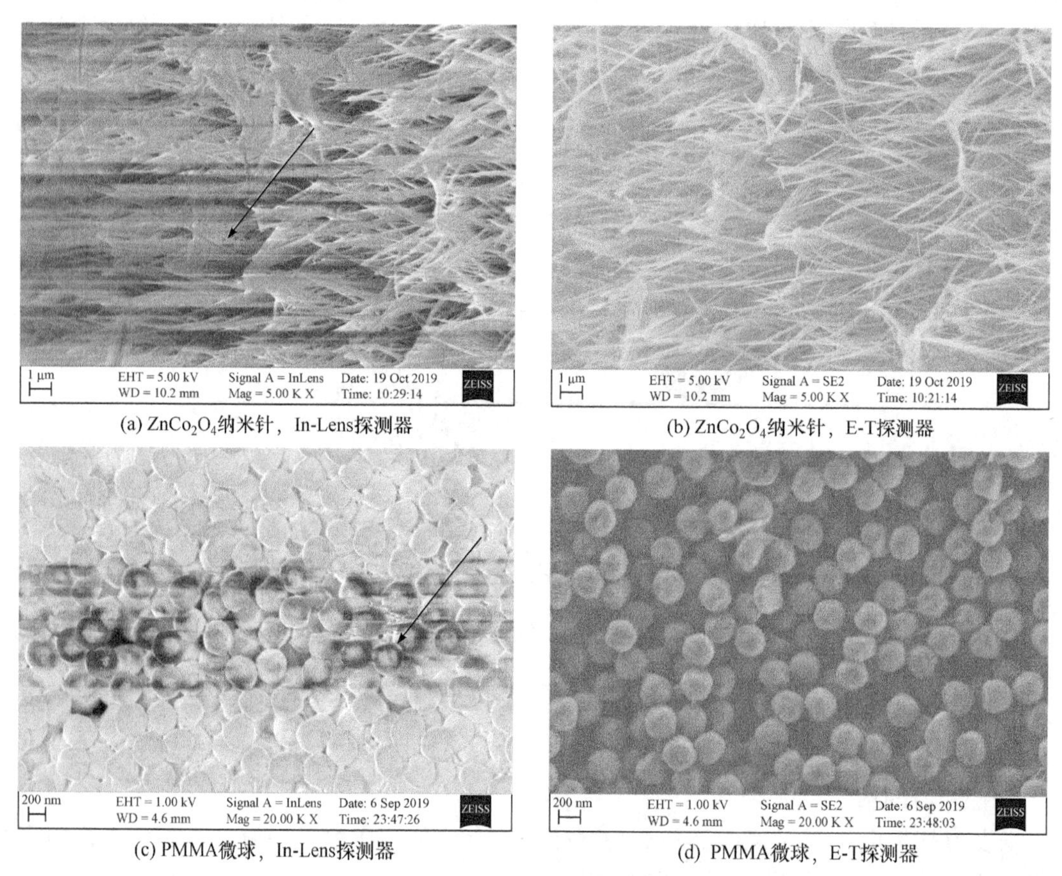

(a) $ZnCo_2O_4$纳米针，In-Lens探测器　　(b) $ZnCo_2O_4$纳米针，E-T探测器

(c) PMMA微球，In-Lens探测器　　(d) PMMA微球，E-T探测器

图 10-30　In-Lens 和 E-T 探测器采集的 SEM 图像

由图 10-30 可见，对于 $ZnCo_2O_4$ 纳米针和 PMMA 微球，当使用高位 In-Lens 探测器采集二次电子信号进行成像时，出现了明显的荷电现象，如图 10-30(a)和(c)中箭头所指位置；当使用低位 E-T 探测器采集 SE2 信号成像则可以有效地减轻荷电现象，如图 10-30(b)和(d)所示，图像清晰并且衬度适中，没有任何荷电现象，图像质量较高。然而，采用这种方式只能解决轻微的荷电问题。

2) 成像信号电子的选择

二次电子能量较低，样品表面荷电场对其数量和运行轨迹的影响较大，而背散射电子的能量远大于二次电子能量，所以当样品表面存在不太强的荷电场时，背散射电子受其影响较小，其数量和运行轨迹通常不发生改变，因此背散射电子形貌图像上通常不会呈现明显的荷电现象。

聚苯乙烯微球作为导电性较差的聚合物材料，采用二次电子(SE)、背散射电子(BSE)和两者混合信号进行成像，如图 10-31 所示。

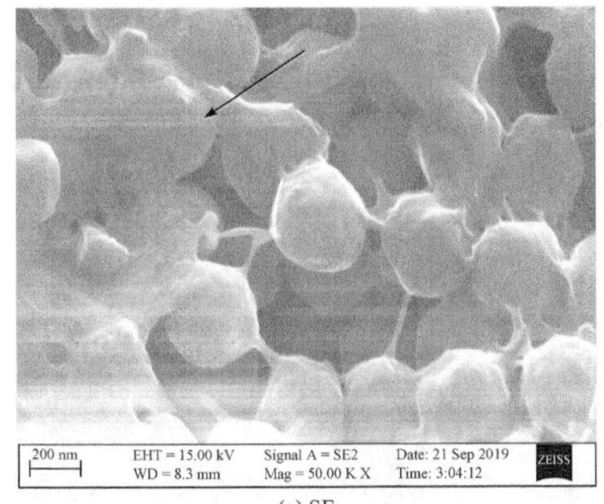

(a) SE

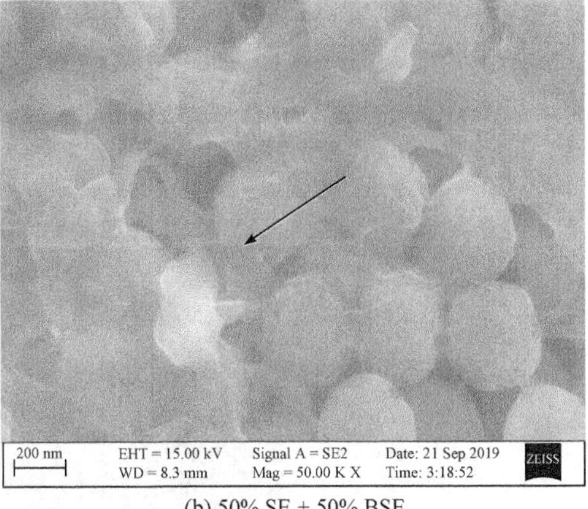

(b) 50% SE + 50% BSE

(c) BSE

图 10-31　不同信号电子成像效果

当采用二次电子信号成像时，如图 10-31(a)所示，图像中存在大量明显的荷电条纹；当采用 50% SE 和 50% BSE 混合信号成像时，如图 10-31(b)所示，荷电现象明显减轻了；当完全采用 BSE 信号成像时，如图 10-31(c)所示，荷电现象完全消失。因此，对于在二次电子像中存在轻微荷电的样品，可采用背散射电子像或混合一定比例的背散射电子像以避免荷电。

3) 降噪扫描方式的选择

信噪比是图像质量的一种重要影响因素，它不仅依赖于加速电压、光阑尺寸和工作距离，并且与电子束在每个入射点上驻留的时间有关。测试样品时一般要求高信噪比的图像，通常采用提高电压、增大束流或者降低扫描速度等方式增加信号量从而提高信噪比，但是这些方式在提高信噪比的同时也容易导致荷电问题。信噪比参数是信号与噪声的比值，因此降低噪声同样是提高信噪比的有效方式，并且不容易引起荷电问题。场发射扫描电子显微镜有很多不同的降噪扫描方式，通常分为帧积分(frame integrate)模式、帧平均(frame average)模式、线积分(line integrate)模式、线平均(line average)模式、像素平均(pixel average)模式、连续平均(continuous average)模式等，各有其优缺点。

石膏是一种典型的不导电材料，一般应采用低电压模式，寻找其 V_2 值来进行观察，但石膏的导电性非常差，对电压非常敏感，较难找到准确的 V_2 值。即使在 5 kV 下采用像素平均降噪扫描方式成像时，也存在明显的放电现象，严重影响图像的质量，如图 10-32(a)所示，但对其采用连续平均模式(快速)扫描后，荷电现象完全消失，如图 10-32(b)所示，获得了清晰、无荷电的石膏形貌。连续平均快速和帧积分降噪扫描模式对于有轻微荷电的样品非常有效，既能保证足够的图像衬度，又可以减轻甚至消除荷电现象。

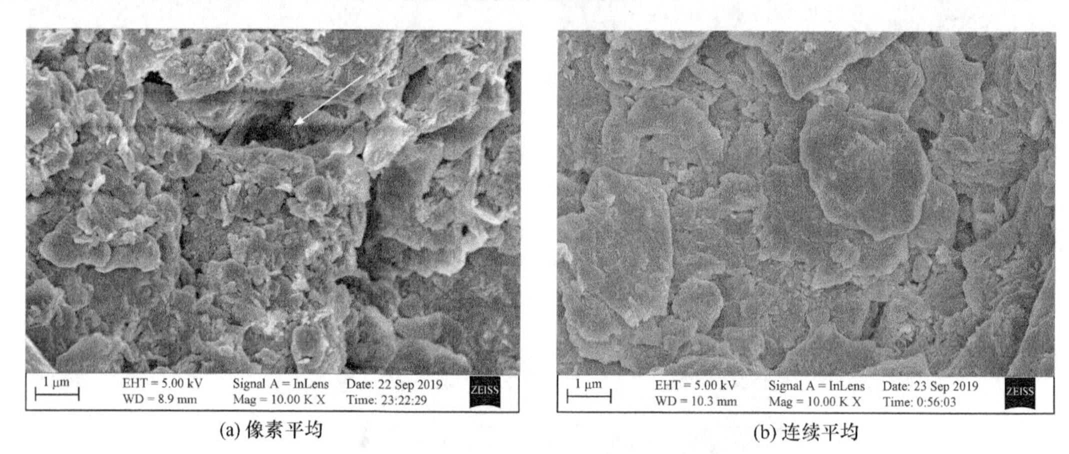

(a) 像素平均　　　　(b) 连续平均

图 10-32　不同扫描方式成像效果

当然，即使采用同样的降噪扫描方式，选择的电子束在每个像素点上的驻留时间不同，荷电现象差别也很大，如图 10-33 所示。

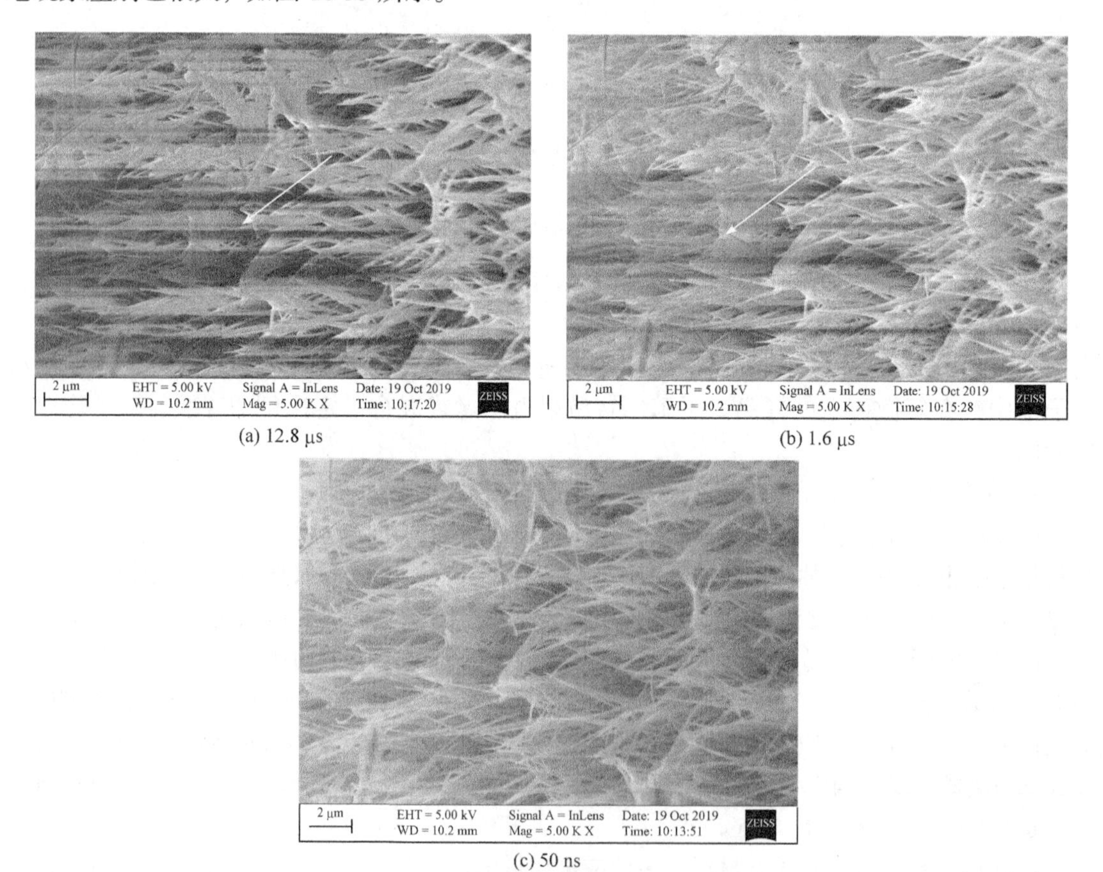

(a) 12.8 μs　　　　(b) 1.6 μs

(c) 50 ns

图 10-33　不同驻留时间的成像效果

$ZnCo_2O_4$ 纳米针是导电性极差的样品，5 kV 电压下选择以上案例所述的连续平均的降噪扫描模式，但当驻留时间选择较长时也会出现严重的荷电现象，如图 10-33(a)和(b)所示，只有电子束驻留时间选择 50 ns 时才没有任何的荷电问题，这是因为电荷不平衡在样品表面形成的电场电位一般会随着扫描时间的延长而呈现周期性变化，扫描时间越长，表面电位的稳定性越差，相应荷电现象越明显。扫描电子显微镜进行观察时，若每点停留时间足够短，小于荷电电场稳定的时间，则电子束在样品上逐点扫描时也能获得较为稳定的电位，从而有效避免由于荷电电位的不稳定而导致的放电现象。采用连续平均并且快速扫描时(50 ns)，电子束在每个像素点上驻留时间很短，在该时间内荷电电位较为稳定，因此能够获得信噪比高且无任何荷电现象的 $ZnCo_2O_4$ 纳米针图像。

综上所述，样品荷电问题的解决技术很多，需要操作者根据样品表面荷电严重状况、样品特征及所观察的细节尺寸来选择合适的方法，实现样品的清晰成像。

参 考 文 献

陈文雄, 徐军, 张会珍. 2001. 扫描电镜的最新发展——低电压扫描电镜(LVSEM)和扫描低能电镜(SLEEM)[J]. 电子显微学报, 20(4): 258-262.

邓子华, 陈红梅, 尹伟. 2018. 探针电流对场发射扫描电镜图像的影响[J]. 实验室探究与探索, 37(8): 25-28.

高翔, 朱紫瑞, 孙伟, 等. 2018. 场发射扫描电镜荷电现象的研究及参数优化[J]. 真空科学与技术学报, 38(11): 1008-1012.

华佳捷, 刘紫微, 林初城, 等. 2014. 场发射扫描电镜中荷电现象研究[J]. 电子显微镜学报, 33(3): 226-232.

黎爽, 邓平晔, 蔡锴. 2015. 扫描电子显微镜图像荷电现象的研究[J]. 研究与开发, 34(10): 62-66.

任小明. 2020. 扫描电镜/能谱仪原理及特殊分析技术[M]. 北京: 化学工业出版社.

日本电子株式会社. 2009. 扫描电子显微镜观察手册[M]. 东京: 日本电子株式会社.

曾毅, 吴伟, 刘紫微. 2014. 低电压扫描电镜应用技术研究[M]. 上海: 上海科学技术出版社.

张大同. 2009. 扫描电镜与能谱仪分析技术[M]. 广州: 华南理工大学出版社.

Barkshire I, Karduck P, Rehbach W P, et al. 2000. High-Spatial-Resolution Low-Energy Electron Beam X-Ray Microanalysis[J]. Mikrochimica Acta, 132: 113-128.

Boyes E D. 1998. High-resolution and low-voltage. SEM imaging and chemical microanalysis[J]. Advanced Materials, 10: 1277-1280.

Endo A, Yamada M, Kataoka S. 2010. Direct observation of surface structure of mesoporous silica with low acceleration voltage FE-SEM[J]. Colloids and Surfaces A: Physicochemical Engineering Aspects, 357(1-3): 11-16.

Everhart T E, Thornley R F M. 1960. Wide-band detector for micro-microampere low-energy electron currents[J]. Journal of Scientif Instrum, 37: 246-248.

Goldstein J I, Newbury D E, Echlin P, et al. 2003. Scanning Electron Microscopy and X-ray Microanalysis[M]. 3rd ed. New York: Springer.

Joy D C. 1985. Resolution in low-voltage scanning electron-microscopy[J]. Journal of Microscopy, 140: 283-292.

Kieft E, Bosch E. 2008. Refinement of Monte Carlo simulations of electron-specimen interaction in low-voltage SEM [J]. Journal of Physics D Applied Physics, 41: 215310.

Koshikawa T, Shimizu R. 1973. Secondary-electron and backscattering measurements for polycrystalline copper with a spherical retarding-field analyzer[J]. Journal of Physics D Applied Physics, 6: 1369-1380.

Kotera M. 1989. A Monte Carlo simulation of primary and secondary-electron trajectories in a specimen[J]. Journal of Applied Physics, 65(10): 3991-3998.

Kuhr J C, Fitting H J. 1999. Monte Carlo simulation of electron emission from solids[J]. Journal of Electron Spectroscopy & Related Phenomena, 105(2-3): 257-273.

Liu Z W, Sun C, Gauvin R, et al. 2016. High spatial resolution EDS mapping of nanoparticles at low accelerating voltage[J]. Journal of Testing and Evaluation, 44(6): 2285-2292.

Matsukawa T. 1974. New type edge effect in high-resolution scanning electron-microscopy[J]. Journal of Applied Physics, 13: 583-586.

Reimer L. 1998. Scanning Electron Microscopy-physics of Image Formation and Microanalysis[M]. Berlin: Springer.

Shimizu R, Ding Z J. 1992. Monte Carlo modeling of electron-solid interactions[J]. Reports on Progress in Physics, 55: 487-531.

Statham P J. 1998. Recent developments in instrumentation for X-ray microanalysis[J]. Mikrochimica Acta: An International Journal for Physical and Chemical Methods of Analysis, 15: 1-9.

Toth M, Thie B L, Donald A M. 2002. On the role of electron-ion recombination in low vacuum scanning eletron microscopy[J]. Journal of Microscopy, 205: 86-95.

Venables J A, Liu J. 2005. High Spatial Resolution studies of surfaces and small particles using electron beam techniques[J]. Journal of Electron Spectroscopy & Related Phenomena, 143(2-3): 205-218.

习　题

1. 扫描电子显微镜利用二次电子成像的原理是什么？
2. 扫描电子显微镜利用背散射电子成像的原理是什么？
3. 扫描电子显微镜的工作原理是什么？
4. 高质量扫描电子显微镜图像包含哪些特征点？
5. 影响扫描电子显微镜成像质量的因素有哪些？
6. 避免或减轻扫描电子显微镜测试过程中荷电问题的措施有哪些？
7. 扫描电子显微镜在材料分析中的应用有哪些？

第 11 章　X 射线能谱仪

在材料研究的过程中，研究者除了对材料内部结构和外部形貌感兴趣外，也想进一步获取微纳米区域内的化学组成、晶体取向等信息，因此现今的电子显微镜上都配置了大量的功能性附件设备，使其演变成了一个庞大的分析平台系统。其中，X 射线能谱仪(EDS)作为透射电子显微镜和扫描电子显微镜的标配附件，是一种非常实用、方便、高效的分析设备，能够快速地分析样品 0.3～5 μm 深度的元素成分信息，已经成为科研和生产不可或缺的技术手段。本章主要以扫描电子显微镜配备的 X 射线能谱仪为例阐述相关内容。

11.1　基 础 知 识

11.1.1　X 射线的产生及命名

如第 8 章所述，当采用电子枪阴极产生的高能电子束轰击试样原子，促使其中某个内壳层的电子发生电离并脱离该原子后，内壳层上出现一个空位，导致原子处于不稳定的高能激发态。随后在原子恢复至最低能级的过程中，一系列外层电子相继向内壳层空位跃迁，释放出多余的能量，产生特征 X 射线和俄歇电子。

1. 特征 X 射线的激发能

不同元素的原子，其原子核与核外电子的结合能是不一样的，入射电子的能量必须达到某临界值才能激发该元素原子产生特征 X 射线，而这个能量临界值就是产生该元素特征 X 射线的临界激发能(E_c)。不同元素原子及原子中不同壳层的电子均存在不同的临界激发能，对于 X 射线微区分析，通常要求入射电子能量要达到被分析元素 E_c 的 2～3 倍。例如，要激发 Cu K_α 谱线(8.04 keV)，通常采用 20 kV 的加速电压，使原子能够被充分激发，以便获得足够强度的特征 X 射线。

2. 特征 X 射线的命名规则

当高能入射电子轰击试样后会激发一系列不同能量的特征 X 射线，称为特征 X 射线系或族，原子序数越大，壳层越多，其产生的特征 X 射线越多也越复杂。特征 X 射线的命名一般是根据产生特征谱线的原子始态和终态来定义。例如，当原子的 K 层出现空位时，由 L 层电子跃迁填充，产生的谱线为 K_α，由 M 层电子填充则为 K_β，其他依次为 K_γ、…，但这些特征谱线统称为 K 线系；当 L 层出现空位，由 M 及以外壳层电子跃迁填充，产生的谱线为 L_α、L_β、L_γ、…，为 L 线系谱线，如图 11-1 所示。

同一壳层内的电子具有的能量并不完全相同，意味着产生的同名谱线能量也会有差异，如 K_α 谱线可分为 $K_{\alpha1}$ 和 $K_{\alpha2}$，只是这些谱线相互紧靠，由于受 X 射线能谱仪能量分辨率所

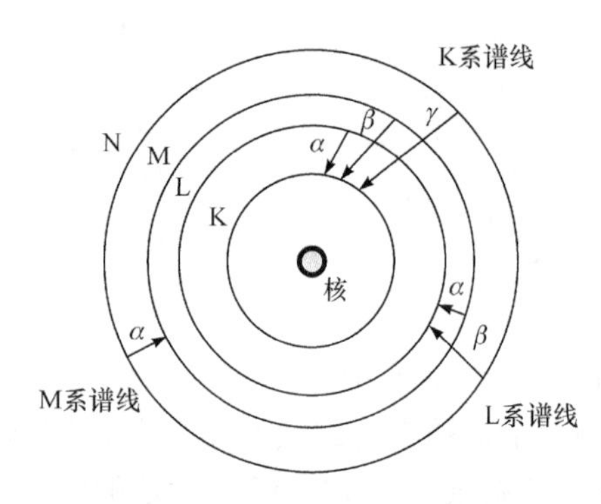

图 11-1　X 射线的命名示意图

限无法将其分辨开，所以谱图中只能显示一条 K_α 谱峰，出现在两者能量之间。例如，Cu $K_{\alpha1}$ = 8.048 keV，Cu $K_{\alpha2}$ = 8.028 keV，两条谱线的能量差值只有 0.02 keV，而仪器的能量分辨率为 0.12～0.135 keV，无法将这两条谱线分开，只能用 Cu K_α 谱线表示，其能量值为 8.04 keV。

3. 谱线权重

当原子某壳层上出现空位后，虽然不同外壳层的电子都可能跃迁填充，从而产生不同能量的特征 X 射线，但每种壳层电子跃迁的概率不同，故用"权重"一词来描述同一线系中每条谱线的产生概率。例如，K 线系分为 K_α 和 K_β 两种谱线，它们分别由 L 层电子和 M 层电子跃迁填补 K 层空位而产生的，遵循"近者优先"的跃迁规律，L 层电子跃迁概率远大于 M 层电子的跃迁，一般前者是后者的 5～10 倍，因此假定 K_α 谱线权重为 1，则 K_β 谱线权重则为 0.1～0.2；电子所在壳层距离空位越远，跃迁概率越小。目前，所知的线系内 K 系谱线内各权重为 $K_\alpha : K_\beta = 1 : 0.2$；L 系谱线内各权重为 $L_\alpha : L_\beta : L_\gamma = 1 : 0.2 : 0.1$。这种权重比较仅限于某个线系内各谱线之间比较，在不同线系之间的谱线权重没有任何比较意义。各谱线权重表现在能谱图中是谱线峰高比，有助于识别谱图中是否有和峰的存在。

4. 特征 X 射线荧光产率

根据第 8 章内容，在样品原子受到入射电子的激发随即退激过程中，将同时产生特征 X 射线和俄歇电子，它们是能量释放的两种不同方式，因此两者是一种互补关系，其荧光产率和为 1，当特征 X 射线荧光产率为 ω 时，则俄歇电子产率为 $1-\omega$。对于低原子序数的原子，能量释放方式主要以俄歇电子激发为主，特征 X 射线产率非常低，如 C($Z=6$)原子的特征 X 射线产率只有约 0.0012，而俄歇电子产率高达 0.99，因此用俄歇电子谱分析超轻元素比用 X 射线能谱分析更灵敏、更有效。随原子序数的增大，特征 X 射线荧光产率 ω 逐渐增大并接近于 1，如图 11-2 所示，中等原子序数以上原子的 ω 已经接近 0.5。例如，Fe(Z = 26)原子的 X 射线产率约 0.457，这类元素用 X 射线能谱仪进行定性和定量分析就比较准确了。

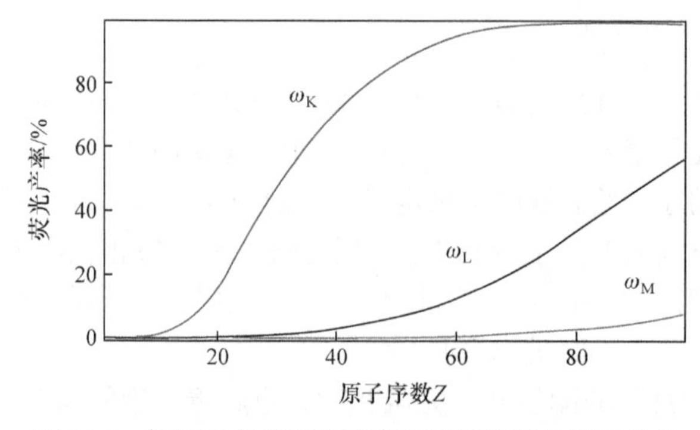

图 11-2　特征 X 射线荧光产率与原子序数的关系曲线

5. 连续 X 射线辐射

以上所述特征 X 射线能量是由原子中电子跃迁始终态的能级差所决定的，反映原子特性。当入射电子与样品原子相互作用时，还有另一种类型的 X 射线产生，它是由高能入射电子受原子核和核外电子的库仑减速作用产生的，其能量损失是连续变化的，这种类型的辐射称为连续 X 射线辐射或轫致辐射，是一种非特征辐射，它的能量或波长与试样的材料性质无关。连续 X 射线辐射构成能谱图的背底噪声，如图 11-3 所示，如果样品中有低含量元素，其特征谱峰可能会被连续谱掩盖，这个元素就检测不到了，在定量计算中连续谱背底必须扣除。

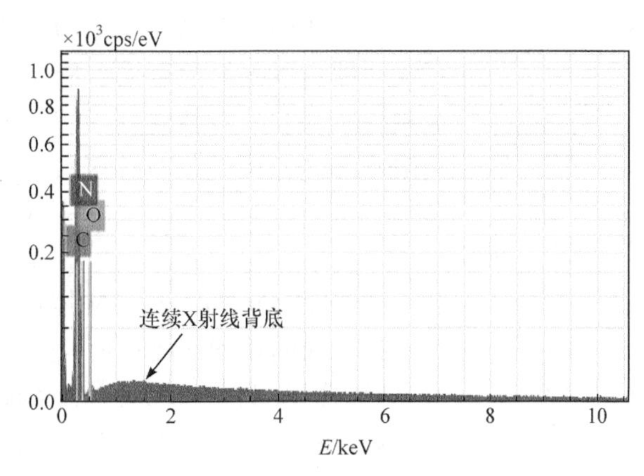

图 11-3　某样品的 X 射线能谱图

11.1.2　X 射线能谱测试相关术语

在进行 X 射线能谱测试前及过程中需要完成样品和能谱仪的几何位置调整及软件参数设置，同时也需要熟悉能谱测试中的相关专业术语，以及了解它们之间的内在关系，以便选择最佳操作条件，获取准确的定性定量结果。

1. 检出角

有些文献将检出角(ψ)称为出射角或起飞角，是指能谱仪准直器中心线的延长线与试样水平面之间的夹角，如图 11-4 所示。对于特定型号的能谱仪，这是一个固定值，平常使用时只需要调整样品至指定的工作距离就可以获得规定的检出角(ψ)，一般设置为 35°。

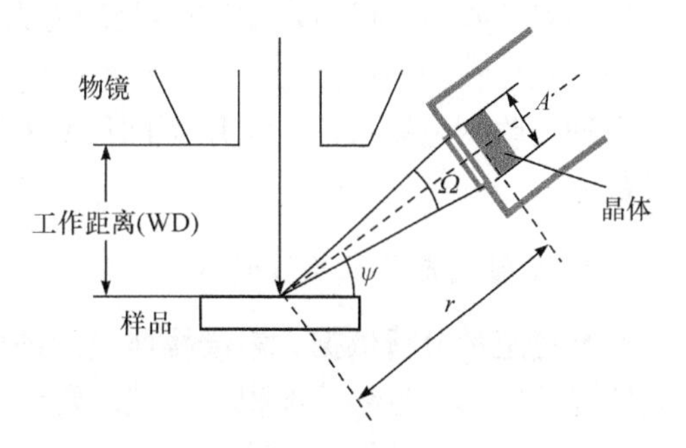

图 11-4　探测器与样品的几何关系示意图

当入射电子轰击试样后，从样品内部激发的 X 射线光子需要在试样中穿行一段距离后才能溢出试样表面，在这段路程中 X 射线光子会被试样吸收，所以这段路程称为吸收程。在相同组分的试样中，吸收程越长被吸收的 X 射线就越多，能被检测器探测到的信息量就越少。其吸收程长度随检出角的增大而减小，特别是当ψ<30°时，吸收程长度随检出角增大而降低程度比较明显，之后变得比较平缓，这也说明在小检出角下，X 射线在试样中的吸收非常严重，特别是测试不平整试样如颗粒时，当在检出角方向有较大颗粒或者棱角遮挡时，则 X 射线光子计数率将急剧下降，所以目前的能谱仪探测器的检出角大多为

35°～40°。如今有个别厂商推出了平插能谱，其检出角高达 60°～70°，完全消除了不平整样品的阴影效应。

2. 立体角

立体角(Ω)也称为采集角或固体角，是指能谱仪探测器窗口对试样采集点所张的三维空间角，单位为立体弧度。当高能入射电子与试样相互作用后，其入射点所产生的 X 射线在三维空间里实际呈现球状分布，立体角越大，能被探测器收集到的 X 射线也就越多，计数率就越高，如图 11-5 所示。

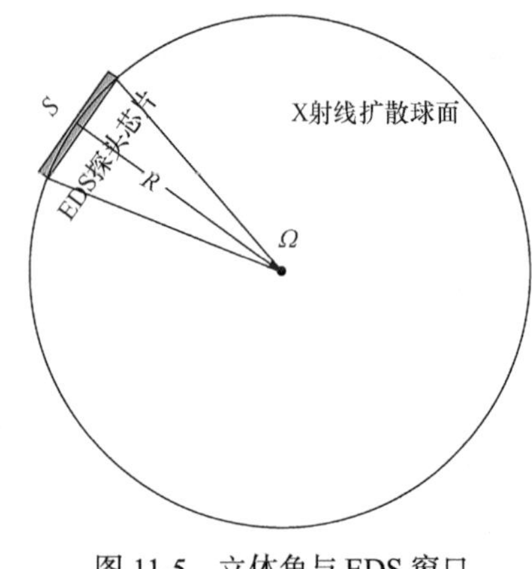

图 11-5　立体角与 EDS 窗口面积关系示意图

对于特征 X 射线产出率很低的试样，需要尽可能地增大立体角以提高信号采集量。立体角与探测器的窗口面积(S)成正比，与探测器到试样表面和入射束交汇点距离(R)的平方成反比，具体函数关系如下：

$$\Omega = \frac{S}{R^2} \tag{11-1}$$

由式(11-1)可知，提高立体角的方法主要有两种：一是选择较大面积的探测器窗口；二是缩短探测器最前端到试样表面交汇点的距离。斜插能谱探测器位于物镜极靴旁边，导致窗口面积增加和距离缩短两者存在矛盾，目前斜插能谱的立体角最大也只有 0.025 sr；而有种平插能谱仪探测器位于物镜极靴的正下方，没有这个矛盾，所以立体角可高达近 1.2 sr，相当于传统的约 1500 mm^2 窗口面积的探测器，计数率非常高，测试速度非常快，适合于非导电易损伤的样品。

3. X 射线光子计数率

X 射线光子计数率是能谱测试中比较重要的参数，它决定着测试速度的快慢，指处理系统每秒可处理的 X 射线光子数(counts per second，cps)，配置不同探测器的能谱仪的脉冲处理能力有很大差异，如 Si(Li)探测器处理能力一般不高于 5000 cps，否则死时间会比较长并且可能形成和峰等假峰；而 SDD 探测器处理能力可高达上百万。操作软件中显示的 X 射线光子计数率通常是指脉冲处理器的输入计数率，即能谱仪接收到的来自样品的 X 射线光子数，操作者一般通过改变电镜束流、选用不同尺寸的光阑或者调节探测器与样品之间的距离来调节输入计数率。

4. X 射线光子采集时间

能谱定量分析依据元素谱峰所包围的面积，为了定量准确，必须采集足够数量的特征 X 射线光子以形成足够的面积，这就需要根据 X 射线光子计数率来确定需要的时长，即 X 射线光子采集时间。例如，在微束分析国家标准中，元素准确定量的要求是 X 射线光子总计数要求达到 25 万个以上，若计数率为 2500 cps，X 射线光子采集时间就要设定 100 s 以上。当样品中有含量 1%以下的微量成分时，采集时间更要加长，使其谱峰高于背底。

5. 处理时间

有些资料也称为时间常数，指脉冲处理器处理一个电压脉冲所用的时间，一般为 2.5～120 μs，根据 X 射线光子计数率和死时间来选择处理时间。处理时间越短，意味着脉冲处理速度越快，就有更多脉冲进入处理器，则输出计数率上升，死时间下降，但谱峰会变宽，即谱峰能量分辨率下降；选用较大处理时间，过程正好相反。表 11-1 列出当输入计数率稳定时，处理时间对死时间的影响。

表 11-1 处理时间对死时间的影响关系(稳定计数率)

处理时间/μs	1.6	3.2	6.4	12.8	25.6	51.2	102.4
计数率/cps	3000	3100	3000	3100	2900	2900	2800
死时间/%	5	8	12	20	25	32	45

该参数对采谱有影响，但并不需要每次采谱时都逐一选定。定量分析时处理时间设定为 25.6 μs，谱峰分辨率好，峰背比高，有利于重叠峰识别；进行元素面分布采集，处理时间可适当缩短，选 12.8 μs 甚至 6.4 μs，保证有较高的输出计数率，节省采集时间，并可获得更多的计数。平时采谱只需要注意调整计数率和死时间在合适的范围即可。

6. 死时间

通常探测器接受大量的 X 射线光子，但系统脉冲处理器在某一时间区段内只能处理一个先期到达的计数脉冲，通道处于关闭状态，拒绝下一个到达的计数脉冲进入，这个占用时间称为死时间(die time，DT)，DT = (输入计数率−输出计数率)/输入计数率 × 100%，通常以百分数表示。由此可见，死时间与输入计数率及脉冲的处理时间有关，当输入计数率提高或脉冲的处理时间延长时，死时间会随之增大；反之，死时间会相应变短。在正常的定性和定量分析中，Si(Li)探测器的死时间需要控制在 30%以下。

11.2 X 射线能谱仪结构及工作原理

11.2.1 仪器内部结构

X 射线能谱仪的内部结构比较复杂，如图 11-6 所示，主要分为以下四大系统：

(1) X 射线探测及转换系统，它是能谱仪的心脏，包含超薄窗口、探测晶体[Si(Li)型或 SDD 型]等组件，主要功能是将样品激发的 X 射线信号采集至能谱仪并转换成电压脉冲信号。

(2) 电压信号放大系统，包括低噪声场效应管、帕尔贴制冷等组件，主要功能是将上述转换的微弱电压脉冲信号成比例放大。

(3) 电压脉冲处理系统，主要由脉冲处理器、A/D 模数转换器、多道分析器等部件组成，主要功能是将放大的电压脉冲信号进行整形、处理后进行存储。

(4) 图像处理和呈现系统，主要包括处理器、软件系统和显示器，主要采用上述的转换信号控制荧光屏上的荧光粉亮度呈现出所需要的图像。

11.2.2 仪器工作原理

由高能入射电子与试样相互作用所产生的 X 射线经过能谱仪超薄窗口进入到探测晶体管内，不同能量(E)的 X 射线在探测晶体中产生不同数量的电子-空穴对，产生一个电子-空穴对

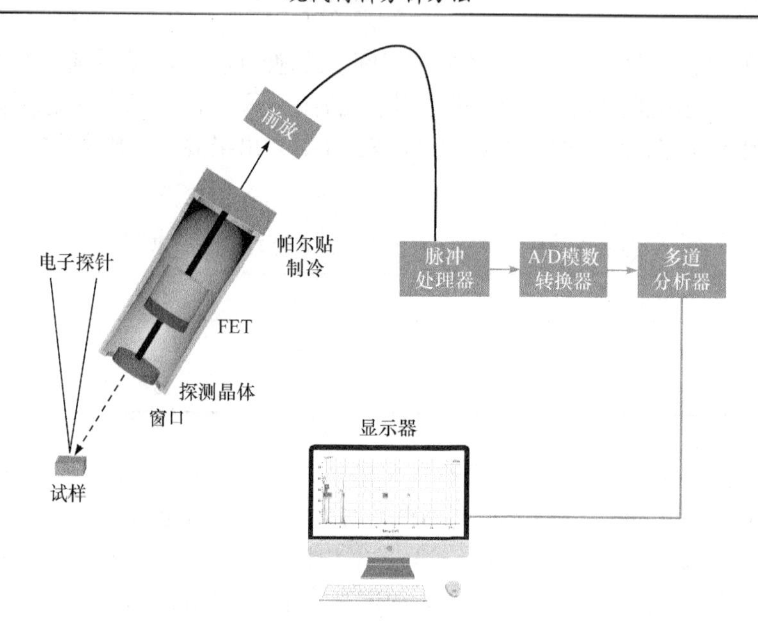

图 11-6　X 射线能谱仪结构示意图

需要消耗 3.8 eV 的 X 射线能量，所以电子-空穴对数量 n 为 $E/3.8$，若探测器收集到一个 Cu K_α 光子，其能量为 8.04 keV，则将被探测器转换成 2116 个电子-空穴对；在晶体两端高电压作用下，电子-空穴对分别迁移至正、负极形成电荷信号，场效应管初步放大来自于晶体的电荷脉冲并将其转换成电压脉冲，经前置放大器进一步放大后，进入脉冲处理器对脉冲进行整形并降低噪声；经过整形的电压脉冲信号经过模数(A/D)转换后进入多道分析器。多道分析器是把不同能量的脉冲信号分开并存储在不同的能量通道内进行计数，最后在显示器上输出脉冲数及脉冲高度谱图。不同通道内的脉冲数与元素含量相关，不同脉冲高度与元素种类相对应。

11.3　X 射线能谱测试实验技术

11.3.1　测试范围及试样要求

X 射线能谱仪所分析的元素范围非常广，理论上能够分析 Li 及其后的所有元素，但受数据库中实验数据限制，目前只能分析 Be^4～Cf^{98} 元素，基本涵盖了日常所用材料中的元素；由于高能电子束在样品内部具有较强的散射效应，所以每个入射点下信息采集深度为 0.3～5 μm，随加速电压、试样厚度及密度等不同而有较大差异，因此在常规的测试条件下，X 射线能谱分析空间分辨率在微米尺度远高于 X 射线光电子能谱仪。

为确保 X 射线能谱测试的准确性，对待测样品有如下要求：

(1) 试样尺寸，试样为块材或颗粒时，其折合直径应大于 5 μm；为薄膜材料时则其厚度应大于 5 μm，使其都大于 X 射线散射范围。

(2) 导电性，试样需要具备较好的导电性，对于导电性差的样品需要喷镀导电膜，国家标准要求喷镀 20 nm 厚的 C 膜。

(3) 试样表面光滑平整，要获取 EDS 准确的定量分析结果，试样表面必须达到金相试样的表面要求，分析平面的直径最好大于 20 μm。

(4) 稳定性，要求试样在真空和电子束轰击下稳定，无污染无磁性。

11.3.2　能谱分析的主要参数选择

X 射线能谱仪的分析准确度除了与仪器性能有关外，主要取决于各项参数的选择，包括加速电压、束斑或者束流、光阑孔径、工作距离等参数，必须根据试样特点合理选择。

1. 加速电压

加速电压的选择对试样能谱分析结果的影响最大，它影响元素特征 X 射线正常激发、X 射线光子的输入计数率、样品表面的荷电及能谱分析的空间分辨率等。因此，要确定合适的加速电压，必须根据待测试样性质、尺寸、厚薄及导电性等而定。一般做如下考虑：

(1) 入射电子的能量(加速电压)必须大于被测元素线系的临界激发能。例如，用 Ni K_α线(7.474 keV)分析 Ni 时，加速电压必须高于该元素的临界激发电压 7.474 kV，否则无法激发出元素的该线系。

(2) 要根据试样的元素组成选择合适的过压比 U(入射电子能量 E_0 与某一原子壳层的临界激发能 E_e之比)，使试样中产生的特征 X 射线有较高的强度，从而获取较高的峰背比。实验表明，当过压比 U 为 2～3 时，X 射线强度最高。例如，当分析 Cu 元素 $K_\alpha(E_e = 8.04\ keV)$线系时，一般推荐使用的加速电压为 20～25 kV。如果试样中所含元素较多，加速电压无法使每种元素都满足过压比 $U = 2$～3 时，加速电压应超过大部分所分析元素的 X 射线临界激发能的 1.5 倍。

(3) 确保高空间分辨率。当要测试薄膜、微纳尺寸的小颗粒等试样时，必须调整至适当的加速电压，使 X 射线穿透深度 Z_m 小于试样尺寸，以避免试样周围背景元素的激发导致测试数据的错误。

2. 特征 X 射线

在能谱分析中，元素特征 X 射线的线系选择对定量分析也很重要，同一元素选择不同线系进行分析，其定量结果不完全相同。要根据元素的原子序数、加速电压和峰重叠影响选择合适的线系，尽量选择特征 X 射线强度高、峰背比高及无重叠峰的线系。

3. 束流

束流是指入射电子束所形成的电流强度，一般采用法拉第杯进行测量，它对 X 射线强度产生重要影响。在加速电压选定的情况下，一般通过调节束流来提高或降低 X 射线输入计数率。束流选择的原则是使能谱分析拥有足够的 X 射线计数率，但尽可能减小荷电和对样品的热损伤，通常调整为 0.1～3 nA，以 X 射线计数率为调整依据，对于 Si(Li)探测器的 EDS，当采用驻点分析测量中等原子序数以上元素时，束流调节至 X 射线计数率达到 2000～2500 cps 即可；当测量轻元素时，X 射线计数率则在 500～1000 cps 即可，通过延长收集时间达到总计数要求，这样可以较大程度地避免和峰、逃逸峰等假峰的存在，提高测量结果准确度；而在元素的面分布扫描过程中，则需要较大幅度提高束流，使 X 射线计数率达到 5000～10000 cps，才能在适宜的时间内完成测试，避免电子束在样品表面扫描时间过长后导致图像漂移。对于 SDD 探测器型的 EDS，由于探测器的效率高及对 X 射线光子的处理能力强，束流在 20～80 pA 就可以达到计数率要求。

11.3.3　分析方法

1. 驻点分析

驻点分析是指入射电子束固定在试样的分析点上进行的定性或定量分析，也可以描述为高倍下入射电子束集中于试样表面非常微小区域扫描分析的方法。该方法用于显微结构的定性或定量分析，如对材料缺陷点、晶界、夹杂物、析出相、沉淀物、奇异相及非化学计量材料的组成等分析。

2. 线扫描分析

在能谱定性分析中，当需要了解试样中某元素的浓度随某些特征显微结构的变化关系时，可在试样感兴趣的区域对某一元素做线扫描。该方法是采用电子束沿试样表面一条线逐点进行扫描，然后采集 X 射线信号进行的分析。当电子束沿着手工设置的一条分析线进行样品表面扫描时，能获得各种元素含量沿分析线分布的变化曲线，将其叠加至试样形貌像上进行对照分析，能够非常直观地获得元素在不同相或区域的线分布曲线，如图 11-7 所示。

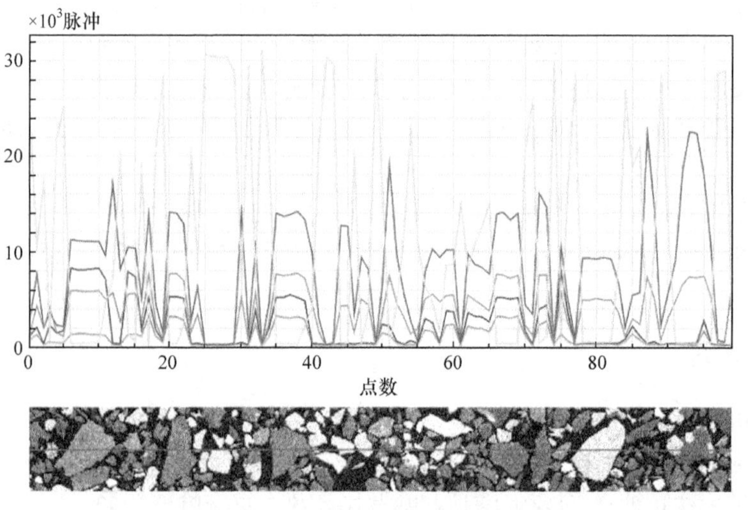

图 11-7　粉末块元素线扫描图

在能谱图上，元素扫描线的高低起伏代表该元素的相对含量不同，同种元素在相同采集条件下可以明确分辨出不同区域其含量的相对变化，对于同一条元素扫描线，曲线的幅度高对应的含量相对较高，幅度低则对应的含量相对较低；但由于不同元素原子的特征 X 射线荧光产率不同，因此各元素扫描曲线之间的幅度变化不能直接应用于各元素之间含量的比较。例如，轻元素扫描曲线低，但元素含量可能并不低。另外，由于 X 射线计数服从统计涨落规律以及背底连续谱的干扰，在一条扫描线上即使没有元素含量的变化，但该元素的线分布曲线通常也不是一条平整直线，而是会小幅度地上下波动，采集点间隔越大其波动越明显。低含量元素的线扫描需注意假象，试样不平、孔洞、腐蚀试样的晶界均会产生元素线分布的变化。

元素线扫描分析中各分析点的间距相等并具有相同的电子探针驻留时间，其间距可以自主设置或规定该线上总采集点数由仪器自动计算间距，但要尽量避免设置的间距小于入射点的电子横向散射尺寸，从而导致线分析结果错误。

3. 面分布分析

采用电子束在样品的某一区域做光栅式扫描，通过采集每个入射点的某种元素的特征 X 射线计数来调制显示器上对应像素点的亮度所形成的元素分布图像，称为面分布图，也称为 mapping 图。在面分布图上，被探测的元素在浓度高的区域用高密度的亮点表示，而浓度低的区域则用低密度的亮点表示，没有该元素的区域理论上应该没有相应的亮点，但由于散射效应的存在，实际上仍会有少数噪声亮点出现。对不同的元素采用了不同颜色的点来表示，试样中探测到的不同元素可分别独立作图成像，也可以叠加到一张图上，或者叠加到该扫描区域的形貌图像上，这样就可以非常清楚地观察到各种元素所在的位置。元素面分布图可以用来研究材料中杂质、夹杂物、矿物中的包体、相的分布和元素偏析等。现在部分型号的能谱仪不仅能够作定性的面分布图，而且能进行定量的面分布分析，分析每个扫描点的各类元素的含量变化，如图 11-8 所示。

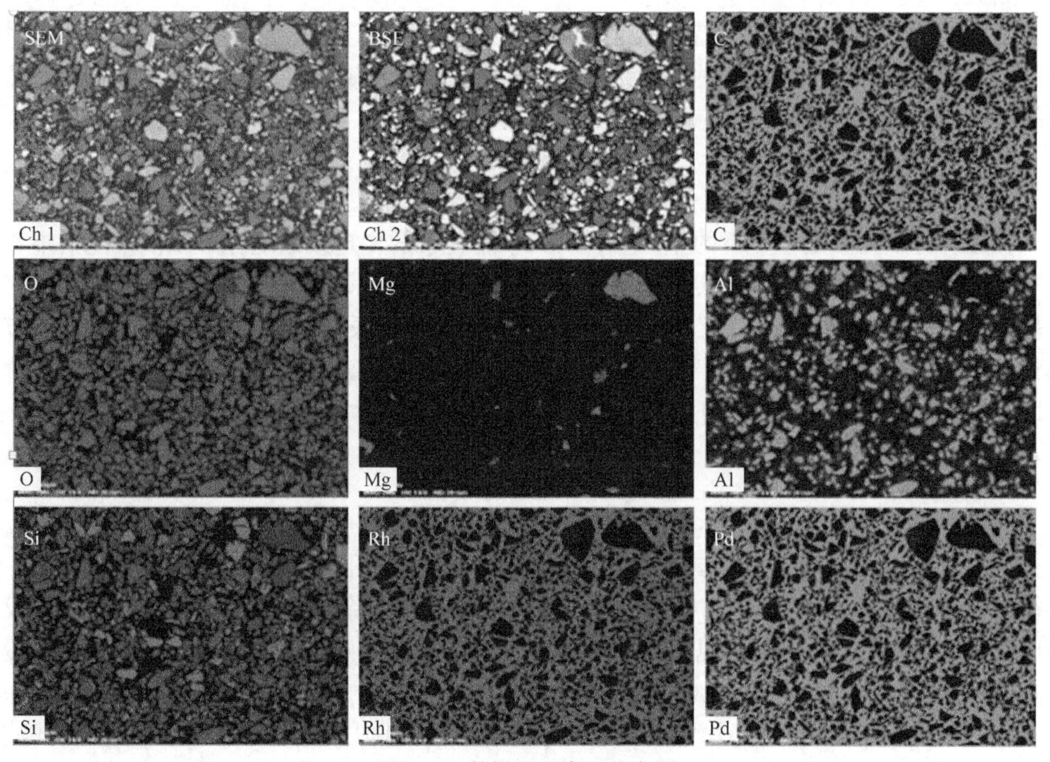

图 11-8　某样品元素面分布图

通过图 11-8 可以很清楚地分析出在样品中 Mg、Al、Si 等元素分别分布在哪些区域，当与 SEM 或 BSE 图对照时，则可以非常肯定地知道哪个颗粒相由哪种元素构成。

上述三种分析方法各有特点，检测灵敏度有明显差异。由于电子束长时间驻留于某点上检测 X 射线信号，因此驻点分析灵敏度最高。元素定量分析时要求有足够的计数量，因此采用驻点分析方法是十分合适的；元素面分布分析灵敏度最低，电子束在面分布扫描时在每个分析点的驻留时间非常短，采集的信号很弱，必须长时间扫描才能得到较理想的元素面分布图，但面分布图比较直观，可以直接观察到杂质分布、相分布及元素分布的均匀性。因此，要根据试样特点及分析目的合理选择分析方法。

11.4 元素定性定量分析及误差

11.4.1 定性分析

X 射线能谱仪是利用高能入射电子与试样相互作用产生不同能量的特征 X 射线进行元素定性分析。特征 X 射线的能量是由原子中电子跃迁始终态的能级差所决定的，是一种量子化的参数。早在 1913 年莫塞莱(Moseley)在实验过程中就发现，特征 X 射线能量与原子序数之间存在特定的函数关系，称为“莫塞莱定律”，即

$$\sqrt{E} = A(Z - C) \tag{11-2}$$

式中，E 为特征 X 射线的能量；Z 为样品入射区域的原子序数；A 和 C 为与 X 射线谱线系相关常数。

由式(11-2)可知，所产生的特征 X 射线能量与原子序数具有相关函数关系，当特征 X 射线的能量被准确测量后，产生该射线的元素的原子序数就可以确定了，这是能谱仪利用特征 X 射线对材料进行元素分析的理论依据。

11.4.2 定量分析及校正方法

在正确完成元素定性分析的基础上，材料中各元素的含量或浓度也可以依据能谱中各元素特征 X 射线的强度值进行确定，即为元素定量分析，这也是材料研究过程中的重要内容。依据谱图中各峰的强度值进行定量分析时，需要进行谱峰背底扣除、基体校正及定量分析方法选择这三大步骤，虽然这些步骤都是由能谱定量软件自动完成的，但理解这些步骤的物理意义有助于研究人员更好地明白软件自动计算的精确度，通过手动修改可以获得更好的定量结果。

1. 谱峰背底扣除

入射电子束与试样原子发生相互作用时除了产生特征 X 射线外，还会受原子核的库仑减速作用而产生连续 X 射线。当其进入探测器时同样会在能谱图上产生计数而形成背底峰，对特征谱峰的计数值造成了干扰，进行定量分析就必须予以扣除。但由于连续 X 射线所形成的背底为非线性，从 0 keV 处出现并开始上升，在 2～3 keV 呈现半流线形隆起，然后又缓慢下降直到接近于底线，覆盖整个入射电子能量值的量程范围，因此简单地应用线性内插法扣除背底不太合适。目前仪器软件扣除背底的方法主要有两点模拟法、多点计算内插法、数字滤波法三种，扣除效果较好。

2. 基体校正

特征 X 射线强度值与元素的含量有关，谱峰高则意味着含量高。例如，试样中含有 A 元素，则含量 C_A 与该元素产生的特征 X 射线的强度 I_A 成正比：$C_A \propto I_A$。只要在相同的 EDS 分析条件下，同时测量出试样和已知成分的标样中 A 元素的同类 X 射线(如 K_α谱线)强度比，就可以近似得出试样中 A 元素的浓度比，即

$$K_A = \frac{I_A}{I_{(A)}} \approx \frac{C_A}{C_{(A)}} \tag{11-3}$$

式中，C_A、$C_{(A)}$ 分别为试样中和标样中 A 元素的含量；I_A、$I_{(A)}$ 分别为试样中和标样中 A 元

素的特征 X 射线强度。

式(11-3)为一级近似公式，当试样与标样的元素种类及含量相同或者相近时，可以直接用式(11-3)计算得到较好的一级近似定量结果，并且通过同样方法可求出试样中其他元素的含量。然而在 X 射线能谱中，由于 EDS 采集检测到的 X 射线强度并不是原生 X 射线强度，而是经过了样品及探测器窗口吸收后的 X 射线强度，并且标样和试样的元素种类及元素含量往往相差很大，它们两者对入射电子的散射、阻止能力、X 射线产生与吸收及二次荧光的影响都有非常大的差异，导致由同样浓度的元素原子所激发 X 射线强度也有较大差异，所以不能直接采用上述一级近似公式计算元素含量，而需要对被测元素 X 射线强度的变化进行校正后才能正确计算出元素含量。即测量的 X 射线强度必须乘以一个校正系数项，即

$$K_{\mathrm{A}}=\frac{ZAF_{\mathrm{A}}}{ZAF_{(\mathrm{A})}}\cdot\frac{I_{\mathrm{A}}}{I_{(\mathrm{A})}}=\frac{C_{\mathrm{A}}}{C_{(\mathrm{A})}} \tag{11-4}$$

式中，ZAF_{A} 和 $ZAF_{(\mathrm{A})}$分别为试样和标样的校正系数。通过校正系数才能获取正确的 X 射线强度值及由此所计算的元素含量值。由于激发体积中其他元素对电子散射与阻止本领、X 射线产生与吸收以及二次荧光的影响，对被测元素的特征 X 射线强度的变化进行校正，其 *ZAF* 校正系数的物理意义分为原子序数(*Z*)校正、吸收效应(*A*)校正及荧光(*F*)校正。

上述三种校正简称为 *ZAF* 校正，现在的仪器软件都把它写进了程序中由计算机自动执行，计算机根据试样的组成元素和一级近似公式计算的含量初始值在分析程序中先算出 *K* 的比值，再用迭代法进行多次循环迭代计算来解决此问题。经过约 4 次的重复迭代和校正，所算出的每个元素的含量通常就会收敛而趋近于某一个值，这个值就作为组成该试样的成分的最终定量分析结果。

3. 定量分析方法选择

定量分析方法分为有标样和无标样定量两种。有标样定量分析是指在相同的分析条件下，同时测量标样和试样中各元素的特征 X 射线强度，经过校正后求出各元素的含量，有标样定量分析要有相关的标样，定量准确度高；无标样定量分析方法是 X 射线能谱分析的一种比较常用的定量分析方法，特别是对不平整试样、粉末颗粒等进行定量分析时，基本采用无标样定量分析方法，其实该方法计算式中也需要用到标样数据，只是此标样 X 射线强度是通过理论计算或者调用数据库内标样数据进行定量计算，主要分为理论计算方法和数据库方法。

11.4.3　分析误差和探测限

1. 误差来源

能谱定量分析会受到很多因素的影响，包括分析条件设置等主观因素以及各种客观因素，从而导致测试数据产生误差，主要包括以下几种：

(1) 各种分析条件设置不当，包括加速电压、束流、能量标尺、采集时间、分析谱线系等，如轻元素用高加速电压、重元素用低加速电压等。

(2) 试样表面荷电现象的存在、镀膜材料选用不当或镀膜尺寸太厚。当试样表面存在严重的荷电现象时，将导致入射电子束能量及电压的变化，而标样的 X 射线强度是在无荷电的假定条件下理论计算出来的，两者的测试条件就存在差异，从而导致定量结果产生误差；而为消

除荷电进行金属导电膜喷镀并且镀层太厚则会导致 X 射线光子的吸收非常严重，也导致定量误差较大。

(3) X 射线光子的统计涨落。即使仪器稳定、分析条件设置合理、分析技术优良，也会产生误差，该误差主要来源于 X 射线光子计数随时间的统计涨落产生的系统误差。

(4) 试样不平整、不稳定。当试样不平整时会使 X 射线吸收增加或者完全接收不到信号；而不稳定试样在电子束轰击时将产生离子迁移或者元素蒸发等。

(5) 束流不稳定。束流不稳定是影响定量误差的重要原因，定量优化的手段之一就是检查束流的稳定度，当两次测量的束流变化大于 1%时，必须检查 SEM 灯丝饱和点、电子枪合轴、光阑合轴、试样导电性等，使仪器处于最佳状态。

(6) 标样选择不当。当标样与试样的成分及结构相差太大时，各项校正系数太大从而导致定量的误差。

(7) 计算方法选择不合理。要根据试样类型及所分析的元素特点，正确地在全元素、差值法、化学计量法等方法中选择。

(8) X 射线光子总计数过低。当采集的 X 射线光子总计数过低时，相对误差就会增大从而导致定量误差增加，应该合理选择加速电压、束流、活时间等有关条件，使分析的总计数尽量达到 25 万个以上，以减小分析的统计误差。

2. X 射线光子统计误差

在上述分析的 8 种可能导致元素定量误差的影响因素中，X 射线光子的统计涨落是系统性误差，是不可避免的，即将一个浓度为 C_A 的理想标样在设置适当的分析条件下进行多次能谱测量，其元素 A 的 X 射线净强度会在平均值附近上下波动，这主要是由 X 射线光子计数随时间的统计涨落造成的。这种 X 射线光子计数的起伏和发生频率的统计规律服从泊松分布，可用高斯分布曲线来描述。当元素 A 的净计数为 N 时，谱线脉冲(X 射线光子)计数的标准偏差 (σ) 等于 $\sqrt{N}$，从统计学观点分析，在相同测试条件下，X 射线 n 次测量中结果落在 $N \pm \sqrt{N}$ 的概率为 68.3%，落在 $N \pm 2\sqrt{N}$ 的概率为 95.4%，落在 $N \pm 3\sqrt{N}$ 的概率为 99.7%。因为上述原因，单次测量的谱峰强度不能代表真实强度。在日常元素定量分析时标准偏差一般取 3σ，X 射线总计数 N 虽然不是绝对准确值，但标准偏差超过 3σ 的概率只有 0.3%，如果某元素含量超过了 3 倍的标准偏差就证明该元素一定存在。此外，X 射线光子计数统计涨落产生的相对误差 $S = \dfrac{\sigma}{N} = \dfrac{\sqrt{N}}{N} = \dfrac{1}{\sqrt{N}}$，由该式可知，X 射线光子计数 N 越大，定量结果的相对误差越小。例如，当采集 X 射线光子计数 $N = 10000$ 时，结果的相对误差为 1%；当增加采集时间提高总计数率 $N = 1000000$ 时，相对误差降低至 0.1%。所以某个元素 X 射线光子计数太低时，其定量结果会产生较大的相对误差。国标要求定量分析中 X 射线光子总计数 N 要达到 250000 个，其相对误差为 0.2%；痕量元素分析时，总计数需要达到 1000000 左右，但不能损伤试样。

3. 探测限

每种分析方法的探测限(C_L)或检测限都是研究者非常关注的。X 射线能谱分析探测限是指在特定分析条件下，能检测到元素或化合物的最小量值，可用质量分数、原子分数、浓度、原子数和质量等多种方式表达。通常，探测限对应于试样产生的总信号值减去背底信号值，是背底信号标准偏差三倍的含量，它依赖于线系选择、基体成分、束流强度、加速电压和计数参数等多种因素。

探测限可以通过如下公式计算：

$$C_{\mathrm{L}} = 3\frac{\sqrt{2I_{\mathrm{b}}}}{\left(I_{\mathrm{p}} - I_{\mathrm{b}}\right)\sqrt{t}} \times C_0 \tag{11-5}$$

式中，C_{L} 为以质量分数表示的探测限；C_0 为参考物质的浓度；I_{p} 为参考物质的峰强度；I_{b} 为参考物质的背底强度；t 为采集时间。

式(11-5)中的 I_{p} 和 I_{b} 与仪器性能、分析条件及试样中所含元素种类及含量等因素有关。在通常测试条件下，轻元素的探测限在 0.5%左右，重元素的探测限在 0.1%左右。只有高于探测限浓度的元素才能被检测出来。

11.5　X 射线能谱仪在材料分析中的应用

11.5.1　EDS 在材料定量分析中的应用

掺杂材料中各元素或成分的含量是一项重要参数，特别是对陶瓷、金属及半导体材料，有些稀有元素含量严重影响材料的力学、电学等宏观性能。因此，分析掺杂材料中某种或几种元素含量是材料研究中的常规内容，而采用 X 射线能谱仪进行定量分析是十分便捷的手段。例如，碳负载 Pd 基催化剂作为催化加氢工艺中的重要材料一直被深入研究，其中 Pd 负载量作为一个参数对材料的催化性能有重要影响，在 SEM 表征过程中采用 EDS 可以方便地分析出材料中 Pd 的含量，如图 11-9 所示，通过选择材料中某代表性区域[图(a)中圆圈区域]作 EDS 驻点分析，即可获取该区域的元素组成谱图[图(b)]和各元素的质量分数、归一化质量分数、原子分数及标准偏差 3σ[图(c)]等定量数据，如果采用的是无标样定量方法，则采信归一化质量分数数据，分析材料中各元素含量情况。

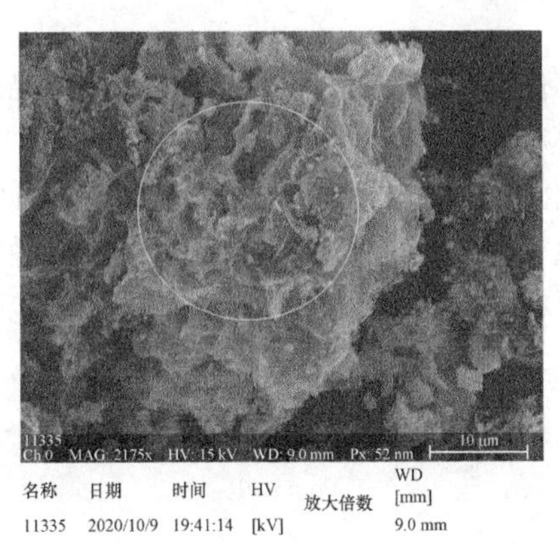

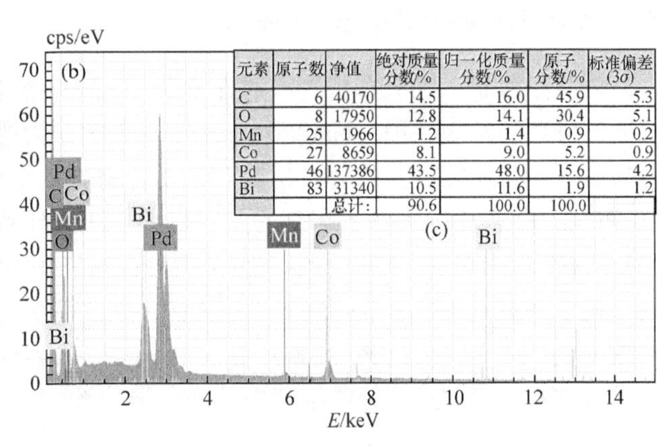

元素	原子数	净值	绝对质量分数/%	归一化质量分数/%	原子分数/%	标准偏差(3σ)
C	6	40170	14.5	16.0	45.9	5.3
O	8	17950	12.8	14.1	30.4	5.1
Mn	25	1966	1.2	1.4	0.9	0.2
Co	27	8659	8.1	9.0	5.2	0.9
Pd	46	137386	43.5	48.0	15.6	4.2
Bi	83	31340	10.5	11.6	1.9	1.2
		总计：	90.6	100.0	100.0	

图 11-9　碳负载 Pd 基催化剂的元素定性定量分析

(a) SEM 形貌图；(b) EDS 元素谱图；(c) EDS 元素定量数据

11.5.2　EDS 在异相颗粒鉴定中的应用

在采用扫描电子显微镜进行材料微观形态表征的过程中，经常会发现待测样品中存在一些异相颗粒，需要清楚其材料组成以便于了解颗粒来源，采用 X 射线能谱仪进行异相颗粒的直观分析是十分便捷和正确的表征方式，如图 11-10 所示，磁性铁球粒子中掺杂有一些白色颗粒[图(a)中圆圈处]，介孔 SiO_2 材料表面也残留了一些颗粒[图(b)中圆圈处]，纳米小球中存在一些未知的白色球状颗粒[图(c)中圆圈处]，需要清楚元素及成分信息，通过 EDS 元素面分布功能并结合扫描电子显微镜的形态比对，如图 11-10(a)和(d)、(b)和(e)、(c)和(f)中的圆圈所指颗粒所示，十分直观地分析出这些未知颗粒的元素信息，Fe 球颗粒中掺杂的是 Au 颗粒，介孔 SiO_2 材料表面负载的是 Cu 粒子，纳米小球中的白色球状颗粒是 Au 球。

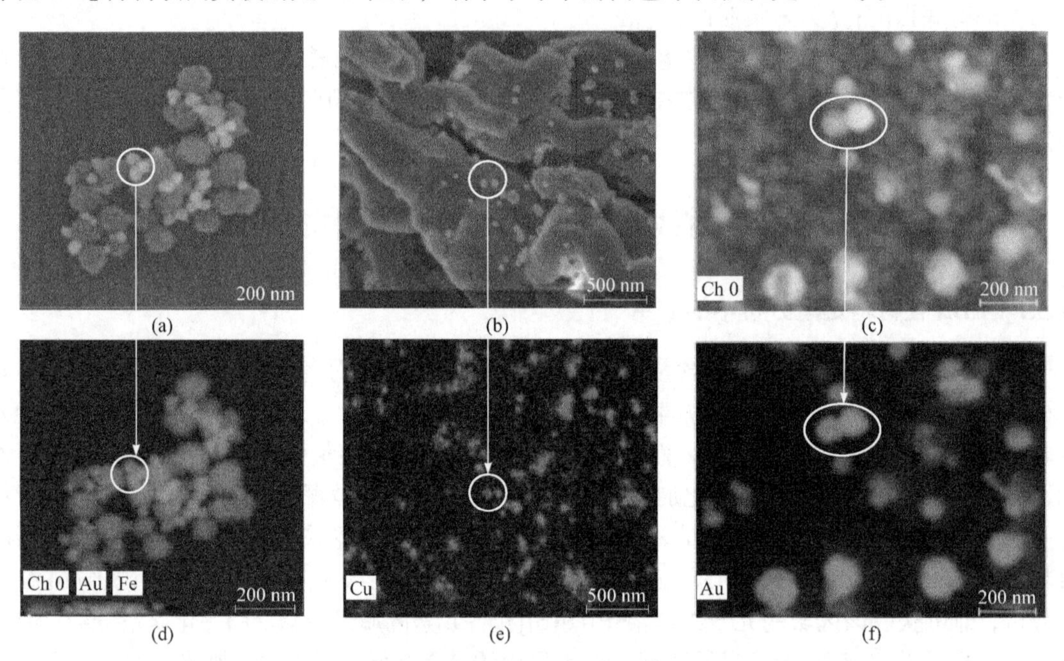

图 11-10　颗粒的 SEM 图[(a)～(c)]和 EDS-mapping 图[(d)～(f)]

11.5.3　EDS 在材料分散状态反映的应用

材料的分散状态和分布位置有时非常重要，直接影响材料的宏观性能，对材料分散情况进行表征是研究的常规手段。Ni@PdAu 复合催化剂作为燃料电池的重要材料一直备受关注，其中，PdAu 在 Ni 颗粒表面的分布情况对该复合材料的催化性能具有重要的影响，但由于 PdAu 和 Ni 颗粒的形态及二次电子产率的差异很小，从而导致采用扫描电子显微镜很难分析各种原料的分散状态，如图 11-11(a)所示，完全无法区分各种原料颗粒；但采用 EDS-mapping 功能则能很直观地观察到 Pd 和 Au 在 Ni 颗粒中的分散情况，如图 11-11(b)所示，暗黄色是 Au 元素所在位置，粉红色则是 Pd 元素所在位置；同样的表征方法，可以很清晰地观察到磁性 FeO 颗粒[图(d)中红色部分]在趋磁细菌内部的分散位置。

11.5.4　EDS 在核壳材料分析中的应用

核壳材料是一种性能优异的复合材料，是研究的热点领域，其中核层和壳层形态以及各层尺寸是重要的影响因素，是微观结构表征的重要内容。例如，二氧化硅为核、聚丙烯酸丁酯为壳(SiO_2-PBA)的核壳粒子是一种增韧剂，对脆性聚合物材料能够起到很好的增韧效果，核尺寸以及壳层厚度是一个重要参数，采用 SEM 和 EDS 进行形态表征，如图 11-12 所示，当 SEM

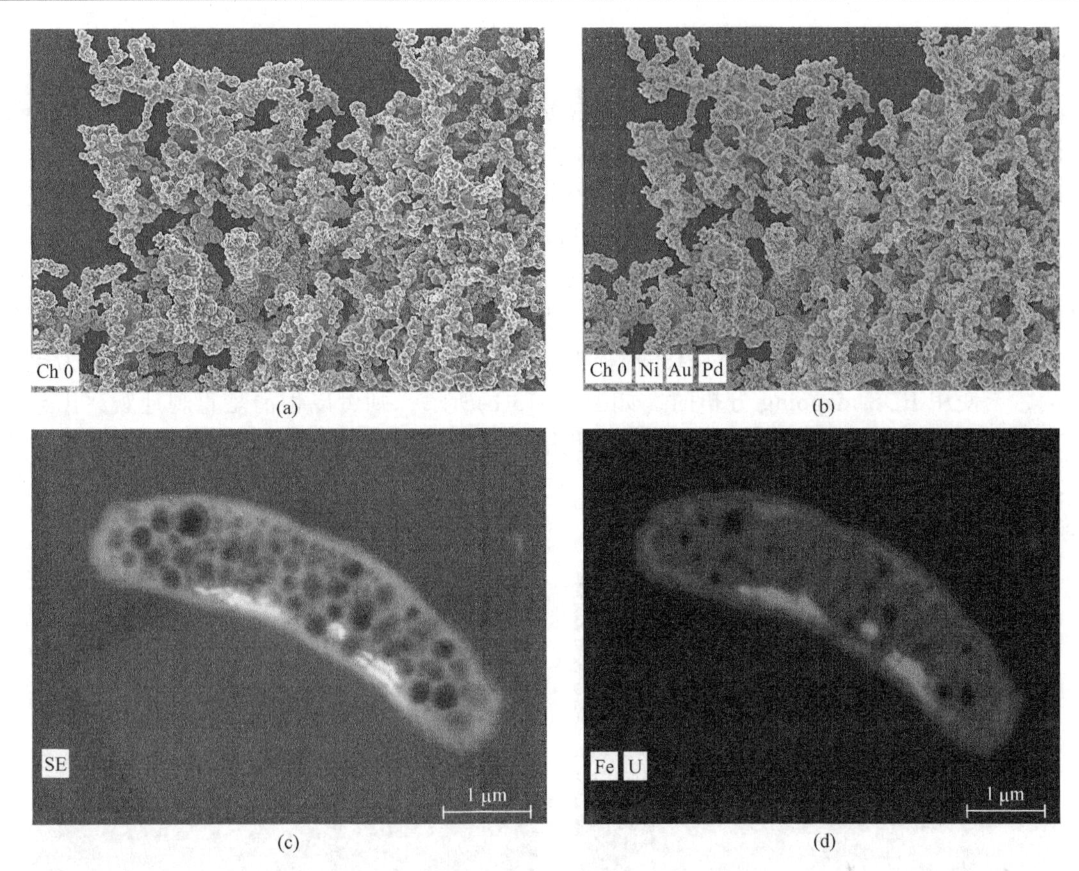

图 11-11　Ni@PdAu 复合催化剂和趋磁细菌的 SEM 图[(a)和(c)]和 EDS-mapping 图[(b)和(d)]

观察核壳粒子形态时[图 11-12(a)]，不能准确判断图中的白圈是否为聚丙烯酸丁酯以及圈内是否为二氧化硅核，对右下角的核壳型粒子采用 EDS 元素线扫描进行分析，观察能谱图[图 11-12(b)]发现，沿着画线方向，C 元素含量(最上面一条曲线)先增加后降低再增加，呈现双峰图线，对应着核壳粒子两端壳层，说明壳层就是聚丙烯酸丁酯中的 C 元素，通过横坐标的比对可以发现壳层尺寸约为 50 nm；O 元素(最下面一条曲线)和 Si 元素(中间一条曲线)则呈现一个小山包形态，说明中间核材料就是 SiO_2，尺寸约为 150 nm。

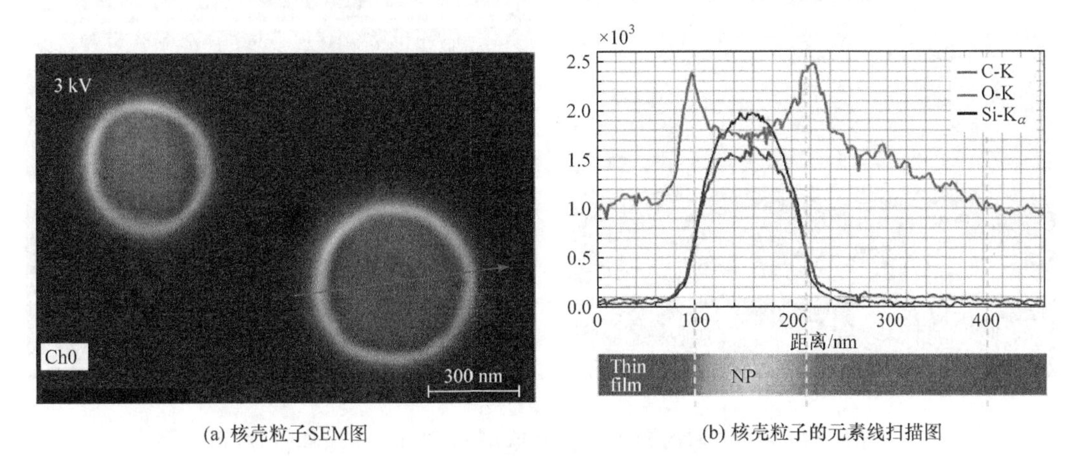

(a) 核壳粒子SEM图　　(b) 核壳粒子的元素线扫描图

图 11-12　核壳粒子的 EDS 元素线扫描分析

11.5.5　EDS在材料包覆结构分析中的应用

由于复合材料具备优良的综合性能，特别是其性能的可设计性，因此被广泛应用于航空航天、国防、交通、体育等领域，成为研究的热点领域。其中，包覆结构是材料复合方式的一种重要方法，能够获取优异的复合效果，分析材料包覆结构是微观机理研究的重要内容。X射线的穿透深度大，采用EDS则可以较容易直观地分析包覆结构，如图11-13所示，$TiO_2(Co_3O_4)$复合材料是重要的锂离子电池材料，需要分析其复合结构，采用扫描电子显微镜观察表观形貌，如图11-13(a)所示，由于二次电子衬度图像仅能反映材料浅表面形态，不能对内部结构进行分析，因此扫描电子显微镜形貌观察方法无法证明其是否为包覆结构，当使用EDS-mapping分析时，如图11-13(b)所示，则可以很清楚直观地观察出包覆形态，Co_3O_4被TiO_2完整地包覆在内部，此结构材料可缓解电极反应过程中体积效应，维持结构稳定，得到性能稳定的锂离子电池。同样的表征方式可以容易地分析出C材料包覆Fe球颗粒，如图11-13(d)所示。

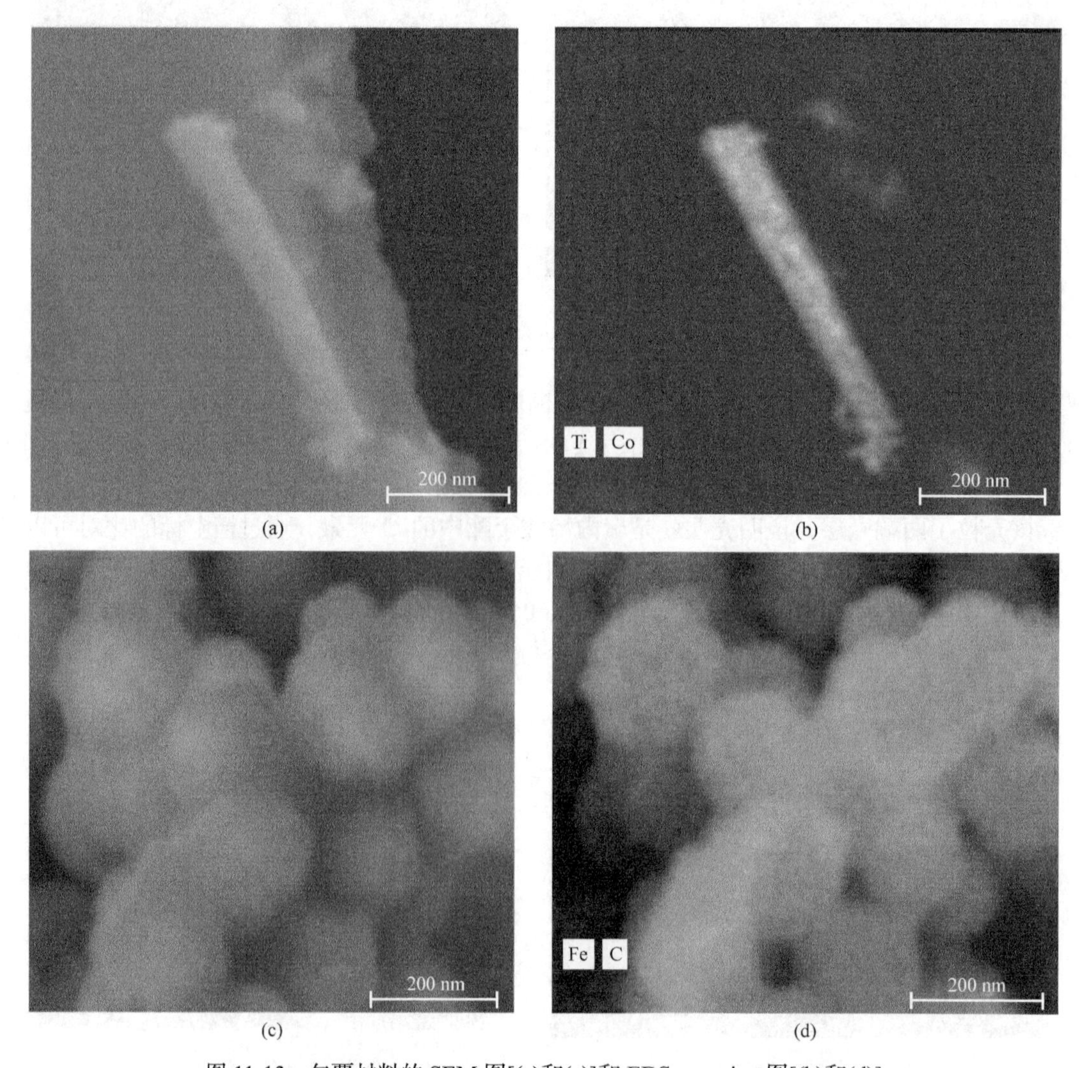

图11-13　包覆材料的SEM图[(a)和(c)]和EDS-mapping图[(b)和(d)]

11.6 高空间分辨率能谱分析技术及应用

高能入射电子进入样品内部后会与其原子发生弹性和非弹性散射，使相互作用区产生横向和纵向扩展，导致能谱空间分辨率处于微米尺度，对纳米尺寸材料的元素分析形成了极大的困难，因此提高能谱空间分辨率对材料分析测试而言是一件十分有意义的工作，主要思路是降低入射电子与样品的散射区域。目前主要采用两种有效手段：一种是降低加速电压，减小特征X射线激发区域的展宽；另一种是减小样品的厚度，使大部分入射电子束穿透样品，减小样品内部散射范围，以下从基本原理和案例具体分析这两种方法。

11.6.1 低电压提高能谱空间分辨率

1. 基本原理

入射电子轰击样品后在其内部产生散射效应，其特征 X 射线激发区域径向宽度 R_L(μm)可由如下公式推算：

$$R_{\mathrm{L}} = 0.033\left(E_0^{1.7} - E_{\mathrm{c}}^{1.7}\right)\cdot\frac{A}{\rho Z}\cdot\frac{0.4114Z^{2/3}}{1+0.187Z^{2/3}} \tag{11-6}$$

式中，E_0为入射电子能量；E_c为临界激发能；A 为入射区域的平均原子量；ρ 为样品密度；Z 为入射区域平均原子序数。EDS 的空间分辨率反比于特征 X 射线径向分布的宽度，其径向宽度越大，分辨率越差。

由式(11-6)可知，加速电压对特征 X 射线激发区域宽度有重要影响。通过蒙特卡罗模拟不同加速电压下的入射电子在样品中的运行轨迹，获得 X 射线激发区域宽度，如图 11-14 所示。

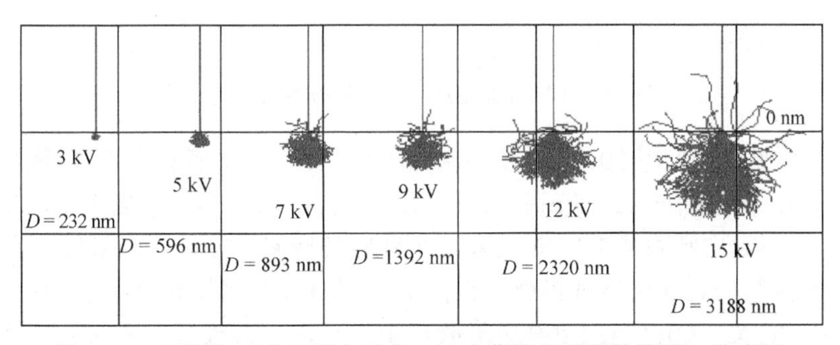

图 11-14 不同加速电压下电子在 B_4C 中蒙特卡罗扩散模拟(D 为直径)

由图 11-14 可见，随着加速电压由 15 kV 降低至 3 kV，入射电子在样品中扩展范围也由 3.188 μm 降低至 0.232 μm，后者仅为前者的 1/15，进入了纳米分析尺寸范围，由此可见，加速电压的降低对电子束与样品相互作用区尺寸的减小效果是十分明显的，可以有效提高能谱的空间分辨率。

2. 应用案例分析

能谱空间分辨率的高低体现在定性分析的准确度和定量分析的误差性方面，其中微纳米颗粒的驻点分析和材料的元素面分布是最直观的两种考量方法。

1) 纳米颗粒驻点分析

粉煤灰是从煤烟气中收捕下来的细灰，属于燃煤电厂排出的主要固体废物，可资源化利用，但需要鉴别其颗粒元素组成。将颗粒采用环氧树脂固化成型，抛光表面后采用能谱在不同的电压下进行驻点分析，结果如图 11-15 所示。

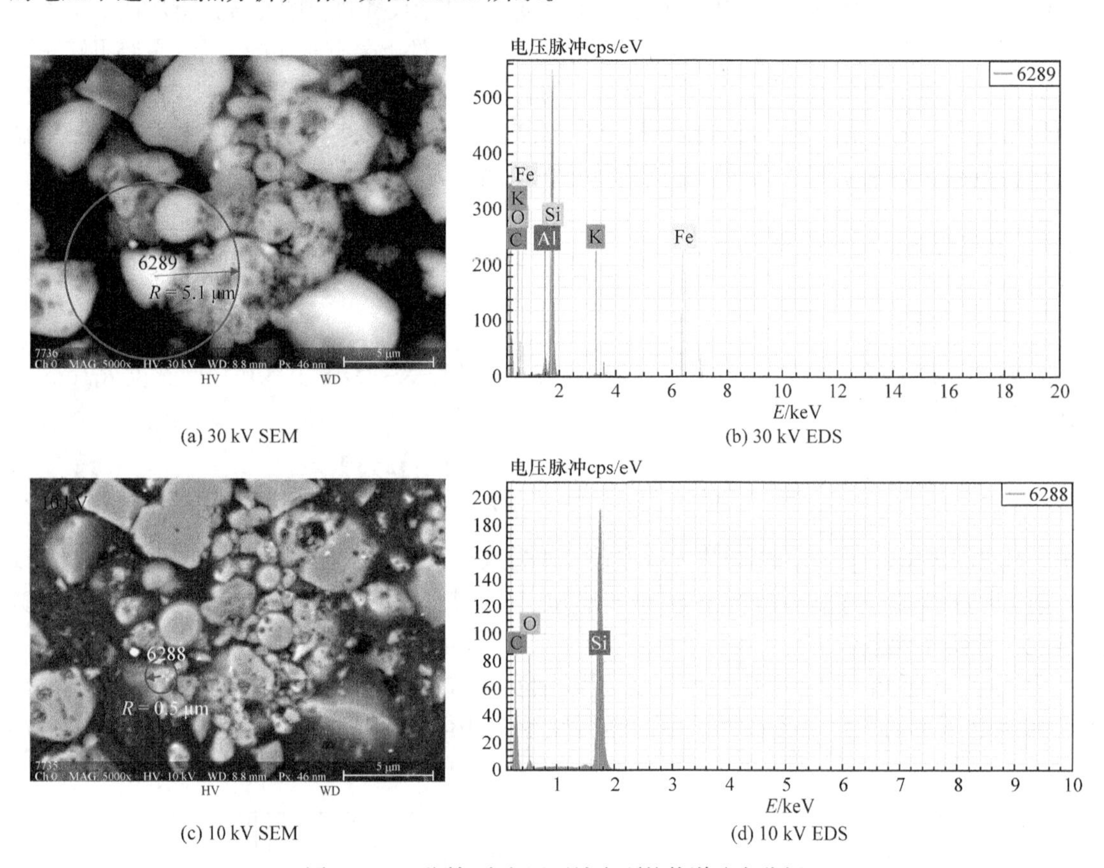

(a) 30 kV SEM　(b) 30 kV EDS

(c) 10 kV SEM　(d) 10 kV EDS

图 11-15　不同加速电压下纳米颗粒能谱驻点分析

由图 11-15 可见，当采用 30 kV 的高加速电压时，虽然测试者只在 SEM 图中选择了某个颗粒上的一个微小采集点[图 11-15(a)中圆圈中心点]进行分析，但其入射电子散射区域半径高达 5.1 μm[图 11-15(a)中圆圈范围]，远远超过了颗粒的横向尺寸，即以采集点为中心 5.1 μm 半径范围的颗粒及基底元素信号都将被收集，因此该颗粒能谱图[图 11-15(b)]中显示出很多元素(K、Fe、Al、Si、C、O)；当加速电压降低至 10 kV 后，其散射区域的半径缩小至 0.5 μm [图 11-15(c)中圆圈范围]，而这个尺寸刚好与颗粒大小相当，所以采集到的元素仅有 C、O、Si 三种，全部都是颗粒本身所包含的元素。

由此可见，加速电压对样品点分析有很大影响，特别是在分析尺寸小于 5 μm 颗粒或者多层材料时，必须慎重考虑所采用的加速电压下的入射电子散射范围与待测物的尺寸大小，否则定性数据不一定正确。

2) 元素面分布

元素面分布也是一种考察能谱空间分辨率的方式，并且能够获得非常直观的印象。根据式(11-6)，电子束散射区域与加速电压有很大关系，但材料类型特别是材料密度对其影响也很大，它使加速电压的变化对提高能谱空间分辨率的效果有较大不同，采用密度较小的碳纳米管和密度较大的金纳米棒来说明这种变化及区别。

(1) 低密度材料元素面分布。碳纳米管是一种具有特殊结构的一维纳米材料，密度非常小，主要由呈六边形排列的碳原子构成数层到数十层的同轴圆管所组成，具有许多异常的力学、电学和化学性能，自问世以来一直是研究的热点领域。采用扫描电子显微镜/能谱仪分析其微观形貌和成分是常规表征手段。在本研究中，采用滴管取少量样品悬浮液滴在硅片上，自然干燥后在 5 kV 和 15 kV 加速电压下进行 EDS 元素面分布测试，考察其不同电压下的能谱元素面分布空间分辨率变化，如图 11-16 所示。

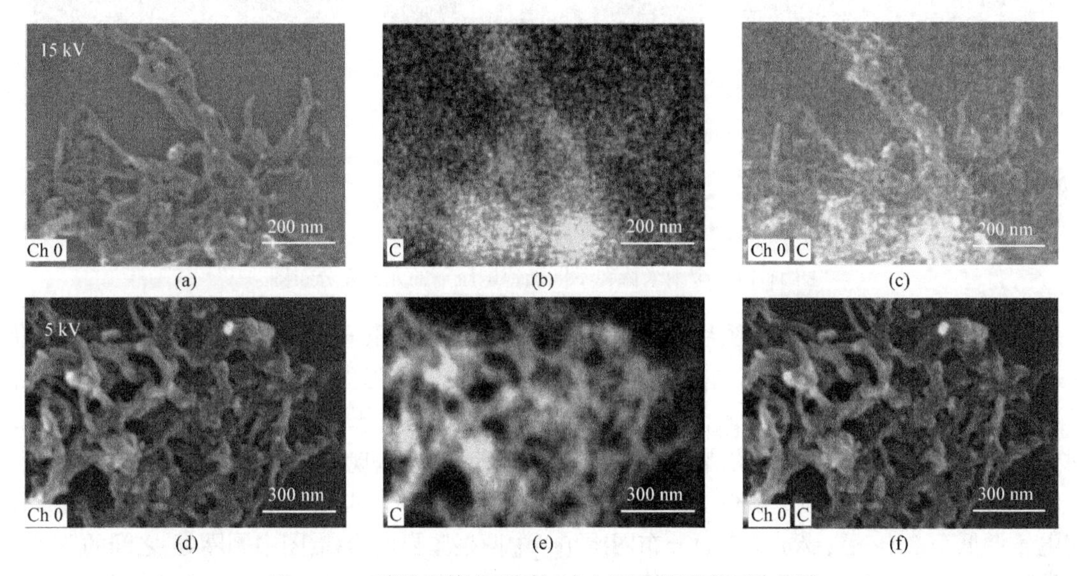

图 11-16　碳纳米管在不同加速电压下的元素面分布图

图 11-16 中每一行的三张图片从左至右依次是该电压下碳纳米管的二次电子形貌图[图(a)、(d)]、C 元素的面分布图[图(b)、(e)]及元素面分布在形貌上的叠加图[图(c)、(f)]。由图可见，采用 15 kV 的高加速电压时，二次电子形貌图是非常清晰可见的，然而 C 元素面分布图呈现出信号点弥散分布的状态，并且在基底各区域都充满 C 元素的信号，将其叠加至二次电子形貌图上可以发现，C 元素的分布和形貌图无法匹配，这主要是因为高加速电压下 X 射线的激发区域过大，严重超过了碳纳米管的直径，使纳米管与管之间的 X 射线信号强弱不能被很好地区分开，最终导致 C 元素的分布呈现一团糊状；当加速电压调低至 5 kV 时，X 射线的激发区域明显减小，接近于碳纳米管的管径尺寸，邻近入射点下散射区域重叠降低，两根管子之间的 X 射线信号强弱有了很好的差别，从而使 C 元素的分布呈现出类似于纳米管的形貌，将其元素分布叠加至形貌图上后就更加的明显，C 元素的分布和纳米尺寸的形貌结构十分吻合，基底上没有出现 C 元素的信号点，这就说明该电压下 X 射线能谱的空间分辨率非常高，已经可以达到几十纳米的范围。

(2) 高密度材料元素面分布。20 世纪 80 年代以来，纳米贵重金属作为纳米材料的重要组成部分，具有优异的光学、催化和光电等性能，一直都是纳米材料研究人员的首要研究内容。其中，金(Au)纳米棒具有优异的催化性能。与碳纳米管相比，其密度和原子序数等都要大很多，在此进行对比实验。如前制样方法，采用滴管取少量样品滴在硅片上，自然干燥后在 5 kV 和 15 kV 加速电压下进行能谱元素面分布测试，考察其不同电压下的空间分辨率变化，如图 11-17 所示。

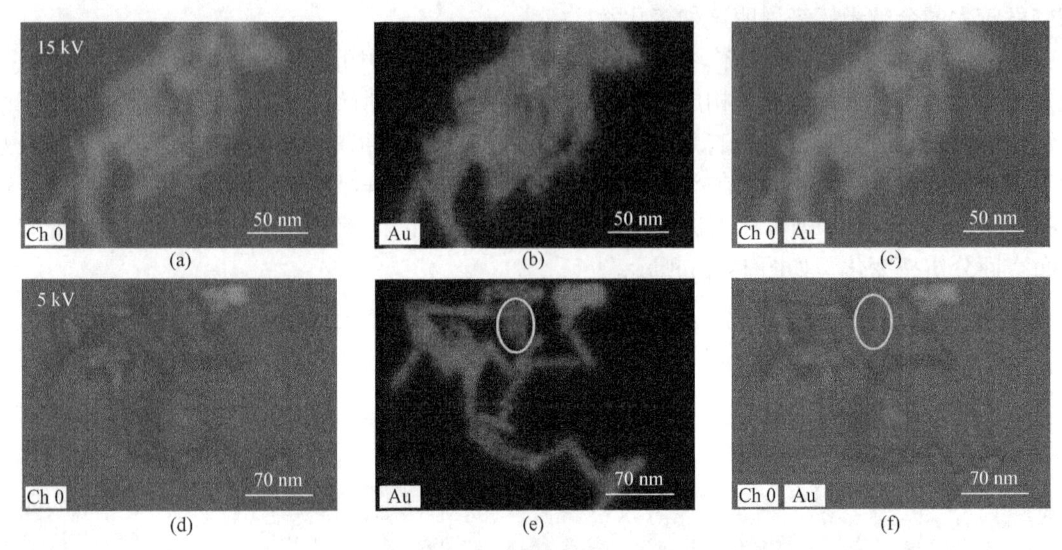

(a)　(b)　(c)

(d)　(e)　(f)

图 11-17　金纳米棒在不同加速电压下的元素面分布图

图 11-17 中每一行的三张图片从左至右依次是该加速电压下 Au 纳米棒的二次电子形貌图[图(a)、(d)]、Au 元素的面分布图[图(b)、(e)]及元素面分布在形貌上的叠加图[图(c)、(f)]。如同碳纳米管的案例，加速电压对其能谱空间分辨率也有较大影响，当采用 15 kV 的高加速电压时，Au 元素面分布图[图(b)]的信号点都堆积成一团，没有呈现出较好的形态，将其叠加至二次电子形貌图上可以发现，虽然 Au 元素的分布和形貌图基本匹配但较为模糊，不清晰；当加速电压调低至 5 kV 后，Au 元素面分布图[图(e)]中两根紧靠的金棒(图中圆圈处)之间的 X 射线信号强弱也有了很好的差别，从而使其之间的间隙都能被肉眼所观察到，将其元素分布图叠加至形貌图上后此间隙就更加的明显[图(f)中圆圈处]，并且 Au 元素的分布和纳米尺寸的形貌结构匹配得非常好，此 Au 纳米棒的尺寸只有十几纳米，图中圆圈处的孔隙只有几纳米，说明该样品的能谱空间分辨率非常高。

比较分析上述两案例发现，无论是 15 kV 的高加速电压还是 5 kV 的低加速电压，Au 纳米棒的元素面分布空间分辨率都要好于碳纳米管，这主要缘于相同能量的电子束作用下，前者比后者的散射区域小；然而，从加速电压的降低对空间分辨率提高效果来看，碳纳米管的表现更加优异，说明对轻质材料的能谱分析而言，降低加速电压提高空间分辨率会更有效果。

11.6.2　薄片法提高能谱空间分辨率

由上述分析可知，通过降低加速电压提高能谱空间分辨率的方法有明显效果，但有些情况下还存在一些其他不利因素。因此，也可以通过减小样品的厚度来提高能谱空间分辨率。

1. 基本原理

当高能入射电子束轰击薄膜样品时，还未在其内部形成较大散射区域时，就以透射电子的形式穿透过去了，导致入射电子束与样品相互作用的体积大幅度减小，从而促使样品中所激发的特征 X 射线的范围减小，以此提高空间分辨率，并且提高程度与样品厚度直接相关，如图 11-18 所示。

图 11-18 中未减薄样品的 X 射线激发区域径向宽度是 a，减薄后的则是 b，可见径向宽度能够大幅度降低，以此较大地提高了能谱空间分辨率。

2. 应用案例分析

Ag 纳米线填充环氧树脂(Ag/EPOXY)具有很好的导热性能，在微电子工业中被广泛应用和研究，材料中 Ag 纳米线在环氧树脂中的分散状态对材料的导热性能有极为重要的影响，但采用 SEM 观察材料断面的 Ag 纳米线分布时，材料褶皱与其较为相似有时会影响对分布状况的判断，所以采用 EDS 进行 Ag 元素的面分布则能更为清晰直观地判断，但采用 EDS 分析时对空间分辨率提出了较高要求。本研究中使用 Ag/EPOXY 的块体材料，并将采用冷冻切片技术从该块体材料上切取的 80 nm 厚的薄片放置于新型样品台(实验室设计)上进行能谱元素面分布分析，如图 11-19 所示。

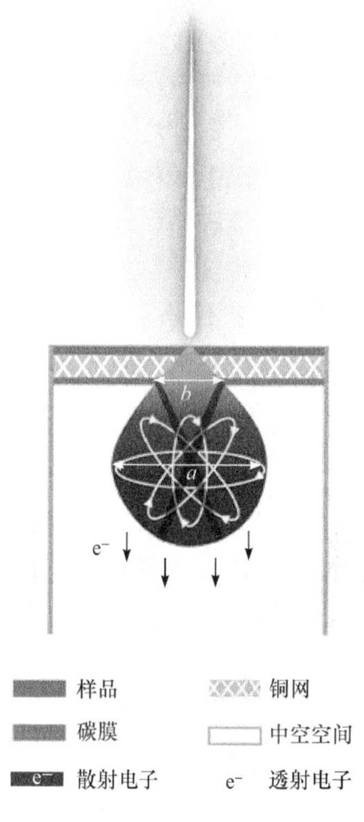

图 11-18　薄片法示意图

图 11-19 是同等 Ag 掺量的 Ag/EPOXY 复合材料块体[图(a)～(c)]和薄片[图(d)～(f)]在 15 kV 加速电压下所做的二次电子形貌图[图(a)、(d)]、Ag 元素面分布图[图(b)、(e)]及元素和形貌叠加图[图(c)、(f)]。由图可见，块体材料中 Ag 元素的面分布图中信号点呈现出一整团糊状，没有出现单根线状或棒状分布，几根 Ag 纳米线之间根本无法区分，其元素和形貌的叠加图中，元素信号点和形貌不能完全吻合，前者呈现弥散扩散状态，主要是由于样品太厚，入射电子和样品的相互作用区太大，X 射线的激发区域远远超过了 Ag 纳米线的直径，使空间分辨率太低所致；而当样品被切割成 80 nm 的薄片后，Ag 元素的面分布图很清晰地呈现出一根根的纳米线或者棒状，并且图中紧靠的两根 Ag 纳米线(图中圆圈处)之间的间隙也能在图中很好地展现，从而使这两根 Ag 纳米线被很好地区分开，背底其他区域没有任何的信号电子，将其 Ag 元素面分布图叠加至二次电

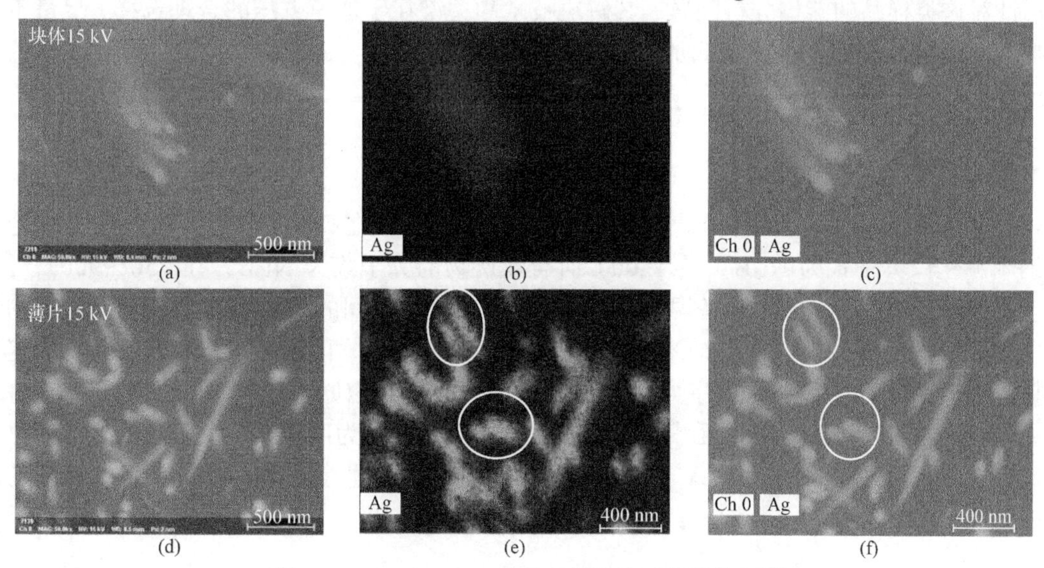

图 11-19　Ag/EPOXY 块体和薄片的元素面分布图

子微观图后，前者更加清晰和明显，两者吻合得相当好，说明元素面分布的空间分辨率非常高，这主要是因为入射电子轰击纳米级薄片后，当电子还未产生较大散射效应时就已经穿透过去了，所以所形成的X射线激发区域很小，与Ag纳米线尺寸相当，所以空间分辨率非常高。由此可见，薄片法也是提高能谱空间分辨率的一种很好的方式。

通过以上两种提高能谱空间分辨率的方法的原理及案例分析，可以获取两点认识：①降低加速电压能够明显地提高能谱空间分辨率，并且待测物的密度越小其提高效果越明显；②减小样品厚度也能够明显地提高能谱空间分辨率，在此基础上再降低加速电压对能谱空间分辨率的改善效果不明显。

11.7　特殊样品的能谱分析技术及应用

对于常规样品，X射线能谱仪的定性定量准确度已经令人满意，但还有部分较难检测样品的能谱分析存在较大的误差，需要采用非常规的解决技术进行分析，在此列举几种经常遇见的较难检测样品能谱分析案例，以供读者参考。

11.7.1　轻重元素兼具样品的能谱分析技术

1. 技术简述

在EDS技术参数中，过压比是一个比较重要的参数，决定着样品激发的特征X射线的强度，研究表明，当过压比U为2～3时，X射线强度最高。然而，当材料中同时含有原子序数相差较大的轻重元素时，则无法同时满足轻重元素激发的过压比都是合适的。因此，含轻重元素样品的准确定量一直是能谱测试的难点，特别是样品中轻元素的定量总是存在较大的误差。在常规EDS测试操作中，为了充分激发重元素的K线系，通常会选择较高的加速电压(普遍采用20 kV以上)，此时对轻元素的激发而言，过压比将会非常高，至少达到50以上，从而导致轻元素的特征X射线不能被充分激发，谱线计数率非常低，定量出现较大的误差。针对这类样品的能谱分析问题，其解决技术的关键在于加速电压的合理选择，尽量不要选择高加速电压，而要选择较低加速电压，使其满足轻元素K线系和重元素的L线系的充分激发所需要的过压比。

2. 应用案例分析

纳米硼化镍(Ni_xB)是固体催化剂，其催化效果好。一般在高温下制备，在1000℃时合成的纳米硼化镍分子式为Ni_3B，在1200℃时合成产物的分子式为Ni_2B，在750～900℃时合成产物的分子式为Ni_4B_4。制备温度不同，Ni和B元素之间的配比有很大的差异，产物性能也存在较大的不同。通常对纳米硼化镍产物进行鉴别时，可以采用EDS进行元素的定量分析，然而由于Ni元素(原子序数为28，重元素)和B元素(原子序数为5，轻元素)相差较大，属于上述的同时含有轻重元素的样品，准确定量分析较为困难，需要特别注意加速电压的选择，下面采用2 keV、5 keV、10 keV、15 keV四种能量电子束扫描分析，所获取的能谱图如图11-20所示。

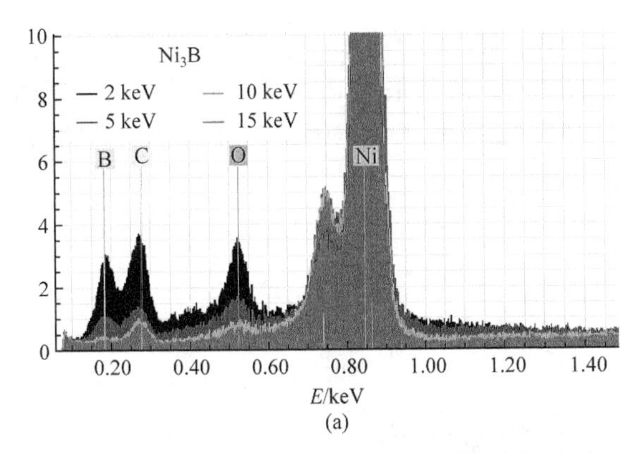

	质量分数/%		原子分数/%	
	B	Ni	B	Ni
Ni_3B(2 kV)	5.9	94.1	25.4	74.6
Ni_3B(5 kV)	5.7	94.2	24.8	75.2
Ni_3B(10 kV)	6.8	93.2	28.5	71.5
Ni_3B(15 kV)	10.9	89.1	39.9	60.1*
实际值	5.8	94.2	25.0	75.0

(b)

图 11-20　不同加速电压下 Ni_3B 的能谱图及定量结果

由图 11-20(a)的 X 射线能谱图可见，当电子束能量大于 10 keV 后，Ni_3B 材料 X 射线能谱图中的 B 元素谱峰基本被淹没于背底峰中，不能被明显地观察到，这主要是因为 B 元素的特征 X 射线能量低(K_α = 0.183 keV)，在 10 keV 及以上能量的电子束扫描下激发过压比超过了 55，从而导致该元素的特征 X 射线荧光产率特别低，所以总计数小谱峰弱；而随着电子束能量从 15 keV 向 2 keV 逐渐降低，B 元素谱峰开始从背底峰中突显出来，并且越来越高，2 keV 电子束能量下所获得 B 元素的谱峰最高，这是因为随着电子束能量的降低，B 元素的过压比大幅度降低并逐渐接近最佳值，提高了该元素的特征 X 射线荧光产率，所以谱峰增强。当 B 元素的特征 X 射线计数率提高后，能谱软件计算时就有了很好的统计性，所以元素定量的准确度就大幅度提高了，从图 11-20(b)的定量结果表可以发现，当采用 15 keV 电子束时，Ni 元素和 B 元素的定量结果与样品中的实际值(B 5.8%和 Ni 94.2%)相比，分别相差 5.1%，定量误差较大；而当电子束能量只有 2 keV 时，上述两种元素定量结果与实际值相比，仅相差 0.1%，定量误差非常小。由此案例可见，对于同时含有轻重元素的样品定量分析时，电子束能量即加速电压的选择非常关键，直接影响元素的定量准确性。

11.7.2　谱峰相近元素样品的能谱分析技术

1. 技术简述

X 射线能谱仪能量分辨率一般为 127～134 eV，由于受其限制，很多能量相近的元素谱峰在能谱图上会发生重叠，从而使高斯状谱峰异变为不规则单峰、双峰、馒头峰等，经常还会出现谱峰底部的翘头、拖尾等各种异形态，这样的谱峰形状会导致软件定性分析时遗漏或者误认元素，而定量分析时则由于背底扣除困难、重叠谱峰区相近元素各自的面积难以分割清楚从而导致定量出现较大误差。在目前的 EDS 定性定量分析中，一般认为元素间的特征 X 射线能量差值低于 50 eV 时将会发生谱峰的重叠现象，差值越小重叠越严重，主要是下列元素谱峰间的重叠：S-K_α/Mo-L_α/Pb-M_α、W-M_α/Si-K_α、Cu-L_α/Na-K_α、Ag-L_α/Cl-K_α、Os-M_α/Al-K_α、Ti-K_α/V-K_α、Cr-K_β/Mn-K_α、Y-L_β/P-K_α等。因此，当样品中同时含有上述两种及以上能量相近的元素时，极易发生谱峰重叠，导致定量误差。针对此类样品的能谱分析问题，可采用可视化谱峰剥离技术予以解决，并结合定量分析数据给予检验，使其能谱分析准确。

2. 应用案例分析

半导体材料指常温下导电性能介于导体与绝缘体之间的一种材料，在电子产品以及测温器件上有广泛的应用。常见的半导体材料有硅、锗、砷化镓等，其中，硅(Si)是应用最广泛的一种。硅元素的含量对产品的性能有非常重要的影响，通常采用 EDS 进行定量分析，然而有些半导体材料中会同时含有 Si 和 W 元素，给准确定量造成了一定困难。图 11-21 为同时含有 Si 和 W 元素的半导体材料的能谱分析数据。

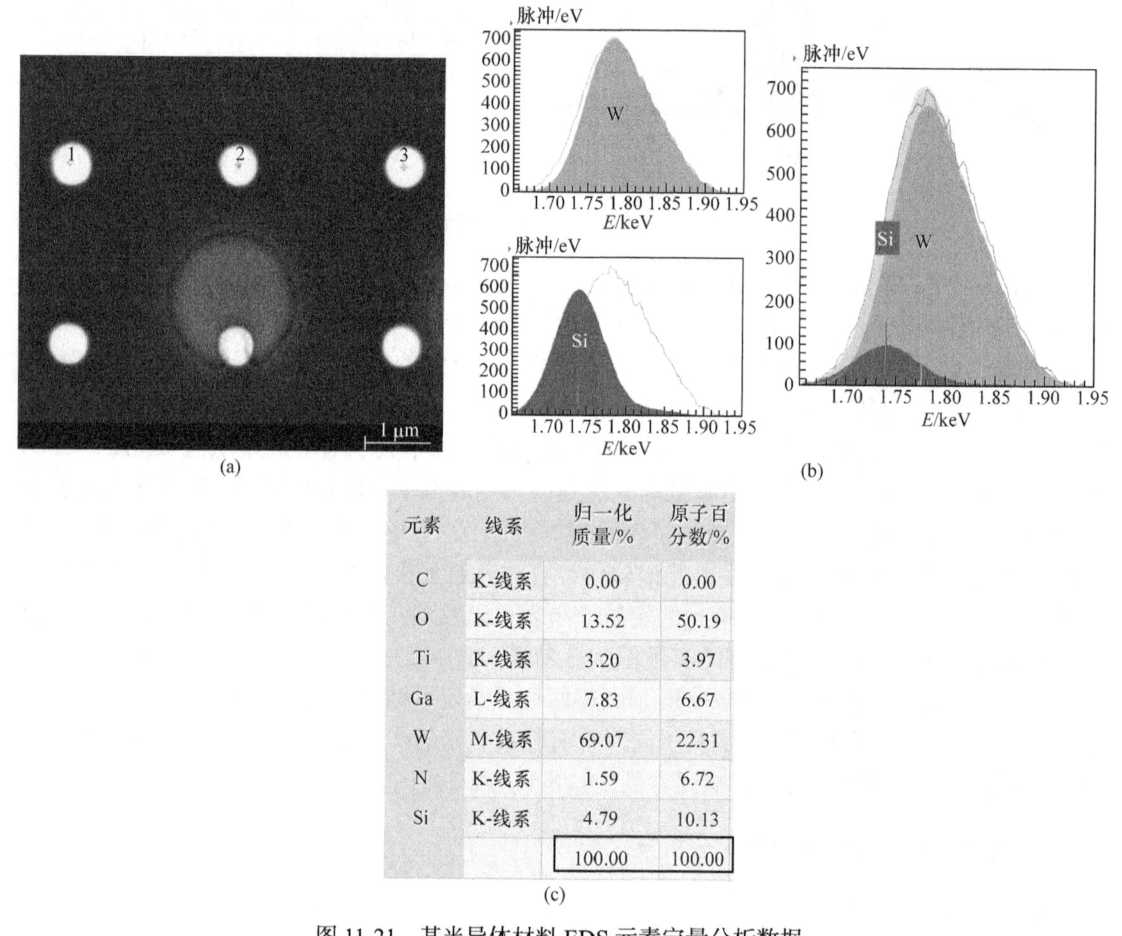

元素	线系	归一化质量/%	原子百分数/%
C	K-线系	0.00	0.00
O	K-线系	13.52	50.19
Ti	K-线系	3.20	3.97
Ga	L-线系	7.83	6.67
W	M-线系	69.07	22.31
N	K-线系	1.59	6.72
Si	K-线系	4.79	10.13
		100.00	100.00

(c)

图 11-21　某半导体材料 EDS 元素定量分析数据

图 11-21 是采用 EDS 对某半导体材料的元素进行分析的数据，选择了 3 个区域进行驻点分析[图 11-21(a)上面的 3 个白色圆斑区]，结果如图 11-21(b)谱峰图所示，当单独选择 W 元素[图 11-21(b)左上]时，理论谱峰(填充区)和实际采集谱峰(轮廓线)不能完全吻合，轮廓线左边还有部分没有被填充；当单独标注 Si 元素[图 11-21(b)左下]时，同样理论谱峰和实际采集谱峰也不能完全重合，轮廓线右边还有很大一部分没有被填充完整，这说明上述两种定性都是不正确的；当同时标注 Si 和 W 元素[图 11-21(b)右]时，软件计算出重叠区域的合成峰(灰色)，此时，该谱峰与实际轮廓峰完全拟合，说明此时的元素定性完全正确，通过图 11-21(c)的定量分析数据中归一化质量和原子百分数为 100%也可以验证出定性完全正确，没有遗漏任何元素，只有在定性正确的基础上才能保证定量分析的准确。

由此案例可见，软件中的可视化谱峰剥离功能直观有效，可以计算出元素的拟合峰，通过比较拟合峰与实际采集的谱峰，方便判断出样品的实际成分，使定量客观正确。

除了上述几种特殊样品或条件下的 EDS 定性定量分析需要注意外，还有两类情况需要注意：①非导电或导电性差样品的 EDS 分析。如果测试时样品表面存在严重的荷电现象，则会导致分析点的漂移从而导致分析错误，如果为解决荷电问题而喷镀了较厚的金属导电膜，则元素定性分析时谱图上会出现该金属谱峰，定量分析时则会导致样品本身元素含量的大幅度降低(金属导电层对特征 X 射线的吸收效应以及归一化数据中金属元素占比双重因素的影响)，通常在软件中采用手动去除或者解卷积的方式，将金属元素从定性和定量数据中去除，当然更规范的测试方式是，EDS 分析制样时在材料表面喷镀 20 nm 厚的碳层。②不稳定试样的 EDS 分析，如含碱金属(主要为 K、Na)的玻璃、固体电解质、矿物、卤化物及有机物等。在进行 EDS 分析时，由于高能电子束的轰击，都可能会发生 K、Na 等元素含量随分析时间发生明显变化，这种变化主要与离子的迁移和挥发有关，因此对此类材料一般以短时间快速分析为宜。

参考文献

蔡志伟, 任小明, 禹宝军. 2021. 难检测样品的能谱分析技术研究[J]. 电子显微学报, 40(1): 55-60.

焦汇胜, 李香庭. 2011. 扫描电镜能谱仪及波谱仪分析技术[M]. 长春: 东北师范大学出版社.

任小明. 2020. 扫描电镜/能谱原理及特殊分析技术[M]. 北京: 化学工业出版社.

任小明, 蔡志伟. 2020. 提高扫描电镜能谱空间分辨率的方法研究[J]. 分析科学学报, 36(4): 579-583.

张大同. 2009. 扫描电镜与能谱仪分析技术[M]. 广州: 华南理工大学出版社.

习　题

1. 什么是特征 X 射线荧光产率？它的特点是什么？
2. X 射线能谱仪工作原理是什么？主要部件有哪些？
3. X 射线光子输入计数率是什么？
4. 为确保 X 射线能谱测试的准确性，待测试样制备要求是什么？
5. X 射线能谱测试的参数选择有哪些？
6. X 射线能谱分析误差来源有哪些？探测限是什么？
7. X 射线能谱仪有哪几种主要的分析方法？
8. 如何提高 X 射线能谱仪的空间分辨率？

第四篇　材料热分析技术

第 12 章　热重分析技术

12.1　热重分析仪

12.1.1　热重分析基本原理

热重(thermogravimetric，TG)分析是在程序控制温度和不同气氛环境下，测量物质的质量与试样温度或时间关系的一种热分析方法，主要用于测定物质的脱水、分解、蒸发、升华、氧化还原、吸附等物理化学反应在某一特定温度下所发生的质量变化，以此分析材料的微观结构。热重分析通常有下列两种模式：①等温热重法，即在温度恒定条件下测定物质质量变化与时间的关系，可用于氧化还原反应等动力学实验；②线性升温热重法，即在线性程序升温条件下测定物质质量变化与温度的关系，一般用于样品热损失、热分解等热力学实验。

12.1.2　热重分析仪内部结构

热重分析仪主要由加热炉、称量部分、程序控温系统、气路、水冷管等几部分组成，如图 12-1 所示。

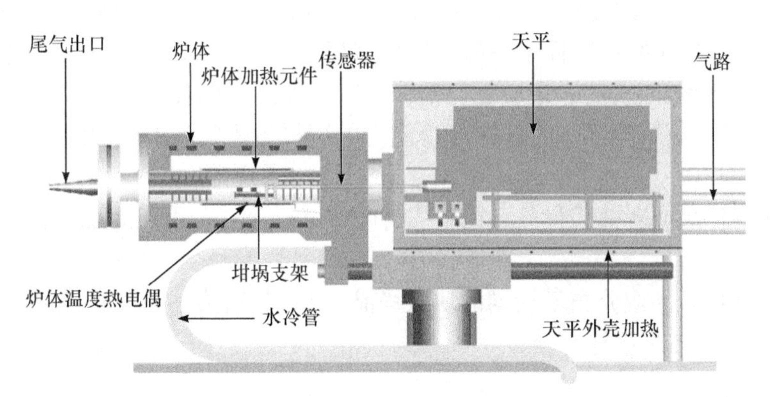

图 12-1　热重分析系统内部结构示意图

(1) 加热炉由炉体、炉体加热元件、炉体温度热电偶和尾气出口等几部分组成，炉体有铝合金钢板制成的长方形外壳，具有足够的强度；内部衬底采用陶瓷等耐火材料制成；炉体加热元件采用铁铬铝合金丝线成螺旋状固定在炉膛周围。

(2) 称量部分由精密天平、坩埚支架、传感器和天平外壳加热 4 部分所组成，实现燃烧物质的精确测量。

(3) 程序控温系统由功率调整器来实现，根据控制器输出的标准电压信号(0～5 V)控制。当改变控制电压的大小，就可改变输出可控硅的触发相角(即加热设备的通电时间)，即实现单相交流电的调压。固态继电器的输入与输出电路的隔离和耦合方式采用光电耦合，输出电路为双向可控硅组成的交流输出电路。

(4) 气路部分由气瓶、流量计、风机等部分组成，完成燃烧气体输送和尾气的排放。

(5) 水冷管用于冷却炉体、天平等重要部件。

热重分析仪的天平测定样品质量变化的方法有两种：①变位法，即利用质量变化与天平梁的倾斜程度成正比的关系，以差动变压器等检测其倾斜度，从而换算质量变化进行自动记录；②零位法，即当试样出现质量变化而导致天平梁发生倾斜的瞬间，利用电磁作用力使其迅速恢复至原来的平衡位置，所施加的电磁力与质量变化呈比例关系，而电磁力的大小与方向是通过调节转换机构中线圈中的电流实现的，因此检测此电流值即可知质量变化。通过热天平连续记录质量与温度(时间)的关系，即可获得热重曲线。

12.2 热重分析实验技术

12.2.1 制样技术

理论上，除气态以外的所有状态物质均可用于热重分析实验，但在制样时应注意以下几个方面的问题：

(1) 在实际的实验过程中，如果样品中含有的溶剂或者从环境中吸附的水分等组分属于干扰项，为避免对测试曲线的错误分析，应首先对 TG 测试样品进行预干燥处理，如采用烘箱干燥一定时间。

(2) 对于含有大量溶剂的溶液样品(浓度大于 5%)或者含有易挥发组分的样品，当采用 TG 实验确定其组分时，应首先在控制软件中编辑完成相应的实验信息并对空白坩埚进行称量、去皮操作，然后快速制样，同时将坩埚放置在仪器的支架上，在关闭炉体后迅速开始实验。

(3) 每次进行 TG 实验的试样量一般为坩埚体积的 1/3～1/2；对于需要通过分解过程分析样品中含量较低的组分时，试样量应尽可能多，以提高测试的灵敏度；对于样品中含有高温下易爆炸或者快速分解的样品，应选取尽可能少的试样量进行实验，同时应增加气氛气体的流速。

(4) 对于块状样品或者薄膜样品，在制样时应将试样放置于坩埚底部的正中间，以保证实验结果的重复性。

(5) 对于混合物样品或分布不均匀的块状样品，在取样时应尽可能保证样品的均匀性和代表性，必要时应进行多次重复实验。

12.2.2 浮力效应与修正

由于 TG 分析的样品用量非常少(通常为 5～10 mg)并且天平精度非常高(以 μg 计量)，因此空气的扰动因素必须在实验过程中予以考虑，其中最重要的就是浮力效应，当样品、坩埚及支架浸入气体介质时，将受到与排出的介质质量相等的向上推力即浮力：

$$F = V\rho g \tag{12-1}$$

式中，ρ 为气体密度；V 为样品、坩埚及支架的总体积；g 为重力加速度。

在 TG 测试中，由于气体密度随温度变化而变化，因此空气浮力效应不是恒定的，在 TG 测量中必须通过空白实验对浮力做出修正。如果不修正，当样品无质量损失或损失微小时，在升温实验中会呈现增重现象，一般采用空白测量修正 TG 测试的浮力效应。空白测量采用相同的温度程序和用于样品测量的空坩埚进行测试，然后样品测量曲线减去空白曲线即可。浮力修正对于灰分含量这类测量是必需的，最后的剩余量需要精确测定。

除了浮力效应，样品、坩埚和炉体体积内部的坩埚支架部分还受到垂直上升的热气流的影响，即使是水平炉体，受热的气体也因变轻而具有向上运动的倾向，作用与浮力相反为减重。因此，实际测量得到的空白曲线往往是先增重，随后增重趋缓，经最大值后下降，但最终不会为负值。图 12-2 为梅特勒-托利热重分析仪(TGA1)所测量的热重空白曲线。

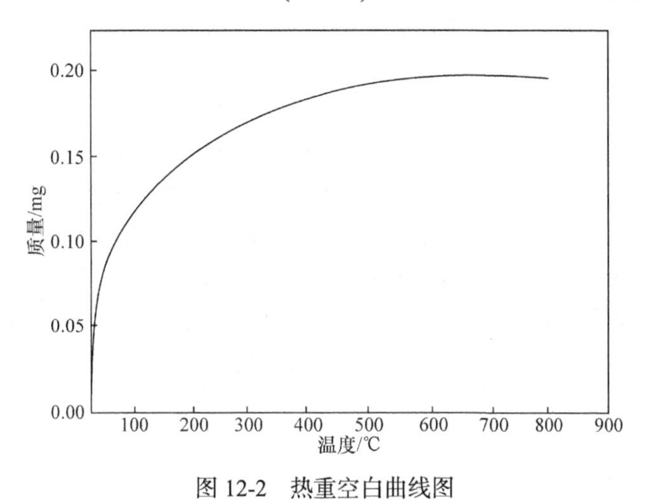

图 12-2　热重空白曲线图

12.2.3　测量中各种影响因素分析

热重分析曲线的形态受各种实验操作因素和样品因素的影响，下面分别进行阐述。

1. 实验操作因素

1) 升温速率的影响

热重分析中，升温速率对热重分析实验结果有十分明显的影响，对于以热重曲线表示的试样的某种反应(如热分解反应)，快速升温使反应尚未来得及进行便进入了更高的温度，造成了热滞后，升温速率越快，所产生的这种滞后现象越明显，往往导致热重曲线上的起始温度 T_i、峰温 T_p 和终止温度 T_f 偏高。例如，$FeCO_3$ 在氮气中升温失去 CO_2 的热失重反应，当升温速率从 1℃ · min^{-1} 提高至 20℃ · min^{-1} 时，起始温度 T_i 从 400℃升高到 480℃，终止温度 T_f 从 500℃升高到 610℃；另外，对于存在中间产物的多阶段反应，升温速率快往往不利于中间产物的检出，在 TG 曲线上呈现出的拐点很不明显，慢速率升温有利于阶段反应的相互分离，使快速升温时的转折能够以平台的形式呈现出来，更加有利于数据分析。因此，热重分析实验中，选择合适的升温速率至关重要，在报道的文献中升温速率以 5℃ · min^{-1} 或 10℃ · min^{-1} 居多。

2) 气氛的影响

热重分析仪中的气路分为两路。一路通入保护性气体，主要用来保护天平免受可能逸出的腐蚀性气体侵蚀，通常使用干燥的惰性气体(如氮气或氩气)，流速固定为 20 mL · min^{-1}。另一路通入吹扫气体或反应性气体，通入炉腔、支架和坩埚等位置，当作为吹扫气体时通常使用氮气或氩气，主要作用是：①提高炉壁至样品的热传递速率，使其更快地达到设定温度。②除去炉腔内的反应产物，避免冷凝在支架、炉腔等部位；当作为反应气体时则通入空气、氧气或由氩气稀释的氢气(防止爆炸，通常稀释比例为 100：4)，以完成样品的氧化还原反应，通常这路气体的流速采用 40～50 mL · min^{-1}；一般来说，提高气氛压力，常使起始分解温度向高温区移动并使分解速率有所减慢，相应地反应区间则增大。

3) 挥发物冷凝的影响

样品受热分解或升华，逸出的挥发物往往在热重分析仪的低温区冷凝，这不仅污染仪器，而且使实验结果产生严重偏差，对于冷凝问题，可从两方面来解决：一方面从仪器上采取措施，在试样盘的周围安装一个耐热的屏蔽套管或者采用水平结构的热天平；另一方面可以从实验条件着手，尽量减少样品用量和选用合适的净化气体流量。

4) 坩埚影响

坩埚是热重实验中用来盛装试样的容器，试样在加热过程中有气体产物逸出时，实验中逸出气体的速率受坩埚形状的影响，因此在热重实验时所用的坩埚的形状和材质均会影响得到的曲线的形状和位置；另外，在热重分析时坩埚不能与试样发生任何形式的反应，应是惰性材料制作的，如铂金坩埚或氧化铝坩埚等。然而，对碱性试样不能使用石英和氧化铝坩埚，因为它们都能与碱性试样发生反应而改变热重曲线以及损坏坩埚和支架，这是热重测试中经常遇到的问题；使用铂金坩埚时必须注意该金属对许多有机化合物和某些无机化合物有催化作用，也使得材料热效应发生改变，所以在热重分析时选用合适的坩埚也十分重要。

2. 样品因素

1) 样品用量的影响

由于样品用量大会导致热传导差而影响分析结果，通常样品用量越大，由样品的吸热或放热反应引起的样品温度偏差也越大；样品用量大对逸出气体的扩散和热传导都是不利的；样品用量大会导致内部温度梯度增大，因此在热重实验中样品用量应在热重分析仪灵敏度范围内尽量小。

2) 样品粒度的影响

样品粒度同样对热传导和气体扩散有较大的影响，粒度越小，反应速率越快，使 TG 曲线上的起始温度 T_i 和终止温度 T_f 降低，反应区间变窄，试样颗粒大往往得不到较好的 TG 曲线。

12.2.4　TG 曲线中特征温度点的标注

很多物质的热失重阶段是一个很宽的范围，有很多的温度点，实验测试中应该采用同样的温度点进行比较并且需要在测试报告中标注清楚，图 12-3 中是 TG 曲线关键温度的表示法：*A* 点是偏离基线点的温度；*B* 点称为外延点，是曲线下降段切线与基线延长线的交点，是起始

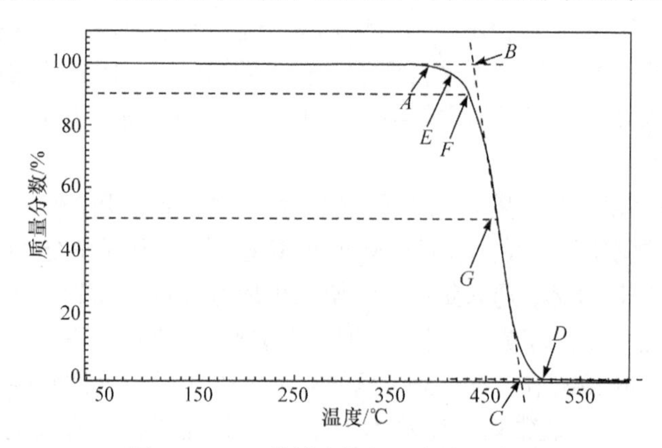

图 12-3　TG 曲线上特征温度点示意图

分解温度；*C* 点称为外延终止温度，是曲线下降段切线与最大失重线延长线的交点；*D* 点是 TG 曲线到达最大失重时的温度，称为终止温度；*E*、*F*、*G* 分别为失重率为 5%、10%、50%时的温度，失重率为 50%的温度又称为半寿温度；其中 *B* 点温度重复性最好，所以多采用此点温度表示材料的稳定性。

12.3　热重分析在材料分析中的应用

TG 分析实验记录的 TG 曲线以质量(m)或质量损失率(w)为纵坐标，以温度(T)或时间(t)为横坐标，它表示过程的失重积累量，属于积分型。从热重曲线可以获得样品组成、热稳定性、热分解温度、热分解产物及热分解动力学等与质量相关的信息。同时可以通过对 TG 曲线进行求导，获取试样质量变化率与温度或时间的关系曲线，即微商热重曲线(DTG 曲线)，它具有曲线分析上的一些优势。例如，可以精确反映出每个质量变化阶段的起始反应温度、最大反应速率温度和反应终止温度；当 TG 曲线对某些受热过程出现的台阶不明显时，利用 DTG 曲线能明显地区分开。下面根据实例来介绍热重分析的典型应用中 TG 曲线的解析方法。

12.3.1　TG 分析聚合物中添加剂组分的应用及案例

硫化橡胶是指硫化过的橡胶，生胶经过硫化工艺后将形成三维空间网络结构，具有较高的弹性、耐热性、拉伸强度和在有机溶剂中的不溶解性等，橡胶制品大多用这种橡胶制成。在硫化橡胶中，除橡胶主成分外，还有很多添加剂(有机添加剂和无机填料)，因此分析硫化橡胶的成分需要将橡胶主成分、有机添加剂、无机填料进行一定程度的分离。例如，图 12-4 为硫化橡胶 50～1000℃的 TG 曲线。由图可见，试样分别在 200～270℃、400～485℃和 612℃出现质量损失情况，说明材料中至少存在三种组分，根据工艺和各组分分解温度差异可以判断，第一阶段的失重应该是属于小分子的有机酯类添加剂，其含量为 25.18%；第二阶段的失重应该是属于橡胶主体，因为分子量较大分布较宽，所以分解温度较高并且分解温度范围较宽，含量也最高，为 42.65%；第三阶段的失重则是石棉纤维的结构水析出，纤维结构被破坏，失重温度范围很窄，失重率达到 29.63%，说明石棉中的水分含量非常高。

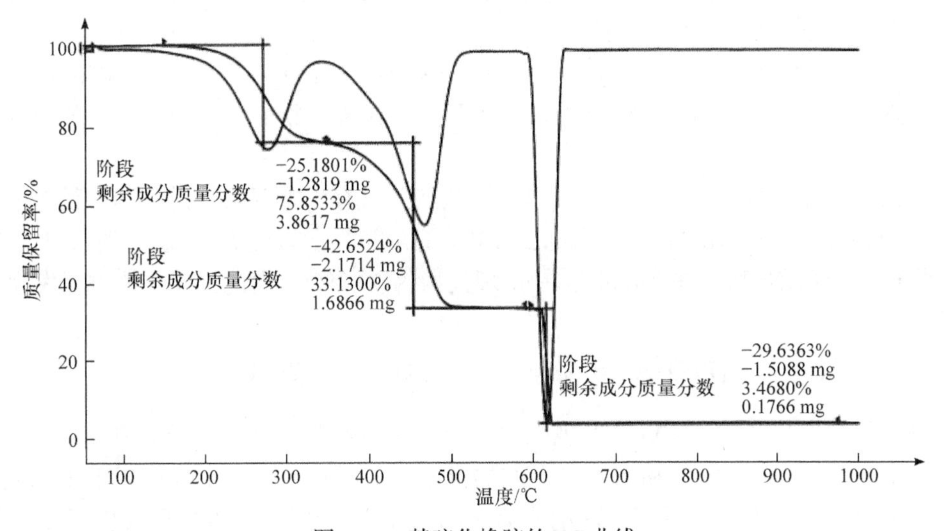

图 12-4　某硫化橡胶的 TG 曲线

12.3.2　TG 分析高分子共聚物组成的应用及案例

通过 TG 曲线可以确定共聚物的组成。例如，图 12-5 中曲线 2 是苯乙烯-马来酸酐共聚物(SMA)的 TG 曲线。可以看出，苯乙烯-马来酸酐共聚物在 30～600℃的温度共出现了两个失重台阶。第一个失重台阶的温度范围为 80～230℃，失重率为 22.65%；第二个失重台阶的温度范围为 230～480℃，失重率为 68.13%。根据图中聚苯乙烯的 TG 曲线(曲线 1)，可判断在 SMA 共聚物的 TG 曲线中的第一个失重台阶即为马来酸酐组分分解引起的失重。由热分解断键机理，可判断此失重阶段为酸酐的分解过程。随着温度的升高，酸酐键发生断裂，释放出二氧化碳，由此可计算出马来酸酐的含量为 30.83%，该数值与化学分析法测定的结果一致。通过化学分析法测定共聚物组成时，由于称量、回流、滴定等步骤较多，因此存在一定的误差，从而导致测定结果不准确。当采用热重法测定共聚物组成时，实验操作相对简单，而且可以减少人为误差，使共聚物的组成分析变得更加简单、精确。

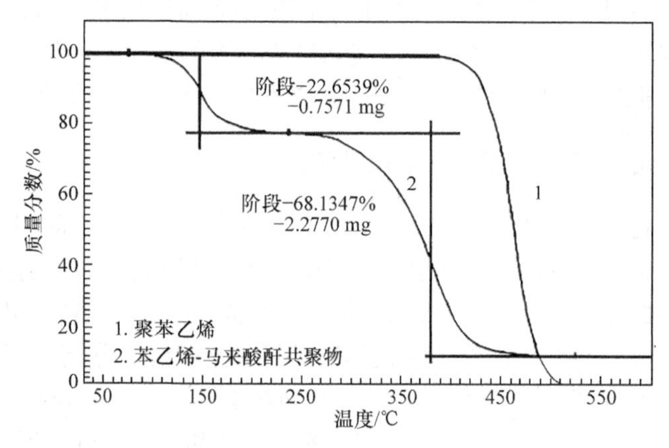

图 12-5　苯乙烯-马来酸酐共聚物(SMA)的 TG 曲线

12.3.3　TG 分析物质分解机理的应用及案例

在对一些已知结构组成的小分子化合物的 TG 曲线进行解析时，根据发生质量变化的温度范围及质量变化率可以推断出每一个质量变化阶段物质的结构变化信息。下面介绍利用 TG 曲线确定配合物中的结晶水和配体个数。

图 12-6 为对合成的新型 Zn(Ⅱ)配合物[ZnO · A · B] · $2H_2O$(A 为 1,3-二咪唑丙烷，B 为间苯二甲酸)进行热重实验所得的 TG 曲线。由图可见，该配合物的 TG 曲线可以分为以下三个阶段：

(1) 该配合物在 100℃以下 TG 曲线呈水平状态，没有失重现象，说明没有脱除任何数量的结晶水；从约 135℃开始出现失重现象，到 185℃完成第一阶段的失重，总计失重率为 7.91%，正好相当于 1 mol 配合物失去 2 mol 结晶水(理论值为 7.83%)。由此推断，该过程发生了以下热分解反应：

$$[\mathrm{ZnO}\cdot\mathrm{A}\cdot\mathrm{B}]\cdot 2\mathrm{H_2O}\longrightarrow \mathrm{ZnO}\cdot\mathrm{A}\cdot\mathrm{B}+2\mathrm{H_2O}$$

(2) 样品继续在 340～400℃出现失重现象，呈现第二阶段失重台阶，其失重率为 39.21%，对比 1,3-二咪唑丙烷和间苯二甲酸的摩尔质量可以判断，正好相当于 1 mol 失去结晶水的配合物再失去 1 mol A 配体(理论值为 38.33%)。由此推断，该过程发生了以下热分解反应：

$$ZnO \cdot A \cdot B \longrightarrow ZnO \cdot B + A$$

(3) 样品继续在 400～660℃出现失重现象，呈现第三阶段失重台阶，其失重率为 36.11%，正好相当于 1 mol 配合物失去 1 mol B 配体间苯二甲酸(理论值为 36.13%)。由此推断，该过程发生了以下热分解反应：

$$ZnO \cdot B \longrightarrow ZnO + B$$

(4) 最终产物可能为氧化锌(实际残留率为 20.53%，理论值为 17.7%)。

在以上每个步骤中，化合物实际分解过程的失重率与理论计算的结晶水含量和配体含量的一致性较好，说明热分解过程的推断是正确的。

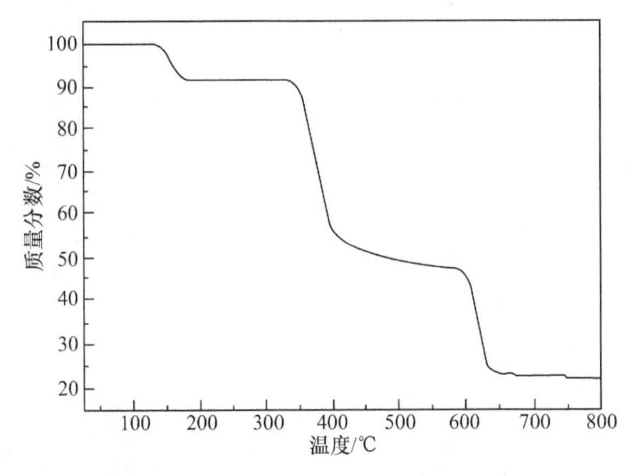

图 12-6　新型 Zn(Ⅱ)配合物 TG 曲线

12.3.4　TG 分析样品中无机组分和有机组分含量的应用及案例

填充改性聚丙烯具有成本低、密度低、拉伸强度高等优点而广泛应用于汽车、家电、建筑、包装等行业，且填充改性方式从单一矿物填充体系向多组分填充方向发展，其中碳酸钙是填充改性聚丙烯材料中常用的无机填料，而且填充质量分数较高(一般大于 10%)。填料质量分数的测定一般采用烧灰分的方法，但由于碳酸钙在高温条件下分解残留的质量不能准确反映填料的比例，尤其和其他填料一起填充改性时，对碳酸钙的定量分析更加困难，因此对复杂碳酸钙填充体系中碳酸钙的定量分析成为紧迫的需要；另外随着塑料再生需求的增加，对废旧塑料中碳酸钙质量分数的准确分析有利于材料的分类处理及回收，可提高回收利用的效率。利用热重分析对碳酸钙原材料进行分解温度研究，通过优化定量分析条件，并在此条件下研究了聚丙烯的失重情况，此方法具有准确性好、分析效率高、环保性好等优点，可以快速、准确完成单一碳酸钙改性聚丙烯和复杂填充聚丙烯中碳酸钙的定量分析。

利用热重分析仪分别对碳酸钙、玻璃纤维、聚丙烯及碳酸钙和玻璃纤维改性聚丙烯进行热重分析，升温速率 20℃ · min^{-1}，升温阶段温度范围为 30～750℃，恒温阶段 750℃，保温时间 20 min，得到的 TG 曲线见图 12-7，以此分析各无机填料的质量分数。由此 TG 曲线图可知：①在 380～500℃，聚丙烯原料出现失重，失重比例为 100.03%，表示完全失重，说明聚丙烯完全分解[图 12-7(a)]；②由图 12-7(b)可见，在该实验条件下，玻璃纤维的失重率为 0.55%，基本可以认为没有质量损失；③由图 12-7(c)发现，在 750℃条件下恒温 20 min，碳酸钙原料也出现了较大的失重台阶，失重比例为 44.07%，这是由于在此条件下碳酸钙原料也发生了分解，此过程中产生了二氧化碳气体：

$$CaCO_3 \xrightarrow{\triangle} CaO + CO_2$$

因此，可以利用二氧化碳损失的质量比例进行碳酸钙的定量分析。

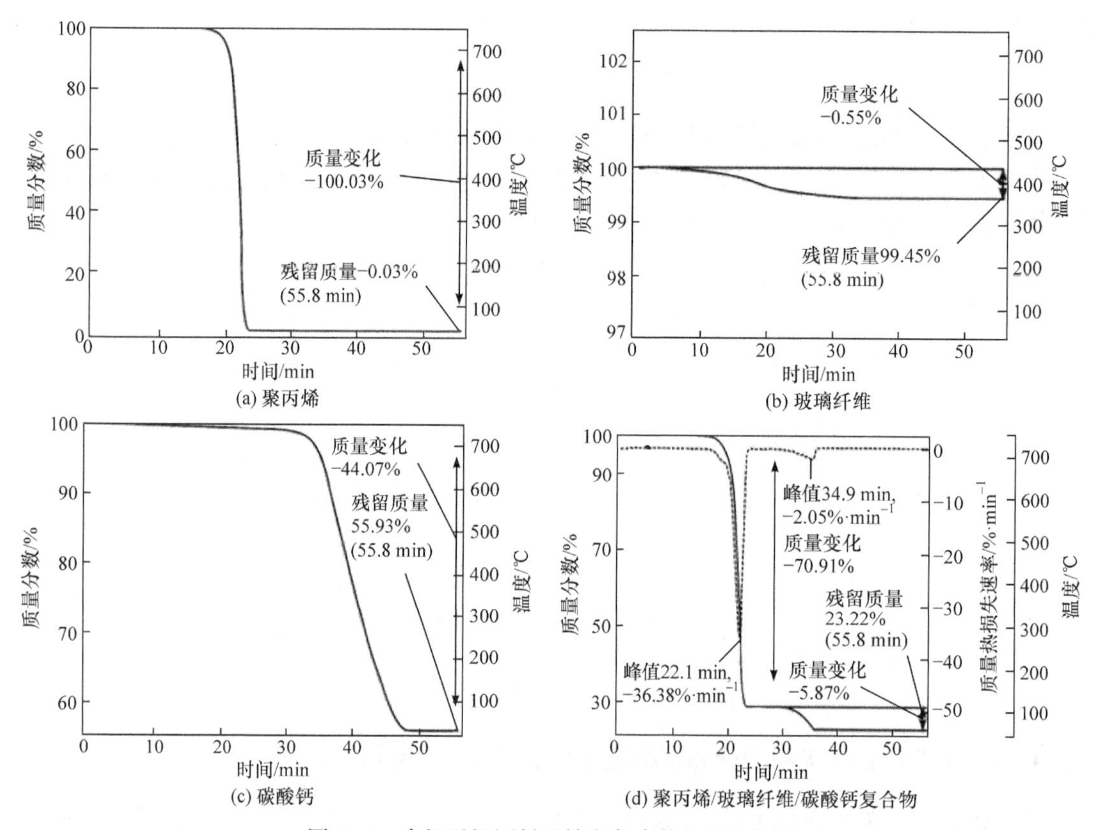

图 12-7 有机无机原料及掺杂复合物的 TG 曲线

综合上述原料的 TG 曲线特征，可以计算碳酸钙和玻璃纤维改性聚丙烯复合物中各无机物和有机物各自的含量比例关系，如图 12-7(d)所示，在 400～500℃出现很大的失重台阶，最大失重速率温度为 442℃，失重率高达 70.91%，对应于聚丙烯的完全分解；在 690～750℃及 750℃下的恒温段形成的失重平台为碳酸钙分解后二氧化碳损失产生，根据二氧化碳的失重量(5.87%)，可以推算碳酸钙的填充质量分数为 13.34%；剩下的残留质量则为玻璃纤维和氧化钙的质量分数，由此分析出玻璃纤维的填充量为 9.88%。

12.3.5 TG 分析物质热稳定性的应用及案例

由于基团构成、分子量大小及分子链缠结等不同，聚合物的热稳定性也有很大差别，从而导致使用和加工温度不同。图 12-8 为几种常见聚合物的 TG 曲线，从图中可以看出聚氯乙烯(PVC)、聚甲基丙烯酸甲酯(PMMA)、低密度聚乙烯(LDPE)、聚四氟乙烯(PTFE)、聚酰亚胺(PI)在高温下都会发生分解并且部分聚合物会分解完全，但其热稳定性呈现依次增加的趋势，即 PI＞PTFE＞LDPE＞PMMA＞PVC，影响热稳定性的决定因素是分子结构的差异，具体原因阐述如下：

(1) PVC 的热稳定性较差，在 200～350℃出现第一个失重台阶，该过程是由于分子中脱去 HCl 所产生的，但随即分子内形成共轭双键，热稳定性提高，表现为 TG 曲线下降缓慢，直到 420℃时，大分子链发生断裂，出现第二次失重过程。

(2) 由于分子链中的叔碳和季碳原子的键容易断裂，PMMA 的分解温度较低，290℃开始出现分解，400℃分解完全，但分解效率很高，一次全部分解完成。

(3) PTFE 由于分子链中的 C—F 键键能较大，因此具有较高的热稳定性，480℃才开始出现分解，600℃才分解完全。

(4) 由于 PI 的分子链中含有大量的芳杂环结构，在 850℃高温条件下也仅分解约 40%，因此它在这几种聚合物中的热稳定性最好，常用作航天耐高温材料。

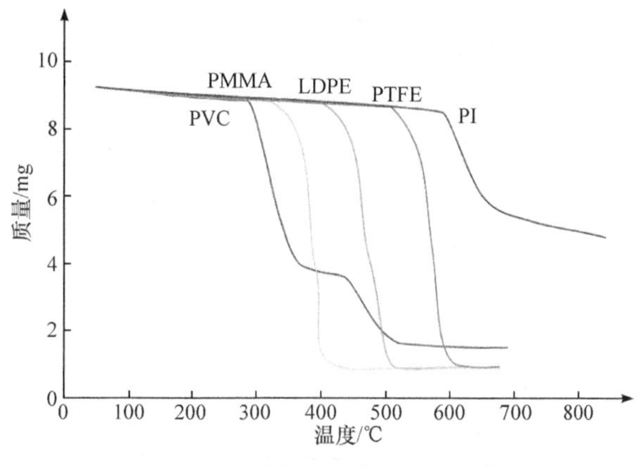

图 12-8　几种常见聚合物的 TG 曲线

12.4　热重联用分析技术在材料分析中的应用

热重分析技术在材料性质及其变化过程中所获得的信息较单一，结果也往往存在较大的片面性，如无法从热重分析中获得物质热分解所产生的气体产物信息等，因此将热重分析技术与其他分析技术结合，不仅能获得物质的更多信息，而且各技术还可以相互补充和印证，使其检测结果更加可靠，对所获得检测结果的认识也会更全面、更深入，这就是热重联用分析技术。目前常见的热重联用分析技术主要是热重分析与差热分析法(DTA)、差示扫描量热法(differential scanning calorimeter，DSC)、傅里叶红外光谱法(FTIR)、质谱法(MS)等分析方法的联用。由于在技术上不可能满足各联用设备所要求的最佳实验条件，因此这种同时联用的分析方法一般不如单一的热分析技术灵敏，并且重复性也较差。下面主要介绍热重分析与差热分析以及差示扫描量热法的联用。

12.4.1　TG-DTA 联用技术分析物质的热分解过程

TG-DTA 是在程序控制温度和一定气氛下，对同一个试样同时采用 TG 和 DTA 两种分析技术，同时测量试样的质量和试样与参比物之间的温度差或时间的变化关系，由 TG-DTA 曲线可以同时得到物质的质量与热效应两方面的变化信息。

图 12-9 是由溶胶-凝胶法合成 $BaTiO_3$ 的前驱体的 TG-DTA 曲线。前驱体以金属醇盐为原料，在有机介质中进行水解、缩聚等化学反应使溶液经溶胶-凝胶过程，干燥后得到。从

图 12-9 中可以看出，$BaTiO_3$的前驱体在空气中从室温升高到 1000℃时，发生了前驱体的热分解和$BaTiO_3$的形成过程，在 DTA 曲线中，从室温到 250℃出现了一个较宽的吸热峰，该吸热过程对应于 TG 曲线中第一个失重台阶，该过程主要是由残余水、乙酰丙酮、乙二醇和无水乙醇的蒸发引起的。在 250～490℃出现的第二个失重台阶是由有机配体的燃烧和$BaTiO_3$、TiO_2的形成引起的。TG 曲线在 490～600℃质量持续降低，且 DTA 曲线在 550℃时有一个极强的放热峰，该过程是由 BaO(s)和 TiO_2(s)生成 $BaTiO_3$(s)的固-固反应引起的。在600℃以上，TG 曲线中几乎没有质量的损失，这表明残余的有机物质已经全部燃烧结束，同时 $BaTiO_3$ 相从非晶状态转变为立方钙钛矿型的晶体结构。当温度升高到 900℃时，在 DTA 曲线中又出现了一个明显的放热峰，而质量没有变化，该过程是由 $BaTiO_3$ 从立方相转变为四方相引起的。

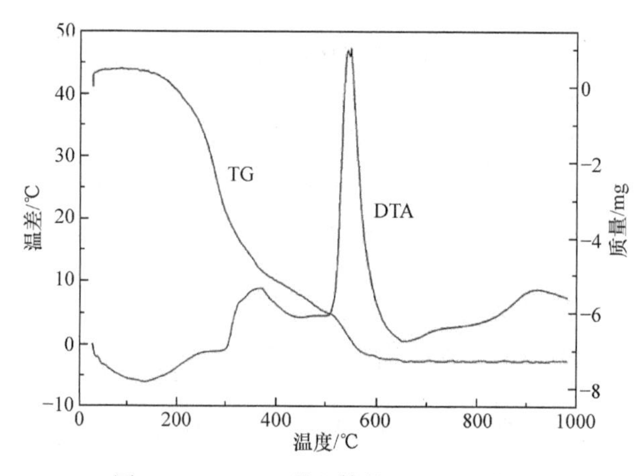

图 12-9　$BaTiO_3$前驱体的 TG-DTA 曲线

12.4.2　TG-DSC 联用技术分析添加组分对物质热分解过程的影响

TG-DSC 是在程序控制温度和一定气氛下，对同一个试样同时采用 TG 和 DSC 两种分析方法，同时测量试样的质量和试样与参比物之间的热流或功率差随温度或时间的变化关系，由TG-DSC 曲线可以同时得到物质的质量与热效应两方面的变化情况。

高氯酸铵(AP)是固体火箭推进剂中应用最广的氧化剂，它的热分解特性对于推进剂的燃烧过程具有重要的影响，研究发现 AP 热分解的活化能、速率及高温分解温度等参数与固体推进剂的燃烧性能，特别是燃速存在密切的关系，其高温分解温度越低，则推进剂的点火延迟时间越短，燃速越快，同时发现，纳米草酸钴(CoC_2O_4)对 AP 热分解反应有很好的催化效应，因此利用 TG-DSC 联用技术分析 CoC_2O_4 对 AP 的热分解反应促进作用。

图 12-10 为由纯 AP 和 2%CoC_2O_4/AP 得到的 TG-DSC 曲线，由图中的曲线可以看出纳米草酸钴的加入对 AP 热分解过程的影响。通过对比纯 AP 和加入 2%草酸钴后 AP 分解的 TG、DTG 和 DSC 曲线，可以得到以下信息：

(1) 纯 AP 的热分解分两步进行，在低温(＜350℃)分解阶段出现了 20%的失重，在高温分解阶段出现了 80%的失重，如图 12-10(a)所示。

(2) 在草酸钴的催化作用下，AP 热分解的 DTG 曲线中只有一个峰，如图 12-10(b)中 TG 曲线所示，失重率为 99%，表明 AP 在草酸钴催化作用下的热分解机理发生了改变。

(3) 从图 12-10(a)和(b)中的 DSC 曲线可以看出，245℃左右为 AP 的晶型转变温度，加入草酸钴后对 AP 晶型转变过程没有任何影响。

(4) 330℃左右是纯 AP 热分解的低温分解阶段，图 12-10(a)中的 DSC 曲线中 434℃左右的放热峰是 AP 热分解的第二阶段，该阶段对应于图中的 TG 和 DTG 曲线的两步失重过程。而在草酸钴催化作用下，如图 12-10(b)中的 DSC 曲线所示，在 325℃左右只出现一个时间范围很小的陡峭的放热峰。这说明分解反应速率很快且放热非常集中，与其对应的 TG 和 DTG 曲线只有一步失重，失重率为 99%。这充分说明 AP 在短时间内(分解温度范围为 280～330℃)已经分解完全，分解过程发生了明显的变化。在加入催化剂之后，草酸钴还使 AP 的总表观分解热明显增加，AP 的分解放热量从 655 J · g^{-1} 升高到 1469 J · g^{-1}。

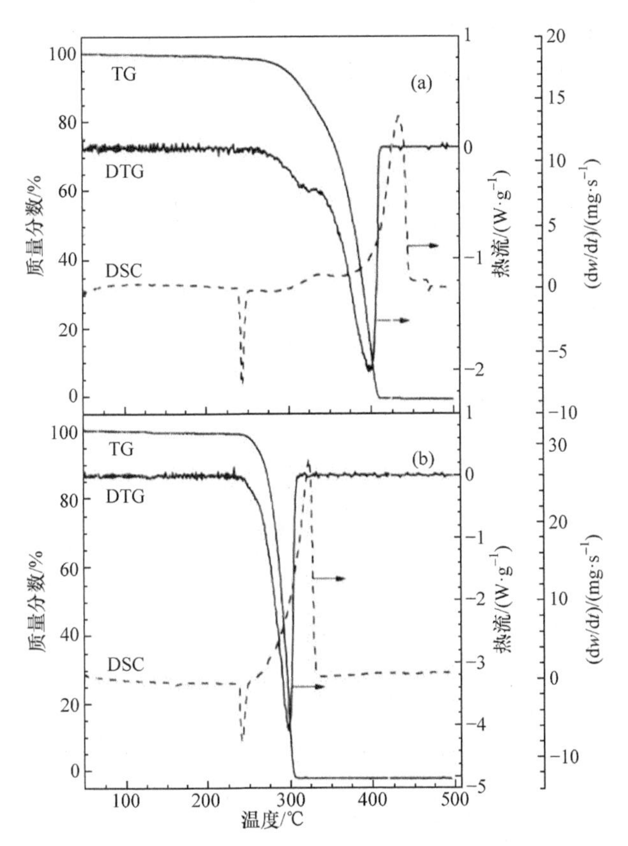

图 12-10　AP (a)和加入 2% CoC_2O_4 的 AP(b)的 TG-DSC 曲线

参 考 文 献

丁延伟, 郑康, 钱义祥. 2020. 热分析实验方案设计与曲线解析概论[M]. 北京: 化学工业出版社.

卢久富. 2015. 基于间苯二甲酸和双联咪唑构筑的锌(Ⅱ)配位聚合物的合成、晶体结构及荧光性质研究[J]. 四川师范大学学报, 38(4): 539-542.

宁春花, 尤小红, 李丽行. 2008. 热重法测定高马来酸酐含量苯乙烯-马来酸酐共聚物的组成[J]. 化学研究与应用, 20(9): 1190-1192.

吴刚. 2001. 材料结构表征及应用[M]. 北京: 化学工业出版社.

余宗学, 陈莉芬, 陆路德, 等. 2009. 草酸钴原位催化高氯酸铵热分解的 DSC/TG-MS 研究[J]. 催化学报, 30(1): 19-23.

Wagner M. 2011. 热分析应用基础[M]. 陆立明, 编译. 上海: 东华大学出版社.

Wang P G, Fan C M, Wang Y W, et al. 2013. A dual chelating sol-gel synthesis of $BaTiO_3$ nanoparticles with effective photocatalytic activity for removing humic acid from water[J]. Materials Research Bulletin, 48(2): 869-877.

习　　题

1. 热重分析仪的基本原理是什么？
2. 热重分析的制样要求有哪些？
3. 热重测量的影响因素有哪些？
4. 热重测量中最主要的空气扰动因素是什么？如何处理？
5. 热重法能够分析样品的哪些性质？
6. 热重分析中有哪些特征温度？分别怎样定义？

第 13 章　差示扫描量热分析技术

针对差热分析法是以温差(ΔT)变化间接地反映样品物理或化学变化过程中热量的变化，且差热分析曲线影响因素很多及难以定量分析的问题，现发展了差示扫描量热法(DSC)，作为热分析领域的三大技术(TG、DSC、DMA)之一，以其分辨能力强、灵敏度高、能定量测定各种热力学参数(如热焓、熵和比热等)和动力学参数等优点，使 DSC 分析技术在材料应用和理论研究中获得了非常广泛的应用，常用于研究聚合物的结晶行为、聚合物液晶的多重转变、共混物组分的相容性及聚合物热稳定性、辅助聚合物剖析等。

13.1　基 础 知 识

13.1.1　聚合物材料的结晶性

当物质内部的质点(如原子、分子或离子)在三维空间呈周期性地重复排列时，该物质称为晶体。自然界中的大部分物质都具有结晶性，组成它们的微粒在空间有规则地排列而形成具有规则的外形、固定的熔点和各向异性等特征，特别是小分子材料具有非常优异的结晶性，如常见的石英呈六角柱体、氯化钠呈立方体、明矾呈八面体等。

大量实验证明，如果聚合物高分子链本身具有必要的规整结构，同时给予适宜的条件(温度、时间、外力等)，也会表现结晶行为形成晶体。聚合物高分子链可以从熔体中结晶，可以从玻璃体结晶，也可以从溶液中结晶。然而，不同于小分子材料结晶，除了少数几种聚合物外，大部分高分子聚合物的结晶性能较差，结晶度一般只有 40%以下，从而导致聚合物由晶区和非晶区两部分所构成，晶区分子链有序折叠形成片层结构，经不断累积扩展形成球晶结构，晶区与非晶区共存且互相穿插，单根分子链甚至能够同时参与几个晶区和非晶区的形成。晶区是分子链经过平行排列形成的规整有序结构，晶区很小且为无规取向，非晶区内分子链为完全无序堆砌。

13.1.2　聚合物材料的玻璃态和玻璃化转变

处于玻璃态的物质是分子结构处于无序状态但具有较大模量的无定形物质，通常被认为是冻结的过冷液体。同样，在玻璃态区域内，聚合物整条高分子链及链段的运动都被冻结，只在它们固定位置的附近做有限振动和短程的旋转运动。在力学性能上，玻璃态聚合物(塑料)模量 E 非常高，一般达到 $10^9\ \mathrm{N\cdot m^{-2}}$ 及以上，但材料通常是脆性的，室温下典型的玻璃态聚合物材料为聚苯乙烯(PS)、聚甲基丙烯酸甲酯(PMMA)等。

然而，当温度升高到一定程度后，尽管整条高分子链还不能发生相对运动，但链段的运动已经被激活了，在力学性能上表现为模量的迅速下降，从 $10^9\ \mathrm{N\cdot m^{-2}}$ 降至 $10^5\ \mathrm{N\cdot m^{-2}}$ 附近，从玻璃态向橡胶态转变，这就是高分子聚合物的玻璃化转变现象。聚合物在发生玻璃化转变时，除了力学性能如形变、模量等发生明显变化外，许多其他物理性质如比体积、膨胀系数、比热容、热导率、密度、折射率、介电常数等也都有很大变化。所以，理论上所有在玻璃化转变过程发生突变或不连续变化的物理性质都可以用来测定聚合物的玻璃化转变温度(T_g)，实验中，DSC是分析聚合物T_g的常规方法，准确度很高。

13.1.3　物理老化与热焓松弛

材料性能是分子运动的宏观体现，分子运动特性研究是聚合物结构-性能关系的基础。聚合物的分子运动具有松弛特性，因此其结构与性能也具有松弛特性。在玻璃化转变温度T_g以上松弛时间τ很短，材料受力瞬间就能达到平衡态，但是在玻璃化转变温度T_g以下松弛时间迅速增大，结构松弛变慢，材料的性能随时间逐渐变化，进而释放多余的能量后达到热力学平衡态，这一由热力学非平衡态向平衡态转变的过程称为物理老化，这对于通常在玻璃化转变温度T_g以下的塑料的长期使用性能十分重要。

在玻璃化转变温度以下，聚合物体系的一些宏观物理性质和微观结构对温度变化的响应开始出现明显迟滞，出现热力学上的非平衡态，并自发地向同温度下平衡态过渡，在该松弛过程伴随过剩焓的释放，称为热焓松弛现象。通过热焓松弛的研究可以推动聚合物材料玻璃化转变本质的研究，推测材料力学性能随外界条件的变化情况，其中DSC是研究热焓松弛的重要手段，具有很高的灵敏度和实验重现性。

13.2　差示扫描量热仪

13.2.1　仪器结构

差示扫描量热仪主要由加热系统、程序控温系统、气体控制系统、自动进样器、制冷设备等组成，仪器整体结构如图13-1所示。

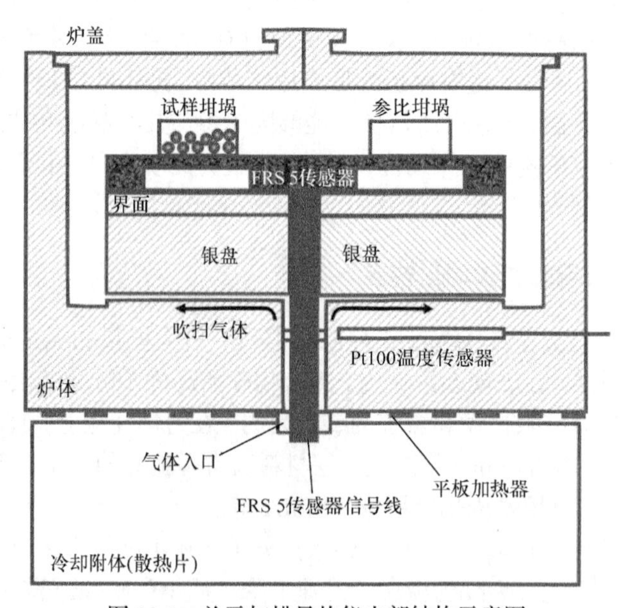

图13-1　差示扫描量热仪内部结构示意图

1. 加热系统

炉子的加热方式与炉子的类型有关，主要取决于温度范围。目前主要加热方式有电阻丝、红外线辐射和高频振动三种，其中采用电阻丝对炉子加热的方式比较常见。炉腔内有一个传感器置于防腐蚀的银质炉体中央(纯银的炉体导热性好，受热均匀)，传感器的表面用陶瓷涂敷，安装在直接与银质炉体的加热板接触的玻璃陶瓷片上，以防化学侵蚀与污染。炉盖是三层叠加的银质炉盖，外加挡热板以有效地与环境隔离。炉体下方有一个 400 W 的电热板对炉体加热，纯银的炉体被弹簧式炉体组件压在平坦加热器的绝缘片上。由 Pt100 温度传感器生成温度信号，炉体的热量通过片形热阻传至散热片，其温度范围一般为−90～700℃。

DSC 传感器的热电偶以星形方式串联排列，可产生更高的量热灵敏度，置于坩埚下用于测量试样和参比的热流差。凹型传感器圆盘的下凹面提供必要的热阻，由碾磨加工磨去了多余的材料，导致热阻很小，坩埚下的热容量很低，因此还获得了非常小的信号时间常数。圆盘形传感器由下垂直连接，使水平温度梯度最小化。

2. 程序控温系统

炉子温度升降速率受温度程序控制，其控制器能够在不同的范围内进行线性的温度控制，非线性的升温速率将会严重影响 DSC 曲线；另外，程序控制器必须对于线性输送电压和周围温度变化是稳定的，并能够与不同类型的热电偶相匹配。当输入测试条件(如从 50℃开始，升至 500℃，升温速率为 20℃ · min^{-1})之后，温度控制系统会按照所设置的条件程序升温，准确地执行发出的指令。温度准确度为 ± 0.1℃，温度范围为−90～700℃。所有这些控温程序均由热电偶来执行。

3. 气体控制系统

气体控制系统分为两路：一路是反应气体，由炉体底部进入，被加热至仪器温度后再到样品池内，使样品的整个测试过程一直处于某种气氛的保护中，最后气体通过炉盖上的孔逸出；另一路是吹扫气体，炉体和炉盖间必须充入吹扫气体，避免水分冷凝在 DSC 仪器上。

气体控制系统有两种形式：一种是手动的方法调节流量计的流速大小；另一种是自动的气体控制装置，由程序切换、监控和调节气体，可在测试过程中由惰性气氛切换到反应性气氛，可自动切换 4～5 种气体。

4. 自动进样器

自动进样器的主要功能是在设置好测试条件的前提下，可按照指令抓取坩埚，送入仪器开始测试，实验结束后再取出坩埚，可使仪器连续 24 h 工作，大大提高了工作效率。自动进样器能处理多达 30 个样品，每种样品都可用不同的测试方法和不同的坩埚，但需要注意的是，坩埚放的位置和软件设置的坩埚位置一定要一致，否则会马上弹出一个窗口提示，并且停止工作，直至调整两者坩埚的位置一致，才继续工作；自动进样器的另外一个功能是，能在测量前移走坩埚的保护盖，或者给密封的铝坩埚的盖钻孔。这种独特的功能可以防止样品在称量后到测量前这段时间吸入或失去水分，也能防止对氧气敏感的样品在测试前发生变化。如果是挥发性很强的样品则不适宜用自动进样排队等待测试，因为卷边铝坩埚的盖子上有洞，样品容易挥发。最好是称好样品后马上测试或改用密封坩埚测试。

5. 制冷设备

DSC 配有一个外置机械式制冷机，可使炉温降至−90℃，为防止结冰和冷凝，吹扫气体一定要环绕在炉体周围，避免炉体和炉盖冻结。机械制冷的最大特点是方便，比罐装液氮省时省力，缺点是温度降得越低，所需时间越长，并且使用温度范围不如液氮宽，液氮可使温度降得更低。需要注意的是制冷机不能在超过 32℃的室温条件下工作，最佳使用温度为 22℃。

13.2.2　基本工作原理

DSC 测量的基本原理是在程序控制温度和一定气氛下，测量输入给待测试样和参比物之间的热流量(功率差)与温度(时间)的关系。根据测量方法的不同，DSC 可分为热流型与功率补偿型两种。

1. 功率补偿型差示扫描量热仪

功率补偿型 DSC 的主要特点是试样和参比物分别具有独立的加热器和传感器，如图 13-2 所示，整个仪器由两条控制电路进行监控：其中一条控制温度，使样品和参比物在预定的速率下升温或降温；另一条用于补偿样品和参比物之间所产生的温差，通过功率补偿电路使样品与参比物的温度保持相同。当试样发生热效应时如放热，试样温度高于参比物温度，放置于它们下面的一组差示热电偶产生温差电势$U_{\Delta T}$，经差热放大器放大后送入功率补偿放大器，功率补偿放大器自动调节补偿加热丝的电流，使试样下面的电流 I_s 减小，参比物下面的电流 I_R 增大，从而降低试样的温度，提高参比物的温度，使试样与参比物之间的温差ΔT趋于零，使试样与参比物的温度始终维持相同。因此，只要记录试样放热速度(吸热速度)，即补偿给试样和参比物的功率之差随温度 T(时间 t)的变化，就可获得 DSC 曲线。

2. 热流型差示扫描量热仪

热流型 DSC 的主要特点是样品与参比物放置在同一个炉子内，利用导热性能好的康铜盘把热量传输到样品和参比物，以相同的功率均匀加热，样品和参比物的热流差通过试样和参比物平台下的热电偶进行测量，样品温度由镍铬板下方的镍铬-镍铝热电偶直接测量，如图 13-3 所示，其中参比物在测试温度范围内不具有任何热效应，其温度随加热时间线性增加，而样品

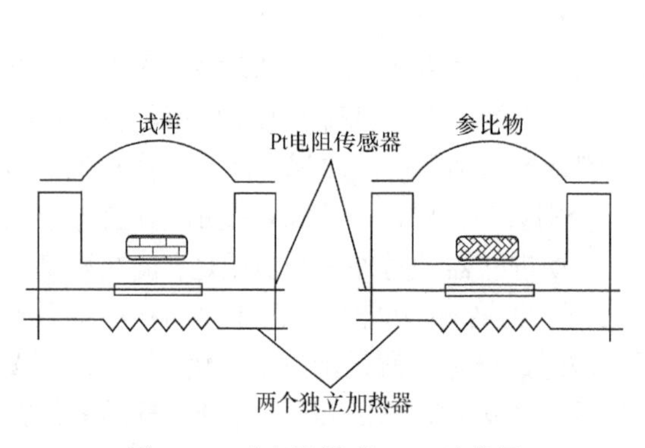

图 13-2　功率补偿型 DSC 示意图

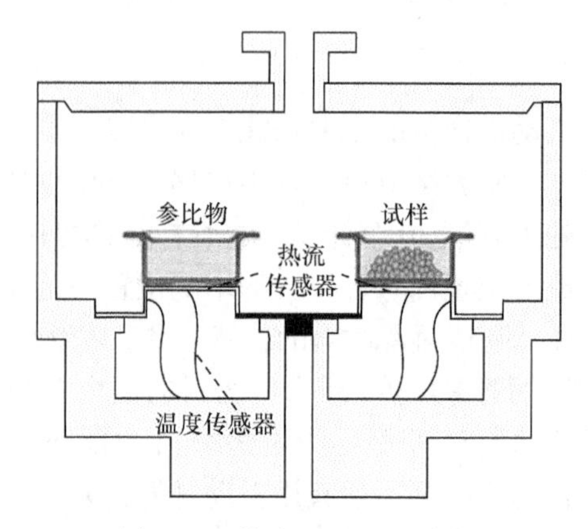

图 13-3　热流型 DSC 示意图

在发生状态变化时，出现放热(如结晶等)、吸热(如晶体熔融、脱结晶水等)或发生化学反应的热效应等情况时，样品与参比物间会出现温度差ΔT，将其换算成热流并作为信号输出，就形成了热流型 DSC 信号曲线。可见，热流型 DSC 仍属 DTA 测量原理，但它可定量地测定热效应，主要是该仪器在等速升温的同时还可自动改变差热放大器的放大倍数，以补偿仪器常数 K 随温度升高所减少的峰面积。

13.3　差示扫描量热分析实验技术

13.3.1　样品制备及测试范围

1. 样品制备

与热重分析实验的制样要求相似，除气态以外所有状态的物质均可用于 DSC 实验，但在制样时应注意以下几个方面：①DSC 制样时，试样量不宜太多，对于大多数样品的测试而言，试样量覆盖坩埚底部即可，由于测试单元位于坩埚正下方，试样应与坩埚底部保持充分接触；②试样应该在待测样品的典型区域选取，使其具有代表性；③试样的质量一般通过差减法由十万分之一克的分析天平准确称取；④在实验过程中试样所含有的溶剂或水分等挥发性物质气化所产生的热效应会影响 DSC 曲线的形状，并且对仪器运行产生较大隐患，因此在制样前应对样品进行相应的处理，以尽可能地消除该类影响。

2. 测试应用范围

DSC 不仅能够应用于材料的特性研究，如材料的玻璃化转变温度、冷结晶、相转变、熔融、结晶、热稳定性、固化/交联及氧化诱导期等的研究，还适用于药物结构分析、无机物及有机物的热性质分析，但由于分解实验会污染炉体，严重情况下会使传感器失效，因此 DSC 一般禁止用于材料分解研究。

13.3.2　测量模式及选择

1. 等温 DSC 测量模式

等温 DSC 测量模式不常用，主要特点是 DSC 快速升高至某一温度点，然后恒定在该温度下获取样品和参比物之间的温度差，再转换成热流信号形成等温 DSC 曲线图。此测量模式主要用于结晶过程(包括多晶型现象)、解吸蒸发和干燥、化学反应(自动氧化、聚合或热分解)等研究，等温 DSC 测量模式的最大优点在于所测量的热效应几乎不受其他热效应的干扰，因为其他热效应发生在其他温度点，所以等温 DSC 曲线往往比动态测量曲线更容易解释样品信息。但等温 DSC 测量模式不适宜测量样品比热容的变化，因为通常的等温曲线观察不到样品比热容的变化，基线是完全水平的。

2. 动态 DSC 测量模式

动态 DSC 测量模式是通常使用的测量模式，程序控制温度按设定的速率增加，获取样品和参比物之间的温度差，转换成热流信号形成动态 DSC 曲线图，在一次变温周期中(升温、降温或升降温)完成所有热效应的测试，但若样品情况复杂则曲线分析就不太容易，各种热效应间会造成相互干扰。

13.3.3 影响差示扫描量热分析的因素

影响 DSC 的因素和 DTA 基本类似，由于前者主要用于定量测定，因此某些实验因素的影响显得更为重要，其主要的影响因素大致有以下几方面。

1. 实验条件的影响

1) 升温速率

升温速率主要影响 DSC 曲线的峰温和峰形，最终影响检测的分辨率和灵敏度。一般升温速率越快，峰温越高、峰形越大，灵敏度越高；升温速率越慢，峰形越尖锐，分辨率越高。例如，在分析升温速率对聚合物玻璃化转变温度 T_g 的影响时，因为聚合物玻璃化转变是分子链段的松弛过程，升温速率太慢，转变不明显，甚至观察不到，升温速率太快，玻璃化转变明显，但 T_g 向高温移动；而升温速率对熔点 T_m 影响不大，但少量聚合物在升温过程中会发生晶体重组、完善化，使 T_m 和结晶度都提高。升温速率一般采用 10℃ · min^{-1} 或 20℃ · min^{-1}。

2) 气体性质

在 DSC 分析实验中，气氛对测试的影响首先考虑试样是否会和气氛发生作用，当气氛参与反应时会带来很大影响，一般情况下采用惰性气体；其次，气氛压力大小对试样的变化过程包括发生机理都会带来影响，峰形开始外推起始温度、结束温度和峰温都会随压力升高而增大，但较低压力下峰的分辨率较差；最后，气体性质对测定也有显著影响，主要影响 DSC 定量分析中的峰温和热焓值。例如，在氦气中测定的起始温度和峰温都比较低，这是由于氦气的导热性近乎空气的 5 倍；同样，不同的气氛对热焓值的影响也存在明显的差别，如在氦气中测定的热焓值只相当于其他气氛的 40%左右。

2. 试样特性的影响

1) 试样用量

试样用量是一个不可忽视的因素。当样品量增大，峰面积增加，即灵敏度增大，但是基线偏离零线程度增大，另外样品量过多会使试样内部传热慢、温度梯度大，从而导致峰形扩大和分辨率下降；当样品量较少时，可得到较好的分辨率和较规则的峰形，但灵敏度下降，需要根据样品热效应大小调节样品量，一般为 3～5 mg。

2) 试样粒度

试样粒度的影响比较复杂。对于晶体颗粒，通常由于大颗粒的热阻较大而使试样的熔融温度和熔融热焓偏低；但是当结晶的试样研磨成细颗粒时，往往由于晶体结构的改变和结晶度的下降也可导致相似的结果。

3) 试样的几何形状

在实验研究中发现试样几何形状的影响十分明显。为了获得比较精确的峰温值，应该增大试样与坩埚的接触面积，减少试样的厚度并采用慢的升温速率。

13.3.4 差示扫描量热分析曲线

由差示扫描量热仪记录得到的曲线称为 DSC 曲线，其以样品吸热或放热的速率，即热流速率 dH/dt(mJ · s^{-1}，即 mW)为纵坐标，以温度 T 或时间 t 为横坐标。通过 DSC 曲线可以获取相应的特征温度或时间信息，此外，由 DSC 曲线的峰面积还可以得到转变过程的热效应，相应的热效应可以换算为热焓。由 DSC 测量的热焓是焓变值，即试样发生热转变前后的ΔH，对于等压反应过程，等于变化过程所吸收的热量 Q。

13.4　差示扫描量热分析在材料分析中的应用

差示扫描量热仪具有灵敏度高、低温下限低及能够定量分析的优点，使其应用领域很宽，特别适用于高分子材料领域的研究。在实际应用中，通过 DSC 曲线能够获取多种热力学和动力学参数，如比热容、相变温度、玻璃化转变温度、熔点、聚合物结晶度、反应速率、反应热、结晶速率、混合物和共聚物的组成和样品纯度等，下面通过案例简要介绍差示扫描量热分析在材料研究中的几种主要应用。

13.4.1　DSC 测定聚合物初始结晶度

结晶聚合物通常是由排列规则的晶区和无序排列的非晶区共同组成的，晶区部分所占的质量分数或者体积分数称为结晶度，是聚合物材料的一个重要参数，影响聚合物的许多重要性能，如强度、耐热性、耐化学性等，所以准确测定聚合物结晶度越来越受到研究人员的重视。其中，初始结晶度的本质也是结晶度，是指聚合物在加工之后直接形成的结晶度(未经过热历史消除处理)，在 DSC 测试中是指聚合物加工之后初次加热测试得到的结晶度。

DSC 测定初始结晶度的方法如下：以一定的速率将聚合物加热到熔融温度以上，其内部的晶体会发生熔融，在 DSC 曲线上表现为吸热峰，通过积分计算熔融峰曲线和基线所包围面积，该面积可以换算为热量，即为聚合物中结晶部分的熔融焓 $\Delta_r H_m$，与其结晶度成正比，结晶度越高，熔融焓越大。如果已知某聚合物 100%结晶时的熔融焓 $\Delta_r H_m^{\ominus}$ (可从手册中查得)，部分结晶聚合物的初始结晶度可按下式计算：

$$X_c = \frac{\Delta_r H_m}{\Delta_r H_m^{\ominus}} \times 100\% \tag{13-1}$$

式中，$\Delta_r H_m$ 为试样测试的熔融焓；$\Delta_r H_m^{\ominus}$ 为聚合物 100%结晶时的理论熔融焓。

图 13-4 是聚甲醛(POM)样品 DSC 测试结果，测试得到的熔融焓是 148.06 $J \cdot g^{-1}$，查文献得到样品 100%结晶的理论熔融焓为 326 $J \cdot g^{-1}$，则根据式(13-1)计算得到该样品的初始结晶度为$(148.06/326) \times 100\% = 45.4\%$。

式(13-1)适用于在升温过程只有单一熔点，无冷结晶现象聚合物的初始结晶度的计算。少数结晶性聚合物在升温过程中会出现二次结晶现象(冷结晶)，对于这样的样品式(13-1)并不适用，应该按照以下公式计算初始结晶度：

$$X_{c,DSC} = \frac{\Delta_r H_m - \Delta_r H_c}{\Delta_r H_m^{\ominus}} \times 100\% \tag{13-2}$$

式中，$\Delta_r H_m$ 为试样测试的熔融焓；$\Delta_r H_m^{\ominus}$ 为聚合物 100%结晶时的理论熔融焓；$\Delta_r H_c$ 为试样的冷结晶焓。

DSC 测试聚合物结晶度不仅简单易行而且测试时间短，准确度高，重复性好及定量准确。

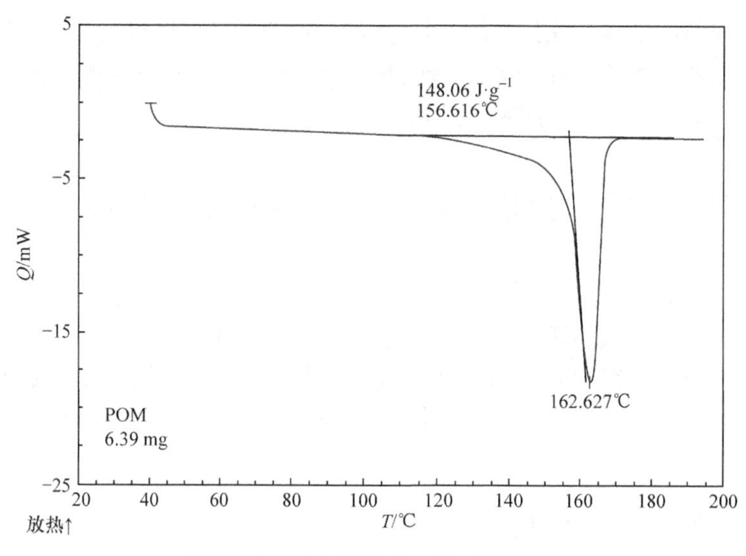

图 13-4　POM 样品的 DSC 测试数据

13.4.2　DSC 测定物质的比热容

比热容是单位质量(1 g)物质改变单位温度(1℃)时所吸收或释放的热量($J \cdot g^{-1} \cdot ℃^{-1}$)，反映了物质吸收或放出热量的能力，体现了分子的运动能力，是一个十分重要的热力学参数。常见的比热容测量方法有混合法、保护绝热法、差示扫描量热法、比较热量计法和绝热式热量计法等。与其他方法相比，DSC 法测量比热容具有样品量少、测量时间短、测定温度范围宽等优点。由 DSC 法测定试样比热容的方法主要有直接法和间接法两种。

1. 直接法测定物质的比热容

直接法测量比热容的基本原理是，在线性变化的程序控制温度下，在任意瞬间流入试样的热流速率 $\mathrm{d}H/\mathrm{d}t$ 与试样在该时刻比热容的瞬时值成正比，即

$$\mathrm{d}H / \mathrm{d}t = mC_p \mathrm{d}T / \mathrm{d}t \tag{13-3}$$

$$C_p = \frac{1}{m} \times \frac{\mathrm{d}H / \mathrm{d}t}{\mathrm{d}T / \mathrm{d}t} \tag{13-4}$$

式中，$\mathrm{d}H/\mathrm{d}t$ 为热流速率；m 为试样质量；C_p 为试样比热容；$\mathrm{d}T/\mathrm{d}t$ 为升温速率。

但由这种方法得到的比热容数值往往具有较大的误差，造成这种误差的原因有以下几方面：①在测定的温度范围内，仪器的校正常数不是一个恒定值；②在测定的温度范围内，$\mathrm{d}H/\mathrm{d}t$ 与温度无法保持绝对的线性关系；③在整个测定范围内，基线不可能完全平直；④在整个测定范围内，仪器自身也会带来一定的误差。

为了有效避免以上这些因素的影响，通常采用间接法来测量物质的比热容。

2. 间接法测定物质的比热容

间接法是在相同条件下测量标准物质(通常为蓝宝石)和样品的热流曲线，在已知标准物质比热容的前提下，通过两者的比例关系计算样品的比热容。但此方法需要进行 3 次实验(相同的升温速率)以补偿热焓校正误差、基线弯曲和无绝对热流信号等问题，具体测试

程序如下：

(1) 测试空白基线。以固定的速率 β 升温，在参比端与样品端各放置一个同样的空白坩埚，以此扣除仪器和坩埚自身的热容影响。

(2) 测试标样。样品坩埚中放入蓝宝石标样，参比端放置空白坩埚，用相同的升温速率 β 测试。

(3) 测试试样。样品坩埚中放入待测样品，参比端放置空白坩埚，重复上述操作进行测试。

3 次实验后所得到的 DSC 曲线如图 13-5 所示。

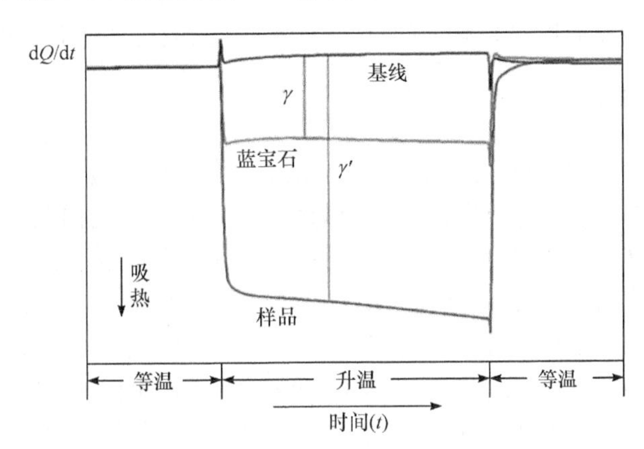

图 13-5　间接法测量样品的比热容

在某一温度下，样品的热流速率为

$$\gamma = mC_p \frac{\mathrm{d}T}{\mathrm{d}t} \tag{13-5}$$

同样温度下，蓝宝石的热流速率为

$$\gamma' = m'C'_p \frac{\mathrm{d}T}{\mathrm{d}t} \tag{13-6}$$

由上述两式可得到样品的比热容为

$$C_p = C'_p \frac{m'\gamma}{m\gamma'} \tag{13-7}$$

式中，C_p 为试样的比热容；C'_p 为标准物质蓝宝石的比热容；m 为试样的质量；m' 为蓝宝石的质量。

由图 13-5 可以直接测量出 γ 和 γ' 的值，代入式(13-7)即可计算得到样品的比热容。需要注意的是，当有相变存在时，比热是不能连续测量的，因为部分热量用于产生物质更高能量的状态，并不是所有热量都用来提高温度。因此，DSC 测比热容只适合没有相变的过程。

在间接法中，测量得到的比热容数据的影响因素很多，主要包括：温度校准和灵敏度校准、仪器的稳定性、空白基线的测定等。在测定液体样品的比热容数据时，需考虑样品在实验过程中挥发的影响。为了得到比较好的实验数据，需要注意以下问题：

(1) 由于间接法确定比热容是在相同的实验条件下进行的，为了有效避免仪器状态对实验开始时的启动影响，并确保 3 次实验的加热阶段仪器的状态尽可能一致，因此在实验过程的开始加热阶段和结束阶段通常各增加几分钟的等温段。

(2) 实验时样品应与坩埚底部保持充分接触，样品形状最好与所用的标准物质一致。

(3) 在实验期间，样品的质量不应出现明显的变化。为了避免在实验过程中样品或坩埚含有的溶剂、吸附水等小分子的气化影响曲线形状，通常在实验开始记录数据前先将试样和空白坩埚加热至实验的最高温度并等温一段时间。待温度降至开始温度，等温后再开始实验。

13.4.3　DSC 测定聚合物玻璃化转变温度

玻璃化转变温度(T_g)是高分子聚合物的固有特性，是材料内部分子运动的宏观体现。对分子结构而言，玻璃化转变温度是材料内部分子链段从不能运动到能够运动的转变温度。

1. 玻璃化转变温度的测量

在 DSC 曲线上，玻璃化转变通常是一个台阶式变化，T_g 取值方法一般有两种：一种是中点法 T_{mg}，与两条外推基线距离相等的线与曲线的交点；另一种是拐点法，把测定的拐点本身作为玻璃化转变温度 T_g，它可通过测定微分 DSC 信号最大值或转变区斜率最大处对应的温度而得到，这两种方法标定的 T_g 值有微小差别，如聚苯乙烯的 DSC 曲线图，如图 13-6 所示，采用中点法标定的 T_g 值为 104.22℃[图 13-6(a)]，而采用拐点法所测定的 T_g 值为 106.47℃[图 13-6(b)]，两者相差 2.25℃。另外需要注意的是，聚合物发生玻璃化转变时，链段运动将被激发，而链段运动本身是一个松弛过程，因此 T_g 值的大小强烈依赖于测试条件(如测量方法、升温速率或降温速率等)，因此在报道测试结果时，需要说明测量方法及测试条件。

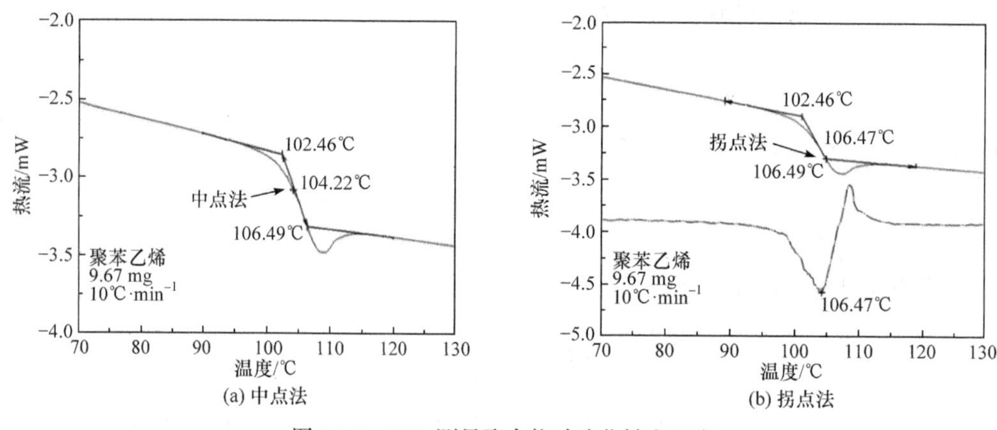

图 13-6　DSC 测量聚合物玻璃化转变温度

2. 玻璃化转变温度的应用

聚合物材料改性中最简便可行的方法就是将不同特性的高分子材料进行物理共混(blend)，以此形成优势互补的新材料，其中共混各组分的相容性是影响新材料性能的重要因素。利用 DSC 测定高分子共混物的玻璃化转变温度 T_g 是研究其相容结构的一种十分简便有效的方法。例如，对于相容性很差的高分子共混物，在 DSC 曲线上将显示各自本身的 T_g；若曲线上各组分的 T_g 有不同程度的接近，则表明各组分之间有一定的相容性；理想情况下，共混物的 DSC 曲线上只存在一个 T_g，则表明各组分的相容性非常好，在分子尺寸上进行了互容。

例如，分别测量聚碳酸酯(PC)、聚对苯二甲酸丁二醇酯(PBT)、PC/PBT 的共混物及加入多壁碳纳米管(MWCNT)改性后的共混物的 DSC 曲线，如图 13-7 所示，PC 均聚物的 T_g 大约为

147℃，PBT 均聚物的 T_g 大约为 76℃，曲线(c)显示在 121℃之后出现了一个较为明显的台阶和一个较弱的台阶，其中 121℃代表共混物中 PBT 的 T_g，138℃代表共混物中 PC 的 T_g。T_g 的偏移和两个 T_g 现象均说明 PC 和 PBT 是部分不相容的聚合物。然而，在掺杂了少量 MWCNT 后，曲线(d)在 135℃附近出现了一个单一的 T_g 峰，表明此时 PC 和 PBT 变得互容。在改性后的共混物中，MWCNT 作为黏度改性剂，增加了 PBT 的熔融黏度，使其更加接近 PC 的熔融黏度，由此改变了混容状态。此外，加入 MWCNT 还使共混物的 T_g 升高，这是由 CNT 和聚合物基体强的相互作用引起的。聚合物中富电子的苯环与 MWCNT 的 π-π 相互作用抑制了链的流动性，增加了复合材料的热稳定性。

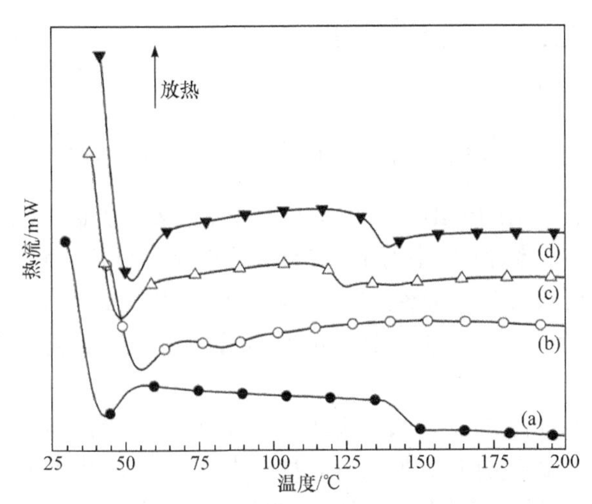

图 13-7　PC、PBT、PC/PBT 及 MWCNT 改性共混物的 DSC 曲线

(a) PC；(b) PBT；(c) 90PC/10PBT；(d) 90PC/10PBT/0.35%MWCNT

13.4.4　DSC 测定材料的熔点

1. 熔点的测量

熔融是物质从有序的结晶状态到无序的液体状态的转变过程，是一级相转变，发生熔融的温度称为熔点或熔融温度，在熔融过程中产生的热效应称为熔融热或融化热。常用于测量物质熔点的方法主要有显微熔点法、毛细管法和 DSC 法。显微熔点法和毛细管法主要通过图像的变化来判断熔融过程，而 DSC 法则通过熔融过程的热效应得到熔融温度和熔融热，具有准确性和精度高等优点。小分子晶体的熔程温度范围很窄(一般小于 1℃)，而聚合物由于结晶不完全，其熔融温度往往是一个较宽的范围(一般为 10～20℃)。熔融在 DSC 曲线上表现为吸热峰，由于小分子和聚合物的熔程差异较大，因此目前习惯上规定：对于小分子样品以 DSC 峰基线与峰切线的交点(外推起始温度)作为熔点，如图 13-8(a)是标准金属铟样品的熔融测试曲线，通过外推起始温度点得到熔点为 156.60℃，与理论值非常吻合；对于高分子样品通常选择熔融峰的峰温作为熔点，如图 13-8(b)是高分子聚对苯二甲酸乙二醇酯(PET)的熔融测试结果，其熔点为峰温 249.70℃。

2. 熔点的应用

红外光谱法对于高分子材料成分的定性鉴别具有非常重要的作用，但是在同系物及同类别的材料鉴别中有一定的局限性，此时也可以借助聚合物的熔融温度、结晶温度等进行补充分

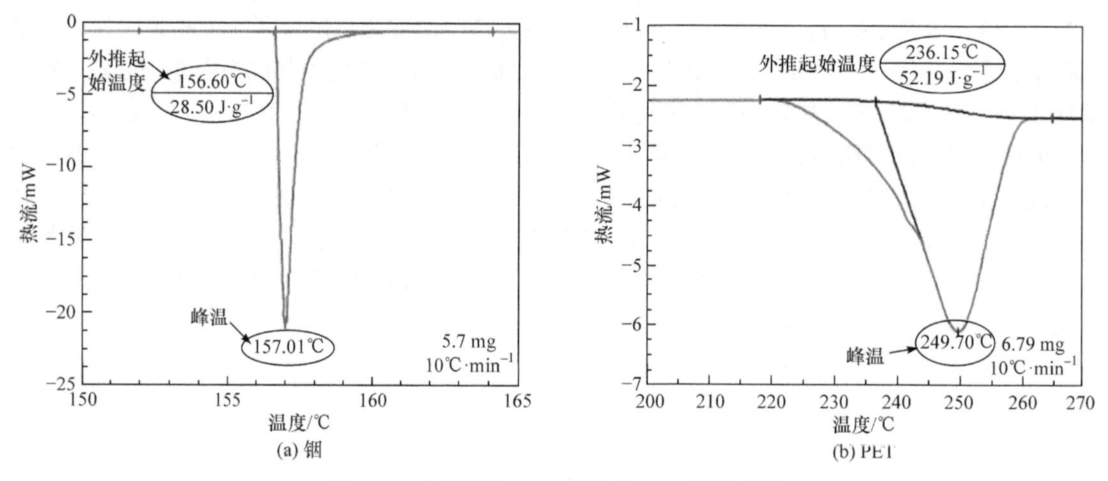

图 13-8　金属铟和 PET 样品的 DSC 测试曲线

析。而目前测量材料熔点常用的毛细管法存在人为视觉误差、初始融化点判断滞后等缺点，特别对于多组分混合体系，毛细管法测得的熔点数据的重复性很差。而应用 DSC 与 TG 两种技术相结合的分析方式，可获得令人满意的结果，不仅可准确测试出材料的熔点，并可以区分出熔融过程中是否存在分解。也就是说，由 DSC 曲线除了可以准确确定熔融温度外，还可得到熔融焓和分解温度等信息。

例如，鉴定标签的材质是否为 PEN，从红外光谱图上看 PET、PEN 和 PBT 的红外光谱图非常相似(图 13-9 IR)，难以区分其标签的材质是否为 PEN。分别对 PET、PEN、PBT 做 DSC 测试，分析熔点和结晶温度，如图 13-9 所示，根据文献资料，PBT 的熔点在 220℃左右，PET 和 PEN 的熔点在 260℃左右，PET 的结晶温度在 210℃左右，PEN 的结晶温度在 190℃

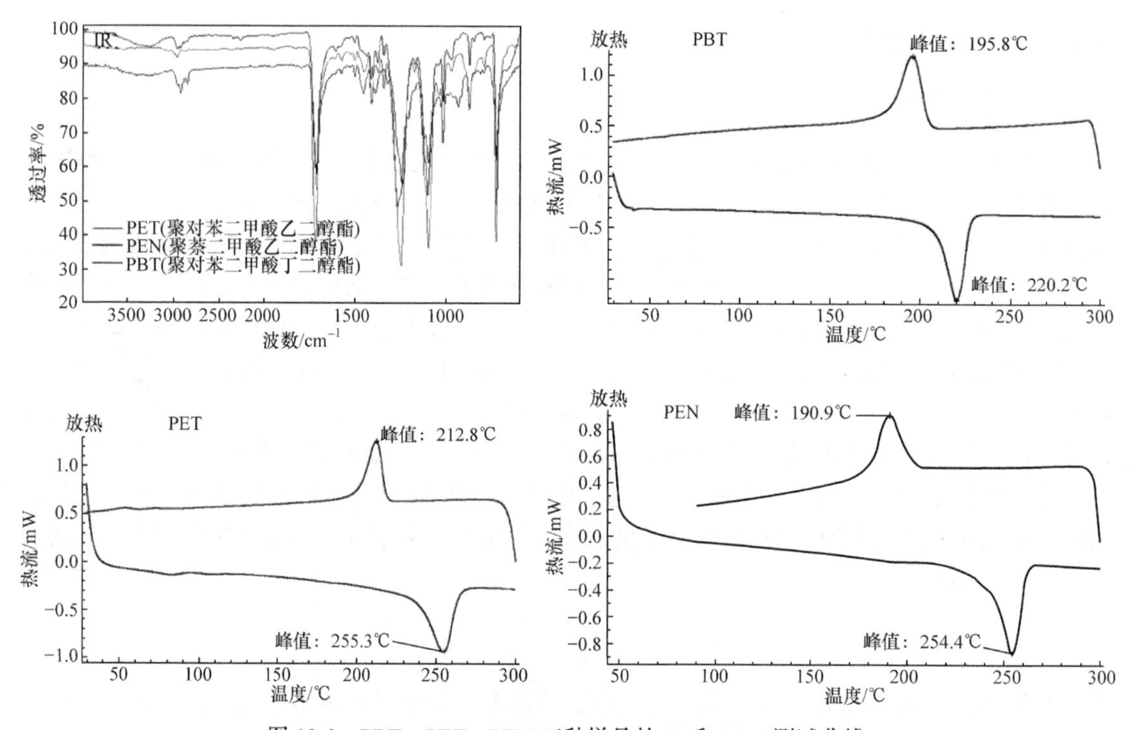

图 13-9　PBT、PET、PEN 三种样品的 IR 和 DSC 测试曲线

左右，从熔点可以轻易地将 PBT 区分出来，但 PET 和 PEN 从熔点上不能区分出来，而从结晶温度可以轻易将两者区分开，因此借助 DSC 从三者的物理特性熔融温度和结晶温度可以轻易鉴定标签的材质是否为 PEN。

13.5　差示扫描量热分析调制技术应用

差示扫描量热分析调制技术(MDSC)是在普通 DSC 的基础上，新发展的一种热分析技术。普通 DSC 反映的是总热流与温度或时间的函数关系，难以分辨一些弱转变和相互重叠的热效应。MDSC 技术则是在传统线性变温基础上叠加一个正弦振荡的温度控制程序，使样品在线性升温和正弦升温相结合的模式下测试，同时提高仪器的分辨率和灵敏度进行数据采集，再利用傅里叶变换将测定的总热流量即时分解成可逆热流(对应样品内部的热焓改变，与热容相关，如玻璃化转变、大部分的熔融等)和不可逆热流(对应样品的相变，与动力学相关，如固化挥发和分解等)，从而将复杂的热效应加以分离，实现各种热效应清晰单独的呈现。

13.5.1　MDSC 分析玻璃化转变温度

在各类热分析仪器中，DSC 是测试玻璃化转变温度 T_g 最常用的仪器，在 DSC 曲线上，玻璃化转变通常是一个台阶式的变化，但有些样品由于成分复杂或热历史的原因可能会在玻璃化转变过程中重叠其他热效应，如热焓松弛、结晶、小分子逸出、交联、熔融等，使曲线变得复杂，或者玻璃化转变现象很微弱，难以检测。这种情况下可采取 MDSC 进行测试，因为玻璃化转变属于可逆变化，所以在数据分析时选择可逆热流曲线即可很容易地获取 T_g。

如图 13-10 所示是环氧树脂的 MDSC 测试结果，该样品在发生玻璃化转变现象的同时伴随后固化反应发生，但普通 DSC 测试技术只能得到样品发生物理化学变化时吸放热效应的总和，得到的结果与 MDSC 测试结果中的总热流曲线相当，很难确定 T_g。采用 MDSC 技术，可以在总热流曲线中通过傅里叶变换分离出可逆热流曲线，正好是环氧树脂的玻璃化转变现象，可以很清楚地确定 T_g。图 13-11 是聚乳酸-羟基乙酸共聚物(PLGA)样品的 MDSC 测试结果，该样品在发生玻璃化转变时伴随热焓松弛现象，总热流曲线呈现的是一个类似熔融的吸热峰，

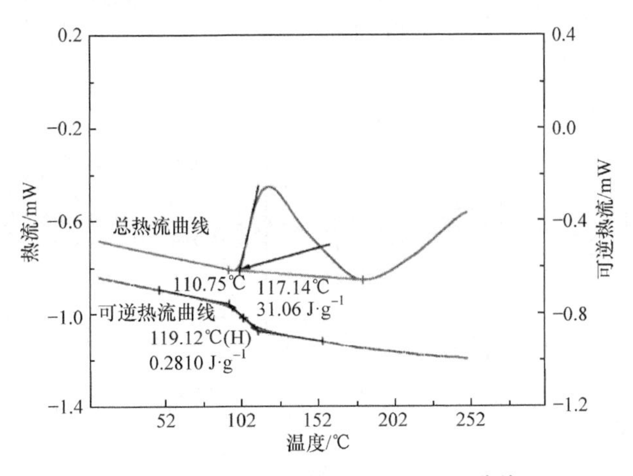

图 13-10　环氧树脂的 MDSC 测试曲线

致使 T_g 分析较为困难，而通过傅里叶变换将该曲线分解为不可逆热流曲线和可逆热流曲线，则可以很清楚地分析出该样品的 T_g。

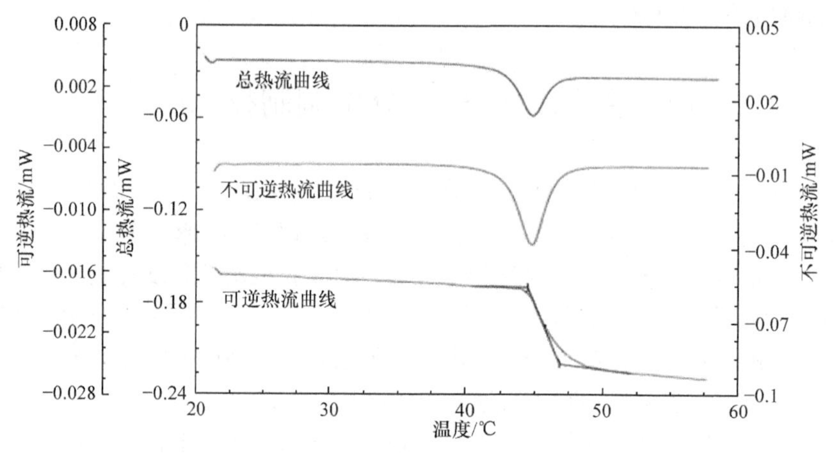

图 13-11　聚乳酸-羟基乙酸共聚物的 MDSC 测试曲线

MDSC 是测试玻璃化转变温度的一项非常有用的技术，在分离一些重叠热效应准确判断 T_g 上有无可比拟的优势。

13.5.2　MDSC 分析聚合物的结晶度

结晶性高聚物的结晶过程通常伴随分子凝聚态结构的变化，晶体完善、晶型转变、冷结晶、氢键作用等都会导致热分析过程的复杂化，采用普通 DSC 只能观察到热反应的总热流情况，无法呈现热流叠加的情况，从而导致聚合物结晶度的计算出现错误，而采用 MDSC 分析技术可以将聚合物结晶及熔融过程中的结晶、冷结晶、熔融及重结晶等过程以及热焓变化分离得清晰正确，从而避免计算错误。

例如，PET 一般作为 DSC 测试中的标准样品，升温曲线中可同时出现玻璃化转变、冷结晶及熔融等热效应。在本实验中 PET 样品在 DSC 测试前进行了热历史的消除，然后采用液氮进行了淬冷，理论上初始结晶度应该为 0。图 13-12(a)为普通 DSC 曲线，图中显示该样品在升温过程中有冷结晶现象出现，分别对该曲线图中的冷结晶及熔融峰进行积分，然后采用式(13-2)计算初始结晶度，查阅文献得到 PET 样品 100%结晶的理论熔融焓为 140 J · g^{-1}，

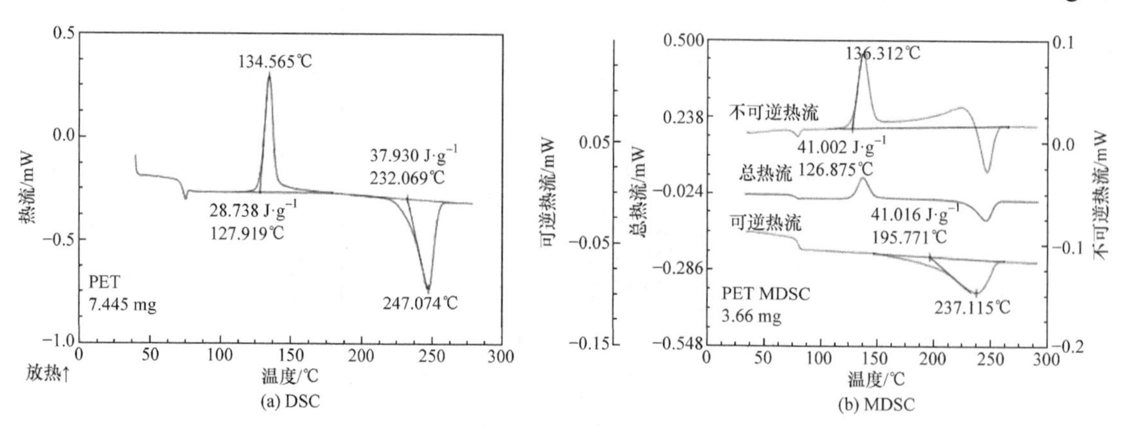

图 13-12　淬冷 PET 样品的 DSC 和 MDSC 测试曲线

则样品的初始结晶度为 100%×(37.930–28.738)/140 = 6.56%，与理论值不符。

采用 MDSC 技术分析上述错误产生的原因，如图 13-12(b)所示，将总热流曲线进行傅里叶变换分离成可逆热流和不可逆热流曲线之后发现，样品在冷结晶之后还持续发生了重结晶和熔融的叠加相变，并且贯穿整个熔程之间，而普通 DSC 测试只能得到样品吸放热现象的总和，所以遗漏了这部分信息，用 MDSC 技术计算结晶度时，应该用“100%×(可逆热流曲线的焓值 – 不可逆热流曲线的总焓值)/样品 100%结晶理论熔融焓”来计算，由此算得样品的初始结晶度为 100%×(41.016 – 41.002)/140 = 0.01%，与理论值很接近，在误差允许范围内。

参考文献

丁延伟, 郑康, 钱义祥. 2020. 热分析实验方案设计与曲线解析概论[M]. 北京: 化学工业出版社.

吴刚. 2001. 材料结构表征及应用[M]. 北京: 化学工业出版社.

徐丽, 浦群, 郑娜, 等. 2018. 调制 DSC 研究结晶性高聚物[J]. 实验技术与管理, 7(35): 70-74.

周平华, 许乾慰. 2004. 热分析在高分子材料中的应用[J]. 上海塑料, 3(1): 36-40.

Wagner M. 2011. 热分析应用基础[M]. 陆立明, 编译. 上海: 东华大学出版社.

Maiti S, Suin S, Shrivastava N K, et al. 2013. Low percolation threshold in polycarbonate/multiwalled carbon nanotubes nanocomposites through melt blending with poly(butyleneterephthalate)[J]. Journal of Applied Polymer Science, 130(1): 543-553.

习　题

1. 材料的玻璃态和玻璃化转变有什么特点？
2. 聚合物材料的物理老化和热焓松弛是什么？
3. 功率补偿型和热流型 DSC 的工作原理分别是什么？
4. 影响 DSC 测试的因素主要有哪些？
5. 为什么在 DSC 谱图中聚合物的玻璃化转变表现为基线的突变？
6. 如果实验升、降温速率减小(如 5℃/min)，测得的玻璃化转变温度会如何变化？
7. 实验中两次升温扫描所测得的结晶度为什么不同？

第 14 章　动态力学热分析技术

动态力学热分析(dynamic mechanical thermal analysis，DMA)是在程序控温和交变应力作用下，测量试样的动态模量和力学阻尼随温度变化的一种热分析方法。与拉伸、弯曲、冲击、压缩、剪切等单一力方向的传统力学测试相比，动态力学热分析最大的特点是采用交变应力和往复运动；而相对于 DSC、TG 等热分析技术，DMA 在测试聚合物玻璃化转变或其他相变特性方面具有更好的精度，同时可以模拟材料在实际应用环境下的力学响应，评价材料的使用效能，如阻尼性能、触变性能等；并且可以进一步通过时-温等效原理分析预测材料在超低温、超高温、超高频率或超长时间等条件下的力学响应，以此获取材料极端环境中的使用性能。

14.1　基 础 知 识

14.1.1　材料的黏弹性

材料受到外界力作用时将产生形变或流动的响应现象称为黏弹性(viscoelasticity)，它是材料的一种固有性质。

理想弹性体的行为服从胡克定律，应力与应变呈线性关系，即

$$\sigma = E\varepsilon \tag{14-1}$$

式中，σ为应力；E为弹性模量；ε为应变。可用弹簧模型表示，其受力时平衡应变瞬间达到，外力解除时应变立即恢复，如图 14-1(a)所示。

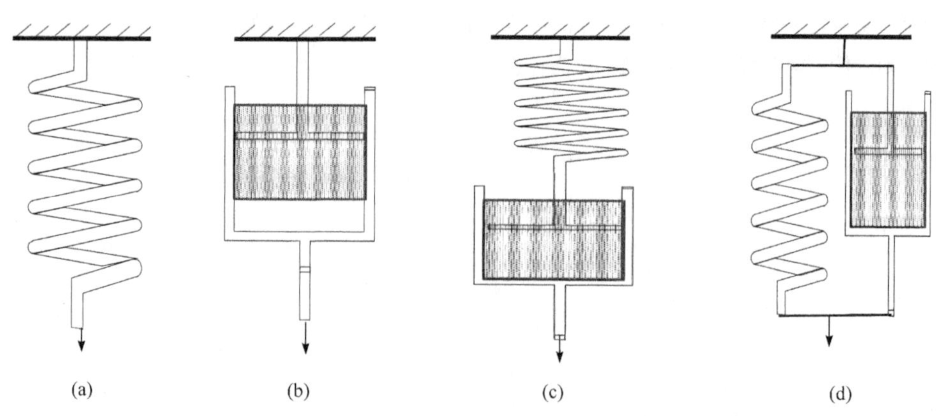

图 14-1　聚合物黏弹性行为模型示意图

(a) 弹簧模型；(b) 黏壶模型；(c) 麦克斯韦模型；(d) 开尔文模型

而理想黏流体行为服从牛顿流动定律，应力与应变速率呈线性关系，其斜率为黏度，是一个定值，不随应变速率的变化而变化。以剪切流变为例，牛顿定律可表示为

$$\sigma = \eta\dot{\gamma} = \eta\frac{\mathrm{d}\varepsilon}{\mathrm{d}t} \tag{14-2}$$

式中，η 为黏度；$\dot{\gamma}$ 为剪切速率。可用黏壶模型表示，其受力时发生流动，应变随时间线性发展，当外力解除时形变不恢复，如图 14-1(b)所示。

实际材料同时具备弹性和黏性，即黏弹性，与其他物体相比，聚合物材料的这种黏弹性表现得更为显著，主要表现为蠕变及其回复、应力松弛、滞后与内耗等力学松弛现象。这种黏弹性可由弹性行为和黏性行为的组合来描述，即可由弹簧模型和黏壶模型的各种组合来形象地描述，如将弹簧和黏壶串联，即为麦克斯韦(Maxwell)模型，可适用于描述聚合物应力松弛过程，如图 14-1(c)所示；将弹簧和黏壶并联，即为开尔文(Kelvin)模型，可适用于描述聚合物的蠕变行为，如图 14-1(d)所示。

以蠕变现象为例说明聚合物材料的黏弹性行为，图 14-2 是线性非晶态聚合物的拉伸蠕变及回复曲线，由图可见，从时间 t_1 开始对试样施加固定应力，由于材料弹性性能，其应变 ε 瞬间增加到 ε_1，然后随时间延长到 t_2，材料应变逐渐增加至 $\varepsilon_2+\varepsilon_3$；随即撤销应力，材料形变开始回复，弹性应变 ε_1 瞬间回复，推迟弹性应变 ε_2 逐渐回复，黏流应变 ε_3 为永久变形不可回复。

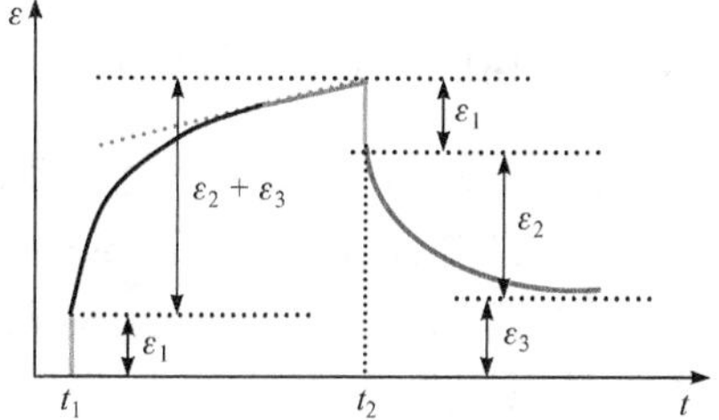

图 14-2　线性非晶态聚合物的拉伸蠕变及回复曲线

14.1.2　动态力学性能基本参数

聚合物材料的动态力学性能参数与材料中的高分子聚集态(晶态、非晶态、液晶态、高聚物的取向、共混等)和材料的力学状态(玻璃态、高弹态、黏流态等)有关。聚合物的力学性能本质上是分子运动状态的反映。因此，测定聚合物材料的动态力学性能参数与温度、频率等因素的关系，就能获得温度范围内因物理和化学变化所引起的材料黏弹性的变化，提供有关高分子材料结构、分子运动及力学转变的指纹信息。评价高分子材料的耐热性、耐寒性、相容性、减振阻尼效率等是高分子材料的设计、加工、应用研究等简便、高效的分析表征手段。

1. 储能模量 E'

储能模量 E' 为实数模量，它反映材料形变过程中由于弹性变形而储存的能量，反映材料黏弹性中的弹性成分，也表征材料的刚度及材料抵抗变形能力的大小，其数学表达式为

$$E'=\frac{\sigma_0}{\varepsilon_0}\cos\delta \tag{14-3}$$

式中，σ_0 为周期性应力振幅；ε_0 为周期性应变振幅；δ 为应变与应力的相位角。

2. 损耗模量 E''

损耗模量 E'' 为虚数模量，它反映材料形变过程中以热损耗的能量，反映材料黏弹性中的黏性成分，也表征材料的阻尼特性，数学表达式为

$$E''=\frac{\sigma_0}{\varepsilon_0}\sin\delta \tag{14-4}$$

式中，σ_0 为周期性应力振幅；ε_0 为周期性应变振幅；δ 为应变与应力的相位角，对于聚合物材料，其值为 0°～90°。

3. 损耗因子 $\tan\delta$

损耗因子 $\tan\delta$ 也称为阻尼因子，它是材料在每个周期中损耗的能量与最大弹性储能之比，可用来反映材料中黏性部分与弹性部分的比例；DMA 图谱中的 $\tan\delta$ 峰可以反映微观分子链的松弛变化过程，其数学表达式为

$$\tan\delta = \frac{E''}{E'} \tag{14-5}$$

式中，E'' 为损耗模量；E' 为储能模量。

14.1.3　材料的动态力学性能谱

聚合物材料在固定频率下储能模量、损耗模量及损耗因子等力学响应随温度的变化情况称为动态力学温度谱，如图 14-3 所示，通常聚合物材料力学状态随温度升高依次表现为玻璃态、高弹态和黏流态，其储能模量 E' 随着温度升高而降低，损耗模量 E'' 随温度升高整体趋势表现为降低，但是在玻璃化转变温度 T_g 和黏流温度 T_f 附近会出现向上的峰。通过动态力学温度谱可以分析材料的使用温度范围、不同温度条件下的刚度等。

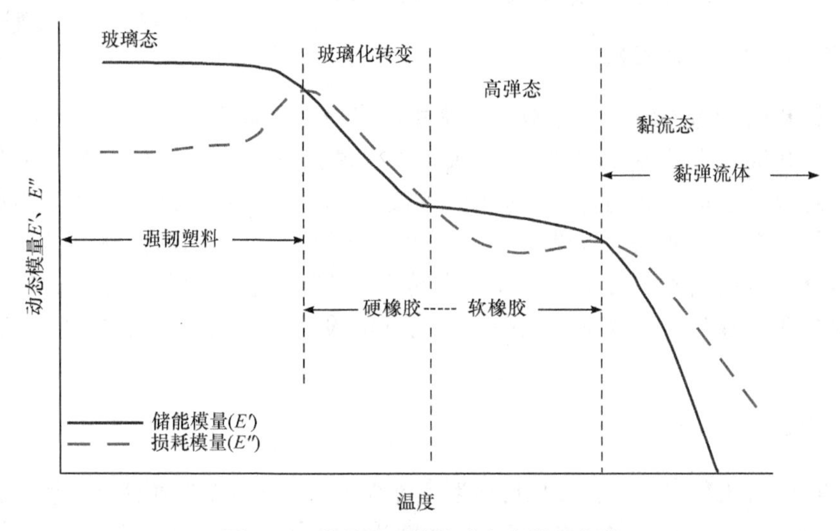

图 14-3　非晶聚合物的动态力学温度谱

聚合物材料在恒定温度下模量及损耗因子等力学响应随频率的变化情况称为动态力学频率谱，如图 14-4 所示，通过动态力学频率谱可观察材料的阻尼特性、粘接剥离能力、流变现象等。

聚合物材料在固定频率和温度下模量及损耗因子等力学响应随时间的变化情况称为动态力学时间谱，如图 14-5 所示，动态力学时间谱常用于观察材料的化学反应过程等，如材料的蠕变、老化、橡胶的硫化、胶黏剂或涂料的固化等。

14.1.4　时-温等效原理

从分子运动的松弛性质可知，聚合物材料的同一个力学松弛行为既可以在较高温度、较短时间内观察到，也可以在较低温度、较长时间内实现，因此升高温度和延长时间对于分子运动而言是等效的，对聚合物材料的黏弹性行为也是等效的，称为时-温等效原理(time-temperature superposition principle，TTS)。

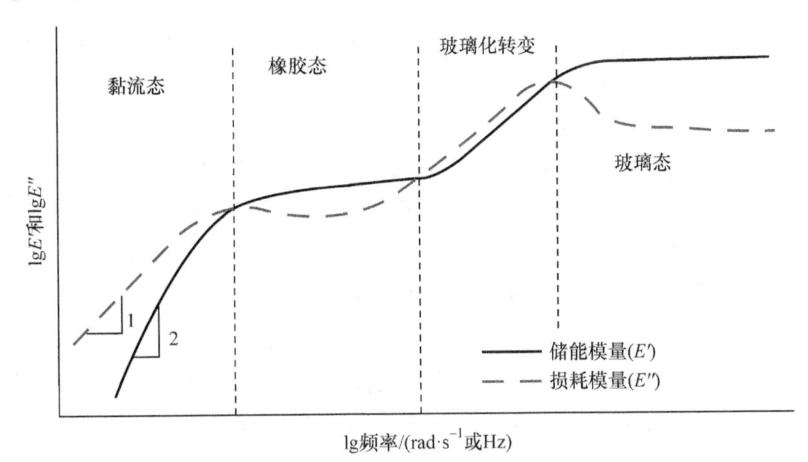

图 14-4　聚合物材料的动态力学频率谱

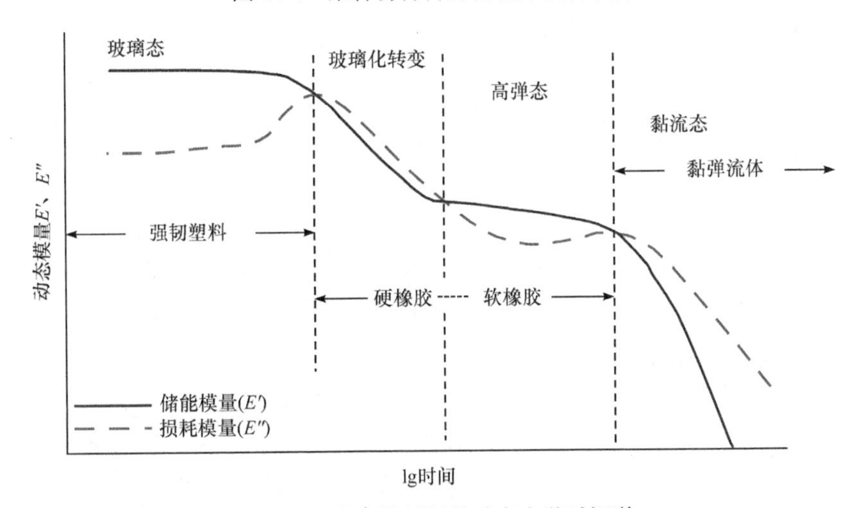

图 14-5　聚合物材料的动态力学时间谱

原理中的等效性可以借助一个转换因子 α_T 来实现，即在某一温度下测得的力学数据可以转变成另一个温度下的力学数据，通过这种转换方式则可预测某一试样在难以达到的温度、频率或时间条件下的材料动态力学性能。若以聚合物的 T_g 为参考温度，在 $T_g \sim T_g + 100$℃，$\lg\alpha_T$ 于 $T \sim T_g$ 的关系均可用 WLF 方程(Williams-Landel-Ferry equation)计算：

$$\lg\alpha_T = \frac{-C_1(T-T_g)}{C_2+(T-T_g)} = \frac{-17.44(T-T_g)}{51.6+(T-T_g)} \tag{14-6}$$

式中，α_T 为转换因子；T_g 为参考温度；T 为测量温度；C_1、C_2 几乎对所有聚合物均有近似值，$C_1 = 17.44$，$C_2 = 51.6$。

WLF 方程有重要的实际意义，关于材料在室温下长期使用寿命及超瞬间性能等问题，实验是无法进行测定的，但可以通过时-温等效原理进行分析。例如，在室温条件下需要几年甚至上百年才能完成的应力松弛过程可以在高温条件下短期内完成；或者在室温条件下几十万分之一秒或几百万分之一秒中完成的应力松弛过程很难被观察到，可以选择低温条件进行，使其过程延长至几小时甚至几天，这样就有充足的时间观察窗口。

14.1.5　动态力学热分析的意义

动态力学热分析只需要很少的样品即可在很宽的温度或频率范围测定材料的动态力学性能，成为研究高分子结构-运动-性能三者关系的简便而有效的方法，同时它可直接获得在动态载荷下使用材料力学性能值，直接指导产品结构、配方设计等。

动态力学热分析主要用于研究微观分子链运动和宏观材料性能之间的关系(图 14-6)，能同时提供聚合物材料的弹性性能与黏性性能；提供材料因物理与化学变化所引起的黏弹性变化性质；分析动态力学谱图可直接获得玻璃化转变温度、黏流温度或熔融温度、次级松弛转变温度、力学损耗、不同温度或频率下的模量值、凝胶时间等；通过分析分子链运动能力和聚集态结构，可间接获得交联、接枝、取向、结晶、相分离等物理或化学变化情况，表征材料的耐寒、耐热、老化、阻尼、加工等性能，可用于研究共混高聚物的相容性、复合材料的界面特性及高分子运动机理等，对高分子材料科学与材料工程有重要的指导意义。

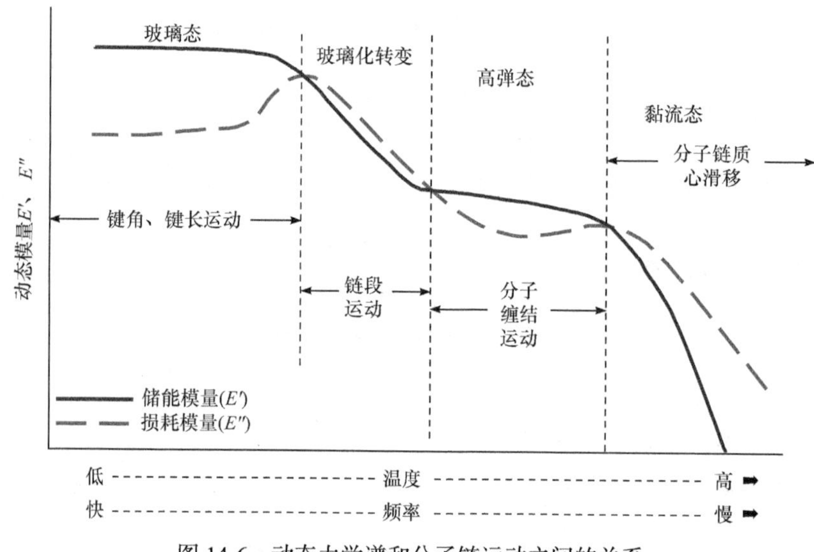

图 14-6　动态力学谱和分子链运动之间的关系

14.2　动态力学热分析仪

1996 年，过梅丽在期刊《现代科学仪器》上介绍了世界先进的动态力学热分析仪及其应用。动态力学热分析仪能够实现材料试样在程序控温条件下，受到周期性动态应力或应变作用，同时测量并记录试样随温度(时间)变化的形变和应力值，获得材料的动态力学热分析温度谱、频率谱或时间谱。

14.2.1　仪器类别

根据力的作用方式不同，仪器分为自由振动法仪、声波传播法仪、强迫共振法仪、强迫非共振法仪等。常用强迫非共振法仪，根据测试样品状态不同，它又分为两类：测试固体试样的动态力学热分析仪和测试液体试样的动态旋转流变仪(DHR)，两种仪器力的作用方式如图 14-7 所示。

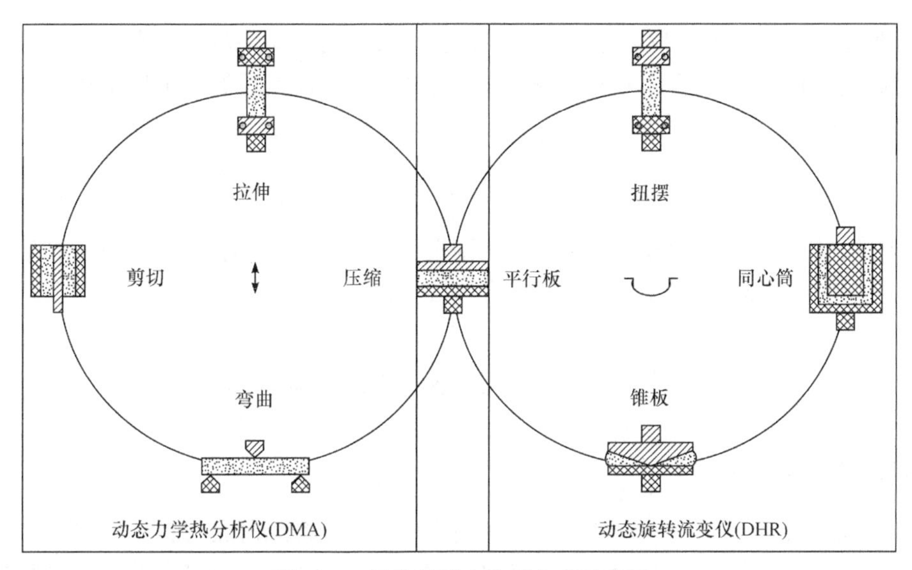

图 14-7　两种仪器力作用方式示意图

根据力和位移测试方法不同，动态力学热分析仪可分为应变控制型和应力控制型。

14.2.2　DMA 内部构造和工作原理

DMA 仪器内部构造通常由振荡装置(包括驱动马达、空气或磁力轴承及各种夹具等)、探测装置(包括位移探测装置如光栅、计时装置、温度探测装置、力测量装置等)、升降温装置(包括加热炉、液氮装置等)、测试结果显示和输出设备等部分组成，如图 14-8 所示。夹具是样品的紧固装置，使样品受力或变形的装置，根据形变形式不同分为拉伸夹具、压缩夹具、单/双悬臂夹具等；振荡装置通过驱动马达按程序产生振荡应力(应变)，通过安装在驱动轴上的夹具将振荡应力(应变)施加到试样上；而探测装置用于确定相关和独立的实验参数，如力(应力)、位移(应变)、频率和温度等，其中温度的测量精度应控制在 ± 0.5℃，力精度控制在 ± 1%，频率精度控制在 ± 0.1 Hz；实验炉体可以采用机械、电或气氛控制实验时腔体内环境。

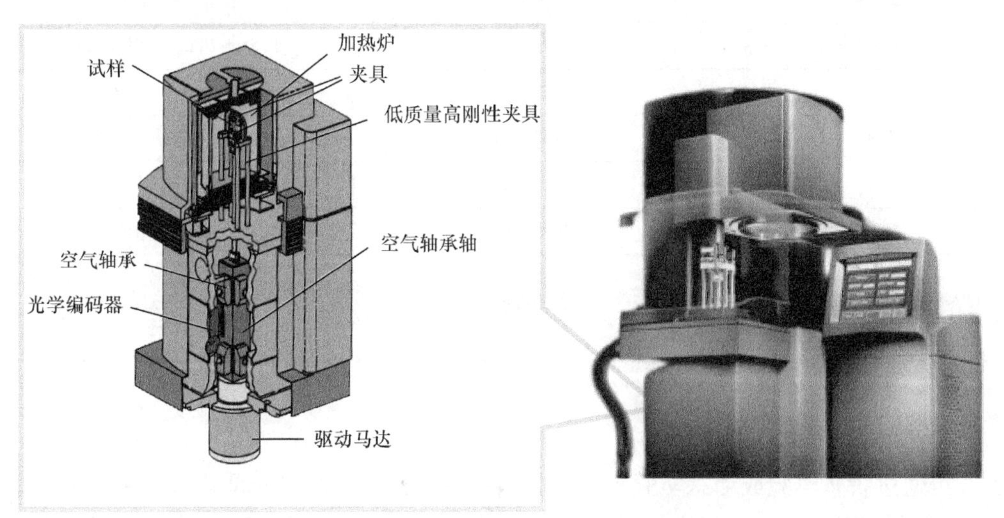

图 14-8　DMA 内部结构示意图

Q800 型动态力学热分析仪通过更换连接在驱动轴上的移动夹具和配套固定夹具，可实现对固体样品的拉伸、压缩、弯曲、剪切等力作用方式。其工作原理是主机控制系统按程序设置的频率控制驱动马达输出交变应力并实时跟踪静态力和动态力，应力引起样品的形变通过光学编码器获得，温度则通过电加热炉和液氮降温系统实现。当主机获得应变、应力数据后，通过傅里叶转换获得正弦方程，实时校验波形是否合理。如果正确，就按预设程序变化应力输出，完成测试；如果正弦方程校验不能通过，则根据应变偏差大小，按比例调整驱动马达输出应力，至应力应变测试数据符合正弦方程后，再进行下一步测试。

14.3　动态力学热分析实验技术

14.3.1　样品制备及尺寸要求

DMA 测试样品要求为固体，可以是矩形块状材料、纤维或薄膜材料，根据不同形态样品或不同测试要求选用不同的测试夹具，常用的测试夹具有拉伸、三点弯曲及单双臂弯曲等，如图 14-9 所示，各种夹具对样品尺寸要求不同，详见表 14-1。

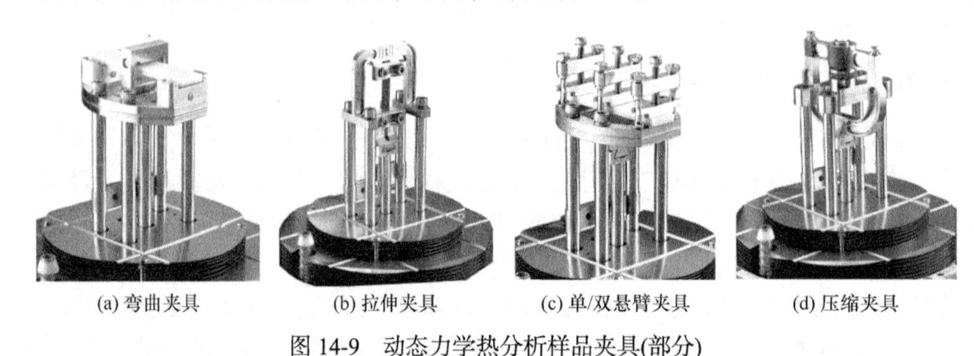

(a) 弯曲夹具　(b) 拉伸夹具　(c) 单/双悬臂夹具　(d) 压缩夹具

图 14-9　动态力学热分析样品夹具(部分)

表 14-1　DMA 测试样品尺寸要求

样品类型	夹具	尺寸要求
薄膜、纤维状固体	拉伸	长 10～20 mm；厚＜2 mm
弹性体	拉伸	长＜5 mm；厚＜2 mm
	双臂弯曲	T_g 以下长厚比＞20
	单臂弯曲	T_g 以下长厚比＞10
塑料	单臂弯曲	长厚比＞10
复合材料、金属及陶瓷	三点弯曲 双臂弯曲 单臂弯曲	长厚比＞10

14.3.2　常用实验测试模式

DMA 可通过瞬态实验或动态实验来测定材料的黏弹性。最常用的是动态振荡测试，即以正弦变化的应力(应变)施加于样品，测量产生的正弦应变(应力)及两个正弦波之间的相位差，由此计算与材料弹性相关的储能模量、与黏性相关的损耗模量和与阻尼相关的损耗因子。

1. 蠕变模式和应力松弛模式

瞬态测试包括蠕变或应力松弛，它们都属于静态力学松弛行为。①蠕变模式，在某个恒定温度下对样品在时间 t_0 瞬间施加一个定值的应力，保持不变直至时间 t_1 时瞬间解除，测量形变与时间的关系，形成蠕变及回复曲线，如图 14-10(a)所示，蠕变测试可帮助选择材料，用于表征材料尺寸与形状的稳定性。②应力松弛模式，在某个恒定温度下对样品施加一个定值的应变，测量样品应力的衰减与时间的关系，形成应力松弛曲线，如图 14-10(b)所示，应力松弛测试可用于预估最终产品形变。

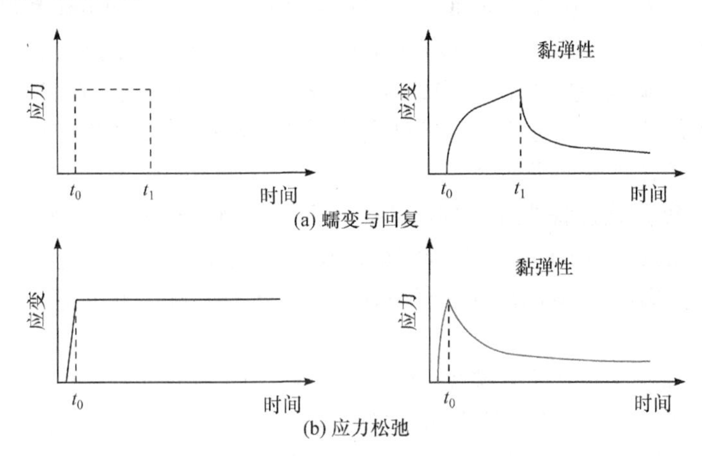

图 14-10　瞬态作用力模式测试示意图

2. 控制应力/应变模式

控制应力/应变模式是在某指定温度条件下，使应力或应变线性变化，测量对应的应变或应力，从而获得应力-应变图谱以及相关的模量信息。

3. 等应力或应变模式

等应力或应变模式是 DMA 的标准模式，即控制力或者应变保持恒定，检测线性升温程序下的位移变化或维持应变恒定所需要的力。

4. 应变/应力扫描模式

应变/应力扫描就是在某一选定温度和频率下测试样品在不同形变下或不同载荷力、应力下的动态力学性能。该模式主要用于确定材料的线性黏弹范围，对于一个未知的材料，在进行其他测试模式前，先做一次应变/应力扫描有很大的指导意义：①可以大概地了解材料的基本黏弹性能，模量、阻尼等参数。②其他测试模式中需要设定一些参数，如振幅、形变、静态力、力范围等，可以参考应变/应力扫描所得应力-应变曲线。例如，形变或振幅应保证在起始线性范围内；静态力也应落在线性段内；静态力远大于动态负载，如果是恒温测试，则此静态力是一个恒定值，如果是温度扫描，为避免样品在较高温度出现过度变形超出线性范围，一般静态负载也随着动态负载而变，这时需要设定一个变动范围，一般为 125%左右。

5. 动态温度扫描模式

这是 DMA 最常用的测试模式，即在选定的频率(单频或多频)与形变(指定振幅或应变)

下，测定试样动态力学性能随温度的变化，所得谱图就是常说的动态力学温度谱，最常用于确定材料的各级转变温度；也可以在指定的频率和应力下，测试动态力学性能随温度的变化。

在动态温度扫描测试前需要设定一些实验参数，如振幅、数据采集间隔、频率表等。振幅的设定必须综合考虑夹具的类型、样品的刚性和频率，一般参考应变/应力扫描测试的结果，也可先设最常用的振幅参数 10～20 μm，频率设为 1 Hz 进行预测试，观察仪器是否能很快在所设振幅达到稳定。仪器对振幅/形变的控制是通过动态负载力来实现的，仪器施载能力的范围和材料刚性决定了所设振幅是否合理，一般对大多数样品 10～50 μm 都可以达到很好的效果，但是对于较硬(处于玻璃态、模量较高)的样品，要达到 10 μm 甚至 5 μm 都有困难(所需动态负载力超过了仪器施载能力的最大值)，这时需要将振幅调小或者改变样品的尺寸。而如果试样在所测温度区域内较软，处于模量较低的高弹态，相应的振幅/形变可以设置得大一些，以免动态负载低于仪器施载的最低值。

为了在动态温度扫描过程中保证样品热平衡和力平衡，至少需要振动 3 个周期，数据采集间隔 $t = 3/F$ ，一般是 3～10 s，对于等温的测试可以设定为 30 s 或更多的时间。在试样力学性能有较大变化的温度区域内(如玻璃化转变区)，数据采集间隔要短一些，数据收集得密一些。

频率可以是单频或多频，单频最常用的是 1 Hz，设定多频频率表，一般从最高频率开始依次至最低频率结束，这时因为从较高频率过渡到较低频率反应较快，可以节省扫描时间，数据也较为理想。为确保样品是按照所设频率来振动的，每个频率需要完成 7 个周期，因此频率表中某个频率所需要的测试时间为 $7/F$。频率可以是自选多个，也可以是线性间隔或者对数间隔，如果频率是十位数或相互间隔较大以对数间隔为宜。多频应变、应力控制温度扫描，可以一次测试获得多个频率下的动态力学性能，可以节省很多时间，得到更丰富的信息。

6. 动态频率扫描模式

在选定的温度和形变(通过控制振幅或应变实现)下测定试样的动态力学性能随频率的变化，所得到的图谱是动态力学频率谱；也可以在指定的应力(通过控制作用力或应力实现)下，改变频率，记录力学性能。所需设置的实验参数为温度、振幅和频率，参考前文其他模式设定。

7. 阶梯式温度扫描模式

程序温度的控制除了常用的线性升温和等温外，也可以阶梯升降温，即确定好温度区域的范围，每个阶梯间的温度间隔及维持的时间，进行多频率的扫描。

在该模式下也可以一次测试获得多个频率下的动态力学温度谱，而且可以通过时-温叠加(TTS)软件，计算出水平转换因子 α_T 和垂直位移因子 b_T ，从而推算出未实际测试的或实际中很难实现的温度或频率下的动态力学谱，常用于深入考察玻璃化转变过程。

14.3.3 实验条件的影响

1. 温度扫描速率

DMA 的温度扫描速率一般为 1～5℃ · min^{-1}，由于温度梯度的影响，扫描速率越快，转变越滞后，损耗峰峰形越明显。

2. 频率

DMA 的频率越高，样品的应变滞后，转变温度后移；频率越低，完成一个周期耗时越长；频率过高有可能引起样品台的振动，一般最常用的频率范围为 0.1～10 Hz。

3. 振幅

一般当应变处于应变-应力线性范围内时，振幅对模量和转变温度没有影响，因此刚性的样品振幅对力学谱的影响很小；而黏性强的样品，如橡胶无论是用弯曲夹具还是压缩夹具，其应变都很容易处于线性区域以外，从而引起储存模量随应变增大而增大。

4. 静态力(预置力)

对需要设定静态力参数的夹具来说，静态力大小既要满足样品自然舒展无卷曲变形或避免发生意外蠕变，又不能太大使样品变形超越弹性变形的范围或在过程中断裂；为避免样品在较高温度出现过度变形，静态力还需要跟随动态力相应调整，这个变动范围称为力追踪。膜拉伸夹具静态力一般为 0.01 N，力追踪为 120%～150%；纤维拉伸静态力一般为 0.001 N，力追踪为 120%；压缩夹具静态力一般为 0.001～0.01 N，力追踪为 125%。对拉伸或压缩夹具来说，静态力越大，转变温度相对越低。对刚性材料来说，随静态力的增大一般储存模量也增大；对柔性材料来说，静态力变化对储存模量的影响很小。

14.3.4　动态力学谱图解析

通过动态力学谱图可以获取很多有用的信息(如聚合物的玻璃态转变、次级转变、结晶、分子量、相分离、共混、老化、交联固化、取向等)，特别是最常用动态力学温度谱可以有效地描述高分子材料在不同温度下的分子运动和力学状态，如图 14-11 所示是某热塑性弹性体的动态力学温度谱，从图中可以观察到储能模量(E')、损耗模量(E'')和损耗因子($\tan\delta$)随温度变化的情况。

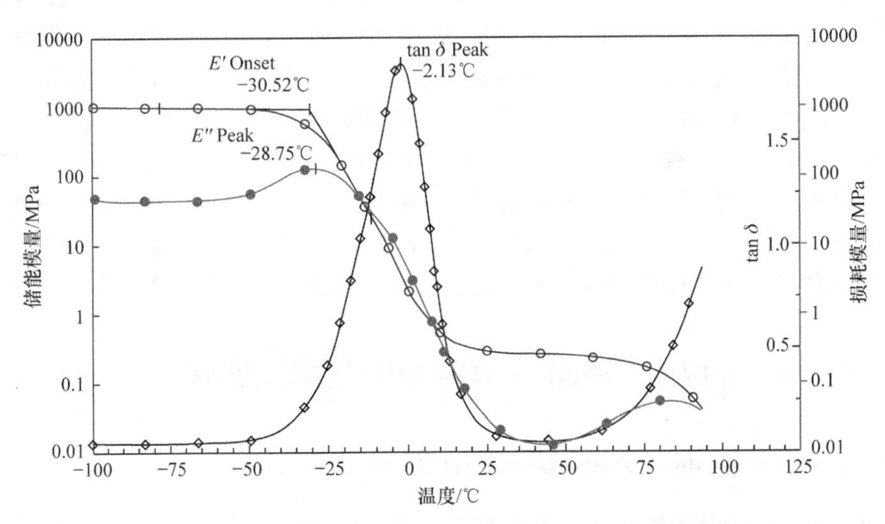

图 14-11　通过热塑性弹性体样品的温度谱分析 T_g 的三种取值方法

1. 聚合物材料典型区域划分

谱图中模量随温度的变化曲线显示了聚合物材料随着温度升高其力学行为的 5 个典型区

域，即玻璃(态)区、玻璃-橡胶转变区、橡胶-弹性平台区、橡胶流动区和液体流动区。

(1) 玻璃(态)区：在此区域内，聚合物类似玻璃，通常是脆性的，杨氏模量近似为 3×10^9 Pa，分子运动主要限于振动和短程的旋转运动。

(2) 玻璃-橡胶转变区：在此区域内，在 20～30℃，模量下降了近 1000 倍，聚合物的行为与皮革相似。玻璃化转变温度(T_g)通常取模量下降速度最大处的温度。玻璃-橡胶转变区可以解释为远程、协同分子运动的开始。T_g 以下，运动中仅有 1～4 个主链原子，而在转变区，为 10～50 个主链原子(链段)获得了足够的热能以协同方式运动，不断改变构象。

(3) 橡胶-弹性平台区：模量在玻璃-橡胶转变区急剧下降以后，到达橡胶-弹性平台区又变为几乎恒定，其典型数值为 2×10^6 Pa。在此区域内，由于分子间存在物理缠结，聚合物呈现远程橡胶弹性。如果聚合物为线形的，模量将缓慢下降。平台的宽度主要由聚合物的分子量控制，分子量越大，平台越长。

(4) 橡胶流动区：在这个区域内，聚合物既呈现橡胶弹性，又呈现流动性。实验时间短时，物理缠结来不及松弛，材料仍然表现为橡胶行为；实验时间增加，温度升高，发生解缠结作用，导致整个分子产生滑移运动，即产生流动。

(5) 液体流动区：在该区域内，聚合物容易流动，类似糖浆。热运动能量足以使分子链解缠结蠕动，这种流动是作为链段运动结果的整链运动。对于半晶态聚合物，模量取决于结晶度，无定形部分经历玻璃-橡胶转变，结晶部分仍然保持坚硬。达到熔融温度时，模量迅速降至非晶材料的相应数值。

2. 玻璃化转变温度的分析

玻璃化转变温度(T_g)是度量聚合物材料链段运动的特征温度，是非晶态塑料的使用上限，同时也是橡胶的使用温度下限，因此测定 T_g 具有重要的意义。虽然测定 T_g 方法很多，但材料发生玻璃化转变时，其比热容(DSC 测定的参数)和热膨胀系数(TMA 测定的参数)变化不明显，但模量会发生几个数量级的变化，因而利用 DMA 测定 T_g 更容易、更灵敏。通常 DMA 谱图上玻璃化转变温度 T_g 有三种取值方式：①储能模量(E')曲线的外推初始温度，即图 14-11 中 E' Onset，它是表征结构材料的最高使用温度，能够保证结构材料在使用温度范围内模量不会发生急剧变化，保证结构件的尺寸与形状稳定性；②损耗模量的峰值点(E'' Peak)，反映分子链段开始运动，材料进入高弹态，它是橡胶材料的使用下限温度；③损耗因子的峰值点($\tan\delta$ Peak)，它表征材料形变时消耗的能量被用于分子链段运动时的摩擦，其峰高值反映链段松弛转变的能垒高低，峰宽值则反映链段运动的分散性。然而，由于玻璃化转变的松弛特性，在实验中 T_g 强烈地依赖于测试作用力的频率和升温速率，因此测试结论中要注明实验参数。

14.4 动态力学热分析应用及案例

14.4.1 DMA 测定聚合物的次级转变及研究低温抗冲性

聚合物结构中分子链的运动状态决定了其力学性能，而分子链运动的松弛时间在很大程度上又决定了分子链的运动状态。在低温条件下，聚合物虽然主链处于被“冻结”状态，但某些比链段小的运动单元，如侧链、基团、侧链基团等，仍具有一定的运动能力，可通过内旋转方式发生形变并能吸收能量，称为次级转变。通常由 DSC 或 DTA 无法观察到聚合物这种十分微弱的次级转变，但 DMA 的测量则比较灵敏，可以通过测量损耗因子随温度的变化曲线获取。图 14-12 是一种饮料瓶用聚酯(PET)样品的动态力学温度谱，从图中损耗因子变化曲线不仅可以获取 PET 的玻璃化转变温度(T_g = 88℃)，也可以观察到 PET 存在 β 次级转变谱峰，位于−56.6℃。

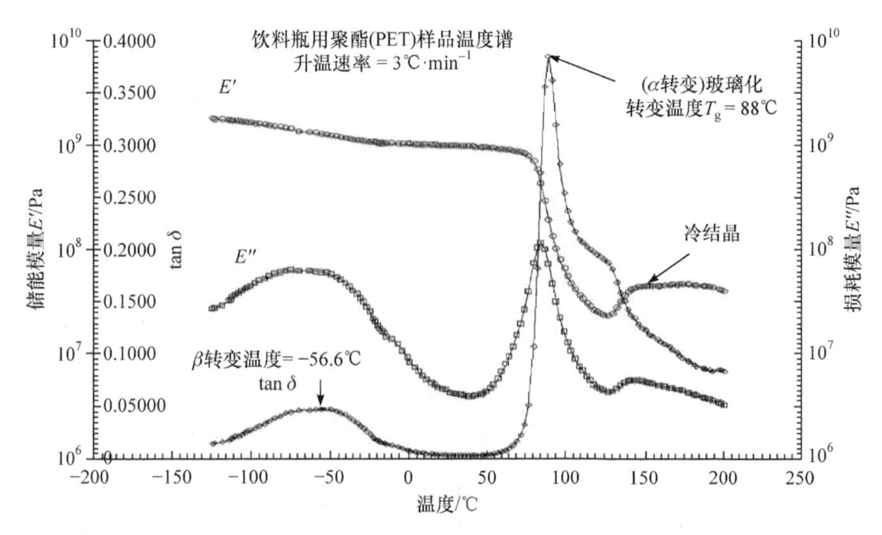

图 14-12　饮料瓶用聚酯(PET)样品的玻璃化转变、次级转变及冷结晶转变

对非晶态塑料而言，次级转变在室温以下也可以发生，并且在外力作用下也可以产生较大的形变而吸收能量，因此很大程度地影响材料的低温性能，特别是低温抗冲击性能，并且次级转变峰温越低、峰值越高，其耐寒性及低温抗冲击性越好。上述 PET 材料的玻璃化转变温度高出室温很多，所以低温下主链完全是冻结的，但 PET 的低温抗冲击性能非常好，主要是由于材料次级转变的存在。

14.4.2　DMA 研究材料分子量变化

分子量是高分子链结构的一个组成部分，是表征高分子大小的一个重要指标。由于高分子合成过程经历了链的引发、增长、终止及可能发生的支化、交联、环化等复杂过程，每个高分子具有相同或不同的链长，许多高分子组成的聚合物具有分子量的分布，聚合物的分子量仅为统计平均值。分子量和分子量分布对聚合物材料的物理力学性能和成型加工性能影响显著，因此采用 DMA 研究材料分子量的变化具有重要意义。

图 14-13 是不同分子量聚苯乙烯(PS)样品的动态力学温度谱，从图中曲线可以发现，储能模量随温度升高而减小，但分子量不同时橡胶态区曲线平台宽度不同，表示聚合物进入橡胶流动态的温度不同，图中明显发现随着 PS 的分子量升高，其橡胶态平台变宽，对应模量降低，温度越高，意味着聚合物黏流温度越高。

14.4.3　DMA 研究聚合物共混材料的相容性

聚合物共混是将两种或两种以上的聚合物通过物理或化学方法按照一定比例混合而成。高分子材料共混可以改善材料的韧性、耐热性、耐磨性及尺寸稳定性等物理力学性能，也能降低材料的制备成本。因此，可以根据实际需要设计出特殊性能的材料，如阻燃性、导电性及阻尼性能等。共混物的上述性能受参与共混的聚合物相容性的影响，如果完全相容，则共混物的

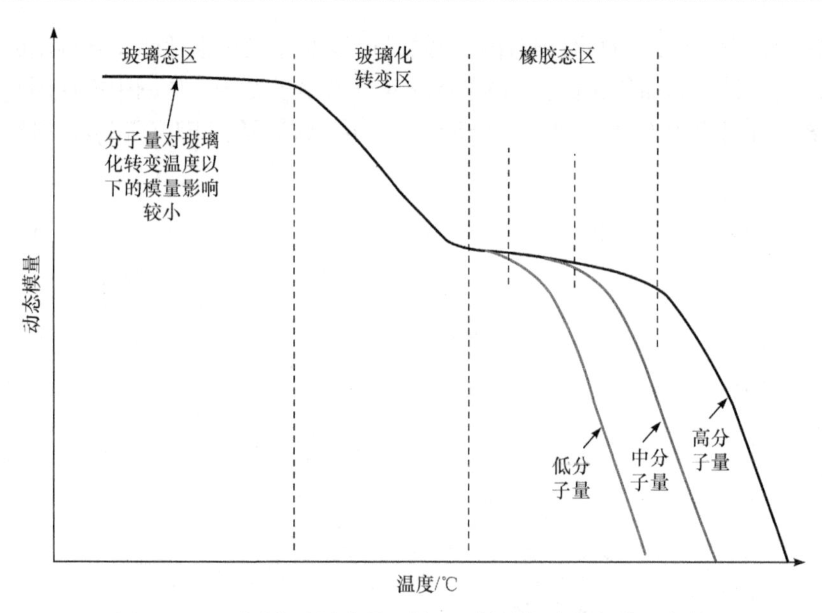

图 14-13　不同分子量聚苯乙烯(PS)样品的动态力学温度谱

性质与无规共聚物几乎相同。而共混材料的相容性可以通过动态力学温度曲线上损耗峰的移动情况进行分析，如果共混物中各组分完全不相容，则各组分所对应的损耗峰不移动，停留在各组分的玻璃化转变温度处；如果各组分相容性较好，则损耗峰将向中间移动相互靠近，靠近程度越高说明相容性越好；当各组分完全混溶时，将只有一个损耗峰出现，共混物只有一个玻璃化转变温度。

图 14-14 是纯聚合物 A、纯聚合物 B 及其共混物的动态力学温度谱，观察图中损耗峰-温度曲线可以发现，纯聚合物 A 和 B 有各自的损耗峰，对应的玻璃化转变温度分别是 89.77℃和 46.46℃，而两者的共混物只有一个损耗峰，位于纯聚合物 A 和纯聚合物 B 的损耗峰之间，说明共混物只有一个玻璃化转变温度(78.19℃)，反映出聚合物 A 和聚合物 B 相容性非常好，已经达到了分子层面的互溶。

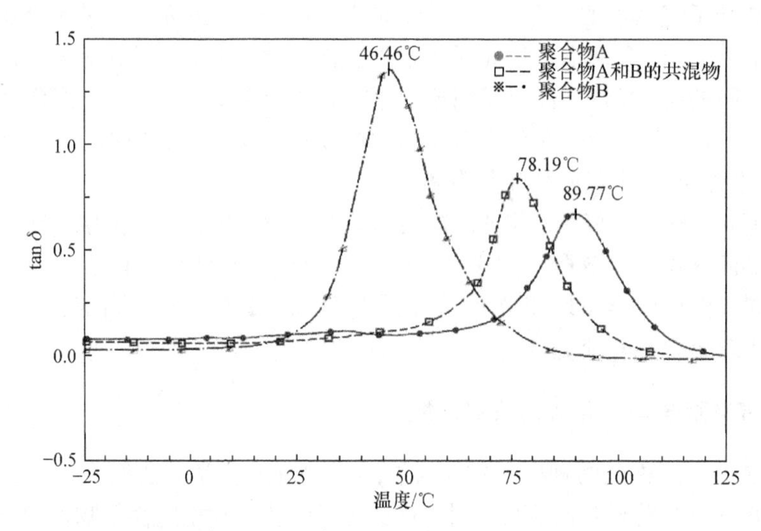

图 14-14　聚合物 A、聚合物 B 及其共混物的动态力学温度谱

14.4.4 DMA 研究材料长期或超高频、超高温使用性能

时-温等效原理的等效性可以借助一个转换因子 α_T 来实现，即在某一温度下测得的力学数据可以转变成另一个温度下的力学数据，通过这种转换方式可预测某一试样在难以达到的温度、频率或时间条件下的材料动态力学性能，图 14-15 为聚异丁烯(PIB)根据时-温等效原理拟合的 25℃应力松弛情况。通过实测不同温度下的动态力学性能拟合出 PIB 在 25℃下，受力时间从 10^{-14} h 至 10^3 h 时材料的模量，可以预测该材料长时间使用时的性能变化。

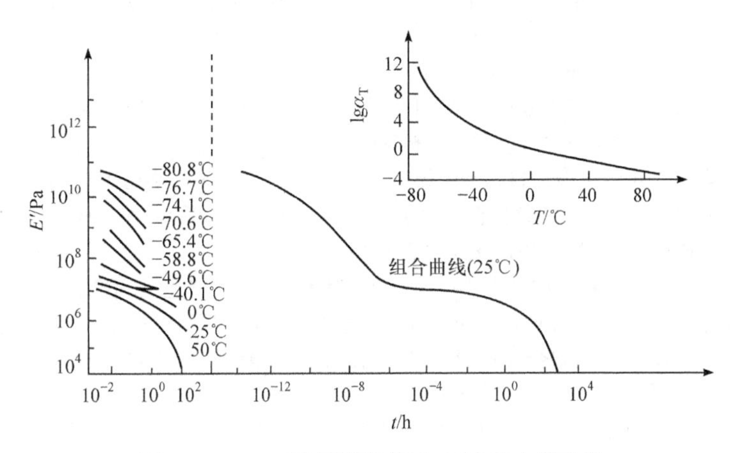

图 14-15 PIB 时-温等效拟合 25℃应力松弛图

图 14-16 为压敏胶(PSA)根据时-温等效原理拟合 25℃储能模量频率谱。通过实测不同温度下的动态力学曲线拟合出该材料在 25℃下，受力作用频率从 10^{-7} Hz 至 10^{12} Hz 时材料的模量-频率曲线，从而分析预测材料在长时间固定使用时的持续粘接能力(超低频，静态抗剪切能力)、初粘力(1 Hz 左右，如手贴合时的快速粘接能力)和剥离力(100 Hz 左右，黏胶是否容易撕开脱离能力)及高速涂胶施工时的性能。

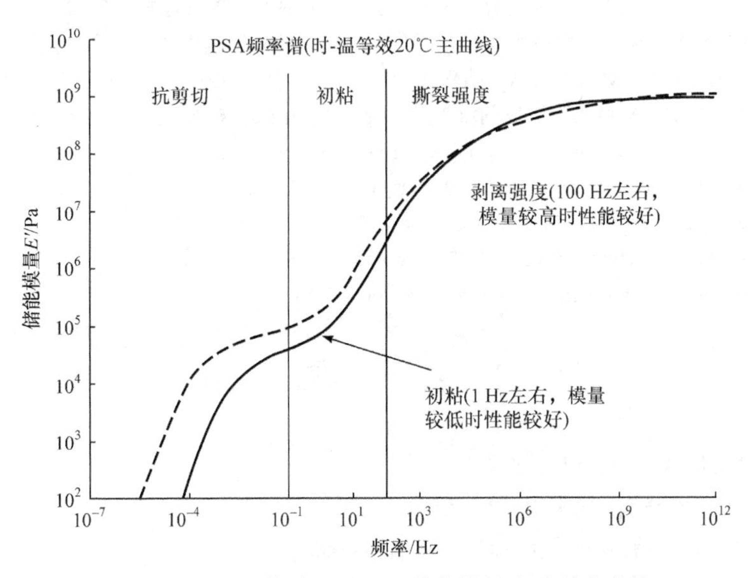

图 14-16 时-温等效预测 PSA 储能模量-频率性能曲线

参考文献

陈平, 唐传林. 2005. 高聚物的结构与性能[M]. 北京: 化学工业出版社.
陈云, 王旭升, 李艳霞, 等. 2020. 动态热机械分析仪(DMA)在铁电压电材料研究中的应用[J]. 无机材料学报, 35(8): 857-866.
狄海燕, 吴世臻, 杨中兴, 等. 2007. 各种因素对动态热机械分析结果的影响[J]. 高分子材料科学与工程, 23(4): 188-191.
樊慧娟, 王晶, 张惠. 2017. 动态热机械分析在高分子聚合物及复合材料中的应用[J]. 化学与粘合, 39(2): 132-134.
郭忱, 宫玉梅, 高志勇, 等. 2014. 尼龙 6 动态黏弹性研究[J]. 聚酯工业, 27(2): 33-35.
过梅丽. 1996. 世界先进的动态机械热分析仪(DMTA)及其应用[J]. 现代科学仪器, (4): 57-59.
过梅丽. 2002. 高聚物与复合材料的动态力学热分析[M]. 北京: 化学工业出版社.
韩宝坤, 张婷婷, 曹曙明. 2012. 高聚物材料动态模量测量与分析[J]. 噪声与振动控制, (5): 198-200.
何超, 程飞, 周密, 等. 2020. 动态力学分析在高分子材料中的应用[J]. 实验科学与技术, (4): 27-32.
何曼君. 2007. 高分子物理[M]. 3 版. 上海: 复旦大学出版社.
季轩, 周丽华, 韩春艳, 等. 2018. PET 膜动态热机械性能及其影响因素的研究[J]. 合成技术及应用, 33(4): 56-60.
李建辉, 孙枫, 付春芝, 等. 2012. DMA242C 动态机械热分析仪故障分析与维护[J]. 分析仪器, (5): 78-80.
李健丰, 徐亚娟. 2009. 测试方法对聚合物玻璃化温度的影响[J]. 塑料科技, 37(2): 65-67.
刘晓. 2010. 动态热力学分析在高分子材料中的应用[J]. 工程塑料应用, 38(7): 84-86.
楼倩, 郑焕军. 2019. 动态热机械分析法测量 PCB 玻璃化转变温度的研究[J]. 电子产品可靠性与环境试验, 37(4): 73-76.
吕明哲, 李普旺, 黄茂芳, 等. 2007. 用动态热机械分析仪研究橡胶的低温动态力学性能[J]. 中国测试技术, 33(3): 27-29.
孟祥艳, 魏莉萍, 刘运传, 等. 2013. 动态热机械分析法在材料耐老化性能分析中的应用[J]. 高分子材料科学与工程, 29(11): 76-78+83.
思代春, 李佳, 王海峰, 等. 2019. 高聚物玻璃化转变温度的测量技术[J]. 计量技术, (7): 76-79.
台会文, 夏颖. 1998. DMTA 在高分子材料中的应用[J]. 塑料科技, 28(2): 55-58.
王雁冰, 黄志雄, 张联盟. 2004. DMA 在高分子材料研究中的应用[J]. 国外建材科技, 25(2): 25-27.
许建中, 许晨. 2008. 动态机械热分析技术及其在高分子材料中的表征应用[J]. 化学工程与装备, (6): 22-26.
杨拓, 陈蓓. 2011. 不同因素对动态热机械分析仪(DMA)测试结果的影响[J]. 印制电路信息, (S1): 19-23.
余磊, 徐颖. 2014. Q800 动态机械热分析仪的维护及常见问题探讨[J]. 分析仪器, (6): 96-98.
Menard K P. 2015. Dynamic Mechanical Analysis[M]. 3rd ed. Florida: CRC Press.
Poyning J H. 1909. On pressure perpendicular to the shear planes in finite pure shears, and on the lengthening of loaded wires whentwisted[J]. Proceedings of the Royal Society. Series A, 82(557): 546-559.
Rueda M M, Auscher M C, Fulchiron R, et al. 2017. Rheology and applications of highly filled polymers: A review of current understanding[J]. Progress in Polymer Science, 66: 22-53.

习　题

1. 动态力学热分析的测试原理是什么?
2. 影响动态力学热分析测试结果的因素有哪些?
3. 动态力学热分析在表征材料性能方面的主要优点有哪些?

附　　录

附录1　晶面间距计算公式

立方晶系：

$$d = \frac{a}{\sqrt{h^2 + k^2 + l^2}}$$

四方晶系：

$$\frac{1}{d^2} = \frac{h^2 + k^2}{a^2} + \frac{l^2}{c^2}$$

正交晶系：

$$\frac{1}{d^2} = \frac{h^2}{a^2} + \frac{k^2}{b^2} + \frac{l^2}{c^2}$$

三方晶系：

$$\frac{1}{d^2} = \frac{\left(h^2 + k^2 + l^2\right)\sin^2\alpha + 2\left(hk + kl + hl\right)\left(\cos^2\alpha - \cos\alpha\right)}{a^2\left(1 - 3\cos^2\alpha + 2\cos^3\alpha\right)}$$

六方晶系：

$$\frac{1}{d^2} = \frac{4}{3}\left(\frac{h^2 + hk + k^2}{a^2}\right) + \frac{l^2}{c^2}$$

单斜晶系：

$$\frac{1}{d^2} = \frac{1}{\sin^2\beta}\left(\frac{h^2}{a^2} + \frac{k^2\sin^2\beta}{b^2} + \frac{l^2}{c^2} - \frac{2hl\cos\beta}{ac}\right)$$

三斜晶系：

$$\begin{aligned}\frac{1}{d^2} = \frac{1}{V^2}\Big[&\left(h^2b^2c^2\sin^2\alpha + k^2a^2c^2\sin^2\beta + l^2a^2b^2\sin^2\gamma\right)\\&+ 2hkabc^2\left(\cos\alpha\cos\beta - \cos\gamma\right)\\&+ 2kla^2bc\left(\cos\beta\cos\gamma - \cos\alpha\right)\\&+ 2ab^2c\left(\cos\gamma\cos\alpha - \cos\beta\right)\Big]\end{aligned}$$

附录2　常见元素的自由原子中电子结合能 E_b(eV)

元素	原子序数	K 1s	L_1 2s	L_2 $2p_{1/2}$	L_3 $2p_{3/2}$	M_1 3s	M_2 $3p_{1/2}$	M_3 $3p_{3/2}$	M_4 $3d_{3/2}$	M_5 $3d_{5/2}$	N_1 4s	N_2 $4p_{1/2}$	N_3 $4p_{3/2}$	N_4 $4d_{3/2}$	N_5 $4d_{5/2}$	N_6 $4f_{5/2}$	N_7 $4f_{7/2}$	O_1 5s	O_2 $5p_{1/2}$	O_3 $5p_{3/2}$
H	1	13.6																		
He	2	24.6																		
Li	3	58	5.39																	
Be	4	115	9.32																	
B	5	192	12.9	8.3																
C	6	288	16.6	11.3																
N	7	403	20.3	14.5																
O	8	538	28.5	13.6																
F	9	694	37.9	17.4																
Ne	10	870	48.5	21.7	21.6															
Na	11	1075	66	34	34	5.14														
Mg	12	1308	92	54	54	7.65														
Al	13	1564	121	77	77	10.6	5.99													
Si	14	1844	154	104	104	13.5	8.52													
P	15	2148	191	135	134	16.2	10.5													
S	16	2476	232	170	168	20.2	10.4													
Cl	17	2829	277	208	206	24.5	13													
Ar	18	3206	327	251	249	29.2	15.9	15.8												
K	19	3610	381	299	296	37	19	18.7			4.34									
Ca	20	4041	441	353	349	46	28	28			6.11									
Ti	22	4970	567	465	459	64	39	38	8		6.82									
V	23	5470	633	525	518	72	44	43	8		6.74									
Cr	24	5995	702	589	580	80	49	48	8.25		6.77									
Mn	25	6544	755	656	645	89	55	53	9		7.43									
Fe	26	7117	851	726	713	98	61	59	9		7.87									
Co	27	7715	931	800	785	107	68	66	9		7.86									
Ni	28	8338	1015	877	860	117	75	73	10	10	7.64									
Cu	29	8986	1103	958	938	127	82	80	11	10.4	7.73									
Zn	30	9663	1196	1047	1024	141	94	91	12	11.2	9.39									
Ga	31	10371	1302	1146	1119	162	111	107	21	20	11	6								
Ge	32	11107	1413	1251	1220	189	130	125	33	32	14.3	7.9								
As	33	11871	1531	1362	1327	208	151	145	46	45	17	9.71								
Se	34	12662	1656	1479	1439	234	173	166	61	60	20.2	9.75								
Br	35	13471	1787	1602	1556	262	197	189	77	76	23.8	11.9								
Mo	42	20006	2872	2632	2527	511	416	399	237	234	68	45	42	8.56				7.1		
Ag	47	25520	3812	3530	3357	724	608	577	379	373	101	69	63	11	10			7.58		
Sn	50	29204	4069	4160	3933	888	761	719	497	489	141	102	93	29	28			12	7.34	

续表

元素	原子序数	K 1s	L_1 2s	L_2 $2p_{1/2}$	L_3 $2p_{3/2}$	M_1 3s	M_2 $3p_{1/2}$	M_3 $3p_{3/2}$	M_4 $3d_{3/2}$	M_5 $3d_{5/2}$	N_1 4s	N_2 $4p_{1/2}$	N_3 $4p_{3/2}$	N_4 $4d_{3/2}$	N_5 $4d_{5/2}$	N_6 $4f_{5/2}$	N_7 $4f_{7/2}$	O_1 5s	O_2 $5p_{1/2}$	O_3 $5p_{3/2}$
I	53	33176	5195	4858	4563	1078	937	881	638	626	193	141	131	59	56			20.6	10.5	
W	74	69539	12103	11546	10209	2823	2577	2283	1874	1811	599	495	427	261	248	38	36	80	51	40
Pt	78	78399	13883	13277	11567	3300	3030	2699	2206	2126	727	612	522	335	318	78	75	106	71	51
Au	79	80729	14356	13738	11923	3430	3153	2748	2295	2210	764	645	548	357	339	91	87	114	76	61
Hg	80	83168	14845	14214	12258	3567	3283	2852	2390	2300	806	683	579	352	363	107	103	125	85	68
Pb	82	88011	15867	15706	13641	3857	3560	3272	2592	2490	899	769	651	491	419	148	144	153	111	90
U	92	115611	21762	20953	17171	5553	5187	4308	3733	3557	1446	1278	1050	785	743	396	386	329	261	203